U0856617

生态文明建设文库

陈宗兴　总主编

中国西部脆弱生态区生态修复研究

费世民　编著

中国林业出版社

图书在版编目（CIP）数据

中国西部脆弱生态区生态修复研究 / 费世民编著 .—北京：中国林业出版社，2020.7
（生态文明建设文库 / 陈宗兴总主编）
ISBN 978-7-5219-0324-9

Ⅰ．①中… Ⅱ．①费… Ⅲ．①生态恢复－研究－西南地区②生态恢复－研究－西北地区
Ⅳ．① X171.4

中国版本图书馆 CIP 数据核字（2019）第 238684 号

出 版 人 刘东黎
总 策 划 徐小英
策划编辑 沈登峰 于界芬 何 鹏 李 伟
责任编辑 刘先银 李 娜
美术编辑 赵 芳
责任校对 梁翔云

出版发行 中国林业出版社（100009 北京西城区刘海胡同 7 号）
http://www.forestry.gov.cn/lycb.html
E-mail:forestbook@163.com 电话：(010)83143523、83143543
设计制作 北京涅斯托尔信息技术有限公司
印刷装订 北京中科印刷有限公司
版 次 2020 年 7 月第 1 版
印 次 2020 年 7 月第 1 次
开 本 787mm × 1092mm 1/16
字 数 614 千字
印 张 24
定 价 80.00 元

“生态文明建设文库”

总编辑委员会

“生态文明建设文库”

编撰工作领导小组

组　长

刘东黎　成　吉

副组长

王佳会　杨　波　胡勘平　徐小英

成　员

（按姓氏笔画为序）

于界芬　于彦奇　王佳会　成　吉　刘东黎　刘先银　李美芬　杨　波
杨长峰　杨玉芳　沈登峰　张　锴　胡勘平　袁林富　徐小英　航　宇

编辑项目组

组　长：徐小英

副组长：沈登峰　于界芬　刘先银

成　员（按姓氏笔画为序）：

于界芬　于晓文　王　越　刘先银　刘香瑞　许艳艳　李　伟
李　娜　何　鹏　肖基浒　沈登峰　张　璠　范立鹏　赵　芳
徐小英　梁翔云

特约编审：杜建玲　周军见　刘　慧　严　丽

总序

生态文明建设是关系中华民族永续发展的根本大计。党的十八大以来，以习近平同志为核心的党中央大力推进生态文明建设，谋划开展了一系列根本性、开创性、长远性工作，推动我国生态文明建设和生态环境保护发生了历史性、转折性、全局性变化。在“五位一体”总体布局中生态文明建设是其中一位，在新时代坚持和发展中国特色社会主义基本方略中坚持人与自然和谐共生是其中一条基本方略，在新发展理念中绿色是其中一大理念，在三大攻坚战中污染防治是其中一大攻坚战。这“四个一”充分体现了生态文明建设在新时代党和国家事业发展中的重要地位。2018 年召开的全国生态环境保护大会正式确立了习近平生态文明思想。习近平生态文明思想传承中华民族优秀传统文化、顺应时代潮流和人民意愿，站在坚持和发展中国特色社会主义、实现中华民族伟大复兴中国梦的战略高度，深刻回答了为什么建设生态文明、建设什么样的生态文明、怎样建设生态文明等重大理论和实践问题，是推进新时代生态文明建设的根本遵循。

近年来，生态文明建设实践不断取得新的成效，各有关部门、科研院所、高等院校、社会组织和社会各界深入学习、广泛传播习近平生态文明思想，积极开展生态文明理论与实践研究，在生态文明理论与政策创新、生态文明建设实践经验总结、生态文明国际交流等方面取得了一大批有重要影响力的研究成果，为新时代生态文明建设提供了重要智力支持。“生态文明建设文库”融思想性、科学性、知识性、实践性、可读性于一体，汇集了近年来学术理论界生态文明研究的系列成果以及科学阐释推进绿色发展、实现全面小康的研究著作，既有宣传普及党和国家大力推进生态文明建设的战略举措的知识读本以及关于绿色生活、美丽中国的科普读物，也有关于生态经济、生态哲学、生态文化和生态保护修复等方面的专业图书，从一个侧面反映了生态文明建设的时代背景、思想脉络和发展路径，形成了一个较为系统的生态文明理论和实践专题图书体系。

中国林业出版社秉承“传播绿色文化、弘扬生态文明”的出版理念，把出版生态文明专业图书作为自己的战略发展方向。在国家林业和草原局的支持和中国生态文明研究与促进会的指导下，“生态文明建设文库”聚集不同学科背景、具有良好理论素养的专家学者，共同围绕推进生态文明建设与绿色发展贡献力量。文库的编写出版，是我们认真学习贯彻习近平生态文明思想，把生态文明建设不断推向前进，以优异成绩庆祝新中国成立 70 周年的实际行动。文库付梓之际，谨此为序。

十一届全国政协副主席
中国生态文明研究与促进会会长 陈宗兴

2019 年 9 月

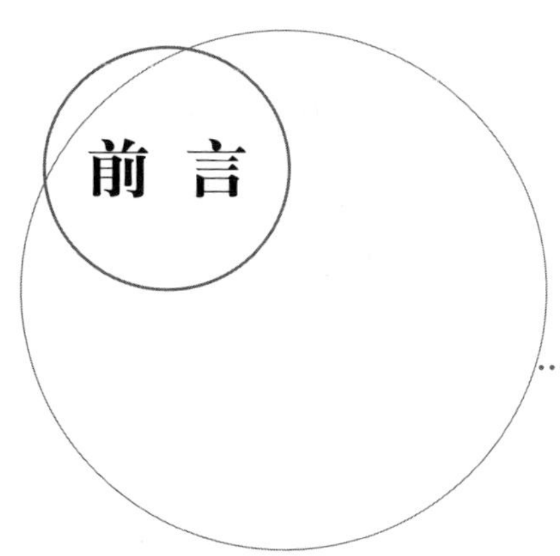

前言

目前，生态文明建设在我国被提到了前所未有的高度。党的十九大报告中，强调生态环境保护是生态文明建设的一项重要基础性工作，其中，生态保护和修复又是反复强调的一个重点。中共中央、国务院《关于加快推进生态文明建设的意见》的总体要求中特别提出“在生态建设和修复中以自然修复为主，与人工修复相结合”，在具体措施中又把“保护和修复自然生态系统”“实施重大生态修复工程”作了内容的展开。在《生态文明体制改革总体方案》中又提出“树立山水林田湖是一个生命共同体的理念……进行整体保护，系统修复，综合治理，增强生态系统循环能力，维护生态平衡”。习近平同志多次强调“用途管制和生态修复必须遵循自然规律”“对山水林田湖进行统一保护、统一修复是十分必要的”。

我国生态修复实践积累了宝贵经验。党的十八大以来，我国高度重视生态修复工作，成绩有目共睹。党的十八届三中全会决定强调“完善环境治理和生态修复制度”，大力加强顶层设计，推进生态文明体制改革，为生态修复提供制度保障。实践中，针对生态破坏、森林草原退化等生态环境问题开展生态修复工作，大力推进天然林保护工程、退耕还林工程、退牧还草工程、荒漠化治理工程等。虽然我国生态修复工作取得明显成效，但我国西部地区自然条件恶劣，生态环境极其脆弱，生态环境恶化还没有得到遏制，水土流失严重，干旱和荒漠化问题突出，自然灾害频率不断加剧。尤其在西部山地，冰川退缩、湖泊萎缩、河道断流、沙漠化加剧、生态系统退化，导致水资源短缺，旱灾、洪水、雪害、滑坡、泥石流等自然灾害增加。西部地区脆弱的生态环境不仅阻碍西部经济进一步发展，而且会成为未来中华民族生存与可持续发展的重大隐患。因此，西部地区生态修复是我国西部生态脆弱区生态建设和保护的关键和当务之急，在该区域生态文明建设和社会经济可持续发展中具有重要地位和战略意义。

长江流域特别是长江上游植被的人为破坏，水土流失日益严重。长江地区是全国仅次于黄河流域的第二大水土流失区。长江泥沙主要来自宜昌以上的上游地区。据研究，金沙江屏山站多年平均输沙量 2.56 亿 t（1950—1989 年），占宜昌站多年平均悬移质输沙量 5.21 亿 t 的 49.1%；1991—2002 年屏山站输沙量 2.81 亿 t，占宜昌的 71.9%；金沙江是上游悬移质泥沙的主要来源，是长江上游泥沙的重点产区。1998 年长江发生特大洪灾，它在给人们的生产与生存带来灾难的同时，也给人们以严重的警示。巨大洪灾之后，国人痛定思痛，人们从不同角度进行反思，“98 洪灾”问题在于上游生态环境恶化，症结在泥沙。无情洪灾的事实再次充分说明，上游泥沙不治，下游后患无穷。

四川位于中国西部重要生态功能区，地处长江上游，是长江上游生态屏障、长江经济带的重要组成部分。2018 年以来，习近平总书记两次考察调研长江生态环境修复工作，强调长江经济带建设要共抓大保护、不搞大开发，把长江生态修复放在首位。为此，围绕长江上游生态屏障建设，大力开展生态修复，探索生态修复的技术措施，对推进西部脆弱生态区生态保护和修复具有重要意义。

川西南山地为青藏高原东南缘和云贵高原北部、长江上游金沙江流域，是长江源头重要的水源涵养林区，其生态地位十分突出。在《中国生物多样性国情研究报告》中被确定为我国陆地生物多样性保护的关键区域，在中国生物多样性保护中，处于十分独特而重要的地位。同时，也是我国西部典型的脆弱生态区，生态修复任务艰巨。

川西南山地处于我国的第三大林区，历史上森林植被资源丰富，但因曾有一段时期为了支持国家“三线”建设，森林植被遭受光头式、毁灭性等不科学采伐利用及其利用上的严重浪费，致使森林植被严重受损，生态环境恶化，脆弱生态系统的生态平衡失调，现存森林植被主要由人为干扰后形成的天然次生林和少量的人工林、天然原始林组成，其物种较单纯，林分质量低下，生态防护功能脆弱，是山区多年来生态环境恶化、自然灾害频繁发生的主要原因，特别是近几年来，因雨季集中降雨而产生的泥石流、洪涝、山体滑坡等自然灾害，严重地影响了整个山区经济和社会的快速发展。

金沙江干热河谷区山地森林遭到严重破坏，干热河谷已向上扩展了 100 ～ 200m，导致植被困难，山地灾害频繁，水土流失严重，呈现“旱季一片枯黄”的自然景观。干热河谷生态恶劣而脆弱，植被稀少，大面积荒草坡，植被一旦破坏，很难恢复，是典型造林困难地带。干热河谷上缘的山地森林以偏干性森林为主，由于长期采伐影响，加之干热河谷上移，环境条件趋于干旱化，森林的天然更新困难。 安宁河流域是中国西部典型山地脆弱生态区之一，水土流失严重，土地退化严重，生态环境脆弱，造林与植被恢复困难。长期以来造林成效极低，林木生长缓慢甚至难以成林。在严重人为干扰和生境恶化的条件下，按照自然演替理论，单靠自然恢复，时间长，成效太慢，而以往研究注重造林技术研究，忽视了以造林为主的综合配套技术研究，至今尚未形成一个行之有效的山地植被恢复配套技术。

治水要治山，治山先兴林，山青水才秀，林茂粮则丰，这已是人类自古以来就认识到的自然规律。近年来，随着西部大开发和天然林保护工程、退耕还林工程建设的深入实施，川西南山地森林植被生态恢复越来越受到人们的普遍关注，已成为生态保护与修复的重点区域。

本专著是在国家科技支撑计划专题、厅科技推广项目和中日合作四川项目的研究成果基础上编著形成的。全书紧紧围绕国家生态文明建设战略和四川省“长江上游生态屏障”建设战略，重点对生态修复相关概念、脆弱生态区生态修复等进行研究探讨，以中国典型的脆弱生态区——长江上游川西南山地脆弱生态区为例，对长江上游金沙江干热河谷困难立地造林与植被恢复、山地偏干性森林更新恢复和安宁河流域山地造林与生态治理等关键技术进行研究，完成博士论文 2 部，相关研究成果获四川省科技进步二等奖、三等奖各 1 项；创新提出了干热河谷“适度”造林与植被恢复技术、偏干性森林人工促进更新技术、林窗更新恢复技术、无底营养袋育苗技术和侵蚀坡面治理技术等，为中国西部及长江上游脆弱生态区生态修复提供科学参考。

在研究过程中，得到了国家林业局科技司、四川省林业厅、中国林业科学研究院、攀枝花市林业局、凉山州林业局等单位领导的高度重视和支持，中国林业科学研究院老前辈科学家彭镇华先生、江泽慧教授（现国际竹藤中心主任）给予了悉心指导和支持，在此深表感谢！同时，中国林业科学研究院张旭东研究员、王成研究员、北京林业大学周金星教授以及四川省林业科学研究院研究团队陈秀明研究员、蒋俊明研究员、王鹏高级工程师、何亚平助理研究员、徐嘉博士、孟长来助理研究员等积极地参与和无私地帮助，谨此致以最诚挚地感谢！

作 者

2019 年 12 月

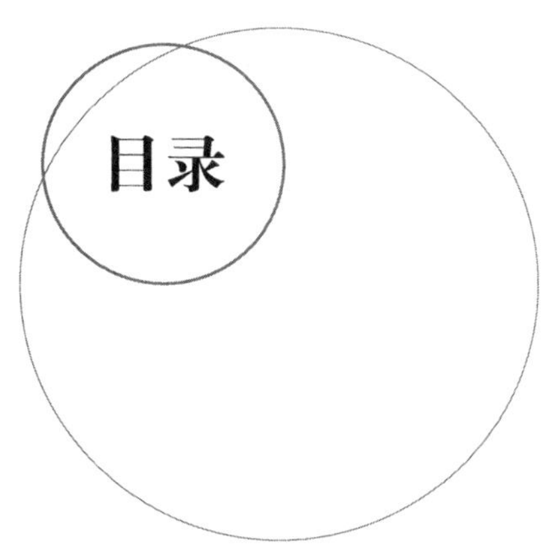

目录

第一章

生态修复概述

第一节　生态修复相关概念

生态环境是人类社会经济可持续发展的基础，良好的生态是人类生存和生活的必要条件之一。工业革命以来，随着人口的增加和工业化的发展，资源环境的开发利用达到空前的强度，在推动全球社会经济进步的同时，也导致生态系统遭受不同程度的破坏，带来了诸如森林减少、湿地萎缩、生物多样性丧失等一系列严重的生态系统退化问题，对生物圈的演化产生了重大影响，严重制约了人类社会经济的可持续发展，甚至危及人类自身的安全，生态问题从未像现在这样突出地呈现在人们面前，考验着人类的智慧。生态环境退化问题已经成为维持人类生存和社会经济可持续发展的严重威胁。如何整治日趋恶化的生态环境，防止自然生态环境的退化，有效处理和解决全球生态系统退化问题，恢复和重建已经受损的生态系统原有结构和功能，是改善生态环境、提高区域生产力、实现可持续发展的关键，已经成为全球全人类面临的共同课题。

20 世纪 60 年代以来，全球变化、生物多样性丧失、资源枯竭以及生态破坏和环境污染等已严重威胁人类社会的生存和发展。近几十年来，人口急剧增长、社会经济发展和资源的高强度开发等引起的人为干扰胁迫是一个全球性的问题，直接或间接导致了生态系统的退化，其最明显的标志是生态系统初级和次级生产力降低、生物多样性减少或丧失、外来物种入侵、生态破坏、环境恶化等(Naeem et al.，1995；韩兴国，1995；Foster et al.，1997；Clapin et al.，1998；刘照光等，1994，1995，1997；包维楷等，1998；Rapport & Whitford，1999)。近十多年来，退化生态环境的恢复与重建已成为当前生态学研究的热点之一。

由于退化、破坏和损害(统称为“退化”)减少了生态系统的范围，其生物多样性、功能和应对干扰的能力也被削弱。虽然保护尚存的完整生态系统对于保护自然和文化遗产至关重要，但鉴于退化的程度已经发生并继续扩大，现在仅仅是保护显然不够。为了确保生态系统服务和产品的可持续性流动，全世界必须努力通过投资于包括生态恢复在内的环境修复活动，以确保当地生态系统的范围和功能都能取得净收益。2010 年联合国《2030 可持续发展议程》可持续发展目标为，“保护、恢复和促进陆地生态系统的可持续利用，可持续地管理森林，防治荒漠化,制止和扭转土地退化,制止生物多样性丧失”。“生物多样性公约”的《2011—2020 年生物多样性战略计划》目标是到 2020 年恢复 15%的退化生态系统,以减轻气候变化的影响和防治荒漠化。因此,如何保护现有的自然生态系统,整治与恢复退化的生态系统,重建可持续的人工生态系统,成为当今人类面临的重要任务。

有关生态恢复(或者退化生态系统恢复)的文献中科学术语很多,常见的主要有:恢复(restoration);改造或改良(reclamation);植被恢复(revegetation);改进(enhancement);修补(remedy);更新(renewal);以及修复(rehabilitation);生态发展(ecodevelopment);生态重建(ecosystem reconstruction);可持续发展(sustainable deveolpment);栖息地缓解(habitat mitigation)等等(Falk et al.,1996)。这些术语的共同之处都包括“恢复与发展”的内涵,即使原来受到干扰或者损害的系统恢复后使其持续发展,并为人类持续利用。但它们也有所区别。常用的主要有:

恢复(restoration)指对受到干扰、破坏的东西修复使其尽可能恢复到原来的状态。显而易见,对那些古建筑物、字画等比较小而又具体的东西来说比较容易恢复,但对于生态系统或区域生态环境来说,这是件既昂贵又需要很长时间才有可能完成的工作,特别是对那些尺度较大的生态系统及景观尤其如此。

改造或改良(reclamation)指将被干扰和破坏的生境恢复到使它原来定居的物种能够重新定居,或者使与原来物种相似的物种能够定居。这个术语被大多数土壤学家所应用,尤其在恢复被盐碱化的土地为农田的研究领域。目前,在矿区地表恢复中也常用这个术语。

修复(rehabilitation)指根据土地利用计划,将受干扰和破坏的土地恢复到具有生产力的状态,确保该土地保持稳定的生产状态,不再造成环境恶化,并与周围环境的景观(艺术欣赏性)保持一致。日本学者多用“生态修复”,认为生态修复是指外界力量受损生态系统得到恢复、重建和改进(不一定是与原来的相同)。这与欧美学者“生态恢复”的概念、内涵类似。

植被恢复(revegetation)是指尽量恢复一个生态系统的任何部分和功能,恢复到其原来的植被类型。比如将已开垦的草场从农田恢复到草地。

有如此多的术语,一方面说明恢复生态实践较多,针对不同的实际问题采用不同的术语;另一方面说明从术语到概念尚需规范和统一。

从目前应用较多,且重要的有环境修复、环境生态修复、生态恢复、植被恢复等。环境生态修复起源于环境修复,生态恢复又受环境生态修复的影响,植被恢复又是生态恢复的前提。

1 环境修复

环境修复是对被污染的环境采取措施使污染物浓度降低到未污染前的状态。早期的环境修复主要采用工程技术手段,以后采用物理和化学手段。20 世纪 20 年代开始,德国、美国、英国、澳大利亚等国家对矿山开采扰动受损土地进行恢复和利用,逐渐形成土地复垦技术,包括农业、林业、建筑、自然复垦等,实际是土壤环境修复的范畴。此后,联合国教科文组织“人与生物圈计划(MAB)”的中心议题与宗旨,就是运用生态学的方法,研究人与环境的关系,特别是人类活动对生态系统的影响,以及在人类活动影响下资源的管理、利用与恢复(康乐,1990;陈昌笃,1993)。1972 年美国尝试采用微生物生命代谢活动降解管线泄漏造成的汽油污染,1989 年对 Exxon Valdez 油轮泄油造成污染的阿拉斯加海海面进行修复(阿拉斯加研究计划),从而出现了环境微生物修复技术,后来出现了环境植物修复技术,最终形成了环境生物修复技术。环境生物修复被定义为利用生物生命代谢活动降解被污染环境的污染物,并使之无毒化和无害化。

2 环境生态修复

20 世纪 60 年代,美国生态学家 H. T. Odum 提出生态工程概念。受此启发,欧洲、北美洲等开展了一些工程与生物措施相结合的矿山、水体和水土流失等环境恢复和治理工程,形成所谓"生态工程工艺技术"。实际属于清洁生产的范畴,是一种环境生态修复。随着生态学与环境生态学的发展,20 世纪 90 年代美国、德国等国家提出通过生态系统自组织和自调节能力来修复污染环境的概念,并通过选择特殊植物和微生物,人工辅助建造生态系统来降解污染物,这一技术被称为环境生态修复技术。由于生态系统的复杂性,该技术至今还不成熟,国外的环境生态修复也只是对轻度污染陆地的环境修复,最典型的事例就是通过湿地自调节能力防治污染。1979 年我国生态学家马世骏尝试应用生物净化原理进行污水处理研究(环境生物修复技术层次),并由此提出生态工程概念。20 世纪 80 年代后随着土地复垦、恢复生态学、环境生态学的发展,许多学者开展这方面的研究,并形成与生态修复有关的两个领域:一是我国环境保护领域的污染环境生态修复工程技术,二是在农、林、水、自然保护领域内形成的生态工程技术。这两个方面的研究开始相互交叉渗透,形成具有中国特色的生态工程技术。

3 生态恢复

1935 年,Leppold 等在美国 Madison 的一块废弃地上种植草地取得成功才使人们认识到把过度放牧、侵蚀等致损因素造成的废弃地恢复到原来的草原、森林在理论和技术上都是可能的(Richard,1996)。此后,长期未被重视。这个一片草场的恢复是真正意义上最早开展恢复生态学实验(Jordan et al. ,1987)。直到 1966 年英国的南威尔士阿贝芬矿区发生灾难之后,才引起人们的极大关注。20 世纪 70 年代后,受生态工程学术思想的影响,学术界才对受损生态系统的改良、恢复与重建开始较为系统研究,从土壤环境修复和生产力恢复层面上升到了生态系统恢复层面,基本内涵就是在人为辅助控制下,利用生态系统演替和自我恢复能力,使被扰动和损害的生态系统(土壤、植物和野生动物等)恢复到接近于它受干扰前的自然状态,即重建该系统干扰前的结构与功能有关的物理、化学和生物学特征。

1975 年,"受损生态系统的恢复"国际会议在美国弗吉尼亚工学院召开,此后,英美等国创刊恢复生态学的杂志,生态恢复被列为当时最受重视的生态学概念之一。将恢复生态学作为生态学的一个分支进行系统研究,是 1980 年 Cairns 主编的《受损生态系统的恢复过程》一书出版以来才开始的,该书阐述受损生态恢复过程中主要生态学理论和应用问题。1983 年在美国召开了"干扰与生态系统"(disturbance and ecosystem)国际研讨会,探讨了干扰对生物圈、自然景观、生态系统、种群和生物种的生理学特性的影响。1985 年 Aber 和 Jorban 两位英国学者提出了"恢复生态学"的术语,并出版了有关恢复生态学研究的论文集,1987 年 Jordan 等主编了第一本生态恢复研究专著(*Restoration Ecology*),同年国际恢复生态学会成立,标志着恢复生态学学科的形成。1989 年在意大利召开的第 5 次欧洲生态学研讨会上把生态系统恢复作为该次会议讨论的主题之一。1991 年在澳大利亚召开了热带退化林地的恢复国际研讨会。1992 年《恢复生态学》(*Restoration Ecology*)杂志在美国创刊发行。1993 年,英国学者 Bradshaw 发表了 *Restoration Ecology Science* 一文,确立了恢复生态学的学科地位及其在退化生态系统恢复中的理论意义。1994 年在英国曼彻斯特举行第六届国际生态学大会,将生态恢复作为 15 个现代生态议题之一。1996 年在瑞士召开了第一届世界恢复生态学大会,强调恢复生态学在生态学中的地位,恢复技术与生态学的联系。同年,美国生态学年会把恢复生态学作为应用生态学的五大研究领域之一。1997 年,著名刊物《科学》(*Science*)上连续刊载了 7 篇关于生态恢复的论文,1998 年美国生态学会年会大会主题发言均涉及恢复生态学研究的核心内容,在大野(Nagano)召开的国际植被科学学会 2000 年大会(International Association of Vegetation Science 2000 Congress)也将恢复生态学列为第一主题。2001 年在加拿大尼亚加拉瀑布城召开的第十三届国际恢复生态学大会,以"跨越边界的生态恢复"为科学主题,会议焦点集中在世界著名的"大湖(great lake)"区域的生态恢复的实例研究。大会所追求的目的是致力于在更大空间尺度上的有应用意义的"跨越边界的生态恢复",建立协作关系并发挥其作用,从而实现成功的生态恢复。

目前,国际上对生态(系统)恢复尚无统一的概念,但研究内容和技术已被广泛地接受。目前,归纳起来有三种观点,第一类观点强调恢复的最终状态。如 Cairns(1995)认为生态恢复是使受损生态系统的结构和功能恢复到受干扰前状态的过程;Egan(1996)认为生态恢复是重建某区域历史上曾有的植物和动物群落,而且保持生态系统和人类的传统文化功能的持续性的过程(Hobbs,Notorn,1996)。事实上,上述定义的理想(最终)状态是很难实现的。第二类观点强调恢复的生态学过程。一些学者认为生态恢复是有关理论的一种"严密验证(acid test)",它研究生态系统自身的性质、受损机理及修复过程;Harper(1987)认为生态恢复是关于组装并试验群落和生态系统如何工作的过程;目前我国许多学者均采用余作岳、彭少麟(1996)提出的定义。第三类观点是国际恢复生态学会的最终定义(Jackson et al. ,1995),强调恢复的生态整合性,生态恢复是修复被人类损害的原生生态系统的多样性及动态的过程;生态恢复是维持生态系统健康及更新的过程;生态恢复是研究生态整合性的恢复和管理过程的科学,生态整合性包括生物多样性、生态过程和结构、区域及历史情况、可持续的社会实践等广泛的范围。

4 植被恢复

植被恢复是恢复生态学研究的首要工作,因为几乎所有的自然生态系统的恢复,总是以植被的恢复为前提的。

世界上对退化生态系统恢复方面的研究已经进行了多年,也取得了相当的成就。重点集中于退化草地生态系统、退化森林生态系统、退化水生生态系统以及侵蚀坡地、矿业废弃地和盐渍地等。主要从植被自然演替规律、人工恢复的方法以及演替与生物多样性的关系等几个方面展开了研究。

在退化草地生态系统恢复方面,重点探明了人为不合理的活动如过牧、开垦、旅游等对草原的破坏,并根据具体情况提出了草地恢复技术。如冯富堂等经过 5 年灌草结合治理沙地的种间试验,指出采取灌草相结合固沙,是典型草原区治理沙地行之有效的措施之一。Gaynor 指出,因地制宜地进行松土、浅耕翻等改善土壤结构、增施肥料、补播乡土优良牧草增加植被恢复速率、合理放牧等,也是有效的人工促进恢复措施。研究指出,以调蓄水系统为核心的综合生物治理措施是干热退化生态系统重建中最有效的治理措施之一。

在退化森林生态系统恢复方面,研究的范围较广。中科院在全国建立了多处森林生态系统定位站,对森林生态系统的结构、功能和受损后的修复等做了大量试验研究。近期已开始对天然林保护和次生林恢复开展研究工作。对于退化水生生态系统的恢复,Middleton 指出,应根据不同湿地选择最佳位置重建湿地生物群落。且沉水植物为主体的植被结构较优良，且沉水植被重建后，一些原已消失的种类重新出现，原生动物种类增加，密度降低，多样性指数增高，优势种类由固着种类取代浮游种类，趋向稳定。对于裸露坡面土壤侵蚀的防治不能只靠植被自然恢复过程，应积极采取其他措施防止土壤侵蚀，强调了人工恢复的重要性。在矿山废弃地的植被恢复方面应用了生物恢复技术。

第二节 生态修复的概论

修复的本意是对错误和缺陷进行纠正的作用或过程，修复最早从污染环境治理角度被定义为借助外界作用力使某个受损的特定对象部分或全部恢复到原初状态的过程。而作为生态修复，当前国内外学者对"生态修复"的理解和界定并不统一，有"ecological restoration""ecological rehabilitation""ecological remediation"等，国内学者一般称之为"生态恢复"或"生态修复"，除此之外还有"生态重建""生态恢复重建"等。虽然在涵义上有所区别，但是都具有"恢复和发展"的内涵，即使原来受到干扰或者损害的系统恢复后使其可持续发展，并为人类持续利用。

1 生态修复的概念

目前学术上用得比较多的是"生态恢复"和"生态修复"，都有"生态"这个关键词，生态包含了有生命的主体（包括人类）与无生命的客体（环境）的总和。研究有机生命体与无机环境关系的学科称为生态学；研究生命体以外的无机环境的学科称为环境学。生态恢复、生态修复的研究与实践都离不开环境学和生态学。

从一般意义上理解，生态修复是在生态学原理指导下，以生物修复为基础，结合各种物理修复、化学修复以及工程技术措施，通过优化组合，使之达到最佳效果和最低耗费的一种综合的修复污染环境的方法。因此，生态修复研究的起源可以追溯到100年前的环境修复。

20世纪50~60年代，全球范围内的资源过度开发引发了严重的生态危机，欧洲、北美洲开展了一些工程与生物措施相结合的矿山复垦、水土流失治理、森林恢复等包涵生态修复在内的生态系统恢复工程，并取得了一定成效。直至20世纪90年代，随着生态学、环境生态学、恢复生态学的发展，生态修复受到美国、英国、法国等发达国家的广泛重视，并提出了许多生态修复技术。2002年，国际生态恢复学会提出，生态恢复（ecological restoration）是协助已退化、损害或彻底破坏的生态系统恢复、重建和改善的过程。该提法基本达成了国际学界对生态恢复的共识，也在一定程度上促进了生态修复理论和实践的发展。如今，生态修复工作在全球仍处于快速推进阶段，退化生态系统的恢复正成为陆地和水生环境自然资源管理的一个重要焦点。

中国相关生态修复的内容和对象常以污染水体、污染土壤、植被恢复、矿山复垦等为主，传统的环境污染治理、国土综合整治等都融入了生态系统恢复的内容，但多数都是以某一具体的、特定的小范围展开，亦稍有扩展至小流域的完整自然地理单元层面。

自20世纪80年代以来，已陆续开展了诸多水土污染治理、土地复垦等生态修复工程实践，但直至21世纪初，一直未能受到学者、政府以及民众的足够重视。随着中国生态系统退化问题的日益凸显，近十年来，中国的生态修复事业也有了跨越式的发展，以生态文明建设为战略平台,在环境保护领域的污染修复治理和农、林、水、自然保护等领域的生态工程建设都逐渐从理论走向实践,并取得了一定的实际成效。

2016 年(国际)生态修复学会成立,并发布了《生态修复实践国际标准》,提出生态修复是保护生物多样性和改善人类福祉的一种手段,通过在人、生物多样性、生态系统和气候之间建立健康的关系,推进生态修复的科学、实践和政策。

生物学研究人员多用“生态恢复”,环境学研究人员多用“生态修复”。

从狭义上讲,生态恢复是对生态系统的恢复,包括生物与环境两个方面,相对注重生物方面,偏重于生物措施,如植被恢复、生物多样性恢复等。强调的是恢复过程中充分发挥生态系统的自组织和自调节能力,即依靠生态系统自身的“能动性”促使已受损生态系统恢复为未受损时的状态。生态修复是由环境修复逐步演变发展起来的对生态系统的修复,注重环境方面,偏重于工程措施,如环境污染生态修复、工程创面生态修复等。生态修复强调将人的主动治理行为与自然的能动性结合起来,以使生态系统修复到有利于人类可持续利用的方向。

众多研究与实践表明,生态恢复或生态修复,是恢复生态学理论在实际中的具体应用,是生态恢复与重建中的一个重点内容。

目前,随着环境问题在国内外备受关注,甚至把影响环境的所有因素都涵盖进去,主要从广义上界定生态修复。有学者提出,生态修复是指以受到人类活动或外部干扰负面影响的生态系统为对象,旨在使生态系统回归其正常发展与演化轨迹,并同时以提升生态系统稳定性和可持续性为目标的有益活动的总称。此外,生态系统的发展通常是表现出一种动态的平衡状态,修复的是一条被中断的生态轨迹,通过减少人类活动的影响,使整个生态系统恢复到更为自然或原始状态。

从目前比较认可的概念看,广义的生态修复是指对生态系统停止人为干扰,以减轻负荷压力,依靠生态系统的自调节与自组织能力使其向有序的方向进行演化,或者利用生态系统的这种自我恢复能力,辅以人工措施,使遭到破坏的生态系统逐步恢复或使生态系统向良性循环方向发展;主要指致力于那些在自然突变和人类活动影响下受到破坏的自然生态系统的恢复与重建工作。这个概念基本包涵了环境修复、环境生态修复、生态修复以及生态重建等内容。

简单地说,生态修复主要对受人为活动干扰和破坏的生态系统进行生态恢复和重建,是根据生态学原理进行的人工设计,充分利用现代科学技术,充分利用生态系统的自然规律,实现自然、经济、社会效益的有机统一。

2 生态修复的理论基础

从广义的生态修复来说,其理论基础涉及很多相关理论,包括生态学、环境学、恢复生态学、景观生态学、生态系统健康学说、系统工程理论、人地关系论等,但其中最重要的理论基础是恢复生态学、系统工程理论、景观生态学、人地关系论及生态系统健康。

2.1 恢复生态学

恢复生态学是研究生态系统退化的原因、退化生态恢复与重建的技术与方法、生态学过程与机理的科学(Cairns,1995;Lewis,1989;余作岳,彭少麟,1996)。它是现代生态学的年轻分支学科之一。恢复生态学最早是由西欧学者提出的。它的出现有着强烈的应用生态学背景,因为其研究对象是那些在自然灾变和人类活动压力下受到破坏的生态系统。因此,恢复生态学在一定意义上是一门生态工程学(ecological engineering)或生物技术学(biotechnology)(陈昌笃,1993)。恢复生态学与生态学分支(如遗传生态学、种群生态学、群落生态学、生态系统生态学、景观生态学、保护生态学等)(余作岳等,1996)以及生物学、土壤学、水文学、农学、林学、工程与技术学、环境学、地学、经济学、社会伦理学等学科紧密相连。恢复生态学是一门以基础理论和技术为软硬件支撑的多学科交叉,多层面兼顾的综合应用学科。基础理论包括:①生态系统的结构(包括生物空间组成结构、不同地理单元与要素的空间组成结构及营养结构等)、功能(包括生物功能,地理单元与要素的组成结构对生态系统的影响与作用,能流、物流与信息流的循环过程与平衡机制等)及生态系统的内在生态学过程与相互作用机制(赵柱久,1995);②生态系统的稳定性、多样性、抗逆性、生产力、恢复力与可持续性;③先锋与顶级生态系统发生、发展机理与演替规律(赵柱久,1995);④不同干扰条件下生态系统的受损过程及其响应机制;⑤生态系统退化的景观诊断及其评价指标体系;⑥生态系统退化过程的动态监测、模拟、预警及预测;⑦生态系统健康。

目前,生态恢复技术研究的领域进一步拓宽。国外恢复生态学主要研究森林、草地、灌丛、水体等生态系统在采矿、道路建设、机场建设、放牧、采伐、山地灾害、工业大气及重金属污染等干扰体系的影响下退化和自然恢复的机制和生态学过程,涉及植被、土壤、气候、微生物、动物等多方面,研究具有积累性好、综合性和连续性强的特点。目前多集中在大型矿区、大型建筑场地、森林采伐迹地、受损湿地等生态恢复方面,研究的焦点领域是土壤、野生动植物及其生物多样性恢复。

恢复生态学是门应用学科,根据恢复生态学的定义和恢复生产实践的要求,大致将恢复生态学研究的内容归纳为:①生物生境重建,主要是乡土植物生境恢复的程序与方法;②土壤恢复、地表固定、表土贮藏、重金属污染土地生物修补等;③植物自然重新定植过程(recolonization)及其调控技术,包括种子库动态及种子库自然条件下萌发机理、杂草的生物控制、生物侵入控制、植物对环境的适应、植物存活、生长与竞争;④微生物在恢复生态中的作用;⑤植被动态,重建生态系统植被动态,外来植物与乡土植物竞争关系;⑥生态系统功能(生产力、养分循环)恢复理论与技术;⑦干扰生态系统恢复的生态原理;⑧各类生态系统恢复技术,如干旱、沙漠、湿地、水生、矿区生态系统的重建;⑨恢复区管理与建立技术。

2.2 系统工程理论

1978 年,钱学森提出系统工程理论,这被认为是开创系统工程“中国学派”的奠基理论。

系统工程理论是应用系统学方法,首先是把要研究的对象或工程管理问题看做是一个由很多相互联系相互制约的组成部分构成的总体,然后运用运筹学的理论和方法以及电子计算机技术,对构成系统的各组成部分进行分析、预测、评价,最后进行综合,从而使该系统达到最优。系统工程学的根本目的是保证最少的人力、物力和财力在最短的时间内达到系统的目标,完成系统的任务。

根据系统工程理论,任何系统都具有以下几个重要特征:①系统性,强调整体效应大于各孤立部分之和,整体、系统地分析问题才能更为全面;②关联性,系统内部各要素之间、要素与外部环境之间,彼此相互联系、相互作用;③可控性,外部环境与系统内部的能量、物质、信息交换人为可控,并体现出系统的反馈功能和可调节特征。

生态修复同过去相对单一的生态修复工程相比,是一个庞大的系统工程,其对未来生态系统和社会经济系统的结构和组成将带来复杂的、难以预测的影响,任何一个简单或极端的生态修复行为均可能存在潜在的生态安全风险,生态系统的恢复也并非是各类技术手段或工程措施的简单累加,还需受到人类社会、经济、自然环境的多重影响和参与。生态修复需要系统整合不同学科理论与方法,综合交叉地理学、生态学、环境科学、资源科学、土壤学、水文学、保护生物学等自然科学以及相关的人文社会科学知识,通过对区域范围内生态要素的系统优化与全面调理,从而提升整体生态系统的服务功能及可持续性。

2.3 景观生态学理论

景观生态学作为尤为强调空间格局与生态学过程相互作用关系的一门学科,其等级理论、尺度效应、生态系统稳定性原理以及有关格局—过程—服务理论均可为国土空间生态修复提供重要的理论支撑。等级理论强调不同的生态学组织层次(如物种、种群、群落、生态系统、景观、区域等)分别具有不同的生态学结构和功能特征;尺度效应理论强调生态平衡在一定程度上是自然界表现出的某种与尺度(包括空间和时间尺度)相关的协调性,不同水平上的生态学问题与不同的空间范围及时间动态密切相关;而生态系统稳定性原理强调生态系统具有的结构与功能之间长期演替和发展的动态平衡特征;格局—过程—服务理论强调生态系统空间格局与生态系统内物质、能量、信息的流动和迁移过程之间的相互作用关系,将直接影响生态系统服务功能的发挥与人类福祉的裨益。

景观生态学一般原理:①景观结构和功能原理;②生物多样性原理;③物种流原理;④养分再分配原理;⑤能量流动原理;⑥景观变化原理;⑦景观稳定性原理。我国学者肖笃宁(1999)将景观生态学的核心概念总结为:景观系统整体性和景观要素异质性;景观研究的尺度性;景观结构的镶嵌性;生态流的空间聚集与扩散;景观的自然性与文化性;景观演化的不可逆性与人类主导性及景观价值的多重性。

景观生态学的应用:以景观分类评价和景观规划设计为基础,景观生态学已经在生物保护(自然保护区)、土地利用、全球变化、水土保持、土地复垦、森林防火、生态旅游和城市发展等领域得到了应用。随着管理需求不断趋向综合,大规模的生态修复工程正在成为景观生态学应用研究的新焦点。根据不同的生态系统、景观、区域、国家等级水平考虑在不同的空间尺度(分别相对应于村落、市县、省级、全国等)层次上进行,重点在实践中通过优化调控格局(空间结构)—过程(生态功能)—服务(人类惠益)关系,构建国土空间生态安全格局,提高生态系统稳定性,提升生态系统服务功能。

2.4 人地关系论

人地关系即地球表层人与自然的相互影响和反馈作用。从历史演变来看,人地关系经历了从萌芽到以土地为核心的一元化关系再到以土地、水、能矿等资源为核心的无序多元化关系以及现如今重新探索有序多元化人地关系的总体历程。人地关系论强调“人”既是人地关系的核心组成要素,又是人地关系的创造和推动者,人类活动在人地关系演变中承担着重要且主动的角色。生态系统蕴藏于自然地理环境之中,因而可以认为生态系统是人地关系中“地”这个要素的进一步理解和体现。人地协调论是人地关系论中的一个重要理论,其认为人地关系应以谋求自然环境与人类生活之间的和谐统一为目标。现代社会中的生态系统退化过程绝大部分源于人类的负面干扰活动影响,而健康的生态系统本可以为人类提供各类生态系统服务,提升人类福祉。人文系统和自然生态系统之间相互依存、相互制约,人类的有益活动同样可以积极影响和改善生态系统状况,扭转生态系统退化轨迹。

在未来的许多或大多数生态系统中,考虑到人类的干预足迹不断增加,人类因素对于生态系统的影响将是一个更为重要的方面。例如,Standish 等人认为针对城市的生态修复,可以积极引导人们主动参与到当地的生态系统修复互动中，从参与制定修复目标到恢复人与自然的联系，使人类自身能够感知到其作为自然的一部分而并非是远离自然的独自存在；Evans 等更是提出未来应加强自然生态系统修复与人类文化的融合，更准确地界定人类活动在自然界中扮演的多样化角色。因此，人地关系协同理论将是实现生态修复及可持续发展的另一重要理论支撑。

2.5　生态系统健康学说

生态系统健康学说是研究生态系统管理的预防性的、诊断性的和预兆性的特征，以及生态系统健康与人类健康之间关系的一门系统的科学。生态系统健康是 20 世纪 80 年代末在可持续发展思想的推动下，在传统的自然科学、社会科学和健康科学相互交叉和综合的基础上发展起来的一门新学科（McMichael，1997）。

生态系统是包含生态系统管理和环境管理的新方法，也是生态系统管理和环境管理的新目标。健康意味着结构功能正常。地球上生态系统功能的正常发挥是全球人类普遍关心的问题，也是一个主要的社会发展目标。1992 年联合国环境与发展大会的一个主要原则是保护地球生态系统的健康与完整性。从生态系统观出发，一个健康的生态系统是稳定的和可持续的：在时间上能够维持它的组织结构和自治，也能够维持对胁迫的恢复力。评价生态系统是否健康，可以从活力、组织结构和恢复力这 3 个主要特征来定义（Rapport，1998）。活力表示生态系统功能，可根据新陈代谢或初级生产力来测度，组织结构根据系统组分间相互作用多样性及数量来评价；恢复力也称抵抗能力，根据系统在胁迫出现时维持系统结构和功能的能力来评价，当系统保护超过它的恢复力时，系统立即跳跃到另一状态。根据人类利益，健康的生态系统能提供维持人类社区的各种生态系统服务，如食物、纤维、饮用水、清洁空气、废弃物吸收及再循环的能力等。因此，结合生态系统观和人类发展观来看，健康的生态系统能够维持它们的复杂性、稳定性，同时能满足人类发展的需要。

生态系统健康学最为关心的系统功能紊乱的辨识、诊断方案、有效指标的设计及健康评价系统，从这一点上讲，生态系统健康学更接近一门实践科学，有许多学科的科学问题体现在实践里。生态系统健康学另一关心的问题是生态系统功能的幅值，组织结构的符合能力，生态系统的恢复能力和生态系统的扩散能力，从这一点上它又是多学科的交叉学科，生态系统健康学强调以人类科学、医学、预防医学和环境科学、生物学、生态学的理论为基础（Ryder，1990）。生态系统健康同时也要关心社会的持续发展；关心人类生态系统、自然生态系统、社会生态系统和经济生态系统的协调性、耦合性，因此，社会科学、经济科学方面的理论也是生态健康学的理论基础。生态系统健康学的有关问题，必须综合自然科学、社会科学和健康科学等多门科学的理论发展才能得到解决。可见，生态系统健康学即是一门科学，又是科学的实践。

应用于生态系统健康管理的若干原理：①动态性原理（Axiom of Dynamics）；②等级性原理（Axion of Hierarchy）；③创造性原理（Axiom of Creativity）；④有限性原理（Axiom of Limitation）；⑤相关性原理（Axiom of Interrelation）；⑥脆弱积累性原理（Axiom of Fragility）；⑦多样性原理（Axiom of Diversity）。

此外，还遵循循环再生、和谐共存、整体优化、区域分异等生态学原理。

循环再生原理：生态系统通过生物成分，一方面利用非生物成分不断地合成新的物质，一方面又把合成物质降解为原来的简单物质，并归还到非生物组分中。如此循环往复，进行着不停顿的新陈代谢作用。这样，生态系统中的物质和能量就进行着循环和再生的过程。生态修复利用环境—植物—微生物复合系统的物理、化学、生物学和生物化学特征对污染物中的水、肥资源加以利用,对可降解污染物进行净化,其主要目标就是使生态系统中的非循环组分成为可循环的过程,使物质的循环和再生的速度能够得以增长,最终使污染环境得以修复。

和谐共存原理:在生态修复系统中,由于循环和再生的需要,各种修复植物与微生物种群之间、各种修复植物与动物种群之间、各种修复植物之间、各种微生物之间和生物与处理系统环境之间相互作用、和谐共存,修复植物给根系微生物提供生态位和适宜的营养条件,促进一些具有降解功能微生物的生长和繁殖,促使污染物中植物不能直接利用的那部分污染物转化或降解为植物可利用的成分,反过来又促进植物的生长和发育。

整体优化原理:生态修复技术涉及点源控制、污染物阻隔、预处理工程、修复生物选择和修复后土壤及水的再利用等基本过程,它们环环相扣,相互不可缺少。因此,必须把生态修复系统看成是一个整体,对这些基本过程进行优化,从而达到充分发挥修复系统对污染物的净化功能和对水、肥资源的有效利用。

区域分异原理:不同的地理区域,甚至同一地理区域的不同地段,由于气温、地质条件、土壤类型、水文过程以及植物、动物和微生物种群差异很大,导致污染物质在迁移、转化和降解等生态行为上具有明显的区域分异。在生态修复系统设计时,必须有区别地进行工艺与修复生物选择及结构配置和运行管理。

3 生态修复的内涵与内容

从上述概念可以看出,生态修复具有以下 4 个方面的内涵:

一是要恢复生态系统的结构,也就是恢复一个生态系统的完整性,即恢复物种多样性和完整的群落结构。

二是修复生态系统的功能,也就是恢复一个生态系统的健康以及周围环境的协调性。一个自然生态系统有它特有的生态功能。

三是恢复生态系统的可持续性,这包括两方面的内容:生态系统的抵抗能力、生态系统自我修复能力。

四是恢复生态系统的文化特质、人文特色。一个地方的文化源起于他的自然环境,文化遗产往往孕育于自然遗产。生物多样性和文化多样性是相辅相成的。

可见,生态修复或生态恢复,比生态保护更具积极含义,又比生态重建更具广泛的适用性,包括自然生态系统、人工生态系统。生态修复既具有恢复的目的性,又具有修复的行动意愿,在中国语境中越来越被广泛应用。

生态修复不能取代生态保护和生态建设,只是生态保护和建设中的一个重点内容。

地球上现存自然生态系统,包括森林、草原、荒漠、湿地、河湖水域、海洋,大多处在不同的退化阶段,因而,需要不同的对待和处置。

(1)一小部分自然生态系统仍处在比较原始的状态,它们大多处在开发较晚的国家和地区。一方面,由于人类生产和生活的需要,一部分原始生态系统(如原始森林、原始草原)仍将成为人类开发利用的对象。另一方面,由于人类社会生态意识的觉醒,对大部分原始生态系统实施或将要实施封闭式的保护,设立各种自然保护区或各种其他类型的保护地。

(2)相当一部分自然生态系统处于轻度退化的状态,如有些森林已残缺稀疏,或转变为天然次生林。对这些生态系统要在优先保护的前提下,加以适当的培育措施(抚育管理、促进更新等）进行生态保育或生态保护。

(3)有一部分自然生态系统已经受到较严重的损伤或破坏，如过伐、过牧、过垦导致生态系统结构和功能的严重退化。对这样的生态系统要采取较为强烈的修复措施，包括改造（如低效次生林改造）、改良（如草场改良）等措施，以改善生态系统的组成和结构。

通过各种保护（如禁伐、禁垦、禁牧、生物多样性保护）、保育和修复措施，达到生态系统的再植复原和恢复重建的目的。

在原来的自然生态系统已经彻底破坏消失的土地上，需要采取决然的重建或新建的措施，如退耕还林、退牧还草、退耕还湿、造林种草，以仿造重建原有的生态系统（如果可溯源的话）或新建适合于当地自然条件的新人工生态系统。

(4)在实际生活中，还有许多在人类社会发展中形成的新人工生态系统（城市、农田、工矿交通建设用地），由于种种原因其生态环境欠佳，需要人为改善。

这包括城市生态系统中的园林绿化、城市（郊）林业、建筑立体绿化及庭院内部绿化。农田生态系统的土壤改良和修复，生态农业、农林复合经营、农田防护林建设等。工矿及交通用地的矿山废弃地修复、采空塌陷地修复、工厂废弃地修复、厂区绿化、交通建设损害地修复、绿道建设、油气管线、高压线路建设用地的修复等。这里的修复含义中实际上包括大量的新建内容。

(5)在大尺度的生态系统，即景观、区域乃至全球层次则需要大范围的综合治理，包括土地利用调整和合理的生态格局维持在内。综合治理性质的生态建设活动如水土保持、荒漠化（石漠化）防治、生物碳汇增储等。

所有这些生态活动统归于一个大项目之下，可称之为“生态保护和建设”，它与环境保护、资源节约一起成为生态文明建设的三块基石。

因此，可以看出，生态修复作为生态保护和建设的重点内容，不仅包括森林、草原、湿地、农田等生态系统的生态修复，还包括城市生态系统、生态廊道的生态修复，还有工程创面生态修复、荒漠化（石漠化）治理以及区域生态综合治理等内容。

4　生态修复的要求与措施

生态修复必须根据生态文明建设的理念和要求来确定其行事准则。《生态文明体制改革总体方案》中明确指出：“以建设美丽中国为目标，以正确处理人与自然关系为核心，以解决生态环境领域突出问题为导向，保障国家生态安全，改善环境质量，提高资源利用效率，推动形成人与自然和谐发展的现代化建设新格局。”同时，要树立六大理念，即尊重自然、顺应自然、保护自然的理念；树立发展和保护相统一的理念；树立绿水青山就是金山银山的理念；树立自然价值和自然资本的理念；树立空间均衡的理念；树立山水林田湖草是一个生命共同体的理念。

生态修复针对突出的生态问题采取行动，是为了保障生态安全，促进人和自然的和谐；生态修复要坚持节约优先、保护优先、自然恢复为主的基本方针。在《加快推进生态文明建设的意见》中，又专门加上了“在生态建设和修复中以自然修复为主，与人工修复相结合”这样较为全面的诠释，意义深远。

生态修复要为自然资本增值，全面增进生态系统的服务功能（供给、调节、支持、文化）；要维护好山水林田湖草这个生命共同体，按照系统论的观念进行综合治理。

生态修复有五条措施：

第一是生态红线的划定；

第二是合理的区域发展格局（功能区划）；

第三是区域土地利用方向和布局的调整，形成农、林、草、漠、泽、水与城市、交通、工矿之间的合理布局。

以上这三条是前提。

第四是以保护优先，充分尊重自然规律，发挥自然恢复的潜力。封山育林、育沙育草、补水保湿。

第五是自然恢复与人工修复相结合。根据治理对象的具体情况，分别采取有针对性的人工治理措施。如造林（植灌）、种草、人工促进天然林更新，林下或林隙引入混交树种（草种）、抚育管理（修枝、除蘖、割灌、间伐、补植或补播、复垦）；必要时的合理采伐更新（或更替树种）；必要的工程措施，如水土保持措施（整地、修梯田、治沟等）；设置机械沙障固沙等；辅以病虫鼠害防治及防火措施。

5 生态修复相关实践

全球性的森林大面积消失、土地沙漠化扩展、湿地不断退化、物种加速灭绝、水土严重流失、严重干旱缺水、洪涝灾害频发、全球气候变暖等生态危机，影响人类生存和发展。拯救生态危机，世界各国的专家给出了共同的答案：生态修复。核心是对生态系统停止人为干扰，利用生态系统的自我恢复能力，辅以人工措施，使遭到破坏的生态系统恢复或向良性循环方向发展。

生态修复可分为面上治理、工程治理、综合治理等多种措施。实施大规模、高标准的重大生态修复工程不仅见效快、而且更彻底，成为世界很多国家治理生态危机的主要方式。

（1）国外　1934 年 5 月，美国中西部大草原发生了一场特大黑风暴，对农田和牧场造成了巨大损失。从 1935 年起，美国实施大草原各州林业工程，历时 8 年，史称“罗斯福工程”，有效遏制了美国中部 6 州草原“黑风暴”高频爆发等生态问题，成为生态工程建设史上的典范。1949 年开始实施的斯大林改造大自然计划、1970—1990 年实施的非洲五国绿色坝工程，以及 1990—2000 年实施的加拿大绿色计划、1954 年至今的日本治山计划、1965 年至今的法国林业生态工程和 1973 年至今的印度社会林业计划，在治理生态方面取得了显著成效。

（2）国内　1978 年，我国启动了世界上建设规模最大、至今 40 余年的三北防护林建设工程。1998 年长江、松花江、嫩江发生特大洪水后，党中央、国务院决定实施退耕还林工程、天然林资源保护工程。其中，国家实施了长江防护林工程、珠江防护林工程、平原农田防护林工程、沿海防护林工程、京津风沙源治理工程、太行山绿化工程、石漠化综合治理工程、绿色通道工程、湿地保护与恢复工程、野生动植物保护及自然保护区建设工程、三江源生态保护和建设工程、重点地区速生丰产用材林基地建设工程、林业血防工程等重点生态工程，并取得了举世瞩目的伟大成就。

6 发展趋势

目前，我国生态修复在外延上可以从四个层面理解。第一个层面是污染环境的修复，即传统的环境生态修复工程概念。第二个层面是小规模人类活动或完全由于自然原因（森林火灾、雪线上升等）造成的退化生态系统的修复，即人口分布稀少地区的生态自我修复。第三个层面是大规模人为扰动和破坏生态系统（非污染生态系统）的修复，即开发建设项目的生态修复。第四个层面是大规模农林牧业生产活动破坏的森林和草地生态系统的修复，即人口密集农牧业区的生态修复，相当于生态建设工程或生态工程。

在生态修复研究方面，未来的研究趋势：

一是生态修复广度、深度不断拓展，逐步向城市、城乡人居生态环境修复拓展，逐步由生态型向提质增效型转变。

二是以大工程推动生态修复，实施大工程、大项目开展流域综合治理、区域整体治理已成为新常态。

三是生态修复科技创新不断加强，工程措施、生物措施、联合修复技术、综合治理等创新、集成示范，推动生态修复质量提升。

四是生态产业化持续巩固生态修复成果，已成为生态修复的新方向。

五是生态修复与社会、人文整合的趋势显现，通过政府、民众、生态工作者的充分合作、创新模式机制推动生态修复研究与实践，通过生态、经济、社会活动与局域生态系统、乡村生态系统、城市生态系统的交互作用，实现生态修复的目的，其作用更巨大，影响更深远，效果更明显。

从上述情况看，目前我国在政府文件中多采用“生态修复”，更强调生态与环境的修复，在学术界多采用传统的“生态恢复”，两者的目标是一致的。

第二章

中国西部脆弱生态区概述

国家发展和改革委员会提出的“中国西部大开发”所指的西部区包括:陕西、甘肃、青海、宁夏、新疆、内蒙古、四川、重庆、云南、贵州、西藏和广西12个省(自治区、直辖市)。

西部地区的人口是全国人口的22%,土地面积占国土面积的56%,其中耕地面积占全国的27.7%,草地面积占全国的60%,水资源年均总量占全国的46.6%,加上丰富的光照资源,西部地区已经成为我国棉花、烤烟、水果、花卉等产品的主要生产基地。

西部地区是长江、黄河等大江大河的发源地,是中东部地区重要的生态环境屏障,其战略地位极其重要。实施西部大开发,加快中西部地区发展战略,是党中央贯彻我国现代化建设“两个大局”的战略思想,面向新世纪所做出的重大决策。但是,西部地区因为数千年来无数次的战乱、灾害和人为破坏,以及中华人民共和国成立以来大规模的垦殖与开发,自然环境不断恶化,水土流失十分严重,干旱和荒漠化问题突出,人类生存环境越来越恶劣,自然灾害频率不断加剧。西部地区脆弱的生态环境不仅阻碍西部经济进一步发展,而且已经成为未来民族生存环境的重大隐患。

1　西部地区生态环境脆弱

所谓的脆弱生态环境,是指生态环境退化超过了现有社会经济和技术水平条件下能长期维持目前人类利用和发展的水平。根据国家“八五”攻关项目“中国脆弱生态环境综合整治研究”成果,对脆弱生态环境的定量综合评价,可以得出全国各省区生态脆弱程度的排序。赵跃龙等根据一套含有11项指标的脆弱生态环境评价体系,对不包括京津沪和海南省的全国26个省份进行了定量评价,将各省份分为极强脆弱区、强度脆弱区、中度脆弱区和轻度脆弱区四类。结果表明,从东部到西部,生态脆弱程度明显呈加强趋势。东部地区除河北和辽宁分别属于强度和中度脆弱省份,其余省份均属于轻度脆弱省区;而西部地区除广西为中度脆弱省份,其余均为强度和极强脆弱省份,全部8个极强脆弱省份中,西部地区占据了7个,宁夏、西藏、青海、甘肃和贵州是全国生态最为脆弱的5个省份;中部地区大部分省份属于中度和强度脆弱省份,生态脆弱程度介于东西部之间,可以看作东西部之间的过渡地带(表2-1)。

西部地区自然生态极端脆弱。西北的主要症结在于干旱,西南的问题在于喀斯特和多山。中国四大生态脆弱带,即高寒、沙漠、黄土、喀斯特多分布在西部地区。西部绝大部分省份位于生态脆弱区。目前西部地区的生态环境状况为:普遍脆弱、局部改善、总体恶化。西部水土流失面积占全国的80%,沙化面积占全国的99%,草原“三化”面积(退化、沙化、盐碱化)占全国的93.2%。大于25°的坡耕地占全国的70%,石漠化面积占全国绝大部分(赵跃龙,1999)。

表2-1 全国26个省区生态脆弱度

生态环境类型	东部	中部	西部
轻度脆弱省份	广东(0.1647) 浙江(0.2017) 江苏(0.2072) 山东(0.2575) 福建(0.3123)	湖南(0.3418)	
中度脆弱省份	江西(0.4137) 黑龙江(0.4314) 辽宁(0.4400)	湖北(0.4766) 吉林(0.5248) 安徽(0.5380)	广西(0.4507)
重度脆弱省份	河北(0.6204)	河南(0.5893)	云南(0.5925) 内蒙古(0.6186) 四川(0.6285) 新疆(0.6537) 陕西(0.6613)
极度脆弱省份		山西(0.6927)	贵州(0.7153) 甘肃(0.7821) 青海(0.8045) 西藏(0.8329) 宁夏(0.8353)

注:不包括京津沪和海南省及港、台、澳地区,括号内为生态脆弱度计算值,根据一套含有11项指标的脆弱生态环境评价体系求出,据此将26个省区分为极强脆弱区、强度脆弱区、中度脆弱区和轻度脆弱区四类。

资料来源:赵跃龙. 中国脆弱生态环境类型分布及其综合整治[M]. 北京:中国环境科学出版社,1999.

2 西部地区面临的主要生态环境问题

西部地区生态环境非常脆弱,人类活动诱发的生态环境问题日趋严重。从总体上看,我国西部地区面临着四大生态环境问题,第一是严重的水土流失,第二是土地荒漠化加剧,第三是水资源短缺,第四是植被破坏、森林和草原退化。

2.1 水土流失严重

我国是世界上水土流失最严重的国家之一,每年流失土壤50亿t,占世界总流失量(600

亿 t)的 1/12,每年的入海泥沙量约 20 亿 t,占世界陆地入海泥沙量(240 亿 t)的 1/12。据联合国《世界资源》统计,黄河和长江的年输沙量分别占世界九大河流的第一位和第四位。根据水利部遥感调查,全国土壤侵蚀面积为 492 万 km^2,占国土面积的 51.6%,其中有 410 万 km^2 分布在西部,占全国总量的 83.3%,西部地区土壤侵蚀面积占国土比重高达 60.56%(表 2-2)。全国 30 个省区中(不包括重庆),水力侵蚀面积超过 10 万 km^2 的省区有 7 个,除中部的山西外,其余六省区均在西部,即四川、内蒙古、云南、陕西、新疆、甘肃(表 2-3)。

表 2-2 中国西部地区土壤侵蚀现状

侵蚀类型	全国侵蚀面积(万 km^2)	占国土比例(%)	西部侵蚀面积(万 km^2)	占国土比例(%)
水力侵蚀	179	18.81	104	15.36
风力侵蚀	188	19.67	182	26.88
冻融侵蚀	125	13.13	124	18.32
总侵蚀	492	51.63	410	60.56

资料来源:解明曙等.防治国土灾害是我国西部地区经济发展战略的决策基础//中国科技协会编. 中国西部地区经济发展战略研究[M]. 北京:测绘出版社,1996.

表 2-3 全国各省区水力侵蚀面积

东部	侵蚀面积(km^2)	中部	侵蚀面积(km^2)	西部	侵蚀面积(km^2)
辽宁	63715	吉林	24097	广西	11143
北京	4929	黑龙江	11260	内蒙古	158101
天津	403	安徽	28853	四川	184154
河北	58086	江西	45653	贵州	76682
山东	50373	河南	64755	云南	144470
上海	0	湖北	68484	西藏	62057
江苏	9162	湖南	47157	陕西	120404
浙江	25708	山西	107730	甘肃	106936
福建	21130			青海	40060
广东	11381			宁夏	22897
海南	455			新疆	113843
总侵蚀面积	245342	总侵蚀面积	290259	总侵蚀面积	871503
相对比重(%)	17.4	相对比重(%)	20.6	相对比重(%)	61.9

数据来源:国家环保局南京环境科学研究所,中科院生态环境研究中心.中国生态破坏现状报告[M]. 北京:中国环境科学出版社,1997.

水土流失在西部地区主要表现为:西北地区的风蚀、西南地区的水蚀和青藏高原的冻融侵蚀。水力侵蚀以黄土高原和长江中上游地区最为严重。黄土高原水土流失面积 45 万 km^2,约占总面积的 70%,是黄河泥沙的主要来源地,也是世界上水土流失最严重的地区。长江中上游地区水土流失面积为 55 万 km^2,占总面积的 35%,不但使当地土层日趋贫瘠,不少地区因土地"石化"而丧失基本生存条件,而且造成江河湖泊泥沙淤积,加剧长江下游洪涝灾害的发生。

青藏高原绝大部分地区为海拔3000m以上的高寒地区，土壤侵蚀以冻融侵蚀为主，冻融侵蚀面积104万km^2。

2.2　荒漠化加剧

荒漠化是指在干旱、半干旱和某些半湿润、湿润地区，由于气候变化和人类活动等各种因素所造成的土地退化，它使土地生物和经济生产潜力减少，甚至基本丧失。国家林业局发布的一项调查表明，中国已经成为受荒漠化危害最为严重的国家之一。全国荒漠化土地面积262万km^2，受荒漠化影响的土地面积332万km^2。荒漠化导致土地生产力的加速衰退，是我国西部最严重的生态环境问题。其中，内蒙古和西北地区是我国沙化最严重的地区，总面积达188万km^2，占全国沙化面积的71.7%。荒漠化面积居前3位的分别是新疆104.4万km^2、内蒙古65.9万km^2、西藏43.6万km^2。我国沙漠化土地主要分布在西部的新疆、内蒙古、西藏。土地沙漠化的总体趋势是局部逆转，整体扩大。石漠化主要分布在我国西南喀斯特地区，目前贵州省石漠化面积已达5万km^2，广西达4.7万km^2，再加上云南及其周边地区，西南喀斯特石漠化正在以平均每年约2500km^2的速度迅速扩展，其发展速度及危害程度甚至超过西北的沙漠化。

造成荒漠化的原因除气候因素外，人为破坏天然植被和过度开垦以及超量用水也是重要因素。日益严重的荒漠化，不仅造成生态系统失衡，而且给工农业生产和人民生活带来严重影响。这一现实将成为制约中国中西部地区，特别是西北地区经济和社会协调发展的重要因素。

2.3　水资源短缺

我国水资源的总体态势是南方多于北方，西南和东南地区的水资源总量占全国水资源总量的80.2%，而占国土面积59.8%的北方地区（东北、华北、西北），仅拥有全国水资源总量的19.8%（表2-4）。

表2-4　西部地区水资源态势及其与其他地区的对比

地区	水资源总量占全国的比例（%）	产水模数（10000m^3/km^2）	人均水资源（m^3/人）	地均水资源（m^3/hm^2）
东北	5.57	19.09	1453.84	9358.50
华北	6.14	9.13	523.14	5620.80
西北	8.14	7.39	2537.58	19603.90
东南	33.72	74.08	1981.38	39377.70
西南	46.44	49.70	5301.54	92831.55

西北地区气候干旱少雨，多年平均降水量只有235mm左右，而水面蒸发量却高达1000~2600mm，是世界上最干旱的地区之一。全区多年平均水资源总量为2338亿m^3，约占全国的84%，其中地表水资源2117.5亿m^3，地下水资源1151.6亿m^3，重复量1034.0亿m^3，约占地下水资源的90%左右。虽然都属于干旱、半干旱地带，但西北各省区的自然条件和水资源情况差异很大，陕西为沟壑纵横的黄土高原地带，虽然降水量较其西部的省区多（为400~500mm），但因水土流失严重，故仍属干旱区；青海是以戈壁、沙漠为主的高原区；其他几个省区多为山地、戈壁（沙漠）及绿洲相间的地貌类型，复杂的地形条件必然影响水资源的形成与利用。

与其他地区相比,西北地区水资源有以下几个特点:①山区降水一部分直接补给河流,另一部分以冰雪等固体形式储存起来,气温升高后融化补给河流。②除了一些较大的河流(如长江、黄河)外,大部分为内流河,从其源头至尾间,山地与山间盆地相间分布,地表水与地下水形成多次转换,重复计算量很大。③地表水资源的空间分布极不均匀。本区地表水相对丰富的地区为新疆的西部和北部,水资源最贫乏的是青海。④由于人口稀少、耕地有限,西北地区人均水资源量仅次于西南地区,不仅高出全国平均水平,而且远远高于华北(表2-4)。

西南地区是我国水资源丰富的地区,降水量一般为700~1200mm。西藏高原总体来说,降水较少,内陆区降水多为100~200mm,最少在25mm以下。但在高原的东南部,来自孟加拉湾的暖湿气流,顺着布拉马普特拉河谷上溯,受喜马拉雅山的阻挡,形成极大的降水,如墨脱县年平均降水量达4496mm,是我国降水量最大的地区之一。西南地区多年平均水资源总量为12751.8亿m^3,约占全国的46.4%,其中地表水资源12749亿m^3,地下水资源3290.5亿m^3,重复量3287.7亿m^3。

与其他地区相比,西南地区水资源有以下几个特点:①水能资源居全国之首,水能资源的开发可望是西部大开发中的一项重点,不仅可带动西南的经济,而且有利于全国能源与环境,特别是东部地区酸化问题的解决。②西南地区多为高山与高原,“水多而地少”。由于灰岩分布广泛,岩溶现象普遍,造成“地高而水低”。虽有丰沛的降水(大于2000mm),但无调蓄,山区人畜饮水十分困难,亟待解决。③由于水量丰富,近水源地区用水不受限制,用水愈多,排水愈多,水污染的问题十分严重。该区也是湖泊较多的地区。但有的湖泊污染十分严重。如昆明滇池的污染问题未能解决,水质1998年为劣Ⅴ类。④西南地区人均和地均水资源,均居全国第一位,分别为全国平均的2.39和3.22倍,但产水模数还是明显小于东南地区(表2-4)。

我国西部地区的总面积545.12万km^2,占国土面积的56.8%;耕地面积22523.7万hm^2,占全国耕地面积的23.7%;全年平均水资源总量为13106.9亿t,占全国年平均水资源总量的47.7%。西部地区包含了两个不同类型的生态区域,一是干旱和半干旱的西北地区,二是水资源充沛的西南地区。两者的区域性生态环境特征和地理区位的差异决定了它们在中国国民经济发展中的战略定位以及自身的发展思路应该有所不同。

从总体上看,除了四川盆地等少数地区以外,西部大部分地区严重缺水,缺水类型在西北和西南各有不同。西北地区干旱少雨,当地年降水量大都在400mm以下,有的仅为100mm,而多年平均年蒸发量高达1200mm以上,且降水量与径流量的年际变化很大,水资源供需矛盾突出。而人类活动对水资源的不合理开发利用,造成许多湖泊萎缩干涸,河流干涸断流,以及冰川后退。西北地区在中等干旱年,缺水率为8.7%,其中陕西关中地区、新疆绿洲地区和甘肃河西走廊及石羊河流域缺水程度较高(表2-5)。西南地区尽管年降水量可达1000mm以上,水资源丰富,但由于下垫面主要是山地丘陵,岩溶广布,土壤涵蓄水分能力低,加之山高水深的地形特征,修建水利设施难度大,丰富的径流资源难于利用。总之,西北地区生态用水比例大,水资源短缺现象严重;西南地区区域性和季节性水资源短缺问题突出。西部地区农业灌溉用水比重大,农业节水工作滞后,水资源浪费严重,水资源短缺矛盾加剧。水利工程建设引起水资源时空分布改变,泥沙淤积、河流断流、湖泊萎缩、地下水位下降。西部地区河流、湖泊污染不断加重,出现水质性短缺现象。

表 2-5　西北重点地区现状缺水情况(中等干旱情况)　单位:10^8m^3

地　区		城镇缺水	农村需水	总需水	总供水	总缺水	缺水率(%)
新疆	合计	13.3	422.3	435.5	392.3	43.3	9.9
	北疆	9.0	156.2	165.2	147.4	17.9	10.8
	南疆	3.0	248.2	251.2	228.3	22.8	9.1
	东疆	1.3	17.8	19.1	16.6	2.6	13.3
河西	合计	3.9	70.1	74.0	71.8	2.2	3.0
	疏勒河	1.0	11.8	12.8	12.8	0.0	0.0
	黑河	1.6	32.6	34.2	33.6	0.6	1.6
	石羊河	1.3	25.7	27.0	25.4	1.7	6.1
柴达木		0.7	6.4	7.1	7.1	0.0	0.0
宁夏		6.0	83.2	89.2	88.8	0.4	0.4
关中地区		14.6	54.9	69.5	56.5	13.0	18.7
西北		38.5	636.8	675.3	616.5	58.8	8.7

资料来源:国家科委“九五”攻关项目 96-912 课题资料.

我国的重要江河多起源于西部地区,东部地区的粮食生产和社会经济发展很大程度上依赖于西部地区水资源的支撑。几千年的社会发展和变革形成了我国以黄河和长江流域为主线的东西走向的两大经济带、城市群和粮食生产基地。青藏高原作为天然的集水区和水资源库,不断地为这两大经济带、城市群和粮食生产基地提供水资源。珠江三角洲经济带和城市群的水资源主要来自于云贵高原的南盘江—红水河—黔江和右江/左江—郁江水系。因此,水是西部开发过程中生态环境建设的首要条件,突破水资源短缺的瓶颈尤为重要。目前西部地区正面临着水资源短缺和浪费并存的尴尬局面。一方面,西部大部分地区严重缺水,在西北干旱和半干旱地区,平原和垦地中年降水量在 400mm 以下甚至几十毫米,而蒸发量很高,生态需水量很大,可供利用的水资源少。在西南地区,尽管年降水量很高,但由于山高谷深,水资源利用难度很大。另一方面,水资源利用粗放、浪费严重。大水漫灌的农业生产方式,不但加剧了水资源的供需矛盾,而且还带来了土地次生盐碱化等环境问题。超量灌溉又带来次生盐碱化,盐化土地占耕地面积的 35%,因盐化弃耕面积达 666.7hm^2,几乎相当于历史开垦面积。与此同时,流域水资源利用缺乏统一管理,经济用水严重挤占生态用水,造成生态环境的严重恶化。

2.4　植被破坏、森林草原退化

2015 年,中国现有森林面积 1.249 亿 hm^2,森林覆盖率 18.21%,森林覆盖率仅为世界平均水平的 61.3%;中国人均森林面积和蓄积量只占世界的 134 位和 122 位;单位面积森林蓄积量仅为世界平均水平的 84.8%,是一个少林国家,林产品供需矛盾依然突出,与世界差距巨大。同时,我国森林资源存在分布严重不均的情况。中国七大主要流域土地面积占国土面积的 50%,森林面积占 70%以上,森林蓄积占全国的 60%以上。其中仅长江流域和黑龙江流域的森林面积、蓄积约占全国的 50%。中国五大林区(东北内蒙古、东南低山丘陵、西南高山、西北高山、热带)的土地面积占国土总面积的 40%,森林面积约占 80%,森林蓄积更占全国的 90%以上,而生态脆弱的西部地区森林覆盖率不足 10%,大部分地区无生态屏障。

森林植被是保持良好生态环境的根本,森林植被破坏是加剧水土流失和洪涝灾害、沙尘暴频发等自然灾害的重要原因。西北地区森林覆盖率大大低于全国平均水平(除陕西)。西北地区草原退化率(除新疆)大大高于全国平均水平,宁夏草原退化率高达 97.37%,陕西为 58.55%,甘肃为 45.17%,西藏为 30.36%(表 2-6)。过度垦殖和放牧、不合理的水资源利用和滥砍滥伐是造成森林植被破坏的主要原因。

表 2-6 中国各地区森林覆盖率和草原覆盖率 单位:%

地区		森林覆盖率	草原退化率
东部	辽宁	26.89	30.00
	北京	14.99	0.00
	天津	7.47	0.00
	河北	13.35	56.11
	山东	10.70	0.00
	上海	2.47	0.00
	江苏	4.09	0.00
	浙江	42.99	0.00
	福建	50.60	0.00
	广东	36.78	0.00
	海南	31.27	0.00
中部	吉林	33.60	28.03
	黑龙江	35.55	29.12
	山西	8.11	0.00
	安徽	16.33	0.00
	河南	10.50	0.00
	湖北	21.26	0.00
	湖南	32.80	0.00
	江西	40.35	0.00
西部	内蒙古	12.14	20.29
	广西	25.34	0.00
	四川	20.37	15.80
	贵州	14.75	0.00
	云南	24.58	0.00
	西藏	5.84	30.36
	陕西	24.15	58.55
	甘肃	4.33	45.17
	青海	0.35	15.30
	宁夏	1.54	97.37
	新疆	0.79	5.83
全国		13.92	19.79

资料来源:中国科学院可持续发展研究小组 . 1999 年中国可持续发展战略报告[M]. 北京:科学出版社,1999:308-309.

西南地区是我国有林地和森林资源富集的地区,但森林资源破坏非常严重。长江上游的四川省森林覆盖率从汉晋 70%以上,到 20 世纪初森林覆盖率减少为 40%~50%,到 1935 年为 34%左右(表 2-7),两千年间森林覆盖率下降不到一半。但从 20 世纪 30 年代中期到 80 年代中期,半个世纪却使森林覆盖率下降了 60%以上。20 世纪 50 年代,四川森林覆盖率仍达 20%。1958 年对森林进行了史无前例的掠夺式砍伐,造成 60 年代四川森林覆盖率一度跌至历史最低水平,仅有 9%。长江上游的西南林区与嫩江上游的东北林区是中华人民共和国成立以来两大森林采伐区,由于森林资源的减少,森林的生态功能明显下降,1998 年长江、松花江、嫩江洪水与森林砍伐有密切关系。

表 2-7 中国西南历代森林覆盖率变迁表

	汉晋	唐宋	元	明清	1935 年	20 世纪中叶	20 世纪 80 年代中叶	20 世纪 90 年代中叶
四川	60%以上	60%	50%	覆盖率缓慢下降,但时有反复	34%	22%	13.3%	20.37%
贵州	50%以上	50%	50%		NA	30%	14.0%	14.75%
云南	70%以上	70%	70%		NA	50%	23.2%	24.58%

资料来源:蓝勇. 历史时期西南经济开发与生态变迁[M]. 昆明:云南教育出版社,1992.

我国草地退化严重,现有草地面积 3.9 亿 hm^2,仅次于澳大利亚,居世界第二位。但人均占有草地仅为 0.33hm^2,约为世界人均平均水平的一半。我国草地质量不高,低产草地占 61.6%,中产草地占 20.9%,全国难利用的草地比例较高,约占草地总面积的 5.57%。草地生产能力低下,平均每公顷草地生产能力约为 7.02 畜产品单位,仅为澳大利亚的 1/10,美国的 1/20,新西兰的 1/80。我国 90%的草地已经或正在退化,其中中度退化程度以上(包括沙化、碱化)的草地达 1.3 亿 hm^2,并且每年以 200 万 hm^2的速率递增。北方和西部牧区退化草地已达 7000 多万 hm^2,约占牧区草地总面积的 30%。西北地区草原退化率(除新疆)大大高于全国平均水平,宁夏草原退化率高达 97.37%,陕西为 58.55%,甘肃为 45.17%,西藏为 30.36%。造成草地退化的原因,一是长期超载过牧,过度使用;二是气候干旱,使草地逐步沙化;三是人为采樵、滥挖药材、搂发菜、开矿和滥猎、破坏草地植被,致使草地退化。

此外,西部主要城市面临着严重的工业污染。西部地区主要城市的单位工业附加值产出的各类污染强度都大大高于全国平均数,省会城市空气污染指数大幅度超标。西部地区的工业是以能源和原材料工业为主,包括煤炭、电力、石油化工、天然气、有色金属、盐化工和磷肥工业,大都是耗水耗能大户,加之生产技术和工艺水平落后,污染治理水平低下,造成严重的大气污染、水体污染和固体废弃物污染,从而形成了"资源高消耗、污染高排放"的经济结构,污染强度很高。东部地区排放的工业废气、SO_2、烟尘、废水和固体废弃物占全国排放量的 48%、45%、33%、49%和 37%;西部地区的 GDP 只占全国的 18%,工业附加值只占全国的 15%,但其排放的工业废气、SO_2、烟尘、废水和固体废弃物分别占到全国的 24%、30%、34%、21%和 29%。也就是说,西部地区单位附加值的单位污染排放大大高于东部,也高于全国平均水平,西部地区的工业废气、SO_2、烟尘、废水和固体废弃物排放强度,分别是东部的 2.0、2.7、4.1、1.7 和 3.1 倍。

3 西部生态脆弱区退耕还林植被恢复重建问题

良好的生态环境建设和保护对策为西部生态脆弱区的建设提供了指导思想,但是否能够取得预期的效果,还取决于能否解决好具体的生态环境建设中所面临的一系列策略和技术问题。天然退化植被的恢复和退耕还林还草是西部生态脆弱区生态环境恢复和重建的切入点和关键技术,对减少西部的水土流失,恢复生态环境具有重大意义。2000 年国家率先在长江、黄河中上游的 13 个省 174 个县启动退耕还林还草试点示范工程,通过陡坡退耕还林还草增加植被覆盖度,减少水土流失。2000 年首期规划退耕面积 $34.3\times10^4 hm^2$,同时安排宜林荒山人工造林种草 $43.2\times10^4 hm^2$,长江和黄河上游的 $466.7\times10^4 hm^2$坡度 25°以上耕地全部退耕还林种草。一些试点县的生态建设只有 5 年和 10 年规划,而没有近 3 年的工程设计,建设工程由县领导拍板,大规模统一模式实施,工程完工后树苗大批死亡,不见生态效果。从总体来看,迄今为止,国家和地方对西部退耕的适度规模和时间进程缺乏充分的科学论证,也没有出台细致的退耕还林还草区划和规划,而这是退耕还林还草工作中必须解决的重大问题之一。

西南地区的水资源充足,只要做到适地适树,造林后的成活率和保存率一般没有问题。但是西北地区的造林成活率在 85%以下,甚至低于 70%。虽然多年来在人工造林种草技术方面有很多积累,可是由于技术推广和组织管理方面的问题,西北的一些地区还在执行 30 年前林业部门的规定和应用 40 年前的技术。特别是很多地区存在着退耕还林还草试点工程实施中的"一刀切"做法:同一流域不管坡度和原来的植被如何,一律用统一规格施工整地,栽种统一树种等。

以退耕还林还草为主体的植被恢复重建不仅需要科学的区划和规划，而且需要从中央到地方政府的多层次宏观指导，以保证有限的开发资金投入能够获得最大的生态环境效益，保证植被建设的科学性和经济有效性，避免行动上的盲目性和政治化的形式主义。西部地区的植被恢复重建是一项复杂的生态—经济复合系统工程，在基本思路上必须以水热等气候因子所决定的植被生物地带性为科学依据，以国家调控下的区域间互补的市场经济机制为运作体系，在建立长期稳定的经济补偿机制的同时，必须建立相应的政策和法律保障体系；正确处理退耕还林还草试点工程与天然植被保护和改良工程的关系；在技术途径上应对西部退耕的适度规模、时间进程和植被恢复重建方向等进行充分的科学论证，加强植被恢复工程的环境服务功能产出和生态产业效果评价，以及东西部经济补偿机制等学术问题的深入研究。

表 2-8 西部各省退耕还林还草基本格局

区域	退耕还林还草斑块数（个）	退耕还林还草总面积（10^4hm^2）	退耕还草面积（10^4hm^2）	退耕还林面积（10^4hm^2）	还林面积比例（%）	还草面积比例（%）	退耕还林还草面积占耕地面积（%）
四川*	967	70.4	3.4	67.0	95.21	4.79	11.37
贵州	1028	59.2	0.1	59.1	99.80	0.20	32.20
云南	950	43.3	1.8	41.5	95.80	4.20	15.09
西藏	165	5.9	3.0	2.9	48.65	51.35	26.67
青海	132	6.9	6.3	0.7	9.65	90.35	11.78
宁夏	91	7.5	7.4	0.1	1.73	98.27	9.31
新疆	708	40.5	34.8	5.7	14.16	85.84	12.98
合计	5001	289.4	89.0	200.4	69.24	30.76	12.85

*四川省面积包括重庆市在内。

根据研究，确定每个退耕还林还草斑块所应恢复的适宜植被类型图，结果见表 2-8。空间分析结果表明：

（1）四川（包括重庆市）以退耕还林为主，退耕还林的适宜植被类型主要有：亚热带、热带常绿针叶林，温带落叶阔叶树—常绿针叶树混交林，温带、亚热带落叶阔叶林，亚热带石灰岩落叶阔叶树—常绿阔叶树混交林，亚热带常绿阔叶林，亚热带竹林，温带、亚热带落叶灌丛、矮林，亚热带、热带酸性土常绿、落叶阔叶灌丛、矮林，亚热带、热带石灰岩多种藤本的常绿、落叶灌丛、矮林（表 2-9）。

表 2-9 西部不同区域植被恢复重建的主要植被类型*

区域	自然植被类型	原有自然植被面积（10^4hm^2）	恢复重建植被面积（10^4hm^2）
四川	亚热带、热带酸性土常绿—落叶阔叶灌丛、矮林和草甸	515.1	26.72
	亚热带、热带常绿针叶林	561.81	17.39
	亚热带、热带石灰岩具有多种藤本的常绿—落叶灌丛、矮林	204.29	9.34
	亚热带常绿阔叶林	127.27	3.90

（续）

区域	自然植被类型	原有自然植被面积(10^4hm^2)	恢复重建植被面积(10^4hm^2)
贵州	亚热带、热带酸性土常绿—落叶阔叶灌丛、矮林和草甸	758.66	33.79
	亚热带、热带石灰岩具有多种藤本的常绿—落叶灌丛、矮林	355.01	14.26
	亚热带、热带常绿针叶林	107.78	5.33
	亚热带常绿阔叶林	54.22	3.26
云南	亚热带、热带酸性土常绿—落叶阔叶灌丛、矮林和草甸	1167.67	19.13
	亚热带、热带常绿针叶林	881.73	8.99
	亚热带、热带石灰岩具有多种藤本的常绿—落叶灌丛、矮林	238.23	5.69
	热带雨林性常绿阔叶林	328.03	3.29
西藏	温带、亚热带高寒草原植被	2841.93	20.44
	亚热带、热带山地常绿针叶林	517.94	0.84
	温带、亚热带高山垫状矮半灌木、草本植被	2864.02	0.56
	热带常绿阔叶雨林及次生植被	125.70	0.47
陕西	温带、亚热带落叶灌丛、矮林	678.89	13.24
	温带丛生禾草草原植被	243.33	7.35
	温带禾草、杂类草草原植被	88.58	2.26
	温带、亚热带落叶阔叶林	152.54	1.49
甘肃	温带丛生禾草草原植被	211.36	7.92
	温带、亚热带落叶灌丛、矮林	334.31	5.01
	温带山地丛生禾草草原植被	94.05	3.24
	温带矮半灌木荒漠植被	581.89	2.65
青海	温带、亚热带高寒草原植被	1717.77	3.04
	温带山地丛生禾草草原植被	120.78	1.54
	温带灌木、半灌木荒漠植被	684.70	0.43
	温带、亚热带高山垫状矮半灌木、草本植被	975.13	0.38
宁夏	温带丛生禾草草原植被	266.31	5.93
	温带灌木、半灌木荒漠植被	31.89	0.91
	温带矮半灌木荒漠植被	24.21	0.34
新疆	温带矮半灌木荒漠植被	2127.27	9.24
	温带矮半乔木荒漠植被	1381.79	6.02
	温带灌木、半灌木荒漠植被	2359.21	5.14
	温带山地丛生禾草草原植被	679.12	4.95

*本表为部分结果，仅列出了在各区域应恢复重建的植被面积占前3~4位的植被类型。

(2)贵州以退耕还林为主，退耕还林的适宜植被类型主要有：亚热带、热带常绿针叶林，亚热带石灰岩落叶阔叶树—常绿阔叶树混交林，亚热带山地酸性黄壤常绿阔叶树—落叶阔叶树混交林，亚热带常绿阔叶林，亚热带、热带酸性土常绿—落叶阔叶灌丛、矮林，亚热带、热带石灰岩多种藤本的常绿、落叶灌丛矮林。

(3)云南省以退耕还林为主,退耕还林适宜的植被类型主要有:亚热带、热带常绿针叶林,亚热带石灰岩落叶阔叶树—常绿阔叶树混交林,亚热带山地酸性黄壤常绿阔叶树—落叶阔叶树混交林,亚热带常绿阔叶林,热带雨林性常绿阔叶林,热带半常绿阔叶季雨林及次生植被,热带常绿阔叶雨林及次生植被,亚热带、热带酸性土常绿—落叶阔叶灌丛、矮林,亚热带、热带石灰岩多种藤本的常绿、落叶灌丛矮林。

(4)西藏退耕还林和退耕还草并重,退耕还林的适宜植被类型主要有:亚热带、热带山地常绿针叶林,亚热带山地酸性黄壤常绿阔叶树—落叶阔叶树混交林,热带雨林性常绿阔叶林,热带常绿阔叶雨林及次生植被,亚热带高山,亚高山常绿革质叶灌丛矮林,温带、亚热带亚高山落叶灌丛;退耕还草的适宜植被类型为:温带、亚热带高寒草原植被。

(5)陕西退耕还林和退耕还草并重,退耕还林的适宜植被类型主要有:亚热带、热带山地常绿针叶林,温带、亚热带落叶阔叶林,温带、亚热带山地落叶小叶林,温带、亚热带落叶灌丛、矮林,亚热带、热带酸性土常绿—落叶阔叶灌丛、矮林;退耕还草的适宜植被类型主要有:温带禾草、杂类草草原,温带丛生禾草草原植被。

(6)甘肃省以退耕还草为主,退耕还草的适宜植被类型主要有:温带和杂类草草原,温带丛生禾草草原,温带山地丛生禾草草原,温带丛生矮禾草、矮半灌木草原,温带、亚热带高寒草甸;局部地区退耕还林的适宜植被类型主要有:温带山地常绿针叶林,温带、亚热带落叶阔叶林,温带、亚热带山地落叶小叶林,温带、亚热带落叶灌丛、矮林,亚热带高山,亚高山常绿革质叶灌丛矮林,温带、亚热带亚高山落叶灌丛。

(7)青海省以退耕还草为主,退耕还草适宜的植被类型主要有:温带丛生禾草草原,温带山地丛生禾草草原,温带丛生矮禾草、矮半灌木草原,温带、亚热带高寒草甸,温带草甸,温带、亚热带高寒草甸。

(8)宁夏以退耕还草为主,退耕还草适宜的植被类型主要有:温带山地丛生禾草草原,温带丛生矮禾草、矮半灌木草原,温带草甸,温带草本沼泽,温带、亚热带高寒草甸;局部地区退耕还林的适宜植被类型主要有:温带落叶小叶疏林,温带山地常绿针叶林,温带、亚热带落叶灌丛、矮林,温带矮半灌木荒漠林,温带盐生多汁矮半灌木荒漠,温带半乔木荒漠林。

(9)新疆以退耕还草为主,退耕还草适宜的植被类型主要有:温带矮半灌木荒漠植被,温带半乔木荒漠植被,温带灌木、半灌木荒漠植被,温带山地丛生禾草草原植被。

当前的退耕还林还草工作中普遍存在着重造林、轻种草,重经济林、轻生态林的现象。根据有关资料统计,到 2000 年 6 月,全国退耕还林面积 $24.5\times10^4hm^2$,其中经济林 $9.23\times10^4hm^2$,占总面积的 37.8%;全国荒山荒地造林 $43.2\times10^4hm^2$,其中经济林 $5.9\times10^4hm^2$,占总面积的 19.1%。同时,在经济林林种的选择上盲目趋同,大宗品种的种苗供应能力已经严重不足,导致种苗市场价格上涨。这种现象不仅违背了植被的生物地带性原则,而且也会因造林树种的单一,可能引起生物多样性丧失和无谓的商品竞争。

退耕地是我国乃至世界目前一大类生态恢复的基地,也是生态脆弱区生态环境恢复与重建的重大工程的产物之一,退耕地的植被恢复研究将为我国退耕政策的制定和调整提供科学依据。在国外,从 20 世纪初开始,随着社会发展和劳动生产率的大幅度提高,农耕地开始弃耕。这样,对退耕地植被恢复的研究亦随之开始。而我国相对较晚,直到 20 世纪 80 年代后,一些相对恶劣条件下(如干旱、高寒、盐碱等)的耕地开始有弃耕现象。目前,对退耕地植被恢复的研究主要集中在以下几方面：①植被的自然恢复，退耕地在自然恢复过程中，影响速度和进程的最主要因素是退耕地土壤中的种子种类和数量，即土壤种子库在退耕地的逐步恢复过程中起了很重要的作用。同时，退耕地的恢复也与立地的退化程度、立地表面特征、土壤环境与肥力，甚至微生物和动物活动有关。②人工恢复，在正常情况下，退耕地植被群落的恢复顺序是：1 年生草本—多年生草本—灌木—乔木。但是这个过程要持续数十年甚至百年以上，如果人们对退耕地的演替规律有了足够的了解，就可以有意识地超越某个演替阶段，如人工促进使得退耕地上植被快速、直接地恢复到森林状态（马长明等，2004）。郭晓敏等（2002）对江西省 5 种不同类型退化荒山植被恢复与重建研究后指出，优化的植物组合和合理的配置并辅以人工措施能快速促进人工恢复进程，先进的造林技术和农牧复合经营方式是维持生态恢复过程稳定的先决条件。刘建军等（2002）认为退耕地自然形成的植物群落，以禾本科和菊科的植物最为丰富，不同退耕年限的退耕地物种多样性指数有一定差异，但随着植物群落的自然恢复，物种多样性不断增加。侯扶江等（2002）研究退耕地后指出，在人工收割干扰下，退耕地生态恢复过程中，物种增加速度初期较快，后期慢，而且土壤有效磷和氮持续衰竭。地表径流是造成水土流失和土壤侵蚀的一个重要因素，是衡量植被保持水土、涵养水源等效益的一个基本指标。张学权等（2005）研究了不同模式退耕地的地表径流，结果表明退耕地水土流失在一定程度上得到遏制，但土壤植被系统稳定调蓄降雨应变能力还很弱，与天然林相比还有很大的差距。豆科植物种类丰富，形态形状多样，多数能改良土壤肥力、保持水土、提供多种植物型经济产品，产生良好的经济效益；在退耕地栽植适宜豆科植物，将有助于促进山区经济结构调整，对退化生态环境的植被恢复有重要意义（张炎周等，2002）。三峡地区废弃地是一类极度退化的生态系统，包括矿山废弃地、退（弃）耕地、工程建设废弃地、垃圾填埋场、地质灾害废弃地、砍伐迹地等。陈芳清等（2004）讨论了该地区废弃地植被恢复与重建的一般规律，认为人类干扰是该地区废弃地形成的主要原因；废弃地植被的恢复与重建应该遵循规划系统性、设计与施工生态性、目标植被的物种多样性等原则；而土壤基质的固定与恢复、先锋群落的构建、后期管理中生物多样性的逐步丰富是三峡地区废弃地恢复的主要步骤和内容。

由于对退耕地的关注（特别是国内）时间较短，在退耕地的群落结构变化、稳定性和土壤种子库变化等方面还缺乏深入的研究。因此，对退耕地的研究可集中在以下几个方面：①在退耕地上种植牧草，不仅可以减轻日益尖锐的草畜矛盾，而且可以防止水土流失，遏制草地生态恶化的态势。②各种干扰对土壤种子库的影响是干扰生态学的重要组成部分，其对于退耕地的重建具有重要意义。③退耕地的种子库与地上植物相关性的研究。另外，农牧交错带草地退化的根本原因是，人口压力过重导致生态功能和经济功能失调，在人口压力未根本减轻的情况下，对退耕地的恢复片面强调生态功能而忽视适度利用，与片面强调经济功能而过度索取一样，都是有害的和不可持续的，是不可取的（马长明等，2004）。

4　天然植被的保护与改良问题

退耕还林还草（人工造林种草）无疑是西部植被恢复、改善生态环境的关键步骤，但是仅此不可能使西部的生态环境有大的改观，只有把天然植被的保护和改良放在与退耕还林还草同等重要的位置，相互联动、同时展开，才有可能实现所期待的目标。根据 1∶100 万土地利用图对西部地区各省土地利用结构的统计结果表明：西部各省土地利用中，耕地为 30% 以上的有云南、四川和陕西，宁夏为 29.63%，甘肃 17.01%，广西 12.52%。农业耕地中，四川盆地主要是非灌溉农田，黄土高原混合分布着灌溉和非灌溉农田，而新疆和甘肃则以灌溉农田为主体。广西、内蒙古、云南和陕西各省份的林地比重都在57%以上，西藏、青海、宁夏、甘肃各省的草地比重都在60%以上，新疆、内蒙古和四川为25%~32%。由此可见，现有的天然植被依然为西部生态系统的主体。

西部地区天然植被生态系统退化是十分严重的。全国第一次森林资源清查时，西南和西北的用材林面积分别为$2067\times10^4hm^2$和$568\times10^4hm^2$，第4次清查的结果两地区分别减少19.30%和34.45%。1990年的西南和西北地区的草原总面积分别为$9909.7\times10^4hm^2$和$13076.3\times10^4hm^2$，分别占全国草原面积的31.48%和41.54%，草山草坡分别为$1305.8\times10^4hm^2$和$923.3\times10^4hm^2$，分别占全国的20.86%和14.75%。目前草地退化速度为每年0.5%，而人工草地建设速度为0.3%，建设速度远低于退化速度。另根据国土资源部的调查，我国西部地区的耕地面积$2252.37\times10^4hm^2$，占全国耕地面积的23.7%。在全国耕地中坡度大于25°的耕地$607\times10^4hm^2$，其中，西部地区占76.5%，中部占17.6%，东部占6.4%。西部坡度大于25°的耕地约$440\times10^4hm^2$，15°~25°的耕地约$900\times10^4hm^2$，即使25°以上的耕地全部退耕还林还草也不过占西部地区总面积的7.3%，其中，能够实现持久的真正意义的还林还草的面积将会更少。以黄土高原为例，天然草场平均占水土流失严重地区土地面积的1/4，大部分严重退化，目前水土流失严重地区的人工造林保存率只有25%~30%。

1998年9月，我国开始启动天然林资源保护工程，其主要内容是：对天然林区实行禁运禁伐，对已采伐的迹地进行重新造林，封山育林，加强管护。天然林保护工程与退耕还林还草工程的实施对象、实施手段和方法、实施的直接目的各不相同，两者必须有机结合，在宏观调控政策和经济补偿等方面都要很好地协调，防止有轻重之分的现象出现。另外，天然林保护工程所规划的区域十分有限，目前对天然草场的保护工作还没有得到应有的重视，在今后的植被建设规划中必须给予统筹安排。

第三章

国内外生态修复相关研究

第一节　生态恢复研究

1　国外生态恢复研究概况及特点

近十多年来,国外在恢复生态学的理论与技术方面都进行了大量的研究工作。美国是世界上最早的生态恢复研究与实践的国家之一。早在20世纪30年代就成功恢复了一片温带高草草原。随后在60~70年代就开始了北方阔叶林、混交林等生态系统的恢复试验研究,探讨采伐破坏及干扰后系统生态学过程的动态变化及其机制研究,取得了重要发现。在90年代开始了世界著名的佛罗里达大沼泽的生态修复研究与实验,至今仍在进行。欧洲共同体国家,特别是中北欧各国(如德国),对大气污染(酸雨等)胁迫下的生态系统退化(decline)研究较早,从森林营养健康和物质循环角度已开展了深入的研究。迄今已近20年,形成了独具特色的欧洲共同体森林退化和研究分享网络,并开展了大量的恢复实验研究。英国对工业革命以来留下的大面采矿地以及欧石楠灌丛地(heartland)的生态恢复研究最早,很深入。北欧国家对寒温带针叶林采伐迹地植被恢复开展了卓有成效的研究与试验。在澳大利亚、非洲大陆和地中海沿岸的欧洲各国,研究的重点是干旱土地退化及其人工重建。此外,澳大利亚对采矿地的生态恢复也是一个研究历史长、研究深入的重点方向;美国、德国等国学者对南美洲热带雨林,英国和日本学者对东南亚的热带雨林采伐后的生态恢复也有较好的研究。

Rapport et al.(1998)将近年来西方恢复生态学研究进展总结为如下三个方面的工作:一是退化生态系统营养物质积累和动态,提出资源比率的变化最终可导致群落物种组成成分的变化,即资源比率决定生态系统的演替过程(Aber et al.,1993;Tilman et al.,1994,1997;Likenens et al.,1996;Foeter et al.,1997;Chadwich,1999;韩兴国等,1995);二是外来物种对退化生态系统的适应对策(Leach,1995);三是生态环境的非稳定性机制(Wilson,1998)。

国外生态恢复研究主要表现出如下特点:

(1)研究对象的多元化,主要包括森林、草地、灌丛、水体、公路建设环境、机场、采矿地、山地灾害地段等在大气污染、重金属污染、放牧、采用等干扰体影响下的退化与自然恢复;

(2)研究积累性好、综合性强,涉及生态功能群的方方面面如植被、土壤、气候、微生物、动物；

(3)生态恢复研究的连续性强，特别注重受损后的自然生态学过程及其恢复机制研究；

(4)注重理论与实验研究。

2 国内生态恢复研究概况及特点

我国的恢复生态学研究始于20世纪50~60年代，代表性工作有广东热带沿海侵蚀台地上开展的退化生态系统的植被恢复技术与机制研究，沙漠治理与植被固沙研究，南方红壤与综合利用，湖泊生态系统恢复研究，高寒地区退化草甸的恢复与重建研究，红树林恢复与重建试验，羊草草原的演替与恢复重建，废弃矿地和垃圾场的恢复对策研究等。近年来，在公路、铁路护坡植被恢复重建研究，特别是青藏铁路沿线植被的恢复重建方面进行了大量的研究。20世纪90年代以来，国内先后出版了《中国退化生态系统研究》(陈灵芝等，1995)、《恢复生态学导论》(任海等，2001)、《恢复中国的天然植被》(解众，2002)、《恢复生态学》(孙书存等，2004)、《热带亚热带恢复生态学研究与实践》(彭少麟，2003)、《草地植被恢复与重建》(王荃，2004)等，初步构筑了适合中国国情的恢复生态学研究的理论框架和方法体系(王笙，2004)。从恢复生态学的发展趋势来看，研究不断向广度和深度拓展，在应用和工程化的基础上，更重视过程和机理方面的研究。

我国是世界上生态系统退化类型多、山地生态系统退化最严重的国家之一。我国也是较早开始生态重建实践和研究的国家之一。

从20世纪50年代开始，我国就开始了退化环境的长期定位观测试验和综合整治工作。到50年代末，我国一些学者在华南地区退化坡地上开展恢复生态学研究和长期的定位观测试验，对发展我国热带亚热带地区的植被恢复生态学起了重要的推动作用。70年代，实施三北地区的防护林工程建设，80年代进行长江中上游地区(包括岷江上游)的防护林工程建设、水土流失工程治理等一系列的生态恢复工程。自20世纪80年代末，我国在农牧交错区、风蚀水蚀交错带、干旱荒漠地区、丘陵山地、干热河谷、湿地、城市等退化或脆弱生态环境及其恢复重建方面进行了大量的工作，将该方面的研究推向了一个新阶段。1990年召开了全国土地退化防治学术讨论会，会议系统总结了中国在土地退化方面的研究动态与进展，提出了许多切实可行的生态恢复与重建的技术与模式。20世纪90年代开始的沿海防护建设研究，先后发表了大量的有关生态系统退化和人工恢复重建的论文、报告和论著，如《中国退化生态系统研究》、《生态环境综合和恢复技术研究》和《热带亚热带退化生态系统植被恢复生态学研究》。在实践上，已有了一些成功的小流域生态恢复案例。特别是中国科学院，作为我国最早倡导并开始从事生态环境建设和植被恢复重建研究的部门之一，充分发挥多学科、基础与应用基础研究能力强的特色和优势，组织并积极支持各研究所参与了我国一系列大型国家生态建设工程的长期研究。有关生态建设的相关研究一直不断深入进行和发展。在生态环境保护研究中，中国科学院开展及参加了“中国生态环境预警研究”“中国森林生态系统的结构、功能和生产力研究”“环渤海土地利用变化与土地持续利用模式”“青藏高原典型地区土地利用与土地覆盖变化及其优化调控基本理论研究”“三峡工程建设对区域生态环境影响评价及其对策”“三峡移民工程中的生态环境保护研究”“中国生态环境区划”等。50年代末和60年代初进行“华南侵蚀地的植被恢复研究”“干旱河谷人工植物群落结构和优化调控研究”“热带亚热带常绿阔叶林恢复生态学研究”“红壤丘陵坡耕地土壤退化防治研究”“西部亚高山退化森林恢复与重建的生态学过程及调控研究”“人为干扰对生态系统结构和功能的影响”等等，取得了一系列重要的进展和成果，推动了我国生态环境保护与建设事业的发展，建立了50余个长期野外试验研究站，形成了初具规模的植被恢复和生态建设试验基地网络，如东北有以沈阳应用生态所为主的林-草-农生态系统；华北地区有以植物所、动物所为主的林、草生态系统；华中地区有以水生所、武汉植物所为主的水体生态系统；华南地区有以华南植物所为主的热带南亚热带森林；西南地区有以成都生物所、成都山地灾害和环境研究所和西双版纳植物园（含原昆明生态所）等为主的西南山地森林、高山亚高山草地和干旱河谷灌丛；西北地区有以西北高原生物所为主的高寒草地等植被恢复和重建研究队伍和基地。基本上形成了我国主要自然条件下的退化植被恢复研究学科齐全、研究队伍力量集中的良好格局，为开展全国各主要生态环境区的植被恢复重建打下了良好的基础。目前相关技术和试验模式已经和正在相关区域大面积推广应用。

目前，我国在退化生态系统的恢复与重建理论、应用技术和研究手段方面已取得了初步的成果。然而，恢复生态学研究毕竟刚刚起步，在理论和方法上还不够成熟。

近四十年来的生态恢复研究主要表现出如下特点：

（1）试验实践重于基础理论研究，即注重生态恢复重建的试验与示范研究；

（2）注重人工重建研究，特别注重恢复有效的植物群落模式试验，相对忽视自然恢复过程的研究；

（3）大量集中于研究砍伐破坏后的森林和放牧干扰下的草地生态系统退化后的生物途径恢复，尤其是森林植被的人工重建研究；

（4）注重恢复重建的快速性和短期性；

（5）注重恢复过程中的植物多样性和小气候变化研究，相对忽视对动物、土壤生物（尤其是微生物）的研究；

（6）对恢复重建的生态效益及评价研究较多，特别是人工林重建效益，还缺乏对生态恢复重建的生态功能和结构的综合评价；

（7）近年来开始加强恢复重建的生态学过程的研究。

3 国内外生态恢复研究存在的主要问题

纵观国内外近40年来的生态恢复重建研究，明显存在下面几个问题：

（1）虽然对生态系统退化的总体框架已有所认识，但是对生态系统退化的阐述和研究还是相当肤浅的，如退化生态系统的成因和干扰体及其驱动机制、退化的生态过程及其机理等，这是当前退化生态系统急待深入研究的关键和核心问题，是进行退化生态系统恢复与重建的必要条件（包维楷等，1998，2000；刘庆等，1999）。

（2）退化生态系统恢复与重建模式的试验示范研究还停留在一些小的、局部的区域范围内或单一的群落或植被类型，缺乏从流域整体或系统水平的区域尺度的综合研究与示范（包维楷等，1999），也缺乏对已有的模式随着时间推移和经济发展的需求而变化的优化调控研究。

（3）系统退化的根源是区域或地方产业与经济开展过程中的人为干扰。但是生态恢复重建若不考虑与地方产业与经济开展结合，最终的生态恢复重建将可能难以真正实现，尤其是在发展中国家。目前的恢复重建目标集中在生态学过程的恢复，忽视了与地方社会经济发展、区域脱贫等现实的有机整合。生态建设与区域经济结合的关键问题是，如何把产业链（产前、产中、产后、流通、市场）与生态链，即以生态系统结构网络（包括食物链）为中心，以生物多样性为基础，根据区域的社会经济和自然特点，进行有机整合，并相应建立可持续的地方生态产业将是生态恢复重建的一个重要发展方向（刘照光等，2000）。

（4）生态环境恢复与重建的最终目标之一还在于保护恢复后的自我持续性状态，这就要求建立一系列的生态可持续性指标，然后对恢复前后的变化进行长期监测、对比和判断，并对恢复结果进行合理有效的评价。因此，恢复生态学研究的一个重要方面，就是要建立生态系统可持续发展的指标体系，这也是恢复生态学研究的趋势之一。目前，这方面借鉴的范例还非常缺乏。

（5）在流域系统范围进行生态重建在世界上尚不多见。而在一个自然本底复杂、生态与发展矛盾突出的地区进行大规模生态重建，它不仅是一个自然过程，也是经济投入与产出、资源开发与管理的社会经济过程。生态重建过程中的经济行为同样是重建与恢复成功与否的关键。对生态重建过程中的经济行为研究尚属空白，但在自然—经济—社会复合组成部分的生态系统重建中如何促进流域社会经济发展也是大规模生态重建所必然面临的问题。

（6）生态恢复重建是一项复杂的系统工程，虽然在恢复重建的理论和方法已经有过一些研究和探索，但恢复重建的理论体系和技术体系尚未形成。缺乏从理论上深入研究恢复重建的基础理论问题，如生态系统的稳定性及其变化、物种对系统退化环境的响应与适应、生态系统退化和恢复重建机理等等，从而导致在恢复重建技术方法的应用上的盲目性和不确定性。

虽然在生态恢复与重建的理论和方法已经有过一些研究和探索，但恢复重建的理论体系和技术体系尚未形成，导致在恢复重建技术方法的应用上的盲目性和不确定性。在生态退化极为普遍而严重的今天，积极开展生态恢复与重建的关键基础理论研究和大面积的生态恢复重建实践，建立有中国特色的生态恢复重建理论体系和技术体系，促进我国自然、社会和经济的可持续发展是当前一项十分艰巨的任务。

4 生态恢复研究的发展趋势

恢复生态学作为一门学科兴起是 20 世纪 80 年代，而且学科理论和研究内容还不系统，整个理论框架还有待完善，但由于人类对全球生态环境问题的关注，恢复这个词也成为生态学家的常用词。我国关于森林的恢复与重建的工作始于 1949 年 10 月，先后发表了大量有关生态恢复与重建的论文、论著，在实践上已形成大批的小流域生态恢复的成功案例，极大地促进了我国恢复生态学的研究与发展。这些工作也充分体现了恢复生态学的理论性和实践性，从他们的工作中总结出一些可供广大从事恢复生态学的研究人员参考的结论：

（1）在生态恢复的过程中，生态系统结构的恢复先于功能的恢复；

（2）在热带雨林的恢复过程中，植物的多样性导致了动物和微生物的多样性，从而导致了生态系统稳定性；

（3）恢复生态学具有很强的实践性，生态恢复技术研究是重要的研究领域，但目前仍是一个薄弱的环节；

（4）在生态恢复过程中，乡土树种具有更大的优势，它更适应于当地的生境，繁殖和传播潜力更大，容易融合于当地的残存景观；

（5）宫胁生态造林法对我国的生态建设有很大的参考价值，“适度”造林技术在指导我国植被恢复上具有一般性意义；

(6)生态系统恢复的终极目标是生态系统的功能,即生态系统功益;

(7)土壤水分是陆地生态系统恢复技术中首要考虑的因素,水分在很大程度上决定着非生物环境对植被的承载量;

(8)恢复生态学强调恢复,但更侧重于现有生态系统的管理和改善(ecosystem management and enhancement);

(9)在生态恢复过程中,增加植被覆盖率减少水土流失是首要考虑的,其次是生物多样性和生产力,以及生态系统功益的其他方面指标。

虽然恢复生态学研究的历史非常悠久,但目前研究尚未形成恢复生态学的理论体系和技术体系。今后应该从以下方面开展广泛而深入的研究:

(1)退化生态系统恢复与重建的过程和机理研究;

(2)退化生态系统恢复与重建的关键技术体系研究;

(3)退化生态系统恢复与区域可持续发展关系研究;

(4)退化生态系统恢复与重建的评级标准、评价方法、评价技术和评价指标体系研究。

第二节　植被恢复研究

1　植被恢复的理论基础

1.1　有关定义

1.1.1　森林退化和改良

森林退化(forest degradation)和森林改良(forest improvement)是两个相反的过程,一旦定义了森林退化,森林改良便不言而喻。然而因森林管理的目的各异,森林退化比森林其他有关的术语(如森林、造林、毁林)的概念更为复杂和模糊。例如,如果管理目的是保护森林生态系统及其功能,则木材收获就可被称为森林退化,即使这种收获是可持续的;相反,如果管理的目的是获得可持续的林产品,则这种收获就不被认为是森林退化。联合国粮食与农业组织(FAO)、联合国生物多样性保护公约(UNCBD)和国际热带木材组织(ITTO)均制定了森林退化的定义,其中FAO的定义为“逆向影响林分或立地的结构或功能从而降低森林提供产品和服务能力的森林内的变化过程”(FAO,2000a)。ITTO的定义为“森林潜在效益包括木材、生物多样性和任何其他产品或服务的全面、长期降低”(ITTO,2002)。UNCBD定义了退化森林:“由人类活动引起的、丧失原有天然林正常的结构、功能、物种组成或生产力的次生林”(UN-EPCBDSBSSTA,2001)。世界自然基金会(WWF)采用了FAO的定义。由此看出,这些定义是基本协调的,一般均指产品和服务功能的逆向改变。有关国家的定义也类似。但UNCBD的定义有一个显著差别,其参照对象为天然林,明显偏离这种状态就被认为是退化,而FRA和ITTO的定义没有涉及参比对象,但暗示提供产品和服务的任何减少都是退化。森林退化可以是人为因素或自然因素引起的,但两种因素又存在必然的联系。人为因素可增大森林的脆弱性,从而使森林更易受火灾和病虫害的威胁而退化。但只有UNCBD的定义明确了退化是人为引起的,在各国的定义中也只有意大利明确了退化的原因。FRA的定义指提供潜在产品和服务的长期减少,避免了所有的采伐活动都被认定为退化,因为采伐活动常常最终使林分得到改善(如间伐)。

现有的这些定义均比较抽象,缺乏度量产品和服务功能的具体指标及标准。例如,若以郁闭度为度量指标,降低多少才可视为森林退化?有的森林退化是可以恢复的,而有的是难以逆转的,特别是森林功能的退化,但所有定义均没有考虑到不同森林类型恢复能力的差异(FAO,2002)。

1.1.2 森林管理

森林管理是一个可用于国家、地区、森林管理单位和林分水平上的规划、实施、监测和控制的概念,相关的概念、方法甚至使用的术语在世界不同地区可能都不一样。它们也取决于管理目的,如木质产品、非木质产品、流域保护、固持土壤、娱乐和自然保护。管理计划常常是管理森林的一个基本工具,它可以是正式的,也可能是非正式的,甚至在缺乏管理计划时,管理仍可以通过传统方法得到实施。在所有国际公约和组织中,只有 UNFCCC(2001b)对森林管理进行了定义:森林管理是一个林地利用和作业系统,其目的是可持续地实现森林相关的生态(包括生物多样性)、经济和社会功能(UNFCCC,2001b)。一些国际组织制定了被管理森林的定义,如 FAO 将被管理的森林定义为"按照正式或非正式的管理计划、在足够长的时期内(5 年或更长)定期实施管理的森林"(FAO,1998);ITTO 将被管理天然林定义为"可持续的木材和非木材收获(如通过综合的收获和造林措施)、野生动植物管理和其他利用导致森林结构和物种组成发生了变化的森林,所有主要的产品和服务功能都得到完整的维持"(ITTO,2002)。这些定义都是基于管理是为实现特定的目标或功能的、有目的的行动。ITTO 的定义规定,管理改变了森林结构或物种组成,而 FRA 和 UNFCCC 的定义没有规定管理的后果,也没有增加其他限定条件。ITTO 和 UNFCCC 的定义提到了可持续性和所有森林功能的维持,而 FAO 的定义没有明确提及。但森林管理和被管理森林是不同的概念,根据 UNFCCC,森林管理是可持续的,而被管理森林则不一定是可持续的。1992 年联合国环境与发展大会(UNCED)后,各国都开始重视森林可持续管理,对森林可持续管理的概念、标准与指标体系展开了国际性广泛的研讨和协调行动(蒋有绪,1997)。各国际公约和规程对森林管理的定义大同小异,都是非常广义的定义,即以维持和增强森林多种产品和服务功能,满足当代和未来社会、经济、环境和文化的可持续需求为目标。可持续森林管理的指标和标准也相似,但侧重点不同,制定的指标数量不同,一些组织或进程的指标和标准带有明显的地域性(如赫尔辛基进程、蒙特利尔进程、ITTO)。赫尔辛基进程和蒙特利尔进程都包含与森林碳循环有关的标准和指标,如碳贮量、生物量、生物生产力、薪材消耗等(FAO,2002)。

1.1.3 植被破坏和植被恢复

对植被破坏的定义很少,基本含义指去除植被或破坏植被(Lund,2002)。但由于植被破坏是植被恢复的反义词,因此植被破坏涵义可通过植被恢复的定义得到解释。UNFCCC 对植被恢复的定义为(UNFCCC,2001b):"通过建立最小面积为 0.05hm^2 的植被,但不满足造林和再造林定义的直接人为活动引起的立地碳贮量增加"。其他植被恢复的定义也较多,一般指在曾经有过植被的立地上重新建立植被或恢复原有植被覆盖(Lund,2002),与再造林的定义类似,但缺乏具体的植被覆盖指标。植被恢复活动通常在立地条件恶劣或严重土地退化、自然演替较缓慢的立地上进行,因此可促进植被的自然演替。植被恢复通常不具商业目的,但通过植被恢复可增加牧业收入或游憩价值,还可减少土壤侵蚀,增加生物多样性(FAO,2002)。因此植被恢复也是生物多样性保护公约和防治荒漠化公约感兴趣的问题。

1.2　植被恢复的理论基础

生态系统的动态发展,在于其结构的演替变化,如物种组成、各种速率过程、复杂程度和随时间推移而变化的组分变化。由于生态系统的极端复杂性,其功能过程和动态过程涉及众多因素,其作用可归为几个基本的生态变量:物质、能量、空间、时间和多样性,退化生态系统的恢复与重建,毫不例外地涉及这些变量,或者说,需要与此相关的生态学原理来指导退化生态系统的重建(杨光等,2000;王伯荪等,1997)。

1.2.1　与物质相关的生态学原理

(1)耐性定律　所有生物有机体都由一定数量的化学元素组成,这些元素对于生物分子的构成至关重要。对任何元素来讲,都存在着一个浓度范围,只有在该范围内所有与该元素有关的生理过程才能正常发生。

(2)最小量定律　该定律指出,只有在所有关键元素都达到足够的量时植物才可能正常生长;生长速度受浓度最低的关键元素的限制,这个原理对退化生态系统重建物种的选定以及土壤的改良具重要指导意义。极度退化生态系统进行植被恢复中所选用的早期先锋种就是对营养(包括光、温、水、肥)的忍耐区间较大的种类;而对退化生态系统土壤环境的改善,应分析其中的关键元素,有针对性施肥;许多情况下的带营养植树就是应用了这个原理。

(3)综合生态因素分析　不同区域的退化生态系统的恢复过程和恢复技术措施是不同的,需要根据特定区域的定位和资源的物质条件,因地制宜,组织实施。

1.2.2　与能量有关的生态学原理

所有的生态系统,从细胞到最复杂的生物群落都是能量转换器,最基本的热力学三大定律,也适合生命的能量转换过程。第一性生产力(productivity)依赖于整个群落各生态系统对资源的利用效率;营养保持力(nutrient retention)是群落和生态系统营养循环的必要条件。

1.2.3　与空间有关的生态学原理

(1)种群密度制约原理　若单株植物可利用空间为 S,植物的干重为 P,则有一般式:$P=kS^{3/2}$,k 为常数。就两个个体利用空间而言,如果高于或等于最适宜值,那么就可以产生有利影响。而如果空间太小,则会产生不利影响,种群密度制约原理有助于在退化生态系统重建时合理控制种植密度以及在林分改造时进行合理间伐。

(2)种群的空间分布格局原理　种群的空间分布格局在总体上有随机、均匀和集群分布三种方式。一般荒山造林总是采用均匀格局,实际上有时集群格局更有利于种群的发展。

(3)边缘效应原理　两个或多个群落间的过渡称为交错区,在交错区内,两个生物群落都有向外扩张的趋势,这种现象称为边缘效应。边缘效应在其性质上可以分为正效应和负效应。正效应表现为效应区比相邻的群落具有更优良的特性,如生产力提高,物种多样性增加,生态效益高等;负效应主要表现在效应区的种类组成减少、个体植株的生理生态指标下降和生产力降低等。在恢复生态学实践上,边缘效应规律可应用于造林或林分改造。

(4)生态位原理　两种生物在生态系统中总占有资源和空间,其生态位的大小反映了种群的遗传学、生物学和生态学特征。一个生物种群在生态系统中所处的状态是空间生态位、时间生态位和营养生态位的统一。对于退化生态系统的恢复与重建应考虑各物种在水平空间、垂直空间和地下根系的生态位分化,使物种在分布、形态、生理、营养、年龄、时间、高度等方面有适当的差异并分别占领相应的生态位,如农林复合生态系统建造、乔灌草混交植物种的空间配置等。

1.2.4 与时间有关的生态原理

植被生态系统的改造和重建,必须遵循自然界的生态和动态过程,它们是极其重要的随时间而发展的自然规律,而演替是由一个群落为另一个群落所取代的过程,一个群落变化发展为另一个群落的过程。它是植被和生态系统动态的一个重要特征。演替导向稳定性是生态学的一个首要和共同的法则,它是现代生态学的中心课题,是解决人类现代环境危机的基础。深入了解植被或生态系统动态原则,将有利于改造或重建植被,成功的人工植被或生态系统都是在深入认识生态原则和动态原则基础上,模拟自然植被或生态系统的产物。

1.2.5 与多样性有关的生态学原则

(1)多样性与稳定性生态系统网状食物链结构的增加—生态系统趋向稳定。生态系统物种多样性—趋向稳定的地带性顶极类型。

(2)植物多样性是生态系统其他生物多样化的基础。

A:多样化植物为更多消费者如昆虫、鸟类提供食物。

B:多样的植物有多层根系,为土壤动物和微生物提供生境。

C:不同生活型植物为生态系统创造多样的异质空间而可容纳更多的生物。

2 植被恢复与遗传变异

2.1 小种群效应(effect of small population size)

在引种后种群生长和更新阶段对遗传变异的影响主要是小种群效应(effect of small population size)。从具体物种的角度来看,生态恢复有两种不同的起始点:一种是在恢复地点尚存在少量个体,通过生态恢复使得种群数量扩大;另一种是在恢复地点已完全没有可恢复的物种,需要通过从其他种群引种建立一个能自我维持、有效更新的种群。在前一种情况下,容易受到瓶颈效应(bottle neck effect)的影响;后一种情况,则容易受到建立者效应(founder effect)的影响。瓶颈效应和建立者效应都能对种群的遗传结构产生影响,影响程度与有效种群大小有关,两者对遗传变异的影响都可以归结为小种群效应。小种群效应对种群遗传变异的影响主要是通过近交和遗传漂变起作用的。近交是指近亲个体之间的交配,包括自交和亲缘个体间的异交。近交对种群遗传组成的影响主要是降低种群的杂合度和引起近交衰退。近交降低种群的杂合度与有效种群大小有关,种群越小,杂合度降低的速度越快。近交衰退主要是后代活力的降低,在不同物种中,其程度相差较大。有些物种近交衰退表现很强烈,而另一些物种则很弱,甚至不存在近交衰退这一现象。同时,近交衰退发生的时期也不一样,有的在个体发育早期就表现出来,而有的则在较后时期才出现。Charlesworth、Husband 和 Schemske 对此作了详细的阐述。遗传漂变是指种群内等位基因频率在世代间的随机变化,其最终结果是使每个位点上都固定在一个等位基因上,因而也是降低种群的杂合度。遗传漂变降低种群杂合度的速率为 $1/2Ne$,其中 Ne 为种群的有效大小,有效种群越小,杂合度降低的速率也越快。遗传漂变的作用在小种群中比较突出,而在大种群中其作用可以忽略不计。因此,为避免恢复种群受小种群效应的影响,恢复种群应维持一定的有效种群大小。在濒危动物圈养繁殖中,为避免小种群效应的影响,曾提出了所谓的“50/500”原则,即为使种群短期存活,有效种群大小至少为 50;长期存活,至少为 500。虽然这个原则受到了一些研究者的批评,但仍得到较多的应用。该原则在不同物种中可能有所不同,作为一个指导性的原则,还是相对合理的。在生态恢复过程中也可以借鉴这个原则确定需要恢复种群的大小,在植物种群中,因繁育系统等因素的不同，具体的种群大小可以做相应的调整。

2.2　种群的局部适应在植被恢复中的应用

在生态恢复时选择合适的局部适应种群是很重要的，局部适应能够在特定的环境条件下（甚至在较严重的环境污染状况下）维持较高的适合度。如果用于恢复的个体不是来自于适应当时环境条件的种群，则对环境条件的适应能力差，不容易存活，如英国曼彻斯特是工业化较早的地区，污染较严重，附近的牧民早在18世纪就发现来自当地和其他地方的牧草种子的存活力存在很大的差别，在该地区播种牧草时，购买来的牧草种子生长很差。选择合适的种子来源对于恢复种群的长期存活是很重要的，关于如何确定适应种群，Linhart（见 Knapp & Dyer）建议，对于草本植物，种子应采自离恢复地点100m以内的个体，而乔木植物则为1km以内。然而在这样的空间尺度上往往不存在想要的种群，尤其是在人类活动强烈的地方。美国林务处则采用"种子区（seed zone）"这一概念指导确定具相同适应性的种群，种子区的边界是根据遗传多样性和结构的自然格局来界定的，当遗传信息不完整时，常采用地形、气候、和土壤的空间分异来区分。不同物种由于遗传分化程度不同，种子区的范围相差也较大，种群遗传分化较小的物种中，遗传组成在空间上相对较为均匀，种子区的范围较大。同时在生态恢复过程中，也要防止来自不同种群的个体之间的远交衰退。当遗传距离或空间距离较远的种群集中在一处时，不同种群之间可能会杂交，杂交后代表现出适合度下降的现象，有时在杂交一代可能显示出一定的杂交优势，但在以后世代中会表现出衰退现象。目前对远交衰退的程度以及相隔多远个体间的交配会导致远交衰退尚不太清楚。有些相隔很近距离的个体间交配就表现出衰退，如相隔30m的高山燕草（*Delphinium melsonii*）个体间交配就表现出远交衰退现象，而东部食蚊鱼 *Gambusia holbrooki* 相距100km的个体间交配才表现衰退现象，但多数物种，并未对远交衰退现象进行测定。总体来看，种群间基因流强度大，遗传分化较小的物种，发生远交衰退所需的交配距离一般较远；反之，则较近。种群之间的空间配置（即景观格局，meta 种群结构）也可能影响到恢复计划的成败。不考虑 meta 种群结构，即使暂时获得成功，恢复种群也是一个孤立的片断种群，与其他种群空间隔离，这将带来一定的遗传后果。meta 种群主要是通过基因流和局部消亡来维持的，因此适当的种群间基因流对于恢复种群的长期存在是很重要的。基因流对种群遗传结构的作用与选择相反，基因流使种群之间遗传组成趋于一致，而选择则导致局部分化。基因流和选择的相互作用使种群之间既具有相似性，又使各局部种群维持一定独特性。如前所述，不同物种中种群间遗传分化程度存在较大的变化，种群间的基因流也相差较大。一般来讲，风媒传粉植物种群间基因流较大，而自花授粉植物种群间基因流最小。因此，在进行生态恢复时，最好能够对该物种的遗传组成进行遗传分析，若种群遗传组成与环境因子存在相关性，可以根据这种关系通过调查环境状况选择合适的种群。若种群遗传信息不全，种子或幼苗一般应尽量选择离恢复地点最近的种群，或根据气候、地形、土壤等环境条件选择与恢复地点生态条件一致的种群作为种源种群。在进行生态恢复时，尽量选择一个种源种群，尤其要避免选择相距很远的种群，防止不同种群之间的杂交，避免种群遗传混杂。若有来自不同种群的种子或幼苗，则不同种源个体之间应相对隔离，在确定适应种群之后，最好能将不适种群从恢复地点移开，防止种群混杂。

在生态恢复过程中，为保持种群的长期进化能力，应建立与自然种群类似的遗传变异和遗传分化的维持机制，种群间适当的基因流对于增加局部种群的有效种群大小并维持一定的种群间分化是很重要的。应在恢复种群与自然种群之间建立适当的联系，使种群之间存在一定的花粉或种子的交流,维持一定的基因流;或采用人工措施维持恢复种群和其他种群之间的基因流。

此外,种群衰退,环境条件恶劣,也影响植被恢复。研究人员系统地研究了荒漠生境中四合木(*Tetraena mongolica* Maxim)的繁殖特性、生殖生态、传粉生态学及其与环境因子的关系(王迎春等,2000;徐庆,2001;徐庆等,2003a,2003b),结果表明:①种群3~9年生殖值缓慢增加,10~21年生殖值迅速增高,19~21年达到最大值,21年以后生殖值缓慢下降并渐渐平缓,目前的种群属于衰退型;②在恶劣的生境中繁殖能力较强,这是对环境的一种适应;③具有有性和无性生殖2种形式的繁育系统,以有性生殖占主导地位,虫媒植物但在传粉昆虫缺乏时有一定程度的自花授精,这是对荒漠恶劣生境的一种适应;④四合木结实率低的主要原因是传粉过程受到障碍,即传粉媒介(昆虫)的访花频率极低,使得柱头上的花粉量受到限制,这是结籽率低的内因;⑤土壤水分供应不足,使胚珠不能正常发育,这是导致结籽率低的外因。显然,种群衰退,环境条件恶劣,导致一些植被建群种的生殖能力低下是脆弱生境植被自然更新困难的原因之一。

3 植被恢复与种子库

在自然恢复过程中,影响速度和进程的最主要因素是土壤中的种子种类和数量,即土壤种子库在植被逐步恢复过程中起很重要的作用。同时,植被恢复也与立地的退化程度、立地表面特征、土壤环境与肥力,甚至微生物和动物活动有关。

3.1 种子库与地上植物的关系

土壤种子库的种子来源于地上成熟植物,土壤种子库的种类组成与地上成熟植物种类组成之间的关系是一个值得探索的问题。土壤种子库与植物的关系分2个方面,即与退化生态系统植被的关系和与地带性指示植物的关系。Turnbull等对退耕地土壤种子库中种子重量与数量关系的研究表明,种子的重量与种子发芽后地上部分的竞争力呈正比关系,但与该种成熟后种子的结实数呈反比关系。据此认为这是植物竞争力和定居成功率的一种平衡关系。Graham等的研究表明,由于农事活动,退耕地中带有地带性指示作用的植物种类和数量均比较少,取而代之为大量的农田杂草。他们通过对种子库种子数量、种类、种子发芽时间与埋藏深度的关系研究,认为1年生草本与地带性的多年生草本的发芽几率基本一致,并建议恢复以地带性植物为主的植被时,尽量少地干扰土壤,以减少农田杂草种子的生长机会。

3.2 种子库的动态

土壤种子库具有随时间而变化的特性。Falinska通过对未经干扰的退耕地长达20年的观测表明,土壤种子库植物种类的变化是呈波动性的,其基本规律是多—少的过程,而种子库种子的数量呈少—多的过程,生活型的基本规律是一年生草本多年生草本。与此相似,Bekker等对退耕地的研究也表明,种子库总丰富度是随演替的进行逐步下降的,特别是到森林阶段时更是如此,但带有地带性特征的种类数量是上升的。同时,他们通过对退耕25年的土壤种子库动态分析认为,利用种子库确定演替方向时有不确定的因素存在,因为地上植物与地下种子库种类有趋同现象。这种理论认为,一年生草本频繁干扰的群落,植物种子库与群落种类有相当高的相关性,如沙漠植被、地中海草原等。所以,为加快演替进程,需要有退耕地相邻区域的其他植物的快速侵入。

另外,影响植物种子库的因子还很多,如土地利用程度、历史、生境的破碎程度、立地的退化程度、营养的丰富程度和环境压力等。

4 植被恢复与演替

演替与竞争一直是植被恢复方面研究的焦点,植物种群对有限资源的竞争是决定植物群落种类组成多样性及演替动态的主要因子。外来种的竞争和生存有 200 种观点,即以 Grime(1979)和 Keddy(1989)为代表的生物量决定论(biomass dependent)和以 Newman(1973)和 Tilman(1988)为代表的非生物量决定论(biomass independent)。Foster 在退耕地上进行了植被移栽试验,研究移栽种的成活、生长等与退耕地上生物量大小、相邻地段上物种的竞争能力等的关系。试验认为,在生产力低的立地,非生物量决定论起决定作用;在生产力高的立地,生物量决定论起决定作用。

4.1 外来种的侵入、竞争与定居

演替初期,首先侵入的是 1 年生草本植物,成功与否,取决于:①与外来种种源的距离;②退耕地植被群落的结构;③土地的干扰历史;④其他环境参数。实际上,对于一个给定的植物群落,外来种的侵入与定居目前还存在不同的观点。一种观点认为,物种少的立地比物种多的立地更容易被外来种侵入,因为环境容量比现实群落的种类更多,而且群落内的竞争比较小,但也有相反的观点。但无论哪种观点,均支持干扰可以加速外来种侵入的论断。

Singleton 等对退耕后形成的森林与相邻的原始森林立地的对比研究表明,原始森林中草本群落的种类丰富度、多样性均高于退耕后形成的森林中的草本群落;另一方面,外来草本植物在退耕地群落中的侵入速度却高于原始林群落,这间接说明退耕地的恢复速度既与土壤种子库有关,也与相邻的植物群落有关。

Kosola 等从地下、地上竞争的角度研究退耕地植物侵入与定居的规律。他在观测新退耕地时,注意到最早侵入与定居的植物是 1 年生草本植物,以后迅速被多年生草本植物所代替。他还发现在草本植物侵入与定居过程中,地下部分竞争更为激烈,如草本植物豚草(*Ambrosia artemisiifolia*)就是由于地下竞争过强而不能正常生长。

4.2 植被演替过程

近年来,植被演替方面的研究更注重探讨演替机制以及演替过程中格局的演变。Mitchell R. J. 等(1999)在对石楠类型的退耕地研究时注意到,在退耕 20~50 年的时间里,退耕地基本经历了 4 个演替阶段,分别是桦木属(*Betula* spp.)侵入阶段、樟子松(*Pinus sylvestris*)侵入阶段、蕨类侵入阶段和菌类侵入阶段。通过对河北坝上退耕地的初步研究,发现撂荒地的自然演替一般可分为先锋植物群落阶段、根茎植物群落阶段、根茎—丛生禾草阶段和丛生禾草阶段,大约需要 15~20 年时间。

普遍认为,随着演替时间的推移,群落的多样性指数逐渐上升,在群落演替的中后期最大,且弃耕地植被中植物种类数目变化具有明显的波动性。另外,地上部分植物种类还呈现以下特点:代表立地特征的种类开始比较少,而表示农田杂草的种类比较多。演替向相反的方向发展,即地带性指示植物增加,杂草类植物种类下降。也有研究表明,退耕地演替群落的种类多少与生产力有关,种类多的群落生产力高。

第四章

脆弱生态区生态修复相关研究概述

脆弱生态区也称生态脆弱区(vulnerable ecological region 或 weak ecosystem region),是指生态条件已成为社会经济可持续发展的限制因素或社会经济按目前模式继续发展时将威胁到生态安全的区域(王国,2001)。在生态脆弱区的生态环境抗外界干扰能力低、自身稳定性差,其主要特征是对外界干扰的敏感性和内部结构的不稳定性(赵跃龙,1999;UNCOD,1980;UNEP,1992)。在我国,生态脆弱区主要分布于北方半干旱、半湿润区(农牧交错带)、西北半干旱区、华北平原区、南方丘陵区、西南山地区、西南石灰岩山地区和青藏高原区(赵跃龙,刘燕华,1994;吕耀等,2001)。

世界上有 1/3 的地区属于干旱和半干旱地区。在我国,华北、西北、内蒙古的绝大部分地区属于干旱和半干旱地区,我国西部山地主要有典型的干热、干旱河谷生态脆弱区,其自然条件比较恶劣,干旱少雨,蒸发量大,造成土壤水分亏缺严重,是世界性造林与植被恢复的困难地带。

近年来,由于沙尘暴、生物多样性丧失、污染、旱涝灾害和全球变暖等全球性的生态与环境问题的加剧,保护森林生态系统,恢复和重建受损的森林生态系统,已是全人类的共识和关心的热点问题(康乐,1990;彭少麟,1996)。但如何进行生态恢复和重建,重建什么样的森林生态系统,特别是脆弱生态区植被恢复问题,都需要在理论和方法上进行深入研究(Hobbs et al.,1996;Allen et al.,1997;Miyawaki et al.,1993;Miyawaki,1987;1998;1999;Palmer et al.,1997;章家恩等,1999;包维楷等,1999;费世民等,2003)。

脆弱生态环境是特定地理背景下,生态系统物质、能量分配不协调的产物。继美国学者 Clements 提出生态过渡带之后,关于脆弱生态环境的研究逐渐展开。1972 年斯德哥尔摩“联合国人类环境会议”以来,联合国环境小组开始协调国际环境监测活动。进入 20 世纪 80 年代,国际上开展了一系列综合性的全球变化研究项目,其中 IGBP、WCRP、IHDP 构成了全球变化研究的主体。在 1989 年布达佩斯召开的第 7 届 SCOPE 大会上,重新确认了生态脆弱带(Ecotone)的概念,该领域的研究愈加活跃。美国学者 Daniel 等探讨了荒漠生态系统的水分特征及物质循环、能量流动和信息传输的特点,并研究了荒漠生态环境的景观分布格局。Kovshar 等研究了俄罗斯干旱环境的保护等问题。同时,许多学者研究了干旱区不同地理环境条件下的生态学问题,并对内陆河流域生态环境的空间分异特征进行了研究,强调干旱内陆河流域气候条件，尤其是水热条件和地貌特征是植被生态、土壤环境及水环境形成与分异最主要的控制性因素。一些学者研究了我国脆弱生态环境分布及其与工业化及贫困的关系，并应用脆弱生态环境成因指标划定了我国脆弱生态环境的分布范围。与此同时，关于干扰生态理论的基本概念和扰动生态学理论框架，群落及生态系统的结构、功能等问题的研究也逐渐展开。部分学者还对干旱或半干旱区的环境地质、水文、土壤、植被、气候等特征进行了研究，揭示了脆弱生态环境相关因子的主要特点。在生态环境问题引起世界各国普遍重视的情况下，许多学者从理论、实践等多个层次探讨了脆弱生态环境表现形式、形成过程以及治理方法。肖笃宁在景观生态学理论指导下，从生态空间与景观异质性、景观变化模型与未来景观规划、景观系统分析与 GIS 应用的角度研究了我国生态环境存在的一些问题。黄培佑运用荒漠—绿洲对立统一观，研究了干旱荒漠生态系统的持续发展问题，结果表明，绿洲与荒漠既相互区别又相互联系，即绿洲寓于荒漠又异于荒漠，两者依一定条件互向其对立面转化。彭少麟进一步探讨了恢复生态学与植被重建问题，并提出了对不同程度退化生态系统恢复的方法及途径。随着科学技术的发展，许多新的研究手段及方法也在生态环境研究领域得以应用。特别是“3S”技术（RS、GIS、GPS）一体化的发展，为解决脆弱生态环境问题提供了良好的技术支持。地球信息科学（geoinformatics）理论体系的建立以及数字地球概念的提出，使人类所面临的环境挑战能有一个相对合理的解决方案。Cartalis 等研究了 RS、GIS 等在大气成分监测、土壤水分估算、植被生物量获取以及地貌特征识别等方面的可行性。地球信息科学理论及方法在生态环境领域的研究取得了一系列成果，并在进一步发展和完善。我国“3S”集成技术发展也很快，并在地方国民经济建设中发挥了重要作用。与此同时，许多专家研究了 RS、GIS 等在生态环境研究领域的应用潜力。目前，“3S”一体化进行资源环境信息的获取、处理和动态分析成为脆弱生态环境研究的一个重要趋势。

在以“改善生态环境”为目标的生态恢复工程中，其主要对象为生态脆弱带，如干热干旱河谷、岩溶山地、高寒植被区和退化沙地等。这类地区自然环境严酷，立地条件极差，植被恢复难度极大，不应该片面追求成片，应该综合评价立地条件，因地制宜，宜林则林，宜灌则灌，宜草则草，宜沙则沙，宜裸则裸，最大限度的追求植被覆盖率，做到种一株活一株，以免浪费。这是生态脆弱带植被恢复与非脆弱带植被恢复的区别之一。在生态脆弱区，还应借助自然力，利用现有立地中的植物繁殖体，自然恢复，在适当的时机进行人工促进，补种苗木，缩短自然演替进程。这种模拟自然的模式能循序渐进地改善微生境条件，有利于植被恢复。苗木应该是乡土树种，因此必须加强乡土树种的培育和筛选，这是生态脆弱区植被恢复与重建中需亟待解决的问题（刘兴良等，2005）。提高生态环境脆弱区普通民众对生态环境重要性和植被保护与恢复的认识，引起他们对生态环境建设的关注、支持和参与，也是目前脆弱地区植被恢复与重建需要解决的问题之一（龚伟等，2004）。

目前，人们对脆弱生态区的研究还主要针对某一地区进行探讨，如徐岚等对科尔沁沙地的植物群落做过研究；李月辉对辽宁省三种土壤的退化程度、面积和分布进行了探讨；王会让等对新疆塔里木河流域的生态脆弱性进行评价；苏维词、朱文孝对贵州喀斯特生态脆弱区研究等。现在还缺少对大流域的脆弱生态区的管理研究，以后应是个研究方向。

脆弱生境的生态恢复主要是以保护好现有植被为主，禁止人类活动造成的任何破坏；还应该封山育林，建立生态功能保护区，在合适的时间和地点，选择合适的苗木进行人工促进和抚育；保护好生态脆弱区的生态系统或景观，从而保证建群种或优势种开花传粉、结实、种子散布、种子萌发和幼苗建成顺利进行,维持群落的自然更新和演替。

由于伴随经济发展而来的生态环境恶化日益严重,生态保护与建设问题正日益严重,生态保护与建设正日益受到全世界的普遍关注。特别是1992年的联合国环境与发展大会以后,世界上许多国家都在加快生态研究与环境建设的步伐。生态研究已有百余年的历史,但直到20世纪30~40年代才得到较快发展,60~70年代是已形成许多学科和研究方向,并开始渗透到社会、经济的各个领域。70~80年代以后,为了开展全球性的生态研究,国际社会实施了一些大型生态研究计划和一批生态监测网络。脆弱生态环境研究日渐成为当代生态研究的重要领域。我国80年代初期,脆弱生态研究才作为一个新的学科方向被提出并得到重视。

因此,生态脆弱区生态修复关键是植被恢复,中国西部生态脆弱区是我国乃至世界上植被重建困难的地带之一。

第一节　退化生态系统植被恢复

退化生态系统是指生态系统在自然或者人为干扰下形成的偏离自然状态的系统,生态系统的类型不同,其退化的表现也各异。根据退化过程及景观生态学特征,退化生态系统可分为不同的类型。余作岳等将退化生态系统分为裸地(包括原生裸地和次生裸地)、森林采伐迹地、弃耕地、沙漠化地、采矿废弃地和垃圾堆放场几种类型。显然上述分类主要适用于陆地生态系统,实际上生态退化还应包括水生生态系统的退化(如水体富营养化、干涸等)和大气系统的退化(如大气污染、全球气候变化等)。根据生态系统的层次与尺度,又可分为局地退化生态系统、中尺度的区域退化生态系统和全球退化生态系统。

Brown 和 Lugo(1994)指出,生态系统的退化过程和程度取决于生态系统的结构或过程受干扰的程度,一般地,在生态系统组成成分尚未完全破坏前排除干扰,生态系统的退化会停止并开始恢复,例如森林的恢复。但若生态系统的功能过程被破坏后才排除干扰,生态系统的退化很难停止,而且有可能加剧。据估计,由于人类对土地的开发(主要指生境转换,如森林转变为农田遭弃耕后变为荒地),导致全球$50\times10^8 hm^2$以上的土地退化,使得43%的陆地植被生态系统的服务功能受到了影响。由于人口增长过快,加上大跃进等政策错误,我国形成了大量的退化生态系统。张巧珍(1993)推算,除农田外,我国其他生态系统退化面积约占国土面积的1/4。任海等(2000)总结各部委的数据后指出,各类生态系统均存在不同比例的退化,如农田生态系统退化比例为20%,草地退化比例为33%,森林退化比例为25%,淡水生态系统退化比例为32%。

由于恢复生态学的内容建立在普通生态学(群落生态学、生态系统生态学)的基础上,有人认为恢复生态学应该强调的是对受损生态系统进行恢复,或者说恢复应该是恢复生态学的首要目标。任海等(2002)认为恢复生态学的首要目标是保护自然生态系统,因为自然生态系统在恢复中具有参考作用,而把现有生态系统的恢复列为恢复生态学的第二目标。Parker(1997)认为生态恢复的长期目标应该是生态系统自身的可持续性恢复,尽管这个目标的时间尺度太大,而且会导致最终恢复状态的不确定性。在生态恢复的实践中,尽管人们根据不同的社会、经济、文化和生活需要,对退化生态系统制定了不同水平的恢复目标,但这些目标都存在相似之处,主要包括:①实现生态系统地表基底(如土壤)的稳定性,为生物生长提供载体;②植被的恢复,保证植被覆盖率;③增加种类组成和生物多样性,保持生态系统的生产力和自我维持能力。这些目标实现后,被恢复的生态系统便能像健康生态系统一样,提供生态系统的服务功能,如生产生态系统产品,产生和维持生物多样性,调节气候,减缓洪涝灾害,维持土壤功能,传播花粉和种子,控制有害生物,净化环境,发挥景观美学和精神文化功能等(任海等,2002)。

包维楷(2000)认为,乔木层在恢复过程中,物种多样性基本保持不变,群落结构发生较大变化,群落由单优或双优向双优或多优势种发展,由单层乔木层向多层次立体结构发展,使群落更复杂、利用立体空间更充分。黄忠良等(2000)研究了鼎湖山自然保护区群落多样性随着植被恢复而发生的变化,结果表明在植被恢复过程中,群落的多样性随着演替的发展而增加,但演替的最高阶段其多样性不是最高的。彭少麟(1995,1994)分析了鼎湖山植被40多年演替中优势种的生态位、分布格局和种间关系,认为以上种群特征均有变化,生物量和生产力也随演替呈上升趋势。包维楷等(2000)研究认为自然恢复中的常绿阔叶林不仅有较高的物种多样性,也具有较高的材积生产力,这似乎暗示着在植被恢复过程中,生物多样性的恢复与追求较高的材积生产力并不矛盾,二者可以兼顾。人类活动导致的生态系统片断化(fragmentation)是退化生态系统的一种表现,森林片断化的结果形成了不同生态系统环境条件的斑块(patch),斑块和斑块之间由边缘所分割。彭少麟(2000)研究了南亚片断化热带群落的物种组成、多样性、生物量和生产力等,指出虽然群落性质没有改变,但边缘效应明显加速了群落演替,促进了生态系统的恢复。石胜友等(2002)研究了晋云山风灾迹地人工混交林的生态恢复,结果表明人工林在恢复的过程中生物多样性的替代明显,草本减少,物种周转速率相对较快,森林向该区地带性植被-常绿阔叶林方向发展。是森林、米心青冈群落人工干扰造成的和林缘的恢复过程明显,但物种组成、植被结构、土壤环境等方面仍存在空间异质性(沈泽昊等,1995)。生态恢复中一个极为关键的成分是生物体,因而生物多样性在制定恢复计划、项目实施和评估过程中具有重要作用(任海等,2002)。营建人工林是建国后恢复采伐迹地的主要手段,但对于人工林恢复发展的生态过程研究较少,有关生物多样性的研究也不多见(包维楷等,2002)。赵常明等(2002)研究了川西采伐迹地自然恢复序列和人工恢复序列,结果发现二者的生物多样性皆随着林龄的增加而增加,在林冠郁闭后下降,而且草本、灌木和乔木呈现不同的变化模式;但同林龄的天然林和人工林相比,人工林的物种多样性不及后者。王国梁等(2002)对黄土高原丘陵沟壑区植被恢复与重建后的物种多样性研究表明,天然灌木林多样性最高,均匀度最大,人工灌木林的多样性和均匀度最小,并且人工林阻止了其他乔灌木入侵,因此建议人工林建立初期应选择多物种混交。余作岳(1996)对热带亚热带退化森林的多项指标进行了充分研究,结果表明,在一定的人工启动下热带季度退化的森林可以恢复。退化森林生态系统的恢复可以分三步走,即重建先锋群落;配置多层次多种乡土树种和重建复合农林生态系统;植物多样性是生态系统稳定的基础。

广东省雷州半岛20世纪50年代末人工造林前是一片荒芜状的热带亚热带景观,经过大面积造林绿化后,不但改变了原有植被面貌,而且促进了水分小循环,年雨量从50年代的1300mm,增至60年代的1425.5mm,70年代达到1708.8mm,比未造林前增加了31.4%,大大地优化了生态环境,电白小良的植被重建则应是其中之一典范。巴西橡胶(*Hevea brassliensis*)在中国北纬24°地带成功建立起大面积的橡胶林,成为世界上的创举。广东省珠江三角洲的

“桑基鱼塘”的生态系统已被推广到发展中国家。草原地区兴建的草库伦,是一种封育的生态系统,避免了牧畜过分采食、践踏,牧羊得以休养生息,同时也改变了土壤水分养分、盐分和植被小气候状况,牧草能充分利用太阳能和地力,加快了物质循环和能量流动提高第一性生产力,进而增加第二性的动物量。草库伦的建立是现代化草原的基本建设之一,也是创建新的植被和生产系统的一种有效措施。

中国科学院小良热带人工林生态系统定位研究站,几十年来在致力退化生态系统的恢复、整治和重建,使生产收入逐年增加,从 1960 年的 18440 元上升至 1987 年的 219. 3967 万元,1989 年的固定资产总值为 188 万元,大大超过历年国家投资总额。此外,通过小良站为示范样板,使其周围 369km^2 的水土流失得到根治,改善了农业生产条件,使水稻年产由过去 750~1500kg/hm^2,提高到 9000kg/hm^2。

退化生态系统的恢复与重建所产生的经济和社会效益,在各个试验站点均反映出来。中国科学院华南植物研究所主持的鹤山定位研究站,其构建的优化人工林模式,以及利用丘陵山地构建的林果草渔和林果草苗复合大农业模式均得大面积的推广。而构建的混交林,连片推广约 20000hm^2,成为广东最大的连片混交林,对防治病虫害、改善区域环境起到重要作用,成为广东绿化达标后林地管理和林改造示范样板。

显然,退化生态系统的恢复与重建具有重大的生态效益、经济效益和社会效益,对生态环境和国民经济建设均具有重要的现实意义和深远的历史意义。

1 退化生态系统恢复的步骤

植被恢复是重建任何生态系统的第一步。它是以人工手段促进植被在短时期内得以恢复。但不同的退化生态系统其恢复技术与步骤是不同的。

1.1 极度退化生态系统的恢复

极度退化的生态系统,其特点是土地的极度贫瘠,理化结构也很差。由于这类生态系统总伴随着严重的水土流失,每年反复的土壤侵蚀,更加剧了生境的恶化,因而极度退化的生态系统是无法在自然条件下恢复植被的。对极度退化的生态系统的整治,第一步就是控制水土流失。

中国南方红壤区域中,水土流失严重区域会出现崩岗等严重的水土流失现象,如广东省德庆县崩岗面积只占水土流失总面积的 17%,流失量却占总流失量的 60%以上。其治理应采取工程;措施和生物措施相结合的方法控制水土流失。治理崩岗的工程措施主要是采取开截流沟、建谷坊工程、削坡开级工程和拦沙坝工程;生物措施是因地制宜选用合适的植物,人工造林种草,这是一项治本的工作。生物措施与工程措施密切配合,可以相互取长补短,有效地起到控制水土流失的作用,在此基础上再进行植被的重建。

在生物措施中,首先是植物措施。植物在受损害生态系统恢复与重建中的基本作用是:①利用多层次多物种的人工植物群落的整体结构,通过林冠的截留,凋落物增厚产生的地面下垫面的改变,减缓雨滴溅蚀力和地表径流量,控制水土流失;②利用植物的有机残体和根系穿透力,以及分泌物的物理化学作用,促进生态系统土壤的发育形成和熟化,改善局部环境,并在水平和垂直空间上形成多格局和多层次,造成生境的多样性,促进生态系统生物多样性的形成;③利用植物群落根系错落交叉的整体网络结构,增加固土防止水土流失的能力,为其他生物提供稳定的生境,逐步恢复已退化的生态系统。小良热带人工森林生态系统定位站是在寸草不长的侵蚀地上开展植被重建实验。基本建设和研究工作从 1959 年 3 月开始，分 4 个阶段进行：①重建先锋群落（1959—1964 年）：在进行本底调查的基础上，采取工程措施与生物措施相结合而以生物措施为主的综合治理方法，选用速生、耐旱、耐瘠的桉树、松树和相思树，重建先锋群落。②配置多层多种阔叶混交林：从 1973 年开始，模拟自然森林群落演替过程的种类成分和群落结构特点，在松、桉林先锋群落的迹地上开展阔叶混交林的配置研究。根据 1959 年的调查资料统计，试验区附近的村边林，残存有高等植物 293 种，分属于 243 属、87 科，其中乔木有 95 种，灌木有 81 种，草本有 22 种。这些残存的自然次生林的物种结构和层次结构是进行植被重建时种类构建林分改造的科学依据。③发展经济作物和果树：在 400 多 hm^2 侵蚀地得到全面绿化，环境条件得到改善后，开展了多种经营，种植热带植物和水果。④综合研究阶段：从 1980 年开始，采取以空间代替时间的方法，选择荒坡、桉树纯林和阔叶混交林三个不同植被类型地貌、岩性、土壤类型和坡度等基本一致的集水区，分别建立起森林气候、森林土壤和森林水文的综合观测点，并同步进行植物、动物、昆虫、土壤动物和土壤微生物等方面的生物、生态环境效应的动态观测研究，从而深入揭示退化生态系统恢复过程的生态学机理。

对极度退化生态系统的重建及综合研究，针对性地分阶段进行综合治理和研究是很有必要的。早期适宜的先锋植物种类对退化生态系统的生境治理具有重要的作用。在后期进行多种群的生态系统构建时，更要注意构建种类的选取。彭少麟等（1992）研究了广东鹤山 5 个 7 年生的人工林群落后指出：鹤山的混交林，采用了相当部分的豆科树种与其他阔叶树混交。由于所栽种的豆科植物有较强的固氮能力，在很贫瘠的土地上有快生速长的特点，因而与其他树种混栽后能较快地改善生态环境，在一定程度上也促进了其他树种的生长。因此利用豆科树种与乡土树种混交，是一种有效地造林途径。

1.2　次生林地生态系统的恢复

次生林地生态系统一般生境较好，或植被刚破坏而土壤尚未破坏，或次生裸地而已有林木生长，因而其恢复的步骤是按上述的演替规律，人为的促进顺行演替的发展。

1.2.1　封山育林

这是简便易行、经济省事的措施，因为封山育林可为阔叶树种创造适宜的生态条件，促使被破坏的林地的林木生长，或针叶林逐渐顺行演替为保持土地能力较高的针阔叶混交林，进而顺行演替为地带性的季风常绿阔叶林。

1.2.2　进行林分改造

为了促使森林的顺行快速演替，可对处于演替早期阶段的林地进行林分改造，如在马尾松疏林或其他先锋林中补种椎栗、木荷、黧蒴或樟树等，以促使针叶林的快速顺行演替为高生态效益的针阔叶混交林，进而恢复季风常绿阔叶林。

1.2.3　透光抚育

即在针叶林或其他先锋林中，对已生长着的一些阔叶树进行透光抚育，或择伐一些先锋树种的个体，以促进阔叶树的生长，尽早形成针阔叶混交林，顺行演替为生态效益最高的季风常绿阔叶林。

1.3　废矿地生态系统的恢复

采矿地的生态重建应以恢复生态学作为它的理论基础。先用物理法或化学法对废矿地生态系统进行处理，消除或减缓尾矿、废矿对生态系统恢复或重建的物理化学影响，再铺上一定厚度的土壤。若矿物具有毒性，还需有隔离层再铺土，然后种上植物。对废矿地或其他污染造成的退化生态系统的植被恢复，还要注意如下两方面的技术：

1.3.1 化学改良

化学改良主要是指化学肥料、EDTA、酸碱调节物质及某些离子的应用。速效的化学肥料易于淋溶，收效不大，缓效肥料往往能取得较好的效果。在管理方便的情况下可以少量多次地施用化学肥料。EDTA 主要被用来络合含量高的重金属离子，以减轻对植物的毒害。研究还发现，金属阳离子的毒性可由 Ca^{2+} 的作用而趋于缓和，富钙废弃物中许多金属的毒性是属于低强度的。钙离子的存在也会减轻铬酸盐的毒性，这种作用不依附于 pH 值变化和可溶性现象。酸性较高的基质，可以施放大量石灰石渣滓：熟石灰或含白云石的石炭等予以中和，这样往往能取得满意的效果。碱性废物如发电站灰渣可用于改良酸废土。对于碱性基质，可以施用硫黄、硫酸亚铁及稀硫酸等。近期的一些研究还发现，磷酸盐能有效地控制硫矿物酸的形成，因而，磷矿废物亦可用于改良含酸废弃地。

1.3.2 有机废物的应用

污水、污泥、泥炭、垃圾及动物粪便等富含 N、P 有机质，被广泛应用于改良矿业废弃地并起到多方面的作用。首先，它们富含养分，可以改善基质的营养状况；其次是它们含有大量的有机质，可以螯合部分重金属离子缓解其毒性；再次是这些改良物质与基质本身便是一类固体废弃物。这种以废治废的做法具有很好的综合效益。试验证明，污水污泥等往往比化学肥料的改良效果要好。

第二节 退耕还林与植被恢复

根据不同气候水文条件和土壤类型，因地制宜，宜林则林、宜灌则灌、宜草则草，适地适树是植被恢复重建的基本原则，也是遵守植被生物地带性规律的具体体现。西南地区包括重庆、四川、贵州、云南和西藏，其东部为亚热带湿润带，中部为高原湿润和半湿润带，西部为高原干旱和半干旱带。退耕还林区域主要集中在东部和中部的亚热带湿润山地和温带湿润高山峡谷地带。这些地区大多适合森林生长，保存着大量原始或次生森林。西南地区地形地貌复杂，植被地带性分布主要受海拔高度所决定的气候垂直分布特征的影响。在海拔较高处的森林与草甸交叉地带及山地顶部应该相应地退耕还草，发展畜牧业；在一些干旱河谷地区，应是退耕还林与还草并重。西北地区包括陕西、甘肃、青海、宁夏、新疆和内蒙古西部，横跨多个气候地带，各气候带退耕后的植被重建方向应各不相同。秦岭以南（包括陕南地区及甘肃武都地区）是湿润森林地带，适合于退耕还林。秦岭以北直到离石—延安—庆阳—天水一线为半湿润森林草原地带，应退耕还林与还草并重，但是在一些海拔较高的土石山区（如黄龙山、关山、桥山、子午岭以及邻近的关帝山、六盘山等），因其为偏湿润林区，残存着大量天然或次生林，又是许多中小河流（泾河、渭河、洛河、汾河等）的发源地，应以退耕还林为主，以发挥森林的水源涵养和水土保持作用。从半湿润区往北到陕甘宁长城沿线以及青海以东地区为半干旱地带，这里为典型的草原植被，仅阴坡凹地及沟边河谷才有森林生长，在陡坡地域应以退耕还草为主，也可适当发展一些旱生型的灌木林与红枣、仁用杏、沙棘、柠条等；在有较好水源条件的局地，如榆林地区也可能适当退耕造林。在干旱地区内的贺兰山、祁连山、天山和阿尔泰山等海拔较高处有一条森林带与亚高山草甸交错存在,应以天然林保护为主。偏西北的广大干旱及极干旱地区,其自然植被为荒漠灌丛、河滩绿洲及盐碱地灌草,还有一些以农为主的人工绿洲。

退耕还林还草(人工造林种草)无疑是西部植被恢复、改善生态环境的关键步骤,但是仅此不可能使西部的生态环境有大的改观,只有把天然植被的保护和改良放在与退耕还林还草同等重要的位置,相互联动、同时展开,才有可能实现所期待的目标。

退耕还林还草工程是"以粮食换生态",以西部的生态环境建设来获得国家整体生态——经济效益优化组合的生态——经济系统工程。作为一项系统工程,就必须追求工程实施过程的最优化,实现其投入产出比和投资风险的最小化,即以最小的社会代价来获取最优的生态环境服务功能的产出。但是,目前还没有得到共识的评估生态系统环境服务功能的理论和方法,也就无法对生态系统工程价值和风险进行科学评估。这是西部生态环境建设和生态系统管理必须解决的重大学术问题。

退耕还林还草为西部地区植被恢复重建计划的切入点和关键技术,对减少西部的水土流失,恢复生态环境具有重大意义。可是这一生态举措是否能够取得预期的效果,还取决于能否解决好植被恢复中的一系列策略和技术问题。例如,退耕的适度规模和速度,退耕后的植被重建方向和方式,造林种草的品种选择及如何提高成活率和保存率等等。

退耕后的植被恢复与重建有两种方式,一是利用植被的自然恢复力封山(沙)育林育草,二是人工造林种草,两种方式各有优缺点。大量实验证明,在年降水量较大的地区,可以通过封育恢复林草植被,其植被结构比较稳定,但所需的恢复时间较长。人工造林种草虽然恢复时间短,但是投资大,植被结构不一定与当地环境条件相适应,稳定性比较差。从植被恢复本身的投资效益和生态系统环境服务功能产出状况来看,今后应该更加重视封育措施的推广应用,国家有必要对财政补贴政策做出适当地调整。

在国外,从20世纪初开始,随着社会发展和劳动生产率的大幅度提高,农耕地开始弃耕。这样,对退耕地植被恢复的研究就开始了。而我国相对较晚,直到20世纪80年代后,一些相对恶劣条件下(如干旱、高寒、盐碱等)的耕地开始有弃耕现象。

目前,由于对退耕地的关注(特别是国内)时间较短,在退耕地的群落结构变化、稳定性和土壤种子库变化等方面还缺乏深入地研究。对退耕地的研究可集中在以下几个方面:①在退耕地上种植牧草,不仅可以减轻日益尖锐的草畜矛盾,而且可以防止水土流失,遏制草地生态恶化的态势;②各种干扰对土壤种子库的影响是干扰生态学的重要组成部分,其对于退耕地的重建具有重要意义;③退耕地的种子库与地上植物相关性的研究。另外,农牧交错带草地退化的根本原因是,人口压力过重导致生态功能和经济功能失调,在人口压力未根本减轻的情况下,对退耕地的恢复片面强调生态功能而忽视适度利用,与片面强调经济功能而过度索取一样,都是有害的和不可持续的,是不可取的。

在正常情况下,退耕地植被群落的恢复顺序是:一年生草本-多年生草本—灌木—乔木。但是这个过程要持续数十年甚至百年以上。但如果人们对退耕地的演替规律有了足够的了解,就可以有意识地超越某个演替阶段,如直接把林木栽植到退耕地上,使退耕地直接恢复到森林状态。

1.1 退耕还草研究

在新的退耕地,由于土壤种子库中存在大量的农田杂草,它们可以形成相对稳定的群落,较长时期占据退耕地,从而降低了退耕地的稳定性和经济价值。但可以通过人工播种或移栽使优质的地带性草本或多年生草本植物代替原有的农田杂草。Kosola 等曾把多年生草本植物 *Achilleamille folium* 移植到退耕地上,观测它的竞争和生长情况。结果发现,这种植物受到了地上、地下很大的竞争,但最终能够生存下来。Turnbull 等对立地条件相对较差的石灰岩退耕坡地进行的研究表明,植物的种子质量与竞争力、生存力的关系密切。研究证实,不同植物种,种子大竞争力就强,但个体的结实量小。牛东玲等(2001)、李晓明等(2001)通过对柴达木盆地弃耕盐碱化土壤进行的研究指出,采用生物措施,如引种苜蓿、草木樨等,对抑制盐渍化趋势有明显作用。这说明了,选择优良种或质量重的个体对植被恢复的重要性。

Dessaint 等的研究目的是描述早期退耕地植被的恢复特征。试验中不对杂草植物进行控制,任其发展。历经 9 年的研究证明,不同耕作方式(深耕和浅耕)对杂草种类和数量的影响很大,说明不同整地措施的重要性。同时也证明频繁干扰条件下种子库和植物种类有比较大的相似性。侯扶江等对黄土高原退耕地的研究指出,刈割可以加速退耕地的植被恢复,但同时也造成地力消耗。有研究表明,退耕地恢复到稳定的群落所需的时间分别为:优势种群 8~9 年、群落 9~11 年和土壤 11~12 年。

另外,还有采用引种抗逆性强、产草量高的草本植物或补播当地原有植物种类的方法来进行植被恢复的。在退耕坡地上还可应用核桃-经济作物生物篱技术来进行植被恢复。

1.2 退耕还林研究

对退耕地进行造林研究,属于技术研究。由于立地条件相对较好,造林易成活,国内外进行这方面的研究并不多。Li 等将一种乔木和一种灌木直接移栽到弃耕地上进行植被恢复研究,结果表明,木本植物在草地上以团状分布时有利于它的生存。Walmsley 在沿海退耕地上采用容器苗造林进行植被恢复,结果证明,栽植的不同位置和土壤介质对生长和成活的影响比较大。

关于退耕还林技术模式的研究,目前基本是以总结前人的试验研究成果和生态建设实践经验为主,主要就植物材料选择、生态经济林建设、农林复合模式、混交林模式、造林技术等内容进行试验研究。在不少试验研究和文献中,将常规植被重建技术用于退耕还林工程,实际上主要集中在人工林建设上。陈全龙等(2001)总结了半退耕模式、林粮结合模式、乔灌结合模式、林草结合模式及经济林、丰产林等模式和技术。唐克丽等(2000)对退耕还林的坡度问题进行了研究。国家林业局(2000)对常规模式进行了总结,出版了《西部地区林业生态建设与治理模式》,为各地提供了很有效的技术借鉴;组织编写了《退耕还林技术模式》,对各省区退耕还林技术模式和目前采用的实用技术等进行了总结介绍。张勇等(2001)编写了《退耕还草实用技术》,陈宝书(2002)编写了《退耕还草技术指南》,为指导退耕还林工作提供了较好的依据。

梁一民等(1999)认为林草配置的关键原则应该是:①依据植被地带分布规律确定不同地区适宜的人工林植被类型;②选择地带性植被优势种作为主要造林树种是选择适宜树种的重要原则;③模拟天然植被结构实行乔灌草复层混交是快速建造稳定植被的科学途径。刘霞(2002)提出了陕西生态建设配置模式。杨正礼(2002)研究了黄土高原退耕还林方略与植被重建模式。王海迪、唐德瑞(1999)通过对陕西省安塞县阳安沟小流域防护林体系的营建,研究了黄土丘陵沟壑小流域防护林体系配置优化模式。结果表明,配置优化模式各林种所占比例为:坡地水土保持林 27.4%,固坡林 18.6%,沟头防护林 15.0%,梁峁定防护林 13.8%,沟底防冲林 12.6%，梯田地埂林 6.2%，沟边固岸林 6.2%。小流域防护林体系配置优化模型的建立，其基本原理是小流域防护林体系总体效能的大小是由其自身的经济效益和社会效益共同决定的。

蒋定生等（1995）在治理水土流失时总结出“坡面梯形结构配置模式”。该模式是，根据水、肥、光、温等自然资源在坡面上的层面分配规律，在山顶修筑隔坡水平阶，自上而下种植 20~30m 宽的沙打旺带或者其他多年生牧草，也可以实行牧草和灌木（如柠条、沙棘和乌柳等）水平带状混交，达到既保持水土，又为发展畜牧业提供部分饲料的目的；坡中修建水平梯田栽种苹果或山楂，发展商品性果林；坡腰建设高标准基本农田，提高粮食单产；坡脚土质条件较差，可发展用材林。

李相玺等（1997）以乔木、乔草、灌丛、乔灌、乔 5 种植被层次结构模式为处理进行试验，得出水保效能的差异顺序是乔灌草>灌草>乔灌>乔草>乔木的结论。表明花岗岩侵蚀区植被层次结构优化模式是乔灌草结合的 3 层结构，它的生物量、拦截径流和减少土壤侵蚀能力最大，其次为灌草结构，再次为乔灌、乔草结构，最差的为乔木纯林。

付明胜等（1998）认为山坡地林草植被配置必须做到合理利用土地，树立预防为主、防治结合、因地制宜、因害设防的思想，以恢复为前提，提高经济效益、生态效益和社会效益，并提出水土保持防护林 6 种建设模式：①梁峁顶模式：梁峁顶为分水岭地段，风蚀强烈，水蚀较轻，土壤干旱贫瘠，1m 深土壤含水量只有 9%左右，宜营造柠条沙柳等灌木林；②梁峁坡模式：25°以下背风向阳的地方栽种经济林，25°~35°的梁峁坡较完整种人工牧草，破碎坡面宜造防护林；③沟坡模式：沟沿线以下至坡脚线之间的地段称为沟坡，沟坡中上部一般为 35°~45°的急陡坡，宜造灌木混交林，在沟谷缓坡地小于 30°的坡洼地和塌积坡地，水分条件好处可以种植小片乔木林；④沟边模式：营造高密度的防护林带，选择根系发达的物种，萌芽性强固土作用的大的灌木如柠条酸枣等；⑤山坡地经济林建设模式：坡度一般为 15°~25°，土层深厚，土肥条件好，背风向阳处的坡地及沟掌地营造经济林；⑥乔灌混交林模式。

陈建卓等（1999）在片麻岩小流域治理模式中指出：高山远山地带及>25°坡面，配置以刺槐为主的水保林，水保林造林形式以乔灌混交复层林为主；<25°的坡面结合高标准配置经济林。同一坡面配植果树，通常坡的上部配置干旱树种，坡下部配置不耐旱管理精细的树种。深山区通常在<25°的山地坡面配置大枣、黑枣、板栗等干果，坡下部则配置苹果等果树。浅山区坡上配置大枣、黑枣、板栗等，中下部则配置苹果、柿、杏、李子等，下部<10°的缓坡，可根据需要修筑水平梯田种植农作物或进行果农间作。

1.3　退耕还林地植被恢复效果

不同的乔灌草配置，生态效益和经济效益明显不同，在不同的地区存在不同的配置模式。赵金荣等（1990）研究林草的生态效益时指出，防护效果除了受水平配置影响外，还受植被层次、主层植物的年龄、总覆盖度、植物种类等制约。毕华君等（1999）研究结果表明，太行山区人工侧柏林效益较低，林下灌草发育不良，表现为种类单一，植物种类为旱生型代表植物，灌木以荆条占绝对优势，其他灌木很少；草本以隐子草为优势种，一般为白养草、黄背草、茅草等。从长远来看，灌草发育迟缓，生长衰弱，生物量低，在整个群落总生物量中所占比例亦低。姚毅臣等（1997）认为层次多、植物品种丰富比层次少的结构更佳，如北亚热带的马尾松、栓皮栎和狗牙根、马尾松、白栎、胡枝子、凤尾蕨等搭配，群落生物量大，土壤改良较为明显，林下植被种类丰富。从植物层次比较来看，乔灌草结构优于乔灌和乔草结构，同时在乔灌草的组合中同一层次的植物种类越多,水土保持功能越强。在乔灌措施中,选择针阔混交或阔叶为主的结构配置能有效地培养地力。

传统造林方式认为造林密度大利于森林迅速郁闭,能早日收到生态效益(孙林夫,1982)。但阮伏水等(1995)认为在有些条件下,森林过密,群落竞争突出会导致树木个体受抑制,因此应扩大株行距,减缓乔木郁闭速度以便争取时间利于草本生长,从而改善土壤肥力,有利于群落生态系统的稳定。乔灌草结合有利于充分发挥土地的潜力,提高林草的经济效益。姬惜珠等(1999)研究刺槐同草木樨、紫花苜蓿、沙打旺配置情况,试验表明造林2年后,林草混种效益高,其次是林草带种,而纯林尚无经济效益。同时,造林初期通风透光,草与幼树争夺光照不明显,但随树龄增长,林地逐渐郁闭,牧草因光照缺乏生长不良而效益越来越低,相反,林木均达柄、把、椽材而效益越来越高。另外,林草混种造林株数是林草带种的2倍,所以林草混种的刺槐+草木樨效益高。

退耕后,土壤理化性质会发生变化,特别是土壤肥力变化更大;另外,土壤离子代换量、pH值等均会有不同程度的提高或降低。Knops等认为,农事活动不但造成土壤C的损失,而且也引起N量的减少。他们对退耕61年的土壤C、N的研究说明,农业生产活动伴随着75%的土壤N和89%的土壤C损失。用数学模型预测,这些退耕地的地力要恢复到农业利用前95%的水平,N需要180年,C需要230年。侯扶江等也指出,退耕地恢复过程中土壤全P、速效P和有机C持续衰竭。一般来说,农业活动使土壤有机质损失量为16%~77%,平均为29%,并且质地越轻,有机质的损失量就越大。

随着撂荒年限的增加,土壤有机质含量逐年增加,坚实度值也在增加,土壤养分如氨态氮、磷、钙及镁含量不同程度的提高;而土壤容重和含水量呈下降趋势,总体上是趋于良性的方向发展,属进展演替。因此,在不适宜建立农田生态系统的草原区,应弃耕还牧,妥善管理,草原将恢复自然状态。另外,土地弃荒后侵蚀和径流会增加,但主要在3年内,随后由于植被的增加而减少。

在退耕地植被恢复过程中,生物体如菌根、土壤动物、昆虫甚至大型食草动物等对群落的演替、种类、丰富度等均有比较大的影响。Boerner等研究了农田、早期退耕地(退耕5年和10年)、恢复到稳定草原状态的退耕地(退耕25年和30年)和一直没有受到干扰的森林等的菌根情况。研究表明,内生菌根(AM)感染率的高低顺序依次是森林、草原、早期退耕地、农田;外生菌根(ECM)种类的多样性和平均感染率随干扰后时间的延长而提高。这从侧面证明了农业活动对菌根也有比较明显的不利影响,而稳定的生态系统能够促进菌根的生长。Barni等也得到了相似的结果。Pate等对退耕地植被演替的不同阶段(农田期、退耕早期1~3年、退耕中期8~10年,老退耕地18~20年、森林期等)与土壤线虫种群动态的关系进行了深入研究。结果表明,线虫种群的丰富度与演替的不同阶段有明显的相关性,即演替阶段越高,线虫的丰富度越高。作者认为,可以把线虫的丰富度作为退耕地稳定性的一个可靠指标。同样,Broughton等也对坡地退耕地上微生物与植物的关系进行了研究。结果表明,微生物的活性与植物群落的生产力呈正相关的关系。另外,许多动物因子如食草类动物、食果类动物和食苗类动物等,也能影响退耕地上植被恢复的过程。

第三节　天然林资源保护与植被恢复

我国西部生态脆弱区植被恢复的首要问题是现有天然植被的保护和管理，天保工程和退耕还林是我国现有植被保护和管理、退化植被恢复与重建的重大举措。天然林是我国森林资源的主体，现有天然起源的林地面积为1069万hm^2，约占总林地面积的70%，活立木蓄积907亿m^3，约占活立木总蓄积的81%，在维护生态平衡、提高环境质量及保护生物多样性等方面发挥着不可替代的主体作用。2000年7月国务院第71次总理办公会议审议并原则同意了国家林业局提报的《长江上游、黄河上中游地区天然林资源保护工程实施方案》及《东北、内蒙古等重点国有林区天然林资源保护工程实施方案》，天然林资源保护工程（以下简称“天保工程”）进入实施阶段。

目前，天保工程的主要任务是全面停止天然林采伐并严加管护，加快工程区内宜林荒山荒地的造林种草、封山育林，以加速森林植被恢复、生态环境改善和森林资源增长。这是为实现生态优先、经济和社会效益并重的可持续发展目标走出的关键一步。西部生态脆弱区面临天保工程和西部开发生态环境建设的双重机遇，但由于幅员辽阔，各地的自然社会经济条件、生态稳定和经济发展的矛盾各不相同，表现出不同的问题和对科技不同的需求。

世界各国在大面积采用外来种替代本地树种之后，森林在植物组成上有很大变化，维管束植物迅速的减少，尤其是春天萌发的草本植物快速减少。在苏格兰，次生木本植物在森林中所占的比例不到10%，而外来种西加云杉（*Picea sitchenisis*）几乎占了50%。大面积的外来物种纯林所带来的危害就是在林分的稳定性、抵御病虫害以及发挥森林的生态效益等方面表现出明显的劣势。目前，一些地区的森林管理者提出用本地种逐渐取代外来种的经营目标。原有森林地表植被的恢复主要有以下几种途径：①种植缺失的草本植物；②临近原始林种的入侵与定植；③土壤种子库的自然更新。第一种方式耗资太大而不能得到广泛的推广，第二种方法的恢复进程太慢，而且如果退化种植地附近没有原始林，就根本得不到恢复。在这种情况下，土壤种子库在原有森林植被恢复过程中将起重要作用。自然，种植地林下层土壤种子库的更新能力及原始林地下层林木的背景调查就显得尤为重要。

Laurent Augusto等（2001）研究表明，成熟针叶林地的土壤种子库中有65%～86%的原有落叶林植物种类。幼龄针叶林地仅有50%的原有落叶林植物种类在土壤种子库中出现。因此，他们认为从针叶林恢复为原有植被类型，最多只有86%的植被得到恢复。其余物种在针叶林栽种过程中已经丢失。同时，他们认为，幼龄针叶林密度过大造成定植能力弱的种类由于光照等原因而永久消失。这一研究结果与Halpern（1999）Moles（1999）研究结果一致。Marks等（1974）对温带落叶林的研究结果表明，土壤种子库对于干扰不严重的温带落叶林的自然恢复具有重要作用。Reinkalamees等人在爱沙尼亚西部对石灰质草地进行研究时发现：退化草地仅有8～10种典型草种类型在土壤种子库中稳定出现，他们认为在这种退化的草地上利用土壤种子库恢复植被的可能性极小，这一研究结果与Bakker（1996）和Mcdonld（1996）的研究结果一致。Guardia等（2000）研究表明，荒地有侵蚀率高、植被稀少的特点，在植物的整个生活史中,种子及种苗对环境的反应敏感而脆弱。这一过程的发生影响着种群及群落的结果。在光裸地,种子的入侵依赖于周边环境中可利用的种子。通常,到达暴露地表的种子仍然受到原始发生地的限制。种子做水平或垂直运动及运动的距离远近依赖于土表的特征,依赖于作用于种子的生物及非生物因子,依赖于种子与环境之间的关系。最后种子定植的微环境特征决定了种子的萌发、种苗出土及成活。从现有的研究可以看出,不是在任何地方,任何生境均能利用土壤种子库进行原有植被的恢复。对于干扰严重,立地条件差,不利于种子定植、萌发和种苗生长的地域,要结合人工重建及工程措施初建演替先锋种,逐步达到原有植被的恢复。对于可以利用土壤种子库进行植被恢复的地段,根据土壤种子库的不同类型,以及主导的影响因素,在促进原有植被恢复时,要求采取相应的措施。

综上所述,可归纳出目前天保工程面临的 5 个重大而急需解决的技术问题:①天然林区退化森林生态系统恢复机理和恢复技术研究的不足;②工程区内,特别是在热带和亚热带天然林中,非木质林产品资源、生态旅游和森林景观资源丰富,但开发利用技术落后;③目前仍然作为木材生产基地的重点国有林区天然林采育更新、林分结构调整和改造方面的技术滞后,体系不完整;④工程区内防灾减灾、保持森林健康状况技术体系缺乏;⑤天然林资源动态变化信息提取、分析评价及趋势预测的信息获取和决策支持技术滞后。

通过合理经营实现有效保护是天保工程的核心问题之一。虽然天保工程区日益恶化的生态环境已经成为制约经济发展的关键,但是当地人民的生产、生活对天然林的依赖性客观存在,这是与恢复和促进森林生态系统质量和数量改善过程中必须面对的基本矛盾。从长期的发展来看,工程区的大部分天然林既不可能完全保护,也不能以木材生产为核心粗放经营,在这个方向上需要尽快提出天然林持续经营的可行方案和示范模式。

1 退化森林的恢复

森林作为陆地生态系统的主体和可再生资源,在人类发展的历史中起着极其重要的作用。然而,人口极其需求的无限度增长,导致了有限资源的过度消耗,引起了全球性的资源危机和生态环境的持续恶化。世界自然基金会与世界保护监测中心合作实施的全球天然林分布研究表明,8000 年前全球天然森林面积为 80.8 亿 hm^2,到 1996 年年底已消失 62%,仅剩 30.44 亿 hm^2。各大区域天然林的消失率分别为:亚太地区 88%、欧洲 62%、非洲 45%、南美 41%、北美 39%、俄罗斯 35%。森林覆盖率的锐减恶化了人类的生存环境,直接或间接地制约了经济发展。

1.1 退化森林的主要特征

森林破坏是森林生态系统退化的主要原因,病虫害、干旱、洪涝、地震等自然灾害也会导致森林的退化(任海等,2002)。退化森林生态系统的范围很广,类型很多,表征亦各异,它的主要特征可归纳为:

(1)森林生产力显著下降,生物多样性明显降低甚至丧失。如四川三江(嘉陵江、沱江、涪江)流域防护林生态系统退化后,林分系统功能呈逆向发展趋势,植株生长缓慢,林分平均年龄 30 年,蓄积量不足 $15m^3/hm^2$(胡廷兴等,1993)。胡庭兴等(1993)对四川盆地西缘山地柳杉(*Cryptomeria fortunei*)人工林连栽效应研究表明,柳杉 2 代林林分蓄积量比 1 代林下降 38.7%~54.12%,林分生物量比 1 代林下降 9.49%~14.7%;岷江上游退化山地生态系统森林资源退化后,林区生物多样性下降,一方面森林生态系统类型减少,质量下降,另一方面,一些从属性依赖种随森林优势种的消失而退化甚至在该区消失(包维楷等,1995)。

(2)林地土壤理化性质和生物学性质改变,林地生产潜力降低,造林更新困难;或者水土流失严重,土壤向倒退发育方向演变,林地土壤瘠薄,以至基岩裸露。森林生态系统在遭到破坏后,导致系统对林地的庇护作用减弱,一方面使雨滴对林地的击溅作用加强、水土流失加剧、养分流失加强、土壤的理化性质变差,土壤侵蚀模数增大,致使林地土壤越来越瘠薄,最后甚至被冲刷的基岩裸露;另一方面森林对温度和湿度的调控作用降低(即林内冬暖夏凉的作用减弱),林内的温湿与林外的温湿差距不断缩小,使得林内土壤微生物的活动因夏季高温受钝、因冬季低温受限,从而限制林内枯枝落叶的分解和养分的转化。同样,林木尤其是人工纯林的连栽,会使林地地力随着连栽次数的增加而不断下降。在较好立地条件下杉木 2 代人工林会由于林地土壤酸化而遭受铝毒害。在四川盆地西缘山地柳杉人工林,土壤化学性质指标随柳杉连栽次数的增加而降低,第 2 代较第 1 代下降 20%~34.14%,连栽引起土壤养分贮量减少,林地生态失调,土壤肥力下降,致使林分生长量和生产力下降。罗承德等(2000)研究了四川盆周山地第 2 代杉木人工林衰退机理,认为在较好立地条件下,由于林地土壤酸化,杉木人工林遭受铝毒害,铝毒害阈值是 $pH \leqslant 4.18$,$Al^{3+} \geqslant 31.66mg/kg$,$Ca^{2+}/Al^{3+} \leqslant 1.809mol/mol$ 和 $Ca^{2+}/(Ca^{2+}+Fe^{3+}+Al^{3+}) \leqslant 0.55mol/mol$;王金锡等(1995)对长江上游高山高原林区迹地生态与营林更新的长期研究显示,亚高山天然林采伐后,微生境条件改变,特别是土壤温度降低,造林更新困难。岷江上游水土流失面积达 1 万 km^2 以上,土壤侵蚀占流域总面积的 70%,总侵蚀数达 $2857.9t/(km^2 \cdot a)$。四川“三江”流域退化的低效防护林地土层浅薄,冲刷严重至基岩裸露,或表面冲刷成切沟侵蚀乃至心土层暴露,土壤板结,结构不良,水土流失明显,侵蚀模数一般为 $4887 \sim 6301t/(km^2 \cdot a)$,土壤有机质 0.47%~0.69%,较大部分退化的低效防护林土壤蓄水功能差(胡廷兴等,1993;王国龙等,1993;张健等,1993)。

(3)森林生态系统各组成成分的质、量低劣,林分缺乏或丧失自调的能力,整个森林生态系统的结构与功能发生改变。自 20 世纪 80 年代末起,进行长江中上游低效防护林(退化防护林生态系统)改造技术研究,对退化的云南松防护林生态系统的定位观测表明,其乔木层稀疏,多在 150~700 株/hm^2,冠长率高(达 0.4 以上),树冠圆满度低(多在 0.6 以下),林分郁闭度 0.4 以下,灌木层、草本层发育不全,甚至无灌木层与草本层,林分平均年龄 40 年以内,多数为中幼龄林,林木径级呈偏畸型的“J”型分布,直径 6~8cm 居多,占全林株数的 69.7%。这些显著的特征表明,云南松防护林生态系统处在退化的过程之中,正常的云南松防护林生态系统遭到破坏后,逆向演变为低效林分,多层次的森林结构演变为单层次或稀疏离散的乔、灌木结构,系统结构离散甚至趋于消失,导致森林生态系统功能和效益降低直至殆尽,林地出现严重水土流失现象(李贤伟等,1996)。森林生态系统的破坏,使生物利用和改造环境能力弱化,系统功能衰退,主要表现在:固定、保护、改良土壤及养分能力减弱,调节气候能力削弱,水分维持能力下降,地表径流增加,土壤退化;防风和固沙能力降低、净化空气和降低噪音能力下降;美化和改善生态的能力降低或丧失。

1.2 森林恢复中应注意的问题

在森林生态系统恢复中,需要考虑群落各种主要因子包括种子传播、竞争、捕食和随机事件,环境变化和胁迫,遗传资源的退化,外来种的入侵等。毛乌素沙地植物沙地柏种群同时具有营养繁殖和有性繁殖,但因种子质量极差、萌发率低和实生苗存活率低而使得沙地柏的更新只有以无性更新为主(何维明,2002)。攀枝花地区气候具有旱季和雨季之分,二滩库区锥连栎种群实生苗库在雨季丰富,因自然原因(干旱)和人为干扰而导致实生苗死亡,锥连栎的自然更新以萌生苗为主(费世民等,2004)。胡杨是塔里木盆地荒漠的建群种,50年代后种群开始消退,而该区因气候干旱少雨和蒸发强造成表土干燥积盐,胡杨种子难以更新,其他林木更难侵入,以致林地种类贫乏(黄培佑,1986)。

在自然条件下要使极度退化的生态系统恢复成森林是一个漫长的过程,经世界各地多年试验发现,通过人工造林后,森林发育的一些典型阶段可以不必经过,可以适当模拟地带性植物群落的结构,采用一步(直接模拟地带性植被造林)或二步(先种先锋群落,再间种地带性种类)到位的方法即可实现森林的尽快恢复。一步到位恢复时间较短,从目前试验研究结果来看,考虑成本、成活率等问题,似乎二步到位法比较可行。另外,还可以利用景观生态学的缀快-廊道-基地原理,在一个大的区域造林形成一个人工森林背景(基底),在各缀块间营造物种流动的廊道,如设立保护动物的通道,利用动物传播缀块中的乡土树种种源;建立人造乡土林带,利用其成熟后的种子传播等。这样经过一定时间的生长演替,使整个大区域最终形成一个地带性森林景观。

虽然目前通过各种方法基本了解世界各地带的原始植被类型,但到底各地地带性植被是什么样还不能完全确定,尤其是这些森林还处于演替过程和全球变化压力之下,更加剧了这种不确定性。因此,要完全恢复地带性植被似乎不可能,只能通过长期的封山育林,通过演替来恢复到相似的顶级阶段。在人工促进恢复时,要充分考虑到改善退化生态系统的物理因素、营养元素、种源条件、物种间关系等(任海等,2002)。

退化森林的恢复不仅是优势种或关键种的恢复,还要注意互惠共生种的恢复。如果生态系统中缺少互惠共生种,人为引进是必要的。

1.3 森林恢复与物种多样性变化

人工采伐后物种多样性明显降低,表明人工采伐导致了物种多样性的损失。采伐迹地的人工重建中出现了四类物种集团:①扩展型种,由喜光植物组成;②敏感型种,由喜阴植物组成;③忍耐型植物,由生态适应性强的广谱性树种组成;④稀有种,在样地中偶尔出现的种。很显然人工采伐改变了立地环境,导致了扩展型物种的繁荣,随着优势种的生长,环境郁闭而多样性降低;相反人工采伐导致了敏感型物种的减少,又随着环境的郁闭而增多;在恢复过程中,忍耐性物种多样性变化不大,森林整体的物种多样性在砍伐初期降低,中期升高,在群落郁闭后又明显降低。因此森林建群种的砍伐带来了物种的瞬时繁荣,森林郁闭后物种丰富度重新回落。包维楷等(2002)研究了青藏高原东部采伐迹地人工重建序列梯度上植物多样性的变化,结果表明人工促进是森林快速恢复的唯一途径。传统的人工林具有以下特点:①树种单一,结构简单;②景观结构性差,物种多样性低;③不能做到适地适树,易遭病虫害(盛炜彤,2001)。因此,人工促进森林恢复中使用单一树种虽然提高了森林恢复的速度和生产力,但物种多样性较低;多种乡土树种重建森林可能会带来恢复速度、物种多样性和森林生产力的三丰收。同理,完善的天然森林或人工森林的更新依赖于人类或自然因素的干扰,如人工择伐、风灾、雪灾等干扰会带来森林的重新演替。一般而言,轻度或中度干扰是古老森林或人工林重新焕发生机的驱动力。

1.4 脆弱地带森林恢复对策

脆弱森林生态系统(fragility forest ecosystem)是在一定的时空背景下,因自然因素、人为因素或二者的共同作用,森林各组成要素和森林生态系统发生不利于植物、动物、微生物和人类生存的量变和质变,森林生态系统的结构和功能发生与其原有的平衡状态或演替方向相反的位移,从而使森林生态系统的基本结构遭到破坏,固有功能降低或丧失,生物多样性下降,稳定性和抗逆性减弱,系统生产力降低。

1.4.1　脆弱区森林恢复的原则

(1)地域性原则:在不同区域具有不同生态环境背景,如气候、植被、地貌和水文条件,这种地域的差异性和特殊性要求在恢复与重建退化生态系统时,要因地制宜,具体问题具体分析。

(2)生态学与系统学原则:在生态系统恢复与重建时,要从生态系统的不同层次上展开,要有整体系统思想。生态系统是一个有机的整体,要根据生物与环境间的关系,生物与生物间的共生、互惠、竞争等关系,以及生态位和生物多样性原理,构建和恢复生态系统结构和生物群落,使各生态系统的功能、物质循环和能量转化处于最大利用和最优循环状态,力求达到环境、土壤、生物同步和谐演进。只有这样,恢复后的生态系统才能稳定、持续地维持与发展。

(3)最小风险原则与效益最大原则:脆弱生态系统弹性小、抗干扰能力弱,这就要求在生态系统恢复与重建时,要认真研究被恢复的对象,经过综合分析、评价、论证,将风险降到最低程度,避免在恢复过程中造成新的破坏。生态系统恢复往往又是一个高成本投入的工程,因此,在考虑当前经济承受能力的同时又要考虑生态恢复的经济效益和生态效益。保持最小风险并获得最大效益,是生态系统恢复的重要目标之一,是实现生态、经济、社会效益完美统一的必然要求(丁国民等,2002)。

1.4.2　保护对策

天然林生态系统是生物多样性最丰富的生态系统,尤其是热带森林,拥有的物种最丰富。保护天然林资源就是保护生物多样性和生态系统的最佳方法。20 世纪 90 年代以来,人类对森林的认识空前深化,森林问题得到全世界的普遍关注,一些国家采取了有效措施保护天然林资源。

(1)保护工程。为保护现有原始林和天然次生林,许多国家纷纷划定区域,实施保护工程,加大天然林保护力度,如非洲保护刚果河流域的热带雨林,促进森林资源的可持续利用。巴西政府、世界银行、全球环球基金会和世界自然基金会联合签署声明,启动了有史以来规模最大的热带林保护项目——亚马逊区域保护区项目,该项目保护期 10 年,保护森林面积 5000 万 hm^2,占全球森林面积的 12%。中国也划定了范围,开展了重要地带(如生态脆弱区)的天然林保护工程。

(2)培育采伐人工林。新西兰、澳大利亚等国家实行分类经营,大力发展和采伐利用人工林,减轻对天然林资源消耗的压力。通过森林分类经营既实现了人工林持续经营,获得了可观的经济效益,又保护了天然林资源,使生态环境和森林资源实现可持续发展。

(3)发展近自然林业。近自然林业理论把森林生态系统的生长发育看作是一个自然过程,认为稳定的原始森林结构的存在是合理的,人类对森林的干预不能违背其自然的发展规律,只能采取诱导方式,提高森林生态系统的稳定性,使其逐渐向天然原始林的方向过渡。如德国绝对比重的森林都是通过天然或人工促进天然更新、调整树种结构、大力发展阔叶林和混交林等方式恢复起来的。通过近自然恢复的方式,使森林资源分布均匀,将森林特有的生态作用与经济效益统一起来,确保生态系统协调,生态环境持续稳定。

(4)划定特定的保护区域。美国、加拿大等一些国家通过建立国家公园、森林公园或自然保护区等方式,保护天然林及具有特殊重要意义的自然资源和景观。进一步扩大自然保护区面积,自然保护区是具有典型特性的生态系统,是对于具有特殊意义的天然林及其原有森林生态系统采取保护措施、进行科学和有效管理的一种最好方式。我国到 1997 年为止,已建成自然保护区 926 个,面积达 7698 万 hm^2,占陆地国土面积的 7.64%,超过世界平均水平。实施保护的林区,不需要过多的人为措施,尤其是对那些生态脆弱地区的植被,不去进行人为干扰就是最好的措施,过分强调人工措施反而会加重生境的破坏,因为系统本生就具有自我协调和修复能力,所以在没有人为干扰的情况下脆弱森林生态系统也能逐渐恢复正常。

(5)科学采伐。根据生态系统恢复和演替理论,保证森林自然更新和生态系统各项功能的前提下,适当采伐,促进天然林更新,以防老化。实施封山育林,就是禁止人们对森林植被的继续破坏,对尚存林木及其天然更新能力加以保护,使之得到一定的恢复。封山育林的主要对象是次生林和次生林受到严重破坏而形成的残败林、长有稀疏乔木和幼树的灌丛地以及有防护意义的疏林地等。针对森林植被的不同破坏程度,因地制宜采取人为促进、改造措施或禁止人为干扰、破坏的自然植被恢复措施,使其在短期内迅速恢复森林的生态防护效益。在采用人为措施加速植被恢复的同时应做到对象适宜、封护及时、积极培育和育改结合,灵活应用造林、经营等有关技术,要注重混交林尤其是针阔混交林的营造(陈蓬,2004)。

2 封山育林与植被恢复

封山育林是属于自然恢复森林的方法,随着天然林资源保护工程的实施,封山育林已成为天然林区公益林建设植被恢复的重要手段。

封山育林是培育森林资源的一条十分重要的途径,自古以来我国劳动人民就有封山育林的习惯。2000 多年前就有实践和记载:《吕氏春秋》审时篇“夫稼,为之者人也,生之者地也,养之者天也”,天即环境,环境哺育的植物才是最适者;《管子》轻重已篇:“毋斩大山,毋戮大衍”,即切莫破坏生态环境;《齐民要术》中有“顺天时,量地力”之说。公元 550 年前,周灵王太子晋就提出“不堕山,不崇薮,不防川,不窦泽”,即“疏川导滞,钟水丰物,封崇九山,决汨九川,陵鄣九峰,丰殖九薮”;另《简子·王制》中“草木荣华,滋顾之时,则斧斤不入山林,不失其生,不绝其卡”,这样“山林不童而百姓有余材”。封山育林在中国农业百科全书(林业卷)中的定义为以封禁为基本手段,促进森林形成的措施,即把长有疏林-灌丛或散生木的山地的滩地等封禁起来,借助林木的天然下种或萌芽逐渐培育成森林。国外称这种中国造林法是人类借助自然力的经济手段。随着封山育林研究的深入,封山育林被定义为通过研究森林顺向演替规律,采取积极的人工干预措施,促进其顺向演替,使森林植被从初级向高级演替阶段发展。它有狭义和广义之分,狭义的封山育林单指在无林地(不包括未成林造林地)、灌木林地、部分非林地上育林、育灌、育草;对人工造林(含飞播造林)、现有林分进行封禁的保护措施称为封山护林;广义的封山育林还包括封山护林,主要有:①未成林造林地的封山育林;②有林地的封山育林;③疏林地的封山育林;④灌木林地的封山育林;⑤人工造林困难的高山、陡坡、岩石裸露地及沙漠、沙地的封山育林、育灌、育草。

自 1950 年梁希部长代表林业部向全国正式发出“开展封山育林”的号召以后,从 1951 年开始,封山育林工作在全国各地山区逐步展开,封山育林研究也随之逐步开展起来。至 20 世纪 50 年代末,封山育林研究仅限于对封山育林的绿化效果和管理措施等的讨论。“文化大革命”期间,由于“左”的错误和“无政府主义”思潮的影响,封山育林工作没有任何进展,封山育林建设成果也遭到严重破坏,封山育林研究处于停滞状态。党的十一届三中全会以后,封山育林工作得到了恢复和发展，封山育林研究也开始步入新的发展阶段，封山育林研究不仅仅局限于封山育林、绿化效果，而且对封山育林的多重生态效益和经济效益也进行了广泛的讨论。近年来，特别是世界环发大会后，人们开始重新认识森林的作用，保护森林、发展林业已成为改善全球生态环境的一项世界性的重大行动。为此，封山育林研究备受重视，已开始从多学科角度研究，结合当前的形势，从宏观到微观，从一般观察到定位试验，从定性到定量研究，对封山育林的基础理论、封山育林的作用等进行了较为深入地探讨。

2.1　封山育林技术

封山育林传统上以封禁为主，封和育尚未有机结合，但随着对封山育林认识的日益提高，在现代林业思想指导下，封山育林技术措施趋于科学化，封与育有机结合，更注重不同阶段的育林技术研究。

(1)人工造林中的未成林造林地，育林措施可按照造林的规划设计，进行补植和抚育，如为纯林，在补植时应考虑配置混交树种，特别是针叶纯林应补植阔叶树种，以弥补人工纯林的缺陷。飞播造林则要按目的树种幼树分布情况，进行补植补播。灌木型、灌草型的育林措施以封禁为主，乔木型、乔灌型的育林措施除封禁外，应根据森林群落的演替规律，采取人工促进措施。

(2)在成林以前，育林措施主要为促进母树天然下种、树兜萌芽或萌蘖、幼树幼苗生长。措施有：松土整地使种子易入土发芽；间苗定株避免幼树幼苗分布过密，补植补播则避免出现空地，使幼树分布合理，有利于成林后形成合理的群体结构；去萌除蘖使丛生的萌芽、萌蘖条去劣留优，保证萌芽条的质量；乔木型封山育林，采取除草、砍灌、割除藤蔓等措施，增加光照、改良土壤的理化性质，为幼树生长提供条件。补植补播的措施形式多样，按母树和幼树幼苗的分布情况确定地点和密度，树种的配置以自然演替规律为指导，选择建群树种进行补植，在曾经有过珍稀树种分布的封育区，可积极考虑配置这些珍稀树种，其目的不仅仅在于成林，更重要的意义是使珍稀树种重新得到恢复并保护起来，使生物多样性保护能在更广泛的区域得到实施，而不仅仅局限于有限的自然保护区内。

(3)成林后的育林措施则是顺应自然演替进程，避免不科学的方法给群落演替带来危害。以马尾松林为例，适度的及时间伐、补植混交树种，可促进其演替，形成较为稳定的复层林分结构；但过度的采伐会使演替在初级阶段停滞不前，甚至逆向倒退。成林后的育林措施应以森林的培育方向而定，如培育水源涵养林，其目标林型为涵养能力强的乔灌草复层结构的林分。为发挥最佳涵养水源作用，可研究不同立地条件下水源涵养林的最佳树种、灌、草组合，从而针对目标林型采取相适宜的育林措施。

2.2　封山育林植被恢复效果

2.2.1　封山育林影响区域景观格局

徐化成、刘先银等(1991—1993年)在我国首次应用景观生态学的原理和方法，对山海关林场封山育林40年来景观格局的演变过程进行了研究。结果表明：长期封山育林后，景观要素类型的主要变化是斑块的破碎、消失、合并、扩大、缩小和出现；斑块形状趋于规则；森林岛数目增加，总面积加大，形状指数降低。封山育林后的间隔(1954—1978年)，灌草群落向灌木林、天然林等转化十分明显；24年以后(1978—1991年)，裸岩向其他类型的转化显著；裸岩优势度值下降，总面积减小。这一研究定量地阐述了封山育林对景观格局的影响及过程，揭示了长期封山育林可使景观森林化这一必然趋势。

白育英(2000)通过26年封育与封育前对比,即1964年的航测图相片的对比得出:无论从林斑的总体或某一小斑看,总趋势是幼龄林形成近熟林,疏林形成密林,散生林形成疏林或密林,灌木林地和宜林荒山经人为造林措施形成人工林,林分面积增大,林木胸径增粗,活立木蓄积增大。岩裸地面积减少794hm^2,荒山荒地面积减少506hm^2,灌木林增加655hm^2,疏林地减少112hm^2,有林地增加350hm^2,人工林地增加357hm^2。

2.2.2 封山育林提高森林植被覆盖

徐化成、刘先银等(1991—1993年)研究,经过40年的封山育林和人工造林,该场的森林覆盖率由7.8%提高到74.7%。森林覆盖率的增加来源于天然林(主要是油松林、槲树林、椴树林)面积的扩展,灌草群落、自然林地向天然林的转化以及人工造林,其中封山育林使森林覆盖率提高了52%,人工造林提高了14.9%。

覃天安等(1998)在广西丘陵区对马尾松四种不同地类封山育林效果(疏林地包括稀树稀植被类型和稀树密植被类型,低产残林、采伐迹地和宜林荒山)进行了研究。结果表明,封育6年,林分郁闭度由0~0.15提高到0.6~0.7,灌木盖度从10%~12.7%提高到20%~25.3%,草本盖度从30%~38.3%左右提高到63.3%~91.7%。

白育英的研究表明,经过7年(1989—1996年)的封育,林分郁闭度提高了0.15,经封育的每亩株数为未封育的2.5倍,平均胸径增加1.5cm,平均树高增加0.2m;封育区比未封育区灌木林植被盖度提高了14%,每亩灌丛数增加8丛,平均高度相差0.15m,平均冠幅相差0.35m×0.6m。说明在人工造林困难的地区施行封山育林措施是绿化荒山、提高森林覆被率、增加灌木植被盖度是有效措施。

2.2.3 封山育林促进生物多样性保护

封山育林阻止了人类对林地植被的破坏,为物种创造了休养生息的机会,因此,可显著地提高植物的多样性。裴卫国等(2000)分析了封山育林的综合效益及对群落演替的影响,结果表明:封育后乔木树种有显著增加,在较短时期内,种数增加大于棵数增加幅度;封育30年的林分,林木的科及种数最多,30年以后,群落演替趋向顶极阶段,地带性树种占据优势,科数有所下降,但种数会显著增加。北方次生林研究协作组在密云县对封山育林后植物多样性的变化进行了定位试验研究,结果表明,封山育林可促进林地的灌木和草本植物迅速恢复,随着封山育林时间的延长,灌木和草本植物的多样性指数都呈上升趋势。高宝嘉等人(1994)的研究表明,在封山育林初期,植物的个体数和种数都有明显的增加,随着封山育林时间的延长,植物的科数也有明显增加;这说明长期封山育林对植物多样性的保护作用更加明显。杜灿章等(1993)对山海关林场封山育林40年后的植物资源进行调查的结果表明:封山育林区仅木本植物就有39科、81属、143种,而与其相邻的抚宁县石门寨炮楼山和辽宁省绥中县北楼沟非封山育林区仅有13科、18属、24种。周鼎英等(1987)对广西钦州市三十六曲林场封禁12年的和未封禁的马尾松林内林下植物的种数进行了比较,封禁比非封禁的多1倍以上。

此外,周鼎英等(1987)对封禁与未封禁马尾松林内的昆虫种类和个体数调查的结果是:在封禁林分内,多个50m^2的样方中平均有昆虫42.1种、111.2个个体,而未封禁林分内只有27.2种、63.8个个体。应用Shannon和Wiener多样性指数计算结果是:封禁林分内昆虫多样性数值为3.55,未封禁林分为2.78。二者之间差异明显。郭凤莲等(1994)对河北省迁西县天然油松疏林封禁前后的鸟类资源进行比较后发现:通过30年的封禁,林中的鸟类由15种增加到了 37 种。杜灿章等人对秦皇岛市封山育林区的鸟类和其他动物也进行了调查,并得出了同样的结论。

2.2.4　封山育林控制森林病虫害发生

近年来,森林病虫害已成为我国林业上的严重问题。据初步统计,自 1980 年以来,全国每年森林病虫害发生面积都在 667 万 hm^2(1 亿亩)左右,每年因病虫害而减少的林木生长量约 15 万 m^3,经济损失达 20 亿元。在针叶林中,松毛虫为常见的林木害虫。我国每年受害的松林面积约 266.7 万 hm^2,从受害林分来看,多是树种单纯、结构简单的人工林,而依靠封山育林培育的次生林却很少。近年来,封山育林控制病虫害的机制逐渐被人们所揭示,特别是封山育林对松毛虫控制作用的研究。

封山育林制止了对林木的过渡修枝和乱砍滥伐,可促使林冠尽快郁闭,早日形成稳定的森林环境。周鼎英(1987)对大量标准地中松毛虫天敌统计的结果是,封禁区内有天敌昆虫 91 种,未封禁区仅 48 种。王仁卿等(1989)在山东半岛,对封禁和未封禁赤松林的天敌昆虫也进行过调查,并得出了类似的结果。张志金等(1992)对河北省抚宁县英武山封山育林区和非封山育林区的鸟类数量增加情况和捕食作用进行了调查研究,充分证明了封山育林促进鸟类数量增加和对松毛虫为害的控制作用。

封山育林培育的林分多是种类繁多的混交林,从而进一步提高了天敌的寄生率。根据对河北、陕西、湖南、福建等地的调查,凡是树木种类多、结构复杂的林分,均比树种单纯、结构简单的林分对松毛虫的抑制作用强,一般可降低虫口密度 40%~90%,减少针叶被害率 50%~80%,提高天敌寄生率 7.8%~65%,倪志成等(1989)对浙江省常山县二都桥乡,谈迎春(1989)对浙江省龙山林区封禁林分内松毛虫逐年减少的情况进行了调查,并得出了相似的结论。

综上所述可以看出,封山育林所培育的是一个具有自然保护性能的森林生态系统,而且封禁进行越长,控制松毛虫的作用越明显。封山育林对于其他病虫害的控制,大概也是同样的道理。

2.2.5　封山育林改良土壤与维持地力

封山育林后,林地上的枯落物得到保护并不断积累。这些枯落物腐烂分解后,能够形成有机质含量较高、具有团粒结构的土壤,因此,可显著提高土壤肥力。郑均宝等(1993)对燕山东段长期封禁和未封禁林分中的枯落物贮量进行了调查,结果表明:长期封禁的油松林、栎林、山杏灌丛内,枯落物贮量分别为 42.1t/hm^2、32t/hm^2、4t/hm^2;未封禁的对应林分,分别为 0.8t/hm^2、0.4t/hm^2、0.8t/hm^2。二者之间差异非常明显。封禁林分和未封禁的林分土壤有机质和土壤养分含量也显著不同。朱江东等(1987)测定的结果是:在 0~10cm 的土层内,封禁林分内土壤有机质含量为 4.05%,全 N 为 0.23%,全 P 为 0.09%,未封禁林分对应指标为 1.49%、0.08%、0.06%。

张毅功等(1994)根据华北地区植被演替规律,将山涨关林场封山育林培育的油松林、松栎混交林、栎树纯林作为一个演替系列,进一步研究了枯落物养分贮量和土壤养分的动态变化。结果表明:枯落物的养分贮量、年枯落物养分含量、枯落物年分解率、土壤腐殖质中胡敏酸量(HA)与富里酸量(FA)的比值等,均呈现出随演替进展方向而增高的趋势。

2.2.6　封山育林提高森林的水土保持能力

封山育林使林植被得到了恢复,增加了枯落物贮量,改变了土壤状况,因此,必然地产生较大的水源涵养和水土保持作用。秦皇岛市石河水库(燕塞湖)水文观测站对山海关林场所辖范围内石河流域的径流量、输沙量、侵蚀模数等进行了 34 年的观测,结果表明:在山海关林场封山育林初期(1957—1966 年)年均径流量为 1.57 亿 m^3,年均输沙量为 12.357 万 t,侵蚀模数为 221t/hm^2;1987—1990 年期间(封禁 33~36 年),年均径流量减少到 0.975 亿 m^3,年均输沙量减少到 1.817 万 t,侵蚀模数减少到 32t/hm^2,比封禁初期分别下降了 38%、85%、86%。这些水文指标的降低,将会使水库的使用寿命延长几百年。另外,浙江省林业厅生产经营处(1989)研究表明:由于对库岸区林分实行了封禁,水库的水质也得到了明显地改善。

裴卫国等(2000)的研究表明,同为黏土质地的红壤,封育不同年限后,土壤因子有很大变化,封育方式也有一定的影响,封禁 10 年的林地,全封方式较半封方式的林地,土壤容重有显著减小,孔隙度及含水量有所增大;封育 20 年以上的林分,土壤容重在 1.0g/cm^3 左右,土壤总孔隙度在 63%左右,这是由于封育达 20 年以上的森林,林分高度郁闭、林木高度分化,自然整枝程度高,林下凋落物厚,土壤有机质丰富,林木生长旺盛,根系发达,土壤有机质的胶结作用和林木根系的穿插,挤压使土壤形成了大量的团聚体,结构性增强,从而使林下土壤变得疏松,透水、通气,保水保肥能力也大大提高。封禁 10 年以上的林地,总孔隙度即达 50%以上,涵养水源的能力大大增强,以阔叶林的孔隙度及腐殖质层厚度最大,涵养水源能力也最强。

此外,封山培育的森林群体,多属由乔木、灌木、草本多种植物组成的混交复层群落,其根系也在地下组成立体结构,深根浅根合理分布于不同土壤层,能充分利用不同土层中水分和养分,提高了森林的水土保持能力。据测定:这类混交林根系吸收范围可达其体积的 80%~89%,每公顷土壤中(按深 1m 计)贮存水分可达 1000~1900t。而单层林根系吸收范围只达 45%~60%,贮存水分 300~900t。通过根系从地下吸收的水分也比混交复层林少一半。据日本测定:在相同降水,相同地形地质土壤条件下,降水流出率,天然林约为降水量的 4.2%~5.0%,单层林为 9.5%~11.0%,而裸地为 61.6%。可见混交复层林涵养水源的能力比单层林大 1 倍左右。由于混交林群落能充分利用土壤水分和养分,加快个体生长,一般比单层林提早郁闭 2~3 年,提早覆盖地表,保持土壤湿度,加速凋落物的分解,加快养分的生成和循环。同时由于提早覆盖,减少地表裸露,有利保持水土。

2.2.7 封山育林促进森林演替与天然更新

通过封山育林,最终可形成当地环境条件下多种植物组成的顶极群落或稳定性较强的混交次生林。由于封山育林顺应植物正向演替规律,植物(森林)在环境作用下,经过长期适应和物竞天择,都能形成一定的顶极群落,如海南的热带雨林、小兴安岭的红松林、西南高山的云杉冷杉林。有些至少可恢复到多树种混交的次生林;在深山远山还可能恢复到顶极群落。

裴卫国等(2000)进行了封山育林对群落演替影响的调查,表明,封山育林后,群落的建群种会进行自然更替,溆浦封禁 10 年的马尾松林中,马尾松是唯一的建群种,也是将要被逐步取代的消退建群种;在不同封育期的群落内,建群种从针叶树到针叶树和落叶阔叶树并存阶段,再到落叶阔叶树;经过这一系列过程,群落向常绿阔叶林演替。常绿阔叶树如壳斗科的栲树、锥栗、钩栗、青冈栎,以及茶科的木荷等成为固有建群种,体现了封育对群落演替趋势的影响。在荒山上利用天然下种更新和灌丛地封育成林后,树种从发生到发展将逐渐增加。在早期先锋树种马尾松纯林中营造阔叶林,以形成针阔混交林,则会加快群落演替和树种增长进程,因此,封山育林后,对树种增长有显著作用。

近代森林的天然更新,除受立地因子、林分因子等多种自然因素的影响外,还受到人为活动的强烈干扰。不同的封禁方式可认为是人为干扰强度的客观反映。郭泉水等(1990)对燕山东段低山丘陵油松天然更新进行了广泛地调查和研究,其结果表明:影响燕山低山丘陵区油松天然更新的主导因子是封禁方式。在封禁方式中，以全封对油松天然更新最为有利，其次是季封；在季封中，以非封禁季节不允许在林内放牧、对油松天然更新较为有利；只封林木方式对油松天然更新不利。170块400m^2的标准地资料统计的结果是，全封林下每公顷有油松幼苗、幼树5010株/hm^2，季封不可放牧封禁方式林下为3377株/hm^2，季封可放牧封禁方式林下为2839株/hm^2，只封林木封禁方式林下为1925株/hm^2。实际资料的统计结果与定量分析的结论完全一致。进一步试验和分析表明，全封之所以对油松天然更新有利，其主要原因在于：一是制止了人为的无节制、无计划的割取林下灌草植被、搂取枯落物、在林地过度放牧等，对更新幼苗、幼树的刈割、路踏、啃食等直接伤害作用；二是控制了对林木的过度修枝，促进了林木的健壮生长，保证了更新种的供应数量和质量。

相同的封禁方式，但封禁时间长短不同，对更新种源的质量和苗木生长也有不同的影响。张国林等（1991）对封禁3、5、9年的油松天然林中林木种子千粒重进行了测定，其结果分别为20g、26.6g、38g。室内发芽试验证明，种子的发芽率、发芽势均以封禁年限较长的林分中的林木种子为高。室外播种试验2年的结果表明，用不同封禁年限林分中林木种子繁殖的苗木，在苗高、地径等方面，均存在显著差异。

封山育林培育的苗木和林木生长状况如何，是人们非常关心的问题。刘诚等（1991）曾对燕山东段依靠封山育林培育的5年生油松苗木，与同龄的依靠人工直播培育的苗木进行了比较，方差分析结果表明，二者在树高、地径上，不存在显著差异。徐化成等对河北省各地的油松天然林（主要是封山育林培育的）和人工林的生长进行过比较，其结果是：非集约经营的人工林并不比天然林生长快，有些油松人工林的生长，还不如天然林。这些调查结果表明封山育林培育的林分是有质量保证的。

2.2.8　封山育林的经济效益

封山育林培育的天然次生林，不仅具有显著的生态效益和社会效益，而且还能产生明显的经济效益。韩玉春（1994）、刘诚（1991）、刘志新（1994）等从人工造林投资与封山育林费用，以及封山育林后的林副产品收入、创造的木材价值等方面，对封山育林的经济效益进行了研究，浙江省林业厅（1989）从封山育林形成的天然林活立木木材经济价值、薪材价值、活立木价值，以及封山育林研究投资效益等方面，对封山育林的经济效益进行了分析。有关封山育林经济效益的研究报道还有很多。这些研究结果都从不同的角度反映了封山育林经济效益显著这一特点。

2.3　封山育林研究发展趋势

封山育林是属于自然恢复森林的方法，但采用封山育林也要因地制宜，按条件和需要确定本地区人工造林和封山育林比例。虽然封山育林有生态、经济上的好处，但不等于都要封山育林。尽早使国土绿化，在当前国力条件下，封山育林无疑是最好方法。从整个林业发展趋势来看，在实施森林分类经营中的公益林，为满足生态环境，需要多树种，多层次，乔、灌、草结合的高覆盖，向近自然林业、生态林业发展，因此建设公益林主要方法应以封山育林为主，辅以人工促进更新和人工造林。而建设商品林、经济林，经营目标是满足社会多种林产品需要，则以栽培林业为主。因此，封山育林将是发展森林的一种重要方法，尤其边远、人少、交通不便的大片林区和水源林、水土保持林等。

随着天然林资源保护工程的实施，封山育林研究将日益受到重视，但由于我国的封山育林研究历史较短，尚处于探索阶段，今后应加强以下几个方面的重点研究：

（1）封山育林的生态过程研究。所属植物区系的不同群落演替规律研究，如演替速度、植

被变化、人为干扰的影响等,以确定封山育林类型和封山育林措施;

封山育林生态恢复过程研究,包括各种生态因子的变化、生物多样性(植物、动物、土壤微生物等多样性)的渐变过程,以及植物生长动态等,以确定科学合理的封育年限。

(2)封山育林生态功能及其提高技术研究。封山育林蓄水机理及其蓄水能力研究;封山育林保土固土机理及其保土能力研究;通过人干措施,如混交、乔灌草结合,促进演替,加快演替进程,以提高封山育林的蓄水保土功能。

(3)困难地带生态恢复与封山育林研究。通过造林与植被恢复困难地带(石化土地、干热河谷、干旱河谷等)的人工造林与封山育林的结合,促进生态恢复。

(4)封山育林的生态系统管理研究。生态系统管理是近年来提出的全新概念,即把区域作为生态系统进行适应性管理,包括植被恢复、景观规划、可持续经营以及管理措施等动态管理。封山育林的生态系统管理主要是评价和提高封山育林在自然保护区、森林公园等区域的植被恢复和景观生态恢复的作用。

第四节 干旱河谷植被恢复

1 干旱河谷的概况

干旱河谷主要分布在地质深切割厉害、垂直高差大的西南高山峡谷地区(青藏高原东部及云南高原北部),位于金沙江、怒江、澜沧江、元江、雅砻江、岷江、大渡河、安宁河等及其支流的河谷的部分地段,干旱河谷总长 4105km,总面积 11230km^2。河谷内海拔 800~2000m,河谷两侧的山地海拔 3000~5000m,在数公里范围内高差达 2000~3000m,其河谷大多为幼年型峡谷。由于地形深陷及处于西风南支气流控制区,形成了光热充足而水分不足的独特气候。

干旱河谷区光热资源丰富,人口稠密,是横断山区农业和城镇发展的中心。该区域山高谷狭,地质活跃,生态脆弱,很多县坡耕地比例高达 80%以上,绝大部分为雨育农业,同时降雨集中且严重季节分配不均,雨季水土流失和重力侵蚀极为严重,因而也是长江中上游水土流失重点治理区域。由于横断山区是“西部的西部”,交通不便,经济落后。

2 干旱河谷的划分

干旱河谷气候的共同特征是热量及日照丰富而降水量少,蒸发量大,干湿季节分明,旱季长降水量极少,干燥度超过 1.5,属半干旱至干旱气候。干旱河谷土地面积约 5700km^2,其中干热河谷约 4200km^2,干旱河谷约 1500km^2。热量条件达到南亚热带标准的称为干热河谷,达不到南亚热带的称为干旱河谷。

干旱河谷气候的主要成因是这些河谷位于冬半年由西风南支气流控制和夏半年由西南暖流控制的峡谷地带,相对高差达 2000~3000m,由暖湿气流带来的水分被高大山体阻隔在迎风面形成降雨,而到背风面的峡谷中气流下沉绝热增温产生“焚风”效应导致河谷内形成干热或干旱气候。

中国科学院根据降雨和温度的不同,将干旱河谷划分为三种(表 4-1):即干热河谷、干暖河谷和干温河谷,干热河谷包括在干旱河谷之内(王金锡,2001;沈茂英,2003;牛焕明,2004)。

干热河谷、干暖河谷和干温河谷三者在温度特征,土壤类型和农作物方面都有很大的差异。三者的区域范围如下:干热河谷,西昌以南的金沙江、雅砻江和安宁河河谷,以及金沙江河谷,包括米易、西昌、德昌、会理、盐边、攀枝花市等;干暖河谷,干热河谷向北至北纬 30°左右的河谷地带,主要包括包括金沙江上游的巴塘、乡城、得荣、雅砻江的雅江、木里、盐源、九龙和岷江的理县、汶川、大渡河的汉源、石棉、泸定、丹巴、金川;干温河谷,干暖河谷再向北的河谷地带,包括金沙江上游的白玉、德格,雅砻江上游鲜水河的炉霍、道孚,和大渡河流域的马尔康、壤塘县等(王金锡,2001;沈茂英,2003)。

表 4-1　干旱河谷类型划分

类　型	最冷月均温(℃)	最热月均温(℃)	日均温≥12℃的天数(d)	土壤类型
干热河谷	>12	28-24	350	燥红壤
干暖河谷	12~5	24~20	350~250	褐红壤
干温河谷	5~0	22~16	250~151	褐土

3　干旱河谷的生态环境现状

干旱河谷是一种次生的、脆弱的生态系统。据调查,该区域在 200~300 年以前总体上为原始林区,随着移民迁入,垦殖和林木大量砍伐,森林覆盖率急剧降低,逐渐退化为今日的干旱河谷灌丛草地,有的甚至演变为荒漠、半荒漠景观(表 4-2),如四川西昌与云南元谋的“土林”。其演替的顺序是:常绿阔叶林→落叶阔叶林→灌丛→干旱灌丛→稀树草坡(荒草地)→半荒漠→荒漠。干旱河谷的生态环境至少有以下三个方面的恶变。

表 4-2　各类干旱河谷主要植被类型

类型	干热河谷	干暖河谷	干温河谷
主要植被群落	稀树灌草丛	扭曲散生松林、硬叶常绿阔叶林	河谷小叶落叶灌丛
代表性群系	清香木(火绳树)+余甘子、毛叶柿灌草丛 清香木(火绳树)+余甘子、虾子花灌草丛	扭曲云南松林 铁橡栎、尖叶木樨榄林	马鞍叶灌丛 川甘亚菊灌丛
其他伴生群落	霸王鞭灌草丛 仙人掌灌草丛 锥连栎群落 铁橡栎、苏铁群落	铁橡栎、云南松群落 滇青冈、栾树群落 仙人掌灌草丛 霸王鞭灌草丛	仙人掌灌草丛 金合欢、清香木灌草丛 小叶帚菊、枸子灌草丛 锦鸡儿、苦刺花灌草丛

(1)森林覆盖率减少,水文状况日益恶化。以岷江上游地区为例,在元代以前,这里的山地还是茫茫原始森林,森林覆盖率在 50%以上。明清两代开始商业性伐木,近代又有所发展。至 1947 年统计,岷江上游地区森林覆盖率降为 39.5%。中华人民共和国成立以来,尤其是 1958 年以后,该地区开始设立森工局大规模采伐森林,至 1983 年共采伐原木近 6000 万 m^3,消耗森林蓄积量约 2 亿 m^3,使森林覆盖率下降到 18.8%。河谷内天然林一旦被破坏极难恢复,人工造林难度极大,成为长江上游地区生态重建的难点之一(石承苍等,2001)。岷江上游地区森林覆盖率减少引起了流域水文状况的日益恶化。控制该流域的紫坪铺水文站 1937—1985 年 49 年连续观测资料表明了这一现象。岷江上游水文状况的恶化还导致了地处岷江中游的成都市区降水量的减少,天气也变得相对干燥。成都市区 1938—1998 年 60 年间年均降

水量的变化资料即可证实这一现象。近 60 年来,成都市区年均降水量、最多年降水量和最少年降水量都不断减少,其中 90 年代与 30 ~ 40 年代相比,平均年降水量减少 24. 8%,最多年降水量减少 46. 6%,最少年降水量也减少 14. 7%。

(2)水土流失加剧,滑坡、泥石流等地质灾害日益频繁。干旱河谷地区由于植被稀疏和土地利用不合理,水土流失严重,成为长江上游的主要产沙源。近年由于人为活动日益频繁,水土流失正在加剧。据四川省水土保持办公室 1987 年和 1999 年两次应用卫星遥感技术开展土壤侵蚀调查结果,以干旱河谷为主要侵蚀区的四川西部地区水土流失呈加剧趋势。四川省西部地区除攀枝花市因近年植树造林较好,水土流失面积有所减少外,10 多年来水土流失面积均大幅度增加,共扩大 33 万 km^2,增幅达 35%。侵蚀规模(即水土流失面积占幅员面积的比例)由 31. 9%扩大到 43. 1%,增长 11. 2%。水土流失的直接原因是毁林开荒和陡坡种植。据笔者调查,在安宁河谷的西昌市及东、西河流域,90 年代初在林区中开垦的轮歇地多达 209 万 hm^2,占该区域旱地总面积的 67. 3%,占有林地总面积的 16. 6%。位于金沙江河谷的会理县侵蚀规模达到 63. 8%,其中干热河谷地区更达到 74%。有关资料表明,金沙江年均输沙量达到 249 亿 t,约占长江上游的一半。其泥沙约有 70%来自干旱河谷地区。由于水土流失加剧,加之地处峡谷陡坡地区和岩石破碎地带,干旱河谷又成为长江上游泥石流、滑坡等地质灾害的多发地区。据笔者调查,安宁河谷东岸西昌城区至泸沽段 37km 内有泥石流沟 31 条,平均每 12km 即有 1 条。其中最大的一条是著名的黑沙河泥石流。据史料记载,该泥石流自 1874 年第 1 次暴发以来直到 20 世纪 70 年代以前的 100 年中,每隔一二年即暴发 1 次,共毁灭村庄 5 座,死伤村民 1000 多人,冲毁良田 200 多 hm^2。该泥石流形成区原是一片原始森林,1850 年西昌发生 7. 5 级强烈地震,城镇被破坏,市民开始在此山上伐木建房,20 多年后森林被毁成裸地,终于导致了 1874 年黑沙河泥石流大暴发。

(3)干旱河谷生态环境恶化不利于旅游产业的发展。井位于长江上游的四川、云南是我国旅游资源的富集地区之一,旅游业目前已形成或正在形成这两个省的支柱产业。然而,这两个省的许多著名的旅游胜地都位于干旱河谷地区或必须经过干旱河谷地区。如九寨沟、黄龙寺、四姑娘山、米亚罗、卧龙大熊猫保护区、贡嘎山—海螺沟风景区,泸沽湖、稻城亚丁等。上述旅游胜地的优美景色与干旱河谷荒凉刺目的景象形成强烈的反差,令人游兴大减。对光热资源相对较好的干旱河谷区,如何通过对退化生态系统的植被恢复与重建实现其土地资源的可持续利用,对本区乃至整个流域经济持续发展和生态环境建设都具有重要意义。

4 干热河谷植被恢复研究概况

干热河谷的气候特点主要表现在高热量、低水分,即“干”和“热”。虽然大多数地区的降水量在 600mm 以上,但主要集中在 6 ~ 10 月,干旱季长达半年左右。与此相反,热量非常充沛,大于 10℃的有效积温均在 7000 ~ 8000℃,相当于热带和南亚热带的热量水平。这样的高热量导致蒸发量远远高于降水量。据报道,元谋干热河谷的蒸发量是降水量的 6 倍,旱季的干旱土层达 1m 以上。这样的气候条件,使得当地的植被非常稀少,甚至寸草不生。干热河谷主要分布于长江珠江澜沧江红河和怒江等国内和国际性河流的上游深切河谷地段。由于干热河谷地区的地质结构不稳定、土层浅薄、人口膨胀、过度耕种,尤其长达半年的旱季等原因导致该地区的生态环境处于极端的脆弱阶段(Ma,2001)。干热河谷形成的主要因素有大气环流、地理位置和高山的阻挡及焚风效应,还有山谷风等局部环流效应和人为因素(牛焕琼,2004)。

干热河谷由于其自然生态环境的特殊性，成为生态学研究的重点（温绍龙等，2002）。

土壤水分缺乏是干热河谷区植被保护和恢复的最大障碍因素。干热河谷区因水热矛盾尤为突出而成为我国长江中上游地区植被恢复的重点和难点地区（杨忠等，1999；牛焕琼，2004）。土壤水分不仅是造林成活与否的决定因子（张建平等，2001；孙辉等，2004；牛焕琼，2004），还是影响很多树种的生产力的关键因素（李昆等，1995）。在广大干旱、半干旱地区，以“土壤干化”为主的土壤退化极为严重。但对广泛存在于干旱半干旱地区的一种人工林植被土壤退化形式——“土壤干化”，在近几年内才为人们所认识，所做的研究工作则更少。“土壤干化”这一严重的土壤退化形式已成为干旱半干旱地区人工植被建设的严重隐患，它造成植被根际区土壤水分长时间持续严重亏缺，土壤表层板结，土壤紧实度增大，甚至导致人工植被的严重退化及大面积干枯死亡（王克勤等，2004）。改善土壤水分性质是实现干热河谷区域植被恢复与重建的必然途径（孙辉等，2004）。土壤水分的实验研究发现，土壤承载量较小的扭黄茅群落自然草坡的土壤水分状况明显优于土壤承载量较大的乔木林和灌木林，这一结果表明，为了维持人工林生态系统的水分平衡，在干热河谷植被恢复中要降低造林密度，减小土壤的承载量，减少水分消耗（王克勤等，2004）。乔木树种的栽植密度应该符合土壤水分状况，在水分匮缺严重的地区，尽量少种乔木，或者不种乔木，宜灌则灌，宜草则草，在干热河谷区，以“适度”造林技术思想为指导进行植被恢复与重建具有重要的意义（费世民等，2003）。

除土壤水分外，干热河谷区以有机质为代表的养分缺乏也是人工植被恢复的重要障碍因素（张映翠等，2002）。退化土地上养分匮缺的治理，重点是生物治理，要体现生态环境效益、社会效益和经济效益（纪中华等，1999）。长期的实验和示范结果表明，等高植物篱模式是一种非常适合干热河谷环境的有极大应用潜力的水土保持和肥力改善、退化生境重建和植被恢复的农林复合经营模式，经过实地研究和实验室分析，结果表明等高固氮植物篱模式有效改善了坡地退化土壤的水分入渗性能和水分状况，保持了土壤养分（孙辉等，2004）。在以植被恢复为主的流域综合治理项目能较好地体现植被的各项效益，如增大了治理区的森林覆盖率、郁闭度，提高土壤持水量，减少土壤容重，增大孔隙度，控制水土流失，明显增加了当地农民收入（纪中华等，1999）。小江流域治理中植被恢复的生态效益也十分明显：延缓地表雨水汇集，截留拦沙效果显著，增强了土壤入渗能力（王道杰等，2004）。南涧干热河谷退化山地的植被恢复与重建，经过 8 年的生物治理，使南涧县城后山的森林植被覆盖率从原来的 5%增加到 65%，土壤理化性质明显改善，物种多样性恢复，植被自然更新，整个生态环境逐渐进入良性循环（刘文耀等，1999）。

干热河谷不同土壤母质——母岩类型组成坡地的土壤水分状况差异较大，对天然植被类型及其生长起着决定性的作用，其植被类型一方面取决于气候带的垂直分布，同时也取决于不同坡地的岩土类型（张信宝等，2003）。张建辉等（2001）系统地研究了金沙江干热河谷区人工林生长状况，结果表明树高、树胸径、树胸高断面积、全林生物量、树高增长率、树胸径增长率、全林净生产量等 7 指标可概括本区植被生长状况绝大部分信息，较好地反映了本区人工林地林分生物量和生产力特征；在同一气候类型下，虽有诸多影响植被生长的因素，如海拔高度、土壤母质—母岩类型、坡位、坡向、坡度等，但林地土壤母质—母岩类型是制约植被生长的主导因子，不同的土壤母质—母岩类型林地所能承载的林分生物量和生产力不同。根据这一结果，在恢复干热河谷植被时必须避免过去的“一刀切”现象，应着重依据土壤母质——母岩类型来配置树种模式和类型，确定乔、灌、草的比例，在承载力低的土壤母质上尽可能的少种或不种乔木。张信宝等(2003)根据气候条件带的垂直分布和岩土类型,按是否适宜恢复森林植被,对元谋干热河谷区的植被恢复区进行了分区,本区有6种坡地岩土类型,3个气候带,分为森林植被恢复适宜区、较适宜区、较不适宜区、不适宜区和极不适宜区5个区。这是干旱地区植被恢复分区的一种新的探索,为植被恢复和保护提供了参考依据。阐述了元江干热河谷山地不同生态条件下,土壤资源的分布、特征及其合理利用。干热河谷区山地海拔垂直高差大,土壤资源的垂直分异规律非常明显。如元江河谷相对高差可达2000m,土壤资源由低海拔到高海拔依次分布有:北热带干热河谷燥红土带(海拔1000m以下)、南亚热带丘陵赤红壤带(1000~1300m)、中亚热带低山红壤带(1300~2000m)、北亚热带中山黄棕壤带(2000m以上)等(汪汇海等,2004)。搞好植被恢复和生态建设工作,严禁毁林开荒、陡坡耕地退耕还林还草是保护和合理利用土壤资源的对策之一(汪汇海等,2004)。云南元谋干热河谷坝周低山区不同岩土组成的坡地土壤水分环境差异大,因而植被恢复模式应该有区别:砾石层阶地丘陵坡地土壤水分环境最为湿润,适宜恢复较为完整的森林植被;片岩和半成岩砂岩低山坡地次之,适宜恢复树林灌草植被;泥岩低山坡地最差,适宜恢复稀树冠丛植被(张信宝等,1997)。元谋河谷的变性土分布地区不宜树木生长(水分不易下渗,土壤水分条件差,土壤膨胀性大),而在砾石层分布区和基岩山地(水分易下渗,土壤水分含量高)植树易成活,燥红土和红壤分布区造林条件一般。所以,在元谋地区应进行合理规划,本着先易后难的原则,造林的先后顺序为:砾石层分布区及基岩山地→燥红土、红壤分布区→变性土分布区(草灌结合恢复植被)(张建平等,2001)。干热河谷植被中,乔木的深根系使得树根可以利用土壤母质甚至岩石裂隙中的水分。在旱湿季分明的雨养生态系统中,雨季水分的土壤渗透性愈强,土体/母质/岩石吸收水分量就愈多,深层也贮水愈多,当旱季来临,特别是3~5月份缺水严重时,土体/母质/岩石深层供水对植物生长的重要作用便显现出来。因此改善土壤入渗性能的措施,如禁止放牧践踏、保护地表枯枝落叶等均能改善旱季植被的生长状况(张建辉等,2001)。

不同岩土类型发育的土壤,滞、蓄水能力差异很大,对干热河谷植被恢复也有很大影响。土壤滞、蓄可供植物利用水的能力大小决定于土壤质地(粒径大小),颗粒愈细降水渗透深度愈浅,而又易于蒸发,因此,黏质土形成最干旱的生境,沙质土有较好的水分供应,石质裂隙土具有较湿润的生境。这样,金沙江干热河谷中沙砾石覆盖的阶地、丘陵,以沙质土为土及裂隙特别发育的基岩山地土壤,水分条件较好,在人工灌溉补肥条件下,植树造林成活率较高;而第三系和第四系的黏土、亚黏土地层和泥质岩类组成的山地发育的土壤,水分条件差,特别是燥红土、变性土,黏粒含量高,只适宜栽种浅根性灌草(柴宗新等,2001)。土壤类型不同,植被恢复模式不同。刘麟(1998)对干热河谷不同土壤质地的植被恢复进行了研究,结果表明,乔、灌木在砾石层阶地上较泥岩山地上成活率高、生长好、成林快。这是为什么呢?原西德世界著名的植物生态生理学家沃尔特(Walter)进行了精辟的解释并列举了例证,他指出:“在干旱区内,各种植物的水分供应依土壤质地(粒径大小)而定,土壤中能保留多少土壤水,以及这些水可否为植物所利用都取决于土壤的质地。与湿润地区相反,(干旱区)黏土形成了最干旱的生境,而沙土却有较好的水分供应,石质裂隙地提供了最潮湿的生境。”这一问题也被不同国家的科学工作者所认同,并得出一致的结论。当然,根据土壤水分含量与能态的关系——土壤水分特征曲线也可以解释这个问题。众所周知,砂土的萎蔫系数最低,壤土次之,黏土最高。这说明在干旱地区,降雨条件或土壤水分条件相同的情况下,沙质土可为植物生长提供更多的有效水分,壤土次之,黏土最低(图4-1)。不同类型的土壤能提供的有效水分各异,由于不同的土壤供给能力导致了土地承载量的差异，从而使得不同类型的土壤的植被恢复模式也不尽相同。除了土壤水分、土壤养分、土壤类型和土壤母质岩石类型等条件外，干热河谷土壤中植物和根际微生物之间的关系也影响到植被的保护与恢复。丛枝菌根（*Arbuscular mycorrhiza*）是植物与真菌形成的共生体，它能改善植物的营养，增强植物对矿质元素、水分的吸收，从而提高植物的抗性，促进植物生长。国外在20世纪90年代，已有人对西非的萨王纳群落中植物的丛枝菌根状况以及利用丛枝菌根技术恢复受破坏的萨王纳植被进行了基础研究和应用示范（Read，1994；Curdea & Lovera，1992）。

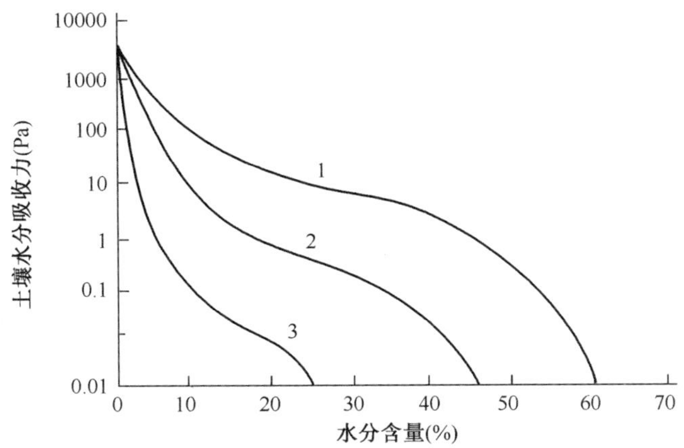

图4-1　三类土壤的水分能量曲线

1. 黏质土；2. 壤质土；3. 沙质土

Gemma等（2002）的实验研究发现夏威夷的一些土著植物和濒危植物都是生态菌根依赖植物，当用这类植物进行植被恢复或对濒危植物进行易地保护时，育苗移栽前给植物幼苗接种AMF是必须的。Requena等（2001）在对西班牙南部地中海地区退化植被的恢复中，采用土著豆科植物（*Anthyllis cytisoides*）接种外来AMF和本地AMF的幼苗后进行实地移栽，分别在1、3、5年后测定植物的地径、植株高度、根际土壤中的有机质含量等，发现接种本地AMF效果最好。赵之伟等（2003）对金沙江干热河谷中生长的60种植物的丛枝菌根状况进行了调查，结果表明被调查植物中70%的植物形成丛枝菌根，干热河谷自然植物群落中的建群种大多具有丛枝菌根，一些莎草科、蓼科的植物也形成典型的丛枝菌根。由这一结论可知，丛枝菌根是干热河谷生态系统中的重要组成成分，在干热河谷的植被恢复中，必须同时考虑对地下植物共生真菌进行恢复。

干热河谷气候、土壤具有以下特点：①高温干旱，蒸发量大于降水量；②极端高温和极端低温变幅很大；③土壤水分匮缺和养分贫瘠。这种不良的自然条件导致了社会贫困和社会经济生产方式的落后（牛焕琼，2004）。这样的自然条件和社会经济条件，使得干热河谷植被具有明显的亚热带植被特征，同时该区植被的保护和恢复也面临种种困难。太寒冷和太干旱是世界上森林难以存活的两种气候条件。金沙江河谷属典型干热河谷气候，土壤水分和有机质含量低，因此土壤对植被的承载力很低，只能发育类似稀树草原的植被。稀树灌草丛是适应金沙江干热河谷自然环境的顶极植物群落（柴宗新等，2001）。也有人认为干热河谷的原始植被为常绿阔叶林和落叶阔叶林，但均遭到严重的破坏，现有植被为次生的稀树草坡和肉质化刺灌木

(Ma,2001;费世民等,2003)。稀树灌草丛是具有次生性的河谷气候顶级群落,发生上具有一定的古老性;扭黄茅+车桑子群落是在现代自然与人为因素强烈影响下形成的一个亚顶级群落(周麟,1996)。干热河谷的原生植被呈多顶极分布:在水分条件较好的河谷地段(如河流岸边等)、沟道、阴坡为含大量热带、亚热带雨林、季雨林分子的阔叶林类型;坝周低山区为山地硬叶林类型;水分条件较为干热的阳坡等处为含乔木数量较多的稀树灌草丛类型(周麟等,1998)。从一定意义上讲,干热河谷的现有植被正在发生逆行演替,在退化的过程中;若现有的干扰因素得不到控制,稀树灌草丛和灌草丛群落会发生荒漠化(周麟,1998;费世民等,2003)。因此,现有植被的保护与恢复对促进干热河谷植被顺行演替,提高植被覆盖率具有重要意义。但由于自然条件的恶劣性,和落后生产方式对森林、草地有极大的依赖性(如放牧和获取薪柴等),植被恢复难度极大,这种难度主要体现在树种选择方面。树种选择困难,要求既抗旱又耐高温,既耐高温又耐低温,还要耐贫瘠,而这样的树种不多(牛焕琼,2004)。冬季的干旱、高温和时而出现的寒流,常常使苗木在冬季因脱水而死亡,尤其是造林的头两年,甚至造林成活多年了,如 20 年生的云南松,还会因为干旱死亡。贫瘠的土壤和水分的严重不足,使得生态容量很低,植树造林的密度受到制约,森林的恢复因此非常缓慢甚至困难。因此,干热河谷区植被恢复技术的研究非常关键,这种技术要考虑到土壤水分、土壤养分、土壤母质-岩石类型、土壤类型以及植物根际微生物(如丛枝菌根)。

从以上干热河谷植被恢复研究现状可以看出,植被恢复与重建的方法和技术应走科学化、合理化和节约化之路;尊重植被的自然演替规律,注重植被的自然恢复,适当进行人工促进;全面考虑土壤的各项条件,制定符合客观规律和实际情况的综合规划;注重生态效益,节约植被恢复成本。

5 干热河谷造林技术研究进展

森林生态系统是地球上功能最为强大和重要的生命支持系统,具有丰富的物种和遗传多样性,调节气候,防止水土流失和风沙危害,为人类提供资源和能源等等(吴征镒,1980;Miyawaki,1999)。然而,随着人口的急剧增长和经济的高速发展,森林生态系统也遭到了严重的破坏,热带雨林、常绿阔叶林、温带森林都不同程度地被砍伐、开垦、用于城市发展等,世界森林覆盖率急剧下降(王敬忠等,2002;WWF,2002;Miyawaki,1999)。近年来,由于沙尘暴、生物多样性丧失、污染、旱涝灾害和全球变暖等全球性的生态与环境问题的加剧,保护森林生态系统,恢复和重建受损的森林生态系统,已是全人类的共识和关心的热点问题(Box,1987;Folke et al.,1996;康乐,1990;马克平,1993;彭少麟,1996;Miyawaki,1987,1997)。目前大致有 3 种人工造林方式和用途:一是传统造林,用针叶树种如杉木、马尾松、油松、红松、落叶松等,或者速生的杨树、泡桐等,营造单种单层(monoculture and monostorey)林,目的是用材或农田防护;二是营造近自然或类似自然状态的森林(Quasi-natural forest),在日本称为"环境保护林(environmental protection forest)",其理论基础是潜在植被和演替理论,如日本的宫胁生态造林法(Miyawaki's ecological method to reforestation),强调和提倡用乡土树种建造森林;欧美的"近自然林业",美国学者 Kloor(2000)提议,应将美国的森林恢复其自然面貌。目前,更多的学者都强调恢复中的生物多样性问题(Handel,1994;包维楷等,1995;王仁卿等,2000;赵平等,2000;于顺利等,1998;温远光等,1998;史作民等,1998);三是困难地带造林,以快速恢复植被为目的,强调生态恢复与重建,同时注重乔木树种的适宜配置,如半干旱、干旱区节水造林,干热河谷的适度造林等(费世民,2003)。其理论是恢复生态学原理,有步骤地逐步恢复森林植被,改变小气候,使之能适应植物的生长,有效改善生态环境。

中国历来重视造林和护林,各地都可见到面积不等、样式不一的原始林、次生杂木林、风水林、墓地林等。一方面,1950 年以后,各地广泛造林,使中国的生态环境不断改善。1980 年以后,森林恢复也在各地展开,取得了许多成果,中国也是世界上人工造林最多的国家之一。另一方面,由于中国的人类活动历史久远,植被破坏严重,森林恢复和再建的难度相当大。造林成活率低,恢复速度很慢,甚至边造林边破坏的情况也时常发生。这其中虽然有政策、理论、技术、方法、资金、管理等方面的因素,但缺乏正确的理论指导和切实可行的方法也是重要原因。林种单一、结构单一、用外来树种、管理不善等问题在中国普遍存在。因而,加强理论和技术研究,提高森林再建和恢复的效率,加速改善中国的生态环境,是非常必要和迫切的。

金沙江干热河谷是我国典型脆弱生态区之一,水热矛盾尤为突出,是我国长江中上游地区植被恢复的重点和难点地区。植被一旦遭到破坏,便极难恢复重建,以至多年来的造林工作收效甚微,长期以来,植树造林一直作为几乎整个长江上游治理水土流失的首要生物措施,但在干旱河谷效果并不是很好。在金沙江干热河谷地带,常常是“种树不见树,造林不见林”,许多地方出现的“小老头树”既不能发挥水土保持作用,又不产生经济效益,而且还引起以“土壤干化”为主的生态问题,植被根际区土壤水分长时间持续严重亏缺,土壤表层板结,土壤紧实度增大。因此,干热河谷森林植被难以恢复的主要原因是旱季干旱缺水。

20 世纪 50 年代以来,围绕干热河谷的开发利用问题开展了多次大规模的以云南松(*P. yunnanensis*)、思茅松(*P. langbianensis*)等树种为主的点播、撒播、飞机播种以及人工造林等造林工作,同时做了大量科学研究工作。但均因种种自然、人为等原因,收效甚微。

5.1　干热河谷树种选择技术研究

高洁等(1997a,1997b)对干热河谷主要造林树种旱性结构和水分生理生态学特点进行了研究,对 8 个造林树种的叶片自然含水量及蒸腾速率与环境因子的关系进行了分析。结果表明,蒸腾速率的日变化、含水量和蒸腾速率的季节变化与大气温度和相对湿度密切相关,但各环境因子的影响各不相同。旱季,绢毛相思、马占相思、大叶相思、薄荚相思和纹荚相思是以减少蒸腾来抵御干旱;赤桉和肯氏相思以强大的根系来维持水分吸收能力,加大地上部分的蒸腾进行抗旱。

李昆等(1999)金沙江干热河谷主要造林树种蒸腾作用研究,金沙江干热河谷主要造林树种中,大叶相思、绢毛相思、赤桉和乡土树种坡柳等树种旱季水分自然饱和亏缺较大,造林比较成功的树种可分为蒸腾作用较强的乡土树种和桉树类树种以及以较弱的蒸腾作用度过旱季的相思类树种两大类。马焕成等(2000)对元谋干热河谷几种相思和桉树水分消耗量估测,根据水分消耗量公式计算,发现马占相思、肯氏相思、赤桉和窿缘桉、大叶相思、厚荚相思、绢毛相思、柠檬桉水分消耗最大、最小值的时间,各树种全天水分消耗量依次为窿缘桉、肯氏相思、柠檬桉、赤桉、厚荚相思、绢毛相思、马占相思、大叶相思。马焕成等(2001)对元谋干热河谷相思树种和桉树类抗旱能力分析,对元谋干热河谷引种的 8 种外来树种进行了抗旱性分析,发现水分利用效率从高到低的顺序依次是:窿缘桉、赤桉、柠檬桉、绢毛相思、肯氏相思、厚荚相思、大叶相思、马占相思。水分利用效率越高,对干热环境的适应性越强。8 种外来树种适应干热河谷生境的旱性结构的特点是主根深、侧根多、栅栏组织和贮水组织发达、构成等面叶或近等面叶。桉树类树种的蒸腾速率较高，但能生存的主要机理是根系分布深，主动供水能力强，补充了地上部分的水分消耗；而相思类则以发达的根系和较高的叶片保水能力来适应干热环境。马焕成等(2002)根据旱季试验地土壤的自然含水量和植物的凋萎系数，计算出旱季土壤所能提供的有效水分总量，再利用各树种的单株水分消耗量，即可估测出土壤对各树种的最大承载力。此外，高洁等、周蛟等(1998)对元谋干热河谷主要造林植物的耐旱性进行了评估。牛焕琼(2004)提出选择抗旱、耐贫瘠、具根瘤菌、适应性强的树种、灌木和草本植物，确定适宜的植物组成，先易后难，逐步推进。这些研究都为干热河谷造林树种选择提供了依据。

5.2　植被恢复与造林技术研究

已有的研究指出，干热河谷区砾石层和片岩坡地的土壤渗透性明显较泥岩坡地高，而植被生长的好坏与土壤渗透性的强弱有十分密切的正相关关系(张建辉，2000，2001)。杨忠等(2000)研究表明，坡地类型和地表侵蚀状况是影响干热河谷林木生长的主要立地因素之一。土壤入渗能力强的石质山地有利于高大乔木的生长，桉树人工林生长快，种群生物量高，而侵蚀严重的泥质山地则相反，不利于高大乔木的生长，桉树人工林生长差，种群生物量低。

在植被恢复模式上，温绍龙等(2002)对金沙江干热河谷退耕地植被恢复模式进行探讨，初步筛选了10余种适应于干热生境和退化耕地植被恢复的乔、灌、藤、草植物物种；对其开展了乔草、灌草、藤草、草草、乔灌草等复层植物群落模式进行研究。杨忠等(1999)金沙江干热河谷植被恢复技术，从坡地类型划分、林草种选择及乔灌草人工混交植被类型配置、整地、育苗、定植和抚育管理等方面阐述了金沙江干热河谷植被恢复的主要技术关键。

在造林技术上，周蛟等进行了元谋干热河谷引种造林试验及树种选择研究，刘娟等(2001)研究了元谋干热河谷植被恢复的物种选择与营造技术，根据适地适树的原则，通过对造林立地条件的土壤分类及物种的生物学特性的分析研究，筛选出适宜不同立地类型的物种。在栽培试验的基础上，提出了栽培技术措施，尤其针对干热河谷的特殊气候条件，研究总结了因地制宜、分类整地、直播和容器育苗移植相结合、适时定植等营造技术。张尚云等(1998)金沙江干热河谷恢复植被与造林技术研究，筛选出赤桉、柠檬桉、绢毛相思、马占相思、大叶相思、新银合欢、木豆、山毛豆、车桑子及大翼豆等是适应干热生境和退化立地的造林树草种；营造的结构模式林具有改造环境、控制水土流失、培肥土壤和满足农民能源需求的多项功能；并对造林技术中的整地、育苗、造林时间等关键技术作了总结与研究，使造林保存率提高到80%左右。

张映翠等(2002)提出的沙江干热河谷退化山地径流塘—草网络技术具有固土稳水功能，可增强乔木树微区环境土壤抗蚀性能，改善以有机质为主的养分条件及树根区的土壤水分条件。张建平等(2000)提出了元谋干热河谷区节水林业技术。张信宝等(2001)提出了微水造林技术，微水造林是采用微型水利工程措施，拦蓄雨季径流，改善坡地旱季土壤水分状况，造林育林。

干热河谷植被保护与恢复具有困难性和艰巨性，是一块“硬骨头”。在干热河谷植被恢复过程中，必须在遵循传统植被恢复技术措施的基础上，大胆尝试，引进新的理念和工作方法，采用先进的技术来攻克这一难关。在试验的基础上甚至有人认为，元谋干热河谷区只要选择适宜的树种及其正确的造林技术，无论是在砾石层阶地、土石山地和泥岩山地都可以种植乔木成林(周麟等，1998)。杨忠等(1999)从坡地类型划分、林草种选择及乔灌草人工混交植被类型配置、整地、育苗、定植和抚育管理等方面阐述了金沙江干热河谷植被恢复的主要技术关键。

温绍龙等(2002)以金沙江干热河谷退耕地为研究对象,进行了植被恢复模式的探讨;初步筛选了10余种适应于干热生境和退化耕地植被恢复的乔、灌、藤、草植物物种;并对其开展了乔草、灌草、藤草、草草、乔灌草等复层植物群落模式研究。径流塘—草网络固土稳水技术借鉴了国外干旱区微区集水经验,充分结合本地实际进行了改进,是一项能充分利用自然降水、集截流治蚀、抗旱改土、增加土壤贮水、改善土壤微环境条件于一体的坡地植被恢复管理技术,适用于雨养经济型植被的重建,有利于人工植被的健康和稳定(张映翠等,2002)。费世民等(2003)根据攀枝花市干热河谷区自然条件和自然植被的特征,针对攀枝花干热河谷植被恢复过程中存在的问题,结合我国干旱地区植被恢复技术的问题,提出植被恢复与重建应遵守植被分布规律,根据区内环境空间异质性和多样性,参照自然植被的空间结构确定人工植被的空间结构,为加快植被恢复进程,提出干热河谷"适度"造林技术思路;并从生态、经济和生态经济角度,讨论了"适度"的内涵和"适度"造林的概念与含义。选择适宜树种,适宜种源是解决干热河谷等困难地带宜林区营林和植被恢复问题的关键(李昆等,1995;刘兴良等,2005)。结合干热河谷植物与根际微生物之间的复杂关系,在选择植被恢复物种时要发掘"乡土"物种,恢复这类"乡土"物种的生长,恢复植被的方向由河谷的底部向高处发展;植被恢复进行物种混交时,要注意各物种间的搭配,充分发挥多种效益(刘娟等,2001)。周蛟等(2000)认为金沙江干热河谷植被恢复特别困难的地区为海拔1700m以下的河谷地带,植被极少,多见扭黄茅、秸草、剑麻等,要恢复这类地区的植被,必须增加耐热抗旱植物的种类。针对传统造林讲面积,重密度的现状,有的学者提出宜林地造林要"适度",尽量降低林分密度,减少水分匮缺;应该确定合理的造林密度(费世民等,2003)。

综上所述,干热河谷的植被恢复和造林技术研究主要表现在:①从干热河谷生态环境退化,探讨植被恢复途径;②从植物生理生态特性研究,进行树种选择;③从造林整地、造林方式、保水措施以及直播和容器育苗移植相结合、适时定植等营造技术,提出造林模式及其技术。这些研究虽然取得一定地成功,但由于旱季土壤供水不足,从树木个体发育的角度来看,会促使植株衰老甚至死亡;从林分角度来看,导致林分的自然稀疏,从而无法形成稳定的人工林。同时,受到政府造林标准的约束,未从林分稳定性上考虑确定林分的合理结构。

因此,从人工林的长期稳定性和改善林地小环境这两方面来考虑,造林初期为了迅速覆盖林地,尽早地形成森林环境,仍需要适当密植。但随着林木的生长,对水分的消耗增大,为保持林分的相对稳定,保证林木的存活与生长并逐步提高林地的生产力,建议开展"适度"造林技术研究(费世民等,2003)。干热河谷植被应属于"疏林",造林密度宜小不宜大,根据林分的防护效能和土壤水分平衡确定生态上的"适度"造林密度(费世民等,2003)。

6 山地森林植被恢复研究进展

山地森林植被更新恢复是生态系统动态中森林资源再生产的一个自然的生物学过程。在这个过程中,以木本树木为主的生物种群在时间和空间上不断延续、发展或发生演替,对未来森林群落的结构及其生物学多样性具有深远的影响,因而它是一个极为重要的生态学过程。这个过程受环境条件、自然干扰和人为干扰类型、更新树种的生理生态学特性、现存树种与更新树种的关系、竞争植物种和其他生物种的特性等因素及其相互作用的影响。对于森林的更新过程,有不少研究围绕植物更新的生活史环节,从更新树种的生物学特性、干扰与更新对策、种子生产与扩散、幼苗的发生时期、幼苗的生长和存活率的季节变化等方面进行了探讨(黄双全,郭友好,2000;肖治术等,2003)。近年来,有一些文献报道开始关注更新的空间格局,分析形成格局的原因和过程、空间异质性与更新的关系,希望从更深的层次了解更新动态中潜在的规律性。由于森林生态系统中环境因子多样,并且复杂多变,植物从幼苗到成熟植株的过程则更多的受森林中经常出现的各种干扰的影响。幼苗形成幼树以后,幼树是否能进入上层森林,依赖于森林的各种干扰。林隙是其中最为常见的一种干扰,并且是森林自我更新的重要途径之一(臧润国等,2001;何永涛等,2003)。因此,在脆弱生态区,基于山地森林的特点,开展森林种子雨与土壤种子库和林隙对森林更新恢复影响研究,是山地森林更新恢复过程研究的关键环节。

6.1 森林种子雨与土壤种子库研究

森林更新是一个极为重要的生态学过程。在这个过程中,种子的生产、扩散、土壤种子库中种子的活力、幼苗转化、更新萌发体的形成及生长等,每个环节都受干扰影响。因此,种子雨(Seed rain)和土壤种子库(Soil seed bank)是森林生态系统的重要组成部分,它们在植被更新和恢复、植被演替和扩散过程中起着重要的作用,对森林种子雨、土壤种子库及其与地上植被关系的研究已成为现代生态学研究的一个热点(Chandras helara et al. ,1993;班勇等,1996;王刚等,1995)。

众多研究表明,种子散布即种子雨过程,是植物种子更新过程的关键阶段,定量研究将是植物更新研究的主要发展方向(肖治术等,2003)。种子成熟后受自然因素的影响散布到地面,遭受多种命运。种子雨的数据能很好地反映种子成熟后下落的时空模式,其研究结果在一定程度上能估计种子在林冠层的损失,各类种子的产量和比例,多年的研究结果还能反映种子生产的周期性变化,如大小年间隔等,结合种子库的研究还能更好地反映种子散布后命运,如动物取食和贮食行为引起的种子丢失,适合的季节萌发,埋藏进入土壤种子库等(李宏俊,张知彬,2001;孙书存,陈灵芝,2000;肖治术等,2001,2003)。

土壤种子库是指存在于土壤上层凋落物和土壤中全部存活种子的储藏库。国外自 20 世纪 30 年代以来已作了大量的调查与研究工作,特别是 20 世纪 70 年代以来,许多学者对其中某一环节进行过大量的单独研究。1982 年 Silvertown J W 出版了《植物种群生态学导论》对种子库方面的研究作了初步总结,1985 年 Michael Fennner 出版了《种子生态学》对种子库及更新作了一些总结,并进行了大量讨论。国内开展研究较晚,基本上从 20 世纪 80 年代后期才开始,对种子库与更新关系的研究逐渐增多。

6.1.1 森林土壤种子库时间动态

森林土壤种子库时间动态是由植物本身的生理特性和种子所处生境条件所决定的。由于各种因素相互作用,形成了土壤种子库时间变化的各种形式。影响土壤种子库时间动态的途径主要有 3 个方面:①种子的输入;②种子的输出;③种子的留存。种子的输入即种子雨(seed rain)主要受植被的结实特点控制(熊利民等,1992)。有的树种结实量多,有的树种结实量少;有的具有明显的周期性,有的却不甚明显,它反映了植被的生理生态特征。另外,种子的输入不仅与地上植被种类有关,而且与种子的散播机理关系密切(种子侵入)。熊利民等(1992)发现,仅靠上层植被种子生产补充,植被更新演替就会受到局限。因此,对于某一缺乏种源的森林生态系统来说,可以通过人工补种或在林分及周边地区保留母树来维持土壤种子库,以利植被更新。种子的输出(种子库的消耗),表现为种子发芽、被摄取及霉变死亡。

Augspurger(1984)对热带森林的种子命运和幼苗发生进行研究时指出,霉变是引起种子损耗的一个重要影响因素。徐化成等(1997)对兴安落叶松的研究也表明,土壤病害是种子致死的重要原因。班勇(1993)对兴安落叶松的研究表明,鼠类是摄取种子最多的动物。松鼠在小兴安岭红松林的天然更新中起着至关重要的桥梁作用(中国科学院林业土壤研究所,1987)。祝宁等(1992)的研究表明,刺五加种子在扩散前,成熟种子的比例仅有34.2%,而未成熟种子及被昆虫捕食的种子占65.8%,严重影响刺五加的有性更新过程。但对于一些厚壳种子来说,它需要经过动物的消化过程,才能有利于其发芽。

种子的留存,是指活性种子的留存。种子的留存为林分天然更新提供了种源,并且可以抑制种子的大量集中萌发,造成幼苗间生存空间的过分竞争。在不同森林类型或森林演替的不同阶段,土壤种子库的种子密度和种类差别很大,因此其天然更新能力也相差很大。安树青等(1996)在宝华山的调查结果表明,落叶常绿阔叶混交林和落叶阔叶林土壤种子库的物种数分别为49种和33种,密度为255粒/m^2和145粒/m^2。黄忠良等(1996)对鼎湖山不同演替阶段的森林土壤种子库的研究表明,森林土壤种子库的种子数量和种类随演替发展而减少,与地上植被相关性不明显。祝宁等(1996)在5种森林类型下模拟刺五加种子的发芽,结果是人工落叶松林下出苗率(16.8%)大于人工红松林(0.8%)大于硬阔林(0.5%)。同时林窗(gap)在森林更新中起重要作用,充分利用林窗的生态效应,促进天然更新。

因此,根据土壤种子库的大小、结构和类型,以及主导的影响因素,可以预测森林更新能力和演替方向,真正做到天然林的定向培育及分类经营。在促进森林天然更新时,要求采取相应的措施。在种源丰富的地区,可进行封山育林。缺少种源时应进行人工补种,在林分及其周边地区保留适当母树也是补充种源的重要方法。存在阻碍种子发育的因素时,可通过人工辅助措施消除,如适当炼山、清除地被物,能极大促进森林更新。根据森林土壤种子库的大小、结构和类型,可以预测森林更新能力和演替方向,真正做到天然林的定向培育及分类经营。

6.1.2　土壤种子库的空间分布规律

森林土壤种子库的空间分布包括种子水平分布和垂直分布。种子水平分布越广,说明其传播能力越强,有利于种子迅速找到适宜的生存环境,促进林分更新。影响分布的因素包括3个方面:①种源距离;②传播方式;③生境异质性。种子传播一般是在外力的作用下进行的;种子的传播方式和传播载体主要包括风传播、动物传播和水传播3种,不同的传播方式,其传播距离有极大的差别,从几米至数千公里不等;流水作用也引起地表种子的迁移,大多数情况下,种子往往在沟谷等低洼地富集;动物既是种子的捕食者,同时也是散播种子的重要媒介,甚至可以说,动物和植物存在着一种互利共生关系,如兴安落叶松的种子散播与鼠类活动关系密切;而在热带森林的更新中,蚂蚁的作用也相当大。生境异质性对土壤种子库的影响,在小范围内表现为微环境的差异性,如土壤类型、pH值、干燥度等(祝宁等,1992)。在密林中不利种子散播,种子占领有利环境的机会就少,更新能力较弱;反之疏林的更新能力较强;先锋树种的种子一般是靠风力或水力传播,它们可以迅速占领林窗或被干扰的裸地,更新能力较强。Gentry(1982)对中美洲和南美洲的热带森林研究表明,在干旱型森林中,鸟类传播、地面动物传播及风力传播大致平衡;在湿润型森林中物种数量要比干旱型森林多得多,物种结构也要复杂得多,依靠鸟类和地面动物传播的比例增加。

种子在土壤剖面上具有递减的垂直分布。落到地表的种子可以通过不同途经向下移动:①雨水的冲刷;②动物的活动;③土壤裂隙的存在。在森林土壤的上部一般都存在一个枯枝落叶层,阻碍种子与土壤的接触,对土壤种子库的建成和结构的影响非常大。郭忠凌等(1990)

对兴安落叶松种子库的研究表明,在0~2cm地表处数量最多,种子密度约相当于下层的4~5倍,越往下,密度越小。但Wang(1997)对一处中龄林分的研究表明,在0~20cm土壤中,物种丰富度与深度没有显著相关。但5~10cm层次的种子比其他层次的种子更容易发芽(唐勇等,1999)。种子向下迁移,使种子库具有立体结构。下层种子由于所处的水热环境相对稳定,种子存活时间一般长于表层种子,这样可以维持一个相对平衡的土壤种子库,并且对于树种保护及维护生物多样性具有重要意义。

综上所述,土壤种子库研究主要侧重于其结构和种类方面的调查以及种子库在各种干扰下的动态变化。种子库是植被演替和恢复的物质基础,其动态格局是一个在时空轴上的变化过程。纵观前人的研究,大都是采用短期的、间断的调查研究方法,得到的仅是森林演替过程中的某一片断。但研究大都采用短期调查形式,缺乏长期的定位研究,对森林更新演替研究较少。因此,采用长期定位观测的研究方法,是今后土壤种子库动态研究的关键,对于退化生态系统的恢复与重建,特别是对通过封山育林进行山地森林更新恢复具有十分重要的现实意义。

6.1.3 更新幼苗分布

种子的散布、死亡和被捕食,从种子生产到种子萌发为幼苗的阶段通常是动态的(Lokker et al.,1997)。这种种子萌发动态除了和种子本身的休眠特性有关外,还和环境因子密切相连。光照、温度和水分等因素都是影响种子发芽的因素(张咏梅等,2003),而林隙(gap)则很好地改善(或调和)了光照、温度和水分条件,从而比森林的其他部位更容易引起种子的萌发和幼苗的建成,因此干扰(包括林隙)成为森林更新的动力(臧润国等,2001)。

种子发芽是植被天然更新的第一步。增加幼苗的发生量,减少种子的其他损失途径,是增强林分天然更新力的有力措施,也是评价林分天然更新力一个基本标准。为了解树木更新行为,在日本赤松和一种栎树占优势的次生林中选择三块标准地,调查林地土壤中的种子库、一年生幼苗的密度和幼树(年龄大于1年、高小于2m)密度。结果发现有些树种在土壤中埋藏的种子数量很多,而有些树种在土壤中埋藏的种子数量很少。埋藏种子的萌发格局可明显地区分为三个类型:第一种类型的特征是初期萌发旺盛;第二种类型的特征刻画是持续期长而有间歇的萌发;第三种是立即萌发类型。在浓密的林冠下,日本赤松、槭树属和樱树属的一些树种,一年生幼苗的密度为2.0~23.8株/m^2。其中日本赤松幼苗死亡率极高,当年生幼苗中没有能够活到10月份的;幼树更新也可分为三种类型:前期更新、埋藏种子更新和扩散型更新。

6.1.4 常绿阔叶林土壤种子库研究

国内关于常绿阔叶林土壤种子库的研究虽然已经有了很多,如黄忠良等(1996),周先叶等(2000),熊利明等(1992),陈爱侠和钟章成(1995),安树青等(1994),彭军等(2000),肖治术等(2001)和苏文华,张光飞(2002)的研究,但都主要集中在亚热带湿润地区的常绿阔叶林这种植被类型,而对于川西南地区偏干性常绿阔叶林优势树种种群土壤种子库的研究却从未涉及。此外,国内大量的土壤种子库研究结果均源自于一个时期的调查数据,仅少数研究结果反映了土壤种子库的动态变化特征(苏文华,张光飞,2002;马万里等,2001)。种子在地表的存在随时间而变化,不同类型种子消失的速率不同,而速率的差异也受样地生境类型、生境大小、种子大小和捕食者类型的影响(李宏俊,张知彬,2001)。同时获取土壤种子库的动态变化和地表种子存留时间数据有利于分析土壤种子库的持续性及其影响因素(徐化成,班勇,1996)。栎属(*Quercus*)包括400多种,是许多温带和亚热带植物群落中的优势种(Kaul,1985)。由于许多栎树自然更新率极低,所以生态学家非常关注影响栎树更新的因子,特别是动物因素。栎树的坚果较大,内含丰富的营养,是许多鸟类和哺乳动物的良好食物资源(王巍等,2000)。一般情况下,栎树的坚果成熟落地后立即开始发芽,坚果里种子的胚根长出后,由于地表枯落物的阻碍作用或地表土壤干燥,得不到足够的水分和营养而枯死。这种情况由于脊椎动物对坚果的埋藏得到解决(王巍,马克平,1999)。所以,脊椎动物对坚果的作用,既有取食消耗的不利一面,又有将其扩散到适于发芽和建成幼苗的安全地点的有利一面,二者处于一种利弊权衡状态(trade-off)(Price,Jenkins,1986;Vander,Wall,1990)。鼠类捕食是造成小块林地内栎树有性繁殖失败的主要原因,无性繁殖可能是小块栎林普遍的繁殖方式(Santos,Telleria,1997)。但对川西南山地偏干性常绿阔叶林(四川植被协作组,1980)种群的种子雨、种子散布后命运、土壤种子库和幼苗的空间分布格局及其影响因素目前尚未有研究报道。

纵观国外研究概况,土壤种子库的调查研究已经成为植物生态学研究中不可缺少的一部分,也是植物种群生态学研究中比较活跃的领域之一(杨跃军等,1999;张咏梅等,2003;于顺利,蒋高明,2003)。国内近些年土壤种子库的研究也大量出现,研究结果和采用的方法均反映了土壤种子库研究中的诸多领域,在研究对象方面,涉及群落的土壤种子库(沈有信等,2003;龙翠玲,朱守谦,2001;彭军等,1998;彭军等,2000;唐勇等,2000a,2000b;杨小波等,1999;曹敏等,1997;王相磊等,2003)和种群的土壤种子库(马万里等,2001;徐化成,班勇,1996;苏文华,张光飞,2002;吴大荣,1997;刘志民等,2002;肖治术等,2003;李宏俊,张知彬,2001;孙书存,张光飞,1996;韩有志,王政权,2003)两个层次,但目前对偏干性常绿阔叶林种子库对更新恢复的贡献研究尚未见报道。

6.2　林隙与森林更新研究概述

林隙(gap,也可译为林窗)这一概念最初是由英国人 Watt 在 1925 和 1947 年提出的,用以表示群落中一株或一株以上林冠层(主林层)树木死亡而形成的,将由新个体占据与更新的空间(臧润国等,1999a)。林隙这一概念提出后,并没有引起广泛的重视,到 70 年代末人们才重新开始对其进行广泛深入地研究,并局限于生态理论,90 年代后才逐渐把林隙理论用于林业生产实践,如森林更新(包青等,1995),逐渐成为世界植被生态学界研究的重点和热点之一(臧润国等,1999a)。世界范围内林隙研究浪潮的兴起主要是受森林循环理论的影响。森林循环由 Watt(1947)提出,70 年代末到 90 年代初由 Withmore 和 Runkle 等在热带雨林的研究中逐渐得到了完善,这一理论摆脱了从前把森林群落当作均质性实体的静态认识,把森林当作空间上异质,时间上变动的“流动镶嵌体”,干扰成为这一格局的驱动力,已成为森林群落动态学研究的基本指导思想之一。因此,林隙已成为解释各类森林群落结构动态、更新演替过程和生物多样性维持机制的工具之一,林隙研究也已成为当前森林生态学研究最为活跃的领域之一(王开运,2004)。

我国从 20 世纪 90 年代开始才逐渐开展了林隙研究,发表的研究报告内容也很丰富,覆盖了林隙研究的各个方面,主要集中在林隙特征、形成机制、干扰状况和更新演替等内容,林隙内的物质和能量环境、林隙时空格局和林隙模型也稍有涉及。涉及的森林类型也较多,包括热带雨林,南和中亚热带常绿阔叶林,寒温带或亚高山针叶林等,还有极少数人工林针叶林。关于林隙的研究进展国内已有学者分别加以总结,如林隙与生物多样性维持(臧润国等,1999a,梁晓东等,2001)、林隙干扰状况(臧润国,徐化成,1998)、林隙模型研究进展(于振良,赵士洞,1998)、林隙更新动态(臧润国,1998)及其对天然更新(于金莹等,2005)和草本植物的影响(张艳华等,1999)、林隙内辐射与更新研究进展(刘西军,吴泽民,2004)、林隙干扰及其与森林群落演替(段仁燕等,2005)、林隙微环境异质性与物种响应(王进欣,张一平,2002)、针叶林林隙研究进展(张运彬等,2003)和林隙研究综述(梁晓东,叶万辉,2001)。中国林业科学研究院的专家还出版专著《林隙动态与生物多样性维持》(臧润国等,1999a)、《海南岛热带林生物多样性维持机制》(臧润国等,2004)。这些综述、进展和专著及大量的研究报告积累了丰富的研究资料,为下一步研究打下了坚实的基础。

森林天然更新能力主要体现在林隙阶段。林隙形成后,林隙内的物质和能量环境条件发生了不同程度的变化,促使了原有的种子库和新入侵植物繁殖体(包括种子和无性系根茎)的萌发和幼苗建成。已有不少研究者主要对种子与幼苗建成、幼苗生长和生态位分化等方面进行深入研究,集中体现在林隙形成、林隙大小、边界木等对森林更新恢复的影响。

6.2.1 林隙形成时间对更新的影响

天然形成的林隙中,倒木、枯枝等的分解腐烂需要一定时间,在林隙形成初期,形成木不能为幼苗和幼树生长提供养分,形成木中的养分逐渐回归,影响着不同阶段更新苗木的生长和发育。因此,林隙形成年龄不同,幼苗更新数量和幼苗生长情况会有很大的不同(于金莹等,2005)。南亚热带常绿阔叶林林隙不同发育阶段物种多样性研究表明,林隙更新层树种多样性在林隙形成初期的10年内达到最大值,此后又趋于下降,在30~40年和50~60年又分别形成两个相对的峰值;物种丰富度也呈现出一致的变化趋势。树种多样性指数则随着林隙形成年龄的增加而中间高两端低,即20~50年期间最大,此阶段以外的两个阶段则相对最小(臧润国等,2000)。缙云山针阔混交林不同阶段林隙更新层物种多样性随年龄逐渐增大,表现为早期林隙>中期林隙>晚期林隙(齐代华等,2001)。罗大庆等(2002)在研究西藏色季拉山冷杉原始林林隙更新中发现,林隙形成年龄在30a左右时更新幼苗和幼树的数量最多而小径木数量有限,随着林隙形成年龄的增大,小径木数量逐渐增多,而幼苗和幼树逐渐减少。长白山红松林中主要更新树种的密度随着发育阶段变化呈单峰、双峰和变化不明显三种类型,其形成机制可能和树种生物学特性、各发育阶段林隙内的资源有效性和个体之间竞争等因素有关,还需要深入研究(臧润国等,1999b)。

6.2.2 林隙大小对更新的影响

林隙的大小影响着林隙内的环境因子及其组合状况以及资源对植物的有效性,是林隙的重要空间特征。林隙大小对更新层的树木数量、种类更替和生长有着重要的影响。几乎所有研究都表明,林隙内物种多样性显著高于林下。不论林隙大小,从林隙内部到林下的微观梯度上,物种多样性普遍下降,如长苞铁杉林林隙(钱莲文等,2005)。物种多样性的这一变化趋势与缙云山针阔混交林林隙一致,从林下到林隙中心,更新层物种多样性逐渐升高,即非林隙<林隙近中心<林隙中心,物种丰富度变化与其一致,而均匀度变化则表现为两段高中间低(齐代华等,2001)。

林隙大小除了对物种多样性和密度有影响以外,还影响到更新幼苗的结构、密度分布和幼苗的空间分布。亚高山针叶林云冷杉林隙的幼苗更新以中小林隙居多,呈随机分布,分布在中心位置;在大中林隙中呈聚集分布,主要分布在过渡区域(刘庆,吴彦,2002)。人工控制试验结果表明,在没有过度植被竞争的情况下,林隙内位置不同,北美云杉(*Sitka spruce*)的种子萌发率和幼苗成活率不同(Page,Cameron,2005)。日本沿海黑松(*Pinus thunbergii*)林不同开敞度林隙的更新密度不同,幼苗建成和生长在开敞度1.5及其以上较好,幼苗在西北方向分布较为密集,而中心部位分布稀少。这一研究还表明种子可以在小林隙甚至在林下萌发,但幼苗不能存活，幼苗有效更新需要一个最小的林隙大小（开敞度大于等于1），在林隙大于1.5时才能进一步发展成幼树（Zhu et al.，2003）。

6.2.3　林隙边界木对更新的影响

林隙边界木具有树体高大，冠幅大的特点，为森林和林隙斑块的分界线，边界木个体大小和林隙大小密切相关（徐嘉等，2006），也影响着林隙更新。林隙高度近似于边界木的高度（鲜骏仁等，2004），林隙边界木的树体特征及其有湿度对太阳辐射的反射和吸收量越多，导致了林隙内光照指数和温度的下降，从而增加了林隙内湿度（曹子林等，2004）。此种微气候为幼苗建成和存活提供了温和的环境条件。此外，针叶树的林隙边界木也是森林采伐后人为留下的母树林成员，为林隙内幼苗和幼树的更新提供种源。

边界木高度影响着林隙内部的微气候条件，和林隙大小一起决定着林隙开敞性。开敞度（王周平等，2000）是指林隙直径和林隙高度的比值，这一指标很好地综合了边界木高度和林隙大小特征，体现了形成木死亡后形成空间的开敞程度。日本沿海黑松林不同开敞度林隙的更新密度不同，幼苗建成和生长在开敞度1.5及其以上较好（Zhu et al.，2003）。川西亚高山针叶林林隙开敞度大多在0.5以下，扩展林隙的开敞度主要在0.3~0.7（王开运，2004）。开敞度综合了林隙大小和林隙高度两个特征，基本上表述了林隙微环境的空间特征，但其与林隙微环境异质性的相关性有待进一步研究。

6.3　研究趋势

森林更新是一个重要的生态学过程，它受生物的和非生物的物理环境以及各种自然的和人为的干扰因素影响。这些影响因素及其相互组合具有很强的空间格局，使森林更新表现出不同尺度的格局特性，对更新的动态过程产生作用。在森林更新动态中，种子的生产、扩散、土壤种子库中种子的萌发动态、幼苗的存活和生长、林隙的更新等每个环节都可能成为山地森林更新恢复的限制因子。因此，对山地森林更新恢复研究，今后应在以下几个方面有待于探讨：

（1）加强山地森林更新恢复机理研究，这是森林植被恢复的基础。总体上看来，目前多数研究基本上停留在对森林更新恢复的调查研究阶段，对其机理、机制性问题缺乏深入探讨。要着重研究森林种子雨和种子库动态、种子幼苗成长以及林隙形成的生理生态学及相关机制，从生理生态学角度探索森林更新恢复过程及其对这一过程中不断变化物质和能量环境的适应性。

（2）开展森林植被恢复技术试验示范研究，为保护和利用森林资源提供科学依据。在弄清不同区域森林更新恢复机理的基础上，提出科学的森林更新恢复技术，对于确定山地森林合理的经营技术措施是极为关键的。

（3）开展脆弱生态区森林植被恢复技术研究，是今后植被恢复和生态重建的热点。由于脆弱生态区森林生态系统具有不稳定性易退化、脆弱性易受破坏的特征，特别是，在我国横断山区，分布于干热河谷区域的偏干性常绿阔叶林遭受破坏后，其自然更新恢复十分困难，加强这些地区的森林更新恢复技术研究，将是未来生态恢复学研究的重点。

第五节　西部岩溶山地植被恢复

“岩溶”或称“喀斯特（Karst）”，是地学中的一个分支，主要指水对可溶性岩石——碳酸盐类（石灰岩、白云岩等）、硫酸岩（石膏等）和卤化物岩（岩盐等）的溶蚀作用，并伴有水流侵蚀、冲蚀和重力崩塌等次生作用，形成多种地表、地下奇异的景观与现象组合。因此，“岩溶”可概括为以岩石化学溶解作用为主的地质作用及其结果现象的总体。其本质是“富钙岩石圈”（不连续，构成土壤的不可溶物质不超过10%）通过碳、水、钙的物质能量交换而形成“地表和地下多重复合结构”，以及“成土条件极差”两大特点，从而引发一系列特殊的岩溶环境地质问题，如水源漏失、旱涝交叠、土壤薄瘠、石漠化、地面塌陷、山体崩塌、滑坡、矿坑突水突泥、地裂等，构成类似于沙漠边缘一样的脆弱生态环境带（区）。

我国碳酸盐岩类岩层纵深横广，岩溶现象普遍，类型繁杂，形式多样，发育强烈。中国岩溶地区若按含可溶岩的地层分布面积计，可达344.4万km^2，已占国土面积的1/3；若按碳酸盐岩的出露面积计，则为90.7万km^2，接近国土面积的1/10；基本分布于天山—阴山构造带以南，即大致在北纬42°~43°以南，此线以北仅有小面积的碳酸盐岩零星分布，如以北纬34°的秦岭为界，可分为北方干旱、半干旱、温带和南方潮湿、亚热带两大岩溶区。中国南方岩溶区主要分布于滇、黔、桂、川、渝、鄂、湘、粤一带；中国北方岩溶区主要位于晋、鲁、豫、冀一带。

中国碳酸盐类岩层从太古代至近代都有沉积，晚古生代分布面积最大，早古生代次之。新生代海相沉积仅见于西藏及北回归线以南的海岸、陆棚和海洋之中。中国南方岩溶区从古生代至三叠纪有巨厚（3000~10000m）的碳酸盐类岩层分布。它包括扬子准地台和华南地槽褶皱系。第四纪以来，该岩溶区是上升区，碳酸盐岩出露面积广而大，且连成一片。目前中国南方岩溶区处于热带—亚热带、湿润气候条件下，年平均气温为15~20℃，年降水量800~2000mm；干燥度小于1，溶蚀速度大于20mm/1000a，岩溶作用以溶蚀和侵蚀为主。中国北方岩溶区主要分布于中朝准地台区。该岩溶区碳酸盐岩虽直接出露面积不是很广，但隐伏状态下则是大片相连。目前，中国北方岩溶区处于暖温带、半干旱—亚湿润气候条件下，年平均气温6~14℃，降水量200~900mm；干燥度大于1，溶蚀速度一般小于20mm/1000a（存在个别大于20mm/1000a的地区），岩溶作用以侵蚀为主。

岩溶按其空间展布的位置可划分为三大类型，即裸露型、覆盖型和埋藏型。中国南方岩溶区岩溶以裸露型与覆盖型为主，且受气候和地质条件的影响，发育强烈；中国北方岩溶区岩溶以埋藏型和覆盖型为主，且受气候和地质条件的影响，发育远不及中国南方岩溶区（表4-3）。因此，中国岩溶区岩溶生态地质研究的重点应放在中国南方岩溶区。

表4-3　中国南北方岩溶发育综合形态对比

地区	地表	地下	
		饱气带（过渡区）	饱水带
南方（调和型）	峰丛山区、峰林平原、高低洼地、深浅洼地、落水洞、竖井、溶潭、天窗、溶沟、溶痕、溶盘、脚洞及大量洞穴	垂向和斜向的管道、裂隙、裂缝和洞穴	岩溶孔隙、裂隙、裂缝、管道和溶洞多重组合
北方（单调型）	常态山、干谷、干沟、陷落柱、少量浅洼地、溶痕和洞穴	垂向和斜向的裂隙及少量的裂缝和洞穴	以岩溶孔隙、裂缝为主，存在溶洞和少量的岩溶管道和裂缝

中国南方地区分布有大片的碳酸盐岩，包括各类灰岩、白云岩、白云质灰岩和灰质白云岩。其中，可溶盐岩分布面积114.2万km^2，可溶岩地层出露面积78.3万km^2，可溶岩出露面积4.9万km^2，形成了以贵州为中心，跨川、滇、桂、粤、湘、鄂六省及渝的面积广泛的南方岩溶区，

发育了各种类型的岩溶地貌。

目前,我国石漠化形势十分严峻。据报道,石漠化正以大约每年 2500km^{2}的面积在扩张。南方石漠化是自然因素和人为因素叠加的结果,以人为因素为主导,人为加速值可达 80%左右。

1　岩溶山地的生态环境

岩溶山地的生态系统十分脆弱,当有着与其相适应的和一定量的植被覆盖时,可以维持系统的平衡,进行生态系统内部物质流和能量流的良性循环,在可允许阈值内进行熵的变换,而不超出临界状态。但当外界因素激发环境因子发生自身变化超出其很小的稳定阈值时,就会出现能量交换的逆向过程,使熵变由负熵流变为正熵流,系统稳定性降低,生物多样性减少,生态环境恶化,水土流失,出现石漠化。

1.1　湿润的热带—亚热带气候和双层水文系统

我国南方岩溶区处于热带—亚热带湿润气候区,平均温度 15~20℃,年降水量 1000~2000mm,降水充沛。受季风气候影响,年降水量中 75 %的集中在 4~9 月份,季节分配不均,变率大,多大雨和暴雨的形式,地下水高低水位变幅可达数十米,为土壤侵蚀提供了条件。我国南方岩溶区的水文系统具有不同于其他非岩溶地区的特殊性。地表和地下的双层结构使岩溶地区的降水通过落水洞等漏失到地下,发育地下水文网,而缺乏系统的地表水文网。地表水与地下水的关系在岩溶区十分密切,转化迅速。在雨季降雨强度大时,因缺乏系统的地表水文网,不能泄洪,当地下水难以承载时会溢出地表,发生涝灾。旱季时,地面降水全部转入地下,使地表缺水发生旱灾。所以,尽管岩溶区的岩溶水资源丰富,但利用困难。岩溶区特殊的水文二层结构决定了岩溶区生态环境的脆弱性。

1.2　地质因素

1.2.1　土壤形成

岩溶山地的地表基质是由可溶性矿物和少量酸性不溶物组成的石灰岩、白云岩等碳酸盐岩类岩。碳酸盐岩的风化成土作用分两个阶段:①碳酸盐岩中不易溶解物质的残积阶段;②残积物质进一步演化成土壤的阶段。因碳酸盐岩中可溶性矿物一般占 90%以上,而酸性不溶物仅占不到 10% ,所以土壤的物质来源少,喀斯特地区成土过程非常缓慢,每年的风化残留物仅为 1.27~4.6mm。据对贵州岩溶区所做淋溶实验的结果,取样于黔西和黔北的灰岩形成 1cm 厚的土壤所需时间为 28.15×10^{3}年和 84.10 ×10^{3}年;取样于黔北和黔中的白云岩形成 1cm 厚的土壤所需时间是 21.653 ×10^{3}年和 78.861 ×10^{3}年,而岩溶山区流失 1cm 厚的土层只需一年左右。所以,岩溶地区地表的土壤覆盖率很小。而且土壤一般较多分布于岩溶洼地底部,也只有几厘米厚。浅薄和分布不均匀的土层在遭受侵蚀后恢复极其困难。

1.2.2　土体结构

岩溶山地的碳酸盐岩经受着强烈的化学溶蚀作用为主的风化作用,土壤稳定性差,形成土层结构的两个特殊之处:①由于南方岩溶区热带—亚热带的充沛降水,层中可溶性矿物不断遭受淋溶,形成了土层上下部分的分层性,上部土体质地松软,孔隙度较大;下部土体质地黏重,孔隙度小,外部条件成熟时易发生严重的水土流失。②在碳酸盐岩母质与土层间没有半风化的过渡层,土层与基岩间附着力很差,存在一个明显的软硬界面,上部软,下部硬。当暴雨诱发时易发生上层软土层的滑动,造成水土流失、滑坡等地质灾害。

1.2.3 土壤有机质

受成土母质的影响,岩溶山地的土壤一般呈弱碱性,土壤类型复杂,幼年土壤占的比重大,土壤中含丰富的钙质,形成稳定的腐殖酸钙,利于土壤中腐殖质的积累。土壤中有机质、全氮、全磷、碱解氮、有效磷、缓效钾、速效钾处于中低水平(据全国土壤普查肥力分级标准)。土壤有机质主要集中在土体表层,故一旦表层土流失后,土壤肥力迅速下降,变得更加贫瘠。

1.3 地形因素

岩溶山地特殊的地质、水文条件使地面切割强烈,地表崎岖不平,地貌形态复杂多样,发育各种类型的喀斯特地貌。南方岩溶山地有相对和缓的丘原峰林、裸露的岩溶中低山和丘陵、岩溶深切峡谷3种地貌类型。以贵州省为例:山地占79.77%,丘陵占18.08%,台地占0.27%,平原仅占1.88%。山地性明显,坡度大,地表物质的垂向迁移强烈。水动力和土壤侵蚀学研究表明:在相同条件下,土壤水分入渗量与坡度余弦成正比,径流速度与坡度正弦成正比。这样降水在坡度大的地方产生的超渗径流就大,对土壤表面的剥蚀作用就强。

岩溶山地的山顶上一般为始成土,20~30cm厚,多为砂壤或砂土,特别容易流失。岩溶区水土流失先从山顶开始,至山腰,最后除坡地凹下低洼地有部分土壤外,其余全部流失。

1.4 岩溶山地的植被及生态系统

岩溶山地受季风气候影响,有良好的水热条件,在未受人类干扰或人类干扰很小时植被发育很好,喀斯特常绿阔叶林、落叶阔叶林广泛分布。荔波县茂兰国家级保护区喀斯特森林就是典型的例子,在岩石嶙峋的峰林、峰丛、槽谷上集中分布连片达2万hm^2的原生喀斯特森林。森林植被发育好时可以保护其下面灌丛和草本的生长,植被类型的多样性使植被生态系统有较高的生产量。与此适应,通过食物链关系,动物种类也较丰富。系统内生物具有多样性则此系统结构复杂,稳定性高,承受外界干扰的能力强。因喀斯特特殊的地质、水文特征,岩溶区发育的植被具有石生、旱生、喜钙的特点,植被系统脆弱。当人为因素介入强度加大后,我国南方岩溶区的植被覆盖类型发生了改变,向逆向发展,原始森林减少,生物多样性减少,生态系统的稳定性降低,现有森林多为人工林和次生林。原始植被类型到现有植被类型的转变体现了岩溶区生态系统的脆弱性和易波动性。同时,植被类型的改变也引起了土地状况的改变,生物多样性的变化,生物生产量的变动和逆向演替,生态环境退化发生。

2 岩溶山地石漠化的产生途径

人为活动的影响最重要的形式是对森林的毁坏,森林是影响岩溶区生态环境的关键因子,它的改变使岩溶区的生态系统失去平衡,系统内部秩序紊乱,功能降低,呈现逆向演变。

2.1 与农业生产有关的人类活动对森林植被的破坏

森林是生态系统的主体,在生态系统稳定性的维护方面起着至关重要的作用。我国南方岩溶区人口密度较大,人口压力超过了脆弱的岩溶生态环境的承载能力,人地矛盾非常突出。人们毁林开荒、大面积砍伐森林,或陡坡耕作、铲草积肥进行掠夺式的农业生产以满足对粮食和生活资源的需求,这使生态系统严重失衡。以广西壮族自治区大瑶山水源林保护区为例,随着森林砍伐水土流失,原有的2335种植物剩下1928种,大瑶山灵香草减少了95%,原有216种鸟类有54种已绝迹,自治区生物多样性大大减少。

森林因人类活动被砍伐以后,不能再靠高大乔木发达的根系从地下吸取水分和养分,地表水与地下水之间维持动态平衡的联系被割断,乔木的“生物泵”作用消失,水分不能上行运动,只能进行下行的单向移动。因而南方岩溶区虽降雨充沛,但全部通过漏斗、落水洞等流入地下,造成地表干旱缺水的情况。地面上原来依靠乔木保护而生长茂密的灌丛和草本,在地表变得干旱,水分奇缺时,开始趋向死亡、消失。局地物种的消失使生态系统内部发生紊乱,食物网不健全,系统的生产量降低,稳定阈值被打破,生态因子的抗干扰能力降低甚至丧失,生态系统走向逆行演替。演替过程一般为:常绿阔叶林-落叶阔叶林-疏林灌丛-藤刺灌丛-草丛、草甸景观现象的演变。当处于雨季时,岩溶区的地表在强烈降雨的冲刷下,因地面缺乏植被的保护和本身地形的坡度较陡,容易产生超渗径流,地表物质发生强烈的垂向迁移,出现水土流失。由于南方岩溶区的成土过程非常缓慢,所以当一个地区水土流失至出现石山后,要恢复到以前的生态环境状况非常困难。而且如果控制不当,石山面积会向四周不断蔓延,大面积成片出现,使生态环境恶化不断加剧。

简而言之,石漠化产生过程从生态系统的角度可以理解为:因森林破坏,生态系统的平衡被打破,系统内部调节机制发生了变化,物质流和能量流交换异常,生态环境恶化,植被发生逆行演替,出现裸露石山,当石山进一步蔓延,开始大面积成片分布时,"石漠化"现象发生。

2.2 其他原因

森林破坏的其他原因包括:人类对一些矿产资源、砂石的任意开采;畜牧业生产中过度放牧及粗放经营方式造成植被覆盖减少、土地退化和水土流失。

3 岩溶山地植被恢复

岩溶山地有充沛的水热条件,在没有人为干扰或人为干扰较小的情况下可以保持生态系统的平衡,物质流和能量流的输入输出正常。当人类活动破坏了维持生态系统稳定的关键因子——森林(尤其是高大乔木)后,植物依靠根系从地下汲取养分的能力丧失,"生物泵"作用消失,不能进行保水和保肥,难以发挥自身对外界干扰的调节作用,生态系统恶化,朝逆向演替发展,最终出现遍地石山分布的石漠化现象。

根据喀斯特区立地的固有特性和造林困难程度的地域分布规律,结合长期的生产实践和研究结果提出如下适生造林树(草)种供参考:乌冈栎(*Quercus phillyraeoides*)、滇柏、柏木、青冈栎、鹅耳枥、圆果化香、女贞(*Ligustrum lucidum*)、刺槐(*Robinia pseudoacacia*)、楸树(*Catalpa bungei*)、滇楸、杜仲、喜树、臭椿(*Ailanthus altissima*)、朴树、青檀(*Pteroceltis tatarinowii*)、香椿、漆树、皂荚(*Gleditsia sinensis*)、银杏(*Ginkgo biloba*)、核桃(*Juglans rigia*)、板栗(*Castaneamollissima*)、花椒(*Zanthoxylum bungeanum*)、枣树(*Zizyphus jujube*)、柿树(*Diospyros kaki*)和部分藤本植物(如金银花)及白喜草、蓑草、香根草、白三叶和黑麦草等草本植物等。植被的恢复可采取以下措施:

(1)残次林的保护和复壮措施。残次乔林包括阔叶乔林和针叶乔林两类。前者是原生植被,人为砍伐破坏后,以根、桩萌芽、萌蘖等无性更新为主而形成的萌生乔林,多分布在岩石裸露率较低的山体中下部。后者原为马尾松或柏木人工林,经人为多次砍伐后,天然更新而形成的一种残次林分,多分布在人为干扰程度大、岩石裸露率较高、土壤干旱、贫瘠的地段。低价值乔木林虽然生长不良,质量不高,生产力水平低下,但其立地条件较好,种源丰富,自然恢复潜力较大,恢复速度亦较快。通过相应的育林措施,如"栽针留灌抚阔"措施,不仅可以增加林分阔叶树的比例,促进形成混交林,而且能够充分利用混交林对小生境的改善作用,形成有利的温、湿度和土壤水分环境,提高造林成活率和保存率,形成集木材生产、林副产品开发,以及涵养水源、保持水土作用于一体的优良林分。对于荒山灌丛地段，应充分利用当地水、热资源丰富、种源充足等特点，通过封山育林这一有效措施加速植被的恢复。

(2)人工促进天然更新措施。在坡度大于35°、土层浅薄、植物繁殖体丰富、属零星土体和石漠化立地类型的急坡耕地上，退耕后自然植被容易恢复，可采用人工促进天然更新模式，即在退耕后首先采用封山育林技术，利用自然力迅速恢复先锋植被，发挥保持水土和改善生态环境功能，3~5年后再对封山育林地的植被进行有目的的抚育管理，促进树种尽快成林；或者在封山育林的同时，补植一些目的树种，加速森林植被的恢复进程。该模式具有投资少、成本低、见效快的优点，这对贫困、自我发展能力较低、资金投入较少的喀斯特地区更为合适。

(3)一步到位的退耕还林措施。在坡度大于35°、植物繁殖体不足、属土体连续和半连续立地类型的急坡地段，宜采用一步到位的植被恢复模式，即对退耕还林地进行人工造林种草，在造林后不再耕种。造林过程中，要求采用针、阔混交，乔、灌、草立体配置的造林方式，使退耕还林地迅速郁闭成林，防止新的水土流失发生。

(4)先林后退的植被恢复措施。在坡度为25°~35°、人均耕地面积较多、土层较深厚、属于半连续土体立地类型的陡坡耕地上，采用先林后退模式，即先在退耕地内或地埂上种植树木，允许农民在林下间种矮秆豆科作物，达到以耕代抚目的，同时又增加了退耕还林初期的经济收入，3~4年林木郁闭后自然退耕。

(5)林农复合经营措施。在坡度为25°~35°、人均耕地面积较少、土层较深厚、属于连续土体立地类型的陡坡耕地上采用该模式，即先将坡地修成窄面梯田，田坎用石块砌成，或保留原生植被带，在田面外侧种植经济树种，田面种植矮秆农作物或中药材，形成林农复合经营系统，这种模式既满足了生态环境保护的需要，又维护了农民的利益，达到了生态、经济效益的有机结合。林种应以经济林为主。

(6)森林植被的保护措施。森林火灾是破坏喀斯特山地植被的重要因素，火烧后易出现严重的水土流失，种源减少，天然更新能力降低，植被恢复愈加困难；病虫害对林木的危害性最大，轻者造成林木生长不良，重则导致林分衰退。因此，应加强森林植被的病虫害防治和护林防火工作，杜绝一切造成森林破坏的因素。

对于石漠化的治理，当前普遍采用两种方法：①生态治理，即退耕还林，实行封山育林，使植被在较长的时间内慢慢恢复，重回顺向演替的轨道；②工程治理，在水土流失严重的地区实施一些工程措施保护土壤，进而推动生态系统的良性发展。

无论采取哪种方法，石漠化的治理都是一个艰巨而漫长的过程。所以对于岩溶山地的石漠化，重点应放在预防而不是治理上，需要政府制定出相应的政策法规和人们自觉提高环境保护意识，来保护十分脆弱的生态环境，合理利用它而不是掠夺它，协调好人地关系。

第五章

川西南山地脆弱生态区植被恢复研究

川西南山地为青藏高原东南缘和云贵高原北部、长江上游金沙江流域，地跨横断山系，是长江上游重要的水源涵养林区，被《中国生物多样性国情研究报告》确定为我国陆地生物多样性保护的关键区域，在中国生物多样性保护中，处于十分独特而重要的地位，其生态地位十分突出。该区森林植被是长江上游第一道生态屏障；同时，生态恶劣而脆弱，植被一旦破坏，很难恢复，是我国典型生态脆弱区之一。

由于西南季风和东南季风的复杂影响和山地气候分异的作用，水热状况在地貌上的垂直分异特点，从地理景观分异和森林生态系统特点来看，森林植被恢复困难的生态脆弱区在：海拔 1500m 以下的干热河谷、海拔 1500～2000m 的偏干性常绿阔叶林、云南松林分布地带。因此，选择地处川西南山地的攀枝花市，围绕这两个地带的植被恢复、森林更新恢复问题进行研究。

干热河谷生态环境恶劣，是典型造林困难地带，植被稀少，大面积荒草坡，使得干热河谷成为该区生态最为脆弱、景观最差的区域。自“七五”计划以来，对干热河谷植被恢复和造林技术连续开展了攻关研究，因过于受国家造林验收标准要求的限制，忽视了植被恢复的生态学过程的深入研究，至今尚未形成一个行之有效的配套技术，对于干热河谷地段植被恢复的生态学过程缺乏过深入研究。然而，根据演替理论和自然条件，一般的森林演替从荒山或没有树木的土地开始，到最终森林形成，至少要 100～500 年，甚至上千年。长期以来，干热河谷是城镇集中、人口密集区域，人为干扰严重，环境仍然继续恶化，在森林遭到不断破坏的情况下，单靠自然恢复太慢，而缩短时间就是加速环境改善，就是节约费用。因此，干热河谷以造林为主的植被恢复技术研究，一直是科学界关注和研究的热点。

干热河谷上缘的山地森林以偏干性常绿阔叶林和云南松林为主，由于长期采伐影响，加之干热河谷上移，环境条件趋于干旱化，严重影响森林的天然更新成效，形成低密度的低效林。因此，亟须进行更新恢复，应以提高林分的生产能力和生态功能为目的，紧密结合天然林保护工程，积极探讨森林天然更新机理–种子库和种子雨特征，提出有效的更新恢复技术措施，为营建生态效益好、经济效益高的林分结构模式提供科学依据，为该区森林更新恢复提供技术参考与指导。

第一节 自然地理条件

攀枝花市地处长江上游的金沙江雅砻江交汇处，位于四川西南川滇结合部，西跨横断山，地质构造复杂，生态地位十分突出，是长江源头重要的水源涵养林区。

1 地貌和水文

攀枝花市地处川西南山区，西跨横断山系，东临大凉山脉，北接大雪山。地势西北高，东南低。盐边县百灵山穿洞子为市境内最高点，海拔4195.5m；仁和区平地乡辖区内金沙江河谷的最南点即市境的最低点，海拔927m，相对高差达3268.5m。金沙江及其支流下切较深，形成本区典型的山地峡谷地貌。

敢鱼河以北的盐边县属高中山地貌，其支流新坪河、永兴河等将北部山地切割成近于南北向的数列山系。北部山顶多为浑圆形，山脊部位（包括百灵山、箐山、龙头山、宝石山等）海拔在3000m以上。西北部的老鹰坪和长坪子一带山顶为岩溶剥蚀地貌，有数级丘状剥蚀面。敢鱼河以南和雅砻江以西的盐边县辖区属中山地貌，山体呈南北向走势，山脊部位海拔均在3000m以下，只有光头山（海拔2861m）至桔子坪（海拔2965m）一带地势较高，海拔达2800m以上。

雅砻江和金沙江以东的盐边县辖区，地势相对较低（海拔970~2616m），以低山、丘陵地貌类型为主。

米易县东部属龙脉山脉，西部属白坡山脉，呈南北向走势。两山之间是宽阔平坦的安宁河河谷盆地，但在新村以南河谷变窄，形成峡谷状。西缘的雅砻江由北而南呈向西突出的弧形，为典型的深切河谷。米易县境以中山地貌为主，丘陵、平原和高山的面积相对较小。

仁和区、东区和西区的山地走向也近于南北，与金沙江支流谷地平行排列，岭谷相间，山高谷深，地形崎岖。但平均海拔高度（927~2902m）较北部两县低，地貌类型以中山和低山为主，丘陵和平原的面积较小。

金沙江（长江上游）水系贯穿整个攀枝花市，自华坪县（云南省）与仁和区太平乡接壤的干箐沟口进入市区向东，至与雅砻江汇合处往东即逐渐折往南流，至平地乡师庄南缘流出市境。其市境内的长度133km，境内流域面积2370.1km^2（支流流域未计）。市水文站处丰水期最大流量4430m^3/s，枯水期最小流量450m^3/s，平均含沙量0.753kg/m^3，水质略硬，浑浊微黑。

雅砻江是金沙江的最大支流，在本市东北方自盐源县和德昌县接壤处流入市辖的米易县境，再沿着盐边米易县界流至倮果江入金沙江。其在市境内的长度101km，流域面积3565.5km^2。平均含沙量0.514kg/m^3，多年平均流量1562.78m^3/s，其在市境内落差达80m以上。建设中的300万kW发电能力的二滩水电站和设计中的40万kW发电能力的桐子林水电站都在雅砻江上。

安宁河是市境内汇入雅砻江的最大支流。发源于大凉山脉的牦牛山，从东北方向进入市辖的米易县，往西南至弯滩以下2.5km处流入雅砻江。其在市境内的长度76km，流域面积1498.8km^2，丰水期最大流量3410m^3/s，枯水期最小流量4.7m^3/s。平均含沙量1.188kg/m^3，是本市河流中含沙量最高的,提高森林覆盖度,保持水土的需要更为迫切。

大河是仁和区向北流入金沙江的一条主要河流,发源于与云南省接界的方山一带。其市境内的长度达 57km,流域面积 694km^2。流域内人口密度高,生活用水和工业用水量大,而大河的年平均流量只有 3.33m^3/s。水资源供不应求,需多修中、小型水库,在雨季蓄水,供旱季使用。

其他各级支流一般长度较短,流域面积都不大。

1.1　地质构造

攀枝花市位于川滇南北向构造带及其与滇藏“歹”字形构造中段复合部位中部,褶皱、断裂发育,并伴有多期的岩浆活动,地质构造十分复杂。

晋宁运动使元古界地层发生褶皱,形成本区的褶皱基底;震旦纪至元古代,地台经常受到海侵,沉积了海相碳酸盐夹砂泥质的地层;古生代末期构造运动使基性岩浆大量喷发,并伴随着超基性—基性—碱性—酸性岩浆的入侵;中生代时,本区发生了强烈的坳陷,沉积了巨厚的陆相沉积物地层;至燕山期以后,本区构造运动仍然十分强烈,地壳不断上升,河流不断下切,地表相对高差不断增大,有多组断裂发育。

元谋—红格—昔格达断裂带沿南北向发育于金沙江东侧,以逆平推断层为主,带宽 1~6km,带内岩石破碎。

攀枝花北东向断裂带以纳拉箐逆断层为主,延伸 52km,次为倮果断层,共有大小 20 余条。沿此断裂带有大量的基性、碱性岩分布,为一良好的铁矿成矿带。

箐河断裂带也由 20 余条规模不等的断层组成,沿北东向延伸至盐源,以逆掩断层或逆冲断层为主。此外还有北西向和近东西向的断裂发育。

从大地形看,本区系横断山脉南段分支——沙鲁里山构成金沙江与雅砻江的分水岭,又为青藏高原东南缘和云南高原北部的组成部分。因河谷深切,侵蚀颇深,构成崎岖破碎的山区地形。按中国地貌区划划分,属于深切割的侵蚀剥蚀中山丘陵类型。由于地质作用的断裂、褶皱和长期外营力作用的结果,形成了各种中小地形,如有明显山岭、山麓、坡度较大的山地,坡隆较小呈波状起伏的丘陵,宽窄不一的山箐槽形谷地和缓坡地,以及由砂岩、石灰岩或花岗岩形成的尖山,由侵蚀和沉积而成的台地等,彼此起伏,交错分布。整个地形呈西北向东南倾斜,相对高度大,从海拔 976m 的马头滩到 2920m 的大火山老鹰岩,相差近 2000m。

1.2　气候

攀枝花市属中国中亚热带西部中段季风气候,受印度洋来的西南季风进退的影响,同时也受到来自太平洋的东南季风进退的影响。仁和县和盐边县雅砻江东南的部分全年主要受东南季风的影响;由于龙肘山脉的阻挡,米易县春季受西南季风的影响较大,其他季节仍受东南季风的控制。由于受白坡山脉的阻挡,盐边县位于雅砻江西北的部分全年主要受西南季风的影响,但夏秋季东南季风的影响占主导地位。

由于本市处于东南季风和西南季风的交汇部位,境内相对高度巨大,高山、中山、低山、丘陵、河谷平原及山间盆地交错分布,地形十分复杂,从而形成了与同纬度地区相比别具一格的显著垂直带性的气候类型类型——即以南亚热带为基带的立体气候类型它具有垂直地带性显著,干、湿季明显,四季相对不分明,太阳辐射强,日照充足,蒸发量大,干季午后多风和局部小气候复杂多样等特点。

1.2.1 气温分布具有显著的垂直地带性特征

年平均气温 10.2~20.3℃(据河谷三个气象站资料统计,其中仁和为最高,米易居中,盐边最低,最高与最低相差 1.1℃);最热月出现在 5 月(全国多数地区出现在 7、8 月),月平均气温 25.3~26.3℃,最冷月出现在 1 月或 12 月,月平均气温为 10.4~11.9℃。根据实测和理论推算,本市年平均气温随海拔高度增高而递减率为 0.577℃/100m;相对应地日平均气温稳定≥10℃的积温也相应递减,据此可划分出六个气候垂直带。

(1)类似于南亚热带的垂直基带　包括海拔 1000~1400m 的区域。年平均气温 20.3~18.1℃,日平均气温稳定≥10℃的积温 7276.5~ 6079.0℃,属于干热河谷气候,1 月平均气温达 9.8~11.9℃,但近地面层出现逆温的频率高达 90%以上,海拔 1100~1400m 的气温可比海拔 1000m 处的气温高1~3℃。

(2)类似于水平分布的中亚热带垂直带　包括海拔 1400~1800m 的区域。年平均气温低于 18.1~15.9℃,日平均气温稳定≥10℃的积温低于 6079.0~5011.0℃,属于暖热的亚热带低山山地气候。

(3)类似于水平分布的北亚热带垂直带　包括海拔 1800~2100m 的区域。年平均气温低于 15.9~14.2℃,日平均气温稳定≥10℃的积温低于 5011.0~4256.5℃,属于温热的亚热带低中山山地气候。

(4)类似于水平分布的南温带垂直带　包括海拔 2100~2500m 的区域。年平均气温低于 14.2~12℃,日平均气温稳定≥10℃的积温低于 4256.5~3316.2℃,属于温暖的亚热带中山山地气候。

(5)类似于水平分布的温带垂直带　包括海拔 2500~3300m 的区域。年平均气温低于 12~7.5℃,日平均气温稳定≥10℃的积温低于 3316.2~1703.9℃,属于温和的亚热带高中山山地气候。

(6)类似于水平分布的北温带垂直带　包括海拔 3300~4195.5m 的区域。年平均气温低于 7.5~2.5℃,日平均气温稳定≥10℃的积温低于 1703.9(海拔 3500m 以上则低于 1379.3℃),属于温凉的亚热带高山气候。

1.2.2 按气温划分的四季相对不分明

根据候平均气温划分季节,候平均气温<10℃为冬季,10~22℃为春、秋季,≥22℃为夏季。仁和气象站处夏季有 189 天(3 月 26 日至 9 月 30 日),秋季和春季共有 176 天(10 月 1 日至 3 月 25 日),但没有冬季;米易气象站处夏季有 163 天(4 月 6 日至 9 月 15 日),秋季和春季共有 202 天(9 月 16 日至翌年 4 月 5 日),也没有冬季;盐边气象站处夏季有 153 天(4 月 16 日至 9 月 15 日),秋季有 96 天(9 月 16 日至 12 月 20 日),冬季有 22 天(12 月 21 日至 1 月 11 日),春季有 94 天(1 月 12 日至 4 月 15 日)。但到了海拔 1750m 以上的区域,冬季的天数增加,没有夏季。例如:海拔 1750m 的仁和区跃进水库就全年无夏季,冬季有两个多月(11 月 20 日至翌年 1 月 26 日共 68 天),而春秋季相连长达 297 天。

攀枝花市冬季明显偏暖,11、12 月及翌年 1 月三个月的平均气温为 11.7~13.1℃,而同纬度其他地区则为 10~11.5℃。本市夏季气温即明显偏低,最热的三个月(5~7 月)平均气温为 24.4~25.4℃,而同纬度其他地区则最热三个月(6~8 月)的平均气温即在 27℃以上。

总之,攀枝花市按气温划分的四季相对不分明,冬季偏暖的气温特征。但极端最低气温可达 0℃以下(1974 年达-2.4℃),地表(0cm 处)极端最低气温可达-12.9℃(1961 年)。

1.2.3 降水量年内分配具有明显的干湿季特征

攀枝花市降水量的年内分配极不均匀,11 月至翌年 4 月各月降水量一般不超过 30mm,其中1~3 月最干旱,通常月降水量不足 5mm,6~9 月的降水量一般可达 125~250mm。全年平均降水量为 761.6~1076.4mm。5~10 月合计降水量达720.9~1030.0mm,占全年降水量的93.8%~96.4%(同纬度其他地区占 70%~83%);11、12 月和翌年 1~4 月合计降水量只有40.7~66.6mm,占全年降水量的 3.6%~6.2%。即夏半年为湿润的雨季(5 月下旬雨季开始,10 月中下旬雨季结束),冬半年为少雨的干旱季节。因此开发植物资源和引进新的植物种类和品种时,首先要选用那些耐旱能力强的种类和品种。

由于地形复杂,市内各地局部降水量的变化也很大。一般来说,偏南坡比偏北坡降水量多;坡度大的山地比坡度小的山地降水量多;森林覆盖率高的区域比森林覆盖率低的区域降水量多;在同一坡向的山地,高海拔地段比低海拔地段的降水量多。在盐边县国胜乡海拔 1560m处测处年平均降水量高达 1719.6mm,比降水最少的地方(仁和区三堆子年降水量只有724.7mm)高出 2.4 倍。因此市内各地在发展农、林、牧业时还需因地制宜地选择耐旱性程度不同的植物种类和品种。

1.2.4 气候具有太阳辐射强和日照充足的优越条件

据仁和气象站的观测,辐射年总量达 150.5kcal/cm^2。此数值比同纬度的黔、桂、闽一带高出 20%,比四川盆地区要高出 50%左右,在全国仅次于青藏高原和蒙新高原部分地区,居第三位。本市河谷地带年日照时数为 2361.5~2709.2h,日照百分率达 53%~61%,比四川盆地区约高出一倍,在全国也居中上水平。

太阳辐射强和日照充足,加之昼夜温差大,河谷地带为 12.1~14.4℃,比成都、内江一带多6~7℃,接近于全国知名的吐鲁番盆地 14.3℃的水平。

1.2.5 土壤

前已述及,本区地质构造及地层复杂,地形起伏大,相对高差悬殊。地貌类型多样及复杂镶嵌,形成垂直变化显著,并水平亦有变化的多样性局地小气候。地此基础上发育起来的土壤也具有多种类型,其上也生长着多种类型的植被。在植被的长期影响下,各种类型的土壤又形成了各自特有的性状特征。现就主要类型分述如下。

(1)赤红壤(又称砖红壤性红壤) 广泛分布于米易县宽阔河谷阶地及盐边县中北部河谷丘陵缓坡。海拔均在 1400m 以下,具有南亚热带土壤的典型性状。风化程度深、质地黏重,黏粒硅铝率 1.80~2.04。剖面层次发育明显,有黏粒下移和铁锰淀积现象。土壤呈强酸性反应,pH 值 5.0~5.5。盐基饱和度低,仅 10%~15%。有机质、氮素和速效性磷均缺乏。植被为疏林、灌丛和稀树灌草丛。平坦和缓坡地多已开垦,发育成耕作性赤红壤。

(2)黄色赤红壤 分布在仁和区和盐边县东南部海拔 1100~1400m 的河谷阶地和丘陵缓坡。由于降水量相对偏少,土壤风化程度不如赤红壤,多为壤质,呈棕红色,并常夹有黄棕色斑块。通常土壤呈酸性反应,pH 值 5.5~6.0。其他性状与赤红壤相同。

(3)赤红壤性土(又称燥红土) 分布在仁和区和盐边县海拔 1100m 以下的河谷阶地和丘陵陡坡。气候干热少雨,焚风效应明显。年平均气温高于 20℃,蒸发力强,干热季时间长。土壤呈暗棕红至暗红色。脱硅富铝化作用不如典型赤红壤。由于侵蚀严重,土质偏粗,多为砂壤质。由于雨季时间不长,有机质分解不强,含量可达 3%~4%,含氮量也较高。黏粒硅铝率2.1~2.5,在剖面中黏粒下移不显著,土壤呈弱酸性,pH 值 6.0~6.5。农业利用必须修筑高标准的水平梯田，发展灌溉和采用节水技术（喷灌、滴灌等）。植被以稀树灌草丛为主。

（4）红壤　分布在本市海拔1400~2100m的中低山区域，占全市总面积的65.6%，成土母质多样，花岗岩、砂岩、砂页岩、石灰岩和变质岩风化物均可发育成红壤。海拔1400~1500m地段干湿季交替明显，多发育成棕红壤；在阴坡、半阴坡和湿润沟谷中多发育成黄红壤；在山原和缓坡地多发育成山原红壤；在阳坡及陡坡，剖面发育相对较差，土壤质地偏粗，多发育成红壤性土。后三种亚类类型分布在海拔1500~2100m的区域。红壤类土壤均有不同程度的富铝化作用，黏粒硅铝率为1.33~2.33。土壤呈酸性反应，pH值5.4~6.4。淋溶作用较强，有机质、全氮和盐基代换总量都很低。植被以常绿阔叶林、暖性针叶林和灌丛为主。山原和缓坡地多已开垦，发育成耕作红壤类型。

（5）黄壤　分布在米易白坡山及盐边县西北部海拔2100~2500m的阴坡及半阴坡。局地降水量较高，相对较湿润的区域。植被以云南松栎类混交林和常绿阔叶林为主。土壤有机质含量较高，表土多呈暗灰棕色，心土多呈黄棕色。全剖面呈强酸性反应，pH值4.5~5.5。黏粒的硅铝率为1.5~2.3。土层中有明显的黏粒下移现象。

（6）黄棕壤　分布在本市海拔2500~2900m的中山分水岭及缓坡上。成土母质是石灰岩、砂页岩、玄武岩及变质岩风化而成的残积——坡积物。土层发育较深厚，黏粒硅铝率1.3~3.0。全剖面呈酸性反应，pH值5.5~6.0。植被以中山硬叶常绿林和落叶阔叶林为主。

（7）棕壤　分布在海拔2500~2900m的中山陡坡地段。成土母质为灰岩、砂岩和玄武岩风化而成的残积——坡积物。土壤质地偏粗，多为砂壤质。土壤呈微酸性反应，pH值6.0~6.5。有机质和全氮的含量高。植被以中山多种针叶混交林和针阔混交林为主。

（8）暗棕壤　分布在本区海拔2900~3300m（局部地段可达3500m）的区域。成土母质多为灰岩和玄武岩风化而成的残积——坡积物。土壤富铝化程度较高，黏粒硅铝率0.7~1.3。土壤呈强酸性反应，pH值4.5~5.5。土壤有机质含量高，植被以亚高山针叶林为主。

（9）山地灌丛草甸土　分布在本区海拔3300m（有些地段为3500m）以上的区域。成土母质多为灰岩和玄武岩风化而成的残积——坡积物。土壤具有粗骨性的特点。土中夹有的砾石含量可达8%左右。土壤呈微酸性至中性反应，pH值6.0~7.0。有机质和全氮含量较高。植被以箭竹林和杜鹃灌丛为主。

（10）山地草甸土　分布在本区海拔2800~3500m的区域。植被以亚高山禾苗杂类草草甸为主。土质以砂壤土为主。其他性质与山地灌丛草甸土近似。

（11）红色石灰土　分布在海拔2500m以下，由岩酸岩母质发育而成。土体呈棕红色，黏粒硅铝率1.8~2.5。盐基饱和度高，土壤呈中性反应，表土层pH值6.5左右，心土层pH值7.0~7.5。土壤有机质含量不高，植被以栎林、苏铁矮林和灌丛为主。

（12）紫色土　由紫色砂页岩风化母质发育而成，是小面积零星分布的幼年土壤。黏粒硅铝率2.4~2.6，有机质含量低。全磷和速效性磷缺乏，但全钾含量丰富。植被为疏林和灌草丛。

（13）水稻土　水稻土是自然土或旱作土经长期淹水种稻熟化而成的特殊作土壤。土壤有机质含量和胡敏酸与富菲酸的比值均高于时作土壤。土壤代换量较高，多呈中性反应。

以上复杂多样的地质、地貌、土壤、气候和水文条件综合形成的多种生态环境，造成了本区植物种群和植被类型具有多样性和植物资源极其丰富的特征。

1.3　水土流失

全市水土流失面积 36.51km^2，占 49.1%，年均侵蚀量 624.2 万 t，境内雅砻江年平均输沙量 0.93 万 t，全河江年均输河量 1.22 万 t，安宁河年均输河量 0.29 万 t。

1.4　植被概况

由于山地气候的影响，水热状况在地貌上的垂直分异和阴阳坡的不同，直接影响以致制约着植被和土壤类型、性态特征及地理分布的不同，因此本区山地垂直分布有两个系列：一是半干旱、半湿润型的阳坡系列，从稀树灌草丛下的山地褐红土（1300m 以下）—山地红壤（1300~1700m）—山地棕红壤（1700~2900m）—山地草甸土（2900m 或 3000m 以上），相应的植被类型呈稀树灌草丛—松栎混交林或常绿阔叶林—灌丛草地—山地草甸。二是半湿润、湿润的阴坡系列，呈山地褐红土（1100m 以下）—山地赤红壤（1100~1300m）—山地红壤、山地黄红壤（1300~2600m）—山地黄棕壤（2600~2900m）—山地暗棕壤（2900m 或 3000m 以上），相应的植被类型呈稀树灌草丛—常绿阔叶林—云南松林或松栎混交林—落叶阔叶针阔混交林—针阔混交林。

1.4.1　植物区系特点

本区植物区系，主要属于泛北极植物区、中国喜马拉雅亚区，区系中还有印度马来成分。整个区系突出地错综有热带和泛北极植物成分，但是，这里的热带成分远比滇南地区弱得多。

森林植物区系组成，主要为山毛榉科、山茶科、杜鹃花科、樟科等亚热带常绿成分。乔木层以高山栲（*Castanopsis delavayi*）、滇青冈（*Cycolbalanopsis glaucoides*）、黄栎（*C. delavayi*）、猪栎（*Lithocarpus dealbata*）、法氏栎（*Quercus franchetii*）等常绿栎类为主，含有少量银木荷（*Schima argentea*）、山茶（*Camellia* spp.）、樟科等植物，但多居下层。常绿灌木有厚皮香（*Ternstroemia gymnanthera*）、柃木（*Eurya* sp.）、山茶（*Camellia* sp.）、石楠[*Photinia lasiogyna*（Fr.）*Schneid*]、土千年健（*Vaccinium fragile*）、乌饭（*V. sprengelii*）、多花海桐（*Pittosporum floribundum*）、菱果海桐（*P. truncatum*）、云南茴香（*Illicium yunnanense*）、小铁仔（*Myrsine africana*）、水红木（*Viburnum cylindricum*）、青荚叶（*Helwingia Chinensis*）、山苍子（*Litsea* sp.）、算盘子（*Glochidion* sp.）等，以及狭叶南烛（*Lyonia ovalifolia* var.*lanceolata*）、爆杖花（*Rhododendron spinuliferum*）、小叶柿（*Diospyros molifolia*）、小叶冻绿（*Rhamnus rosthornii*）、金丝梅（*Hypericum patulum* var. *henryi*）、圆锥山蚂蝗（*Desmodium dsquirolii*）、白花刺（*Sophora viciifolia*）、华西小石迹（*Osleomeles schwerinae*）等落叶灌木。

攀缘藤本植物有香巴戟（*Schizandra propinqua* var. *sinensis*）、北五味子（*S. sphenanthera*）、云南葛藤（*Pueraria peduncularis*）、猕猴桃（*Actindia purpurea*）、金银花（*Lonicera japonica*）、菝葜（*Smilax* sp.）、南蛇藤（*Celqstrus glaucophylla*）等。

针叶树有云南松（*Pinus yunnanensis*）、云南油杉（*Keteleeria evelyniana*）、滇柏（*Cupressus duclouxiana*）等。

经济林木有油茶、乌桕、核桃、板栗以及柑橘、梨、石榴、苹果、枣、桃、柿等果树。

由于受印度洋季风影响，金沙江河谷渗入了许多热带植物成分如木棉（*Gossampinus mabaricus*）、红椿（*Toona Sureni*）、酸角（*Tamarindus indica*）、榄仁（*Terminalia delavayi*）、千张纸（*Oroxylum indicum*）、番石榴（*Psidium guayava*）、小桐子（*Jatropha curcas*）、水杨梅（*Homonoia riparia*）、余甘子（*Phyllanthus emblica*）、仙人掌（*Opumtia monacantha*）、霸王鞭（*Euphorbia* sp.）等。

本区海拔 2600m 以上的高山，虽然硬叶栎类（如高山栎 *Quercus semecarpifolia*）和杜鹃花属、桦木属(如光皮桦 *Betula luminifera*)等高山类型区系成分增多,显示已趋向接近温带植物区系,但还可以见到不能划入北方成分的木兰(*Indigofera* spp.)、厚皮香等。阳坡云南松可分布到海拔 2900m 的老鹰岩。因此,渡口高山森林植物区系仍属于亚热带性质,具有向暖温带过渡的特色。

综上所述,本区植物区系是过渡性的亚热带性质,属于云南高原植物区系。即便是高耸的山巅也不具有突出的北方性质,这和本区在地理上、生态上的过渡性紧密相关。

1.4.2 主要植被类型及其分布规律

本区地带性植被为常绿阔叶林,是我国亚热带西部干性常绿阔叶林区植被类型比较复杂的一个地区,垂直分布规律显著:

阳坡海拔 1000~1500m 为稀树草原,1500~2900m 为云南松林。

阴坡海拔 1000~1300m 为稀树草原;1300~2600m 常绿阔叶林;2600~2800m 常绿叶阔叶林;2800~2900m 落叶阔叶林。

(1)稀树草原　主要分布在海拔 1300m 以下的干热河谷,阳坡可分布到 1600m,金沙江及大河两岸最明显。土壤主要是红褐土,其次为红壤。

这里气候炎热干燥,植物种类比较单纯,具有多毛、多刺、叶小等适应干旱环境的形态特征。植被季相更迭明显,旱季一片枯黄。草本植物发达,盖度 90%以上,以扭黄茅(*Heteropogon contortus*)、香茅(*Cymbopogon distans*)、龙须草(*Eulaliopsis binata*)为主,此外还有野古草(*Arun dinella*)、旱茅(*Eremopogon delavayi*)、兔尾草(*Uraria picta*)、毛大戟(*Euphorbia pilosa*)、黄果茄(*Solanum xanthocarpum*)等。灌木矮小疏生,有车桑子(*Dodonaea riscosa*)、余甘子、西南杭子梢(*Campylotropis delavayi*)、清香木(*Pistacia weinmannifolia*)等,土壤潮润的阴坡和冲沟有黄杞(*Engelhardtia colebrookiana*)、马鞍叶羊蹄甲(*Bauhinja faberi*)、山黄麻(*Trema laevigata*)、金合欢(*Acaccia* spp.)、牛角瓜(*Calotropis giganlea*)、假杜鹃(*Barleria cristatail*)、地瓜藤(*Ficusikoua*)等生长。荒山乔木少见,仅于路旁村旁有木棉、红椿、酸角、千张纸、番石榴、小桐子等生长。

栽培果树有杧果(*Mangifera indica*)、油梨(*Persea cmericana*)、番木瓜(*Carica papaya*)、香蕉、柑橘、梨、苹果、石榴等。

海拔 1000m 以下的河漫滩有疏生的水杨梅灌丛。

(2)常绿阔叶林　以常绿栎类为主的常绿阔叶林是本区阴坡的主要植被类型。目前多分布在海拔 1300(阳坡 1500m)~2600m 的暖湿山区,务本至冷水箐山梁一带还保存有比较完整的原始林分。

根据种类组成及其生态环境差异,初步分为三个类型:

黄栎、法氏栎林金沙江河谷普遍生长,由于破坏严重,多成疏林。目前海拔 1300m 以上(阳坡 1500m 以上)才有成片分布(如总发至大田一带),但多属次生类型。

林下干燥,灌木疏生,常见植物有四川楷木、华西小石迹、余甘子、车桑子、西南杭子梢、枸子(*Cotoneaster* sp.)、沙针(*Osyris wightiana*)、鼠李(*Rhamnus* sp.)等,草本植物发达,属于半干旱生态环境。

以滇青冈为优势的常绿阔叶林主要分布在海拔 1700~2200m 的高山,属于半湿润生态环境。林木密度较大,单层郁闭,攀缘植物不发达。灌木以箭竹、山胡椒(*Lindera* sp.)为主,其次还有绉叶杜鹃、乌饭、南烛、青荚叶、法氏悬钩子(*Rubus belavayi*)、圆锥山蚂蝗、十大功劳等。草本植物除禾本科外，还有蕨（*Pleridium aquilinium*）、铁线蕨（*Adiantum capillusveneris*）、锯锯藤（*Rubia cordifolia*）等。

以高山栲、槠栎、苦槠为优势的常绿阔叶林其中还有银木荷、樟科、元江栲（*Castanopsis concolor*）、山茶，以及数量很少的落叶阔叶树如四照花（*Dendrobenthamia capitata*）、椴树（*Tilia* sp.）、蜡瓣花（*Corylopsis yunnanensis*）、马桑（*Cariaria sinica*）等。一般分布在 2100m 以上的湿润阴坡或半阴坡，上限可到 2600m。林木高大，树冠浓郁，林内阴暗潮湿，下木稀少，草本植物不多，种类与前一类型大体相同，只不过数量较少。林下枯枝落叶层较厚（厚度 10cm 以上），攀缘植物发达，攀缘高度 7m 以上。土壤为黄棕壤，属于湿润类型。

（3）亚热带针叶林　云南松、云南油杉全区普遍分布鞋，以云南松分布最广，面积最大。最低可分布到海拔 1100m（如福田），最高可分布到 2900m（如老鹰岩）。由于人为活动影响，目前海拔 1500m 以上才有成片分布。

根据林下植物和自然条件差异，分为两个类型：

高原山地云南松林分布在海拔 1900m 以上的高山，气候寒冷湿润。土壤以山地黄棕壤为主，小部分为山地红壤。天然更新良好。林下灌木双多种杜鹃、土千年健、南烛、乌饭、金丝梅、木兰（*Lndigofera* sp.）、厚皮香、悬钩子等为代表。草本植物除禾本科外，还有蕨、火艾（*Leontopobium andersoni*）、鼠绉草（*Gnaphaliummulticeps*）、龙胆（*Gentiana* sp.）、溪畔银莲花（*Anemone rivnlaris*）、香薷（*Elsholtzia rugulosa*）、狗屎兰花（*Cynoglossum amabile*）、番白草（*Potemtilla* sp.）等，属于湿润生态类型。

峡谷中山云南松林分布在海拔 1900m 以下的阳坡。受河谷气候影响较大，林内干燥，天然更新比较困难，土壤为山地红壤。

林下植物以余甘子、小铁仔、算盘子、扭黄茅、香茅等为主。

本区云南油杉纯林很少，多与云南松、栎类混生。跃进水库和务本等地比较普遍，一般分布在海拔 1700～2300m 之间的阴坡和半阴坡。

圆柏疏林分布在新华公社石灰岩地区。

（4）云南松栎类混交林　主要分布在海拔 1500～2500m 的半阴坡和半阳坡，最低可到海拔 1100m。一般地说，海拔较低的地方，云南松多与黄栎混交；海拔舟高，多与高山栲、滇青冈等混交。

此类型是以栎类为主的常绿阔叶林破坏后，云南松入侵形成的次生性过渡类型。靠近沟边有窄带状的小片桤木生长。

（5）常绿—落叶阔叶林　常绿落叶阔叶林仍属次生类型。虽然含有不少落叶成分如蒙自桤木、麻栎（*Quercus acutissima*）、槲栎（*Q. aliena*）、山合欢（*Albizziakalkora*）、合欢（*A. julibrissin*）、君迁子（*Diospyros lotus*）、棠梨（*Pyrus Pashia*）、椴树、川滇山角枫（*Acer paxii*）、蜡瓣花、溲疏（*Deutzia* sp.）、绣线菊（*Spiraea* sp.）、多种悬钩子、蔷薇（*Rosamairei*）、窄叶火棘（*Pyracantha angustifolia*）、铁青树（*Schoepfia jasminodora*）、双盾木（*Dipelta* sp.）、密蒙花（*buddleia officinalis*）、野丁香（*Leptodermis* sp.）等。但从种类组成和外貌来看，仍以常绿成分为主，属于常绿阔叶林范畴。此种类型在冷水箐、务本、跃进水库等地比较普遍。垂直分布幅度与常绿阔叶林相似，上限阴坡可到 2800m。

（6）山杨林　山杨（*Pouplus bonatii*）分布在海拔 2300m 以上的阴坡和半阴坡。

（7）高山栎林　主要分布在江北的老鹰岩与冷水箐一带的分水岭。

1.5 森林资源

全区林业用地面积54.15万hm^2,其中,有林地34万hm^2,疏林地0.5万hm^2,灌木林地8万hm^2,无林地10万hm^2,森林覆被率57.52%。森林资源中,云南松占80%以上,其次为栎类林。活立木总蓄积量2762.5万m^3。在有林地中,天然林占绝对优势,面积为29万hm^2,其蓄积量2520万m^3。

攀枝花市林业过去曾经作出过重大贡献,20世纪60年代的三线建设时期,为了支援国家建设,加大了林业资源开发力度,森林资源在这一时期遭受超强度开发,造成了森林资源的枯竭,至80~90年代,林业已经陷入了资源危困和经济危困的"两危"状态,林业的基础地位迅速萎缩。同时,由于植被破坏严重引发了山地生态灾害频繁发生,严重制约着工农业生产持续发展和群众生活质量的进一步提高。1998年9月,攀枝花市率先在长江上游停止天然林采伐,实施天然林资源保护工程,全市林业建设全面转向森林管护和公益林建设,此后又实施了退耕还林工程,为林业的发展带来了前所未有的机遇,全市森林资源总量将进一步扩大,空间分布格局将进一步合理,森林质量会明显提高,森林的生态屏障作用已开始增强。

攀西地区的森林,是长江上游第一道生态屏障,从全市林业生态角度看,存在的主要问题:一是森林在数量上仍然偏少。据研究,山区要有良好的生态环境,其森林覆被率要达到70%以上。目前,本市的森林面积还远不能达到这一水平;二是质量差。现有林的林分结构不合理,原生天然林很少,大多为采伐后形成的天然次生林,低效林多,林地生产能力和生态功能低下。三是森林更新质量差。林地由于外来种——紫茎泽兰的侵入并迅速覆盖地表,正在排挤、取代当地物种,结果必将造成当地丰富而特有的生物多样性丧失,而且很难恢复,给现有天然次生林特别是云南松林的天然更新带来很大影响;四是森林空间分布格局不合理。攀枝花市森林深受地形和气候影响,垂直分布明显,现有森林大多分布于海拔1300m以上的山区,而在低海拔的干热河谷区域,植被则以稀树灌丛、稀疏灌草丛和荒草坡等类型出现,阳坡主要分布少量块状的稀疏草丛和大面积荒草坡,阴坡、半阴坡或侵蚀沟槽内有小块状稀树群落,整个旱季,干热河谷区域呈现出稀树草原景观。总体上,干热河谷区各植被类型总生物量小,生产力低,蓄水保土功能弱,是本市生态最为脆弱、景观最差的区域。

第二节 山地气候分析

川西南山地脆弱生态区主要包括干热河谷及其上缘地带,干热河谷(海拔1500m以下)是典型的植被恢复与造林困难地带,是我国典型脆弱生态区之一。在攀枝花,土壤退化面积占49.1%,绝大部分在干热河谷;是我国长江中上游地区植被恢复的重点和难点地区。

由于处于东南季风和西南季风的交汇部位,形成以南亚热带为基带的立体气候类型,具有显著的垂直地带性特征,干、湿季明显,全年降水700~1000mm,集中于6~10月,占全年的90%,旱季长达7个月。干热同季,蒸发量大,而降水量少,蒸发量比降水量高达10倍以上。因此,川西南山地生态脆弱区的脆弱性主要表现在干旱引起的水分亏缺,由于旱季土壤供水不足,从树木个体发育的角度来看,影响造林成活率和保存率,同时,即使造林成活,也会促使植株衰老甚至死亡;从林分角度来看,导致林分天然更新能力弱,林分自然稀疏强烈,从而影响林分的稳定性。

1 川西南山地气候特点

该区属以南亚热带为基带的立体气候,具有夏季长、温度日变化大、四季不分明、气候干燥、降雨集中、日照多、太阳辐射强、气候垂直差异显著等特征。河谷地区全年无冬,最冷月平均气温在10℃以上。气温年较差小而日较差大,年均气温19.0~21.0℃,年≥10℃的积温6600~7500℃。全年日照2300~2700h。年总降水量760~1200mm,全年分旱、雨季,降水量高度集中在雨季(5~10月),雨季降水量占年降水量的90%以上。

从河谷到高山具有南亚热带至温带的多种气候类型,可划分出六个气候垂直带:

海拔(m)	垂直基带	年平均气温(℃)	≥10℃的积温	气候类型
≤1400	类似于南亚热带	20.3~18.1	7276.5~6079.0	干热河谷气候
1400~1800	类似于中亚热带	18.1~15.9	6079.0~5011.0	亚热带低山山地气候
1800~2100	类似于北亚热带	15.9~14.2	5011.0~14256.5	温热的亚热带低中山山地气候
2100~2500	类似于南温带	14.2~12	4256.5~3316.2	温暖的亚热带中山山地气候
2500~3300	类似于温带	12~7.5	3316.2~1703.9	温和的亚热带高中山山地气候
3300~4196	类似于北温带	7.5~2.5	1703.9~1379.3	温凉的亚热带高山气候

现就地处干热河谷的攀枝花市气象站观测资料,进行分析。

1.1 日照

该区气候具有太阳辐射强和日照充足的优越条件,据仁和气象站的观测,辐射年总量达632.1kJ/cm^2。此数值比同纬度的黔、桂、闽一带高出20%,比四川盆地区要高出50%左右,在全国仅次于青藏高原和蒙新高原部分地区,居第三位。

(1)日照时间长 由表5-1可知,平均日照时数为6.68h,最长日照分布于2月和11月,均为8.4h,最短日照分布于7月,仅3.96h,这是受降雨的影响。

表5-1 攀枝花市日照时间统计表 单位:h

	1月	2月	3月	4月	5月	6月	7月	8月	9月	10月	11月	12月
日照时数	209.8	235.3	257.1	230.9	204.5	175.9	122.7	177.4	176	175	252	215.8
日平均	6.77	8.4	8.29	7.7	6.6	5.86	3.96	5.72	5.87	5.65	8.4	6.96

(2)日照时间旱季、雨季分布不均 由图5-1可知,年日照时数分布为两头高,中间低,且起伏较大,变化明显。旱季:随着气温的升高(冬—夏),日照时数增加,但由于雨季的来临,日照反而减少;雨季过后,日照时数有一定的回升,但进入冬季,受地球自转的影响,日照时数逐渐减少。雨季:进入雨季后,由于降水量的增加和降雨次数的频繁,日照时间骤然下降。雨季后期,降雨减少,日照时数回升并逐渐趋于平缓。

1.2 湿度

(1)空气湿度与林业生产密切相关。就攀枝花地区而言,空气湿度在旱季、雨季时有着显

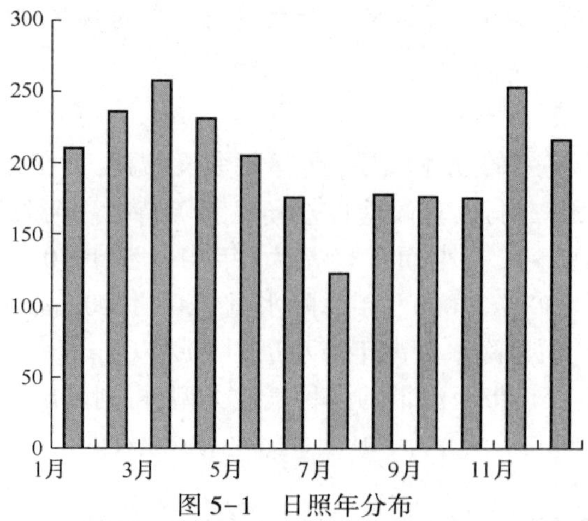

图 5-1 日照年分布

著差异,具体情况如图 5-2 所示,在同一月份中,上午 8 点时的空气湿度最大,凌晨 2 点的空气湿度次之,晚上 8 点与下午 2 点最低且这两个时间差异不大。在湿度的变化起伏上,1~2 月由于温度较低,湿度较 3 月高,从 3 月开始至 5 月,天气干燥,气温升高,少雨,空气湿度最低。随着雨季的来临,降雨的增多,气温升高,蒸发增强,空气湿度反而上升。10 月以后,降雨减少,温度变化不大,湿度逐渐回落。另外,由图 5-2 可以看出,一年中 14 点与 20 点这两个时间的空气湿度的最高点与最低点无显著差异,而 2 点、8 点与这两个时间差异比其他月份更为显著,而当空气湿度值在上升或回落的过程中,晚上 8 点时的空气湿度往往略大于下午 2 点时的湿度。

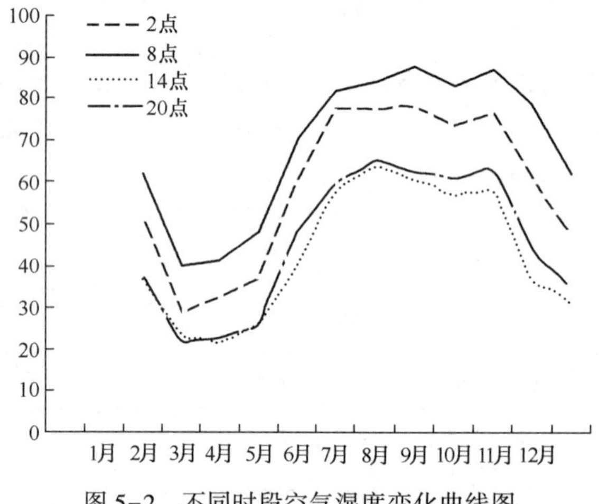

图 5-2 不同时段空气湿度变化曲线图

(2)旱季、雨季空气湿度对比分析结果表明,在干热河谷地区,由于四季不分明,干湿季分明,使得其空气温度的差异也十分明显。现将其作一简单对比分析如下:

由图 5-3 看出,雨季的空气湿度明显且远高于旱季的空气湿度。旱季的空气湿度低,变化较大,平均湿度为 42.3%,最高月 11 月为 61%,最低月 2 月为 28%。这是因为 11 月雨季刚过,土壤中水分较充足,受温度影响,水分蒸发散失到大气中,使得空气湿度偏高,而 2 月份已是旱季末期,土壤中水分缺乏,且气温偏高使得空气极度干燥,而雨季湿度较高且变化平缓,平均空气湿度为 73.5%,最高月 8 月为 78%,最低为 5 月 60%,这是因为 5 月雨季刚到,雨量较少，且由于3、4月已达到极度干旱，所以空气湿度回升慢，而到了8月降雨频繁，雨量充沛，空气湿度达到饱和。

由图5-4看出，早上8点与凌晨2点时的旱、雨季空气湿度从变化趋势上来来并没有太大区别，雨季湿度大、变化小，趋于平缓，雨季平均湿度为82.3%，最高为8月88%，最低为5月70%；旱季下降幅度大且下降速度快，降到最低点由于少雨便趋于平缓，或由于温度的降低而有所回升，旱季的平均湿度为53.6%，最高为11月79%，最低为2月40%。

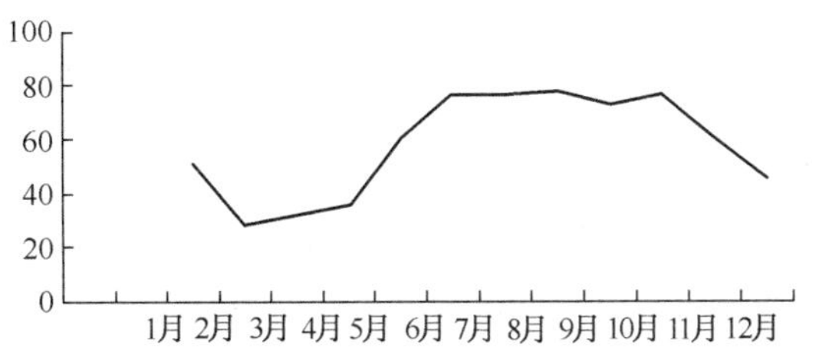

图5-3 凌晨2点时湿度月分布图

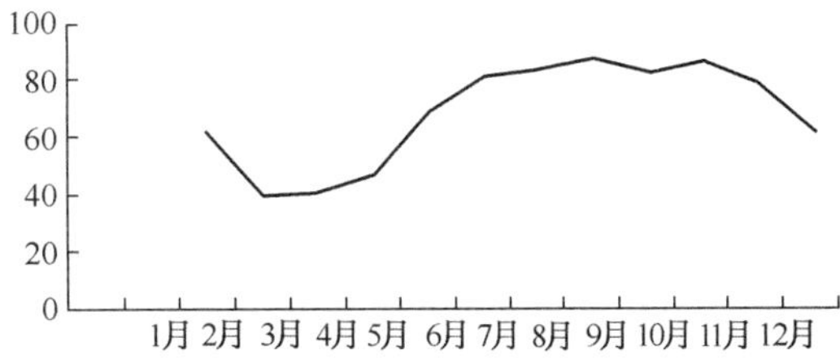

图5-4 8点湿度月分布图

图5-5中可以看出，空气湿度比同一月份的其他时间低，这是因为中午2点是一天中气温最高的时候，且经过半天的日晒，使得空气湿度降至一天中最低。14点时雨季最高为7月64%，最低5月40%，平均湿度达56.2%；旱季最高为1月36%，最低3月21%，平均湿度仅为28.7%。与图5-3、图5-4、图5-5、图5-6相比可知，20点时的旱、雨季平均湿度均略高于14点而大大低于2点与8点。这是因为虽经过一天的日晒，但此时气温比14点时下降了较多，使得空气湿度比14点时略有回升，但由于日晒时间长，水分蒸发量大，空气湿度不能骤然回升到最高点。旱季平均湿度为30.3%，最高为11月43%，最低为2月仅21%；雨季平均湿度为59.7%，最高为7月65%，最低为5月48%。

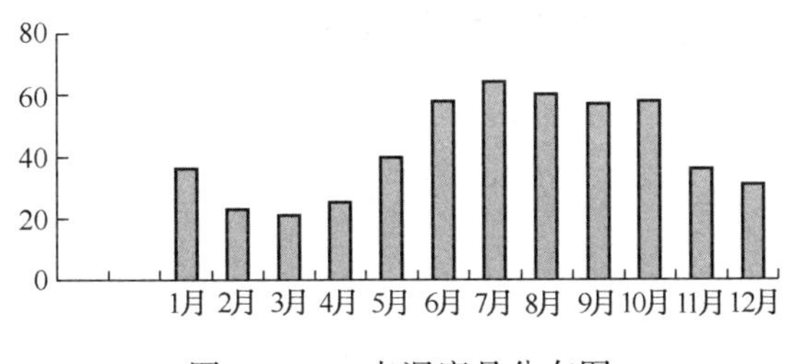

图5-5 14点湿度月分布图

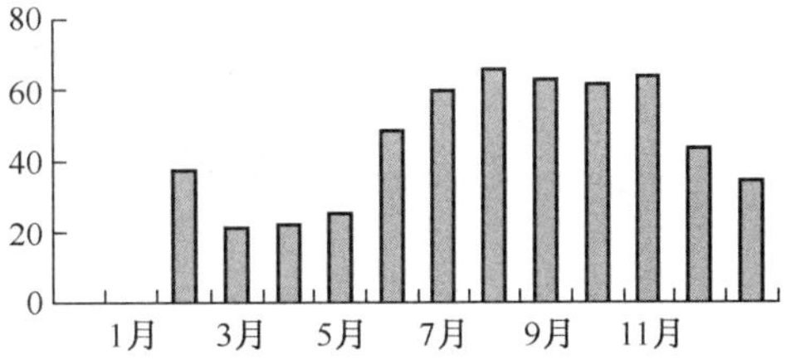

图5-6 20点时大气湿度月分布图

2 干热河谷区水资源时空变化特点

2.1 金沙江河谷黑水河坡面水资源时空变化特征

2.1.1 降水量的时空分布

川西南地区攀西山地全年降水1000mm左右，但季节分配不均，年际之间差异很大。冬半年降水量不到全年10%；夏半年降水集中，占全年总降水量的90%以上。干、雨季之分十分明显。

黑水河剖面年降水量月分布情况（表5-2），11月至翌年5月份之间，自然降水量很少。

降水主要集中在6~10月份,10月后雨季结束,降水量也很少。

表 5-2　黑水河剖面月平均降水量　　单位:mm

海拔(m)＼月	1	2	3	4	5	6	7	8	9	10	11	12	全年
840	0.0	3.2	8.3	13.7	43.6	107.6	159.9	149.1	136.3	125.8	12.3	5.6	765.4
1100	0.0	2.3	4.3	15.0	57.2	135.1	154.3	160.7	170.9	153.3	20.0	12.4	885.5
1200	0.3	3.7	10.4	24.4	61.2	139.9	151.6	171.4	178.9	198.1	21.9	12.5	974.3
1428	1.9	7.1	9.0	22.9	70.8	158.5	126.7	178.3	203.5	184.8	24.0	23.4	1010.9
1610	1.6	16.5	21.9	38.9	134.5	225.8	174.4	228.9	263.9	303.0	50.3	39.6	1499.3
1890	2.0	14.1	19.2	34.5	84.4	137.7	171.6	178.3	228.0	245.4	34.6	29.3	1179.1

黑水河剖面,海拔1400m以下干热河谷,全年降水量不到1000mm,金沙江河谷最少,在800mm以下;海拔1610m高度附近,地形降水特别显著,降水量最多,接近1500mm,海拔1890m的拖木沟谷地,降水量明显减少,年降水量只有1200mm。可见,黑水河剖面的降水量地域差异很大。

从海拔1610m处的降水量月变化(图5-7)看,全年有两个多雨时段,一是在夏季风到来的6月份,西南暖湿气流给凉山带来丰富的降水;二是冬季风逐步取代夏季风的9、10月份。这两个时段由于冬、夏季风气流的更迭消长,天气变化剧烈,以致常常出现阴雨绵绵的连续性降水天气,降水量相对集中在这两个时段。盛夏7、8月份,受青藏高压或西太平洋副热带高压西伸的影响,常出现晴天少雨天气,降水量相对较少。

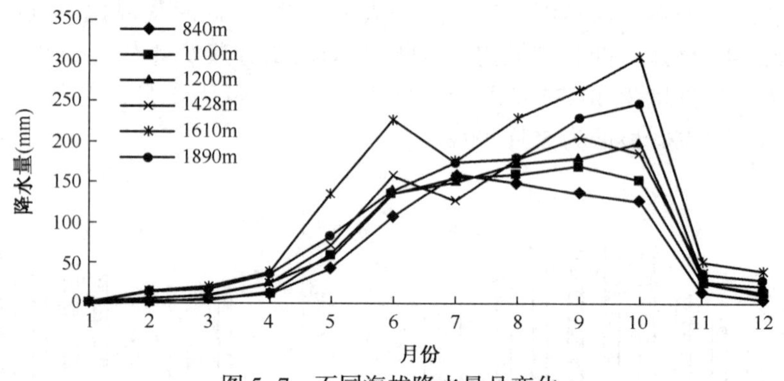

图5-7　不同海拔降水量月变化

2.2　干热河谷(马桑坪剖面)降水量的时空变化

将26°55′~27°15′N、102°37′~102°55′E、海拔840~1635m之间的5个测站的降水资料,作为一个小区域的剖面分析样本。金沙江河谷至宁南用劲松新乡马桑坪的5个测站,在金沙江同一条主干支流的同一侧,中间没有太的起伏地形障碍,其间直线距离小于50km。其中,海拔1200m、1410m、1635m三个测站的直线距离<5 km。利用其间的资料,研究干热河谷的降水分布,是难得的材料。

2.2.1　马桑坪剖面降水量

从表5-3可以看出,海拔1400m以下,年降水量<1000mm,与黑水河剖面情况相一致。在

观测期间,雨季(5~10月)降水量,只占全年总降水量的85%~87%,小于该地区的多年平均状况;干季(11~4月)期间,降水量占全年总产量12%~14.2%,大于该地区的多年平均状况。

表5-3　黑水河流域马桑坪剖面降水量　(mm)

海拔(m)	雨季						干季						全年
	5	6	7	8	9	10	11	12	1	2	3	4	
840	35.4	124.9	163.6	67.5	136.6	162.4	6.2	10.3	8.3	1.5	31.1	47.0	794.8
1100	30.6	152.2	168.3	60.3	130.8	215.5	5.0	20.5	13.8	1.3	26.9	43.2	868.4
1200	49.8	169.5	137.1	64.1	128.0	265.3	7.3	20.5	16.7	0.1	35.7	35.3	929.4
1410	52.6	171.2	123.2	75.3	168.6	304.9	10.8	20.0	18.5	0.2	43.1	41.0	1029.4
1635	39.9	175.3	127.0	88.6	169.5	320.4	12.6	22.0	19.7	0.7	46.2	42.0	1063.9

2.2.2　马桑坪剖面降水量空间分布

马桑坪剖面总降水量随海拔高度升高而递增的趋势很显著:

(1)干季(11月至翌年4月)降水量垂直分布(图5-8),干季,海拔1000m以下河谷地带,垂直变化较小;1000m以上,降水量随海拔升高而递增,梯度变化趋向直线型。

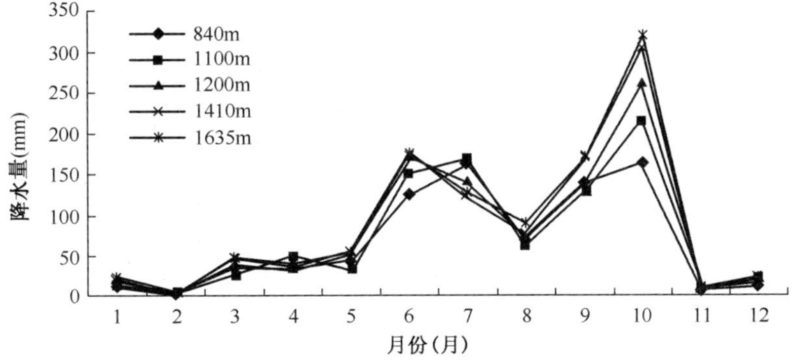

图5-8　马桑坪剖面不同海拔降水量年变化

(2)雨季(5~10月)马桑坪剖面雨季降水分布如图5-8,雨季降水量随海拔的升高而增中。与干季比较,海拔1000m以下,少雨区不明显,整个剖面从谷地到低、中山地带,降水量随海拔高度的升高而递增的趋势更加趋向于直线型变化。

2.3　农田水分盈亏量

2.3.1　田间水分蒸发量的计算

土壤水分盈亏中,可能蒸发量反映支出项。因缺少实测资料,多用经验公式计算。金沙江干热河谷的蒸发量(E_T)与干温球温度差($T-T_S$)、湿球温度(T)有着十分密切的关系。在通过海拔840m高度处,1月逐日干球温度、湿球温度、干温球温度差与相应的20cm口径蒸发器的逐日蒸发量建立模式方程时,经正交筛选,干温球温度差的方差贡献最大,得:

$$E_T = 1.0956(T - T_S) - 0.9653 \tag{5-1}$$

$R=0.9091$, $S=0.6138$, $F=138.1$　式中,E_T为20cm口径金属蒸发器的日蒸发量(mm),它的剩余标准误差为0.6mm,$F>F_a$,回归效果十分显著。

因此,统计了黑水河剖面逐日、逐月的湿球温度平均值,干湿球温度差,分别建立蒸发量与干球温度、湿球温度、干湿球温度差的多元回归方程：

$$EH = b_0 + b_1 T + b_2 T_2 + b_3 (T - T_S) \tag{5-2}$$

公式(5-2)中模式系数(表5-4)，b_0为常数；b_1为干球温度系数，b_2为湿球温度系数，b_3为干湿球温度差的系数。

表5-4 黑水河剖面20cm口径蒸发器的水分蒸发模式系数

海拔(m)	b_0	b_1	b_2	b_3	R	F	S(%)
840	-126.9881	-2.3232	7.5343	49.8717	0.9895	125.4	9.0
1100	-117.3641	-90.6054	97.1040	135.2077	0.9961	346.3	5.4
1200	-128.2001	213.8812	-205.5444	-168.6044	0.9991	1592.9	2.6
1428	-82.6562	27.2454	-20.6939	16.7020	0.9961	348.1	5.3
1610	-90.4639	51.8628	-46.4594	-0.5170	0.9930	191.2	7.8
1890	-62.0616	-10.8870	16.7857	53.5800	0.9917	160.6	8.5

上述模式，均以干湿球温度差的方差贡献最大。计算误差均未超过10%。据表5-3，计算出黑水河剖面20cm口径蒸发的蒸发量，如表5-5。20cm口径金属蒸发器的月蒸发量，与60cm大型蒸发池的月蒸发量的关系式为：

$$y=0.733x^{-6.377} \tag{5-3}$$

式中，x为20cm口径蒸发器的月蒸发量，y为水面蒸发。

表5-5 黑水河剖面20cm口径蒸发器的蒸发量 (mm)

海拔(m)＼月	1	2	3	4	5	6	7	8	9	10	11	12	全年
840	166.9	208.3	331.8	307.3	404.7	299.4	249.6	183.9	82.4	87.4	87.3	93.6	2502.6
1100	137.9	187.7	265.7	238.3	301.1	141.2	195.6	143.4	74.2	66.9	55.6	63.6	1871.3
1200	149.6	206.9	327.7	257.7	363.9	270.3	200.9	149.3	88.9	78.0	59.1	91.3	2243.6
1428	148.0	205.2	280.3	235.4	311.3	228.3	178.0	123.6	82.4	70.6	52.2	76.0	1991.1
1610	199.2	243.5	314.3	243.8	308.7	212.7	168.4	113.8	61.1	44.1	48.2	98.9	2056.8
1890	120.2	182.8	222.6	177.4	236.9	177.9	137.2	101.5	61.3	44.1	32.7	44.1	1538.7

应用公式(5-3)，计算得黑水河剖面的水面蒸发量，结果如表5-6。

黑水河剖面水面蒸发的最大季节是在雨季开始之前。雨季开始后，水面蒸发量逐步减小，11月是全年水面蒸发量最小的月份。秋、冬两季水面蒸发量是全年最少的季节。

水面蒸发量只能反映一地蒸发能力大小，并不真正反映田间实际蒸散的水分，在农业生产上，有作用的水分指标是农田可能蒸散量。

表5-6 黑水河剖面水面蒸发量 (mm)

海拔(m)＼月	1	2	3	4	5	6	7	8	9	10	11	12	全年
840	115.5	145.9	236.4	218.4	289.8	212.6	176.1	128.0	53.6	57.2	57.2	61.8	1752.5
1100	94.3	130.8	187.9	167.9	213.9	96.7	136.6	98.3	47.6	42.2	33.9	39.8	1289.9
1200	102.8	144.8	233.4	182.1	259.9	191.3	140.4	102.6	58.3	50.4	36.5	60.1	1562.6
1428	101.7	143.6	198.6	165.7	221.4	160.5	123.7	83.8	53.6	44.9	31.4	48.9	1377.8
1610	139.2	171.7	223.6	171.9	219.5	149.1	116.6	76.5	38.0	25.5	28.5	65.7	1425.8
1890	81.3	127.2	156.3	123.2	166.8	123.6	93.7	67.6	38.1	25.5	17.1	25.5	1045.9

由于农田水分蒸发量,无实测资料,则按水面蒸发量的 0.73 进行折算,即得黑水河剖面陆地农田水分可能蒸散量(表 5-7)。

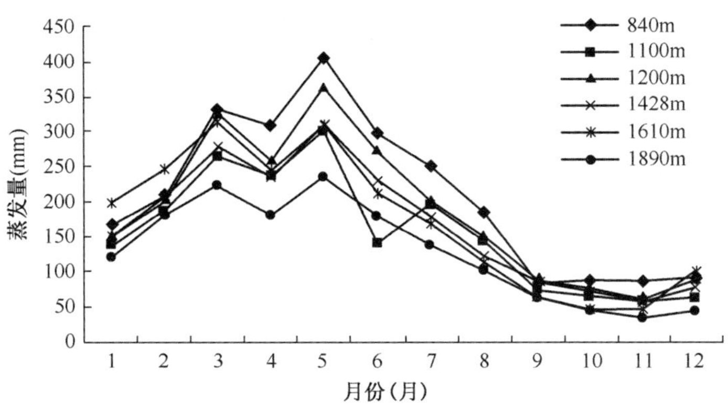

图 5-9　蒸发器的蒸发量年变化

2.3.2　水分盈亏量的时空分布

农田水分盈亏量是指降水量与陆地农田可能蒸散量之差值。差值为正,表示农田水分有盈余,差值为负,表示农田水分亏缺。农田水分盈亏量能较好地反映农田水分状况。

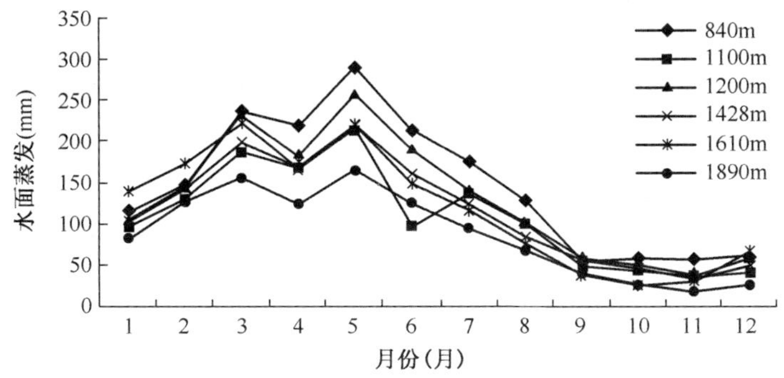

图 5-10　黑水河剖面水面蒸发量变化

表 5-7　黑水河剖面陆地水分可能蒸发量　(mm)

月 海拔(m)	1	2	3	4	5	6	7	8	9	10	11	12	全年
840	82.5	104.7	170.8	157.7	209.8	45.8	126.8	91.6	37.3	40.0	39.9	43.3	1150.2
1100	67.0	93.7	135.4	120.7	154.3	66.3	97.9	70.0	32.9	29.0	23.0	27.3	917.5
1200	73.3	103.9	168.6	131.1	187.9	139.4	100.7	73.1	40.8	35.0	24.9	42.1	1120.8
1428	72.4	103.0	143.2	119.2	159.8	43.1	88.5	59.4	37.3	31.0	21.2	33.9	912
1610	99.8	123.5	161.4	123.7	158.4	118.8	83.3	54.1	25.9	16.8	19.0	46.1	1030.8
1890	57.5	91.0	112.3	88.2	120.0	49.3	66.6	47.5	26.0	16.8	10.7	16.8	702.4

从表 5-8 看,黑水河剖面干季降水量入不敷出,亏缺很大。亏缺最大的,主要在春季(3~5

月份），占全年亏缺月份总量的50%～70%；冬季（12月至翌年2月）亏缺量，占全年亏缺总量的30%～50%。雨季降水量有盈余，盈余最多的是9～10月份，占全年总盈余量的60%左右。

表5-8　黑水河剖面农田水分盈亏量　（mm）

海拔（m）＼月	1	2	3	4	5	6	7	8	9	10	11	12	11～5	6～10
840	-82.5	-101.3	-162.5	-144.0	-166.0	-45.8	33.1	57.5	99.0	85.8	-27.6	-37.7	-767.6	275.4
1100	-67.0	-91.4	-131.1	-105.7	-97.1	66.3	56.4	90.7	138.0	124.3	-3.0	-14.9	-510.2	475.7
1200	-73.0	-100.2	-158.2	-106.7	-126.7	0.5	50.9	98.3	138.1	163.1	-3.0	-29.6	-597.4	452.4
1428	-70.5	-95.9	-134.2	-96.3	-89.0	43.1	38.2	118.9	166.2	153.8	2.8	-10.5	-496.4	523.0
1610	-98.2	-107.0	-139.5	-84.8	-23.9	118.8	91.1	174.8	238.0	286.2	31.3	-6.5	-459.9	940.2
1890	-55.5	-76.9	-93.1	-53.7	-35.6	49.3	105.0	130.8	202.0	228.6	23.9	12.5	-314.8	752.1

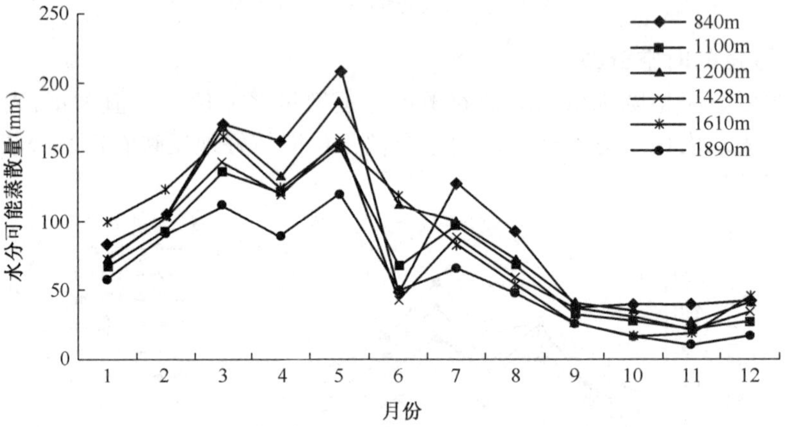

图5-11　黑水河剖面陆地水分可能蒸散量变化

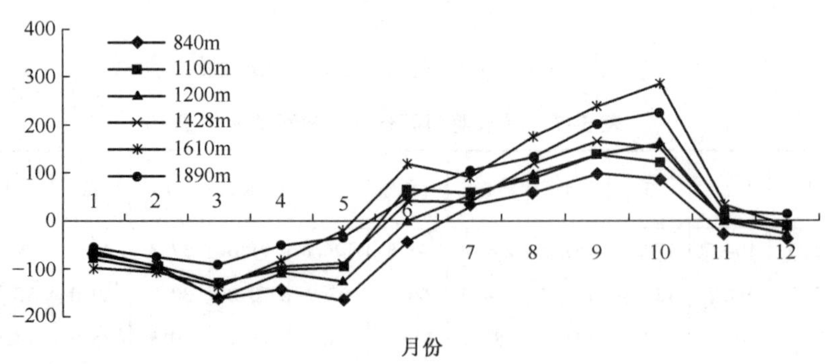

图5-12　黑水河剖面农田水分盈亏量变化

（1）水分亏缺量的空间分布　全年亏缺总量空间分布：黑水河剖面海拔1400m以下的干热河谷地区，亏缺月份长达7～8个月，金沙江河谷在长达8个月的亏缺月份中，亏缺总量接近

800mm;海拔 1400m 以上,全年亏缺月份,只有半年时间。拖木沟只有 5 个月时间(都没有考虑地表径流)。亏缺量的垂直分布,海拔 1100m 以下,亏缺量最大;海拔 1100~1400m 之间,亏缺量随海拔增高,变化较小;海拔 1400 以上,亏缺量迅速减少,拖木沟水分亏缺总量只有 314. 8mm。

干季亏缺量空间分布:干季长达 7~8 个月,11 月份出现水分亏缺,仅在海拔 1400m 以下地带,且月亏缺量较少。①冬季 12 月至翌年 2 月份,金沙江河谷仍然是亏缺量最大的区域,其次是处于中梁子山迎风面上的海拔 1610m 测站;海拔 1890m 的拖木沟亏缺量最少。②春季 3~5 月份,农田水分亏缺量最大,梯度变化也最大。海拔 1100m 以下河谷地区,亏缺量随海拔下降递增最快;海拔 1400~1700m 之间,随海拔升高,亏缺量递减也很快。海拔 1100~1400m 变化较小,1700m 以上春了亏缺量最少。

(2)全年盈余总量空间分布 黑水河剖面,不同海拔高度,农田水分盈余的单间差别很大。金沙江河谷只有 7~10 月有盈余;海拔 1000~1400m 范围,6~10 月有盈余; 1400m 以上,6~11 月有盈余;拖木沟 6~12 月有盈余。剖面上、下相差 3 个月。年盈余总量以金沙江河谷最少,不到 300mm;年盈余量最多的是海拔 1400m 以上范围,盈余量达 500~1100mm。在海拔 1800m 以上,又表现出随海拔增高而递减的趋势,如海拔 1890m 的拖木沟谷地盈余量明显减少,为 752. 1mm。

2.4 黑水河剖面水资源随海拔的变化

由图 5-13 可见,①随着海拔升高,蒸发量(实测、水面、陆地可能蒸发)和旱季水分亏缺呈现下降趋势,而降水量和雨季水分盈余量增加;②在该区域,整个旱季(11 月至翌年 5 月)均出现水分亏缺,低海拔 1500m 以下水分亏缺严重,而雨季都不出现水分亏缺;③从各指标变化趋势来看,海拔 1000~1500m 之间出现波动较大,可以看出,干热河谷的分界线就在海拔 1500m 以下。因此,干热河谷水分变化对于植物生长具有很强的影响作用。

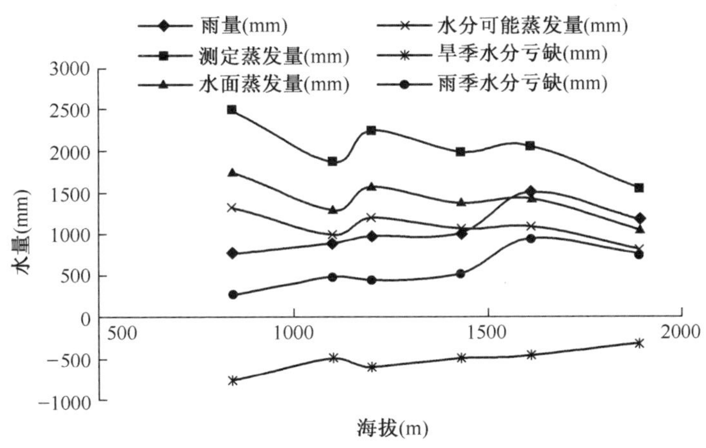

图 5-13 黑水河剖面水资源随海拔的变化

2.4.1 空气湿度的年变化

从表 5-9 看,黑水河剖面春季,空气相对湿度最小。3 月份,金沙江干热河谷,平均相对湿度<40%;拖木沟最大,也只有 50%。冬季,空气湿度比春季大。秋季,是全年空气湿度最大的季节,以 10 月份空气湿度为最大。

表 5-9　黑水河剖面平均相对湿度　(%)

海拔(m) \ 月份	1	2	3	4	5	6	7	8	9	10	11	12	年
840	45	42	37	41	47	60	68	70	76	79	64	63	58
1100	55	48	44	50	57	68	73	76	81	84	70	69	65
1200	54	45	41	47	56	68	75	78	83	85	72	69	65
1428	55	48	45	50	58	71	19	82	86	86	75	72	68
1610	51	45	44	50	60	72	77	79	84	86	73	68	66
1890	58	51	50	57	65	76	83	85	88	90	80	74	72

全年中,以3月份空气湿度最小。3月以后,空气相对湿度逐月增大,9、10月份达全年最大值;雨季结束后,湿度减小。金沙江河谷与拖木沟相比较,金沙江河谷,干、雨季交替季节,空气湿度有突增、骤降现象,而低、中山地带,突增、骤降现象不很明显。整个坡面年变化趋势一致。

2.4.2　空气湿度的空间分布

从年平均空气相对湿度看:黑水河剖面,湿度垂直变化可分成三个差别较大的层次。海拔1400m以下的干热河谷地带,随着海拔下降,空气湿度随之减小,金沙江河谷底部湿度最小。海拔1400~1700m以上,随着海拔升高,空气湿度增湿最大,就整个剖面而言,空气湿度随海拔升高而增大。

3　安宁河谷牦牛山剖面水资源变化特征

安宁河是金沙江的二级支流,安宁河谷也是川西南的干热河谷区域之一。

3.1　降水量的时空分布

由表5-10,牦牛山东南坡的降水,集中在大春生长季的4~10月期间,占全年总降水量的97%以上;小春生长季,11~3月的降水量少于50mm,不到全年的3%,大春季降水,主要集中在6~10月,降水量占全年90%以上。11月至翌年5月,降水量不到年降水量的10%。

表 5-10　牦牛山东南坡平均降水量　(mm)

海拔(m) \ 月份	1	2	3	4	5	6	7	8	9	10	11	12	全年
1104	0.0	2.3	2.8	12.5	36.6	133.3	173.4	231.2	163.2	213.6	18.6	3.8	991.3
1320	0.0	2.8	1.7	13.1	44.0	139.8	245.5	244.3	192.2	230.9	25.7	4.9	1144.9
1620	0.0	6.2	6.6	12.2	49.3	153.1	238.6	235.4	236.2	304.5	24.1	4.8	1271
1820	0.2	6.7	1.9	16.7	89.3	169.3	241.2	226.1	282.9	245.1	22.2	4.5	1305.9
2180	0.2	4.2	2.1	22.8	90.3	166.4	267.6	259.8	291.4	252.0	26.1	3.9	1386.8
2600	0.1	6.8	2.5	22.9	104.2	169.1	297.7	267.8	344.8	285.0	29.5	4.6	1535.0

川西南山地多有地形夜雨,一日中,降水量具有显著的昼晴夜雨特点(表5-11)。昼晴,使白天日照增加,温度升高,有利改善作物的光合条件;夜雨,可减少蒸发损失,易于渗入土壤。同时,可使夜温降低,减弱作物呼吸消耗,以提高干物质的积累,增强降水的有效性。因此,昼晴夜雨,是农业最理想的降水形式。

牦牛山东南坡,夜间20~8h,降水量占日降水量的70%以上,而8~20h的降水量不到日降

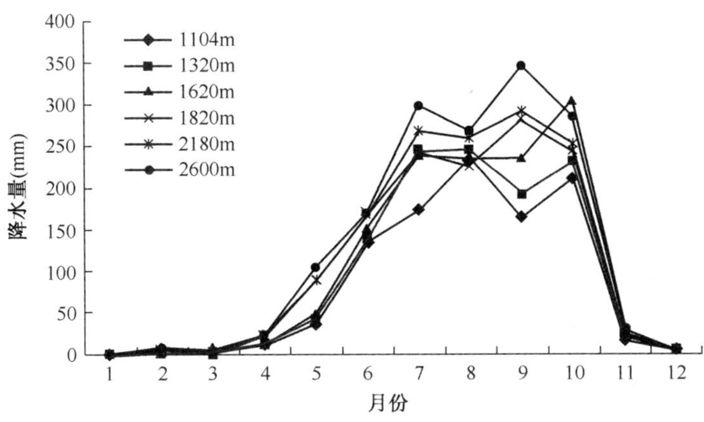

图 5-14　牦牛山东南坡平均降水量变化

水量的 30%。对植物而言,是一个有利的条件。日昼 8~20h 的降水量占日降水量的百分率,以剖面低处的安宁河谷平原地带最小,随海拔高度升高,白昼降水比例逐步增大,中、高山区的比例为最大。海拔 1800m 以下的低中山区,白昼降水所占比例,随海拔高度下降,递减显著。海拔 1800m 以上的低中山、中山区白昼降水百分率增大趋势很明显。中、高山区,雨季期间,白天常云雾缭绕,对中、高山区的农业很不利。

表 5-11　牦牛山东南坡昼夜降水量　(mm)

海拔(m)		1104	1320	1620	1820	2180	2600
时间(h)	项 目						
20~08	降水量(mm)	784.7	903.0	971.1	940.7	1015.4	1090.5
	百分率(%)	79.2	78.9	76.8	72.2	73.2	71.2
08~20	降水量(mm)	206.1	241.5	293.7	362.2	371.0	441.6
	百分率(%)	20.8	21.1	23.2	27.8	26.8	28.8

牦牛山东南坡,日昼 8~20h 的降水量占日降水量的百分率,以剖面低处的安宁河谷平原地带最小,随海拔高度升高,白昼降水比例逐步增大,中、高山区的比例为最大。海拔 1800m 以下的低中山区,白昼降水所占比例,随海拔高度下降,递减显著。海拔 1800m 以上的低中山、中山区白昼降水百分率增大趋势很明显。中、高山区,雨季期间,白天常云雾缭绕,对中、高山区的农业很不利。

牦牛山东南坡,降水量不仅季节分布不均,年际间差异大,而且还有很大的地域差异。由表 5-12 看出,安宁河谷平原地带,年降水量不足 1000mm,而中、高山区带年降水量多达 1500mm 以上。

(1)春季　降水量以中、高山区为最多,海拔 1800m 以下的低山河谷区,随海拔高度下降,降水量有明显的锐减趋势。海拔 1800m 以上的低中山、中山区,降水量随海拔升高有缓慢递增趋势。

表 5-12 牦牛山东南坡平均相对湿度 (%)

月份 海拔(m)	1	2	3	4	5	6	7	8	9	10	11	12	年
1104	60	45	35	41	51	64	76	79	82	83	77	75	64
1320	51	42	39	41	49	66	78	81	85	85	74	69	63
1620	56	46	40	46	58	70	80	82	86	86	74	69	66
1820	53	41	38	47	60	72	78	81	84	84	76	69	65
2180	45	39	37	47	63	74	80	79	84	85	69	63	63
2600	55	47	44	53	68	81	88	87	91	93	78	73	71

(2)夏季　是牦牛山东南坡农业需水量最多的季节,也是全年降水最多的季节。夏季降水量占年降水量 50%。海拔 1400m 以下的干热河谷区,随海拔高度下降,降水量有显著的税减趋势。海拔 1400~2000m 之间的低、中山区,降水量变化很小。海拔 2000m 以上的中、高山区,降水量随海拔升高呈缓慢递增趋势。

(3)秋季　秋季降水量,在全年中仅次于夏季,占年降水量 40%左右。海拔 1700m 以下,低山河谷区,随海拔高度下降,降水量随之减少。海拔 1700~2400m 范围,降水量随海拔升高变化不明显。海拔 2400m 以上的中、高山区,降水量随海拔升高递增显著。

(4)冬季　全年降水量最少的一个季节,不到年降水量的 1%。降水量虽然很少,但地域差异仍很明显,海拔 1400m 以下的干热河谷区,降水量随海拔下降,锐减十分显著;海拔 1400m 以上地区,随海拔上升,降水递增量虽然很少,但递增趋势亦是明显。

3.2　空气湿度的时空变化

牦牛山东南坡,空气湿度以 3 月份最小。3 月之后,空气湿度逐月增大。9、10 月份空气湿度最大。雨季结束后,空气湿度逐渐减小(表 5-12)。

3.3　农田水分平衡

3.3.1　可能蒸发量的计算

牦牛山东南坡,可能蒸发采用彭曼(H. L. Penman)方法:

$$E_r = \frac{\Delta H_0 + rE_a}{\Delta + r} \tag{5-4}$$

将计算结果与米易大型蒸发池的水面实测蒸发量比较,误差很小(表 5-13)。干季,计算值略大于实测值;雨季,计算值略小于实测值。误差小于 8%。

表 5-13　可能蒸发量与大型蒸发池的蒸发量相比较

月份 项目	1	2	3	4	5	6	7	8	9	10	11	12	全年
可能蒸发量	68.7	89.0	136.8	156.8	161.6	154.9	124.4	121.0	84.1	72.9	75.5	61.9	1307.6
大型蒸发池实际蒸发量	68.7	85.2	135.6	150.4	163.7	159.1	129.4	119.6	91.0	77.6	69.6	59.0	1308.9
计算值与实际值之差	0.0	3.8	1.2	6.4	−2.1	−4.2	−5.0	1.4	−6.9	−4.4	5.9	2.9	−1.3

安宁河谷可能蒸发量最大出现在雨季之前的5月份，中、高山区出现在4月份(表5-14)。安宁河谷地带，以12月份可能蒸发量最小，12月以后，逐月增大，5月达最大；雨季开始后，逐月减小。中、高山区，以秋绵雨最严重的9、10月为最小，雨季结束后，可能蒸发量有增大趋势，4月达最大；4月之后，逐月减少。

表5-14　牦牛山东南坡可能蒸发量　(mm)

海拔(m) \ 月份	1	2	3	4	5	6	7	8	9	10	11	12	全年
1104	68.7	89.0	136.8	156.8	161.6	154.9	124.4	124.4	84.1	72.9	75.5	61.9	1311
1320	72.1	88.1	130.2	149.4	155.1	147.8	116.7	116.7	76.5	66.6	71.2	63.8	1254.2
1620	70.2	85.6	121.7	144.9	147.4	140.0	117.4	117.4	68.5	55.7	68.9	59.1	1196.8
1820	65.1	78.4	114.2	132.2	134.9	134.2	103.2	103.2	57.1	59.4	62.6	54.0	1098.5
2180	75.0	91.8	120.5	127.5	130.4	127.6	96.6	96.6	66.1	58.6	68.6	62.7	1122
2600	67.9	80.5	116.1	130.1	128.1	119.2	89.4	89.4	58.5	46.7	60.8	54.8	1041.5

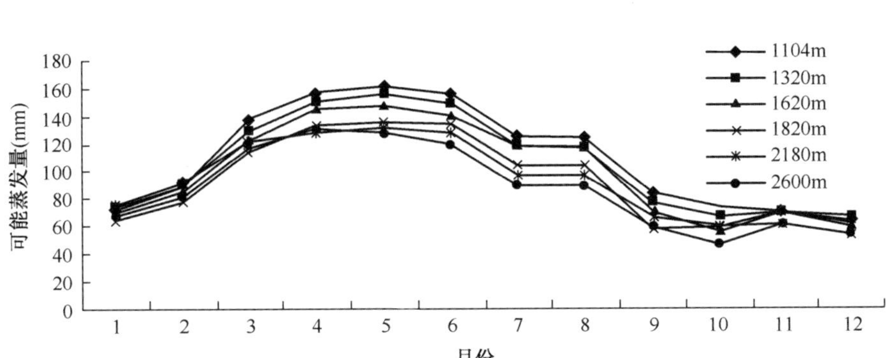

图5-15　牦牛山东南坡可能蒸发量变化

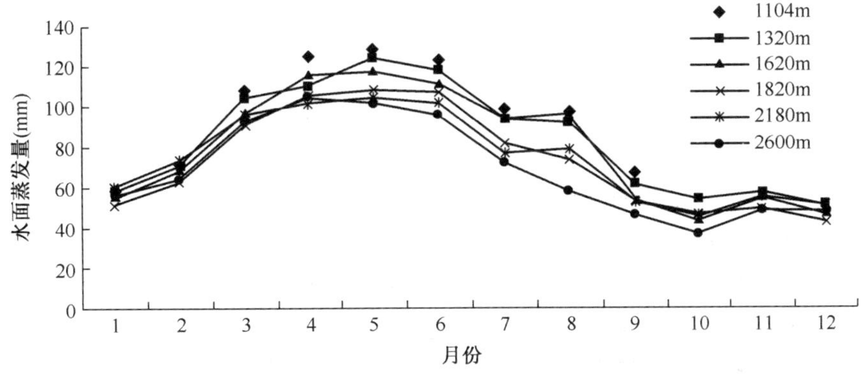

图5-16　牦牛山东南坡农田水分蒸发量变化

3.3.2　农田水分蒸发量的计算

农田水分蒸发，是在可能蒸发基础上，取不同的折算系数求得最大可能蒸发量：

$$E_D = f \cdot E_T \tag{5-5}$$

式中,f是随季节变化的系数,11 月至翌年 2 月为 0.6,5~8 月为 0.8,其余各月为 0.7。在黑水河剖面,采用 0.73。

牦牛山东南坡,农田水分蒸发量,见表 5-15。以 5 月份最多,秋绵雨时期最少。

表 5-15　牦牛山东南坡农田水分蒸发量

(mm)

海拔(m) \ 月份	1	2	3	4	5	6	7	8	9	10	11	12	全年
1104	55.7	71.2	109.4	125.4	129.2	123.9	99.5	96.8	67.2	58.6	60.4	49.5	1046.8
1320	57.6	70.4	104.1	110.5	124.0	118.2	93.3	92.7	61.2	53.2	56.9	51.0	993.1
1620	56.1	68.2	97.3	115.9	117.9	112.0	93.9	96.6	54.8	44.5	55.9	47.2	960.3
1820	52.0	63.5	91.3	105.7	107.9	107.3	82.5	73.7	53.6	47.5	50.0	43.2	878.2
2180	60.0	73.4	95.4	102.0	104.3	102.3	77.2	78.8	52.8	46.8	55.4	50.1	898.5
2600	54.3	64.4	92.8	104.0	102.4	95.3	71.5	57.6	46.8	37.3	48.6	48.1	823.1

3.3.3　农田水分盈亏

农田水分盈亏量,是指同期降水量与农田水分蒸发量的差值。牦牛山东南坡,农田水分盈亏量见表 5-16。从雨季结束后的 11 月至翌年 5 月,农田水分为亏缺季节。亏缺量最大出现在春季 3~4 月份;雨季期间的 6~10 月,农田水分有盈余(未考虑地表径流)。

表 5-16　牦牛山东南坡农田水分盈亏量

(mm)

海拔(m) \ 月份	1	2	3	4	5	6	7	8	9	10	11	12	全年
1104	-55.7	-68.9	-106.6	-112.9	-92.6	9.4	73.9	134.4	96.0	155.0	-41.8	-45.7	-55.5
1320	-57.6	-67.6	-102.4	-106.4	-80.0	21.6	152.2	151.6	131.0	177.7	-31.2	-46.1	142.8
1620	-56.1	-65.0	-93.7	-103.7	-68.5	41.1	144.7	148.8	191.4	260.0	-31.8	-42.4	324.8
1820	-51.6	-59.8	-89.4	-89.0	-18.6	62.0	158.7	152.4	229.3	197.0	-27.8	-38.7	424.5
2180	-59.8	-69.2	-94.3	-79.2	-14.0	64.1	190.4	180.0	236.6	205.2	-29.3	-46.2	484.3
2600	-54.2	-60.6	-90.3	-81.1	1.8	73.8	226.2	200.2	298.0	247.7	-19.1	-43.6	698.8

(1)春季为农田水分亏缺量最大的季节　农田水分亏缺量达 300mm 以上,随海拔升高,亏缺量逐渐减少;至海拔 1800m 以上高度,农田水分亏缺量随海拔升高,递减趋势趋于缓慢。农田水分严重亏缺是在海拔 1800m 以下的河谷地区。

(2)夏季是农田水分为盈余季节　夏季的安宁河谷,农田水分盈余量最少。海拔 1300m 以下,随海拔高度下降,盈余量迅速减少。海拔 1300~2000m 的低中山区,农田水分盈余量垂直变化较小。海拔 2000m 以上的中、高山区,随着海拔升高,盈余量递增显著。

(3)秋季是农田水分盈余最多的季节　海拔 1600m 以下,随海拔高度下降,盈余量成锐减趋势,海拔 1600~2400m,盈余量变化不大;海拔 2400m 以上,随海拔升高,盈余量递增显著。

(4)冬季为农田水分亏缺季节　冬季农田水分亏缺量,受环境因素影响很大。牦牛山东南坡以坐北朝南的马蹄状地形内的农田水分亏缺量为最少;逆温层高度上亏缺量相对较多。这些结果见表 5-16 和图 5-17。

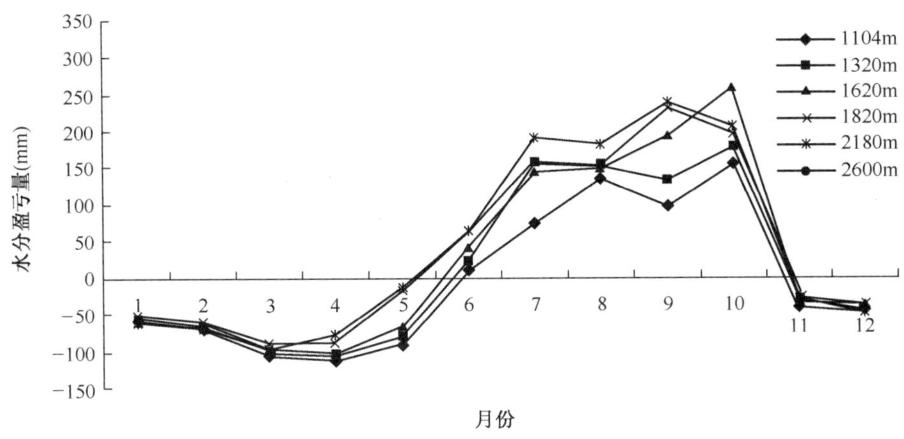

图 5-17 牦牛山东南坡土壤水分盈亏量变化

第三节 干热河谷植被恢复

1 干热河谷土壤水分研究

1.1 干热河谷地区不同类型土壤水分季节变化特征

土壤水分是土壤肥力的重要组成部分,也是植物生活的重要因素。历年造林试验表明,土壤干旱是金沙江河谷荒山造林困难的主要原因。土壤和地形条件的自然差异,影响到植被恢复与造林效果。为了探明这个相互联系又有区别的自然规律,因地制宜的选择造林树种,确定造林方法和防旱保墒等技术措施,系统研究了不同立地条件下的土壤水分及其动态变化规律。

1.1.1 干热河谷主要土壤类型水分的季节变化

由于本市生物、气候条件的垂直差异极其明显,因此,土壤类型 的垂直分布也十分显著。南部金沙江河谷的土壤垂直分布带谱是:海拔 937~1100m 或 1200m 为燥红土分布区;1100~1400m(或 1600m)为红壤土分布区;1400~1800m 为山原红壤分布区;1800~2200m 为棕红壤分布区;2200~2926m 为黄棕壤分布区。北部雅砻江、安宁河河谷的土壤垂直带谱是:980~1300m 为赤红壤分布区;1300~1800m(或 1700m)为山原红壤分布区;(1700m)1800~(2100m)2200m 为棕红壤分布区;2200~2700m 为黄棕壤分布区;2700~3100m 为棕壤分布区;3100~3500m 为暗棕壤分布区;3500~4195.5m 为亚高山灌丛草甸土分布区。此外,非地带性的岩成土类,如红色石灰土和紫色土,则分布在石灰岩和紫色岩出露的地区;由新冲积物形成的新积土,则沿河流、沟谷分布;水稻土是人类活动经水耕熟化而形成的土类,多分布于河流沟谷、地势平缓的地区,对山地粗骨质红壤、山地碳酸盐红褐土、山地红色石灰土和山地黄红壤等 4 种干热河谷区 4 种具代表性的土壤类型,每月用重量法观测两次。取样深度为 60cm(即幼龄林根系能够达到的深度),按 0~10cm,10~20cm,20~40cm,40~60cm 分层取样。

(1)山地粗骨质红壤　山地粗骨质红壤是发育在花岗岩或花岗片麻岩上的酸性粗砂土，土体中多半风化或未风化的石砾，土壤各级组成结构见表 5-17 所示，发育程度极浅，侵蚀严重，土层厚度 30cm 左右，自然肥力很低(有机质 0.2%~1.5%，含氮量 0.015%~0.08%，盐基代换总量为 5.5%~8.5%当量/100g)，透水性强，蓄水保水能力很弱。

表 5-17　山地粗骨质红壤的机械组成

层次	采样深度(cm)	各级颗粒所占百分比(%)				质地
		>0.01mm	<0.01mm	<0.001mm	石砾	
A	0~10	16.21	13.37	10.33	29.08	砂壤
B	10~32	18.81	20.34	8.75	—	砂壤
C	32 以下	17.07	17.80	17.80	29.63	砂壤

从图 5-18 和表 5-18 可以看出：

第一，60cm 土层土壤水分的变化以 3~5 月最低，各层含水量均低于 4%，小于该土壤的凋萎含水量(山地粗骨质红壤最大吸湿为 1.28%~3.35%，凋萎含水量为 1.73%~4.52%)，植物难以利用。在干旱最严重的月份，该土壤类型的干土层厚度达到 60cm 以上。即使在雨水最多的 7、8 月，含水量也只有 10%~20%。

第二，全年土壤含水量以 7、8、9 三个月较高，0~10cm、10~20cm 土层的含水量在 4 个土层中维持较低的水平，水分动态变化曲线的相似性以表层为基础，随土层厚度的增加，曲线的相似性也越来越弱。从图 5-18 可明显看出，上层土壤水分变化曲线基本上位于下层土壤的下方，曲线的波动性以下层土壤最大，这是该土壤类型区别于大多数土壤最显著的特点，说明环境气候对 60cm 土层的影响均较大，整个 60cm 土体的蓄水保水能力低，水热交换强烈。

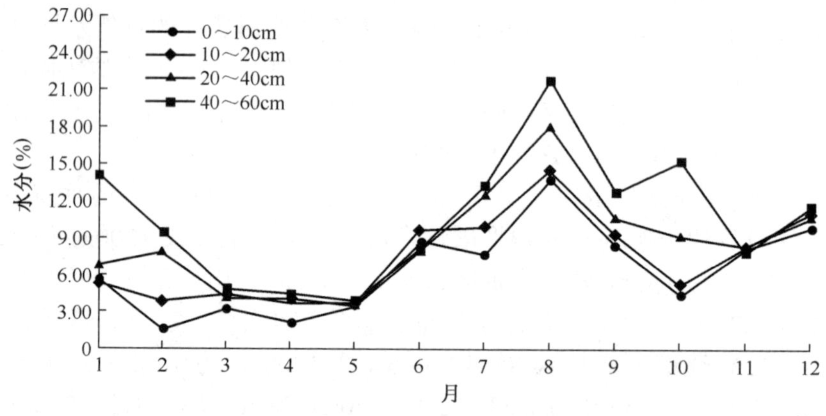

图 5-18　山地粗骨质红壤水分动态变化图

表 5-18　山地粗骨质红壤土壤含水量测定　(%)

取样日期(日/月) 层次(cm)	8/5	21/5	5/6	21/6	3/7	19/7	7/8	22/8	11/9	20/9	10/10	20/10
0~10	2.97	3.66	3.31	13.98	4.89	10.31	17.31	10.27	6.14	10.72	4.12	4.47
10~20	3.17	3.66	4.52	14.83	6.44	13.19	15.57	13.32	9.27	9.32	5.80	4.45

（续）

取样日期（日/月） 层次（cm）	8/5	21/5	5/6	21/6	3/7	19/7	7/8	22/8	11/9	20/9	10/10	20/10
20～40	3. 51	3. 53	4. 96	11. 00	13. 27	11. 63	17. 62	18. 64	9. 95	11. 16	7. 79	10. 39
40～60	4. 32	3. 39	4. 28	12. 18	15. 89	10. 64	18. 39	25. 31	12. 59	12. 97	15. 36	15. 08

取样日期（日/月） 层次(cm)	24/11	11/12	20/12	5/1	19/1	14/2	24/2	9/3	23/3	10/4	29/4
0～10	8. 13	9. 32	10. 45	6. 29	4. 88	2. 01	1. 05	3. 04	3. 29	2. 52	1. 65
10～20	8. 29	10. 95	11. 53	6. 64	3. 85	4. 44	3. 18	4. 41	4. 41	2. 84	4. 38
20～40	8. 30	10. 50	10. 96	7. 24	6. 25	9. 89	5. 82	4. 22	4. 03	3. 18	4. 99
40～60	7. 75	14. 25	8. 88	12. 70	15. 37	12. 10	6. 66	4. 86	4. 52	3. 31	5. 42

第三,干湿季交替明显,干旱持续时间较长。雨季前期(6 月下旬至 8 月底),土壤潮润,含水量在 10%～20%之间,9 月以后,土壤水分明显减少。据观测,9～12 月,0～40cm 含水量为 5%～10%,从 1 月下半月开始至 6 月下半月止,土壤极度干旱,0～60cm 以内土壤含水量在 5%以下,最小值 2%,干燥层达 60cm。

第四,受天气影响土壤含水量极不稳定,例如观测期间的 7 月 1～3 日,连续 3 天无雨(平均气温 29℃,地表平均温度 34℃,地表极端最高温 61. 7℃),表土(0～20cm)迅速变干,含水量由 20%下降到 5%。这种土壤,由于过分干旱,造林十分困难。

(2)山地碳酸盐红褐土　成土母质为泥页岩,砂页岩和冲积物,质地黏重,中壤至重壤,微酸性。土壤中残存游离碳酸钙,有机质含量不高,矿质养分比较丰富,地形平缓,土层较厚,蓄水保水能力较强。

根据土壤水分测定结果将各月土壤水分的平均值列表如表 5-19、表 5-20 和图 5-19。

①从图 5-19 可以看出,0～10cm 土层水分曲线与 10cm 以下土层的变化曲线明显不同,波动性较大,这说明气候主要影响该土壤的 0～10cm 表层。

②10～60cm 土层水分动态曲线较平缓,3 条曲线相似性较高,层间水分含量较为接近,水分含量以 5 月最低,该土壤最大吸湿水 5. 10%,其凋萎含水量为 6. 89%,最干旱时,其干土层为 20cm。

表 5-19　山地碳酸盐红褐土土壤含水量测定　（%）

取样日期（日/月） 层次（cm）	6/5	25/5	6/6	22/6	7/7	20/7	8/8	21/8	12/9	21/9	14/10	19/10
0～10	5. 85	11. 19	12. 27	18. 21	15. 09	26. 12	22. 60	51. 18	20. 66	21. 34	19. 69	10. 08
10～20	5. 90	21. 61	18. 07	26. 70	19. 91	26. 31	27. 54	21. 94	23. 80	25. 09	21. 32	17. 39
20～40	7. 90	21. 95	19. 02	24. 60	21. 37	27. 22	27. 86	23. 38	23. 95	24. 21	21. 47	20. 60
40～60	11. 75	22. 31	19. 34	24. 22	20. 75	26. 51	28. 35	25. 63	23. 63	23. 02	27. 19	21. 84
0～10	22. 32	26. 42	21. 18	19. 96	20. 00	15. 38	15. 47	14. 58	7. 73	9. 07	5. 10	
10～20	24. 99	25. 48	24. 02	22. 24	23. 90	20. 32	21. 12	20. 38	18. 68	18. 49	25. 32	
20～40	23. 42	24. 84	26. 12	22. 95	25. 28	21. 57	22. 10	21. 74	22. 84	20. 76	22. 17	
40～60	23. 95	20. 17	21. 39	20. 77	23. 57	22. 90	23. 45	25. 96	19. 34	18. 66	24. 30	

表 5-20 山地碳酸盐红褐土土壤含水量(%)月平均

层次(cm) \ 取样月份	1	2	3	4	5	6	7	8	9	10	11	12
0~10cm	19.98	15.425	11.155	7.085	8.52	15.24	20.605	26.89	21	14.885	22.32	23.8
10~20cm	23.07	20.72	19.53	21.905	13.755	22.385	23.11	24.74	24.445	19.355	24.99	24.75
20~40cm	24.115	21.835	22.29	21.465	14.925	21.81	24.295	25.62	24.08	21.035	23.42	25.48
40~60cm	22.17	23.175	22.65	21.48	17.03	21.78	23.63	26.99	23.325	24.515	23.95	20.78
平均	22.33	20.29	18.91	17.98	13.56	20.30	22.91	28.56	23.21	19.95	23.67	23.70

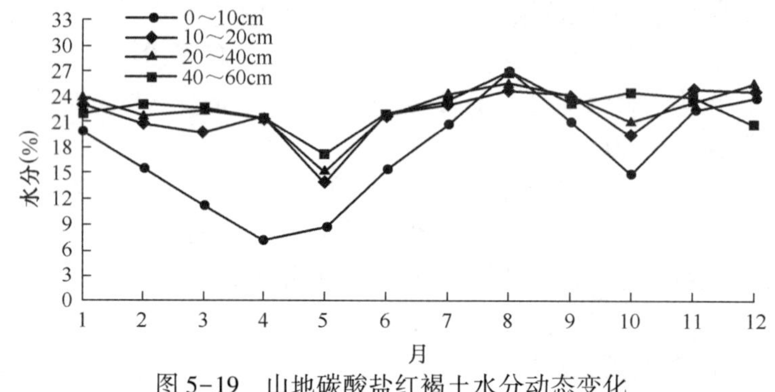

图 5-19 山地碳酸盐红褐土水分动态变化

③这种土壤保水力较强,土壤水分含量较高,而且稳定。一年中除旱季的 3~5 月表土层(0~10cm)含水量在 5%~10%外,其余时间各层土壤含水量都>20%,远远超过山地粗骨质红壤。

④土壤含水量全年变化幅度不大。以 10~20cm 为例,雨季(6~10 月)土壤含水量 17.3%~27.5%,旱季(11 月至翌年 5 月)18.4%~25.4%,绝对值相差只有 1%~2%。

⑤伏旱对土壤水分虽有影响,但植物不致萎蔫。从 8 月下旬连续三个晴天之后的观测来看,0~10cm 的土壤含水量由 22.6%下降到 15.18%;20~40cm 由 27.86%下降到 23.38%。由于土壤含水量较高,植被生长比较茂盛,香茅(*Cymbopogon clistans*)极多,盖度在 90%以上。阴坡撒播云南松可以成功,阳坡塑料袋育苗造林效果最好,成活率在 95%以上。

⑥该土壤类型特别之处在于大气降雨和蒸发对土壤影响变化最大的仅为表层 10cm,而对 10cm 以下土层影响大致相同,这种极强的保水能力是揭示土壤保水的机理,提出干热河谷地区抗旱节水的依据。

(3)山地红色石灰土 分布在新庄至龙洞一带,土层厚度一般在 20~40cm,剖面发育层次不明显,呈红棕色。质地黏重,有碳酸盐反应,pH 值 7.0~8.0,土体中多岩块碎屑和石灰性结核,雨时泥泞,旱时坚硬。山地红色石灰土含水量详见表 5-21、表 5-22 和图 5-20。

表 5-21　山地红色石灰土壤含水量　(%)

层次＼取样日期	9/5	23/5	7/6	22/6	7/7	24/7	10/8	26/8	16/9	22/9	14/10	23/10
0～10	11.97	6.74	13.07	22.03	22.30	21.92	17.89	25.41	22.66	19.05	13.25	11.94
10～20	12.28	12.45	15.38	23.21	23.32	24.87	25.31	26.53	25.77	20.89	17.93	17.07
20～40	12.28	9.00	13.29	23.37	26.15	26.74	26.41	27.76	25.84	22.86	17.37	19.64
40～60	12.84	7.50	13.37	28.68	12.37	25.53	27.43	28.67	14.43	22.22	20.64	18.91

层次＼取样日期	21/11	8/12	22/12	11/1	18/1	13/2	22/2	8/3	22/3	7/4	26/4
0～10	12.69	15.55	13.86	12.42	9.35	3.68	3.09	5.62	6.88	3.64	2.56
10～20	17.67	14.62	17.18	14.24	13.00	7.87	6.89	11.62	11.86	11.40	7.34
20～40	15.56	16.51	15.34	14.91	8.96	8.53	11.94	12.96	12.17	12.50	10.60
40～60	15.06	13.14	9.69	16.05	11.42	10.27	12.71	13.80	12.47	12.62	9.73

表 5-22　山地红色石灰土壤含水量(%)月平均

层次(cm)＼取样月份	1	2	3	4	5	6	7	8	9	10	11	12
0～10	10.89	3.39	6.25	3.10	9.36	17.55	22.11	21.65	20.86	12.60	12.69	14.71
10～20	13.62	7.38	11.74	9.37	12.37	19.30	24.10	25.92	23.33	17.50	17.67	15.90
20～40	11.94	10.24	12.57	11.55	10.64	18.33	26.45	27.09	24.35	18.51	15.56	15.93
40～60	13.74	11.49	13.14	11.18	10.17	21.03	18.95	28.05	18.33	19.78	15.06	11.42
平均	12.54	8.12	10.92	8.80	10.63	19.05	22.90	25.68	21.72	17.09	15.25	14.49

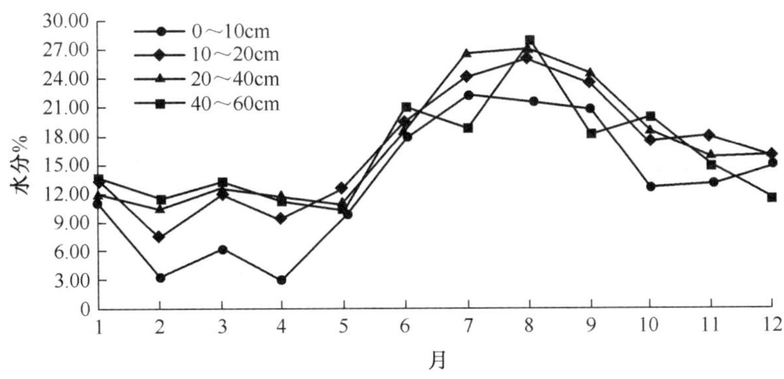

图 5-20　山地红色石灰土水分动态变化图

①图 5-20 表明，该土壤类型的水分动态变化干湿季节分明，根据曲线及 20cm 以下水分含量大致可分 4 个时期：6 月为土壤水分积累期；7～9 月为大土壤水分饱和期，其含水量基本

维持在田间持水量的70%(即土壤含水量在18%)以上;10月至翌年1月为土壤水分消退期,土壤水分维持在田间持水量的70%~30%之间;2~5月为土壤干旱期,水分亏损严重。土壤水分4个阶段划分有利于田间水分的管理以及土壤水分用于植物蒸腾和土壤蒸发量的计算。根据土壤蒸发的三段论,各阶段的蒸散量计算大致为:在水分饱和期,土壤水分用于植物蒸腾和土壤蒸发的平均耗水量大多时日为 土壤蒸发力(为水面蒸发量的1~1.3倍),但因表层短时干土层对土壤蒸发过程的影响,从而使土壤蒸发量小于水面蒸发量。这阶段的蒸散量总体与水面蒸发量相同。土壤水分消退期,土壤水分积累期,土壤干旱期为土壤限制供水期,其中土壤水分消退期,土壤水分积累期为蒸发的速降阶段,蒸散量为蒸发力的0.2~1倍,平均计算值可为水面蒸发量0.6倍,而土壤干旱期蒸散量小于蒸发力的0.2倍,平均为水面蒸发量0.1倍。据此可以得出其全年各阶段的蒸散量大(表5-23)。

表5-23 土壤水分各阶段的蒸散量

时间	水分消退期				干旱期				积累期	饱和期		
	10	11	12	1	2	3	4	5	6	7	8	9
水面蒸发量	141.6	144.7	168.0	162.9	278.5	325.0	341.4	295.0	222.7	207.5	194.1	177.7
累积水面蒸发量	617.2				1239.9				222.7	579.3		
蒸散量	370.32				123.99				133.62	579.3		

②从曲线的波动性看,0~10cm的波动性最大,含水量也最小,随着土层厚度的增加,其波动性也随之减少,而水分含量却逐渐增加,表层10cm与以下土层的曲线的相似性区别显著,说明大气主要影响土层厚度为10cm。

③该土壤物理性黏粒含量较大(土壤剖面各层<0.001mm粒级含量占52%),土壤凋萎含水量9.19%,从全年监测的数据看,该土壤干土层厚度最高可达40cm土层。

④旱季1~5月的土壤含水量仍偏低,大多接近土壤的凋萎含水量,水分有效性较低,能供应植物利用的有效部分并不太多,所以,植物生长并不茂盛,造林仍有一定困难。

(4)山地黄红壤 母岩为泥质页岩和砂岩的互层,呈水平分布。剖面层次受母岩性质影响较大,土壤含水量也因剖面层次不同而发生变化。一般地说,在重力作用下,砂土层透水较快,而于黏土层停滞下来。如果剖面下层是泥质页岩上发育的黏壤土,上层是砂岩上发育的砂壤土,则下层土壤含水量大于上层。土壤剖面特征是:10~40cm为黏土层,其下为壤土层。山地黄红壤含水量见表5-24、表5-25。

表5-24 山地黄红壤土壤含水量 (%)

取样日期(日/月) 层次(cm)	10/5	26/5	21/6	10/7	29/7	15/8	28/8	11/9	20/9	10/10	20/10	24/11
0~10	6.15	4.92	6.12	12.50	24.00	13.01	11.75	23.13	24.69	20.47	13.20	21.61
10~20	6.57	6.58	24.72	12.21	25.33	19.37	16.79	23.57	28.41	20.05	14.12	21.09
20~40	7.17	16.77	22.73	10.49	26.74	23.96	19.65	36.45	26.69	22.52	18.06	19.39
40~60	11.58	15.62	22.86	15.96	22.89	19.56	18.68	15.71	23.61	25.15	19.35	20.53

（续）

取样日期（日/月） 层次(cm)	12/12	20/12	6/1	19/1	12/2	21/2	6/3	20/3	9/4	28/4
0~10	18.72	17.34	10.04	16.33	6.95	7.20	7.69	7.72	3.98	5.26
10~20	18.25	18.57	11.76	21.88	13.77	11.05	13.54	16.91	6.30	7.34
20~40	22.31	23.49	25.49	19.93	14.86	12.38	11.26	12.16	11.26	13.83
40~60	20.92	20.84	12.84	18.84	15.44	11.59	11.93	13.02	10.14	17.41

表 5-25 山地黄红壤土壤含水量(%)月平均

取样月份 层次(cm)	1	2	3	4	5	6	7	8	9	10	11	12
0~10	13.19	7.08	7.71	4.62	5.54	9.31	18.51	17.44	22.58	17.41	22.32	18.03
10~20	16.82	12.41	15.23	6.82	6.58	18.47	22.35	20.18	24.23	17.61	24.99	18.41
20~40	22.71	13.62	11.71	12.55	11.97	16.61	25.35	28.05	24.61	18.73	23.42	22.90
40~60	15.84	13.52	12.48	13.78	13.60	19.41	21.23	17.20	24.38	19.94	23.95	20.88
平均	17.14	11.66	11.78	9.44	9.42	15.95	21.86	20.72	23.95	18.42	23.67	20.06

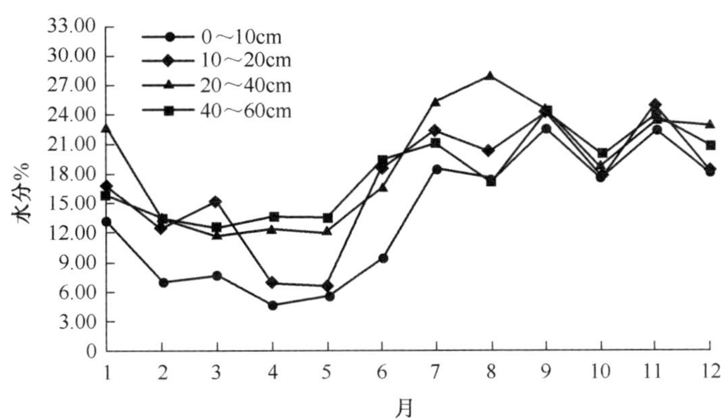

图 5-21 山地黄红壤水分动态变化图

①从图 5-21 各层土壤水分，曲线的波动性看出，表层 0~10cm 和 10~20cm 的波动性均较大，特别是 10~20cm 土层 3~4 月土壤水分急剧减少，达到该土层全年最低，4~5 月维持在 6.56%左右的稳定状态，0~10cm 从 2 月开始，水分就维持在较低水平，到 4 月达到最低值，为 4.62%；该土壤干土层厚度为 20cm。

②20~40cm 和 40~60cm 二层土壤水分变化趋势较相似。在雨季，20~40cm 的含水量最高，说明该土层的蓄水能力最强，这与该土层的质地有关。20~40cm 层含水量以 8 月最高，40~60cm 以 9 月最高。

③山地黄红壤干湿季变化明显，雨季（6~10 月）土壤含水量多在 20%~25%，伏旱对土壤含水量影响不大；旱季开始（10 月）土壤水分逐渐减少（由 20%降至 10%），4~6 月初含水量只有 5%~10%，为全年最干时期。这种土壤与山地碳酸盐红褐土相似，含水量较高，一年中除

4 月、5 月 0~20cm 土层含水量在 6%左右外，其余时间都处于湿润状态，植被生态茂盛，云南松、思茅松、合欢等造林效果都好。

(5)4 种土壤类型的水分动态变化比较　为了比较 4 种土壤类型水分动态差异，以各月整个土层的水分平均值进行分析(图 5-22)。

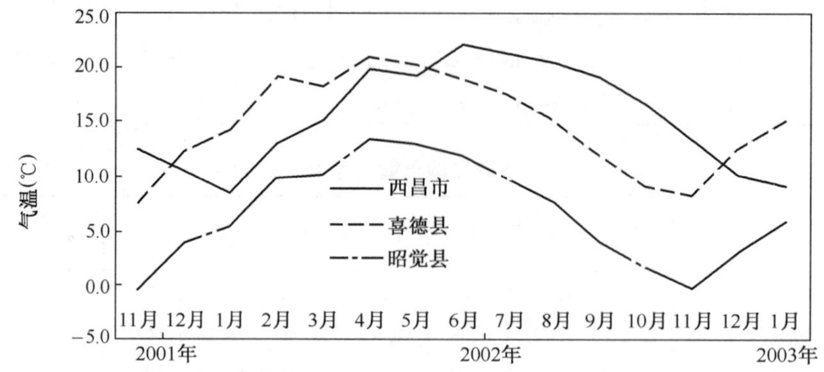

图 5-22　四种土壤类型土壤水分月动态变化比较

第一，4 种土壤类型 0~60cm 的水分的月动态变化总的趋势是一致的，这充分反映了该区的气候条件。土壤水分含量从 5 月中下旬，或 6 月上旬开始增加，至 9 月达到最高(除黄红壤外)，并开始下降，9~1 月的 4 个月期间，水分总体波动性取决于这期间的零星降水量的多少和降水的次数，但水分总是维持在较高的水平。从 1 月开始，水分开始下降，至 5 月最低，其中以 1~2 月水分降低最快(表 5-26)。

表 5-26　4 种土壤类型土壤水分动态比较

月份	1	2	3	4	5	6	7	8	9	10	11	12
粗骨土	7.90	5.64	4.10	3.54	3.53	8.63	10.78	17.05	10.27	8.43	8.12	10.86
红褐土	22.33	20.29	18.91	17.98	13.56	20.30	22.91	28.56	23.21	19.95	23.67	23.70
红色石灰土	12.54	8.12	10.92	8.80	10.63	19.05	22.90	25.68	21.72	17.09	15.25	14.49
黄红壤	17.14	11.66	11.78	9.44	9.42	15.95	21.86	20.72	23.95	18.42	23.67	20.06

第二，4 种土壤含水量以粗骨土最小，与其他 3 种类型差异极显著，红褐土含水量最高，黄红壤和红色石灰土的变化趋势较为相似，含水量差异也不太大。

(6)4 种土壤类型的变异性比较　土壤水分的空间变异反映了水分在土壤中的分配及消耗的差异，通常以变异系数 C_v 表示，该值越大，则土壤剖面层次的水分变化越剧烈，反之含水量越稳定。

从表 5-27 可以看出，粗骨土水分变动最剧烈的时间是 10 月和翌年 1 月，这说明这两个月是土壤水分在层间分异最为活动的时期；而最小发生在 11 月，这说明土壤水分在中低含水量存在一个稳定的时间；而在 5 月最干旱时，变异系数也变小，说明该土层在 5 月的含水量趋于稳定，60cm 均为干土；红褐土最大变异发生在 4 月，8 月最小，说明该土壤在雨季土壤水分处于高含水量的稳定状态。

表 5-27　4 种土壤类型土壤水分动态变异性比较

月份	1	2	3	4	5	6	7	8	9	10	11	12
粗骨土	0. 524	0. 640	0. 162	0. 287	0. 067	0. 087	0. 240	0. 218	0. 184	0. 591	0. 032	0. 067
红褐土	0. 079	0. 167	0. 283	0. 404	0. 267	0. 167	0. 070	0. 041	0. 067	0. 201	0. 047	0. 087
红色石灰土	0. 110	0. 443	0. 290	0. 445	0. 120	0. 079	0. 139	0. 110	0. 124	0. 184	0. 134	0. 147
黄红壤	0. 235	0. 266	0. 264	0. 468	0. 421	0. 287	0. 130	0. 245	0. 039	0. 063	0. 047	0. 114

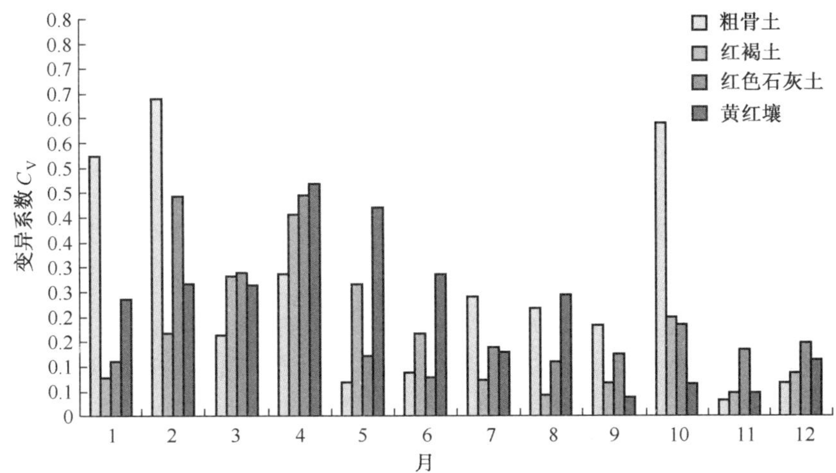

图 5-23　4 种土壤类型水分动态变异系数比较

表 5-28　4 种土壤类型水分动态汇总表

深度(cm)	粗骨土		红褐土		红色石灰土		黄红壤	
	月均	变异系数	月均	变异系数	月均	变异系数	月均	变异系数
0~10	6. 29	0. 679	17. 89	0. 532	12. 94	0. 544	13. 64	0. 480
10~20	7. 32	0. 558	21. 76	0. 209	16. 47	0. 373	17. 01	0. 353
20~40	8. 64	0. 496	22. 49	0. 171	16. 99	0. 380	19. 35	0. 304
40~60	10. 71	0. 531	22. 57	0. 155	16. 07	0. 398	18. 02	0. 233
平均	8. 24	0. 566	21. 18	0. 267	15. 61	0. 424	17. 00	0. 342

1. 1. 2　不同地形条件土壤含水率的差异

金沙江河谷土壤水分的唯一来源是大气降水，在蒸发量小于降水量的情况下，地形因素对土壤水分再分配的作用特别明显。

(1)海拔高度

山地地形对气流有抬升作用，因此，山地降水一般随海拔高度升高而增加；在一定高度达到最大值，此高度即称最大降水高度；在此高度以上，气层水汽含量已大量消耗，降水量随高度增加而减少。干湿度不同的山区最大降水高度有差别，一般是干燥区高度高，而湿润区高度低。米易在海拔 2000~2100m 高处，降水量达到 1600m 左右，仍保持递增趋势，据资料计算，最大高度以下平均递增率在30~50mm/100m,米易平均递增率达54mm/100m。而蒸发量随海拔的增加而降低,降水量和蒸发量随海拔的一正、一反变化必然影响土壤水分的动态变化差异。山地粗骨质红壤是本区含水率最低的一种土壤,然而,由于海拔高度差异,土壤含水率及其季节变化迥然不同(表5-29)。

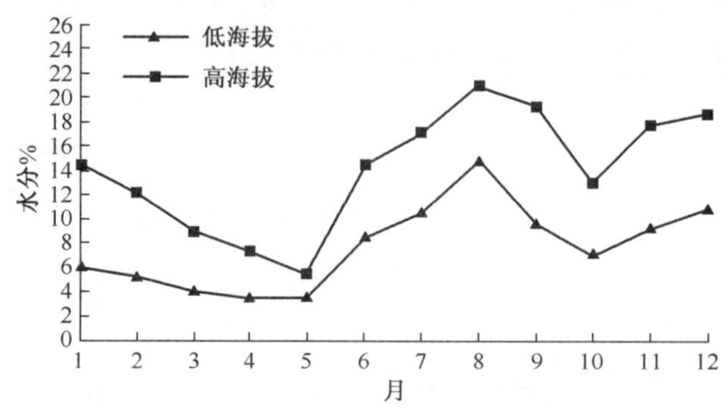

图5-24 不同海拔高度土壤水分动态差异

表5-29、表5-30看出,海拔1280m,全年任何时候土壤含水量都低于海拔1430m。海拔1280m处,一年之中只有6个半月(6月下半月至12月底)土壤含水量在10%左右,其余时间土壤含水量在3%~7%,干旱期长达5个半月之久。海拔1430m则与此相反,6月上旬至翌年2月底的9个月时间里,土壤比较潮润,含水量平均在15%以上(最大含水量为21%),一翌年中只有3个月时间比较干旱,但含水量也在7%左右。全年平均土壤水分含量,1430m较1280m高6.29个百分点,含水量以8月最高,5月最低。以上分析结果表明,在干热河谷,海拔对土壤水分贮量的影响明显,从图5-24也可以看出,低海拔水分明显低于高海拔地区的土壤含水量。因此,在干热河谷区,造林树种及整地方式等技术措施必须充分考虑海拔对气候及土壤水分状态的影响。

表5-29 不同海拔高度山地粗骨质红壤土壤含水量差异 (%)

海拔(m)	取样日期(日/月)										
	8/5	21/5	5/6	21/6	3/7	19/7	7/8	22/8	11/9	20/9	10/10
1280	3.29	3.60	4.44	12.71	9.47	11.69	14.53	15.22	8.83	10.59	6.38
1430	4.63	6.19	10.46	18.51	17.49	16.66	20.65	21.17	19.22	19.20	14.86

海拔(m)	取样日期(日/月)											
	20/10	24/11	11/12	20/12	5/1	19/1	14/2	24/2	9/3	23/3	10/4	29/4
1280	7.70	8.26	10.34	10.89	6.86	5.31	6.56	3.97	3.98	3.94	2.93	4.01
1430	10.85	16.35	19.06	18.51	10.10	18.51	13.38	10.79	8.98	8.73	8.53	6.13

表5-30 不同海拔高度山地粗骨质红壤土壤含水量差异 (%)

海拔(m)	月份												平均
	1	2	3	4	5	6	7	8	9	10	11	12	
1280	6.09	5.27	3.96	3.47	3.45	8.58	10.58	14.88	9.71	7.04	9.30	10.89	7.77
1430	14.31	12.09	8.86	7.33	5.41	14.49	17.08	20.91	19.21	12.86	17.71	18.51	14.06

(2)坡向对土壤水分的影响 坡向对土壤水分影响主要在于蒸发作用的强烈程度。阳坡日照强烈,土壤蒸发十分旺盛,因此,在降水量相同的情况下,阳坡土壤含水量比阴坡低得多(表5-31)。从表5-31看出,山地碳酸盐红褐土旱季阴坡土壤含水量比阳坡高10%~20%,雨季高4%~6.7%。总体看来,坡向对土壤水分的影响是明显的,从表5-32和图5-25看,半阴坡的土壤土壤含水量总体比半阳坡高,变化趋势基本相同。

表5-31 不同坡向碳酸盐红褐土土壤含水量比较 (%)

日期	6/5	25/5	6/6	22/6	7/7	20/7	8/8	21/8	12/9	21/9	14/10	19/10
半阴	6.44	6.13	12.33	17.92	19.83	18.77	18.31	16.85	13.02	15.10	11.74	16.14
半阳	6.55	18.25	16.45	23.17	18.79	26.52	26.00	20.17	22.80	23.55	20.83	16.02

日期	23/11	9/12	21/12	9/1	17/1	13/2	22/2	7/3	21/3	6/4	26/4
半阴	16.23	13.46	25.86	13.03	15.57	12.75	13.76	12.74	11.67	9.11	4.57
半阳	23.58	25.58	23.77	21.72	23.06	19.09	19.23	18.90	16.42	16.11	17.53

表5-32 不同坡向碳酸盐红褐土土壤月平均含水量比较 (%)

月份	1	2	3	4	5	6	7	8	9	10	11	12	平均
半阳坡	14.30	13.26	12.21	6.84	6.29	15.13	19.30	17.58	14.06	13.94	16.23	13.36	13.54
半阴坡	22.39	19.16	17.66	16.82	12.40	19.81	22.66	23.09	23.18	18.43	23.58	24.68	20.32

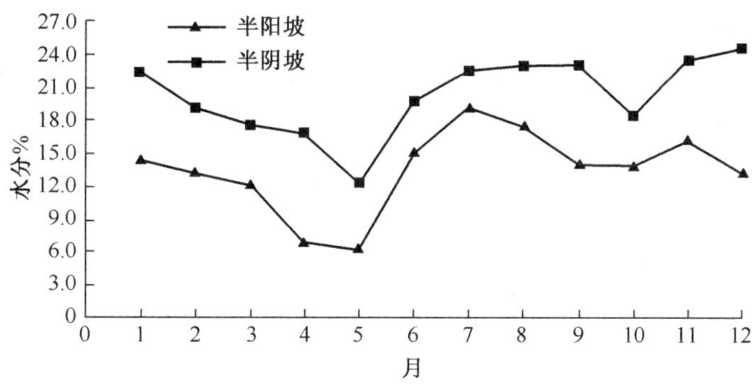

图5-25 不同坡向对土壤水分的影响

(3)结语 金沙江河谷土壤水分唯一来源是靠大气降雨,因此,土壤含水率的季节变化与干湿季交替的气候规律基本一致。雨季土壤湿润,旱季十分干燥,最干出现在旱季的3~5月。

观测的4种土壤中以山地粗骨质红壤全年含水率最低,含水率在5%以下的时间长达5月。因此,造林十分困难,深垦整地,作好蓄水保墒工作是提高造林成效的关键措施。山地碳酸盐红褐土是本区土壤含水率最高的一种土壤,全年变动幅度不大,一年中除旱季3~5月表土层(9~10cm)含水率在5%~10%以外,其余时间各层土壤含水率都>20%。这种土壤造林效果较好,阴坡撒播云南松可以成功。山地红色石灰土,含水率虽然也高,但是由于土壤物理性黏粒含量较大,水分多以束缚水的形式保存于土壤之中,可供植物利用部分较少,因此,植物生长不茂盛,造林仍很困难。山地黄红壤,含水率仅次于山地碳酸盐红褐土,干湿季明显,一年之中只有两个月时间(4、5月)表土层(0~20cm)比较干燥,含水率在9%左右,其余时间都处于潮润状态,插花性干旱对土壤含水率影响不大,造林比较容易成功。

1.1.3 不同地形条件影响土壤含水率

从不同地形条件土壤含水率的观测来看,在蒸发量大于降水量的情况下,地形因素对土壤水分再分配的影响特别明显。山地粗骨质红壤,虽然含水率很低,若分布在海拔1500m以上,土壤仍较潮湿;山地碳酸盐红褐土含水率虽然较高,若处于阳坡,土壤仍很干燥。上述事实说明,在研究金沙江河谷荒山造林的时候,不仅要注意到不同质的土壤含水率的差异,而且还必须考虑到地形条件引起的土壤水分变化。

2 干热河谷阴坡和阳坡土壤水分的动态比较

人工植被目前是我国的主要森林植被类型之一。但现存的大部分人工林植被由于植被类型选择不当、群落密度过大和群落生产力过高等原因,普遍存在林地地力衰退,造林保存率低等生态问题,已经引起了林学界的关注。在干旱、半干旱地区,以"土壤干化"为主的土壤退化极为严重。宁夏中卫2~8年生人工林地表以下0~3m土层含水量从1988年的2%~3%降低到1990年的1%~2%;在黄土高原的许多地区,人工灌木林地土壤水分亏缺,虽然未大片死亡,但对植物已造成严重的生理伤害,生长极其缓慢。目前对林地土壤退化的研究及改造工作主要集中于林地土壤肥力衰退,而对因不合理的造林导致的土壤干化的研究甚少,土壤干化已成为干旱、半干旱地区人工植被建设的严重隐患,土壤干化造成植被根际区水分长时间持续严重亏缺,土壤表层板结,土壤紧实度增大,最终导致了人工植被的严重退化及大面积干枯死亡。攀枝花历年造林试验表明,土壤干旱和土壤干化仍是金沙江河谷荒山造林困难的主要原因。由于多年对地形及坡向等地土壤水分的认识不足,植被恢复与造林效果并不太理想。因此探讨阴坡和阳坡土壤水分的动态变化,比较两者之间水分的数量差异及分异特征,是因地制宜选择造林树种,确定合理的造林方法和防旱保墒技术的基础,也是发挥人工植被生态功能的根本保证。

样地设在仁和区仁和镇海拔1250m的造林裂区试验地内,土壤为燥红壤,以同一山脊的坡度等条件相近的阴、阳坡作为两个对比坡面。干坝塘组坡面为阳坡,花果山坡面为阴坡,各坡面设3个区,每月上、中、下旬在各种整地内取样一次,每次取3个样点,各点在0~70cm厚度内每隔10cm取土样,共7个,然后称重烘干,取平均值进行统计分析。

2.1 阴坡和阳坡土壤水分的层间变化

土壤剖面不同层次由于所处空间位置不同,接受大气降水的时间次序存在先后差异,同时受土壤入渗率的影响,因此不同土层下渗降水量的数量也不同。土壤水分的损失因所处空间位置的不同,而导致各土层接受的外界环境的能量也不同,加之受土壤导水率及植物根系对土壤水分的吸收能力的影响,使土壤中水分的消退速度不同,也使土壤水分的消退过程变得更为复杂。土层蓄水和水分消退的差异,最终体现在土体内部存留水分数量的多少上面。在干热河谷,不同坡向生态景观存在显著差异,究其原因是坡向对土壤水分的影响而致,坡向对土壤水分的影响主要是原因是大气蒸发力的不同,其次是降水量不同的微小差异。因此比较阴坡和阳坡不同土层厚度的差异,是探讨坡向对土壤水分空间分布的主要方法(表5-33,图5-25)。

表 5-33　阴坡和阳坡土壤水分的层间变化

坡向	土层（cm）						
	0~10	10~20	20~30	30~40	40~50	50~60	60~70
阴坡	9.14	14.43	15.93	17.32	18.17	18.56	18.69
阳坡	7.73	14.68	16.05	16.21	16.15	15.56	15.07
差值	1.41	-0.25	-0.13	1.11	2.02	3.00	3.62

从图 5-26 和表 5-33 可知，阴坡和阳坡土壤水分的主要差异明显，从全年的各土层土壤水分的平均值看，地表 30cm 土层土壤水分差异不显著，阳坡 10~20cm 土层的土壤水分反而高于阴坡，30cm 以下土层阴坡水分明显高于阳坡，且有随土层的加深，两者土壤水分差异越明显，在 60cm 以下，阴阳坡全年平均水分差异达到最大，为 3.62%，这说明阴阳坡水分的显著差异主要出现在深层土壤，这种水分差异对林木地生长发育的影响是至关重要的。土表水分损失主要为土壤蒸发，对林木生长发育，特别是安全渡过旱季的影响甚微，因为林木的根系（特别是在干热河谷）主要分布于深层土壤。可见，不同坡向深层土壤水分的差异是影响干热河谷地区植物生态的主导因素。

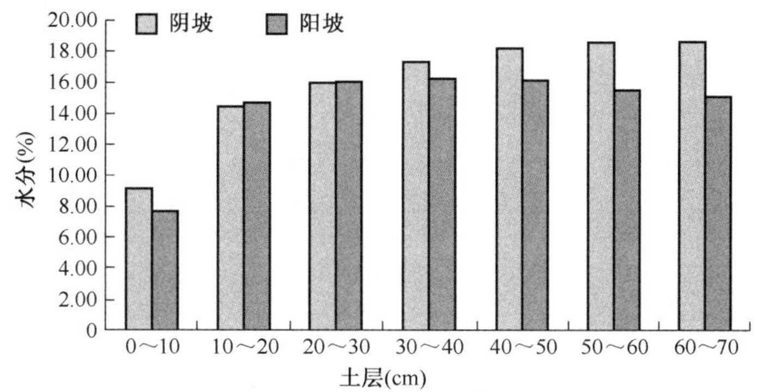

图 5-26　攀枝花市干热河谷阴阳坡土壤水分空间变异比较

2.2　阴坡和阳坡土壤水分的月动态变化

环境的温度、辐射、降雨及大气蒸发等气象因子随季节的变化而明显的不同，从而影响土壤水分的动态变化。在攀枝花干热河谷，干湿季节极为分明，雨季从 6 月中上旬开始，至 9 月结束。10 月至翌年 5 月的 7 个月时间，降水次数、降水量都较少，这期间的降雨对植物生长、发育及减缓旱情没有多大作用，因为这些零星的降水仅湿润地表 10~20cm 土层。由于蒸发强烈，这部降水在土壤中保存的时间极短，多在 1~3 天内即被蒸发掉了；而土壤中的水分消退快慢又主要取决于蒸发强度的大小；阳坡、阳坡土壤水分动态主要取决于不同坡面蒸发强度及蒸发量的大小。其次是降水量和土壤水源涵养能力的差异，攀枝花干热河阴坡和阳坡土壤水分的动态变化见表 5-34 和图 5-27。

表 5-34　阴坡和阳坡土壤水分的月动态变化

时间	N-02	D-02	J-03	F-03	M-03	A-03	旱季平均	M-03	J-03	J-03	A-03	S-03	雨季平均	全年平均
阴坡	16.7	15.8	18.97	14.95	12	10.83	14.88	10.32	16.55	21.46	20.72	18.08	17.426	16.03
阳坡	13.99	12.88	15.07	12.6	10.01	9.83	12.40	16.1	19.5	19.33	19.92	24.5	19.87	15.79
差值	2.71	2.92	3.9	2.35	1.99	1.00	2.48	-5.78	-2.95	2.13	0.8	-6.42	-2.44	0.24

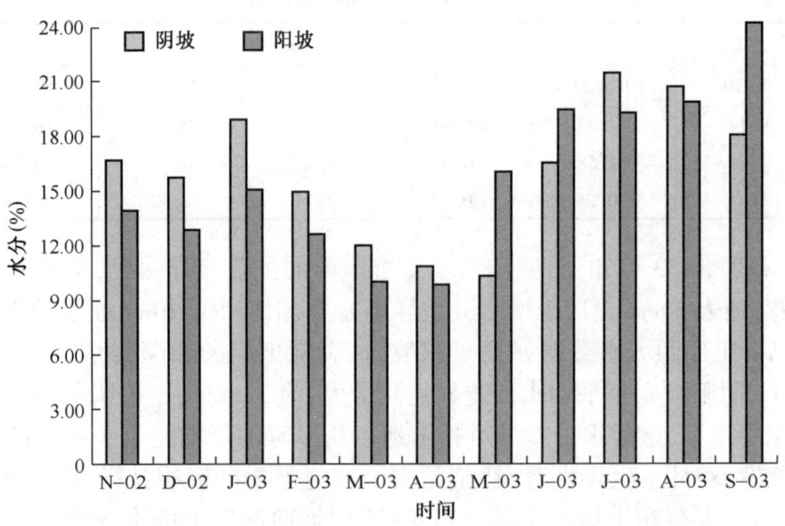

图 5-27 攀枝花干热河保阴阳坡沙土壤水分随时间的变化比较

从全年平均值看,阴坡较阳坡高 0.24%,差异并不太明显。但从各月水分变化看,阴坡和阳坡水分动态明显不同,在旱季阴坡水分明显高于阳坡,从 11 月至翌年 5 月,阴坡土壤水分明显高于阳坡,较阳坡月均高 2.48%。特别是在土壤水分消退的中前和前期阶段即 11 月至翌年 1 月,两者差异最显著。在全年最干旱的 4 月,阴坡较阳坡土壤水分高 1%以上,此阶段的 1%的土壤水分差异,对植物能否安全渡过干旱危害极为重要。这种差异也影响干热河谷阴坡和阳坡植物种群分布及森林生态景观。而在雨季,阳坡土壤水分反而较阴坡高,5~9 月土壤水分月均高 2.44%,其中主要差异发生在 5 月和 6 月,引起这种显著差异的主要原因由于采用多重复样地,取样总数达 500 个,取样时间跨度为 3 天,在旱季,3 天的时间差不足以引起土壤水分的显著变化,而在雨季,这 3 天的时间,取样先后对测试的结果可能产生极大误差。

2.3 阴坡和阳坡旱季土壤水分的水分的层间变化

干热河谷水分的亏损主要在旱季,而对植物的生长发育影响最大的是全年中最干旱月份土壤中可被植物利用的水分贮量的多少,因此分析该月土壤水分的层间分布状况,对揭示阴坡和阳坡植物种群分布及生长差异,对指导干热河谷植被重建有着重要意义。从表 5-35 可知,干热河谷阴坡和阳坡全年最旱月土壤水分的空间差异极明显。以地表 30cm 土层为分界面,地表 30cm 土层的土壤水分差异并不明显。从统计结果看,阳坡水分反比阴坡高,其原因还有待进一步探讨。30cm 以下土层,阴坡土壤水分明显高于阳坡,并随土层的增加,两者水分差距加大,60cm 土层以下,阴坡土壤水分较阳坡高 3.49%,其变化特征与全年土壤水分的空间变异规律完全一致,说明干热河谷阴坡和阳坡土壤水分的最大差异主要在地表 30cm 以下的深层土壤,阴坡水分明显高于阳坡。

表 5-35 攀枝花干热河谷阴阳坡最干旱月份土壤水分的空间分布差异

土层(cm)	0~10	10~20	20~30	30~40	40~50	50~60	60~70	平均
阴坡	1.67	6.75	9.61	12.58	14.07	15.62	15.50	10.83
阳坡	2.11	7.46	10.37	12.26	12.69	11.90	12.02	9.83
差值	-0.44	-0.71	-0.75	0.31	1.38	3.72	3.49	1.00

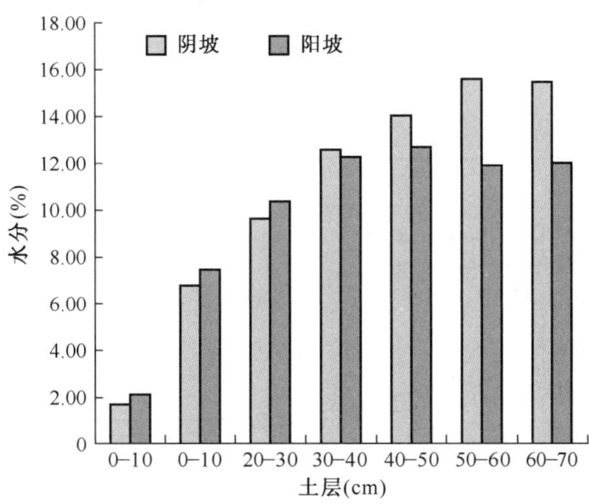

图 5-28　干热河谷阴阳坡最旱月土壤水分含量比较

2.4　阴坡和阳坡土壤水分的变异性比较

土壤水分的空间变异反映了水分在土壤中的分配及消耗的差异,通常以变异系数 C_v 表示,该值越大,则土壤剖面层次的水分变化越剧烈,反之含水量也越稳定,变异系数的大小反映了土壤水分受环境水热加交换的影响,反映了层间水分的稳定性。

2.4.1　土壤水分空间变异比较

土壤水分的空间变异系指不同土层深度的水分在年内的变化大小。从表 5-36 和图 5-29 明显看出:①阳坡各土层水分的变异均明显高于阴坡,阳坡水分的变异曲线均位于阴坡的上方,说明阳坡土壤水分在年内波动性大于阴坡。②土壤水分的空间变异性以表土层最大,为 0.975,60~70cm 土层的变异 最小,为 0.141,最大值约为最小值的 7 倍,这说明在干热河谷坡向及土层深度对土壤水分的稳定性影响作用是显著的。③从图 5-29 还可看出,阴坡和阳坡土壤水分的变异虽在数量存在明显差异,但变化规律却是相同的,即土壤水分的层间变异随土壤深度的增加,变异性降低。④从层间变异的大小看,0~70cm 土层大致可分为 3 层:第 1 层(0~10cm)为表土水分速变层,土壤水分年内月变异系数阳坡大于 0.9、阴坡大于 0.6,土层;第 2 层(10~30cm)为水分活跃层,阳坡大于 0.3,阴坡大于 0.2;第 3 层(30~70cm)为水分相对稳定层,阳坡变异系数小于 0.25,阴坡小于 0.2,土壤水分的月变化相对较小,若以阴坡变异系数的标准评价,阳坡不存在水分相对稳定层,60~70cm 土层的变异系数都大于 0.2。

2.4.2　土壤水分月变异比较

土壤水分的月变异指水分随时间的波动变化,波动大小多用变异系数反映,它反映了各土壤类型不同月份水分在土层中的分配差异。阴坡和阳坡土壤水分的变异性结果统计见表 5-36 和图 5-30。从图可以看出,阴坡和阳坡土壤水分在不同月份明显不同。在最干旱的月份(3~6 月),阴坡土壤水分在整个土层分配的不均性明显高于阳坡,即上下土壤水分的差异明显高于阳坡,阴坡和阳坡在地表 30cm 土壤水分含量较为接近,而 30cm 以下土层,阴坡土壤水分明显较阳坡高。7~9 月为雨季,为土壤的增墒期,阴坡和阳坡的层间变异时高时低,7、8 月

表 5-36　土壤水分空间变异比较

土层(cm)	0~10	10~20	20~30	30~40	40~50	50~60	60~70	平均
阴坡	0.613	0.306	0.252	0.200	0.167	0.155	0.141	0.221
阳坡	0.975	0.413	0.297	0.244	0.229	0.233	0.217	0.373
差值	-0.362	-0.107	-0.045	-0.044	-0.062	-0.078	-0.076	-0.152

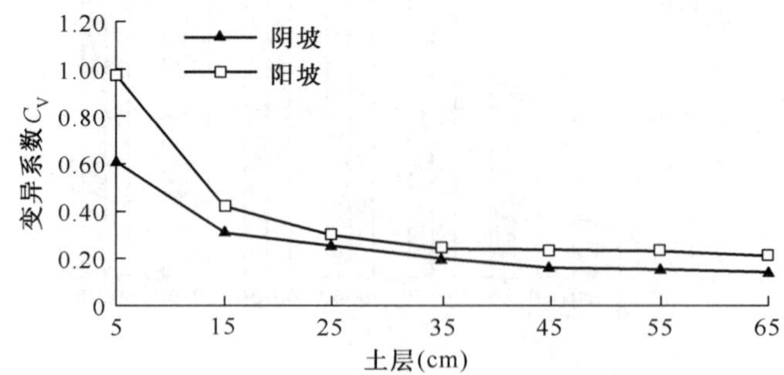

图 5-29　干热河谷阴坡和阳坡土壤水分的空间变异比较

阴坡高于阳坡，而 9 月份则相反；10 月至翌年 2 月阳坡土壤水分变异又明显高于阴坡，这主要原因在于：雨季结束后(10 月初)阴坡和阳坡上下土层水分均较为接近，相对变异较小，多维持在田间持水量水平，该阶段为土壤水分的消退期，且这期间虽为全年最低温的几个月份，蒸发量较小，但是，阳坡受日光照射影响，阳坡蒸发量明显大于阴坡，因此阳坡中土壤水分的损失量高于阴坡，根据土壤蒸发特征，表层水分最先蒸发损失，因此阳坡上土层水分的蒸发量高于阴坡，也高于它下层的土壤，最终体现为阳坡上层水分显著高于下层土壤，其变异系数较阴坡大，3 月过后，土壤水分加速消退，到干旱后期，阳坡水分上下层水分损失较多，进入水汽蒸发阶段，土壤水损失速度降低，整个土层水分在低水分状态趋于一致，变异性较小，而且阴坡由于前期水分下层的水分蒸发损失较小，而上层水分损失较多，加剧了上下层水分的差异，该阶段阴坡水分蒸发损失较阳坡滞后。

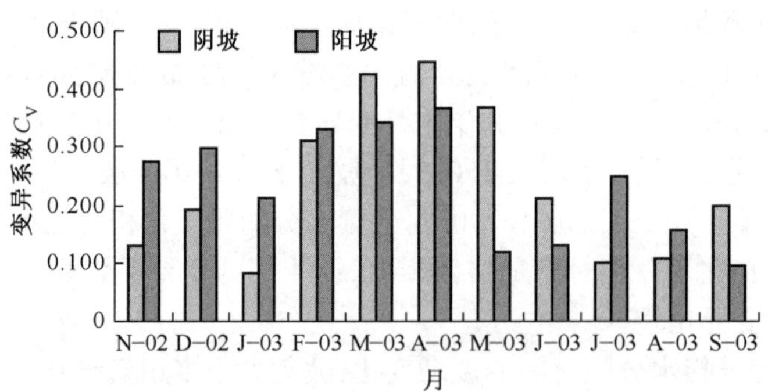

图 5-30　干热河谷阴坡阳坡土壤水分动态变异比较

3　干热河谷地区 4 种整地方式对土壤水分的影响

为了充分利用旱季土壤中有限的水分和改善土壤水分状况，为干热河谷造林技术研究提供科学依据对不同整地方式，测定了旱季中不同坡向与土层的月含水量变化值。

在测定土壤水分的同时,相应的设置了 4 种整地方式:带状抽槽、带状松土、大穴和小穴。其规格是:环山水平带状抽槽,宽 60cm,深 40cm;环山水平带状松土,宽 60cm,深 20cm;大穴长、宽、深各 40cm;小穴(对照)深 10cm,长、宽各 20cm,每月上、中、下旬在为各种整地内取样一次,每次取 3 个样点,各点在 0~60cm 厚度内间隔 10cm 层次取土样共 7 个,然后称重烘干,测定含水量。

3.1　土壤水分的空间变异

3.1.1　阳坡带状抽槽土壤水分的空间变化

从图 5-31 可知,曲线波动性以 0~10cm 土层的水分变化最为剧烈,其次是 10~20cm,第三为 20~30cm 土层,30cm 以下土层水分含量趋势较为一致,这说明 30cm 土层水分交换最为强烈,而深层土壤水分变化趋稳定。总的变化规律是从上层土壤至下层土壤,随着土层的增厚,其水分变化的波动性变小。全年土壤水分变化特点是:8~9 月为全年水分的最高时段,随

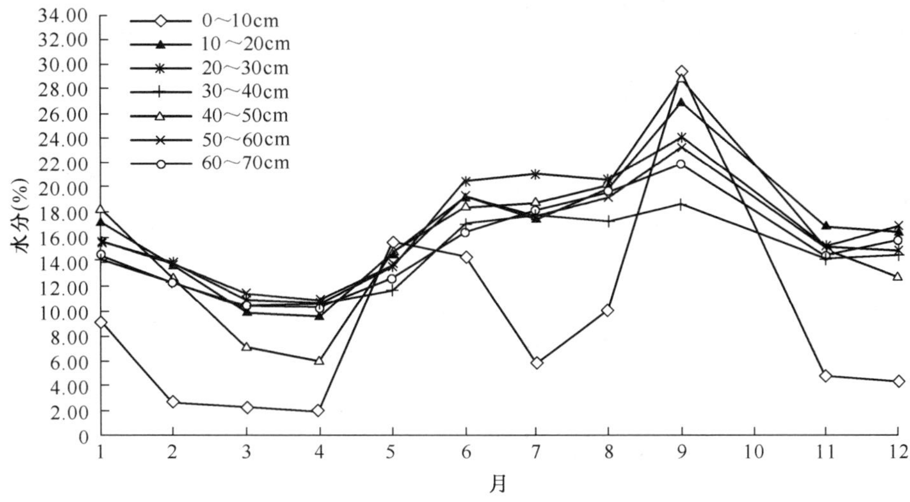

图 5-31　阳坡带状抽槽土壤水分动态

表 5-37　土壤含水量汇总表(阳坡带状抽槽)

时间(月) \ 土层(cm)	0~10	10~20	20~30	30~40	40~50	50~60	60~70
1	9. 12	18. 33	17. 35	15. 76	15. 60	14. 56	14. 26
2	2. 59	12. 70	13. 80	13. 67	13. 88	12. 49	12. 24
3	2. 18	7. 16	9. 88	11. 27	10. 85	10. 46	10. 26
4	1. 83	6. 01	9. 49	10. 69	10. 48	10. 40	10. 64
5	15. 57	14. 95	14. 66	13. 87	13. 59	12. 61	11. 71
6	14. 38	18. 51	19. 27	19. 29	20. 52	16. 43	17. 10
7	5. 77	18. 70	17. 56	17. 68	21. 07	18. 15	17. 66
8	10. 04	20. 15	19. 93	19. 30	20. 53	19. 64	17. 34
9	29. 25	29. 04	27. 05	23. 30	24. 19	21. 95	18. 70
10	18. 89	23. 86	23. 64	24. 26	24. 42	19. 23	17. 40
11	4. 67	14. 99	16. 91	15. 20	15. 18	14. 43	14. 20
12	4. 40	12. 83	16. 59	16. 87	14. 87	15. 75	14. 60

后逐渐减少，至4~5月最低，6~7月随着雨季的来临，土壤水分又逐渐回升，全年土壤水分最高和最低点出现的早迟取决于雨季来临早迟，以及8~9月的降水量和降雨强度。全年降水曲线呈非对称性的正态分布曲线，土壤水分增加的时间较短，为2个月（6~7月）左右，而水分减少的时间较长，达7~8个月（10月至翌年5月），根据土壤水分随时间的变化特点，可将土壤水分的变化过程分为3个时期：土壤水分积累期（6~7月），水分稳定期（8~9月），土壤水分消退期（10月至翌年5月）。干热河谷土壤水分动态变化3个阶段的划分，便于对土壤水分动态变化进行预测，土壤水分这种干湿季节变化分明的特点，与干热河谷的降水分布规律和蒸发特点是一致的；9月土壤水分为全年最高，其中以0~20cm为土层最高；4月土壤水分最低，0~10cm土壤水分最低达2%，低于土壤的最大吸湿水，10~20cm为6%，接近土壤的凋萎湿度，30cm以下土层最低水分含量与降水分布规律和蒸发特点较为一致，为10.5%，20cm以下土层最低水分大于土壤凋萎系数，说明阳坡带状抽槽土壤干土层为20cm（表5-38）。

表5-38 土壤含水量汇总表（阳坡带状松土）

土层（cm） 时间（月）	0~10	10~20	20~30	30~40	40~50	50~60	60~70
1	8.92	17.06	16.89	17.55	16.88	17.07	16.54
2	2.49	10.93	13.88	16.41	17.25	17.15	16.51
3	3.61	8.89	12.18	13.57	13.54	13.69	13.09
4	1.72	6.90	10.06	14.14	13.75	13.28	13.49
5	17.07	17.00	17.31	17.60	16.90	17.40	15.88
6	18.54	19.49	20.47	21.58	22.70	20.72	20.59
7	10.83	21.73	24.18	25.86	24.88	26.45	25.13
8	10.04	19.04	21.60	21.00	21.19	21.66	19.82
9	32.94	33.16	31.97	30.74	26.62	26.44	25.49
10	20.14	27.64	28.02	25.48	27.01	23.84	24.06
11	5.09	16.67	19.25	17.64	17.84	16.63	16.45
12	5.00	11.94	15.18	15.50	15.26	14.82	14.67

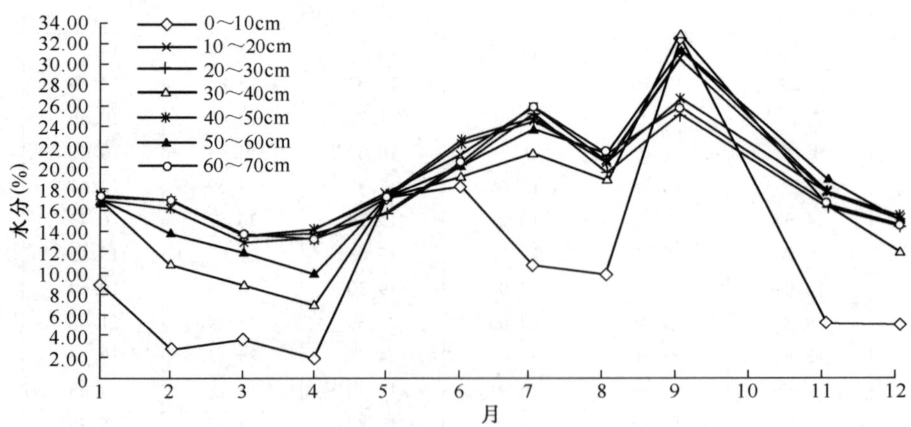

图5-32 阳坡带状松土土壤水分动态

3.1.2　阳坡大穴整地土壤水分的空间变化

阳坡带状整地水分的空间变化特点与带状抽槽和带状整地的空间变化规律一致(图 5-33)，平均土壤水分含量随土层的增加而增加，而曲线的波动性随土层的增加而减小；0~10cm 土层水分曲线的波动性最大，与下层土壤的差异明显；而 10cm 以下土层的水分动态曲线较为一致，说明环境的水热交换主要影响地表 10cm 土层；10~70cm 土层最大含水量均在 9 月，10~70cm 本层以上层含水量最大，然后随土层的增加而减少，这说明雨季的降水不能充分下渗到深层土壤，其原因：一是降水量较少，二是土壤的入渗率较低。整个土层最小含水量出现在 4 月(除 0~10cm 土层在 3 月外)，为 1.98%，仍小于土壤最大吸湿水。10cm 以下的最小含水量均大于土壤凋萎湿度。干土层厚度为 10cm，据此认为阳坡大穴整地对水分保持更利于林木安全度过漫长的旱季。

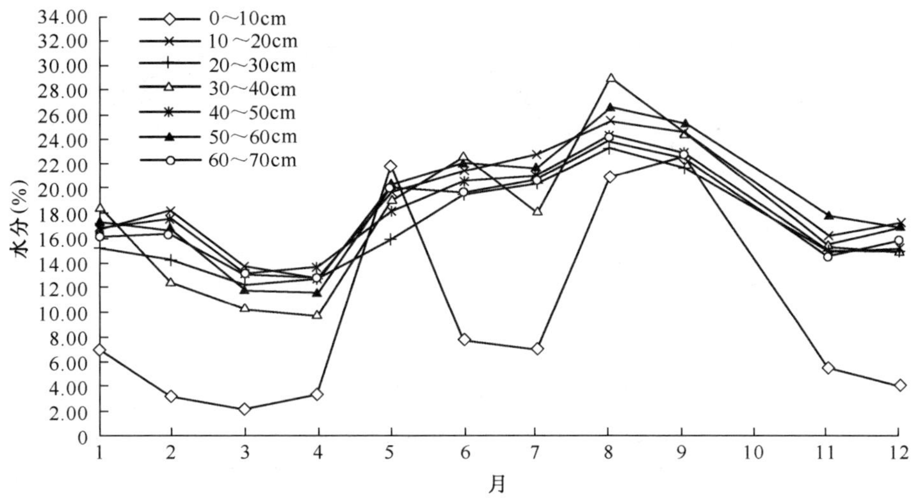

图 5-33　阳坡大穴整地土壤水分动态

阳坡大穴整地水分动态曲线的波动性以上层土壤的波动性最大，10~20cm 土层土壤水分波动性仍较大，与上下层有明显的差异，说明大气降水、蒸发及能量交换主要发生在 20cm 土层之内，20cm 以下土层水分动态曲线变化较一致。

表 5-39　土壤含水量汇总表(阳坡大穴整地)

时间(月) \ 土层(cm)	0~10	10~20	20~30	30~40	40~50	50~60	60~70
1	6.82	18.59	17.28	16.51	16.75	16.16	15.14
2	2.92	12.41	16.67	18.02	17.49	16.34	14.20
3	1.98	10.19	11.72	13.60	13.01	12.98	12.22
4	3.10	9.56	11.45	12.48	13.43	12.71	12.57
5	21.94	18.70	20.33	19.34	18.25	20.08	15.89
6	7.51	22.75	22.20	21.41	20.56	19.80	19.60
7	6.89	17.99	21.70	22.85	21.01	20.81	20.34
8	20.96	29.11	26.88	25.60	24.46	24.06	23.37
9	22.47	24.57	25.29	24.67	22.97	22.66	21.80
11	5.29	15.46	17.74	16.18	15.00	14.57	14.92
12	3.84	17.03	17.01	17.23	15.02	15.73	14.60

3.1.3 阳坡小穴整地土壤水分的空间变化

图5-34所示,阳坡小穴整地土壤水分动态曲线与其他3种整地方式有着明显的不同,全年土壤有两个最高点,分别出现在6月和8月,而深层土壤的最大含水量都较低。这主要反映了大气降雨主要发生在上层土壤,水分下渗量较少,土壤的入渗性能较差。土壤表层的最小含水量发生在4月。从表5-40看,整个土层的最小含水量为1.42%,较其他3种整地方式要小,说明地表干旱更为严重。10~20cm土层的最小含水量接近于土壤凋萎湿度,20cm以下土层的最小含水量大于10%。干土层厚度为20cm。总体上讲,全年土壤总水分贮量偏低,但持水能力较强,这可能与地表易形成干土层有关,干土层的形成可防止下层土壤水分的蒸发损失。

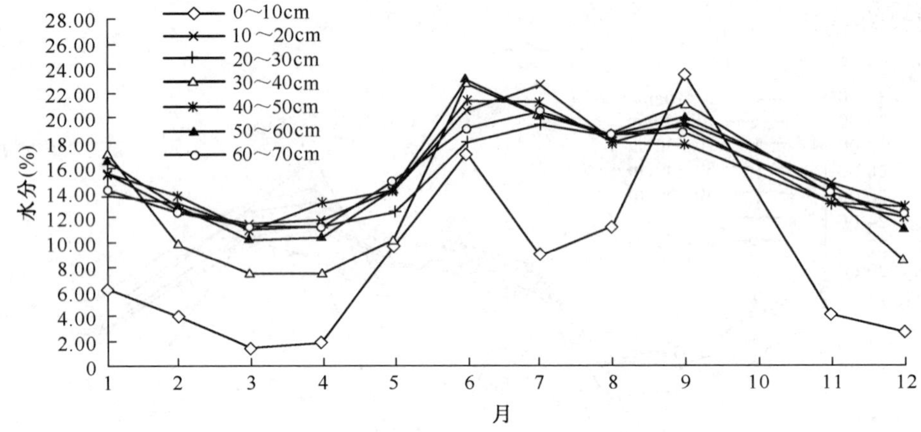

图5-34 阳坡小穴整地土壤水分动态

表5-40 土壤含水量汇总表(阳坡小穴)

土层(cm) 时间(月)	0~10	10~20	20~30	30~40	40~50	50~60	60~70
1	6.17	17.23	16.65	15.57	15.44	14.24	13.60
2	3.98	9.77	13.01	12.52	13.77	12.48	13.23
3	1.42	7.43	10.27	11.47	11.00	11.26	11.12
4	1.78	7.38	10.47	11.74	13.12	11.19	11.37
5	9.69	10.27	14.36	14.07	14.40	14.87	12.43
6	17.27	22.97	23.19	20.74	21.46	19.12	17.96
7	8.90	20.48	20.20	22.86	21.36	20.58	19.54
8	11.25	18.87	18.59	17.94	18.05	18.68	18.59
9	23.66	21.24	20.17	19.67	17.87	18.83	19.36
11	4.16	13.64	14.65	13.09	13.12	13.91	14.78
12	2.69	8.57	11.05	11.87	12.79	12.28	12.65

3.2 不同整地方式的土壤水分差异

在干热河谷地区,阳坡土壤中水分亏损最为严重,是造林最为困难的坡面,整地方式的合理选择是保证阳坡造林成败的关键技术。现对四种整地方式对土壤水分数量的影响作对比分析。详细见表5-41。

表 5-41 阳坡不同整地方式的水分变化

月份	1	2	3	4	5	6	7	8	9	11	12	平均数	标准差	变异系数
带状抽槽	15.00	11.62	8.86	8.51	13.85	17.93	16.65	18.13	24.78	13.65	13.70	14.79	4.61	0.31
带状松土	15.85	13.52	11.22	10.48	17.02	20.58	22.72	19.19	29.62	15.65	13.20	17.19	5.61	0.33
大穴	15.32	14.01	10.81	10.75	19.22	19.12	18.80	24.92	23.49	14.16	14.35	16.81	4.70	0.28
小穴	14.13	11.25	9.14	9.58	12.87	20.39	19.13	17.42	20.11	12.48	10.27	14.25	4.29	0.30

从图 5-35 看,全年整个 70cm 土层的平均值,以带状松土水分含水量最大,其次是大穴整地,而小穴整地最差,带状松土和大穴整地土壤水分与带状抽槽和小穴整地差异显著,全年水分相差达 2 个百分点。以全年最干的 4 月份的土壤水分相比,大穴整地水分含量最高,为 10.75%;带状松土次之,为 10.48%;再其次是小穴整地,为 9.14%;带状抽槽最差仅为 8.51%。雨季土壤含水量反映了土壤的蓄水能力,四种整地方式以带状松土水分含量最高,其次为大穴整地,最小为小穴整地。从土壤水分动态变化曲线看,带状抽槽和小穴整地不及带状松土好。以上综合分析的结果表明,带状对保持土壤水分效果最好,大穴整地与之接近,小穴整地和带状抽槽效果较差。

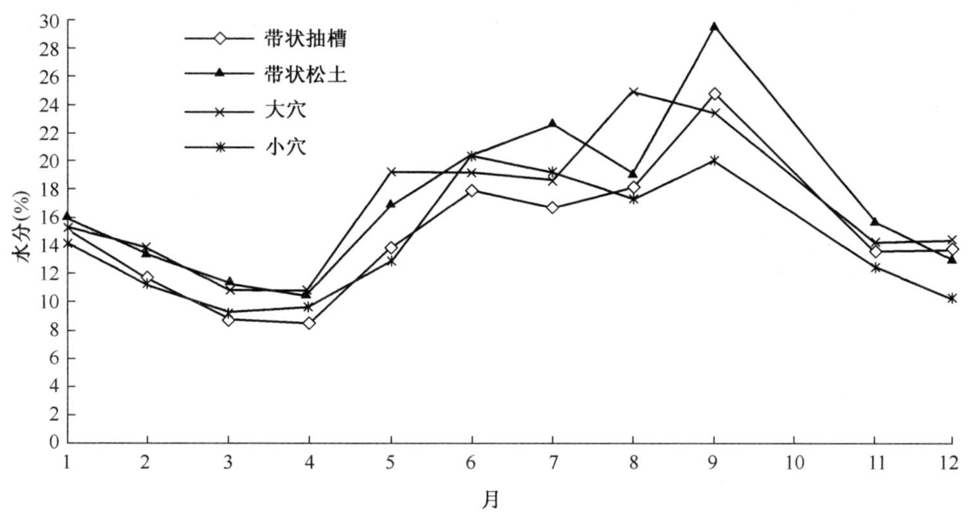

图 5-35 阳坡不同整地方式土壤水分动态比较

3.3 4 种整地方式土壤水分的空间变异分析

变异系数是样本标准差与样本平均值的比值,它的大小反映样本间的波动性。就土壤水分动态的而言,变异系数的大小反映了土壤水分受大气降水和蒸发等环境因子的影响。土层的蓄水能力越强,土壤水分越稳定,其变异性越小。土壤水分的空间变异主要指土壤水分在不同土壤深度层次的差异大小,这种差异主要用变异系数的大小表征,它反映了土壤的降水分配及水分消耗的差异,在不考虑地上植被差异时,主要反映了土壤的结构状态。4 种整地方式的空间变异见表 5-42 和图 5-36。

表 5-42　4 种整地方式土壤水分的空间变异

季节/月份	旱季								雨季				
	11 月	12 月	1 月	2 月	3 月	4 月	5 月	平均	6 月	7 月	8 月	9 月	平均
带状抽槽	0.275	0.292	0.183	0.322	0.338	0.368	0.090	0.267	0.108	0.275	0.190	0.145	0.180
带状松土	0.282	0.267	0.179	0.368	0.310	0.413	0.030	0.264	0.060	0.222	0.200	0.104	0.147
大穴	0.265	0.306	0.235	0.348	0.347	0.310	0.092	0.272	0.254	0.269	0.097	0.053	0.168
小穴	0.146	0.087	0.277	0.328	0.244	0.284	0.373	0.248	0.373	0.153	0.107	0.224	0.214

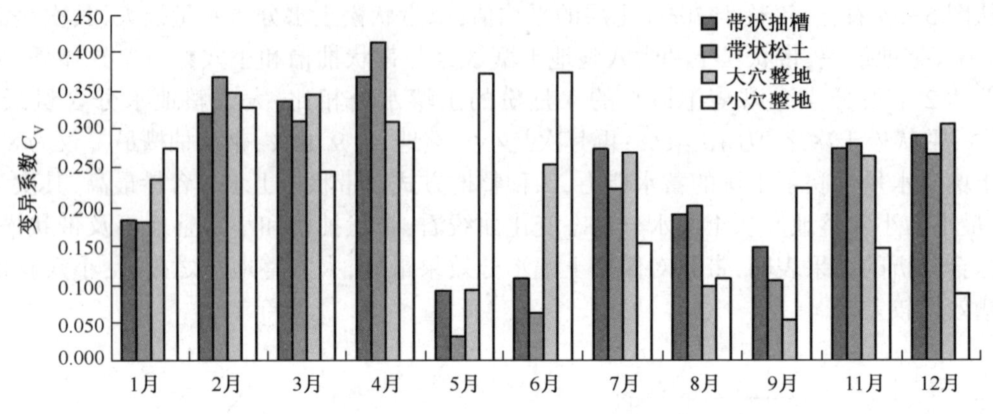

图 5-36　阳坡 4 种整地方式的时间变异

从表 5-42 可以看出，土壤水分的空间变异随季节的变化而表现出明显差异，存在土壤含水量越大，空间变异性越小，含水量越小，空间变异性越大的变异规律。4 种整地方式土壤水分在雨季(7、8、9 月)变异性较小，旱季空间变异性大。雨季是土壤水分的积累期，在整个土层入渗性能较好时，土壤水分基本维持在田持水量附近，其层间差异主要反映了土壤层间蓄水能力的大小，若土壤的入渗性能较差时，降水不能入渗到深层土壤，致使上层土壤含水量较高，而深层土壤含水量较低，从而使整个土层在雨季的贮水量减少，进而影响植物在旱季对水分的利用。全年土壤以 9 月份含水量最高，4 种整地方式带状松土和大穴整地含水量较高，其变异性也相对较小；小穴整地含水量最小，变异性最大，说明土壤的蓄水能力和入渗能力较差；在土壤水分消减期即消退期(10 月至翌年 4 月)，四种整地方式的土壤水分的层间变异均较大，说明消退期土壤水分的层间损失存在明显的不同，结合各层土壤水分的含量变化，说明其土壤水分在层间损失是非均匀性，初期以表层损失速度最快，下层较慢。在上层土壤水分降到一定水势状态，上层耗水速度开始降低。整个土层的水分损失(蒸发或蒸腾)逐渐以下层土壤贮存的水分作为消耗的主体，到干旱后期，整个土层的水分在低水势状态趋于均匀和稳定。但由于受气温、太阳辐射等气候的因子的影响，土壤水分的空间变化以 1 月较低，2、3、4 月最为强烈，是土壤水分损失最快的阶段。在干旱后期，由于地表干土层的存在，土壤处在低水分含量状态，整个土层水分损失速度降低，上下土层水分分异特别明显。土壤在低水势状态稳定的含水量大小和变异性反映了土壤的抗旱(保水)能力。从图 5-36 可以看出，小穴整地的空间变异最小，其含水量最小，说明其抗旱能力最差。带状松土层间变异最大，其含水量与大穴整地接近，明显高于小穴整地和带状抽槽。这说明整地方式对土壤的抗旱能力的影响是显著的，以带状抽槽和大穴整地改善旱季土壤水分状态效果最明显。

3.4　不同土层的土壤水分的时间变异分析

不同层次的土壤,发生水汽交换、接受环境的能量(热量)在数量和时间上都存在明显的差异,因此土层中不同深度的土壤水分不仅在数量上存在差异,而且在动态变化规律上也有明显的不同,不同层次的土壤水分随季节的变化大小,主要由变异系数的大小表示(表5-43)。

表5-43　四种整地方式土壤水分的空间变异

土层(cm) 整地方式	0~10	10~20	20~30	30~40	40~50	50~60	60~70
带状抽槽	0.87	0.435	0.328	0.258	0.296	0.271	0.230
带状松土	1.032	0.445	0.328	0.259	0.219	0.227	0.211
大穴整地	0.979	0.343	0.271	0.218	0.201	0.231	0.194
小穴整地	1.016	0.428	0.261	0.239	0.201	0.203	0.216

从图5-37可以看出,0~10cm土层的水分全年变化最大,总的趋势是土壤水分随时间的推移和土层的增加而减小。0~10cm土层与10cm以下土层的差异最为显著,变异系数前者是后者的2倍以上。30cm以下土层水分的变异情况相对较一致,说明在干热河谷的幼林生长阶段,环境对30cm土壤层影响最大,4种整地方式相比,0~10cm的水分变异以带状最大,小穴整地次之,带状抽槽变异最小。10cm以下土层以大穴整地的变异相对最小,而带状抽槽的变异性最大。从变异性的大小、不同土层水分对植物的有效性旱季可以看出,带状整地的效果最好,带状抽槽较差。

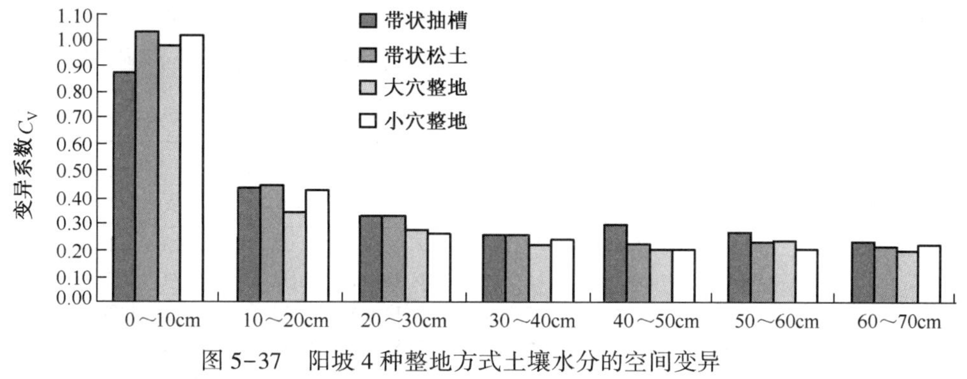

图5-37　阳坡4种整地方式土壤水分的空间变异

3.5　阴坡不同整地方式对土壤水分的影响

干热河谷坡向影响植物的种类、生长、生物量。阴坡生态影响与阳坡森林生态景观明显不同,在阳坡多为稀疏灌丛,而阴坡多为森林植被。影响其生态景观的主要因素是土壤水分状况的不同,因此对阴坡水分动态的研究有助于揭示土壤水分的供给对植物生长的影响。但因干热河谷坡特殊的气候环境,不论是阳坡还是阴坡,土壤水分亏损都很严重,选择合理的整地方式,对改善旱季土壤水分状态十分必要。

3.5.1　阴坡带状抽槽的土壤水分动态

从图5-38可知,2002年土壤水分以9月最高,2003年以7月最高。全年最低含水量出现的时间上下土层略有差异,0~20cm土层出现在4月,20cm以下土层出现在5月,这说明4~5

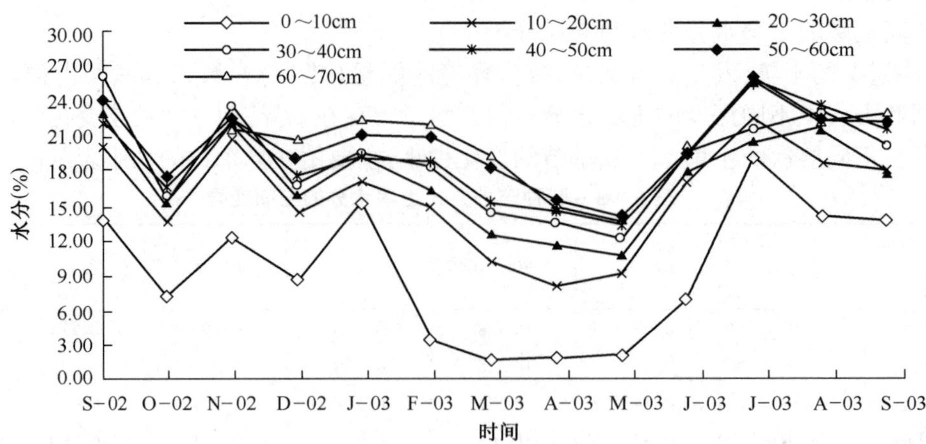

图 5-38 阴坡带状抽槽的土壤水分动态

月的零星降雨对表层的水分有一定的补充,但水分含量仍很低,低于土壤的凋萎系数。由于降水量较少,这部分降雨,不能入渗至20cm以下土壤,因此,随着旱情的延续,深层土壤水分仍呈下降趋势,到5月最低。40cm土层以下水分在水分含量最低点保持稳定,维持在13%。从水分动态曲线图看,干湿季节变化仍很分明,但土壤水分的最高、最低出现的月份与阳坡略有差异,这主要是阴阳蒸发差异所致。从图5-38可明显看出,土壤水分的层间变化的梯度差异较明显,即上层土壤水分曲线总位于下方,层间差异大小也随土层的增加而减少。曲线的波动性也随土层的增厚而降低,其中以0~10cm的波动最大,土壤的干土层厚度竟为10cm,表层最小含水量可达1.68%(表5-44),远低于土壤最大吸水量,说明即使在阴坡,干热河谷严酷的气候环境仍可使表层土壤水分达到烘干状态。但10cm的干土层厚度,对植物安全度过旱季影响不明显。

表 5-44 土壤含水量汇总表(阴坡带状抽槽)

时期	土层(cm)							平均数	标准差	变异系数
	0~10	10~20	20~30	30~40	40~50	50~60	60~70			
2002年7月	13.86	20.03	22.88	26.15	22.03	24.04	22.23	21.60	3.611	0.167
2002年10月	7.15	13.18	15.38	15.74	16.48	17.35	16.74	14.57	3.275	0.225
2002年11月	12.29	20.78	22.09	23.50	22.14	22.47	21.59	20.69	3.516	0.170
2002年12月	8.54	13.94	15.70	16.79	17.51	18.84	20.54	15.98	3.618	0.226
2003年1月	15.18	17.04	19.23	19.52	19.30	21.07	22.31	19.09	2.206	0.116
2003年2月	3.38	14.80	16.34	18.26	18.74	20.80	21.94	16.32	5.745	0.352
2003年3月	1.68	9.94	12.38	14.25	15.19	18.21	19.22	12.98	5.479	0.422
2003年4月	1.84	7.93	11.46	13.46	14.58	15.16	14.73	11.31	4.520	0.400
2003年5月	2.08	9.00	10.58	12.00	13.25	13.80	13.68	10.63	3.852	0.362
2003年6月	6.85	16.94	17.88	19.57	19.31	19.33	20.01	17.13	4.309	0.252
2003年7月	19.06	22.42	20.48	21.53	25.48	26.01	25.63	22.94	2.577	0.112
2003年8月	13.98	18.43	21.68	22.88	23.55	22.36	22.23	20.73	3.145	0.152
2003年7月	13.68	17.96	17.73	19.99	21.65	22.24	22.90	19.45	3.008	0.155
平均数	7.56	14.35	16.18	17.72	18.12	19.35	19.71	16.14		
标准差	6.00	4.95	4.44	4.34	3.68	3.45	3.61	4.35		
变异系数	0.79	0.34	0.27	0.24	0.20	0.18	0.18	0.32		

3.5.2　阴坡带状松土的土壤水分动态

从图 5-38 曲线的波动性和土壤水分数量的大小看，从表层至下层，随着土层的增厚，土壤的波动性减少，水分含量增大，土层的间差异梯度仍很明显。在土壤水分的快速消退期和干旱期（2~5 月）土壤水分的层间变异特别显著，如 2003 年 3 月水分含量，10cm 土层与 20cm 相差 5%，20~50cm 土层间隔 10cm 相差 3%，60cm 以下的水分才达稳定。这一方面说明土壤剖面的层次分异明显，同时也说明。干旱气候影响比较明显的土层厚度达 50cm，较带状抽槽的影响深度要大一些。2002 年最高土壤水分含量出现在 9 月，2003 年出现在 7 月，与带状抽槽出现的时间完全一致；全年土层最小含水量达 1.40%（表 5-45），较带状抽槽低，说明该整地方式对地表层的蒸发损失更为强烈。0~20cm 土层最小含水量出现在 4 月份，其中干土层厚度为 20cm，也较带状抽槽多。10cm，20cm 以下土层最低值出现在 5 月，最小水分含量的稳定值位于 50cm 以下，这说明该整地方式在阴坡的效果不如带状抽槽好。

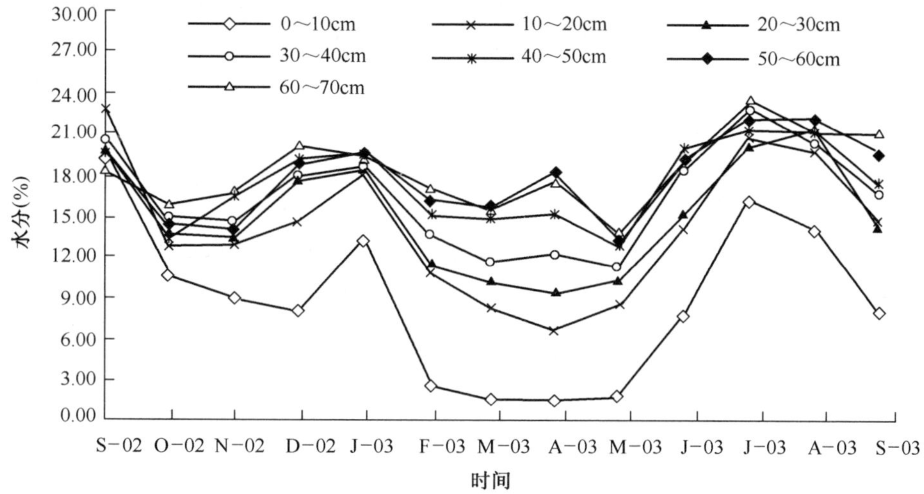

图 5-39　干热河谷阴坡带状松土土壤水分动态变化

表 5-45　土壤含水量汇总表（阴坡带状松土）

时期	土层（cm）							平均数	标准差	变异系数
	0~10	10~20	20~30	30~40	40~50	50~60	60~70			
2002 年 7 月	20.40	22.72	19.64	20.50	19.48	19.15	18.27	20.02	1.305	0.065
2002 年 10 月	10.48	12.74	13.75	14.64	13.13	14.47	15.79	13.57	1.574	0.116
2002 年 11 月	8.86	12.81	13.50	14.50	16.39	13.91	16.65	13.80	2.415	0.175
2003 年 12 月	7.99	14.35	17.82	17.91	19.04	18.85	20.04	16.57	3.877	0.234
2003 年 1 月	13.18	17.92	18.47	18.55	19.46	19.63	19.23	18.06	2.072	0.115
2003 年 2 月	2.59	10.82	11.50	13.58	15.13	16.19	16.89	12.39	4.518	0.365
2003 年 3 月	1.47	8.16	10.06	11.64	14.78	15.54	15.29	10.99	4.682	0.426
2003 年 4 月	1.40	6.46	9.25	12.06	15.15	17.88	17.47	11.38	5.637	0.495
2003 年 5 月	1.76	8.48	10.17	11.23	12.83	12.93	13.67	10.15	3.811	0.375
2003 年 6 月	7.73	14.02	15.25	18.29	19.95	19.13	18.48	16.12	3.957	0.245

(续)

时期	土层(cm)							平均数	标准差	变异系数
	0~10	10~20	20~30	30~40	40~50	50~60	60~70			
2003 年 7 月	16.13	20.78	20.20	22.57	21.26	22.05	23.24	20.89	2.171	0.104
2003 年 8 月	14.00	19.67	21.38	20.19	21.19	22.05	20.82	19.90	2.515	0.126
2003 年 7 月	7.92	14.61	14.31	16.56	17.29	19.45	21.01	15.88	3.947	0.249
平均数	6.94	12.35	13.59	14.82	16.86	16.61	17.11	14.04		
标准差	6.02	5.36	4.91	4.61	5.76	4.39	4.32	5.05		
变异系数	0.87	0.43	0.36	0.31	0.34	0.26	0.25	0.40		

3.5.3 阴坡大穴整地的土壤水分动态

阴坡大穴整地的土壤水分动态变化曲线规律大体上与带状抽槽变化一致,即土层层间水分变异较明显,随土层厚度的增加,水分含量增大,曲线波动性变小。但 40cm 以下土层间的水分动态曲线变化较一致,说明该整地方式大气蒸发影响的主要土层厚度为 40cm,较带状松土影响的层次略浅。从表 5-46 看,全年土壤的最小含水量为 1.48%,略高于带状松土,但低于带状抽槽。土壤的干土层厚度为 20cm。土层水分含量 0~10cm 以 3 月为最小,10~20cm 土层在 4 月出现最低值,20cm 以下最低值出现在 5 月,说明在干热河谷,在雨季末到达之前的降雨(6 月份以前)的降雨,湿润的土层厚度不超过 20cm,这部分降雨对林木生长、发育影响极微,属无效降雨,因为湿润深度不及林木根系的集中分布区,同时因这部分降水量不足,加之蒸发量大,湿润的浅层土壤很快就变干,从 3~5 月水分含量大小看,表层的水分含量多在凋萎系数以下。

表 5-46 土壤含水量汇总表(阴坡大穴整地)

时期	土层(cm)							平均数	标准差	变异系数
	0~10	10~20	20~30	30~40	40~50	50~60	60~70			
2002 年 7 月	15.96	22.91	24.92	25.69	26.17	22.88	24.36	23.27	3.205	0.138
2002 年 10 月	8.32	12.18	17.76	16.97	17.93	17.94	16.81	15.41	3.452	0.224
2002 年 11 月	12.93	15.10	17.09	17.35	16.67	16.82	17.11	16.15	1.484	0.092
2002 年 12 月	10.45	14.96	17.36	17.36	17.67	16.38	17.20	15.91	2.388	0.150
2003 年 1 月	15.82	18.17	19.43	18.70	19.51	20.00	19.36	18.71	1.305	0.070
2003 年 2 月	9.36	14.52	15.94	17.09	18.19	17.69	17.86	15.81	2.887	0.183
2003 年 3 月	1.48	9.12	11.54	14.59	15.66	16.49	16.14	12.14	5.019	0.413
2003 年 4 月	1.73	6.88	9.98	12.58	13.97	15.11	15.04	10.76	4.599	0.428
2003 年 5 月	1.72	8.53	9.44	10.56	12.76	13.42	14.36	10.11	3.956	0.391
2003 年 6 月	9.34	16.01	18.27	17.68	18.43	17.82	16.19	16.25	2.956	0.182
2003 年 7 月	18.50	21.75	21.62	23.20	22.63	22.04	20.42	21.45	1.449	0.068
2003 年 8 月	17.35	21.00	22.48	22.04	22.71	21.66	20.99	21.18	1.679	0.079
2003 年 7 月	10.69	16.76	21.10	20.35	21.26	19.72	19.23	18.44	3.459	0.188
平均数	10.28	15.22	17.46	18.01	18.74	18.31	18.08	16.58		
标准差	5.90	5.07	4.78	4.16	3.74	2.81	2.74	4.17		
变异系数	0.57	0.33	0.27	0.23	0.20	0.15	0.15	0.27		

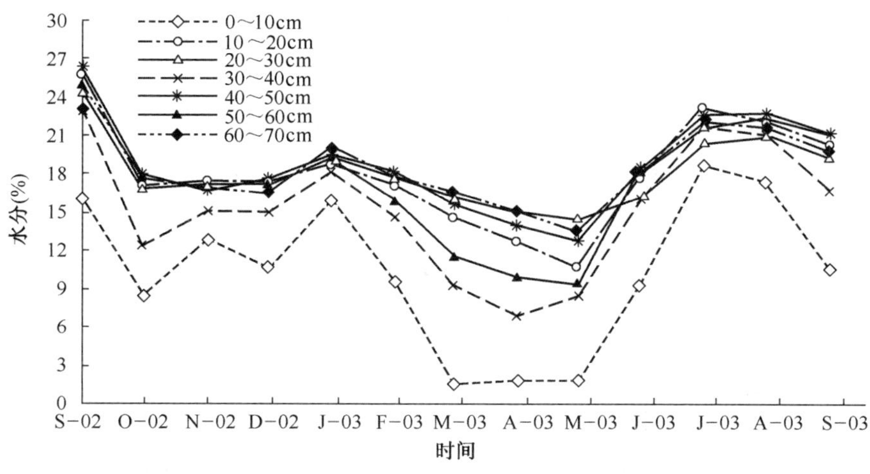

图 5-40　干热河谷阴坡大穴整地的土壤水分动态变化

3.5.4　干热河谷阴坡小穴整地的土壤水分动态

从图 5-41 可知,土壤水分的层次变化仍以上层土壤的变化最大,下层土壤水分动态曲线的波动性明显低于上层土壤,但曲线波动性的层次除 0~10cm 土层的波动性较明显以外,10cm 以下土层的分异不如其他 3 种整地方式明显。层间差异在雨季并不明显,说明下层的水分增加和降低较为一致。层间差异主要发生在比较干旱的季节(1~5 月),明显的分异层次以 30cm 土层为界,下层土壤水分变化及数量较为一致,说明 30cm 是土壤水分稳定性的分界线,0~30cm土层水分的最小值出现 4 月,30cm 土层的最小值出现在 5 月,全年最小含水量 1.69%(表 5-47)。干土层厚度为 30cm,较其他三种整地方式厚度大,说明该整地方式,对土壤旱季水分的保持及抗旱能力较差。

表 5-47　土壤含水量汇总表(阴坡小穴整地)

时期	土层(cm)							平均数	标准差	变异系数
	0~10	10~20	20~30	30~40	40~50	50~60	60~70			
2002 年 7 月	17.65	19.65	19.38	19.43	19.83	19.78	21.47	19.60	1.033	0.053
2002 年 10 月	19.18	17.75	17.52	17.64	17.60	17.31	20.78	18.25	1.181	0.065
2002 年 11 月	13.22	16.22	15.40	16.39	17.25	16.78	17.84	16.16	1.398	0.087
2002 年 12 月	9.82	13.70	14.47	15.35	16.19	16.24	17.29	14.72	2.286	0.155
2003 年 1 月	18.77	19.47	20.13	20.59	19.84	19.98	21.15	19.99	0.707	0.035
2003 年 2 月	4.89	11.65	13.33	18.14	18.99	19.70	20.17	15.27	5.215	0.342
2003 年 3 月	2.07	7.25	10.61	13.44	16.25	16.54	17.12	11.90	5.210	0.438
2003 年 4 月	1.69	5.74	7.78	12.20	12.58	14.30	14.77	9.87	4.547	0.461
2003 年 5 月	2.05	9.48	10.75	12.88	12.72	12.27	12.50	10.38	3.589	0.346
2003 年 6 月	10.32	16.69	16.72	18.67	17.42	18.63	18.51	16.71	2.729	0.163
2003 年 7 月	18.31	18.94	23.08	23.09	21.93	22.08	16.58	20.57	2.405	0.117
2003 年 8 月	18.90	19.29	19.65	22.98	21.60	22.45	22.73	21.09	1.625	0.077
2003 年 7 月	11.25	16.51	17.11	18.04	22.04	22.49	22.32	18.54	3.813	0.206

（续）

时期	土层（cm）							平均数	标准差	变异系数
	0~10	10~20	20~30	30~40	40~50	50~60	60~70			
平均数	11.39	14.80	15.84	17.60	18.02	18.35	18.71	16.39		
标准差	6.93	4.82	4.38	3.52	3.12	3.15	3.07	4.14		
变异系数	0.61	0.33	0.28	0.20	0.17	0.17	0.16	0.27		

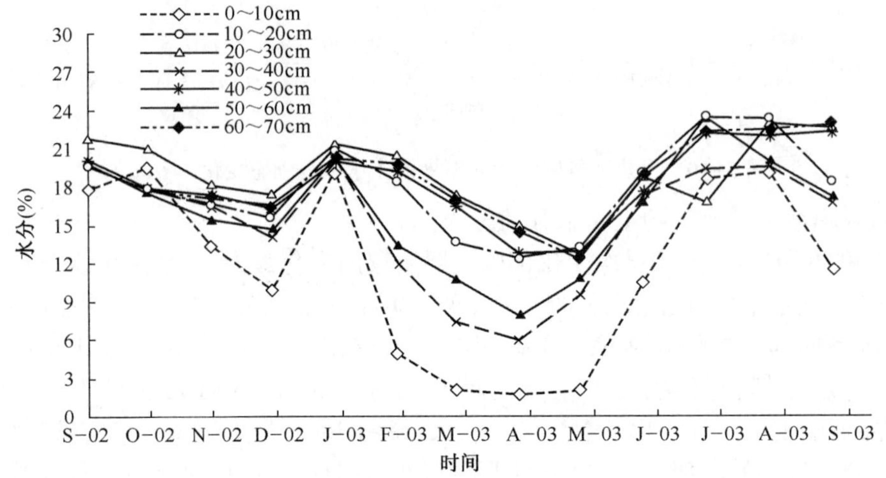

图 5-41　干热河谷阴坡小穴整地土壤水分动态变化

3.5.5　阴坡 4 种整地方式土壤水分动态比较

从表 5-48 全年平均值的大小看，阴坡 4 种整地方式中，以带状抽槽水分平均水分含量最高，为 17.19%，较整地效果最差的带状松土的土壤水分含量高近 2 个百分点。大穴整地略好于小穴整地。2003 年全年土壤水分含量以 5 月最小，4 种整地方式的土壤水分比较接近，其中仍以带状抽槽最高，带状松土最小。从图 5-42 各整地方式土壤水分动态曲线的变化看，在旱季带状松土水分含量也处在图的下部，其他 3 种的曲线走势较为一致，7 月水分含量最高，仍以带状抽槽水分含量最高，带状松土最小，而小穴和大穴整地较为一致，位于二者之间。这表明，不同整地方式主要通过改善土壤的蓄水能力而影响土壤水分的动态变化差异。

表 5-48　阴坡 4 种整地方式土壤水分动态

时期	2002 年 7 月	2002 年 10 月	2002 年 11 月	2002 年 12 月	2003 年 1 月	2003 年 2 月	2003 年 3 月	2003 年 4 月	2003 年 5 月	2003 年 6 月	2003 年 7 月	2003 年 8 月	2003 年 7 月	平均
带状抽槽	14.57	21.60	20.69	15.98	19.09	16.32	12.98	11.31	10.63	17.13	22.94	20.73	19.45	17.19
带状松土	20.02	13.57	13.80	16.57	18.06	12.39	10.99	11.38	10.15	16.12	20.89	19.90	15.88	15.36
大穴	23.27	15.41	16.15	15.91	18.71	15.81	12.14	10.76	10.11	16.25	21.45	21.18	18.44	16.58
小穴	19.60	18.25	16.16	14.72	19.99	15.27	11.90	9.87	10.38	16.71	20.57	21.09	18.54	16.39

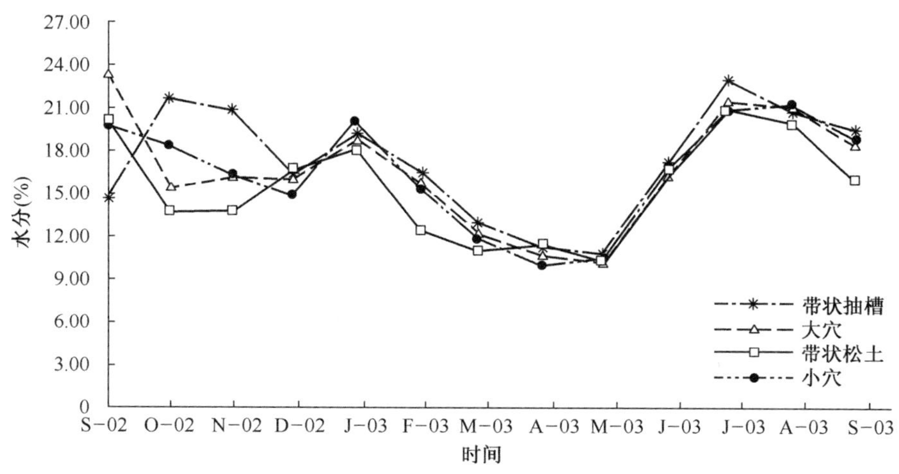

图 5-42 阴坡 4 种整地方式土壤水分动态

3.5.6 阴坡土壤水分动态的空间比较

不同土层所在土体中所处位置不同,导致各土层接受大气降水的时间、数量以及接受的外界能量的数量也明显不同。上层土壤总是优先接纳大气降水,优先达到饱和状态,在降水较多时,才有水分逐渐下渗至深层土壤。同时在降雨停止后,由于水势梯度的影响,上层土壤水分将进行再分配。由于上层土壤同时最先接受太阳辐射,所接受的外界能量数量也最多,其水分也最先损失,但土壤是一个连续性的整体,土壤水分受土水势的影响而在土层之间移动,使上下土层达到相对的动态平衡。就林木根系对水分的吸收利用而言,旱季下层土壤水分数量的多少对林木能否安全渡过旱季有至关重要的作用。

从图 5-42 可以看出,4 种整地方式土壤水分含量总的变化趋势是,随土层厚度的增加,全年平均含水量也随之增加,但在 50cm 以下大穴整地水分,反而随土层的水分的减少而降低,说明该整地方式上土层的入渗较差,雨季的降水随径流损失掉的水分相对其他整地方式要多些,下层水分分配少;比较表 5-49 中的数据可以看出,20cm 土层是阴坡水分的变化的转折点。表层 20cm 的土壤水分变化较快,平均水分含量最低,表土层水分含量以小穴整地含量最高,整个土层水分上下变化最不明显。深层土壤水分对林木旱季抗旱起着重要作用。以 20cm 以下土层的水分含量的大小作为评价整地方式的效果的指标,从图 5-43 可知,以带状抽槽水分含量最高,变化曲线处于图的上部、其次是大穴整地,再其次是小穴整地,效果最差为带状松土。

表 5-49 阴坡 4 种整地方式土壤水分的层间差异比较

整地方式	土壤层次(cm)							平均数
	0~10	10~20	20~30	30~40	40~50	50~60	60~70	
带状抽槽	9.20	15.57	17.22	18.74	19.17	20.13	20.29	17.19
带状松土	8.76	14.12	15.02	16.32	17.31	17.79	18.22	15.36
大穴	10.28	15.22	17.46	18.01	18.74	18.31	18.08	16.58
小穴	11.39	14.80	15.84	17.60	18.02	18.35	18.71	16.39

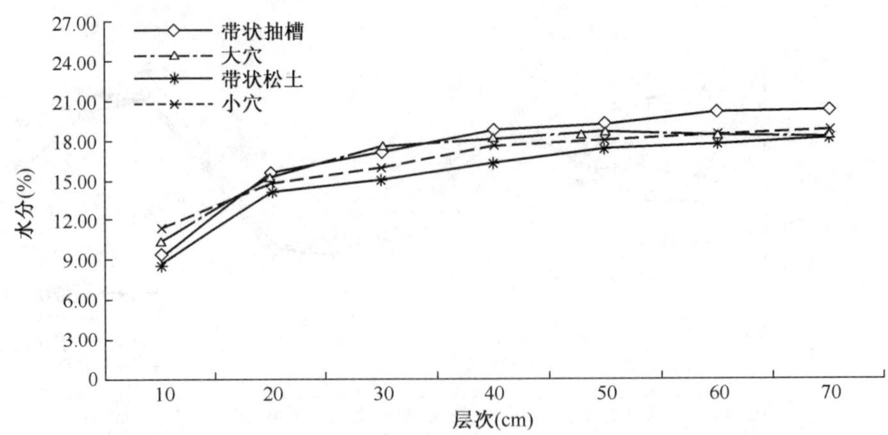

图 5-43 攀枝花市干热河谷阴坡 4 种整方式土壤水分的层间差异比较

3.5.7 阴坡不同整地方式的空间水分变化变异

土壤水分的空间变异系指土层间水分含量随时间的变化大小，主要用变异系数的大小表征，它反映了不同月份各土层水分含量差异，而这种差异综合反映了降雨在不同土层间的水分分配、水分蒸腾、蒸发损失以及土壤蓄水和入渗性能。四种整地方式，大穴、小穴整地其变异系数较小，分别 0.200、0.196；带状抽槽和带状松土变异系数相差很小，分别为 0.239、0.238（表 5-50）。

从表 5-50 可以看出，各月份土壤水分的层间变异均存在明显的差异，其特点是：

(1)土壤水分的层间变异大小与水分含量有一定的相关性，即土壤水分含量越高，层间的变异越小，其中旱季(2~5 月)水分的层间变异最大，而雨季(7~8月)的层间变异最小。

表 5-50 阴坡不同整地方式的空间水分变化变异

整地方式	时间													平均数
	2002 年 7 月	2002 年 10 月	2002 年 11 月	2002 年 12 月	2003 年 1 月	2003 年 2 月	2003 年 3 月	2003 年 4 月	2003 年 5 月	2003 年 6 月	2003 年 7 月	2003 年 8 月	2003 年 7 月	
带状抽槽	0.225	0.167	0.170	0.226	0.116	0.352	0.422	0.400	0.362	0.252	0.112	0.152	0.155	0.239
带状松土	0.065	0.116	0.175	0.234	0.115	0.365	0.426	0.495	0.375	0.245	0.104	0.126	0.249	0.238
大穴	0.138	0.224	0.092	0.150	0.070	0.183	0.413	0.428	0.391	0.182	0.068	0.079	0.188	0.200
小穴	0.053	0.065	0.087	0.155	0.035	0.342	0.438	0.461	0.346	0.163	0.117	0.077	0.206	0.196

(2)1 月水分的层间变异也较小，而 1 月份气温为全年最低，蒸发最小，说明前期水分的层间差异，在该月蒸发损失较小的条件下，又进行再分配。若采取人为抗旱措施，在该时段前进行表层松土，切断上下土层间的毛管连接，阻止其水分的再分配，这则可保持下层的水分，降低整个土层的水分损失。

(3)从图 5-44 可明显看出，全年土壤空间变异最大发生在旱季，即 2、3、4、5 月 4 个月，这说明引起土壤水分空间变异的主要原因是由于层间蒸发、蒸腾损失率不同，1 月份后，随着气温的回升，土壤水分散失速度加快，但上下土层水分损失量不同，导致了土壤水分的空间变异加大，到 4 月达到最大，而土壤水分降至全年最低，上层土壤达到凋萎系数以下，整个土层水分贮藏量降至最低。4 种整地方式在 4 月的水分变异大小排序是带状松土最大,其次是小穴整地,再其次是大穴,最小的是带状抽槽。结合该月各土层水分数量可以看出,带状抽槽各层水分含量均维持在较高水平,而大穴整地上下层水分含量均较低,且上下层差异也较大,这说明整地方式不仅可改善土壤蓄水性能,同时也可改变土体接受外界的能量数量。因此采取合理的整地措施,可以改善土壤水分的水分状况,减轻干旱对林木的危害,提高土壤的抗旱能力。

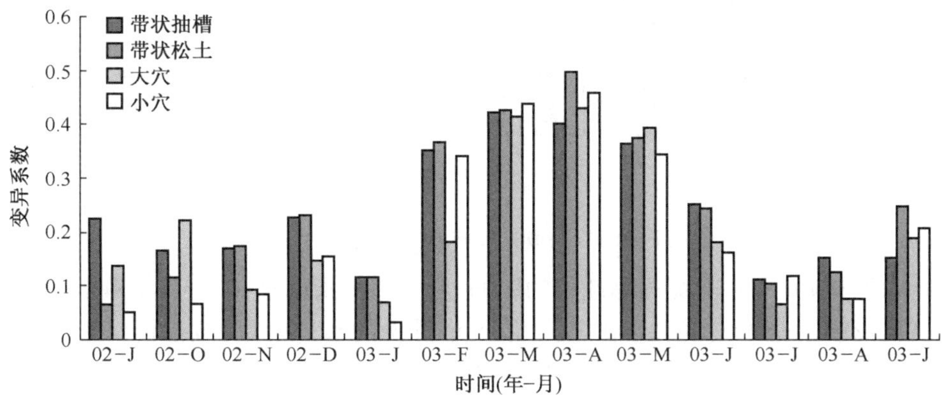

图 5-44 攀枝花市干热河谷阴坡 4 种整地方式对土壤水分时空变异的影响

3.5.8 不同土层厚度的土壤水分的时间变异

从表 5-51 看,全年四种整地类型中,年平均变异相差很小,大穴、小穴还出现了相同的结果。而从各个土层看,全年呈现递减的趋势,都是 10cm 土层的变异系数最大,70cm 最低。

表 5-51 不同土层厚度的土壤水分的时间变异

整地方式	厚度(cm)							
	10	20	30	40	50	60	70	平均
带状抽槽	0. 590	0. 274	0. 219	0. 208	0. 179	0. 160	0. 156	0. 255
带状松土	0. 637	0. 330	0. 256	0. 209	0. 158	0. 154	0. 135	0. 268
大穴	0. 531	0. 308	0. 253	0. 214	0. 185	0. 142	0. 140	0. 253
小穴	0. 531	0. 308	0. 253	0. 214	0. 185	0. 142	0. 140	0. 253

从图 5-44 可明显看出土壤不同层次水分的变异存在以下特点:

(1)随土层的增厚,土壤水分随时间的变异越小,即随土层厚度的增加,土壤水分含量越稳定。

(2)地表 10cm 土层水分的波动特征最为明显,与 10cm 以下土层的水分变异存在明显差异,变异系数为 20cm 以下土层的 2 倍以上,说明地表 10cm 是水分变动最活跃的土层;10~50cm 土层变异较缓慢地下降,50~70cm 的土壤水分变异趋于稳定。

(3)0~10cm 土层的变异最大的为带状整地,其次为带状抽槽,大穴和小穴整地的变异较为一致,在 10~30cm 土层以带状抽槽最小,说明外界环境对带状整地的土层影响相对较小,即 10~30cm 土壤蒸发(对植物的得用而言,土壤蒸发是无效水)较小;而带状松土的变异最大,这或许是干旱末期,前者土壤水分高于后者的主要原因。

3.5.9 阴坡 4 种整地方式对土壤抗旱能力的综合评价

前面逐项分析了各整地方式对土壤水分动态及时空变异的影响,现结合干热河谷的特点,

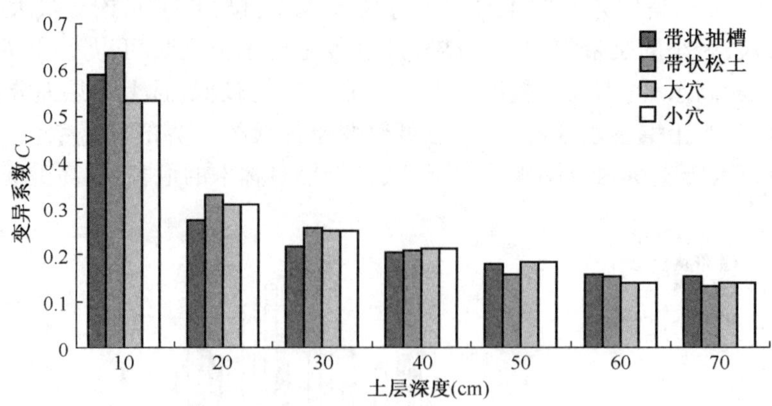

图 5-45 干热河谷阴坡 4 种整地方式土壤水分的层次变异

综合评价 4 种整地方式对土壤抗旱性能的影响,所采用的指标是:①全年土壤水分平均含量的大小,它直接反映了全年土壤水分状况;②最干旱月份的水分含量,该指标与土壤的抗旱性能密切相关,它关系到林木能否安全渡过旱季;③干土层厚度,它关系到旱季林木可吸收利用水分的土层厚度,干土层越厚,干旱越严重;④10~30cm 土层水分变异系数,该层的变异,说明外界环境对带状整地的影响土层相对较小,土壤蒸发也越小,林木而吸收利用的水分数量也越多。综合统计结果见表 5-52。

表 5-52 阴坡四种整地方式最干月含水量 (%)

整地方式	年均含水量(%)	最干月含水量(%)				干土层厚度(cm)	10~30cm的变异系数
		0~10cm	10~20cm	20~30cm	含土层平均值		
带状抽槽	17.19	1.84	7.83	11.46	10.63	10	0.247
带状松土	15.36	1.40	6.46	9.25	10.15	20	0.293
大穴	16.58	1.73	6.88	9.98	10.11	20	0.281
小穴	16.39	1.69	5.74	7.78	10.38	20	0.281

年均含水量以大穴整地含水量最高,带状松土最小;0~30cm 含水量仍以带状抽槽最高、大穴整地次之,而小穴整地最小;最干旱月份含水量排序为:带状松土最大,小穴整地次之,大穴整地最小。以上排序结果表明,小穴整地在最干旱时,30cm 以下有较高含水量,结合林木根系的分布及旱季可用的有效水数量看,小穴整地仍有较好的抗旱能力。10~30cm 的变异系数反映了土壤水分蒸发损失数量的大小:变异系数越大,其蒸发损失就越小。以此看,带状抽槽有最高保水能力,其次为大穴和小穴整地,最差为带状松土。以上综合分析结果表明,在攀枝花干热河谷阴坡 4 种整地方式中,土壤的保水效果以带状抽槽最好、其次是小穴整地、第三为大穴整地、最差为带状松土,与阳坡具明显的不同。

3.6 干热河谷阴阳坡不同整地方式对土壤水分动态的影响

前面的分析表明,坡向不同,各整地的方式效果亦明显不同。以下将从阴阳坡土壤水分动态变化特征,水分含量及土壤水分的时空变异等多个层面进行比较分析,筛选出阴阳坡最佳的整地方式。

3.6.1　不同坡向土壤含水量

表 5-54、表 5-55 数据表明，无论是哪一种整地方式，哪一个土壤层次，哪一个月份，土壤含水量都是阴坡高于阳坡。4 种整地方式 0～60cm 的月土壤含水量平均值，阴坡是 15.48%，阳坡是 12.46%，月平均值差 3.02%，其中月差最高达 4.46%，最低达 1.50%。这种差别主要是由不同坡向不同的温差和蒸发量造成（表 5-53）。

表 5-53　不同坡向空气、地温和蒸发量

坡 向	月平均气温(℃)	月平均地表温(℃)	月蒸发量(mm)
阳坡	18.1	21.4	255.3
阴坡	16.7	18.2	216.3
平均月差	1.4	2.2	39

表 5-54　干坝塘荒山造林试验地旱季阳坡土壤含水量　(%)

整地方式	层次(cm)	11 月	12 月	1 月	2 月	3 月	4 月	平均
带状抽槽	0～20	11.73	10.07	14.10	9.21	6.42	5.83	9.56
	20～40	15.18	14.42	15.97	13.19	10.49	10.03	13.21
	40～60	13.83	13.69	14.27	12.18	10.33	10.31	12.44
	平均	13.58	12.73	14.78	11.53	9.08	8.72	11.74
带状松土	0～20	12.59	10.67	13.78	7.31	8.30	6.16	9.80
	20～40	16.74	15.12	17.14	13.36	13.23	11.71	14.55
	40～60	17.09	14.51	17.37	15.52	13.43	13.51	15.24
	平均	15.47	13.43	16.10	12.06	11.65	10.46	13.20
大穴	0～20	13.70	12.85	14.01	10.71	7.95	6.54	10.96
	20～40	16.65	16.73	16.48	17.20	12.78	10.72	15.10
	40～60	15.32	15.42	15.69	16.30	12.74	11.96	14.57
	平均	15.22	15.00	15.39	14.75	11.16	9.74	13.55
小穴	0～20	10.41	7.98	13.11	8.50	6.44	6.42	8.71
	20～40	13.24	12.15	15.65	12.82	10.73	10.91	12.58
	40～60	13.81	12.24	14.37	13.02	10.75	11.25	12.58
	平均	12.49	10.79	14.38	11.45	9.31	9.53	11.33

阳坡与阴坡的月气温、月地表温和月蒸发量的月差最高值分别达到 1.8℃、2.9℃、55.2mm，月差最低值分别为 1.1℃、0.3℃、20.8mm。根据阴阳坡对比数可以推算：气温上升 1℃，可加大蒸发 23mm，并使土壤剖面含水量损失 2.15%。

3.6.2　土壤各层次的含水量

从表 5-55 中看出：阴坡总的趋势是下层(40～60cm)的土壤含水量最高。旱季 6 个月的 4 种整地平均含水量为 18.03%，中层(20～40cm)次之，为 16.42%；上层(0～20cm)最差，为 11.98%。从上至下，3 层间分别相差 5.56%和 1.61%，然而阳坡下层与中层的土壤含水量几乎相等(下层低于中层 0.05%)，中层与上层差达 4.1%，上、中、下 3 层含水量分别为 9.76%、

13.80%和13.71%。这与大气-土壤的温度变化以及土壤水分再分配的规律和整地方式有关。而水分的蒸发过程是土壤水分状况主导因子之一。土壤水分蒸发随温度和干旱程度增加而增加,并主要发生在土表,但在温度低于最大吸湿性的土壤中,蒸发也在土壤和底土内发生。因此不同坡向与整地的层次含水量既有共性,又有个性。

3.6.3 土壤含水量的月变化

旱季中土壤含水量总的趋势是下降的,即由旱季初期的较高值降到旱季后期的较低值。这与月均气温、地表温及蒸发量上升的总趋势相反。土壤含水量的波动性主要受降水量影响。攀枝花干热河谷,气象资料显示,1983年11月降水23.6mm,12月1~27日降水10.1mm,12月28日降雪24.1mm,1984年4月为4.4mm,其余各月为0。而12月土壤含水量测定时间截至12月26日,故12月28日降水正好与元月土壤含水量相匹配。从表5-56看,阴坡的4种整地方式对土壤水分的动态影响要相对比阳坡高,且随土层的加深,影响越来越大。而阳坡0~40cm是增大,超过40cm土壤水分动态影响减小。表5-57反映出土壤水分差异在0~50cm阳坡比阴坡明显,50cm以下阴坡反过来比阳坡明显。降水对土壤含水量的影响反应在各种整地方式不同深度的土层中,尤以上层土层含水量变化最为突出,并且,坡向对土壤含水量的影响也是相当大。如果不是1983年12月出现多年未见的降雪影响,土壤含水量必将下降到最干旱的程度。

表5-55 干坝塘荒山造林试验地旱季阴坡土壤含水量 (%)

整地方式	层次(cm)	11月	12月	1月	2月	3月	4月	平均
带状抽槽	0~20	19.31	12.52	19.32	12.27	8.16	7.54	13.19
	20~40	22.73	16.59	21.49	18.48	13.98	13.99	17.88
	40~60	22.61	19.16	21.58	20.66	17.12	15.93	19.51
	平均	21.55	16.09	20.80	17.14	13.09	12.49	16.86
带状松土	0~20	14.39	13.77	16.63	9.00	7.60	5.78	11.20
	20-~40	15.18	18.03	19.08	14.38	13.08	11.18	15.16
	40~60	17.54	17.82	20.23	16.66	14.62	15.05	16.99
	平均	15.90	16.54	18.65	13.37	11.77	10.67	14.48
大穴	0~20	15.93	14.08	17.82	10.07	7.39	5.99	11.88
	20~40	19.23	18.81	18.70	16.66	14.33	11.95	16.61
	40~60	19.69	16.13	17.53	18.01	17.57	14.35	17.55
	平均	18.28	16.34	18.68	14.91	13.10	10.76	15.35
小穴	0~20	15.49	12.74	18.81	10.53	6.60	5.63	11.63
	20~40	17.58	14.67	20.57	17.42	14.30	11.48	16.01
	40~60	18.66	15.66	21.66	20.04	17.95	14.45	18.07
	平均	17.24	14.36	20.35	16.00	12.95	10.52	15.24

表 5-56　阴、阳坡不同整地方式对土壤水分动态的影响

坡向	整地方式	土层(cm)							平均
		0~10	10~20	20~30	30~40	40~50	50~60	60~70	
阴坡	带状抽槽	8.96	15.38	16.87	18.34	19.16	20.03	20.43	17.02
	带状松土	7.55	13.46	14.72	16.10	17.50	17.97	18.44	15.10
	大穴	9.94	14.80	16.75	17.41	18.13	17.92	17.63	16.08
	小穴	10.12	14.09	15.37	17.43	17.89	18.31	18.27	15.93
	平均	9.14	14.43	15.93	17.32	18.17	18.56	18.69	16.03
阳坡	带状抽槽	10.08	16.17	16.56	16.09	16.74	15.19	14.43	15.04
	带状松土	7.79	14.36	16.47	17.45	17.20	17.00	16.46	15.25
	大穴	7.08	15.89	17.21	17.27	16.49	16.41	15.18	15.08
	小穴	5.99	12.32	13.98	14.03	14.15	13.62	14.22	12.62
	平均	7.73	14.68	16.05	16.21	16.15	15.56	15.07	14.49

表 5-57　阴、阳坡最干旱月份土壤水分差异比较

坡向	整地方式	土层(cm)						
		0~10	10~20	20~30	30~40	40~50	50~60	60~70
阴坡	带状抽槽	1.84	7.93	11.46	13.46	14.58	15.16	14.73
	带状松土	1.40	6.46	9.25	12.06	15.15	17.88	17.47
	大穴	1.73	6.88	9.98	12.58	13.97	15.11	15.04
	小穴	1.69	5.74	7.78	12.20	12.58	14.30	14.77
	平均	1.67	6.75	9.61	12.58	14.07	15.62	15.50
阳坡	带状抽槽	1.83	6.01	9.49	10.69	10.48	10.40	10.64
	带状松土	1.72	6.90	10.06	14.14	13.75	13.28	13.49
	大穴	3.10	9.56	11.45	12.48	13.43	12.71	12.57
	小穴	1.78	7.38	10.47	11.74	13.12	11.19	11.37
	平均	2.11	7.46	10.37	12.26	12.69	11.90	12.02

3.6.4　4 种整地方式的土壤含水量

不同的整地方式的土壤含水量不同。表 5-59 中 0~60cm 月平均含水量的顺序为:在阴坡,带状抽槽(16.86%)>大穴(15.35%)>小穴(15.24%)>带状松土(14.48%);在阳坡,大穴(13.35%)>带状松土(13.29%)>带状抽槽(11.74%)>小穴(11.33%)。

表 5-58　各层次之间土壤含水量的差异

阴坡	带状抽槽	大穴	小穴	带状松土
差值	1.51%	0.11%	0.76%	
阳坡	大穴	带状松土	带状抽槽	小穴
差值	0.35%	1.46%	0.41%	

上述情况表明:阴坡最差的整地方式土壤含水量比阳坡最好的整地方式含水量还高 0.93%,可见坡向对含水量的影响比整地的影响大。同时各整地方式在阴、阳坡的土壤含水量

排列名次不一致,说明了不同整地在不同的环境条件下,其蓄水抗旱效果是不一样的。

一定的整地深度在一定的温度和干旱程度内对保持土壤含水量有较好作用,如阴坡的带状抽槽和大穴的含水量都比带状松土和小穴的高,在温度偏高,干旱严重的阳坡,整地深度过大,会增加土壤的空隙度和土壤内的水分损失,带状抽槽土壤含水量反而比带状松土的含水量低1.46%,使大穴与带状松土的含水量差值由阴坡的0.37%降到阳坡的0.35%,十分接近。

从表5-59中看出:带状抽槽和大穴在11月至翌年3月,都表现为上、下层含水量低于中层含水量的状况,从11月起,随着时间的推移和上、下土壤层的影响,中层较高含水量下降,最后与下层含水量趋于同一水平,表明水分蒸发已深入到土表下层。

3.6.5 4种整地方式土壤含水量的评价

从表5-59、表5-60看,4种整地方式的土壤保水量,以及各土层含水量情况,再综合考虑用工量和造林效果诸方面综合考虑,尽管阴坡的整地含水量,以抽槽和大穴为高,但是由于坡向对含水量的影响最大,使阴坡各种整地的含水量基数都比较高,除带状抽槽外,其他3种整地的含水量差别不大。从造林效果和用工量看,带状松土和小穴的造林效果也较好,而且省工,比抽槽、大穴的用工量(8.1工日/亩)少1~2倍(带状抽槽、大穴与带状松土、小穴用工量比为3∶2∶1),因此,阴坡整地以带状松土和小穴为好。

在阳坡,带状松土含水量高,造林效果较好,而且省工,所以它在阳坡是可行的。

表5-59 阴阳坡造林地不同整地方式土壤含水量比较表

月		11	12	1	2	3	4	平均	备注	名次
带状抽槽	N	21.55	16.09	20.80	17.14	13.09	12.49	16.86	均以N-S作差	1
	S	13.58	12.73	14.78	11.53	9.08	3.72	11.74	土层都为0~60cm	7
	差	7.97	3.36	6.02	5.61	4.01	3.77	5.12		
带状松土	N	15.90	15.03	18.65	13.37	11.77	10.67	14.48		4
	S	15.47	13.43	16.10	12.06	11.65	10.46	13.20		6
	差	0.43	3.11	2.55	1.21	0.12	0.21	1.23		
大穴	N	18.28	16.34	18.68	14.91	13.10	10.76	15.35		2
	S	15.22	15.00	15.39	14.75	11.16	9.74	13.55		5
	差	3.06	1.34	3.29	0.16	1.94	1.02	1.80		
小穴	N	17.24	14.36	20.35	16.00	12.95	10.52	15.24		3
	S	12.49	10.79	14.38	11.45	9.31	9.53	11.33		8
	差	4.75	3.57	5.98	4.55	3.64	0.99	3.91		
平均	N	18.24	15.46	19.62	15.36	12.73	11.11	15.48		
	S	11.19	12.9	15.16	12.40	10.30	9.61	12.46		
	差	4.05	2.47	4.46	2.91	2.43	1.50	3.02		

注:"N"阴坡,"S"阳坡。

表5-60 干坝塘造林地各整地方式各土层含水量比较表

整地方式		带状抽槽		带状松土		大穴		小穴		平均	
层次(cm)		N	S	N	S	N	S	N	S	N	S
0~20	N-S	13.19	9.63	11.20	9.80	11.88	10.96	11.63	8.71	11.98	9.76
	N-S	3.63		1.40		0.92		2.92		2.22%	

（续）

整地方式		带状抽槽		带状松土		大穴		小穴		平均	
层次(cm)		N	S	N	S	N	S	N	S	N	S
0~20		17.88	13.21	15.16	14.55	16.61	15.10	16.01	12.58	16.42	13.86
	N-S	4.67		0.61		1.51		3.43		2.56%	
40~60		19.51	12.44	16.99	15.24	17.55	14.57	18.07	12.58	18.03	13.71
	N-S	7.07		1.75		2.98		5.49		4.32%	

注："N"阴坡，"S"阳坡。

3.7 小结

土壤水分与植物存在密切关系，并受环境条件和人工干预的影响。山坡地中的土壤含水量受降水量、气温、大气干旱程度等作用产生相应的变化，其波动性变化主要是受降水量制约。从元月以后，随着温度迅速回升，大气干旱加剧，土壤含水量也急剧减少。坡向对土壤含水量的影响主要通过改变直接太阳辐射和气温等因子而间接起作用，这种作用造成的含水量差距较大。不同整地方式和整地深度这个人为干预作用，在不同坡向有不同结果。整地 40cm 深度在阴坡增加含水量，在阳坡却不一定能达到人们想要达到减少水分蒸发的目的。这是由于在温度偏高，干旱严重的情况下，整地深度加大了深层土壤水分的损失。因此，整地只有与环境条件相适应，才能达到减少水分蒸发的目的。带状松土对阴坡和阳坡均适宜，小穴整地对阴坡效果显著。

4 干热河谷造林树种选择及造林技术研究

4.1 干热河谷造林树种选择研究

干热河谷环境退化过程中发生质变的因子是气候和土壤，气候由湿润型变为干旱型，土壤由砖红壤蜕变为燥红土，因水土流失而贫瘠沙化，水分亏缺和土壤贫瘠、承载力低下是制约造林成效的主要因子，树种选择是造林成败的关键因素之一，对于一定的造林地区，如果树种选择不当、会导致造林成活率低、林分生长不良、林分残缺不全、抗性弱、生物产量低、往往造成人力、物力和财力上的浪费，特别是在干热河谷地区、由于其特殊的地理和气候条件，导致林地水分严重亏损和不足，造林的难度特别大、因此树种选择对该地区的造林而言尤其关键，在树种的选择原则、方式、方法都有着特殊的要求。

4.1.1 树种的选择原则

干热河谷树种的选择应遵循以下基本原则：其一，应对树种的生物学、生态学进行详细地分析研究，充分了解和认识其表现特征，找出与造林地、与造林目的直接相关的优良性状，并使其最大程度地得到满足，如水土保持功能、土壤改良作用、绿化效果，以及经济产品和经济效益。其二，详细比较分析所选择树种原产地的环境因子与造林立地条件的差异，如气候、土壤等因素，充分体现"适地适树"的原则。其三，对造林地主要限制因子对林木的生长发育的影响进行系统地分析预测，对引种的风险性、成功率进行评价。其四，对该区域的造林树种选择以乡土树种为主，对于外来树种，必须经过引种驯化并取得丰富栽培经验的基础上，方可作为造林树种。

4.1.2 干热河谷适宜树种必须具备的特征

在干热河谷地区种植的植物应具有的如下特征：其一，耐高温、耐干旱的能力强，能够在最热月平均气温 27℃,极端最高温 40.4℃,大气相对湿度 36.44%的情况能正常生长;其二,根系发达,扎根深,旱季土壤最干的时候(3~5 月),大部分根系已在 30cm 以上,根系的吸收面一般大于叶的蒸腾面;其三,自我繁殖力强,多为阳性植物; 其四,最好是多浆植物,在土壤水分严重亏损时,可通过消耗自身器官内水分贮藏渡过旱季,具沙漠植物的特征,如剑麻等;其五,植物组织、器官具较高的含水量(贮水能力),以备在极端干旱期,植物可通过消耗器官内部的水分以维持其基本的生命活动。

4.1.3 树种选择的方法

对于干旱地区的树种既具普遍性,也具其特殊性,可从三个层次对树种进行筛选。

(1)常规栽植试验调查法 又包括三个方法:其一,单因子对比法,即通过影响树木生长发育的某一个因子的具体变化,并根据不同树种对该因子的表现状况,决定树种选择的合理性,这种方法需将众多的非目标因子限定在同一水平上,只保证单一目标起作用,常采用环境中的主导因子作为目标因子,分析各树种对主导因子 的敏感程度,并根据各树种生长发育的优劣,判断树种对环境的适应能力,在试验时,各树种应配置适应的标准地,并有一定的数量重复,实际应用时,因非目标因子的不一致性,影响其评价结果。邹受益(1984)根据沙坡头地区 15 种固沙植物的造林成活率、生长 、发育状况,提出以适应系数(K)为目标因子评判各树种的适应能力大小,K 值越大,其适应能力也越强。$K=M+N$,$M=1-$(成活率-保存率)/成活率,$N=$(最高生长量。最后一年生长量)/ 最高生长量。其二,立地类型对比法,在立地分类和立地等级的基础上,根据各林种在各立地类型的生长表现,对比分析各树种间生长发育的差异,选择在相应立地条件表现较好的树种作为造林树种,各方法较为直观,综合性较强,但该方法无法揭示林木生长与各立地因子的内在联系。其三,多因子综合统计分析法,分析各环境立地因子,如坡向、坡位、坡度、海拔、土层厚度等与林木生长发育的相关因子如成活率、保存率、树高,胸径等的相互关系,采用数学统计方法,如主成分、典型相关分析建立相应的数学模型,根据模型得出各类指标参数选择树种。

(2)植物耐旱性指标选择法 在干热河谷地区,因植物的需水量和土层供水量的失调,导致植物水分的严重亏损,因此对该区域植物的首先必须具备极强的抗旱能力,因此植物耐旱性评价是该区域树种选择的另一方法,国内外植物耐旱性评价指标方法很多,可归为以下四大类:其一,生物产量指标,主要是比较不同植物种类在同等条件下的生物产量的大小确定其抗旱性。其二,生长发育指标,在干旱条件下的树木存活率、保存率,树高、地径、干物质积累速率、叶面积大小、黄叶和枯叶数,叶片扩展速率等指标。其三,形态指标,是通过测试林木形态特征,比较和分析不同植物种类在长期干旱条件下的适应性,形态特征具体指:根系发达程度,如根数、根干重、最大根长、根/冠比、胚根数、木质部导管宽度和根内维管束数;茎的水分输导能力,如皮层/中柱比、维管束排列方式及束内导管数目和直径;叶的形态,如叶片大小、形状、角度、叶片卷曲程度等。其四,生理生化指标,指林木在水分胁迫下的生理生化变化,主要应用的有:叶片水势、叶片相对含水量、气孔扩散阻力、离体叶片抗脱水能力(叶片保水力)、自由水和束缚水比值、外渗电导率、冠层温度、蒸腾率、光合速率、脱落酸含量、硝酸还原酶活性、脯氨酸含量、渗透调节能力等。在干热河谷高洁采用了其中的 8 个指标综合评价该区域 14 个树种的抗旱能力。植物耐旱性指标选择法的优点在于评价能量化,一些评价指标需要较精密的仪器设备,其指标参数与土壤水分供应状况、环境气候条件的结合较弱,影响其评价结果。

(3)凋萎系数和耐旱历时评价法　利用植物在水分亏损下的形态及生理变化特征作为植物耐干旱能力大小的评价指标,大多只反映了植物耐旱机理的一个方面,与植物在田间的抗旱性并不完全一致,主要原因在于这些参数与当时的气候状况、土壤特征及其土壤的供水能力结合不够紧密,其评价结果只能从某一方面定性地比较树种间的抗旱性强弱,不能定量的评价树种间的抗旱性的数量差异和预测植物在某一特定环境下所能忍受的干旱时间,能否找到测试相对简便,同时能与土壤的供水及大气状况相结合的指标,蒋俊明等在攀枝花干热河谷利用盆栽验测试该区域 10 个树种的凋萎系数的测试过程中对此做了有益的探讨,主要根据土壤水分消退和植物蒸腾的特点,定义了植物的抗旱历时、容许蒸发力和耗水比三个新的概念、提出了用蒸腾率、凋萎系数等 5 指标相结合综合评价植物抗旱性的观点,并用这些指标比较分析了目前攀枝花干热河谷区 10 个个主要造林树种抗旱能力。

4.1.4　造林树种选择的步骤

有关这方面的研究文献较多,这里只作简要介绍,有以下步骤:

第一步,收集备选树种的生物学特性详细资料。

第二步,了解各树种适生的生态环境,特别是其原产地的立地条件。

第三步,比较引种地和原产地的气候和立地条件的相似性,可采用模糊评价,根据相似性的大小,决定是否引种造林。若选择当地树种造林,应详细调查该树种在不同立地类型的生长表现,选择适生的立地造林,比较其立地环境条件的差异及主要的限制因子,看这些差异能否通过人为改善,并详细分析各种改善措施的可操作性,成本的大小;若选择外来树种造林必须通过引种试验。

第四步,育苗,选择试验地进行多因素正交试验,并对生长节律、生长量,成活率、保存率等生长指标进行定期调查,有条件的进行树种的耐旱指标的测试,如测试在水分亏损条件的叶片保和度、蒸腾率、光合速率、脱落酸含量、硝酸还原酶活性、脯氨酸含量、渗透调节能力等参数,同时进行盆栽试验,测试各树种的凋萎系数,比较各树种容许蒸发力的大小,计算各树种从土壤充分供水到植物凋萎枯死的总蒸腾耗水量。

第五步,在上述工作完成后,选择最适宜当地气候条件及立地环境的林地造林。

总之,对于干热河谷造林树种的选择必须谨慎,应特别注意干热对林木生长的影响,特别是土壤的供水和植物不同生长发育阶段耗水的平衡关系,深入研究土壤供水不足对植物生长发育的影响。

4.1.5　干热河谷造林树种选择的试验研究

由于干热河谷植被恢复的困难性,其造林树种的选择备受当地林业部门及科研单位重视,并作了大量的工作,筛选出不少适合该区域造林的树种,现将有代表性的树种选择的方法及研究成果总结如下:

4.1.5.1　干热河谷树种选择多因素正交试验

干热地区造林,由于特定的气候和土壤条件,必须选择既能抗旱又能耐热的树种,方可收到事半功倍的效果。为此,进行了这一地区造林的树种选择试验,现将结果叙述于后。

(1)试验地区概况

试验地位于仁和区仁和镇干坝塘村,中山地貌,海拔 1200~1400m,平均坡度 25°。发源于花岗岩上的燥红土,深 20~80cm,一般 30cm 左右。土壤肥力低(表 5-61),保水力差,旱季土体紧实,土壤含水量低。

表 5-61 干坝塘试验点土壤化学性质表

坡向	pH 值	含水率（%）	有机质（%）	全氮（%）	全磷（%）	全钾（%）	水解氮（HL/L）	速效磷（HL/L）	速效钾（HL/L）	阳离子交换量毫克当量/100g 土
阴	6.2	4.5	1.59	0.073	0.082	0.83	63	15	91	23.34
阴	6.2	4.1	1.38	0.060	0.043	0.82	46	13	66	23.34
阴	6.4	8.7	1.03	0.036	0.170	0.71	29	3	35	36.12
阳	6.5	5.2	1.31	0.057	0.088	0.44	40	8	27	21.22
阳	6.8	8.3	1.15	0.047	0.107	0.38	29	3	26	18.58
阳	7.0	3.8	1.17	0.032	0.048	0.36	19	0	15	16.47

（2）试验材料和方法

试验Ⅰ：在阳坡采用随机区组设计，树种为山毛豆（*Tephrosia candida*），由云南陇川引入。种子发芽率 80%；台湾相思（*Acacia eonfusa*），由广西钦州引入，种子发芽率 50%；车桑子（*Dodonaea uiscosa*）为乡土树种，于当年 4 月在仁和前进乡采集，种子发芽率 90%。采用宽 60cm，深 20cm 的水平带状松土和 30cm×30cm×20cm 的块状两种方法整地，株距 1m，行距 2m（带状松土）或 1m（块状）。6 月中旬台湾相思小容器苗植苗造林，密度 333 株/亩；山毛豆、车桑子直播造林，用种量分别为 150g/亩* 和 50g/亩。

①造林苗木成活与生长观测　造林后分别不同树种各随机设置 30m² 样方三个定期观测苗木生长、死亡情况。

②天然更新调查　在有山毛豆幼苗分布的林分内，每隔 20m 设置一条调查线，在调查线上每距 10m 高设一 2m×2m 样方，统计幼苗数量和有苗样方。

试验Ⅱ：采用裂区设计，主区为树种，裂区为不同整地方式，各主区及裂区处理均按随机方式设置。分别阴阳坡各设 3 个重复，每一重复面积 1hm²，主区 10m×100m，裂区 10m×25m。

树种为台湾相思、乌桕（*Sapium sebiferum*）、余甘子（*Phyllanthus enibllca*）、任豆（*Zenia insigis*）、新银合欢（*Leucaens leucocephala*）、栓皮栎（*Quercus rariabilis*）、泡火绳（*Eriolaena maluacea*）、苦楝（*Melia toosendan*）、黑荆（*Acacia mottissima*）。任豆由广西引入，新银合欢由美国引入，品种为 K8；其余树种均为乡土树种，在仁和区境内采集。

2~3 月整地采用带状抽槽方式，槽宽 60cm，深 40cm；带状松土宽 60cm，深 20cm；大穴 40cm×40cm×40cm；小穴 20cm×20cm×10cm。株距 1m，行距 2m（带状）或 1m（穴状）。6 月中旬各树种小容器苗植苗造林。

造林后在每一裂区内设置一固定观察样方，定期测定造林苗木生长、死亡情况。

试验Ⅲ：在阳坡采用 5m×5m 拉丁方设计（表 5-62），每块面积 1225m²，小区7m×7m。试验分两组，A 组树种为泡火绳、阔荚合欢（*Albizia lebbek*）、香须树（*Albizia odratissimn*）、余甘子、缅甸攀枝花（*Gossampinus* sp.）。B 组树种为苦楝、滇合欢（*Albizia mollis*）、滇刺枣（*Zizyphus mauritiana*）、金合欢（*Acacia farnesiana*）、黄连木（*Pistacia chiaensis*）。缅甸攀枝花和金合欢由云南引入，黄连木由阿坝藏族羌族自治州引入；其余均为乡土树种，在仁和区境内采集。

* 1 亩 = 666.7m²。

采用 60cm×60cm×60cm 块状整地，株行距 1m× 1m，6 月中旬小容器苗植苗造林。造林后以每一小区作为固定观察样方，定期测定造林苗木生长、死亡情况。

表 5-62　拉丁方试验设计树种配置示意

试验样地设计	A 组	B 组
D A C B E C E A D B A C B E D B D E C A	A—香须树 B—余甘子 C—阔荚合欢 D—泡火绳 E—缅甸攀枝花	滇刺枣 金合欢 滇合欢 D—苦楝 E—黄连木

(3)结果分析

试验Ⅰ结果分析：

造林成活、保存情况：第二年 11 月调查，三个树种成活率均为 100%(表 5-63)。

表 5-63　随机区组设计造林苗木成活、保存情况

树种	调查株数(株)	成活株数(株)	成活率(%)	保存株数(株)	保存率(%)
台湾相思	277	277	100	212	76. 5
山毛豆	286	286	100	272	95. 1
车桑子	289	289	100	287	99. 8

造林苗木经过一个旱季后，保存率(表 5-63)出现显著差异，以车桑子最高，为 99%；台湾相思最低，仅 76. 5%。山毛豆为 95. 1%，与车桑子差异不大。

生长量：造林当年苗木平均生长量(表 5-64)以山毛豆最高，台湾相思与车桑子差异不显著。

山毛豆更新情况：

第一，种子更新。据调查，3 年生山毛豆即能天然下种更新，3~7 年生山毛豆林分每公顷有更新幼苗 1 万株以上，均匀度 67%以上(表 5-65)。

第二，萌芽更新。2~5 年生山毛豆砍伐后均具有萌芽能力，伐桩高度以30~50cm效果最佳，萌芽率可达 90%以上。萌条当年生长量可达 1m 以上，即能开花结果(表 5-66)。

表 5-64　随机区组设计造林苗木生长量　单位：cm

树种	当年生长量		一年生长量	
	地径	苗高	地径	苗高
山毛豆	0.43	51.81	1.59	166.29
台湾相思	0.18	9.74	0.35	26.19
车桑子	0.20	9.37	0.38	29.08

表 5-65　山毛豆种子更新情况

林龄	均匀度(%)	更新幼苗数(株/hm^2)	均匀度(%)	更新幼苗数(株/hm^2)
5	71	24118	100	11441
6	100	14286	67	26667

表 5-66　山毛豆萌芽更新及生长情况

植株年龄	砍伐高度(cm)	萌芽率(%)	当年生萌芽幼苗高度(cm)	幼苗分枝数(条/株)	结实数(荚/件)
2	0	15	116.7	2.2	63.2
	5	65	143.7	7.5	151.0
	30	95	168.7	11.7	167.0
	50	100	172.7	15.7	255.0
3	0	15	121.2	4.0	81.5
	5	75	151.0	4.0	222.5
	30	90	170.5	9.0	183.0
	50	100	170.5	13.7	207.0
5	0	15	110.0	3.2	55.0
	5	35	110.0	6.0	48.0
	30	65	130.0	5.0	56.0
	50	90	132.0	6.7	68.0

试验Ⅱ结果分析：

造林成活、保存情况。6 月中旬造林，11 月调查造林成活率差异显著(表 5-67、表5-68)。阴坡以余甘子、泡火绳、苦楝最高，均为 100%，台湾相思次之，为 99. 9%，黑荆和任豆最低，分别为 91. 6%和 90. 9%；阳坡以余甘子和台湾相思最高，分别为 99. 8%和 99. 6%，苦楝次之，为 98. 7%，任豆最低，为 57. 2%。造林苗木经过一个旱季后，保存率差异极为显著。阴坡以余甘子最高，为 97. 4%，台湾相思和苦楝次之，分别为 94. 3%和 90. 2%，任豆最低，为 27. 4%，其他树种在 70%~90%之间；阳坡以台湾相思最高，为 81. 6%，余甘子次之，为 78. 3%，任豆最低仅 0. 2%，其他树种低于 50%由表 5-70 可知，造林后第四年调查，造林苗木保存率差异极显著。阴坡以台湾相思最高，为 84. 3%，泡火绳、余甘子次之，分别为 72. 5%和 55. 7%，新银合欢和任豆最低，分别为 0. 04%和 0。其他树种在 10%到 20%；阳坡仅台湾相思保存率 80. 0%，其余树种在样方内未见苗木。

生长量。造林苗木生长量(表 5-71，表 5-72，表 5-73)阴坡普遍高于阳坡。以阴坡苗木生长量为例对各树种苗木生长量进行差异显著性检验。结果表明：造林当年苗高生长量以黑荆、新银合欢最高。分别为 33. 7 和 33. 3cm，任豆和苦楝次之，分别为 30. 2 和 29. 8cm，泡火绳和余甘子最差，仅 19. 2 和 17. 8cm，地径生长量以苦楝和乌桕最高，分别为 0. 41 和 0. 37cm，新银合欢和黑荆次之，分别为 0. 35 和 0. 32cm，泡火绳和余甘子最低，仅 0. 24 和 0. 21cm。造林后第四年苗木生长量以台湾相思最高，苗高为 127. 4cm，地径 1. 60cm，黑荆次之，苗高和地径分别为 101. 2cm 和 1. 18cm，余甘子最低，苗高 30. 7cm，地径为 0. 30cm。

试验Ⅲ结果分析：

造林成活、保存情况。造林当年调查，苗木保存率均为 100%。经过一个旱季后，造林苗木保存率(表 5-74)差异显著。A 组以余甘子最高，为 85. 8%，泡火绳次之，为 85%，缅甸攀枝花为 0；B 组以滇刺枣最高，为 90. 1%，滇合欢次之，为 88. 7%，黄连木最低，仅 57. 9%。造林后第三年苗木保存率，A 组以泡火绳最高，为 81. 3%，余甘子次之，为 48. 1%，缅甸攀枝花为 0，阔荚合欢和香须树不足 2%；B 组以滇合欢最高，为 40. 0%，滇刺枣次之，为 25. 0%，金合欢最低，为 0. 9%。苦楝和黄连木在 10%~20%。

表 5-67　裂区设计阴坡树种成活保存情况

树种	台湾相思	乌桕	余甘子	任豆	新银合欢	黑荆	栓皮栎	泡火绳	苦楝
成活率	99.9	99.1	100	90.9	99.5	91.6	99.7	100	100
保存率	94.8	83.7	97.4	27.4	71.0	70.1	86.5	86.4	90.2
第 4 年保存率	84.3	17.8	55.7	0	0.04	12.9	12.2	72.5	18.3

生长量：造林苗木生长量（表 5-74）普遍较低。造林次年苗木生长量经方差分析表明，除试验 B 组地径外，差异极显著。试验 A 组苗高生长量以香须树最高，为 11.1cm，阔荚合欢次之，为 10.6cm，余甘子最低，为 5.1cm，泡火绳 8.9cm，地径生长量阔荚合欢最高，为 0.31cm，香须树次之，为 0.28cm，余甘子最低，仅 0.12cm，泡火绳 0.18cm。

试验 B 组苗高生长量以苦楝最高，为 30.4cm，金合欢次之，为 16.7cm，黄连木最低，仅 5cm，其他在 10~15 之间；地径生长量差异不显著，最大为金合欢，为 0.40cm，最小为滇刺枣，为 0.12cm。

表 5-68　裂区设计阳坡坡树种成活保存情况

树种	台湾相思	乌桕	余甘子	任豆	新银合欢	黑荆	栓皮栎	泡火绳	苦楝
成活率	99.6	93.1	99.8	57.2	85.4	75.7	81.2	97.6	98.7
保存率	81.6	15.6	78.3	0.2	47.4	42.6	36.5	32.2	45.0
第四年保存率	80.0	0	0	0	0	0	0	0	0

表 5-69　裂区设计阴坡树种成活率、保存率差异比较表

树种	成活率（%）	$X==\sin^{-1}\sqrt{保存率}$	成活率（%）	$X==\sin^{-1}\sqrt{保存率}$
余甘子	99.8	87.26	100	90.00
台湾相思	99.6	86.30	100	90.00
苦楝	98.7	83.67	100	89.27
泡火绳	97.6	81.14	99.9	88.23
乌桕	93.1	74.76	99.7	87.04
新银合欢	85.4	67.56	99.5	85.87
栓皮栎	81.2	64.31	99.1	84.62
黑荆	75.7	60.44	91.6	73.14
任豆	57.2	49.11	90.9	72.44

表 5-70　裂区设计阳坡树种成活率、保存率差异比较表

保存率 / 树种	第一年保存率				第四年保存率	
	成活率（%）	$X==\sin^{-1}\sqrt{保存率}$	成活率（%）	$X==\sin^{-1}\sqrt{保存率}$	成活率（%）	$X==\sin^{-1}\sqrt{保存率}$
余甘子	97.4	80.74	81.6	64.61	84.3	66.66
台湾相思	94.8	76.89	78.3	62.24	72.5	58.37
苦楝	90.2	71.75	47.4	43.50	55.7	48.26

（续）

树种＼保存率	第一年保存率				第四年保存率	
	成活率(%)	$X = \sin^{-1}\sqrt{保存率}$	成活率(%)	$X = \sin^{-1}\sqrt{保存率}$	成活率(%)	$X = \sin^{-1}\sqrt{保存率}$
泡火绳	86.5	68.45	45.0	42.10	18.3	25.32
乌桕	86.4	68.34	42.6	40.73	17.8	24.93
合欢	83.7	66.20	36.5	37.18	12.9	21.08
栓皮栎	71.0	57.40	32.2	34.56	12.2	20.41
黑荆	70.1	56.84	15.6	23.23	0.04	1.21
任豆	27.4	31.54	0.2	2.77	0	0

表 5-71　裂区设计阴坡造林苗木生长量表

树种＼时间	当年		次年		第四年		调查日期
	地径	苗高	地径	苗高	地径	苗高	
台湾相思	0.26	19.5	0.44	33.6	1.60	127.4	当年生长量：11月 次年生长量：8月 第四年生长量：11月
乌桕	0.37	21.2	0.38	21.3	0.40	40.1	
余甘子	0.21	17.8	0.24	13.1#	0.30	30.7	
任豆	0.31	30.2	0.41	27.3#	—	—	
新银合欢	0.35	33.3	0.41	15.7#	1.04	147.3##	
黑荆	0.32	33.7	0.61	48.2	1.18	101.2	
栓皮栎	0.26	24.6	0.26	16.8#	0.64	78.4	
泡火绳	0.24	19.2	0.26	11.0#	0.45	51.6	
苦楝	0.41	29.8	0.43	31.1	0.50	52.0	

注：#地上部分死亡后重新萌芽苗木；##仅一株苗木。

表 5-72　裂区设计阳坡造林苗木生长量表

树种＼时间	当年		次年		第四年		调查日期
	地径	苗高	地径	苗高	地径	苗高	
台湾相思	0.26	19.0	0.47	34.7	1.41	111.7	当年生长量：11月 次年生长量：8月 第四年生长量：11月
乌桕	0.36	13.8	0.46	15.0	—	—	
余甘子	0.20	12.8	0.30	12.2#	—	—	
任豆	0.22	17.1	—	—	—	—	
新银合欢	0.37	27.6	0.83	23.5#	—	—	
黑荆	0.29	21.7	0.42	36.9	—	—	
栓皮栎	0.27	21.9	0.27	13.3#	—	—	
泡火绳	0.23	16.6	0.26	8.6#	—	—	
苦楝	0.41	29.8	0.43	31.1	0.50	52.0	

注：#地上部分死亡后重新萌芽苗木；##仅一株苗木。

表 5-73　裂区设计苗木生长量差异比较

树种	当年生长量		第四年生长量	
	平均苗高生长量	平均地径生长量	平均苗高生长量	平均地径生长量
黑荆	33.7	0.32	101.2	1.18
新银合欢	33.3	0.35	—	—
任豆	30.2	0.31	—	—

（续）

树种	当年生长量		第四年生长量	
	平均苗高生长量	平均地径生长量	平均苗高生长量	平均地径生长量
苦楝	29.8	0.41	52.0	0.50
栓皮栎	24.6	0.36	78.4	0.64
乌桕	21.2	0.37	40.1	0.40
台湾相思	19.5	0.26	127.4	1.06
泡火绳	19.2	0.24	51.6	0.45
余甘子	17.8	0.21	307.7	0.30

第三年生苗木生长量因缺区太多，无法进行差异显著性检查，直观地根据调查结果来看，以金合欢生长量最高，苗高为 66.6cm，地径 1.41cm，香须树次之，苗高为 49.2cm，地径 0.66cm；苦楝第三，苗高 40.7cm，地径 0.44cm，黄连木苗高生长量最低，仅 8.2cm；余甘子和滇刺枣地径生长量最低，均为 0.12cm。

表 5-74 拉丁方试验设计苗木保存、生长情况

项目 树种		次年			第三年			调查日期
		保存率(%)	生长量(cm)		保存率(%)	生长量(cm)		
			地径	苗高		地径	苗高	
A组	香须树	45.2	0.28	11.1	1.1	0.66	49.2	次年：11月调查 第三年：10月调查
	余甘子	85.8	0.12	5.1	48.1	0.12	9.6	
	阔荚合欢	74.2	0.31	10.6	0.7	0.32	15.2	
	泡火绳	85.0	0.18	8.9	81.3	0.18	14.3	
	缅甸攀枝花	0	0	0	0	0	0	
B组	滇刺枣	90.1	0.12	10.4	25.0	0.12	13.2	
	金合欢	13.2	0.40	16.7	0.9	1.41	66.6	
	滇合欢	88.7	0.30	13.2	40.0	0.36	14.3	
	苦楝	82.5	0.29	30.4	19.1	0.44	40.7	
	黄连木	57.9	0.14	5.0	13.6	0.15	8.2	

（4）讨论　试验树种中，山毛豆、台湾相思、车桑子保存最好，余甘子、泡火绳和滇合欢在阳坡保存率较高。其他树种保存率低于 25%。这与它们的生物、生态学特性有极重要的关系。山毛豆、台湾相思属热带、亚热带广布树种，能够适应干热河谷的气候。且山毛豆枝、叶披有极薄的绒毛，台湾相思枝、叶披有较厚的蜡质层，均具有根瘤菌等。由于这些性能，它们对于土壤水分的利用效率极高。因而能够适应干旱瘠薄立地环境。车桑子、余甘子、滇合欢是干热河谷地区的乡土树种，它们本身就是经过干热、瘠薄环境长期选择而保留下来的树种，只要造林方法得当，就能获得成功。从试验结果可以看出，许多树种如苦楝、栓皮栎、乌桕、新银合欢、黑荆、香须树、阔荚合欢、滇刺枣、黄连木等，造林苗木成活率和次年保存率都极高，但到第三或第四年后，即大量死亡，保存率不足 20%，甚至为 0。其原因有三；其一是树种本身 生物、生态学特征所决定的。如苦楝蒸腾速率高，对水分利用效率低，不能适应干旱、瘠薄的环境，无法保

存下来。其二是由于造林地土壤极为瘠薄，旱季土壤含水量和大气相对湿度过低，不能满足这些树种苗木对水分的需要而造成苗木枯死，如乌桕、任豆、新银合欢、栓皮栎、苦楝等。栓皮栎、乌桕、香须树、阔荚合欢、滇刺枣、滇合欢等虽为乡土树种，但多零星分布于沟谷土层深厚、潮湿之地，而在荒山成片造林效果亦差；其三是由于杂叶盖度大，造林当年和第二年，由于整地对杂叶的抑制，其对造林苗木的影响不显著，而到第三或第四年杂草已得到恢复，加之造林苗木生长量过低而被杂草覆盖，逐渐枯黄而死亡，如乌桕、滇刺枣、黄连木等。保存较好的树种中，山毛豆生长量高，1 年生的高生长量可达 1. 5m 以上为台湾相思的 6. 3 倍，车桑子的 5. 7 倍，车桑子和台湾相思次之，4 年生台湾相思苗高可达 1m 以上，泡火绳、余甘子居第三，4 年生苗高生长量分别为 0. 5m 和 0. 3m，滇合欢最低，3 年生苗高不足 15cm。

地径生长量仍然以山毛豆最高，1 年生地径生长量可达 1. 60cm，车桑子和台湾相思分别为 0. 38 和 0. 35cm，4 年生台湾相思地径可达 1. 50cm，泡火绳 0. 45cm，余甘子 0. 40cm，3 年生滇合欢 0. 36cm。泡火绳、余甘子和滇合欢苗木生长量低，是由于造林地土层瘠薄，旱季土壤含水量及大气相对湿度低，造林苗木地上部分干枯，翌年雨季双重新萌发，因而出现只能成活，不见生长的现象。但在条件好（土层厚、阴坡、同槽等）的局部地方能正常生长。山毛豆再生性强，天然下种种子发芽容易萌发更新或天然下种更新都能收到很好的效果。

（5）结论

第一，在干热河谷地区造林，树种以山毛豆最佳，台湾相思和车桑子次之。

第二，在干热河谷地区阴坡造林，亦可使用泡火绳、余甘子和滇合欢。

第三，山毛豆造林生长快，天然更新能力强，可做到一次投资，长期利用。

4. 1. 5. 2　植物生理耐旱性指标选择法

植物耐旱性的评价方法和指标，一直是较为复杂的问题，这项工作尚处于摸索阶段。随着计算机技术的开发和应用，解决上述问题已成为现实。本文试图用多元统计分析中最常用的一种方法——主分量分析法，对 14 种植物的耐旱性进行综合分析和排序，为干热河谷区荒山造林的树种选择提供理论依据。

（1）观测地，材料和方法　实验在攀枝花市林科所植物园内进行。该区地理位于东经 101°08′~102°15′，北纬26°05′~27°20′，海拔约为 1200m。属于南亚热带气候，其总的特点是光热充沛，旱湿季分明，降水不足。年均气温 20℃左右，极端高温 40. 7℃，极端低温-1. 8℃，最冷月平均温（1 月）12. 3℃，大于 10℃ 积温 7442. 8℃。年平均降水量 707. 5mm（集中在 6 ~ 10 月），相对湿度 60%，日照时数 2806. 0h，日射 53. 38kJ/（cm^2 · 月）。

实验材料：台湾相思（*Acacia confusa*），大叶相思（*A. auricurae formif*），银合欢（*Leucaena leucocephala*），攀枝花苏铁（*Cycas panzhihuaensis*），顶果木（*Acrocarpus fraxinifolius*），小桐子（*Jatropha curcas*），云南石梓（*Gmelina arborea*），象牙杧（*Mangifera indica*），三年杧（*M. indica*），三毛豆（*Tephrosia candida*），大叶桉（*Eucalyptus robustasam*），蓝桉（*E. globulus*），非洲桃花心木（*Khaya senegalensis*），攀枝花（*Bombox malabarica*）。

测定方法：测定时间是 1991 年 5 ~ 8 月。不同树的相同指标均选择晴天上午 9 : 00 ~ 10 : 00同时取样测定，重复 6 ~ 8 次。

水势——小液流法

自由水含量——马林契克法

$$束缚水 = 水量 - 自由水$$

质膜相对透性——电导法

相对含水量——清水浸泡叶片烘干称重法

$$自然饱和亏=1-相对含水量$$

保水力——自然干燥法

游离脯氨酸含量——酸性茚三酮比色法

硝酸还原酶(NR)活性——亚硝酸的胺黄比色法

分析方法：14 个树种的主分量分析和耐旱性排序均在计算机上完成。

(2)结果和讨论

相对含水量和自然饱和亏:两者的大小反映了植物体内生理生化方面的活动程度。在干旱胁迫下有较低的自然饱和亏和相对较高含水量的植物,其生理功能旺盛,耐旱能力强。

保水力:离体叶片在空气中脱水一定时间后,含水量越高,表明植物保水能力或耐脱水能力越强,耐旱性越强。

束缚水与自由水的比值:束缚水的多少反映了原生质水和能力的强弱。束缚水与自由水的比值越大,原生质保水能力就越强。

水势:水势是表示植物吸水能力的一项重要指标。低水势是对水分亏缺的一种生理适应,在干旱环境中,低水势有利于根系从土壤中吸收水分,水势越低,对干旱的适应能力越强。

游离脯氨酸:脯氨酸有较好的水合作用,能提高原生质胶体的稳定性,因而对原生质体起到保护与保水作用,在干旱胁迫下脯氨酸的积累增加,可以使失水减少。

硝酸还原酶(NR)活性:在干旱环境中,硝酸还原酶的活性与植物生长密切相关。

质膜相对透性:植物在干旱胁迫下的膜伤害与质膜透性的增加是干旱伤害的本质之一。在干旱环境中,质膜相对透性小的,耐旱性强。

供试树种耐旱性采用主分量分析法综合评价,结果见表 5-75。由表5-76可知,第一主分量的特征根为 2. 6485,已表达了总信息的 33%(每个主分量的贡献率等于它的特征根除以变量个数),对该主分量贡献较大的变量是相对含水量,自然饱和亏和硝酸还原酶的活性,说明第一分量主要反映了植物体内水分的亏缺程度和单速代谢的强弱,耐旱性则强。第二主分量的特征根是 2. 4034,表达了总信息量的 30%,对该主分量起主要作用的变量是脯氨酸含量,质膜透性和束缚水和自由水的比值,第二主分量主要反映了植物的渗透调解能力和抗脱水能力。第三主分量的特征根是 1. 1182,表达了总信息的近 14%,对该主分量影响较大的是质膜透性,水势和保水力,第三主分量主要反映了植物的吸水能力和保水能力,在干旱环境中,植物吸水能力越大,对于干旱的适应能力就越强。前四个主分量的信息量已达总信息量的 87%,可以反映实际情况。

据各主分量所占的信息百分比和各个种在该主分量轴上的坐标值(表5-77),即可求出：$\sum y_i\lambda_i$值(λ_i为 y_i分量上的特征根,y_i为相应的坐标值)。

表 5-78 可以看出,14 个耐旱树种耐旱性顺序为:台湾相思>大叶相思>银合欢>攀枝花苏铁>顶果木>小桐子>云南石梓>象牙杧>三年杧>三毛豆>大叶桉>非洲桃花心木>蓝桉>攀枝花。

表 5-75 主分量分析的原始数据

生理指标	水势(b)	束/自	相对含水量(%)	质膜相对透性(%)	自然饱和亏(%)	脯氨酸(%)	24h 保水力(%)	NR 活性 /ugNo$_2^-$ (g^{-1} · h^{-1})
三年杧	-18.53	0.3075	98.12	28.47	1.88	0.0479	70.22	2.37
象牙杧	-16.50	0.1958	97.30	23.36	2.70	0.0807	79.71	10.33
小桐子	-12.22	1.3926	98.33	15.79	1.67	0.0699	8.41	17.63
大叶桉	-14.66	0.7220	92.69	20.00	7.31	0.0229	13.52	11.91
大叶相思	-17.79	1.9757	96.52	15.50	3.48	0.2591	70.26	3.80
蓝桉	-12.22	0.9487	92.42	23.35	7.58	0.0859	17.73	38.69
台湾相思	-16.50	1.5159	96.00	11.10	4.00	0.2569	54.16	1.70
三毛豆	-9.26	0.2548	96.30	21.58	3.55	0.2671	9.71	27.00
顶果木	-11.00	0.3164	96.83	13.96	3.17	0.2836	80.53	10.67
云南石梓	-14.05	0.2563	97.61	15.30	2.39	0.0973	16.84	33.33
桃花心木	-7.40	0.1635	94.62	21.04	3.21	0.0969	20.25	61.00
银合欢	-16.50	1.4312	92.00	12.18	8.00	0.4473	11.60	11.00
攀枝花	-8.64	1.4136	93.40	24.78	6.40	0.0845	59.77	88.33
攀枝花苏铁	-15.07	0.7873	96.74	16.18	3.24	0.1444	41.51	4.33

表 5-76 特征向量、特征根和信息量

主分量	y_1	y_2	y_3	y_4
x_1(水势)	-0.3965	-0.2722	0.4903	-0.3260
x_2(束/自)	-0.0458	0.4545	-0.1946	-0.3789
x_3(相对含水量)	0.5187	-0.2583	0.2526	-0.0948
x_4(质膜相对透性)	-0.1471	-0.4785	-0.4992	0.0594
x_5(自然饱和亏)	-0.4642	0.3223	-0.3350	0.1308
x_6(脯氨酸活性)	0.0511	0.4929	0.2995	-0.2599
x_7(24h 保水力)	0.3333	-0.0778	-0.4454	-0.6736
x_8(NR 活性)	-0.4699	-0.2708	0.0882	-0.4464
特征根	2.6485	2.4034	1.1182	0.8191
贡献率(%)	33.11	30.04	13.98	10.24
累计贡献率(%)	33.11	63.15	77.13	87.37

(3)结论

第一,运用主分量分析法对 14 个树种的耐旱性进行了数量化研究,得出耐旱性强弱的顺序为:台湾相思>大叶相思>银合欢>攀枝花苏铁>顶果木>小桐子>云南石梓>象牙杧>三年杧>三毛豆>大叶桉>非洲桃花心木>蓝桉>攀枝花。

第二,植物的耐旱性是由植物的遗传因子和环境共同决定的,在相同的干旱环境条件下,耐旱性强的植物更能适应于干旱环境。因此,在攀枝花干热河谷地区选择造林树种时,应优先考虑台湾相思、大叶相思、银合欢和攀枝花苏铁。

表 5-77 供试树种的主分量排序坐标

主分量	y_1	y_2	y_3	y_4
三年杧	2. 1722	-1. 9227	-1. 6968	0. 5430
象牙杧	1. 6883	-1. 4365	-1. 1293	-0. 0040
小桐子	0. 7878	-0. 3443	1. 2894	0. 2629
大叶桉	-1. 4822	0. 3422	-1. 0569	1. 6645
大叶相思	1. 6554	1. 8476	-0. 7565	-1. 0757
蓝桉	-2. 4461	0. 0323	-1. 0025	0. 62. 6
台湾相思	1. 2712	2. 0123	0. 1244	-0. 4604
三毛豆	-0. 6324	-0. 7517	1. 4879	0. 3482
顶果木	1. 1883	0. 0856	0. 9319	-1. 1430
云南石梓	0. 5780	-0. 9123	1. 2420	0. 6829
桃花心木	-1. 7656	-1. 8875	1. 2108	-0. 2300
银合欢	-1. 2373	3. 7638	0. 1388	0. 4918
攀枝花	-2. 8862	-1. 0104	-0. 9876	-2. 0634
攀枝花苏铁	1. 1086	0. 1817	0. 2045	0. 3625

表 5-78 供试树种的耐旱性排序

树种	三年杧	象牙杧	小桐子	大叶桉	大叶相思	蓝桉	台湾相思	三毛豆	顶果木	云南石梓	桃花心木	银合欢	攀枝花	攀枝花苏铁
$\sum y_i l_i$	-0. 9043	-0. 2471	2. 916	-2. 9216	7. 0978	-7. 0137	7. 9652	-1. 5325	3. 4611	1. 2864	-6. 0194	6. 3264	-12. 867	3. 8742

4. 1. 5. 3 盆栽试验法

干热河谷是横断山脉由于深切河谷所形成的特殊气候和地理类型,气候干旱和土壤干旱导致旱季土壤水分严重亏损和不足,因此,选择合理的造林树种是干热河谷区植被恢复和重建的关键技术之一。目前国内外有关植物的耐旱机理的研究文献甚多,植物的耐旱性指标主要有:叶片的保水力、水分的饱和亏损度、相对含水量、蒸腾率、气孔阻力、自由水和束缚水比值、凋萎系数以及脯胺酸含量等,这些评价指标大多是通过测试植物在干旱期间的某一状态点的生理特性而获得的,但从植物在水分亏损的条件下的抗旱特征看,决定植物的在水分胁迫下的耐旱能力的主导因素是植物在整个干旱期间的耗水速度和土壤中可利用的水分量的多少,为此作者采用盆栽称重法,从植物在干旱期间的耗水总量,耗水速度和蒸腾率等 5 个方面初步比较了目前攀枝花干热河谷区 10 个主要造林树种的耐旱能力的大小,为指导干热河谷地区造林树种的选择和规划提供科学依据。

试验点设置于攀枝花市区,试区属典型南亚热带干热河谷气候,日照充足,热量丰富。年平均温度 20. 3℃,月平均温度最低为 12. 0℃,最高为 26. 3℃。年降水量为 761. 1mm,其中

91.5%集中于雨季,年蒸发量 2438.9mm,为年降水量的 3.2 倍,其中 3~5 月蒸发量为同期降水量的 21 倍,干湿季节分明,6~10 月为雨季,11~5 月为旱季,旱季长达 210 天;试区原生植被为南亚热带干性常绿阔叶林,但因长期人类活动,原生植被已经被破坏殆尽,土壤侵蚀严重,在侵蚀坡地,土壤 A 层多数不存在,一些侵蚀强烈的坡地,B、C 层基本流失殆尽,下伏岩层或风化壳裸露地表,土壤多为砂性重的初育土,这种砂砾土,渗透率高、保水能力差,这种极度干热的气候和极差的立地条件,决定了现代自然植被是以南亚热带干热河谷稀树、灌丛、草坡为主,草本植物以扭黄茅占绝对优势;灌木以小桐子、车桑子、牛筋条、余甘子为主;乔木主要为滇合欢、栎类,人类活动加速了自然植被由南亚热带干性常绿阔叶林向干热河谷草灌植被的演化进程,试区目前大部分坡地的自然环境,很难恢复到原生植被类型,因此,改善土壤水分条件,选择耐旱的造林树种,是目前干热河谷植被恢复迫切需要解决的技术难题。

(1) 研究方法

第一,盆栽试验的设计。2003 年 3 月,特制栽植容器(内径 15cm,高为 25cm);土壤为攀枝花干热河谷区典型麻布夹,土壤锤细过筛,每盆装干土 3364.5g,容重为 1.27g/cm^3,田间持水量为 25.06%,土壤最大吸湿水为 5.34%。选择 2 年生树苗栽植于盆内,每个树种 4 个重复,树种有小桐子、车桑子、台湾相思、印楝、新银合欢、加勒比松、五色梅、番麻、尾巨桉、构树等 10 个树种,在 3~10 月加强苗木管理,以确保试验苗木的正常生长发育。

第二,植物耗水量、降水量和水面蒸发量的测量。基于干热河谷干湿季节分明的气候特点,于 2003 年 10 月 25 日灌水至完全饱和,用薄膜从树干基部开始将盆口密封,以确保盆内水分只有蒸腾损失,2 天后,用称量为 6000g,感量为 2g 的电子天秤称重,初期每天称重,后期每 2 天称重,至 2004 年 4 月 2 日(因降雨)结束,详细记录其重量和生长变化,并同步测定降水量和水面蒸发量。

第三,树种凋萎枯死的确定。对于常绿树种,当叶片发生枯萎,第二天叶片膨压没有恢复时,此时的土壤湿度为该树种的凋萎系数;对于落叶植物,植物凋萎死亡的标志为树干顶芽失水枯萎,因此,在测试时,要记录好叶片开始脱落、完全脱落树干和顶芽枯萎的时间。

第四,植物凋萎系数的测试。研究采用盆栽法测试,当树苗完全枯萎被确认后,取土测试土壤的含水量(%),此时的土壤含水量即为该植物的凋萎系数。

第五,植物抗旱历时、容许蒸发力和耗水比的定义。

抗旱历时是指植物从某一土壤湿度降至凋萎系数所需要的时间,单位为天;

容许蒸发力系指植物从某一土壤湿度降至凋萎系数的时段内的水面蒸发总量;

耗水比是当水面发生 1mm 蒸发量时,植物相应的毫米蒸腾量;蒸腾率是指日单株蒸腾量,平均蒸腾率是指从试验开始时至结束时的蒸腾总量除时间。

林木抗干旱时间的长短与土壤的水分贮存量有关,因此要比较各树种的抗旱能力其土壤初始水分贮藏量必须基本一致的条件下才有说服力,各树种土壤的初始水分含量见表 5-79。

表 5-79 10 个树种土壤的初始水分含量

树种	小桐子	番麻	构树	加勒比松	车桑子	台湾相思	印楝	五色梅	银合欢	尾巨桉
土壤初始湿度(%)	19.77	19.75	19.64	19.77	19.37	19.56	19.37	19.56	21.39	20.29
初始水分贮量(mm)	37.66	37.62	37.41	37.66	36.90	37.26	36.90	37.26	40.75	38.65

(2)结果分析　植物的耐旱性是指植物在水分胁迫(即土壤水分供应不足)时通过调节自身的生长代谢而适应环境变化的能力,植物对水分胁迫的弹性胁变区的范围(宽窄)和胁变破裂点的高低决定了植物耐旱能力的强弱;植株对干旱的适应机制,May 和 Milthorpe(1962)归纳为:避旱、御旱和耐旱三类,植物对水分胁迫的适应能力主要取决于植物的遗传性,因此,在干热河谷区,植物能否安全度过漫长的旱期,主要取决于胁变点(即凋萎系数)的大小、水分的消耗速度和土壤有效水贮量,以下从这几个方面分析了台湾相思、小桐子等 10 个树种的耐旱能力:

第一,攀枝花干热河谷主要造林树种的凋萎系数。

凋萎系数(wilting coefficient)的概念是 L. J·布里格斯和 H. L·香茨于 1912 年首先提出的,系指由于土壤水分严重不足,植物吸收不到水分而使细胞失去膨压,呈现萎蔫状态时的土壤湿度。与此同时,他们还提出关于"生长有效水分(growth available moisture)"的概念,把凋萎湿度作为土壤有效水的下限。1934 年英国 C. A·泰勒等进一步提出"凋萎湿度范围"的概念,即作物开始凋萎时的土壤湿度为凋萎系数,死亡时的土壤湿度为永久凋萎系数,两者之间的土壤湿度范围称"凋萎湿度范围"。凋萎湿度时的土壤水势平均-15 个大气压,其含水量约为最大吸湿量的 1.20~1.60 倍,平均为 1.34 倍。土壤质地不同,凋萎湿度有明显差异,一般随砂粒增加而减少,随黏粒增加而增大,因此利用盆栽法测定凋萎系数评价树种的耐旱能力必须在土壤物理性质相同的条件下进行。凋萎含水量测试通常有两种方法测定,其一,是饱和硫酸法,该法主要用于比较分析不同土壤类型间的凋萎含水量,用以计算土壤的有效贮水量;其二,是室内盆栽法,即根据植物根系大小取一个尺寸相应的容器,将地块的土壤放入容器中,并栽上需要测定的植物,当植物生长完全正常,且生长到某发育期时,采取措施不再给植物供水,盆中的土壤水分逐渐减少至植物叶片失水到死亡,此时的土壤含水量为该植物的凋萎系数,该测试法与饱和硫酸法相比,耗时长,重复工作量大,但该法是凋萎含水量测定的基本方法,其测试结果重点在于比较植物种间的抗旱性能差异和计算土壤有效水贮量。以往的盆栽法测定凋萎系数时,是通过叶片失水,其膨压不能恢复来确定植物枯萎死亡的,但作者在利用该方法测定攀枝花主要造林树种的凋萎系数时,发现利用叶片的生长状况判断林木的凋萎含水量,不适用于落叶树种的测定。10 个树种的凋萎系数的测定结果及大小排序见表 5-80,表中凋萎系数越小,这表明该树种越耐干旱,表中排位前面的,其耐旱能力越强。

表 5-80　十个树种的凋萎系数及耐旱力排序

树种	番麻	小桐子	构树	加勒比松	五色梅	合欢	车桑子	台弯相思	印楝	巨尾桉
凋萎系数	1.34	1.93	2.48	4.65	5.33	5.33	5.87	6.12	6.57	6.9
与最大吸湿水之比	0.25	0.36	0.46	0.87	1.00	1.00	1.10	1.15	1.23	1.29

注:表中番麻和小桐子的凋萎系数是指 2004 年 4 月 2 日时的土壤水分含量,此时两个树种均未达到永久凋萎点。

从表 5-80 可以看出,10 个树种的凋萎湿度为土壤最大吸湿水的 0.25~1.3 倍,远小于 1.5 倍(国内土壤的凋萎系数的计算多为最大吸湿水的 1.5 倍),这说明目前在攀枝花干热河谷所选择这些树种造林是相对合理的,该测试结果对指导该区域的植被恢复及重建有着重要意义,可依据该排序表进行树种规划,对于立地条件较差的阳坡地段造林应选择排位较前面的树种。因 2004 年 4 月 3 日下雨,测试中断,仍成活的树种有小桐子和剑麻,其中剑麻叶片失水较严重,但在降雨 7 天后,剑麻又重新恢复了正常生长,这说明土壤湿度 1. 34%也非其凋萎含水量,而小桐子在土壤水量为 1. 93%时新叶仍生长正常(小桐子于 2004 年 3 月 22 日开始萌发新叶),这说明小桐子凋萎含水量也小于 1. 93%,小桐子和番麻的凋萎系数远低于该土壤的最大吸水含量,其原因可能与该两个树种器官内高水分贮量有关。

第二,十个树种的容许蒸发力和耐旱历时。

攀枝花干热河谷旱季长达 210 天以上,植物生命的延续必须具备较强的耐旱能力,同时土壤要有足量的水分供给,在相近的条件(土壤结构和水分总量相近,气候条件一致)下,可用植物抵抗干旱的时间长短评价植物耐旱能力,因此,将植物从某一土壤水分点降至凋萎系数所需要的时间称为植物的耐旱历时,耐旱历时的长短较直观地反映了植物抗旱能力的强弱,但耐旱历时的长短与测试期间的气候条件有密切关系,如温度、风速、光照和辐射等气象因子越大,所测试的耐旱历时越短,以耐旱历时作为评价指标在不同区域和气候条件下,其结果缺少可比性,为了增加其可比性,有必要引进容许大气蒸发力的概念,系指植物从某一土壤水分点降至凋萎系数相应的时段的累积水面蒸发总量,其理论基础是将水面蒸发量作为外界气候因子(如温度、湿度、光照、风速等)综合作用的表征。容许蒸发力是从耐旱历时的概念引申出来的,容许蒸发力更为准量地反映植物耐旱性能。但在同一条件下,10 个树种的容许蒸发力和耐旱历时的评价结果是一致的,容许蒸发力越大、耐旱历时越长树种耐旱能力也越长,10 个树种的耐旱能力从强至弱的排序见表 5-81。

表 5-81 10 个树种的容许蒸发力和耐旱历时

树种	小桐子	番麻	构树	加勒比松	车桑子	台湾相思	印楝	五色梅	合欢	巨尾桉
耐旱历时(day)	186	140	127	108	73	61	51	25	23	20
容许蒸发力(mm)	801. 4	541. 4	467. 5	343. 1	176. 4	140	127. 5	72. 7	66. 8	57. 7

从表 5-81 还可以看出,各树种的耐历时及容许蒸发力差异极大,最耐旱的小桐子与耐旱最差的尾巨桉相比,前者较后者耐干旱的时间长 166 天,其容许蒸发力是后者的 13. 9 倍。

第三,各树种的耗水速度。

在比较 10 个树种的耐旱能力时,各树种的初始土壤水分量大致相近,这期间的水分消耗总量的多少,主要取决于土壤凋萎系数的大小,凋萎系数越小,水分消耗总量越多。植物耐旱能力的大小其实质是取决于雨季结束至干旱结束期间对土壤中水分的消耗速度,该耗水速度是植物在水分胁迫下为适应环境条件的综合调节能力的反映,单位时间(或单位大气蒸发量)内植物用于蒸腾的水分越多,表明植物耐旱时间越短,其耐旱能力越差。因此,本文用初始含水量降至凋萎湿度的水分总消耗量与容许蒸发量的比值作为植物耐性能强弱的另一指标,其单位为 g/mm,其含义为当水面蒸发量为 1mm 时,植物蒸腾的耗水量,单位为 g/mm · 株,该值越小,其耐旱能力越强,其比值的大小排序见表 5-82。

表 5-82 10 个树种的耗水率和蒸腾率大小排序表

树种	小桐子	番麻	构树	加勒比松	车桑子	台湾相思	印楝	五色梅	合欢	尾巨桉
耗水率(g/mm · 株)	0. 73	1. 14	1. 24	1. 4	2. 36	2. 91	3. 55	6. 24	7. 99	8. 46
蒸腾率(g/day · 株)	3. 1	4. 4	4. 6	4. 4	5. 7	6. 7	8. 9	18. 1	23. 2	24. 4

从上表可以看出,用耗水率和平均蒸腾率作为植物抗旱能力的评价指标,对 10 树种的抗

旱能力结果基本一致,只是加勒比松和构树的排序略有差异。

(3) 结果与讨论

以上用凋萎系数、耗水速度、干旱历时和容许蒸发力以及旱期平均蒸腾率5个指标比较分析目前攀枝花干热河谷区10个主要造林树种的耐旱能力的大小排序结果基本一到致,从总的评价结果看,这10个树种大致可分为两大类:其中以小桐子、剑麻、构树、加勒比松为一组,其凋萎系数小于该土壤的最大吸湿水(5.34%),为耐旱树种,其中又以小桐子和番麻最耐旱;构树、加勒比松为耐旱树种,车桑子、新银合欢、五色梅、台湾相思和印楝为较耐旱树种。本节对10个树种耐旱性能的排序结果,与这10个树种在该地区的实际生长表现基本一致,这说明该评价方法及采用的评价指标是合理的。本文的评价结果显示加勒比松有较强的耐旱能力,同时因该树种为常绿树种,较适合于攀枝花目前对植被恢复的景观需要,是一个具较大发展潜力的树种。

综上所述,凋萎系数仍是植物耐旱能力评价最基本指标,在植物生长正常的条件下,它主要与树种的遗传特性有关,但该指标也仅是植物可利用土壤水分的一个下限点,因此要系统地评价的树种的耐旱必须结合植物在干旱期间的水分耗水速度(虽然该测试数据与树种的年龄、生物量等因子有关),而容许蒸发力和耐旱历时是评价植物耐旱能力大小的2个直观的指标,在生产中具有较强的可操作性。

讨论:本研究测试的小桐子、番麻、构树和台湾相思的凋萎系数均小于土壤的最大吸湿水(-31bar),这与植物不能利用土壤中小于-31bar的水分的结论不相符,那植物的耐旱机理是什么,是否与植物体自身的水分含量有关,这还有待进一步深入研究。

4.1.6 干热河谷目前主要造林树种及生长表现

(1)乔木

桉树类:赤桉(*Eucalyptus camaldulensis*)、柠檬桉(*E. citriodora*)、巨尾桉(*E. grandis* ×*E. urophylla*)、尾叶桉(*E. urophylla*)等。该类树种速生,根系发达,适应性强,耐干旱瘠薄,但改土性能差。适种于紫色沙泥岩山地、阶地堆积物、冲洪积物和河谷侵蚀沟。

相思类:马占相思(*Acacia mangium*)、娟毛相思(*A. holosericea*)、大叶相思(*A. auricul aeformis*)、台湾相思(*A. confusa*)、薄荚相思(*A. leptocarpa*)等。该类树种根系发达,萌生力强,3年生树高2~4m,改土性能强,具固氮作用,耐干旱瘠薄,适应性强,是优良的先锋树种,适种于壕沟整地条件下的变质岩、岩浆岩山地、紫色沙泥岩山地、冲洪积物、倒石堆和坡地人工弃土。

银合欢(*Leucaena luecocephala*),速生,萌芽力极强,结瘤固氮改土性强,抗旱耐瘠薄,适生面广,2年可郁闭,较好的先锋树种,适种范围同相思类。山合欢(*Alibizi amacrophylla*),其生物学及生态学特征同银合欢。

山黄麻(*Tvema laerigata*),速生,耐干旱瘠薄,适种于壕沟整地条件下的变质岩、岩浆岩山地、紫色沙泥岩山地、冲洪积物、倒石堆和坡地人工弃土。刺槐(*Robinia pseudoacacia*),速生,萌芽力极强,根系发达,耐干旱贫瘠,适种于壕沟整地条件下的变质岩、岩浆岩山地、紫色沙泥岩山地、倒石堆和坡地人工弃土等立地类型。

印楝(*Azadi racht aindica*),速生,根系较发达,耐干热,水湿条件要求不高,萌生力强,是目前国际公认的无公害生物农药树种之一,具很高的经济价值。适种于挖塘或壕沟整地条件下的变质岩、岩浆岩山地、紫色沙泥岩山地、冲洪积物。

牛肋巴(*Dalbergia obtusifolia*),速生,耐瘠薄,萌芽力强,紫胶虫优良寄主树,具有一定经济价值,除半成岩砂泥岩山地外,其他立地类型在撩壕整地条件下皆适于种植。

久树(*Schleichera oleasa*),根系发达,耐干热瘠薄,4 号胶虫优良寄主,较高的经济价值。适生于紫色沙泥岩山地、冲洪积物、倒石堆和坡地人工弃土。

(2)灌木

木豆(*Cajanus cajan*),抗旱,根系发达,速生,适种于大部分立地类型。

山毛豆(*Tephrosis candida*),抗旱、耐热、耐瘠薄,速生,萌芽力较强,3 年可郁闭,每年有大量枯枝落叶,短期内可改变地表层土壤水肥条件,截留降雨,是优良先锋树种,适种于大部分立地类型。

车桑子(*Dodonaea viscosa*),抗旱耐瘠性极强,萌芽力强,较速生,作混交林中层植物,适种于大部分立地类型。

余甘子(*Phyllant husemblica*),抗旱、耐瘠薄,萌芽力强,3~4a 可郁闭,果实可生产余甘饮料,清凉抗衰老,具一定经济价值,适种于大部分立地类型。

滇刺枣(*Zizyphus mauritiana*),抗旱性强,速生,萌芽力强,适种于大部分立地类型。

苏门答腊金合欢[*Acacia glauca*(L.)Moench],耐旱耐瘠薄,较速生,萌芽力较强,对土壤改良能力强,适种于大部分立地类型。

(3)草本植物

香根草(*Vetireria zizanioides*),抗旱、耐瘠薄,速生,根系发达,固土能力强,对环境条件要求低,适应性广,栽培容易,用途广,适种于大部分立地类型。

大翼豆(*Macroptillium atropurpureum*),抗旱、耐瘠薄,生长快,繁殖快,覆盖性强,一年生,蔓长 3m ,年枯枝落叶近 1cm ,改良地表水湿条件,对土壤条件要求稍高,适合与乔、灌混交种植。

芨芨草(*Achnatherum splendens*),抗旱,耐碱,适应性强,尤其在荒山、陡崖、盐碱低地、卵石滩地表现其强大生命力,是荒山秃岭的优良先锋树种。

5 干热河谷“适度”造林技术

5.1 攀枝花干热河谷植被恢复技术问题

在干旱、半干旱和亚湿润干旱区,水分因子是影响植物生存、生长发育和环境对植被支持力的关键因素。植被恢复与重建是防治土地荒漠化的主要措施。由于以往造林多选用乔木,并且造林密度偏大,导致林木水分营养面积不足、土壤水分亏缺,从而引起林分衰退,甚至死亡。造林与土壤水分平衡的关系是现在和将来干热、干旱地区植被恢复研究的重点问题之一。

在北方,许多研究结果表明,固沙林下的土壤贮水量一般低于无林地,尤其是密度偏大的林分,在林分郁闭成林后,水分供应将十分紧张,会引起林木死亡,这是由于林分蒸腾耗水,导致根系分布区土壤贮水量减少,根系分布层的土壤含水量降至凋萎系数。1970 年营造了樟子松固沙林,初植密度为 4444 株/hm^2,1978 年保存株数是 4000 株/hm^2,24 年后密度为 2500 株/hm^2。由于该区降水年变率较大,一年中降水又多集中于 7、8 月份,如果樟子松固沙林密度偏大,将引起土壤水分亏缺,影响固沙林生态稳定性,甚至林木死亡。

在干热河谷区,原始自然植被为南亚热带干性常绿阔叶林,非石灰岩山地为锥连栎林;石灰岩山地为铁橡栎林,格里坪一带石灰岩山地分布有苏铁林;沟菁、阴坡等土壤水分条件较好的地段为黄栎林。攀枝花干热河谷现代自然植被以南亚热带干热河谷稀树灌丛草坡为主要类型,草本植物以扭黄茅占绝对优势;灌木主要为车桑子、牛筋条、余甘子等;乔木主要为滇合欢、栎类。人为干扰少、土壤水分条件较好的地段，如阴坡（特别是土层深厚的缓坡和裂隙发育的石质坡地）和沟箐一带，乔木密度大，部分地段成林，多为栎树林。历史时期以来的植被演变是人类活动和气候变化的叠加结果。史前时期植被的自然演化，主要受制于气候的变化。中更新世以来，地壳隆升，河流强烈下切，岭谷高差增大，河谷焚风效应增强，干热化是数十万年来金沙江河谷气候变化的总体趋势。由于植被群落的抵抗效应，植被的演化往往滞后于气候的变化。视野区的原始植被是否和现代气候相协调，是否代表自然植被的顶级群落，是值得进一步探讨的问题。人类活动，特别是近代人类活动对攀枝花市视野区植被演替的影响是不争的事实。数百年前，区内以栎类为主的南亚热带干性常绿阔叶林广布。森林植被砍伐后，自然植被迅速退化为干热河谷稀树草灌。森林植被破坏，土壤侵蚀加剧，土层变薄变瘠，持水性能降低，土壤水分状况变差，不再适宜原生森林植被的繁衍，人类活动加速了自然植被由南亚热带干性常绿阔叶林向干热河谷草灌植被演替的进程。目前大部分坡地的自然环境，已很难恢复原始南亚热带干性常绿阔叶林植被，不改善土壤水分条件，只能恢复干热河谷稀树草灌植被。

在金沙江干热河谷，20 世纪 70 年代直播的云南松（*Pinus yunnanensis*）、思茅松（*Pinus langbianensis*）观测，干热河谷中种植的松树，第 6 年自然稀疏到 1050~6750 株/hm^2，第 8 年锐减到 450~1050 株/hm^2，第 13 年进一步减为 450~600 株/hm^2，直到第 18 年后还在继续减少。这说明：造林初期，林木水分需求量小，随着林分的郁闭和林木的生长，林木对水分需求量增大，土壤水分不能满足地上植物生长的需求，地上植物只有通过个体竞争，进行自然稀疏，达到自我调节的目的。

由于该地区的特殊气候条件，植被恢复十分困难。有些在初期被规划为长江防护林体系建设工程的项目县，由于造林的成活率和保存率达不到国家标准而被取消了项目县的资格。这其中的原因除了主观努力不够外，在干热河谷造林困难是一个重要因素。从目前的情况看，限制干热河谷植被恢复的主要自然因素是水分。一旦水分问题解决，植树造林是没有问题的。20 世纪 70 年代以来，采用提水灌溉的方法，攀枝花市在花岗岩荒山上成功营造了攀枝花公园、东区公园和攀钢后山绿化区，其植被以阔叶林为主的常绿森林植被。主要树种有羊蹄甲、台湾相思、桉树、山麻柳、栎类等。这 3 处森林内，均布设有输水灌溉管道系统。据初步调查，苗期旱季每月浇水 3 次，以后浇水次数逐渐减少，成林后每年 3~5 月，每月浇水 1 次。幼树林和成林的灌溉用水量差别不大，为 180m^3/（hm^2·a）。这 3 处人工林均抽提金沙江水灌溉，水费高昂，按目前价格，平均水费 240 元/（hm^2·a）。攀钢后山绿化区 67hm^2 人工林，每年水费和维护费高约 40 万元；目前，由于停止供水，已开始死亡。2000 年，长江造林局在三堆子附近，抽提金沙江水，营造 128hm^2 人工林，水利设施投资 120 万元，0.94 万元/hm^2。四川省林勘院设计的攀枝花市视野区生态治理示范造林工程，在规划的风景林区及生态经济林区，布置了 7 个提灌站，灌溉总面积 670hm^2，水利设施总投资 321.0 万元，0.48 万元/hm^2。

由上可见，只要旱季进行灌溉，干热河谷区荒山完全可以营造森林植被，但区内只有金沙江、雅砻江水可供旱季抽提，提水高程 200~300m，提灌设施基建投资大，运行费用高，大面积采用提灌造林恢复植被显然是不现实的，经济上是不可行的。

5.2　“适度”造林的内涵

自然植被是经过漫长的地质运动、气候变迁和植物群落演化而形成。在干旱、半干旱地区,由于环境对植被的支持力较小,形成了独特的区域性植被。比如,我国干旱、半干旱和亚湿润干旱区的天然植被是草原,自东向西,随着降水量的减少,可划分为森林草原带(以草甸草原为标志),干草原带(以典型草原为标志),荒漠草原带(以荒漠草原为标志);植被盖度由草甸草原的40%~75%,下降为典型草原的20%~40%,荒漠草原的10%~15%;生物生产力也由2000kg/hm^2,下降到800~1000kg/hm^2。植物种数由草甸草原的169种,减少到典型草原的104种,荒漠草原的74种。草原的形成、发展与气候干旱、气候大陆性增强相联系。

著名的植物生态生理学家Walter认为,乔灌草不同生活型植物种类,因为根系及其与土壤水分关系等方面的差异,所以在干旱生境下是互相对抗的植物种类,它们排斥另类,直到建立起与生境水分条件相协调的群落生态关系。这对正确认识干热河谷植被变迁及对干旱半干旱地区的植被恢复等具有重要的指导意义。为此,干旱生境下的植被恢复应针对不同坡地类型生境的土壤水分条件,主要依靠优势生活型植物种类,进行乔灌草不同生活型植物类型的合理配置,建立起植被与生境土壤水分条件的群落生态关系,方能达到成功的目的。

因此,人工植被建设必须仿照自然植被的特征,确保植被建设的可适度,也就是在植被恢复时,进行"适度"造林,加快植被恢复的进程。

5.2.1 "适度"的内涵

对于任何一种资源的利用都存在适度、不适度及最大量的问题。就生物资源而言,适度利用可保持其最高的生产力,过度利用会造成资源枯竭。利用的力度超过了自然资源的再生极限,就必须要破坏生物与环境因子之间及生物与生物之间的结构和比例及彼此相互适应的整体功能,导致生态平衡的破坏。因此,自然资源的配置与利用必须遵循动态平衡规律和生态经济协调发展的原则,遵循适度的原则,防止掠夺式利用而产生的不经济行为。自然资源的配置与利用的适度具有双重涵义,它既是一个生态的概念,又是一个经济的概念,它是生态上适度与经济上适度的复合表现。

(1)生态上的适度及其生态阈值

生态上的适度是由于自然资源的稀缺性及其服务于生产能力的有限性所制约的,客观上它存在一个可利用量的界限,即"阈值"。"阈值"内就是生态系统自我调节机制所允许的限度,这就是生态上的适度。

自然资源的适度利用要区别两种类型的资源,一种是再生资源,另一种是非再生资源。

再生资源的生态阈值主要是由资源利用的内部性及其再生率决定的。西方微观经济学在其量化问题上有一些基本方法:

阈值下限:资源利用率=资源再生率/2资源利用量

阈值上限:资源利用率=资源再生率资源再生量

$$资源利用率=\frac{资源利用量}{资源存量} \qquad 资源再生率(资源更新系数)=\frac{资源再生量}{资源利用量}$$

再生资源的利用率处在下限时,表明利用的资源只是其再生数量的一半,低于此限资源利用为粗放型的,利用率处在上限时表明利用的资源数量恰好等于其再生的数量,达到最大持续利用量,超出此限则超出了资源、环境的受客量。可见,在阈值范围内再生资源的利用会确保资源最大存量的基础上持续发展。

关于非再生自然资源,严格地讲不存在利用上的生态阈值,它在利用上限度的界定要借助于其利用过程中的环境成本,由此引进阈值的概念。非再生资源的阈值的下限是其利用的规模、数量引起的环境成本不超过生态系统的自净能力,此时的环境成本为零,系统本身通过自净能调节恢复到原状态,低于此限,虽然环境保持良好,但资源利用的经济效益太低。阈值的上限为:资源利用的经济收益≤环境成本,高出此限,则资源利用已超过了环境的承受能力,其经济效益的取得必然以破坏环境为代价,这显然是不可取的。可见,在上述阈限内开发非再生自然资源是合适的。

(2)经济上的适度及其经济阈值

从经济学的原理看,任何自然资源利用的适度范围要服从于最适量的资源投入规模,服从于最适量的经济产出效益,显然,这里存在资源利用的经济阈值问题。资源利用中的报酬递减规律会制约成本效益关系,故投入规模的上下限受报酬递减规律的限制。经济上资源投入的下限:总产量(收益)≥固定成本,即边际收益(平均收益)在最高点;资源投入的上限:总收入=总成本,即投入产出曲线的第二阶段的临界点(图5-46)。

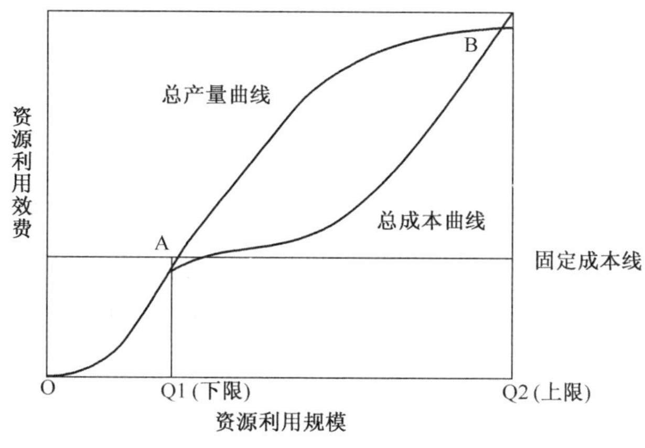

图5-46 资源利用经济阈限

在OQ1阶段,是资源投入递增区(粗放型),也是报酬的递增阶段,其生产弹性大于1,此阶段内每投入一单位的变量资源,都能使产量急剧增加,但由于资源投入太少表现在经济上是低效的;在OQ2阶段即资源利用的经济阀限内,是资源最佳的投入区,也是自然资源和其他生产要素合理组合的集约经营区,随着资源投入的不断增加,总产量曲线升至最高点与总成本曲线相交,此时变量资源的投入也就达到最高点,不宜再追加资源的投放量,至于在该区哪一点的资源利用达到最佳经济规模要取决于资源及其所处的社会、经济、技术条件。在Q2以后的阶段,是资源投入的不合理区即资源配置与利用的误区。在此阶段,自然资源投入的增加不仅带来了边际报酬的负增长和平均报酬的进一步递减,而且导致总报酬的递减,因此应是资源投资终止阶段。

(3)生态经济上的适度及生态经济阈值

资源的配置利用是(自然)生态与(市场)经济的复合系统,生态是经济的基础。一般而言,生态上的适度和经济上的适度二者是一致的,但由于生态系统和经济系统是异质的,受不同规律的制约,所以,生态阈限和经济阈限不可避免会存在矛盾,亦即自然资源的有限性、生态系统的稳定性与经济系统的增长性的机制是矛盾的。从而生态上的适度与经济上的适度常常互不一致。如果资源配置利用的强度、规模过大,可能带来大的经济效益,但若超过生态的随能力,则必然造成生态的破坏,导致经济效益的下降,甚至是负效益。

第一,依据生态上的可能性、适宜性与经济上的可行性、合理性的结合点,将资源的配置界定在不低于经济阈限的下限也不高于生态阈限的上限之间。假如经济阈限为[S_1S_2],生态阈限为[P_1P_2],具体讲有下列6种情形:

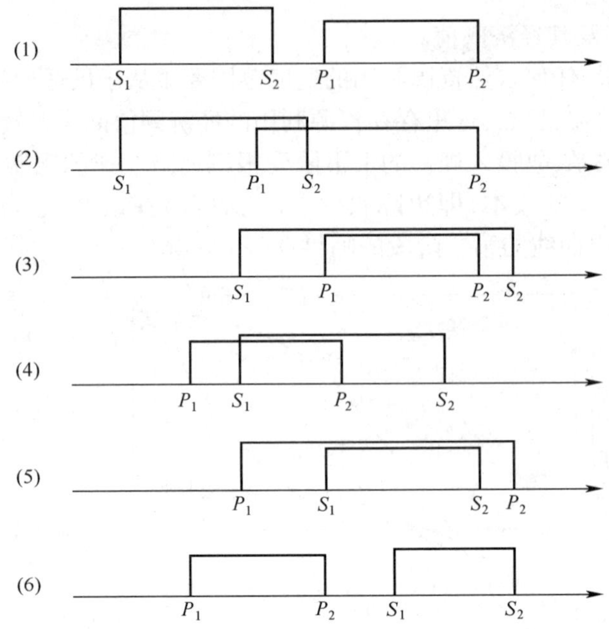

第一种情形:$S_2< P_1$,即经济阈值远小于生态阈值,应放手开发利用资源。

第二种情形:$P_1< S_2$,仍然放手开发利用资源。

第三种情形:$P_2< S_2$,资源利用以 P_2 为限,达不到最佳经济规模点。

第四种情形:$P_1< S_1< P_2< S_2$,资源利用的适度在生态阈值的上限。

第五种情形:$S_2< P_2$,资源的开发利用在生态允许的范围内进行可获最大收益。

第六种情形:$P_2< S_1$,资源利用超出其生态阈限时还未带来经济效益,应立即停止开发利用。

第二,在资源配置开发的利用量难以量化时,生态经济阈限的确定是由宏观经济效益作为反映生态、经济、社会效益的结合点,亦即将资源开发利用的效益指标适当扩展时空跨度进行计量,从长远的、宏观的角度计算常年资源生产率、劳动生产率等,从而消除生态效益、环境效益、经济效益和社会效益之间的矛盾。

总之,自然资源配置与利用的生态经济阈限应不低于经济阈值的下限,不高于生态阈值的上限,或保持在生态阈值的上限和经济阀值的下限之间,从而既保持了资源、环境的不受破坏,又能达到尽可能多的经济效益,走一条资源(再生)持续利用、生态持续保护、经济持续增长、社会持续发展的良性发展之路。

5.2.2 关于"适度"研究

德国学者彭克提出"适度人口容量",以全球陆地面积、人均消费粮食数量、耕地单位面积产量为依据,推算出全球适度人口容量为80亿人;结合自然条件、社会发展历史、人口演变现实过程等因素，推算出我国适度人口容量应在8亿左右。石家庄市计划委员会针对石家庄市过高的耕地人口承载量、较高的耕地生产力以及较高的垦殖指数和有限的耕地后备资源，致使石家庄市人口与耕地的逆向发展这一矛盾更加突出的问题，提出了适度人口容量与可持续发展对耕地需求规模的预测。苏祖荣(2000)对山地森林资源利用的适度原则、表现形式以及适度利用的限制进行论述，并用0.618法(也称菲波那奇黄金分割法)确定山地森林资源利用适度。还有草地适度载畜量的研究，毛乌素流动沙地适宜植被覆盖率研究(姚洪林等，1995)等。

5.2.3 “适度”造林的原则

在长期的自然演化过程中，“物竞天择，适者生存”，干旱地区自然环境选择耐旱的物种，从生态系统的观点来看，干热河谷稀树草灌植被生态系统结构简单、功能较低，植物群落在严酷的生态环境下，“它们要依靠大大减少密度和生物量来维持与生境之间的脆弱平衡”。

因此，干旱生境下植被恢复的“适度”造林就是针对不同生境类型的土壤水分条件，主要依靠优势生活型植物种类的水分利用特点，进行乔灌草不同生活型植物类型的合理配置，仿照自然植被的特征，建立起稳定的植被与生境土壤水分条件的群落生态关系，也就是建立“适度”的乔木层密度、“适度”的乔灌草层次结构。这种“适度”造林必须遵循：

(1)适地适树的原则，特别是选树适地的原则，选择耐旱性的树种或植物，适应干燥的立地，是干热河谷造林成功与否的关键；

(2)提高植物水分利用效率和土壤水分供应能力的原则，从植物本身和土壤理化特性的角度，优化林分结构，如“适度”造林密度、“适度”乔、灌、草配置结构等，提高“适度”造林的“度”大小；

(3)植被与生境水分条件的群落生态关系稳定的原则，是干热河谷地区林分的“适度”结构稳定性的关键。

5.3 “适度”造林密度的确定

土壤的自然含水量扣除植物的凋萎系数以后，才是可供植物利用的有效水分。根据土壤供给的有效水分总量和各树种的单株水分消耗量，可估测出土壤对各树种的水分承载能力。根据调查，在旱季0～25cm土层、25～50cm土层、50～70cm土层的土壤平均含水量分别为9.34%、10.24%和11.35%。林地土壤表土层(0～25cm)水分可供地表草本植物利用；大部分根系的垂直分布在25～75cm土壤层；在旱季降雨一般20～50mm，蒸发量为降水量的2倍以上，表土水分有一部分用于蒸发，则植物需从深层土壤消耗。因此，植物耗水过程水分复杂，利用Li-1600测定植物蒸腾量，不能反映土壤水分消耗的真实情况，土壤水分蒸发对土壤水分消耗影响很大。为此，采用盆栽实验方法，以土壤水分变化为中心，把水分消耗作为整体概念来对待，通过对土壤消耗量与水面蒸发量进行拟合，建立拟合实验模型方程，再根据方程，计算出各树种在整个旱季的单株水分消耗量(旱季为11月至翌年5月，计210d)，即可估测出每公顷林地对各树种的最大造林密度。

5.3.1 土壤水分供应能力

根据上述攀枝花市干热河谷土壤水分的研究结论，为了确定土壤对植物的供水范围，对干热河谷现有主要植物根系进行了调查，结果见表5-83，由此确定土壤有效供水的土壤深度为70cm，以此计算土壤的有效蓄水量作为土壤水分供应能力。

表 5-83　攀枝花干热河谷主要树种根系分布

树种	地点	根深(cm)	根幅 1(cm)	根幅 2(cm)
五色梅	枣坪	50	130	110
	西线	60	180	50
直干蓝桉	枣坪	63	60	70
剑麻	枣坪	53	53	40
羊蹄甲	枣坪	40	45	36
合欢	枣坪	35	60	35
新银合欢	三堆子	100	120	100
车桑子	劳教所	35	60	35
台湾相思	五十四	170	230	150
小桐子	西线	75	80	75
加勒比松	劳教所	75	305	115
印楝	枣坪	50	36	45

在干热河谷，荒山荒地的土壤层一般在 50cm，有部分水分需要来自于母质层。根据现有主要林分土壤调查与测定见表 5-84，荒草坡的土壤水分供应能力最小，达到 1143t/hm^2，五色梅林地、台湾相思林地、加勒比松林地的土壤水分供应能力比较高，达到 1808. 8t/hm^2、1775. 6t/hm^2、1725. 63t/hm^2，说明植被对土壤的良好改良作用；同时，现实中的林分在一定程度上已经具有相对稳定性。为此，为了计算"适度"造林的林分密度，考虑到土壤厚度等因素，确定以荒草坡为标准，即干热河谷的基准土壤水分供应能力为 1143t/hm^2。

表 5-84　攀枝花干热河谷主要林地土壤水分供应能力(有效蓄水)

树种	淋溶层		淀积层		土壤层		母质层		土壤水分供应能力	
	mm	mm/cm	mm	mm/cm	mm	t/hm^2	mm	t/hm^2	mm	t/hm^2
新银合欢	34. 16	2. 28	27. 84	1. 64	62	620	58. 81	588. 1	120. 81	1208. 1
台湾相思	53. 29	2. 80	35. 77	1. 70	89. 06	890. 6	88. 5	885	177. 56	1775. 6
五色梅	92. 44	2. 98	54. 01	1. 46	146. 45	1464. 5	34. 43	344. 3	180. 88	1808. 8
剑麻	22. 3	1. 86		0. 00	22. 3	223	123. 7	1237	146	1460
桉树	33. 5	2. 09		0. 00	33. 5	335	103. 4	1034	136. 9	1369
荒草坡	42. 1	2. 11		0. 00	42. 1	421	72. 2	722	114. 3	1143
印楝	27. 8	2. 78	45	2. 25	72. 8	728	84	840	156. 8	1568
加勒比松	30. 9	2. 06	45. 9	2. 70	76. 879	768. 79	95. 7	957	172. 563	1725. 63

5. 3. 2　植物耗水量的计算

(1)攀枝花干热河谷主要造林树种盆栽试验

在攀枝花干热河谷由于干湿季节分明，10 月至翌年 5 月为旱季，长达 212 天，土壤的贮水量是旱季植物耗水的唯一来源，因此，土壤在雨季贮水量的多少决定了植物能否安全渡过旱季，决定了林种结构、组成和林分密度。通过测试某一时段(或某一点)的蒸腾量或蒸散量来计算植物的耗水量明显不合理,因为植物耗水是一个连续的过程,同时蒸腾量与整个旱季的气候状况有关。通过整个干旱期间盆栽试验,以 Metcherlich 模型拟合结果最理想,可以反映土壤水分的消退过程以及土壤的结构等参数及土壤水分的动力学特征,拟合的数学模型在土壤学上有明确的物理意义。模型方程为:

$$\frac{\partial ET}{\partial E_0} = a.\exp(-b.\sum E_0) \tag{5-6}$$

根据方程拟合了各树种单位水面蒸发量作用于 $1cm^2$ 林冠蒸腾量(或蒸散量)的累积水面蒸发量模型。对不同种类植物,拟合方程的系数求解,得到结果见表 5-85。

表 5-85 拟合方程的系数

种类	A	消退系数	相关系数	样本数	累积蒸发(mm)
印楝	0. 23285	0. 03195	0. 9	31	123. 65
台湾相思	0. 461	0. 02016	0. 91	37	145. 05
小桐子	0. 59468	0. 0605	0. 97	15	46. 1
构树	0. 1445	0. 00932	0. 73	74	491. 52
直干蓝桉	1. 118	0. 0695	0. 942	14	44. 7
车桑子	0. 07428	0. 020358	0. 881	32	125. 05
银合欢	0. 06017	0. 0566	0. 838	17	52. 1
加勒比松	0. 5403	0. 023228	0. 9019	62	350. 97
剑麻	0. 0595	0. 0308	0. 902	80	558. 22
五色梅	1. 409	0. 0341	0. 89	19	74. 8

根据拟合方程(5-1),各树种的拟合土壤水分消退过程见图 5-47,来计算不同树种旱季的耗水量。

本研究采用盆栽实验,实际上把单株植物形成的生态空间作为一个计量单位,不同于以往研究,其结果更具有真实性。以土壤水分含量为纵坐标,以水面累积蒸发量为横坐标作土壤水分递减曲线图(以实验拟合的土壤水分消退模型:$E_T = a + b \times e_0^{-k.E}$),从图 5-47 和图 5-48 以看出,土壤水分的递减变化曲线较平滑,从曲线变化趋势看,水分在前期减少较快,到后期土壤水分减少较慢,最后至稳定,但从土壤水分消退曲线看土壤蒸发的三个阶段:起始恒速阶段、中期速降阶段和后期的慢速阶段。

通过对 $E_T = a + b \times e_0^{-k.E}$ 求导,得出的拟合方程,按照方程的生态意义:在整个旱季,植物蒸腾耗水是一个动态变化过程,不断消耗土壤水分,逐步累积,因此,以图 5-48 中的阴影部分,计算出植物单株耗水量。同时,植物耗水与水面蒸发密切相关,根据前面研究结果,该区水面蒸发量为 8mm/d,计算结果见表 5-86。在 5 个乔木树种中,以直干蓝桉的耗水量最高,达 4. 6t,其次是台湾相思,为 1. 2t,加勒比松、银合欢、印楝分别为 0. 65t、0. 55t 和 0. 3t。在灌木中,以五色梅为最高,达 0. 94t,最低是剑麻,仅为 9. 5kg。

表 5-86 攀枝花干热河谷主要造林树种旱季耗水量

处理	消退系数	耗水量(t/hm^2)	株数	单株耗水量(t)
印楝	0.002329	999.6	3300	0.3031
台湾相思	0.001724	1615.068	1365	1.1832
小桐子	0.001644	3617.808	10000	0.3616
直干蓝桉	0.001832	2746.53	600	4.5775
车桑子	0.002054	51.129	285	0.1794
银合欢	0.002452	472.473	855	0.5526
加勒比松	0.004348	251.901	390	0.6459
剑麻	0.004742	95.048	10005	0.0095
五色梅	0.001504	1405.35	1500	0.9369

注:旱季天数:从 10 月至 5 月为 212 天,日水面蒸发量为 8mm。

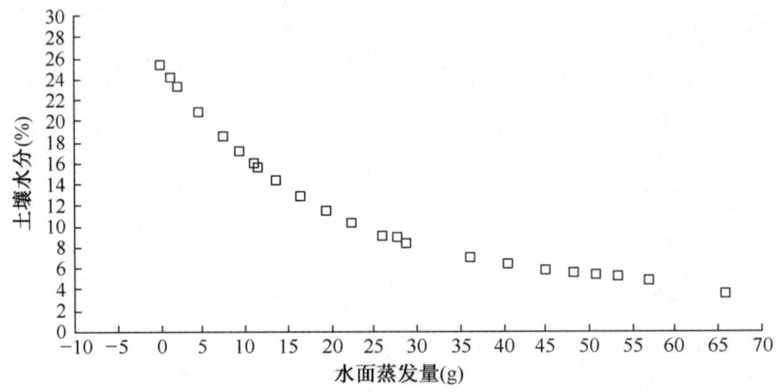

图 5-47 土壤水分消退曲线

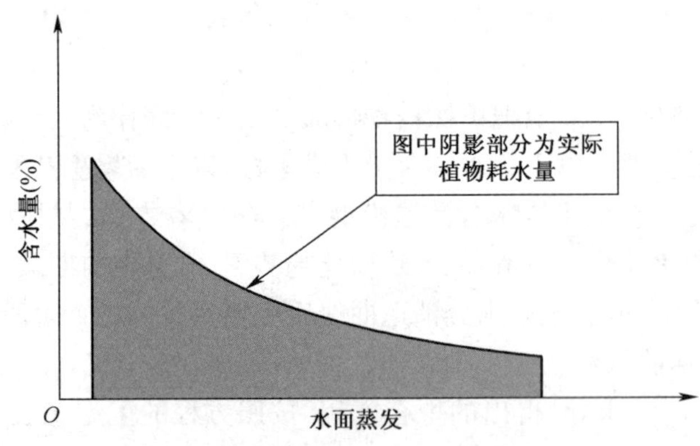

图 5-48 土壤水分消退过程示意图

5.3.3 “适度”造林的密度

从干热河谷的实际情况看,制约森林形成的主要因素是水分。旱季的土壤水分状况和树木的耐旱性是决定树木能否生存的 2 个因素。本章所研究的几个树种,经前人研究表明和造林实践证明都表现出一定程度的抗旱性。因而这些树种能否形成稳定的人工林主要取决于土壤的水分状况；从土壤水分供应能力的角度看，所计算出的结果是每公顷林地对各树种所能够承载的最大理论株数。

根据目前该区的造林要求，其密度为 3300 株/hm^2（220 株/亩），按照表 5-87 的最适度的"密度"要求，印楝、台湾相思、直干蓝桉、银合欢、加勒比松的林分密度分别为 3771 株/hm^2、966 株/hm^2、250 株/hm^2、2068 株/hm^2 和 1769 株/hm^2，因此，印楝的密度较合适，而台湾相思、直干蓝桉、银合欢、加勒比松的林分密度却远远超过了，这样实际上造成了资金的浪费，台湾相思、银合欢、加勒比松造林分别浪费了约 2/3、2/5 和 1/2 的资金，而直干蓝桉造林将节省更多的费用，实际上，形成了"稀树草丛"，或者说，在干热河谷，直干蓝桉不适合进行造林。按目前该区造林 9000 元/hm^2 计，则每公顷至少分别浪费 6000 元、3600 元和 4500 元。这对该区原本有限的造林经费来说，这种浪费是非常惊人的。大面积高密度的造林不仅引起土壤水分亏缺，而且造成生态效益与经济效益不统一、长期效益与短期效益的矛盾。

表 5-87　不同树种的适度造林密度估算

树种	土壤水分供应能力（t/hm^2）	单株水分消耗（t）	适度密度（株数/ hm^2）	适度密度（株数/亩）
印楝	1143	0. 3031	3771	251
台湾相思	1143	1. 1832	966	64
小桐子	1143	0. 3616	3161	211
直干蓝桉	1143	4. 5775	250	17
车桑子	1143	0. 1794	6371	425
银合欢	1143	0. 5526	2068	138
加勒比松	1143	0. 6459	1769	118
剑麻	1143	0. 0095	120315	8021
五色梅	1143	0. 9369	1220	81

对于灌木来说，小桐子、车桑子和五色梅的造林密度分别为 3161 株/hm^2、6371 株/hm^2 和 1220 株/hm^2，剑麻的造林密度为 120315 株/hm^2，由于剑麻抗旱性能比较强，其根系一般在 20cm 的土层中，因此，在实际造林中，应以其 1/3 来造林，即 40000 株/hm^2 比较合适。

在实际生产中，还要考虑到其他的立地条件，如土壤肥力、坡位和坡向等，以及林地灌木和草本层等。因此，如果大于这个造林密度，就会造成旱季土壤供水不足。当然为了提早郁闭，尽早发挥林分的防护效果，造林的初植密度可以适当大于这个密度值。从树木个体发育角度看，当树木地上部分达到一定的生物量，总叶面积的耗水量超过土层的供水能力时，会促使植株生长停止。虽然在以后的雨季里有比较充足的水分供应，也不再能恢复其旺盛的生长，因土壤水分胁迫导致林木生长衰退，从而形成"小老头树"，甚至成片死亡。这种现象在我国干旱地区相当普遍。从林分角度来看，同一树种随着森林生物量的增加，树木对水分的消耗加大，有可能因为对水分的竞争加剧而导致林分的自然稀疏，从而无法形成稳定的人工林，林木因为水分营养面积不足而导致部分林木死亡。从人工林的长期稳定性和改善林地小环境这两方面来考虑,造林初期为了迅速覆盖林地,尽早地形成森林环境,仍需要适当密植。但随着林木的生长,对水分的消耗增大,为保持林分的相对稳定,保证林木的存活与生长并逐步提高林地的生产力,应人为调节其密度,预防林木大范围的死亡而导致人工林的衰退。

因此,"适度"造林的林分即可充分利用水分资源,又不会造成土壤干旱胁迫现象,此时的林分应属于"疏林"(注:指密度低、郁闭度小于 0.3 的林分)。在干旱区,在选择节水、耐旱树种的前提下,应该在生态、经济和生态经济上可行的考虑,进行适度造林,以维护林分的持续稳定性。

5.3.4 讨论

(1)过去北方干旱地区的樟子松、干热河谷的云南松、思茅松造林的教训,由于造林密度偏大,将引起土壤水分亏缺,影响固沙林生态稳定性,甚至林木死亡。因此,在干热河谷地区,造林密度过大,尤其是乔木林,就会引起土壤水分亏缺,土壤水分贮量减少、地下水位下降,影响林分持久稳定性。干热河谷造林应属于"疏林",密度宜小不宜大,根据林分的防护效能和土壤水分平衡确定生态上的"适度"造林密度;在干热河谷区,可根据生态效益(林分的防护效能和生态稳定性)和经济效益(林木价值和土地使用价值)确定林分的生态经济上"适度"造林密度。

(2)在干热河谷植被恢复和造林工作中,应该从时空尺度上了解原干热河谷的形成过程,从而确定合理的植被恢复途径——"适度造林技术"。在干热河谷区,大气水热条件的不平衡,环境对植被的支持力较低,建设人工植被应该参照地带性和隐域性原生植被的特征;同时,根据立地条件的空间异质性,进行"板块镶嵌",宜乔则乔、宜灌则灌、宜草则草、宜荒则荒。

(3)本实验研究尽管提出了植物耗水量,实际上是地表的蒸发和植物蒸腾的总和,即蒸发散,就是植物在地表所占的空间内总的水分消耗;以往研究多以植物蒸腾来计算,而且以某段时间的测定结果为依据,计算出来的结果往往偏小,不切合实际情况。本研究提出的耗水量是一个综合概念,以土壤水分消耗来说明,通过整个干旱期间的连续测定,由于干旱期间基本没有降雨,土壤得不到水分补充,土壤水分越来越少,不可能像正常水分供应条件下的一次性消耗,土壤水分消退呈幂指数函数递减,所以比较切合实际情况。在计算耗水量时,以拟合方程为基础,进行幂指数求解计算出来,实际上是水分消耗的不断积累,对于以土壤水分平衡为中心的水分消耗来说,更加符合实际情况。但在实验中主要以苗木或幼树为对象,因此,随着林木的生长,林木对水分的消耗增大但是地表覆盖程度也增大,蒸发散是增大还是减小,还需要进一步深入研究,为适度造林技术提供依据。

综上所述,干旱生境下的植被恢复应针对不同类型生境的土壤水分条件,以土壤水分平衡为中心,建立起植被与生境土壤水分条件的群落生态关系,确保植被建设的可适度,也就是在植被恢复时,进行"适度"造林,加快植被恢复的进程。

6 干热河谷保水保墒造林技术研究

金沙江干热河谷攀枝花段是我国典型的生态脆弱区之一,气候炎热干燥,干旱少雨,特别是在春季和初夏植物生长季节,水热矛盾尤为突出;干湿季节分明,水热分布极为不均,植被一旦遭到破坏,恢复重建极为困难。中华人民共和国成立以来,国家林业局、科技部开展多项有关干旱地区的植被恢复与重建的机理探索和技术示范研究,地方政府尤其是攀枝花市政府对我市的生态建设极为重视,年年造林,坚持不懈,努力改变我市生态环境恶劣的局面,以期提高其自然承载力和生态系统的功能，为我市的经济建设和社会发展、为构建和谐社会，提高人民生活质量服务。

长期的研究结果表明，干热河谷植被恢复与重建具有困难性和艰巨性，是一块“硬骨头”，需要资金、技术、管理多方面措施的共同配合。土壤水分缺乏更是干热河谷区植被恢复与重建的最大障碍，干热河谷区因水热矛盾尤为突出而成为我国长江中上游地区植被恢复的重点和难点地区（杨忠等，1999；牛焕琼，2004），土壤水分不仅是造林成活与否的决定因子（张建平等，2001；孙辉等，2004；牛焕琼，2004），还是影响很多树种生产力的关键因素（李昆等，1995）。在广大干旱、半干旱地区（包括干热河谷），以“土壤干化”为主的土壤退化极为严重，已成为干旱半干旱地区人工植被建设的严重隐患，造成植被根际区土壤水分长时间持续严重亏缺，土壤表层板结，土壤紧实度增大，甚至导致了人工植被的严重退化及大面积干枯死亡（余新晓，1993；杨维西，1996；王克勤等，2004）。改善土壤水分状况是实现干热河谷区域植被恢复与重建的必然途径（孙辉等，2004）。土壤水分的实验研究发现，土壤承载量较小的扭黄茅群落自然草坡的土壤水分状况明显优于土壤承载量较大的乔木林和灌木林，这一结果表明为了维持人工林生态系统的水分平衡，在干热河谷植被恢复中要降低造林密度，减小土壤的承载量，减少水分消耗（王克勤等，2004；费世民等，2003）。基于干热河谷水分缺乏的现实，有人认为干热河谷的植被以自然恢复为主，封山育林是最为经济的植被恢复方式，同时在树种适生地带进行人工促进，这种思路更有助于干旱地区植被恢复的实际操作，同时加速了植被恢复的进程（费世民等）。人工促进中合理解决土壤水分问题就成为干热河谷植被恢复与重建的核心内容。

恢复植被，改善人民生存环境和生活质量，是攀枝花社会、经济、环境协调发展的迫切需要。四川的广大林业工作者长期致力于干热河谷荒山造林，人工促进技术的研究，从树种筛选、育苗基质到整地方式等各方面作了大量的研究工作，虽取得了大量的成绩，但造林成活率不高、保存率低的问题仍是一个急待解决的难题。造成这一问题的根源还在于土壤水分匮缺。多年的造林实践表明，攀枝花干热河谷旱季持续时间长、蒸发力大，加之土壤蓄水能力低是导致土壤水分亏损的根本原因。针对这一问题，认为增加旱季土壤中可利用水的数量，降低土壤水分蒸发是提高干热河谷造林成效的基本措施。本课题就是抓住造林过程中“水”这一关键因子，对节水技术展开试验研究和分析，探索和寻找攀枝花干热河谷造林的新技术和新方法。

保水保墒技术是旱区节水技术的总称，它具体包括保水剂、挡水墙、覆膜等技术措施，其技术核心是提高土壤中的有效水数量，减少土壤蒸发，以解决苗木定植初期对水的需求，从而提高造林成活率。抓住这一技术核心，结合金沙江干热河谷攀枝花段的实际情况，针对影响树木成活的主导因素：树种抗旱特性（不同树种），土壤性质（沙土和壤土）和各种节水保水措施（如使用保水剂、覆盖节水），采用室内实验和野外试验相结合的研究思路，经过两年多的试验研究，得出了一些富有创造性的研究成果和结论，以期为攀枝花干热河谷生态建设方略和植被恢复技术提供理论依据和技术示范。

6.1　试验地概况

试验地选择攀枝花市东区的红花田，为市区视野区造林地，总面积 40 亩，地理位置为 E101°40′59″～101°41′24″，N26°15′00″～26°19′07″，海拔 1320～1430m，坡向西北，属中山中上部，坡度 10°～35°。山地红壤，土层厚度 30cm，湿度干，微酸，地被主要为扭黄茅（*Heteropogon contortus*)，盖度45%，部分地段为悬崖，总坡面为阳坡。该地段距金沙江较近(约2km)，气候上仍为典型的干热河谷区气候类型，具有干热河谷的土壤、植被、气候特征。

根据适地适树原则，结合多年的研究成果和近年生产中主要的造林树种，选择了台湾相思和合欢两个具有代表性的树种作为研究对象。

(1)台湾相思(*Acacia confousa*)：豆科，金合欢属，原产我国台湾。常绿乔木，喜光，不耐阴，畏寒，极耐干旱和瘠薄，具根瘤，能固定大气中游离氮。可改良土壤，萌芽力强，为荒山绿化、水土保持的优良树种。

(2)合欢(*Leucaena salvadorensis* Standley)：豆科，常绿乔木，原产中美洲，喜光，不耐阴，耐干旱瘠薄，耐炎热及0℃低温。3年生树高达10m、胸径10cm。

6.2 试验设计

6.2.1 试验材料

(1)生根保水剂(青山旱地露)，由内蒙古亿利科技实业股份有限公司研制生产，主要成分为高吸水树脂、植物养分、生根剂、黄腐酸等，无毒无污染，能在3年以后被生物降解。吸水量可达自身重量300倍以上，用其蘸根或穴施，能在其表面形成"小水库"，使栽植初期的苗木有充足的水缓释，反复使用可持续2~3年。

(2)地膜，采用市面上出售的白色塑料地膜，0.4mm厚。

(3)茅草或稻草，将草覆盖于穴内植株根部周围，可保持水分，减少地表水分蒸发。

6.2.2 试验方法

(1)盆栽试验　选择砾质土、砂壤土两种土壤类型，栽种新银合欢、台湾相思，并对栽种苗木采取保水剂、覆草、覆膜不同处理方式进行盆栽正交试验，实验设计见表5-88。通过正交试验，从中筛选出提高造林苗木的成活率和保存率的最佳处理方式。

表5-88　采用 $L_8(4\times2^4)$ 实验设计的正交表

试验号	保水剂(g)	树种	覆盖措施	土壤	对照
	1	2	3	4	5
1	0	台湾相思	覆草	砾质土	
2	0	新银合欢	覆膜	砂壤土	
3	10	台湾相思	覆草	砂壤土	
4	10	新银合欢	覆膜	砾质土	
5	20	台湾相思	覆膜	砾质土	
6	20	新银合欢	覆草	砂壤土	
7	30	台湾相思	覆膜	砂壤土	
8	30	新银合欢	覆草	砾质土	

试验1：

2003年3月18日在攀枝花市林科所苗圃地，按照 $L_8(4\times2^4)$ 正交表作正交试验，每一处理作10个重复，定植台湾相思和合欢共80盆，进行了保水剂、树种、覆盖、土壤的不同处理。苗木定植后对每木进行了挂牌，定期观测其生长量，每月观测记录苗木树高、地径、冠幅，10月底结束观测。

试验2：

2003年12月30日在攀枝花市林科所苗圃地，按照 $L_8(4\times2^4)$ 正交表作正交试验，每一处理作2个重复,共计16盆,每盆浇定根水500ml,待苗木成活后,每天连盆称其重量、测定高度,并作好记录。待苗木死亡后,测定记录其苗重、根长、叶片数。

(2)荒山造林试验　结合攀枝花市市区视野区荒山造林任务,按照方案在红花田营造试验林40亩,同样采用砾质土、砂壤土两种土壤类型,新银合欢、台湾相思作为应试树种,采取保水剂、覆草、覆膜不同处理方式进行荒山造林试验,实验设计见表5-89。苗木定植后每年对试验地进行除草和追肥。按试验不同处理打桩、挂牌,定期调查、取样。

表5-89　采用 $L_8(4\times2^4)$ 正交实验设计表

试验号	保水剂(g) 1	树种 2	覆盖措施 3	土壤 4	对照 5
1	0	台湾相思	覆草	砾质土	
2	0	新银合欢	覆膜	砂壤土	
3	10	台湾相思	覆草	砂壤土	
4	10	新银合欢	覆膜	砾质土	
5	20	台湾相思	覆膜	砾质土	
6	20	新银合欢	覆草	砂壤土	
7	30	台湾相思	覆膜	砂壤土	
8	30	新银合欢	覆草	砾质土	

(3)挡水墙试验:2002年,与正交试验同步,在红花田结合《微水造林技术研究》项目,开带挖沟40cm×40cm,常依地形而定,在沟下部挖穴栽苗,定期进行土壤取样,调查其土壤含水量。

6.3　结果与分析

6.3.1　保水保墒技术对土壤含水量的影响

(1)通过盆栽试验结果分析

通过盆栽试验数据,各种处理的土壤水分变化动态见表5-90和图5-49:

第五　3号　10　台湾相思　覆草　砂壤土

第六　1号　0　台湾相思　覆草　砾质土

第七　2号　0　新银合欢　覆膜　砂壤土

第八　8号　30　新银合欢　覆草　砾质土

表5-90　各种处理土壤含水率的正交分析表

试验号	保水剂(g) A	树种 B	覆盖措施 C	土壤 D	土壤含水量(%)		
					重复1	重复2	平均值
1	1	1	1	1	11.92		11.92
2	1	2	2	2	10.45		10.45
3	2	1	1	2	11.09	13.79	12.44
4	2	2	2	1	17.71	16.73	17.22
5	3	1	2	1	14.53	14.06	14.30
6	3	2	1	2	12.53	12.42	12.48

（续）

试验号	保水剂(g) A	树种 B	覆盖措施 C	土壤 D	土壤含水量(%)		
					重复 1	重复 2	平均值
7	4	1	2	2	17.3	19.16	18.23
8	4	2	1	1	9.77	11.73	10.75
K1	22.37	56.89	47.59	54.19	T=107.79		
K2	29.66	50.90	60.20	53.60			
K3	26.78						
K4	28.98						
X1	11.19	14.22	11.90	13.55			
X2	14.83	12.73	15.05	13.40			
X3	13.39						
X4	14.49						
R	3.64	1.49	3.15	0.15	因子重要性为:A>C>B>D		

注:R 为极差,X 为各种处理的平均值,K 为各种处理之和,T 为平均数之和。

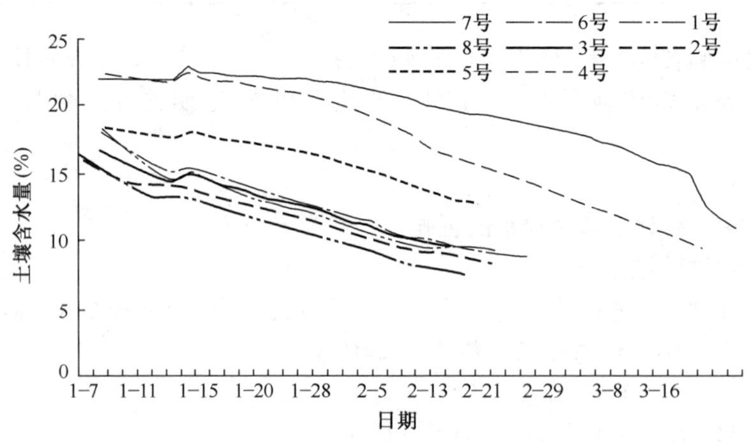

图 5-49　盆栽试验 2 个处理组合树苗存活期间土壤水分变化

从表 5-90 可知,该正交试验表调整极差为:R1=3.28,R2=2.99,R3=6.33,R4=0.3。各因子的主次顺序为:C(覆盖)>A(保水剂)>B(树种)>D(土壤);最佳组合为:A2+B1+C2+D1,即 10g 保水剂+台湾相思 +覆膜+砾质土,施用 10g 保水剂和覆膜对中国台湾相思土壤含水量影响最大。

调整极差:R1=3.28,R2=2.99,R3=6.33,R4=0.3,因子重要性主次为:C-A-B-D;最佳组合为:A2+B1+C2+D1。

从图 5-49 可以看出,7 号、4 号、5 号处理较 1 号、2 号、3 号、6 号、8 号处理效果好,水分减少速度慢,植株存活时间长,其中以 7 号最佳,4 号次之,排列顺序为:

第一　7 号　30　台湾相思　覆膜　砂壤土

第二　4 号　10　新银合欢　覆膜　砾质土

第三　5 号　20　台湾相思　覆膜　砾质土

第四　6 号　20　新银合欢　覆草　砂壤土

(2)荒山造林试验结果　采用土钻烘干法对红花田试验地各试验地在旱季定期测试土壤水分,不同处理措施土壤含水量结果如表 5-91。

表 5-91　红花田 2003 年 6 月至 2004 年 5 月不同处理措施土壤含水量测定结果

土层深(cm)	处理措施	日期(年~月)											
		03~6	03~7	03~8	03~9	03~10	03~11	03~12	04~1	04~2	04~3	04~4	04~5
0~10	挡水墙	10.94	7.95	7.24	9.2	9.18	4.83	6.5	5.34	3.75	3.83	10.18	4.57
	保水剂	20.97	15.11	10.63	13.19	13.14	8.97	6.88	8.34	6.64	10.43	15.08	9.83
	覆膜	17.79	11.41	13.74	14.51	14.28	9.23	11.4	9.52	6.48	4.23	14.26	7.77
	覆草	11.19	10	8.3	11.76	8.66	6.63	5.5	5.94	5.39	3.49	11.12	4.46
	对照 ck	17.98	11.37	8.51	11.49	10.71	7	5.9	5.86	3.57	3.12	9.43	3.94
10~20	挡水墙	11.82	8.79	7.57	10.68	7.89	5.74	5.02	6.45	6.52	4.96	13.36	5.92
	保水剂	19.73	11.56	19.12	21.05	21.99	16.17	15.73	19.63	16.83	15.32	25.6	14.58
	覆膜	15.39	13.64	11.09	16.63	12.35	11.11	9.17	7.26	8.75	6.45	12.03	6.31
	覆草	8.64	11.05	11.69	14.24	11.51	8.94	8.29	8.16	7.74	4.82	11.49	6.16
	对照 ck	12.54	13.64	11.26	11.48	8.55	4.51	9.78	3.34	3.52	2.26	8.99	4.22
20~30	挡水墙	15.37	9.16	6.69	11.85	6.07	6.51	4.45	7.04	7.09	5.11	9.28	4.88
	保水剂	24.71	13.44	20.41	28.82	24.04	18.3	16.46	20.05	19.1	15.11	27.08	17.13
	覆膜	14.63	11.44	14.32	13.86	13.15	11.35	6.76	5.73	3.44	5.05	7.61	4.93
	覆草	10.48	13.69	13.87	15.43	14.92	8.46	8.21	10.37	9.17	5.42	9.42	6.68
	对照 ck	6.73	11.98	10.64	6.57	6.27	4.4	8.377	6	2.997	4.04	7.18	3.06
30~40	挡水墙	13.4	8.1	6.05	9.73	5.84	6.76	3.41	6.25	7.79	5.77	7.06	3.43
	保水剂	27.58	11.63	20.35	25.82	23.22	16.69	18.72	13.97	11.86	14.19	24.83	12.91
	覆膜	15.24	8.37	10.36	12.94	13.42	8.54	6.38	4.77	3.08	3.72	6.58	3.04
	覆草	9.37	16.28	16.52	14.97	10.96	7.18	11.6	8.93	10.07	3.53	7.16	6.54
	对照 ck	7.75	12.4	4.54	5.88	6	3.88	6	7.32	3	4.74	6.32	3.8
40~50	挡水墙	16	9.34	8.68	6.36	7.12	5.86	3.41	5.6	5.91	6.1	5.15	5.15
	保水剂	29.92	8.47	19.3	33.85	23.32	12.53	11.88	7.91	13.09	13.67	17.77	8.98
	覆膜	9.73	8.75	-	12.2	12.42	8.39	7.12	6.8	3.04	5.12	9.16	2.12
	覆草	8.88	17.58	12.93	13.88	16.75	10.32	9.66	7.49	8.43	5.41	8.13	5.78
	对照 ck	6.3	10.21	9.1	5.65	5.32	4.13	7.6	6.51	3.6	4.85	5.06	5.06

第一,不同节水措施对土壤水分空间变化的影响。

0~50cm 土层土壤水分旱季的均值看,层间土壤水分差异不是太明显,以0~10cm表层最低,20~30cm 最高,这主要受施用保水剂的影响,从层间变异系数看,以 20~40cm 土层最大,说明不同节水措施主要影响 20cm 以下土层水分,该土层是植物根系主要活动层,因此,不同节水措施对改善旱季根系层的水分状况是有益的，也是非常有必要的。

以土壤深度为横坐标，以土壤水分含量为纵坐标作图，不同节水措施对不同土壤深度水分含量的影响如图 5-50 所示。覆膜提高了表层土壤水分含量，覆草提高了深层土壤水分含量。保水剂除了 0~10cm 层的土壤水分含量以外，其他层次的土壤水分含量提高程度很大。挡水墙对土壤水分含量的影响不大。

从图 5-50 和图 5-51 可知，0~50cm 土层，水分含量以施用保水剂最高，位于曲线图上层，以表层 0~10cm 最低，30cm 处水分含量最高，旱季平均值到 20. 39%，这说明在该类土壤中施用保水剂可显著提高土壤中的绝对含量，这与保水剂强的吸水特性有关，30cm 以下土壤水分明显，但仍显著高于其他类型相应层次的水分含量，这说明了两个方面的问题：其一，保水剂的施用主要在20~30cm土层内，表现为该层的水分含量远高于其他层次；其二，说明保水剂的在上层的施用，可间接提高下层土壤水分含量，说明施用保水剂土层可阻滞下层水分向上的运输，降低整体水分的蒸发损失，但对于施用保水剂同时也提高植物凋萎系数，但这种影响有多大，还需深入研究。因表层 0~10cm 土层的土壤水分对植物的生长发育而言是无效的，现以 10cm 以下士层进行比较，施用保水效对提高旱季土壤水分的效果远高于其他三种节水措施，从图 5-50 可明显看出，覆草 30cm 以上的土壤水分明显高于另外两种节水措施，覆草、覆膜和挡水墙，30cm 以上的土壤水分变化趋于稳定。以下层土壤水分的大小看，以覆草> 覆膜> 挡水墙> 对照。

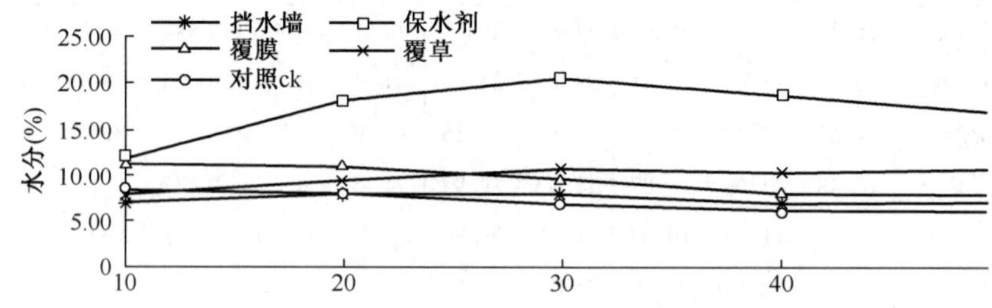

图 5-50 不同节水措施对不同土壤深度水分含量的影响

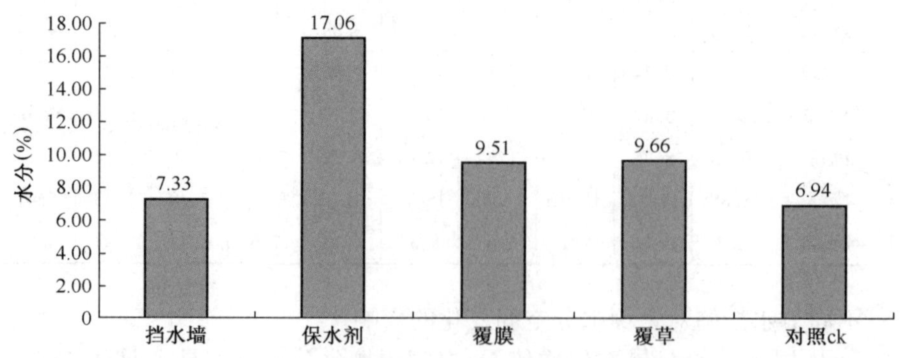

图 5-51 几种不同的处理措施的平均土壤水分含量

第二,不同节水措施对旱季整个土壤水分的影响。

由于干热河谷旱季持续时间长达210天,蒸发力特别大,整个旱季蒸发力达1800mm,最大值可为同期降水量的21倍,因此土壤干旱的主要原因还是因为其特殊的气候条件所致,节水保墒技术是该区域植被恢复与重建的关键技术措施,现以整个旱季土层的平均含水量作为评价节水技术优劣的指标。从以上结果可明显看出,以施用保水剂效果最好,与对照相比,其平均含量为对照的2.26倍,其次是覆草,为对照的1.39倍,覆膜与覆草技术效果相近,但较后者效果差,特别是30cm以下土层差异明显,挡水墙在四各节水处理中效果最差,略好于不处理的效果,平均含水量是对照的1.07倍。

综上所述,在四种处理措施中,与对照相比,采用保水措施的土壤各层土壤含水率均大于对照。从土层深度来看,对各层土壤含水量影响最大的措施分别为,20~30cm层为保水剂19.67%和覆草8.21%,10~20cm层为挡水墙7.44%,0~10cm层为覆膜8.45%和对照5.18%。从以上结果可得以下初步结论:

(1)四种节水措施可明显提高旱季土壤水分含量 从盆栽试验可以看出,施用保水剂和覆膜处理措施,土壤含水量明显高于对照,植株土壤水分减速缓慢,植株存活时间长,施用保水剂对土壤的保水效果最为理想。在荒山造林试验中,不同处理措施之间存在差异,主要是采用保水措施与其他处理措施之间存在显著差异,采用保水措施的土壤含水率明显高于其他措施,大约高出7个百分点以上,而覆草次之。由此,在6~12月雨季,由于雨水充足,除第一层土壤外,在20cm、30cm、40cm各层土壤中保水剂、覆膜和覆草三种措施的土壤含水率在10%以上,1~5月进入旱季后,覆膜和覆草措施的土壤含水率开始逐渐下降,对于植物来说,在攀枝花特殊的干热河谷气候条件下,干旱季节,土壤含水率降低,是否能满足植株正常的生长发育,这是需要重点分析的问题。由表5-92可知,荒山造林中,在干旱季节,保水剂对土壤含水率的影响最大,保水剂将雨季吸收的水分缓慢地向土壤中释放,因而土壤中含水率最高。覆草次之,覆膜排于覆草之后,究其原因,覆膜虽然能够减少地表蒸腾,但它同时也阻止了地表水分向地下的渗透,而覆草则与之不同,它既能保持一定的地表水分,又不阻止地表水分的下渗,因而显得比覆膜更重要。

表5-92 不同节水措施的旱季土壤水分含量(%)的空间变化

层次(cm)	0~10	10~20	20~30	30~40	40~50
挡水墙	6.96	7.89	7.79	6.97	7.06
保水剂	11.60	18.11	20.39	18.48	16.72
覆膜	11.22	10.85	9.36	8.04	7.71
覆草	7.70	9.39	10.51	10.26	10.44
对照 ck	8.24	7.84	6.52	5.97	6.12
平均	9.14	10.82	10.91	9.94	9.61
标准差	2.1216	4.2605	5.509	5.032	4.2901
变异系数	0.232	0.3939	0.505	0.506	0.4464

(2)不同节水技术对不同土层土壤水分的作用不同 由于6~12月,雨水充足,土壤含水率高,此时的数据不具代表性,因此,对1~5月干旱季节进行重点分析。由表5-91可以看出,进入1月后,各种保水保墒措施处理的各层土壤含水率均呈下降趋势(仅在3~4月时含水率

突然升高,这是因为3~4月攀枝花地区突降大雨所造成),各层差异显著。

由于植株在雨季期间有充足的雨水供给,各种处理方式都对其不能产生很明显的影响,而旱季则不同。实践证明,旱季期间土壤含水量的多少将直接影响到植株的成活率和保存率,从而直接关系到造林的成功与否。结合表5-91与表5-92,将从三个方面对不同处理方式的土壤含水量进行分析:在0~10cm层土壤中,土壤含水量按多少排序依次为:保水剂(9.45%)—覆膜(8.98%)—覆草(6.08%)—挡水墙(5.57%)—对照(5.55%)。在这一层中,保水剂处理比覆膜方式高出了近5个百分点,而覆草、挡水墙、对照三种方式在这一层中土壤含水量差异不大。10~20cm层,土壤含水量按多少排序依次为:保水剂(17.69%)—覆膜(8.73%)—覆草(7.94%)—挡水墙(6.85%)—对照(5.23%)。在这一层中,保水剂的优势已充分体现出来了,它比仅次于它的覆膜方式的土壤含水量高出了一倍多,比对照方式高出了10个以上百分点。20~30cm层中,土壤含水量的排序产生了变化,依次为:保水剂(19.03%)—覆草(8.25%)—覆膜(6.41%)—挡水墙(6.34%)—对照(5.15%)。此时,保水剂处理过的土壤含水量依然高于仅次于它的覆草方式一倍以上,比对照方式高出了近14个百分点;同时,覆草方式的土壤含量此时较覆膜方式高。30~40cm层中,土壤含水量的排序再次发生了细微的变化,表现为:保水剂(16.17%)—覆草(7.86%)—挡水墙(5.78%)—覆膜(5.16%)—对照(5.01%)。在这一层中施用过保水剂的土壤含水量仍远远大于其他四种方式,它是覆草方式的2倍以上,是对照的3倍以上;虽然挡水墙方式的土壤含水量略大于覆膜方式,但两者间的差异不明显,不能说明其优势。40~50cm层中,土壤含水量的排序为:保水剂(12.26%)—覆草(7.89%)—覆膜(5.96%)—挡水墙(5.31%)—对照(5.26%)。

通过对土层0~50cm土壤含水量的分析可以看出,虽然保水剂施于土壤的30~40cm处,但实际上它对0~50cm各层的土壤含量均有较为显著的影响,它能使得土壤含水量成倍地增长,这对于旱季中的植株来说是非常宝贵的。另外,就覆草和覆膜两种方式而言,覆草就为更适用更有效的处理方式,在0~20cm层中覆膜方式的土壤含水量虽略大于覆草方式,但在更深的30~50cm层中,覆草方式的土壤含水量却远远大于覆膜方式,而关键就在于这三层正是植株根系大量所在,这为植株水分的供给提供了保证。其次,挡水墙处理后的土壤含水量在各层中均未表现出特别的优势,即使是在30~40cm层中,它也仅仅略高于覆膜方式排在第三位,况且这种优势不明显,在实际生产过程中不具有推广价值。

(3)同等降雨条件下,不同处理方式吸水能力比较　由表5-91可以看出,2004年4月各种处理方式在各层的土壤含水量均有不同程度的升高,这是因为4月有一场难得的降雨。通过这场降雨可以看出,不同处理方式在各层的吸水能力是不同的。通过与同年3月的土壤含水量比较得知:0~10cm层中,按土壤吸水能力强弱即土壤含水量增幅排序依次为:覆膜(10.03%)—覆草(7.63%)—挡水墙(6.35%)—对照(6.31%)—保水剂(4.65%)。10~20cm层,按增幅排序为:保水剂(10.28%)—挡水墙(8.40%)—对照(6.73%)—覆草(6.67%)—覆膜(5.58%)。20~30cm层,按增幅排序为:保水剂(11.97%)—挡水墙(4.17%)—覆草(4%)—对照(3.14%)—覆膜(2.56%)。30~40cm层中,按增幅排序为:保水剂(10.64%)—覆草(3.63%)—覆膜(2.86%)—对照(1.58%)—挡水墙(1.29%)。40~50cm层中,按增幅排序为:保水剂(4.1%)—覆膜(4.04%)—覆草(2.72%)—对照(0.21%)—挡水墙(-0.95%)。

从以上数据可以看出,在第一层中,保水剂的增幅虽然不如其他四种处理方式,但由于其基数大，即使增幅小，其实际土壤含水也是远远大于其他几种的。而保水剂的优势主要体现在10～50cm层中，在根系大量分布的这一区域里，保水剂能在自身水分较为充足的情况下，仍然充分吸水，从而满足干旱时植株对水分的需求。挡水墙仍然未能体现出较强的优势，它能使10～20cm层的土壤含水量增加，但对深层土壤的水分却没有多大影响，甚至起不到储水的作用，因此，也证明了挡水墙对植株的生长并不能起到明显的改善作用。另外，通过对以上增幅排序的分析可以看出，覆膜处理方式的增幅在0～10cm层中大于覆草方式，而在10～40cm层中，覆草方式较覆膜方式而言，吸水能力更强，而且由于根系在这一位置的大量分布。因此，覆草方式比覆膜方式更能为植株的生长提供有力的保障。

(4)不同处理方式在各层的保水能力比较　经过4月降雨后，由于天气一直处于干旱，因此通过对各种处理方式各层土壤含水量减幅的比较分析，可以看出每种处理方式保水能力的强弱。通过与4月的土壤含水量比较得知：0～10cm层中，按土壤保水能力强弱即土壤含水量减幅排序依次为：覆膜(6.49%)—覆草(6.66%)—挡水墙(5.61%)—对照(5.49%)—保水剂(5.25%)。10～20cm层，按减幅排序为：保水剂(11.02%)—挡水墙(7.44%)—覆膜(5.72%)—覆草(5.33%)—对照(4.77%)。20～30cm层，按减幅排序为：保水剂(9.95%)—挡水墙(4.40%)—对照(4.12%)—覆草(2.74%)—覆膜(2.68%)。30～40cm层中，按减幅排序为：保水剂(11.92%)—挡水墙(3.63%)—覆膜(3.54%)—对照(2.52%)—覆草(0.62%)。40～50cm层中，按减幅排序为：保水剂(8.79%)—覆膜(7.04%)—覆草(2.35%)—对照(0%)—挡水墙(0%)。保水剂处理虽然看似失水较多，但由于其基数大，这样的失水对植株不会造成大的影响。因此，它对深层的土壤能起到较为有效的保水作用。另外，挡水墙通过前面的分析可以知道，它的实际土壤含水量是很低的，同时它的保水能力极差，尤其是对表层土几乎不能起到保水作用。覆膜与覆草两种措施比较而言，覆膜措施对深层土壤不能起到较好的保水作用，而覆草虽然吸水不明显但它的保水能力较强，这说明通过覆草能很好地促进水分下渗，同时能阻止水分的蒸发，是一种较好的保水措施。

从表5-92可知，影响第一层土壤含水率的主要措施是覆膜和对照，这是由于受日照和气候变化的影响，表层土壤的蒸腾作用使得其土壤水分迅速减少，而采用覆膜措施后，能够有效地降低表层土壤的蒸腾作用；影响第二层土壤含水率的主要措施是挡水墙采用挡水墙后，能拦截一部分地表水，向下层渗透；影响第三层土壤含水率的主要措施是保水剂和覆草，覆草既能保持一定的地表水分，又能让地面的雨水通畅地进入地下，同时保水剂能够充分吸水，在干旱时为植株释放水分。究其原因，证明了在干旱地区保水保墒对植物生长的重要性。

(5)盆栽试验与荒山造林试验之间的差异分析　从上述分析中可以看出，盆栽试验得出的结果是对土壤含水率的影响因素为保水剂最大，覆膜次之，而荒山造林试验中保水剂最大，覆草次之，似乎相矛盾。通过认真分析，认为出现这样的结果，是因为在盆栽试验中，定植时间1月和3月的干旱季节，从植苗第一次浇水后，土壤再没有新的水分补充，而此时进行覆膜处理能够大大减少水分的蒸发，因而表现出覆膜比覆草更重要；在荒山造林试验中，苗木的定植是在雨季，采用覆膜措施后，虽然减少了地表蒸腾，但同时也阻止了地表雨水向下渗透，而此时覆草则能让地表水通畅地渗入地下，同时又能减少地表蒸腾，因而表现出的是覆草优于覆膜。因此，盆栽试验与荒山造林试验之间并不矛盾，它们是相互统一的，它们之间的差异性更进一步证明了使用保水剂和覆草在荒山造林中的重要性。

6.3.2 保水保墒技术对苗木成活率、保存率的影响

(1)盆栽试验结果　在同等立地条件下,不同造林技术和节水技术效果的好坏最终要通过造林成活率、保存率以及生长状况反映。盆栽试验的优点在于较易控制,从表5-93可以看出:影响成活率的关键因素是土壤,处理措施效果排序为土壤—覆盖—树种—保水剂,最佳组合为保水剂10g+新银合欢+覆膜+砾质土。

表5-93　盆栽试验苗木成活率情况表(试验1)

试验号		保水剂1	树种2	覆盖措施3	土壤4	成活率(%)
1		1	1	1	1	0
2		1	2	2	2	10
3		2	1	1	2	0
4		2	2	2	1	80
5		3	1	2	1	30
6		3	2	1	2	0
7		4	1	2	2	10
8		4	2	1	1	30
成活率(%)	K1	10	40	30	140	T=160
	K2	80	120	130	20	
	K3	30				
	K4	40				
	X1	5	20	15	70	
	X2	40	60	65	10	
	X3	15				
	X4	20				
	R	35	40	50	60	

(2)荒山造林试验　2002年7月雨季来临之际,在红花田营造试验林40亩,按$L_8(4\times2^4)$正交表作正交试验,苗木定植3个月后,于11月进行成活率调查,同时打桩、挂牌,每一处理作30个重复,调查其成活率。一年后,调查其保存率。通过对一年多的观测、调查所得数据进行统计、整理,见表5-94,根据科学的数理统计方法进行分析。

由以上可以看出,在此次荒山造林正交试验中,影响成活率和保存率的关键因素均是保水剂,成活率的最佳组合措施为保水剂10g+台湾相思+覆膜+砂壤土,保存率最佳组合措施为保水剂10g+新银合欢+覆膜+砾质土。

(3)小结　根据上述统计计算可以作以下分析:

第一,从盆栽试验可以看出,影响植物生长的因子主次为土壤—树种—覆盖—保水剂,土壤是关键因子。植物正常生长发育所必需的营养来自于土壤,而在攀枝花非常特殊的环境、气候条件下,瘠薄的土壤,干热的气候,使得树木难以正常生长。在盆栽的小环境中,土壤成了植株赖以生存的主要条件。在土壤中仅存的一点营养也因水分的大量缺乏而无法向植株输送。通过试验,在不同的土壤上选取适宜的树种,采取一定的保水措施,能大大地提高植物的成活

率,帮助植株渡过干旱的季节。

表 5-94　荒山造林试验苗木成活率和保存率情况表

		保水剂 A	树种 B	覆盖措施 C	土壤 D	成活率(%)	保存率(%)
1		1	1	1	1	93	62
2		1	2	2	2	94	78
3		2	1	1	2	95	80
4		2	2	2	1	98	86
5		3	1	2	1	96	83
6		3	2	1	2	95	82
7		4	1	2	2	97	54
8		4	2	1	1	92	68
成活率(%)	K1	187	381	375	379	T=760	
	K2	193	379	385	381		
	K3	191					
	K4	189					
	X1	93.5	95.25	93.75	94.75		
	X2	96.5	94.75	96.25	95.25		
	X3	95.5					
	X4	94.5					
	R	3	0.5	2.5	0.5		
1 年保存率(%)	K1	140	279	292	299		
	K2	166	314	301	294		
	K3	165					T=593
	K4	122					
	X1	70	69.75	73.00	74.75		
	X2	83	78.50	75.25	73.50		
	X3	82.5					
	X4	61					
	R	22	8.75	2.25	1.25		

第二,盆栽试验和荒山造林试验存在一定的差异。在盆栽试验中,影响成活率的关键因素是土壤,最佳组合措施为:10g 保水剂+新银合欢+覆膜+砾质土;而在荒山造林试验中,影响成活率和保存率的关键因素均是保水剂,最佳组合措施为保水剂 10g+新银合欢(台湾相思)+覆膜+砾质土(砂壤土)。

虽然两个试验存在差异,他们又是相互统一的。总的来说,用 10g 保水剂施于定植穴内,苗木定植后,再在表土苗根周围覆上薄膜,能有效地提高苗木成活率,使植株能够渡过干旱季节,正常生长发育。

6.4　结论

通过以上实验数据分析结果和对四种节水措施的讨论,可得如下结论:

(1)在保水保墒技术的处理措施中,保水剂和覆草是影响土壤含水率的两个关键因素。覆草能够减小地表蒸发,从而保持土壤水分,又能让地表水有效地渗入地下层。保水剂在 10~

40cm 层土壤中吸收下渗水分,能形成"小水库",并缓慢释放水分,能够满足植物在旱季时对水分的需求。

(2)在攀枝花干热河谷进行荒山造林,在雨季造林时,用 10g 保水剂+覆草措施定植苗木,可以有效地增加土壤含水率,提高苗木成活率,同时覆草,可有效的提高保存率。

(3)每 10g 保水剂需要成本 0.3 元,覆草按成本 0.005 元计,以每亩造林 80 株计算,只需增加投资 28.4 元/亩。这样既能保证植株在定植初期根部土壤水分的供给,又能减少地表蒸发,有效提高了造林成活率和保存率,虽然一次性造林成本增加了,但降低了重复造林成本,缩短了植被恢复的时间。

(4)成活率结果如表 5-93 所示,极差为:R1=35,R2=40,R3=50,R4=60;主次为 4-3-2-1;最佳组合:保 2+树 2+覆 2+壤 1。

成活率:极差 R1=3,R2=0.5,R3=2.5,R4=0.5;主次为:R1- R3- R2-R4;最佳组合:保 2-树 1-覆 2-土 2。保存率:极差为 R1=22,R2=8.75,R3=2.25,R4=1.25;主次为 R1- R2-R3- R4;最佳组合:保 2-树 2-覆 2-土 2。

6.5 讨论

干热河谷自然状况下的土壤水分含量比较低,为 7.2%左右,甚至低于植物的凋萎系数(据研究,元谋砂红壤的凋萎系数为 9.0%),难以支撑较大耗水量的植物生长。研究结果表明,四种造林措施对土壤水分的分布格局有不同程度的影响。经过挡水墙、保水剂、覆草和覆膜等造林措施处理过的土壤在 0~10cm,10~20cm,20~30cm,30~40cm 和 40~50cm 层均有波动,而对照的土壤深层(40~50cm)波动小,其他各层波动极为明显。同时,和对照相比,各种造林措施除挡水墙外,都明显地提高了各层土壤水分含量,从而提高了土壤供水能力。保水剂导致土壤水分在各层都明显高于对照很多,覆膜和覆草均改变了土壤水分的分布格局,覆膜阻止了土壤水分蒸发,同时提高了膜内温度,使得土壤水分向浅层分布;覆草在一定程度上减缓了土壤水分的蒸发,改善了土壤深层的土壤水分分布。因此,挡水墙在干热河谷造林中几乎不可用,覆膜、覆草和保水剂却在一定程度上改善了土壤水分的状况和分布格局,是一种较好的造林措施。

活性保水剂具有抗旱、保水、保肥、增效,改变土壤结构,降低土壤密度,增加土壤团聚体,促进苗木生长,提高造林成活率,降低造林成本的功效(穆立蔷等,2004),在干旱和半干旱地区应用较为广泛(林文杰等,2004;王乐辉等,2004)。保水剂的使用寿命为 1~2 年,改善土壤水环境的时间较短,保水效果极为明显,对造林初期提高苗木成活率效果明显。覆膜完全阻止了土壤水分的蒸发,提高了土壤表层的温度,使得水分主要积聚在表土层(0~20cm),下层水分又有明显提高,保持了土壤原有的水分,防止了土壤水分流失,在旱季作用较好。但塑料薄膜又阻止了雨季降水的下渗,在一定程度上杜绝了造林苗木根系在垂直方向的水分来源,根系的水分补充仅仅依赖于侧向的横向运输。用稻草覆盖(覆草)是一种生态环保型的造林措施,覆草由于草本身的隔热作用减缓了土壤水分的蒸发,使得造林苗木根系分布层(20cm 以下)的土壤水分得以保持和改善,提高了旱季土壤水分的供给能力。

干旱和半干旱地区植被恢复的难点就是土壤水分缺乏导致造林苗木存活率低、生长缓慢和承载力低,改善土壤水分的措施——覆草在干旱和半干地区有极大的应用价值。但由于植被本身对土壤水分有依赖性,使用覆草这种造林措施时要充分考虑到"适度"造林,保证地上植被耗水能力和土壤水分供给能力的平衡和相适应(费世民等,2003)。

7　干热河谷区主要植被类型土壤水源涵养功能

干热河谷区属于长江上游、南亚热带气候带，地区森林在水土保持和水源涵养方面具有重要意义。川西南山地主要植被类型的土壤水源涵养和水土保持功能的研究有利于评价地区不同森林植被的生态环境效应。

攀枝花干热河谷两岸坡地大多为退化生态系统，自然植被退化为干热河谷稀树草灌，人类加速了自然植被由南亚热带干性常绿阔叶林向干热河谷草灌植被的演替进程，土壤多为砂性重的初育土，这种砂砾土，入渗率高、保水能力差。合理造林是加速退化系统植被恢复的重要措施。不同植被类型影响土壤结构、土壤发育，对生态系统影响和作用也不同，为此，选择地理位置基本相似的类型进行比较，重点从土壤水分物理性质及土壤水源涵养功能等方面进行详细分析。攀枝花市干热河谷主要林分状况见表 5-95。

表 5-95　攀枝花干热河谷主要林分状况一览表

植被类型	海拔(m)	坡向(°)	坡度(°)	土层厚度(cm)	郁闭度	灌木盖度(%)	草本盖度(%)	备注
剑麻	1395	62	22	12	0	65	60	2001 年剑麻、车桑子
香樟混交林	1314	100	30	40	0.7	65	60	1986 年云南樟、羊蹄甲
桉树林	1309	90	28	18	0.5	5	30	1986 年造直杆蓝桉
加勒比松	1266	40	25	30	0.6	10	15	1980 年造加勒比松
新银合欢林	1120	216	29	32	0.6	5	30	1997 年造新艰合欢
台湾相思林	1275	345	25	70	0.5	15	70	1989 年造台湾相思
五色梅灌丛	1275		32	52	0	90	10	
草坡	1275	345	25	65	0	0	80	鬼针草、紫茎泽兰等

注：土壤为山地红褐土。

7.1　攀枝花枣子坪四种植被类型对土壤水源涵养功能的影响

7.1.1　土壤三相比及孔隙分布

土体中固体（包括土粒和石砾）、水分和空气的体积比即三相比，由于土壤水分和空气的经常变动，因此一般量度土壤中的空气含量以非毛管孔隙度作为指标，也有用总孔隙度减少田间持水量之差作为通气度指标，三相比可以综合地反映土壤中水、肥、气的协调关系，而土壤的通气状况、水分的活动性和有效性与土壤中孔隙的数量、大小、组成有关，因此土壤中孔隙的数量分布及土壤厚度决定了的蓄水、排水、保水能力，一般而言，孔隙越大，水的活动性越强、水势也越大，水分特征曲线可综合地反映土壤中不同孔径的孔隙数量，但在科研和生产中，常通过测试土壤的水分-物理常数来确定土壤中主要孔径范围内的孔隙数量，该方法测试简单、测试结果基本上能反映土壤蓄水和供水能力，为阐述方便，并结合水势、水的活动性和有效性，将土壤中孔隙按表 5-96 分类。

（1）四种林分土壤三相组成及孔隙分布

由表 5-97 可以看出，四种林地类型的非毛管孔隙表层明显高于下层，其中剑麻和香樟林土壤层和母质层差异最为明显，新银合欢林土壤的非毛管孔隙的 70cm 蓄水量达 92.43mm（这与造林整地时将母质中石砾混入土层，使土壤中砾石含量增加，导致非毛管孔隙数量也随之增多），蓄水量的大小排序为：新银合欢林>香樟成林>桉树林>剑麻，值得注意的是母质层的非毛

表 5-96 土壤孔隙及水分分类表

孔隙	粗孔隙	大孔隙	中孔隙	小孔隙	细孔隙
水分的活动性分类	快速下渗水	下渗水	可蒸散水	可蒸发水	不活动水
水分的生物分类	重力下渗水		有效水	难有效水	无效水
水吸力(bar)	0~0.1		0.1~15	15~31	>31

表 5-97 四种林分土壤三相组成及孔隙(%)分布

植被类型	剑麻		香樟混交林			桉树林		加勒比松林		
三相组成	淋溶层	母质层	淋溶层	淀积层	母质层	淋溶层	母质层	淋溶层	淀积层	母质层
固体	50.87	63.03	45.79	48.76	60.87	49.09	58.33	63.40	61.08	62.10
粗孔隙	7.95	0.29	12.55	7.99	1.29	7.37	3.48	3.69	3.46	1.32
大孔隙	12.58	8.09	8.34	14.23	6.05	7.66	6.53	9.62	6.75	8.00
中孔隙	21.24	24.36	28.34	24.40	26.02	34.15	23.69	20.63	27.02	25.18
小孔隙	1.23	0.70	0.83	0.77	0.96	1.04	1.33	0.44	0.28	0.57
细孔隙	6.13	3.52	4.15	3.85	4.80	5.21	6.65	2.22	1.41	2.83

管孔隙蓄水量仍占较大比例,变动范围在 11.2%~66.1%,这一方面说明该土壤类型的层次分化不明显;另一方面也表明,母质层的水分贮存对调节土壤的水源涵养功能仍起着较重要的作用。

第一,剑麻地土壤层和母质层的三相比及孔隙分布。从图 5-52 可看出,土壤层(淋溶层)与母质层相比,其固相体积明显降低,气相比增加;土壤层的粗孔隙和大孔隙的比例明显大于母质层;而土壤层的细孔隙高于母质层,说明土壤层黏粒含量高于母质层,人工栽植剑麻对土壤的形成仍有明显的促进作用;但母质层的中孔隙要大于土壤层,说明母质层的有效水部分高于土壤层,该测试结果表明,对于地上植物的水分利用及抗旱能力看,母质层有效水供给不仅单位体积含量高,同时因母质层深厚,有效水在整个土层中取着主导作用。

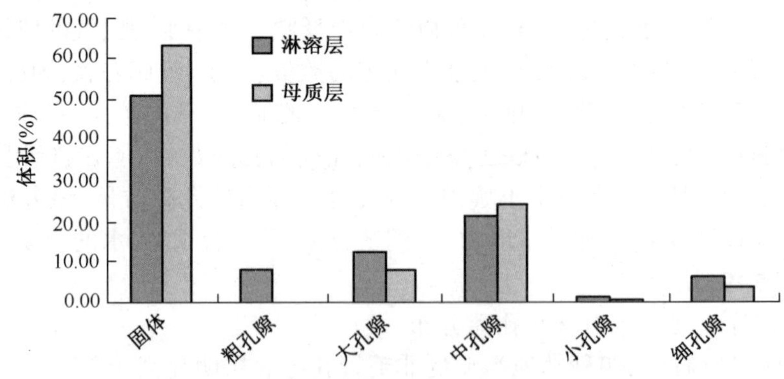

图 5-52 剑麻土壤孔隙的层间变异

第二,香樟—羊蹄甲混交林土壤层和母质层的三相比及孔隙分布。香樟林混交林造林时间相对较长，加之土壤中有机质存在一定积累，土壤层次分化较明显，剖面分为淋溶层、淀积层和母质层三个层次，从图 5-53 可知，土壤的固相（即土壤容重）体积以淋溶层最小，淀积层次之，母质层最大，土壤发生层（淋溶层和淀积层）的总孔隙含量显著高于母质层，说明土壤的形成可大大促进土壤中孔隙量增加，三个层次粗孔隙的变化与总孔隙的变化完全一致，大孔隙以淀积层数隙数量最多，再次是淋溶层，中孔隙（土壤有效持水孔隙）以淋溶层最多，再次是母质层，最少的为淀积层，从图 5-53 柱体高度看，在总孔隙中仍以中孔隙数量占多数，小孔隙和细孔隙差异不明显，同时还表明，土壤层的形成主要增加了土壤中粗孔隙和大孔隙数量，这有利于改善土壤的入渗状况。

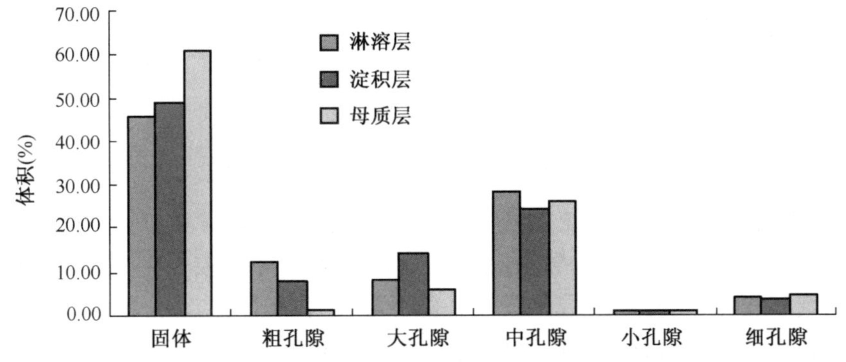

图 5-53　香樟混交林土壤孔隙的层间变异

第三，桉树纯林土壤层和母质层的三相比及孔隙分布。桉树纯林虽与香樟混交林造林时间相同，但土壤的层次分化和土壤中有机质的积累和淋溶明显小于香樟混交林，桉树林土壤剖面根据土壤的紧实度可分为淋溶层和沉积层两个层次，从图 5-54 可看出，淋溶层的固相体积显著小于母质层，淋溶层（即土壤层）的总孔隙、粗孔隙、大孔隙和中孔隙的数量均明显高于母质层，其中，以中孔隙数量差异达 10.46%，最大吸湿水两层差异不明显。

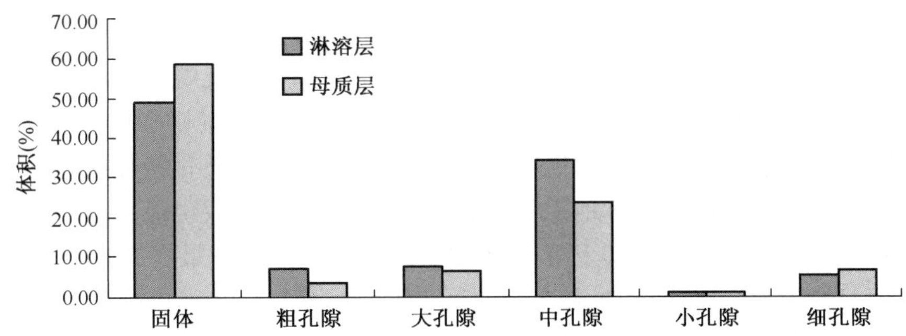

图 5-54　桉树林土壤孔隙的层间变异系

第四，加勒比松纯林土壤层和母质层的三相比及孔隙分布。从图 5-55 可以看出，加勒比松林淋溶层、淀积层和母质层的固相比差异不明显，且体积含量均大于 60%，即气相体积小于 40%，说明土壤中孔隙数量过少，土壤的蓄水能力较弱，淋溶层和淀积层中粗孔隙的数量略高于母质层，大孔隙三层差异不明显，中孔隙数量以淀积层最多，而淋溶层中的中孔隙数量反而小于母质层，小孔隙和细孔隙三层数量较少，且差异不明显，说明土层仍以砂粒为主，黏粒较少，从各级孔隙在三个层次的分布规律和比例看，土壤的层次分化极弱，土壤粗育特征极为明显，说明加勒比松对土壤的形成的促进作用较弱。

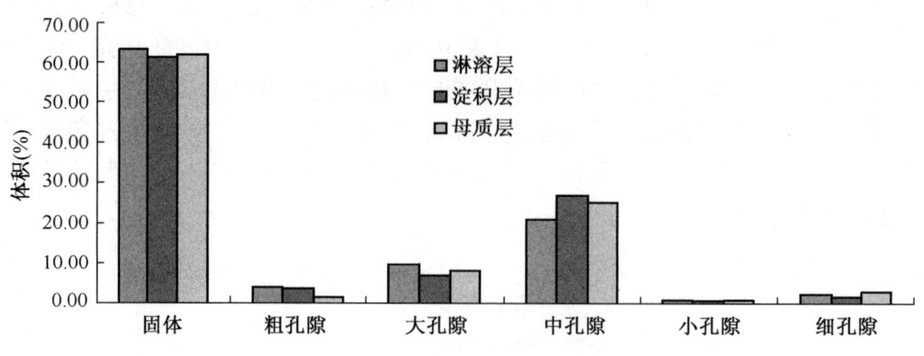

图 5-55 加勒比松林土壤孔隙层间变异

（2）四种植被类型对土壤的孔隙分布、组成影响的综合评价

攀枝花干热河谷退化生态系统的恢复，首先是植被系统的恢复，人工植被可加速其恢复进程，但植被对土壤形成，结构、孔隙数量及孔隙分布的影响与植被类型、林分密度、林龄等多种因子有关，土壤三相比、总孔隙的数量及其孔隙分布是评价土壤结构、蓄水、保水能力的基本参数，以上分别分析了剑麻、桉树纯林、香樟混交林和加勒比松纯林四种植被类型对土壤孔隙的影响，四个植被类型因造林时间均较短，土壤的层次分化均较弱弱，均属初育性土壤，其明显特征是土壤中石砾和砂粒含量高，黏粒少，土壤中有机质积累少，淋溶层和淀积层均显示较强的母质特征，四种林分土壤的母质层特征基本接近，其固相体积均略大于 60%，现以四种林分土壤淋溶层的三相比例及各级孔隙的数量分布特征分析不同人工林类型对土壤的形成、结构及孔隙的影响，见图 5-56 和表 5-98。四种林地土壤固相比例从小至大的排列次序为：加勒比松明显大于其他三个类型，其次是剑麻丛、桉树林、香樟混交林固相比最小，总孔隙数量最多；粗孔隙数量以香樟混交林最多、其剑麻林次之、再次是桉树林，加勒比松粗孔隙数量最小；大孔隙数量以剑麻地最多、其次是加勒比松林、再次是香樟混交林、桉树林最小；中孔隙在总孔隙中所占比例最高，是植物可利用的有效水所占据的孔隙、中孔隙数量反映了土壤中有效水数量的多少，从图 5-56 可知，以桉树林>香樟混交林>剑麻>加勒比松；细孔隙以加勒比松林最小，其他三个林地差异较小，说明加勒比松林地土壤中黏粒含量较少，母质化特征明显。综合评价结果表明，四种植被类型以香樟混交林地土壤孔隙数量最多，孔隙组成也最合理，其次是桉树林，该林地土壤中孔隙数量最大，表明其土壤层植物可利用的水分数量最多，再次是剑麻，但影响的土层较浅，最差的是加勒比松林，虽然造林时间较长，但整个土层的孔隙分布及数量均和母质层相近，表明该林分对土壤的形成等作用影响极弱。

7.1.2 四种林地土壤的蓄水能力

在干热河谷区，由于地上生物产量低、地表枯落物少，加之气温高，地表及土壤中有机物分解快，以及水土流失严重等多方面的原因，导致地表和土壤中有机质积累极少，因而林冠层和枯落物层的水源涵养功能相对较弱，因此，该区域植被—土壤系统的水源涵养功能主要取决于土壤层，对于干热河谷的植物而言，雨季结束后，土壤中可被植物利用的水分贮量必须大于植物在旱季的水分消耗总量，否则，植物将会枯萎死亡。弄清楚各林地土壤可利用水分的数量，

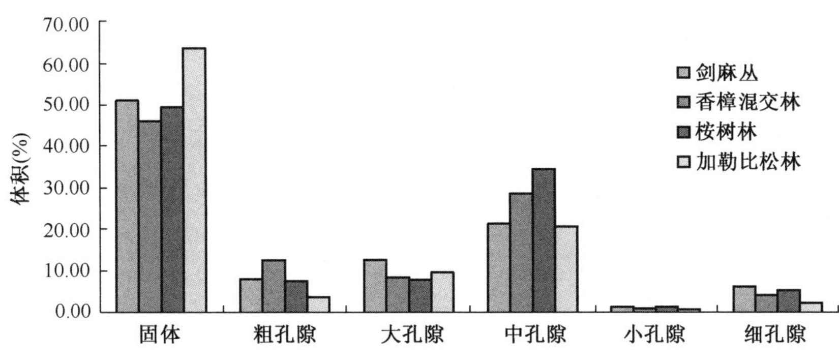

图 5-56　四种林分类型土壤层孔隙分布比较

是树种选择、林种配以及对现有林分密度调控的基础。为此,本章以土壤蓄水量为中心,从土壤的非毛管孔隙、水分入渗状况土壤的最大可蓄水量及有效水贮量四个方面比较四种林地土壤的水源涵养能力,拟计算在旱季土壤可提供给植物生长的有效水数量,揭示该类土壤的蓄水和供水特征。

土壤的非毛管孔隙使降水凭借重力和一定的压力梯度向土体渗透,近年来,有不少研究人员认为,森林土壤蓄水能力主要取决于非毛管孔隙,并以它作为计量土壤蓄水量的基准较为合适,因此,土壤非毛管孔隙是目前土壤水源涵养功能评价的主要指标。

由表 5-98 可以看出,四种林地类型的非毛管孔隙表层明显高于下层,其中,剑麻丛和香樟林土壤层和母质层差异最为明显,新银合欢林土壤的非毛管孔隙的 70cm 蓄水量达 92.43mm(这与造林整地时将母质中石砾混入土层,使土壤中砾石含量增加,导致非毛管孔隙数量也随之增多),蓄水量的大小排序为:新银合欢林>香樟成林>桉树林>剑麻丛,值得注意的是母质层的非毛管孔隙蓄水量仍占较大比例,变动范围在 11.2%~66.1%,这一方面说明该土壤类型的层次分化不明显;另一方面也表明,母质层的水分贮存对调节土壤的水源涵养功能仍起着较重要的作用。

表 5-98　四种人工植被土壤的非毛管孔隙蓄水量

类型	剑麻丛		桉树成林		香樟成林			新银合欢		
层次	A	C	A	C	A	B	C	A	AC	C
石砾>3mm(%)	23.75	3.81	15.41	20.23	6.28	5.62	4.27	25.43	31.19	59.05
非毛管孔隙(%)	7.95	0.29	7.37	3.48	12.55	7.99	1.29	12.23	9.13	8.05
非毛管孔隙蓄水量(mm)	12.88	2.84	15.33	29.88	27.42	21.31	6.11	24.58	34.26	33.58
土壤层蓄水量(mm)	12.88		15.33		48.73			58.84		
70cm 土层总蓄水量(mm)	15.72		45.21		54.85			92.43		
母质层占蓄水比例(%)	18.1		66.1		11.2			36.3		

7.1.3　土壤的渗透性

土壤的渗透性反映了地表水进入土壤内部的快慢程度,以入渗率的大小来表示,单位为 mm/min,它与土壤中的非毛管孔隙数量相关,稳渗率在一定程度可反映土壤的渗透性,但对于整个土层(剖面)而言,土壤的渗透性以取决于渗透性最差的层次(滞水层),滞水层距地表越深,土壤在有限降水量的时间段内,土壤接纳降水的量就越多,地表径流就越少。土壤的渗透性对于干热河谷雨季末土壤水分的贮存至关重要,雨季(6~10 月)是土壤增墒性,旱季(11~翌年 5 月)是土壤水分的消耗期,雨季土层水分贮存量的多少决定了植物能否安全渡过旱季,特别是深层土壤(包括母质层)的水分贮存量,因为表层土壤水分贮存量递减的速度很快,因此,在雨季如若土壤渗透性较差,深层土壤的水分得不到足够的补充,那么在旱季末期,植物将无水可用。

新银合欢的入渗率最大,入渗率的层间变异与其他三个林地相反,从表层至下层递增,这与土壤中砾石含量较多样性有关,从稳渗率的大小看,土壤层的入渗率以香樟成林>桉树林>剑麻丛,三个林地母质层的入渗率较为接近,稳渗率在 0. 13~0. 26mm/min,该稳渗率过小,对深层水分贮存极为不利。从表 5-99 可得到期如下结论:新银合欢林在雨季包括母质层的土壤水分能得到降水的有效补给,其他三个林地入渗状况均较差,香樟林地在 40cm 土层内最高可达到田间持水状态,而整个土层(包括母质层)在旱季末期的最大贮水量以 40cm 饱和持水量较为合理(高于田间持水量的重力水有足够的时间向母质层渗透),而桉树林和剑麻丛地因土壤层较浅,即使在雨季,土壤层的水分能维持在田间持水量的时间也极短,因母质层入渗率低,母质层在雨季是否有足够的水分实给,在雨季末期,实际贮水量的多少主要取决当年雨季的降水量、降水强度和次降水持续时间的长短,其蓄水过程,很难定量。

表 5-99　土壤入渗率变化

类型	剑麻丛		桉树林		香樟林			新银合欢林		
层次(cm)	A	C	A	C	A	B	C	A	AC	C
初渗率(mm/min)	5. 1	0. 98	6. 73	0. 86	12. 3	4. 72	0. 66	2. 97	14. 71	10. 45
稳渗率(mm/min)	0. 99	0. 13	3. 23	0. 26	4. 72	1. 52	0. 16	0. 77	1. 98	2. 96
平均入渗率(mm/min)	1. 36	0. 2	3. 72	0. 36	5. 46	1. 97	0. 22	1. 17	3. 42	4. 22
达到稳渗时间(min)	145	76	66	46	60	73	78	108	123	108
入渗量(mm)	196. 9	45. 7	742	52. 6	1320	435. 3	51. 1	381. 9	1270	1376. 4

7. 1. 4　土壤的最大可蓄水量

土壤的最大蓄水量指土壤中全部孔隙被水充满时的蓄水量,但因闭塞空气的存在,使饱和持水量低于孔隙度,因此,土壤的最大蓄水量的计算是以饱和持水量为基础,它也是评价土壤水源涵养功能的指标之一,土壤中的吸附水总是存在,但在自然气候条件下,该部分水既不能被植物利用,也不会被蒸发掉,是非活动水,这部分无论从土壤接纳的降水量,还是水分的损失量看都应扣除,因此,作者将饱和持水量中扣除最大吸湿水的蓄水量称为最大可蓄水量,它是土壤能接纳降水的最大蓄水能力。

从表 5-100 可知,从 1cm 土层的最大可蓄水量层间变化规律看,上层土壤明显大于下层土壤;土壤层单位厚度的蓄水量明显高于母质层,这说明土壤层的形成和恢复是增加整个土体蓄水量最有效的措施,但母质层的蓄水量仍占据重要作用,体积蓄水量在 25. 5%~49. 8%;四个林地类型均以上层单位厚度的蓄水量的大小排序为:香樟林>桉树林>新银合欢林>剑麻丛;土壤层的蓄水量主要取决于其厚度的多少,其大小排序为:香樟林>新银合欢林>桉树林>剑麻丛；70cm 土层（包括母质层）的最大可蓄水量排序为：香樟林>桉树林>新银合欢林>剑麻丛，蓄水量 70cm 的最大差为：60.6mm；现从 70cm 土层中母质层蓄水量所占 30.1%~79.2%。

表 5-100　四种林地土壤的最大可蓄水量

植被类型	剑麻丛		桉树林		香樟林			新银合欢林		
层次	A	C	A	C	A	B	C	A	AC	C
饱和持水量（%）	43.9	22.5	48.4	30.6	50.2	42.4	25.7	44.8	45.2	46.9
最大吸湿水（%）	6.1	3.5	5.2	6.7	4.1	3.9	4.8	2.1	5.4	5.1
1cm 土层最大可蓄水（mm）	3.89	3.07	4.75	3.02	4.98	4.59	3.16	4.27	3.78	2.55
各层最大可蓄水（mm）	46.7	178.2	76.0	162.8	94.5	96.3	94.7	64.0	102.1	71.5
土壤层最大可蓄水（mm）	46.7		76		190.8			166.1		
70cm 土层最大可蓄水（mm）	224.9		238.8		285.5			237.6		
母质层蓄水比例（%）	79.2		68.2		33.2			30.1		

7.1.5　土壤水分有效性

土壤有效性水分是指土壤中植物能利用的水分，其含量等于田间持水量减去凋萎含水量，土壤有效水的贮量的多少决定了土壤抗干旱能力的强弱。

从有效水（%）的层次变异看，四个林地土壤均从表层至母质层递减；母质层有效水（%）变动在 13.16%~16.08%，不同类型土壤层有效水差异较大，范围在 18.04%~25.74%；单位厚度土层有效水贮量除剑麻表层土壤略低于母质层土壤外，其他三种林地土壤的 cm 水分贮量均为上层高于下层，四个林地 70cm 土层有效水贮量均较低，仅在 110.3~169.3mm，其中，以香樟—羊蹄甲混交林最高；有效水仅占最大可蓄水的 50%左右，变动范围在 46.40%~64.90%；母质层有效水在土层中所占比例仍较高，不同林地差异较大，变动范围在 26.00%~84.70%（表5-101）。

表 5-101　四种林地土壤水分有效性的差异

植被类型	剑麻丛		桉树成林		香樟-羊蹄甲混交林			新银合欢林		
层次	A	C	A	C	A	B	C	A	AC	C
田间持水量（%）	25.4	17.4	25.3	23.2	30.7	24	20.8	26.5	24.3	22.9
凋萎湿度（%）	7.36	4.24	6.24	8	4.96	4.64	5.76	2.56	6.48	6.08
有效水（%）	18.04	13.16	19.06	15.2	25.74	19.36	15.04	23.94	17.82	16.82
1cm 土层有效蓄水（mm）	1.86	2.13	2.10	1.92	2.78	2.30	2.27	2.39	1.69	1.03
各层有效蓄水（mm）	22.3	123.7	33.5	103.4	52.8	48.4	68.1	35.9	45.7	28.7
土壤层有效蓄水（mm）	22.3		33.5		101.2			81.62		
70cm 土层有效蓄水（mm）	145.9		137.0		169.3			110.3		
母质层蓄水比例（%）	84.7		75.5		40.2			26.0		
有效水占最大可蓄水比例（%）	64.9		57.4		59.3			46.4		

7.1.6 小结

通过以上分析,初步得到以下结论:

(1)从土壤的稳渗率、蓄水量综合评比结果看,以香樟-羊蹄甲混交林水源涵养功能最强,其次是桉树林和新银合欢林,最差为剑麻,从这初步说明在干热河谷改善土壤的水源涵养功能以营造乔木树种好于草本植物(剑麻);营造混交林优于纯林。

(2)造林对土壤的稳渗率有较大的改善和提高,如香樟—羊蹄甲混交林,表层稳渗状况为4.72mm/min,而母质层为0.16mm/min。

(3)对于以变质岗岩石发育的母质仍有较强的蓄水能力,最大可蓄水量达30%左右,有效蓄水量达20%,母质层蓄水量在整个土体中占有较大比例,剑麻地最大可蓄水量79.2%,有效水达65%以上,母质层的蓄水量对植物在旱季中后期抗旱起着极其重要的作用,因为这部分水处于剖面深处,水分不易蒸发损失,这部分水对植物在旱季中后期抗旱起着决定作用。

(4)母质层虽有较强的蓄水能力,但入渗率过小,平均稳渗率略为0.2mm/min,这对母质层在雨季的蓄水极为不利,因此,改善母质层的入渗状况,是改善土壤旱季水分状况的关键措施。该结论从另一方面印证了中国科学院干热河谷生态定位站提出的以母岩岩性定植被恢复模式的论断。

(5)四个林地土壤蓄水能力均不高,70cm土层最大可蓄水量变动范围在225~285.5mm,有效水在110~169mm,有效水约占最大可蓄水的50%左右。

7.2 地垄井四种植被类型对土壤水源涵养功能的影响

7.2.1 不同植被类型土壤三相比

土壤三相比反映了土壤的结构、蓄水性能和通气状况,综合地反映土壤中水、肥、气的协调关系,而土壤的通气状况、水分的活动性和有效性与土壤中孔隙的数量、大小、组成有关,因此,土壤中孔隙的数量分布及土壤厚度决定了的蓄水、排水、保水能力。固体包括土体中的土粒和石粒,液相指中小孔隙部分,是土壤持水的主要孔隙,而气相绝大多数时段被土壤空气占据,多指粗、大孔隙部分,也常指重力孔隙,发育良好的土壤,固相比例相对而言较小,总孔隙(即液相和气相)较多,气相比例越大,土壤的通气性和下渗率也越大,但比例过大,土壤漏水、漏肥严重,因此,合理的三相比是土壤肥力的重要评价指标。新银合欢林、台湾相思林、草坡和五色梅灌丛的土壤三相比见表5-102。

表5-102 四种不同植被类型土壤三相比

植被类型	新银合欢林			台湾相思林			草坡		五色梅灌丛		
层次	淋溶层	淀积层	母质层	淋溶层	淀积层	母质层	淋溶层	淀积层	淋溶层	淀积层	母质层
固相	51.80	51.41	51.98	49.92	54.03	51.94	54.26	51.73	47.67	48.01	58.29
液相	28.65	26.05	27.35	34.09	27.85	40.71	29.98	34.71	39.26	35.83	32.78
气相	19.55	22.54	21.04	16.00	18.12	7.36	15.75	13.55	13.07	16.16	8.93

(1)新银合欢林土壤三相比

从图5-57看出,三个层次三相比差异不明显,特别是固相比例三个层次基本一致,说明新银合欢林对土壤形成及结构的改良作用较小,淋溶层液相比相对而言较大,而淀积层气相比最大,说明其粗、大孔隙较多。

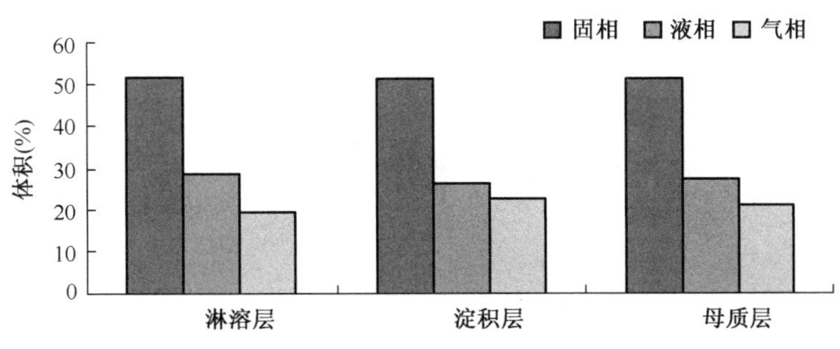

图 5-57　新银合欢林土壤三相比

(2)中国台湾相思林土壤三相比

从图 5-58 可看出,台湾相思林土壤固相比以淋溶层最小、母质层次之、淀积层最小;液相比以母质层最大、淋溶层次之、淀积层最小;气相比以淀积层最大、淋溶层次之,母质层气相比远小于其他两个层次。从三个层的三相比虽有分异,但差异不太显著,母质层的液相比最大,说明其母质层仍有极高的蓄水能力。

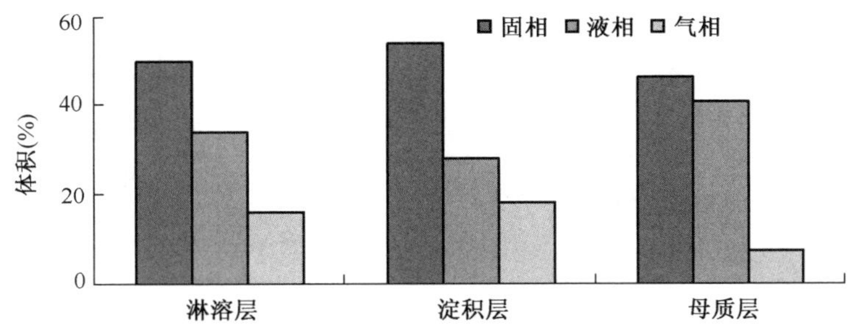

图 5-58　中国台湾相思林土壤三相比

(3)草坡草地土壤三相比

从图 5-59,固相比表层反而较母质层大,其液相比淀积层也较淋溶层高,表层的气相比即粗、大孔隙多于母质层,草坡草地土壤淋溶层和淀积层三相比差异并不明显、因此,母质层在水分的供应方面仍占主要作用。

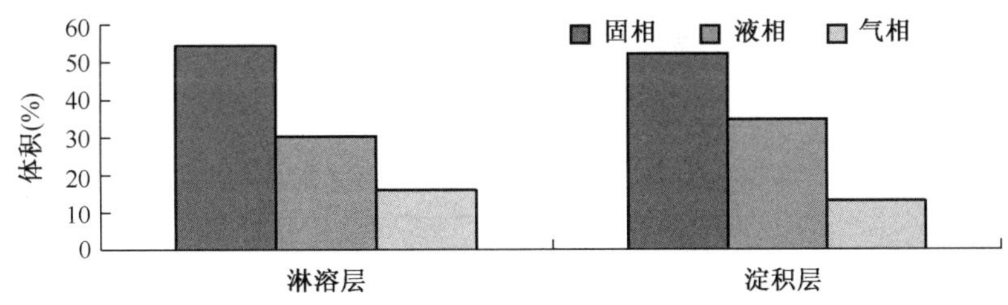

图 5-59　草坡土壤三相比

(4)五色梅灌丛土壤三相比

从图 5-60 可明显看出,从表层至母质层固相比呈增加趋势,液相比呈递减,母质层气相比也明显小于土壤层,三层的三相比差异较明显,说明土壤层次分化明显,五色梅灌丛对退化土壤的恢复有较好的促进作用,有效地减少了表层土壤的流失。

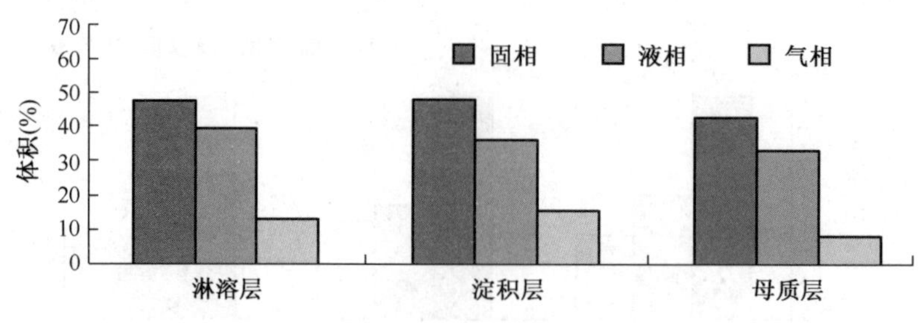

图 5-60　五色梅灌丛土壤三相比

7.2.2　四种不同植被类型土壤三相比评价

土壤淋溶层特征可反映地上植被对土壤的作用和影响大小，图 5-61 为四种植被类型土壤淋溶层的三相比，从右图可知，固相比和均以五色梅灌丛最小，其次为台湾相思，再次是新银合欢，最大为草坡，液相比与之完全相反，反映了土壤的结构状况五色梅最好，草坡最差；相比以合欢最大，其次是相思，五色梅最小。

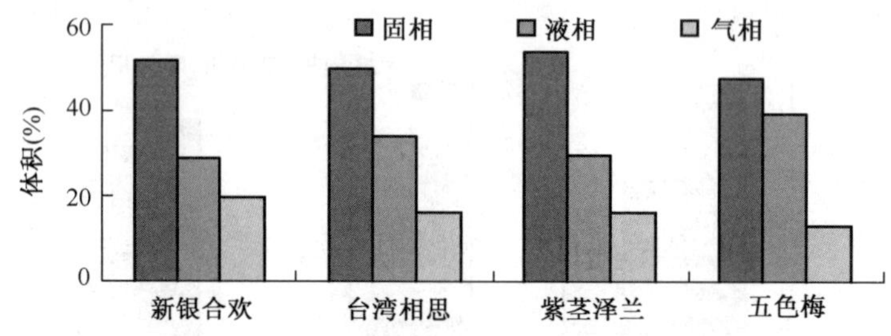

图 5-61　四种植被类型土壤层三相比

7.2.3　四种不同植被类型土壤的孔隙分布

(1)新银合欢林土壤孔隙分布

从表 5-103、图 5-62 可知，新银合欢林土壤淋溶层、淀积层和母质层总孔隙无明显差异，粗孔隙以淋溶层略大于母质层，而淀积层粗孔隙最小；大孔隙淀积层明显高于其他两个层次，淋溶层最小，从粗、大孔隙的总量，以母质层数量最多，淀积层次之，表层含量最少，为可能与土层的石砾含量有关；中孔隙数量表层明显高于下层，母质层又高于淀积层，这表明单位土层中以淋溶层有效水数量最多，母质层次之，淀积层最少；细孔隙数量以淀积层数量最多，说明淋溶层有黏粒下移。

表 5-103　四种不同植被类型土壤的孔隙分布

植被类型	新银合欢林			台湾相思林			草坡		五色梅灌丛		
层次	淋溶层	淀积层	母质层	淋溶层	淀积层	母质层	淋溶层	淀积层	淋溶层	淀积层	母质层
粗孔隙	12.23	9.13	10.68	5.66	4.83	5.74	6.78	4.65	10.09	7.66	2.07
大孔隙	7.32	13.41	10.37	10.33	13.29	1.62	8.97	8.90	2.98	8.50	6.86
中孔隙	22.77	16.38	19.60	28.05	17.03	29.42	19.56	19.66	29.82	25.72	19.13
细孔隙	5.88	9.67	7.75	6.04	10.82	11.29	10.42	15.05	9.44	10.11	13.65
总孔隙	48.20	48.59	48.39	50.08	45.97	48.06	45.74	48.27	52.33	51.99	41.71

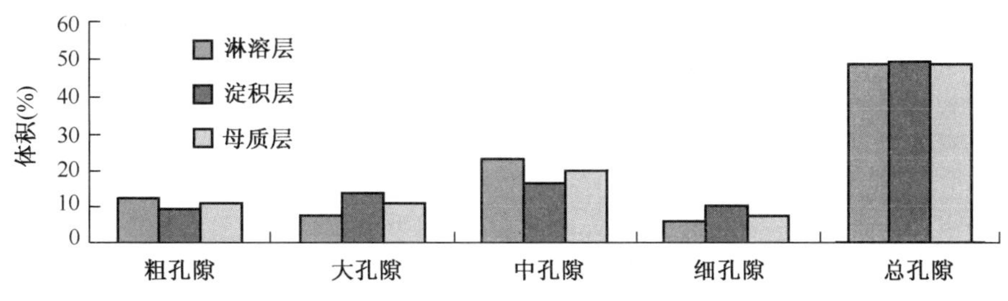

图 5-62　新银合欢林土壤孔隙分布

(2)台湾相思林土壤孔隙分布

从图 5-63 可看出,总孔隙数量以淋溶层大于经营方式层,淀积层最小;粗孔隙三层差异不明显,母质层略大于淋溶层,而淀积层;大孔隙数量淋溶层和沉积层远高于母质层,其中又以沉积层;粗孔隙和大孔隙总量淋溶层为 15.99%,淀积层为 18.12%,母质层为 7.36%,这与新银合欢林土壤显著的不同,总中孔隙数量以母质层最大,为 29.42%,淀积层最小,仅为 17.03%,远低于母质层和淋溶层;细孔隙数量从表层至母质层略呈增加的趋势,一方面说明土壤黏粒在整个土层中均存在淋溶现象,另一方面也说明台湾相思林根系对深层土体的土壤有改良作用。

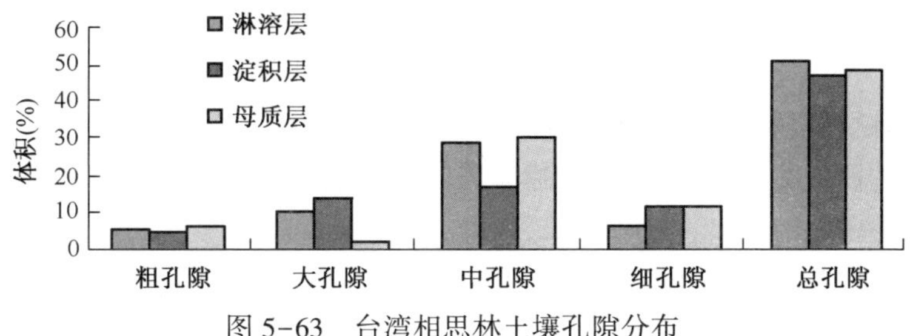

图 5-63　台湾相思林土壤孔隙分布

(3)草坡土壤孔隙分布

草坡根据土壤剖面发育特征,0~33cm 为淋溶层,33cm 以下为母质层,从图 5-64 可知,总孔隙以母质层高于淋溶层;粗孔隙淋溶层略高于母质层;大孔隙和中孔隙所占比例基本相近;细孔隙以淋溶层少于母质层,这仍说明表土存在黏粒下移现象,综合评价结果显示,母质层的孔隙数量及分布好于淋溶层。

(4)五色梅灌丛土壤孔隙分布

从图 5-65 可知,土壤层(淋溶层和淀积层)和母质层孔隙的数量及分布差异极为明显,总孔隙土壤层为 52%,母质层为 41.7%,相差 10%;其中,又以淋溶层略高于淀积层;粗孔隙数量和中孔隙数量从表层至母质层递减,大孔隙数量以淀积层最大,母质层次之,表层最小,粗大孔隙总量以淀积层最多,淋溶层次之,母质层最小,细孔隙数量从表层至下层递增,说明土体黏粒存在淋溶作用。综合看,土壤中孔隙数量及其分布,以淋溶层>淀积层>母质层。

7.2.4　四种植被类型土壤孔隙分布特征的综合评价

在气候和立地条件基本相似的情况下,淋溶层的特征主要反映了地上植被层对土壤的作用,现以四种植被类型土壤层(淋溶层)的孔隙分布特征比较地上植被种类对土壤结构的影响,见图 5-66。总孔隙的大小排序为:五色梅灌丛>台湾相思林>新银合欢林>草坡;粗孔隙和大孔隙总量大小排序为:新银合欢林>台湾相思林>草坡>五色梅灌丛;中孔隙数量排序结果与总孔隙的排序一致；细孔隙数量的多少反映了土壤凋萎湿度的大小，其值与土壤的黏粒数量的多少有关，从图可以看出，细孔隙以草坡>五色梅灌丛>新银合欢林和台湾相思林。

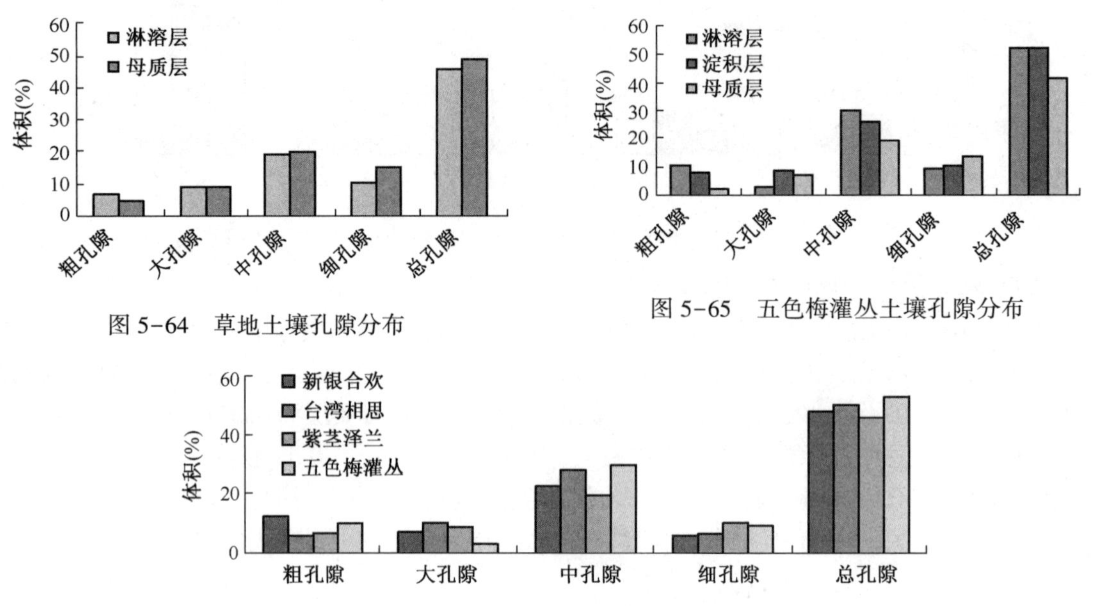

图 5-64 草地土壤孔隙分布

图 5-65 五色梅灌丛土壤孔隙分布

图 5-66 四种植被类型土壤的孔隙分布

7.2.5 四种不同植被类型土壤的蓄水量

土壤蓄水量的研究主要用于土壤水源涵养功能的评价，同时可计算土壤中不同能态的水分组成，在干热河谷区由于干旱时间较长，因此，雨季末期的土壤水分贮存量的多少决定了地上植物能否安全度过旱季，鉴于此，本文主要测试和计算了土壤非毛管蓄水量、有效持水量和土壤最大蓄水量，土壤的蓄水量的多少首先取决于土层厚度，其次取决土壤的水分物理性质，从前面对土壤孔隙的分析知道，对于攀枝花干热河谷的退化土壤（麻布夹）类型，土体剖面中层次分化不明显，土壤初育化特征明显，母质层孔隙数量及其组成总体上讲差异并不显著，因此，母质层的水分是土体水分的贮藏量的组成成分，同时因母质层水分处于土壤深层，水分的散失总落后于上层土壤，在干旱后期，这部分水分是植物可利用的唯一水分来源，这部分对该区域的植物抗旱来说有着极其重要的意义，因此，本节分析了母质层蓄水量占整个计算土层（70cm）蓄水量的比例。四种植被类型土壤蓄水量见表 5-104。

表 5-104 四种不同植被类型土壤的蓄水量 （mm）

植被类型	新银合欢林			台湾相思林			草坡		五色梅灌丛		
层次	淋溶层	淀积层	母质层	淋溶层	淀积层	母质层	淋溶层	淀积层	淋溶层	淀积层	母质层
非毛管蓄水量	18.34	15.52	32.03	10.76	10.15	17.22	22.39	17.22	31.29	16.09	3.73
总非毛管蓄水量	—	65.89	—	—	38.13	—	39.61		—	51.11	—
母质层占(%)	—	48.61	—	—	45.16	—	43.47		—	7.30	—
有效持水量	34.16	27.84	58.81	53.29	35.77	88.25	64.56	72.75	92.44	54.01	34.43
总有效蓄水量	—	120.81	—	—	177.3	—	137.31		—	180.88	—
母质层占(%)	—	48.68	—	—	49.77	—	52.98		—	19.03	—
最大蓄水量	72.3	82.6	145.18	95.16	96.53	144.19	150.93	178.59	162.21	109.17	75.08
总最大蓄水量	—	300.08	—	—	335.88	—	329.52		—	346.47	—
母质层占(%)	—	48.38	—	—	42.93	—	54.20		—	21.67	—

(1)土壤非毛管蓄水量

土壤非毛管蓄水量主要为重力蓄水量,在土壤中滞留的时间表较短,一般为了 24~43h,国内在进行土壤水源涵养功能评价多以毛管孔隙数量和蓄水量作为主要评价指标,它反映情况了土壤的入渗状况,同时它是补充的下层土壤水分的重要来源,特征是降雨历时短、且降雨强度较大时,非毛管孔隙的蓄水量对提高整个土壤层的水分贮量起着重要作用。从上表可知,四种植被土壤的非毛管蓄水量以新银合欢林最大(65.89%),其次是五色梅灌丛,再其次是台湾相思林,最小为草坡;新银合欢林 70cm 土层中母质层的非毛管蓄水量占比例最大(为 48.61%),依次为台湾相思林、草坡,五色梅灌丛母质层蓄水量仅占 7.3%(图 5-67)。

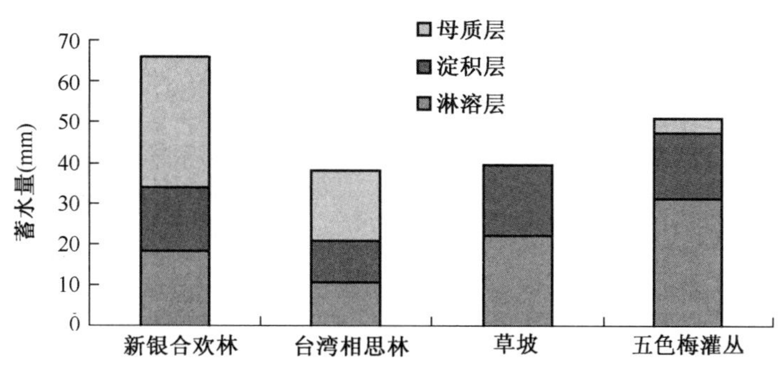

图 5-67　四种植被类型土壤非毛管孔隙蓄水量

(2)土壤有效蓄水量

土壤有效蓄水量是指植物可吸收利用的土壤水分部分,有效蓄水量的大小与土壤结构、田间持水量、凋萎系数的大小有关,计算的土层厚度应≥根系分布的深度。但对于初育性较强的麻布夹土壤类型,由于土层浅薄,母质层相对较松散,根系分布深度大多在母质层内,土层厚度很难准确定量,因此,将 70cm 土层内水分作为参比对象,从图 5-68 可知,四种植被类型 70cm 土层总有效蓄水量以五色梅灌丛最大、其次是台湾相思林、再次是草坡,最小为新银合欢林 60mm;从各林分各土层的蓄水量多少主林,四种植被土壤类型土壤有效水差异较大,五色梅灌丛与新银合欢林最大差为要取决于土层厚度,新银合欢林和台湾相思林有效蓄水量均以母质层最多,其次是淋溶层,淀积层最;草坡母质层略大于淋溶层;五色梅灌丛以淋溶层最多,其次是淀积层,最小为母质层。

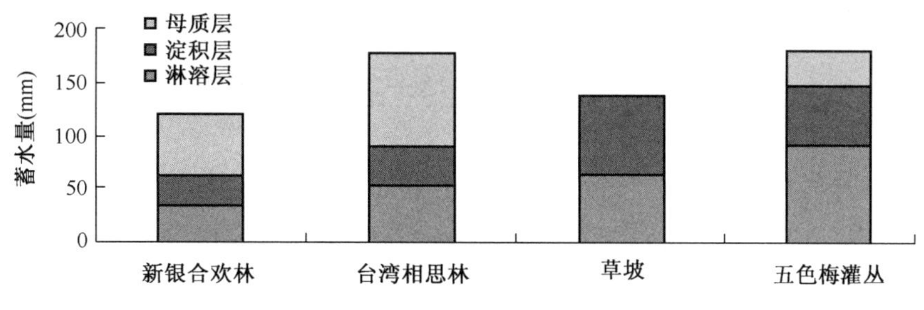

图 5-68　土壤有效蓄水量

(3)土壤最大蓄水量

土壤最大蓄水量反映了土壤蓄水的最大理论值,实际上土壤中束缚水的存在,外部水分的供给和补充不可能达到土壤的最大蓄水量状态,但相关的研究均以此作为土壤水源涵养功能评价的重要指标之一，为便于与过往文献进行比较，为此，本文分析了四种林地土壤的最大蓄水量，见图 5-69。70cm 土层最大蓄水量以五色梅灌丛最大、台湾相思次之，草坡再次之；但前三个林分土壤总蓄水量最大，台湾相思林再次之，新银合欢林最小；新银合欢林和台湾相思林蓄水量差异并不显著；从淋溶层的最大蓄水量看，以五色梅最大、草坡次之、台湾相思林土壤的层间最大蓄水量变化规律相同，以母质层蓄水为主，其次淋溶层，淀积层相对较小；五色梅灌丛以淋溶导层蓄水为主，母质层所占比例较小。

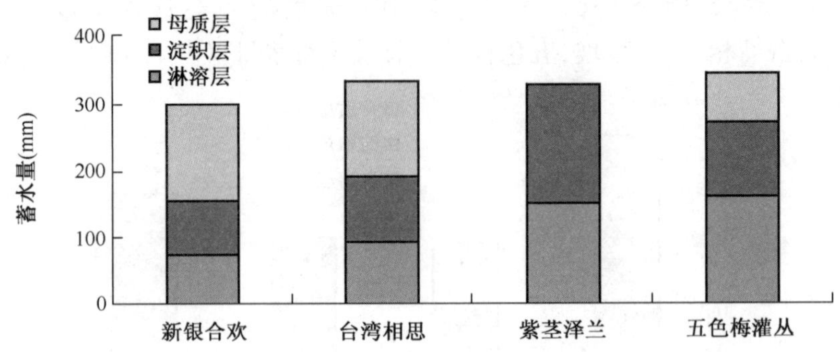

图 5-69　土壤最大蓄水量

7.2.6　四种不同植被类型土壤入渗率变化

土壤入渗状况主要用入渗率的大小表示，室内环刀法测试结果虽与田间实际水分的入渗有一定误差，但因操作简便，测试条件容易控制，不同类型之间的测试结果易于比较分析，同时基本能反映土壤的入渗状况，土壤入渗能力的大小是土壤水源涵养功能评价的重要指标，它的大小与土壤水分的贮量有着重要影响，特别对于干热河谷地区，雨季是土壤的增墒期，深层土层的水分贮量的多少对于植物安全渡过旱季有着极其重要意义，其重要性往往超过表层土壤水分贮量，因此，深层土壤的水分贮量主要取决于土壤的入渗能力，但影响土壤的入渗能力的因素较多，根本原因在于土壤的孔隙组成分布及其结构的稳定性。就整个土体而言，土壤的入渗状况主要取决于剖面中入渗率最小的层次，该层称为滞留层，滞留层发生的层次越浅，该土壤的入渗能力越弱，因此，土壤的入渗状况可从以下指标进行描述，其一，土壤的初渗率；其二，土壤的稳渗率；其三，入渗率变化率；其四，土壤单位时段内的入渗总量。根据测定，四个植被类型土壤的入渗状况见表 5-105。

表 5-105　四种不同植被类型土壤入渗率变化

植被类型	新银合欢林			台湾相思林		草坡		五色梅灌丛		
层次	淋溶层	淀积层	母质层	淋溶层	母质层	淋溶层	母质层	淋溶层	淀积层	母质层
初渗率(mm/min)	2.97	14.7	10.45	1.21	7.52	4.05	7.65	3.69	2.48	0.81
稳渗率(mm/min)	0.77	1.95	2.96	0.31	0.8	2.38	0.42	0.92	0.62	0.48
平均入渗率(mm/min)	1.17	3.42	4.22	0.44	1.42	2.42	0.65	1.15	0.78	0.53
达到稳渗时间(min)	108	123	108	99	116	86	50	127	111.2	109.3
入渗量(mm)	381.9	1270	1376.4	130.8	497.4	641.1	100.2	450.7	266.2	177.3

从表 5-105 看,新银合欢林和台湾相思林土壤入渗的滞留层在表层,分别为 1.17mm 和 0.44mm,五色梅灌丛和草坡在母质层,分别为 0.53mm 和 0.65mm,但从平均入渗率的大小及滞留层发生的层次看,土壤的入渗状况以新银合欢最好,其次为草坡,再其次为五色梅灌丛、最差为台湾相思林,该排序结果与四个类型土壤的非毛管蓄水总量大小排序结果完全一致,这进一步说明,土壤的入渗率与土壤的粗、大孔隙的数量密切相关。

7.2.7　四种不同植被类型土壤水源涵养功水源涵养功能评价

土壤水源涵养功能评价比较分复杂,没有一个比较综合的指标,一般而言,土壤入渗状况好、土壤蓄水量多的土壤,其水源涵养能力就好,四个植被类型土壤的非毛管蓄水量和入渗状况以新银合欢林为最好,其次为草坡,再其次为五色梅灌丛、最差为台湾相思林;土壤的有效蓄水量和最大蓄水量大小排序为:五色梅灌丛>台湾相思林>草坡>新银合欢林,可见,要综合说明哪一个植被类型土壤水源涵养功能强还比较困难,这主要因为人工造成林的时间较短,土壤特性受地形、母质、母岩及整地方式的影响较大,植被对土壤的形成的作用还未充分表现出来。

8　结论

针对金沙江干热河谷的生态退化特点和植被恢复困难的关键问题,以土壤水分为中心,从植物生理生态、土壤水分平衡角度,应用生态承载能力、生态用水等相关理论,开展大量试验研究,深入探讨干热河谷"适度"造林的植被恢复机理和技术,为干热河谷生态修复提供科学依据。

(1)通过对干热河谷剖面的不同海拔梯度的降水和蒸发等气候考察,干热河谷旱季长达 7 个月(11~5 月),农田水分亏缺最大,亏缺总量接近 800mm;日均水面蒸发达 8mm 以上。

(2)干热河谷全年土壤含水量低,干湿季交替明显,干旱持续时间较长,一年中大约有六个月的时间土壤含水量等于或略大于最大吸湿水植物难以利用,最干出现在旱季的 3~5 月,0~60cm以内土壤含水量在 5%以下,最小值 2%,干燥层达 60cm,过分干旱,造林十分困难。山地粗骨质红壤全年含水率最低,含水率在 5%以下的时间长达 5 月。山地黄红壤、山地红色石灰土比山地粗骨质红壤要好,山地碳酸盐红褐土是本区土壤含水率最高的一种土壤,在旱季 3~5月表土层(9~10cm)含水率在 5%~10%。因此,造林时,要注意立地条件选择和造林季节,提高造林存活率。

(3)干热河谷地区不同的整地方式对土壤含水量的影响在阴阳坡有明显差异,在阴坡,带状抽槽(16.86%)>大穴(15.35%)>小穴(15.24%)>带状松土(14.48%);在阳坡,大穴(13.35%)>带状松土(13.29%)>带状抽槽(11.74%)>小穴(11.33%);经综合比较,阴坡整地以带状松土和小穴为好,在阳坡,带状松土含水量高,造林效果较好,而且省工。对土壤水分性能的影响分析也表明,以带状整地的最大,其次为穴状整地,最小为未造林地。

(4)对干热河谷主要造林树种的抗旱能力评价表明,从大至小的排序:小桐子、剑麻、构树、加勒比松、车桑子、台湾相思、印楝、五色梅、新银合欢、直干蓝桉;这 10 个树种大致可分为两大类:其中以小桐子、剑麻、构树、加勒比松为一组,为耐旱树种,其中又以小桐子和剑麻最耐旱,构树、加勒比松为耐旱树种;车桑子、新银合欢、五色梅、台湾相思和印楝为较耐旱树种。

(5)以 70cm 土壤深度来计算土壤的有效蓄水量作为土壤水分供应能力,荒草坡的土壤水分供应能力最小,达到 1143t/hm^2,台状整地为 1568t/hm^2,穴状整地为 1487t/hm^2。在生产上,新造林地的土壤水分供应能力 1143t/hm²。

(6)根据土壤水分消退过程的拟合模式进行计算,直干蓝桉的耗水量最高,达 4.6t,其次是台湾相思为 1.2t,加勒比松、新银合欢、印楝分别为 0.65t、0.55t 和 0.3t;在灌木中,以五色梅为最高,达 0.94t,最低是剑麻,为 9.5kg。

(7)根据土壤水分供应能力和植物耗水量,从土壤水分平衡的角度,计算出"适度"造林密度,乔木树种印楝、台湾相思、直干蓝桉、新银合欢、加勒比松的林分密度分别为 251、64、17、138、118 株/亩,按照目前造林标准要求的密度(220 株/亩),印楝的密度较合适,而台湾相思、直干蓝桉、新银合欢、加勒比松的林分密度却远远达不到标准,实际上造成了人力、物力、资金的浪费,台湾相思、新银合欢、加勒比松造林分别浪费了约 2/3、2/5 和 1/2 的资金。灌木小桐子、车桑子、五色梅和剑麻的造林密度分别为 211 株/亩、425 株/亩、81 株/亩、2000 株/亩。

(8)在不同植被类型中,土壤的非毛管蓄水量和入渗状况以新银合欢林最好,其次为草坡,再其次为五色梅灌丛、最差为台湾相思林;土壤的有效蓄水量和最大蓄水量大小排序为:五色梅灌丛>台湾相思林>草坡>新银合欢林。五色梅林地、台湾相思林地、加勒比松林地的土壤水分供应能力比较高,达到 1808.8t/hm²、1775.6t/hm²、1725.63t/hm²,说明植被对土壤的良好改良作用。

第四节　山地偏干性森林更新恢复

以干热河谷上沿山地偏干性森林为对象,根据植物生长和发育的生活史模型为主线,针对川西南山地偏干性森林具体的生态学问题,对其更新的几个关键环节(如种子生产、种子库、幼苗建成、生长释放,以及云南松林隙特征及其对林木个体生长和发育的影响)进行具体研究,分析其对完成森林更新贡献,系统分析偏干性森林的天然更新机理,为制定更新恢复对策和提出植被恢复技术提供理论依据,以解决偏干性森林更新恢复难的问题。

1　山地森林更新研究概述

森林更新是生态系统动态中森林资源再生产的一个自然的生物学过程。在这个过程中,以树木为主的生物种群在时间和空间上不断延续、发展或发生演替,对未来森林群落的结构及其生物学多样性具有深远的影响,因而它是一个极为重要的生态学过程。这个过程受环境条件、自然干扰和人为干扰类型、更新树种的生理生态学特性、现存树种与更新树种的关系、竞争植物种和其他生物种的特性等因素及其相互作用的影响。生物和非生物因素随时间和空间变化,使森林具有时空异质性特征,并表现在更新的格局和过程中。对于森林的更新过程,有不少研究从更新树种的生物学特性、干扰与更新对策、种子生产与扩散、幼苗的发生时期、幼苗的生长和存活率的季节变化等方面进行了探讨。近年,有一些文献报道开始关注更新的空间格局,分析形成格局的原因和过程、空间异质性与更新的关系,希望从更深的层次了解更新动态中潜在的规律性。空间异质性是存在于所有尺度的生态学系统中的一个普遍现象,是生态系统属性在空间上的复杂性和变异性，是最近生态学和林学研究中极为关注的一个理论问题。各种尺度上的空间异质性影响着生态学系统的重要功能和过程。探讨空间异质性，了解生态系统属性的空间组成、空间构型和空间关联性，是揭示空间格局如何影响和控制生态学过程的重要途径。用空间分析的方法可对森林群落内种的协同存在、种群的更新动态过程等生态学现象作出更好的解释。

1.1　种子雨与土壤种子库研究

森林更新是一个极为重要的生态学过程。在这个过程中，种子的生产、扩散、土壤种子库中种子的活力、幼苗转化、更新萌发体的形成及生长等，每个环节都受干扰影响。因此，土壤种子库（Soil seed bank）和种子雨（Seed rain）是森林生态系统的重要组成部分，它们在植被更新和恢复、植被演替和扩散过程中起着重要的作用，对土壤种子库、种子雨及其与地上植被关系的研究已成为现代生态学研究的一个热点（班勇等，1996）。

1.1.1　国内外研究概述

种子植物是现存自然界中占主导地位的植物类群，种子植物通常有两种更新方式：无性繁殖和有性繁殖，无性繁殖主要是通过根、茎、叶等营养器官繁殖，而有性繁殖则是通过花、果实和种子等繁殖。有性繁殖为种子植物自我更新的主要方式，也是植物更新研究的主要课题。大体把植物更新的过程划分为以下 3 个阶段：①种子生产；②种子运动；③种子在适宜地点萌发、生长，最后发育为成熟植物。而成熟植物则又开始了种子生产，种子运动等过程，因此这些植物更新的模型都把植物生活史周期作为主要的过程来研究，可以把它们统称为植物种子更新的生活史模型。在植物更新的生活史模型中，种子的生产主要涉及成熟植物的开花、传粉、受精、合子发育，以及种子成熟等，这一过程的生态学影响因素和遗传特征更多的和植物的传粉生物学相联系（黄双全，郭友好，2000）。种子运动（扩散）的过程主要指种子成熟后通过重力、风力等因素从树上落到地面，并在生物（如动物传播）和非生物因素（地表径流）的作用下进行水平和垂直方向的移动，形成地表种子库和地下种子库。

众多研究表明，种子散布是植物种子更新过程的关键阶段，定量研究将是植物更新研究的主要发展方向（肖治术等，2003）。种子成熟后受自然因素的影响散布到地面，遭受多种命运。种子雨的数据能很好地反映种子成熟后下落的时空模式，其研究结果在一定程度上能估计种子在林冠层的损失各类种子的产量和比例，多年的研究结果还能反映种子生产的周期性变化，如大小年间隔等，结合种子库的研究还能更好地反映种子散布后命运，如动物取食和贮食行为引起的种子丢失，适合的季节萌发，埋藏进入土壤种子库等（李宏俊，张知彬，2001；孙书存，陈灵芝，2000；肖治术等，2001，2003）。

土壤种子库是指存在于土壤上层凋落物和土壤中全部存活种子的储藏库。国外自 20 世纪 30 年代以来已作了大量的调查与研究工作，特别是 70 年代以来，许多学者对其中某一环节进行过大量的单独研究。1982 年 Silvertown 出版了《植物种群生态学导论》对种子库方面的研究作了初步总结，1985 年 Michael Fennner 出版了《种子生态学》对种子库及更新作了一些总结，并进行了大量讨论。国内开展研究较晚，基本上从 20 世纪 80 年代后期才开始，对种子库与更新关系的研究逐渐增多。

纵观国外研究概况,土壤种子库的调查研究已经成为植物生态学研究中不可缺少的一部分,也是植物种群生态学研究中比较活跃的领域之一(杨跃军等,2001;张咏梅等,2003;于顺利,蒋高明,2003)。国内近些年土壤种子库的研究也大量出现,研究结果和采用的方法均反映了土壤种子库研究中的诸多领域。如在研究对象方面,涉及群落的土壤种子库(沈有信等,2003;龙翠玲,朱守谦,2001;彭军等,1998;彭军等,2000;唐勇等,2000,唐勇,盛才余等2000;杨小波等,1999;曹敏等,1997;王相磊等,2003)和种群的土壤种子库(马万里等,2001;徐化成,班勇,1996;苏文华,张光飞,2002;吴大荣,1997;刘志民等,2002;肖智术等,2003;李宏俊,张知彬,2001;孙书存,张光飞,1996;韩有志,王政权,2003)两个层次;土壤种子库是种群更新动态中非常重要的生态学过程,种子库的空间格局不仅仅是对过去各种生态学过程的反映,更重要的是将对未来更新种群的生态学过程产生极为重要的影响;土壤种子库是植物群落的组成部分,为森林迅速恢复提供一个重要物质基础,对于森林更新恢复具有极其重要的作用,种子库的结构和功能影响天然更新的能力和方向,根据森林土壤种子库的时空格局特点及影响更新的障碍因子,可以采用人工辅助措施促进更新(杨跃军,2001)。在研究方法上也均涉及幼苗萌发法和物理分离法。因为幼苗萌发法和物理分离法都有各自的优缺点(于顺利,蒋高明,2003),研究人员同时利用两种方法来研究火山喷发物下的土壤种子库(保存超过20年),发现物理分离法比幼苗萌发法多鉴定出3个物种,但这种差异本身可以忽略不计。对比群落和种群土壤种子库的研究可以发现,群落土壤种子库多采用幼苗萌发法,主要为了探讨地区植被恢复的可能性和前景问题,而种群土壤种子库研究几乎全部借用物理分离法,侧重于探讨优势树种或珍贵树种的种群更新问题。但在林业研究上更关注的是目的树种的种群更新问题,并且所涉及树种的种子均较大便于肉眼分离,因此林业上适合采用物理分离法来做重要树种种群的土壤种子库。

国内关于常绿阔叶林土壤种子库的研究虽然已经有了很多,如黄忠良等(1996),周先叶等(2000),熊利明等(1992),陈爱侠和钟章成(1995),安树青等(1994),彭军等(2000),肖治术等(2001)和苏文华,张光飞(2002)的研究,但都主要集中在亚热带湿润地区的常绿阔叶林这种植被类型,而对于川西南地区偏干性常绿阔叶林优势树种种群土壤种子库的研究却从未涉及。此外,国内大量的土壤种子库研究结果均源自于一个时期的调查数据,仅少数研究结果反映了土壤种子库的动态变化特征(苏文华,张光飞,2002;马万里等,2001)。种子在地表的存在随时间而变化,不同类型种子消失的速率不同,而速率的差异也受样地生境类型、生境大小、种子大小和捕食者类型的影响(李宏俊,张知彬,2001)。同时获取土壤种子库的动态变化和地表种子存留时间数据有利于分析土壤种子库的持续性及其影响因素(徐化成,班勇,1996)。栎属(*Quercus*)包括400多种,是许多温带和亚热带植物群落中的优势种。由于许多栎树自然更新率极低,所以生态学家非常关注影响栎树更新的因子,特别是动物因素。栎树的坚果较大,内含丰富的营养,是许多鸟类和哺乳动物的良好食物资源(王巍等,2000)。一般情况下,栎树的坚果成熟落地后立即开始发芽,坚果里种子的胚根长出后,由于地表枯落物的阻碍作用或地表土壤干燥,得不到足够的水分和营养而枯死,这种情况由于脊椎动物对坚果的埋藏得到解决(王巍,马克平,1999)。所以,脊椎动物对坚果的作用,既有取食消耗的不利一面,又有将其扩散到适于发芽和建成幼苗的安全地点的有利一面,二者处于一种利弊权衡状态(trade-off)。鼠类捕食是造成小块林地内栎树有性繁殖失败的主要原因,无性繁殖可能是小块栎林普遍的繁殖方式。但对川西南山地偏干性常绿阔叶林(四川植被协作组,1980)种群的种子雨、种子散布后土壤种子库和幼苗的空间分布格局及其影响因素目前尚未有研究报道。

1.1.2　土壤种子库和种子雨研究进展

土壤种子库(soil seed bank)是指埋藏于土壤中或枯枝落叶层,具有萌发能力的种子所组成的种子储藏库。它处于森林生态系统的土壤和植被的两大界面上,与地上植被有着密切的关系,是森林生态系统不可分割的组成部分,在植被恢复和演替过程中起着重要作用(费世民等,2004)。一方面,地上植被是土壤种子库中许多种类的直接种源。地上植被的生物学节律及季节变化影响着土壤种子库的动态。另一方面,土壤种子库中的种子能够直接参与地上植被的更新和演替,尤其是土壤种子库的上层处于土壤与植被的界面上,地上植被能够对土壤种子库产生直接的影响。

(1)土壤种子库的时间动态规律　森林土壤种子库时间动态是由植物本身的生理特性和种子所处生境条件所决定的。由于各种因素相互作用,形成了土壤种子库时间动态变化的各种形式。影响土壤种子库时间动态的途径主要有3个方面:①种子的输入;②种子的输出;③种子的留存。种子的输入即种子雨(seed rain)主要受植被的结实特点控制(熊利民等,1992)。有的树种结实量多,有的树种结实量少;有的具有明显的周期性,有的却不甚明显,它反映了植被的生理生态特征。另外,种子的输入不仅与地上植被种类有关,而且与种子的散播机理关系密切(种子侵入)。熊利民等(1992)发现,仅靠上层植被种子生产补充,植被更新演替就会受到局限。因此,对于某一缺乏种源的森林生态系统来说,可以通过人工补种或在林分及周边地区保留母树来维持土壤种子库,以利植被更新。种子的输出(种子库的消耗),表现为种子的发芽、被摄取及霉变死亡。

Augspurger对热带森林的种子命运和幼苗发生进行研究时指出,霉变是引起种子损耗的一个重要影响因素。徐化成等(1996,1997)对兴安落叶松的研究也表明,土壤病害是种子致死的重要原因。

班勇(1993)对兴安落叶松的研究表明,鼠类是摄取种子最多的动物,祝宁等(1996)的研究表明,刺五加种子在扩散前,成熟种子的比例仅有34.2%,而未成熟种子及被昆虫捕食的种子占65.8%,严重影响刺五加的有性更新过程。但对于一些厚壳种子来说,它需要经过动物的消化过程,才能有利于其发芽,如松鼠在小兴安岭红松林的天然更新中起着至关重要的桥梁作用(中国科学院南京土壤研究所,1978)。

种子的留存,是指活性种子的留存。种子的留存为林分天然更新提供了种源,并且可以抑制种子的大量集中萌发,造成幼苗间生存空间的过分竞争。在不同森林类型或森林演替的不同阶段,土壤种子库的种子密度和种类差别很大,因此其天然更新能力也相差很大。安树青等

(1996)在宝华山的调查结果表明,落叶常绿阔叶混交林和落叶阔叶林土壤种子库的物种数分别为 49 种和 33 种,密度为 255 粒/m^2和 145 粒/m^2。黄忠良等(2000)对鼎湖山不同演替阶段的森林土壤种子库的研究表明,森林土壤种子库的种子数量和种类随演替发展而减少,与地上植被相关性不明显。祝宁等(1996)在 5 种森林类型下模拟刺五加种子的发芽,结果是人工落叶松林下出苗率(16.8)大于人工红松林(0.8)大于硬阔林(0.5)。同时林隙(gap)在森林更新中起重要作用,充分利用林隙的生态效应,促进天然更新。

因此,根据土壤种子库的大小、结构和类型,以及主导的影响因素,可以预测森林更新能力和演替方向,真正做到天然林的定向培育及分类经营。在促进森林天然更新时,要求采取相应的措施。在种源丰富的地区,可进行封山育林。缺少种源时应进行人工补种,在林分及其周边地区保留适当母树也是补充种源的重要方法。存在阻碍种子发育的因素时,可通过人工辅助措施消除,如适当炼山、清除地被物,能极大促进森林更新。根据森林土壤种子库的大小、结构和类型,可以预测森林更新能力和演替方向,真正做到天然林的定向培育及分类经营。

(2)土壤种子库的空间分布规律

森林土壤种子库的空间分布包括种子水平分布和垂直分布。种子水平分布越广,说明其传播能力越强,有利于种子迅速找到适宜的生存环境,促进林分更新。影响分布的因素包括 3 个方面:①种源距离;②传播方式;③生境异质性。种子传播一般是在外力的作用下进行的;种子的传播方式和传播载体主要包括风传播、动物传播和水传播 3 种,不同的传播方式,其传播距离有极大的差别,从几米至数千公里不等;流水作用也引起地表种子的迁移,大多数情况下,种子往往在沟谷等低洼地富集;动物既是种子的捕食者,同时也是散播种子的重要媒介,甚至可以说,动物和植物存在着一种互利共生关系,如兴安落叶松的种子散播与鼠类活动关系密切;而在热带森林的更新中,蚂蚁的作用也相当大。生境异质性对土壤种子库的影响,在小范围内表现为微环境的差异性,如土壤类型、pH 值、干燥度等(祝宁,1996)。在密林中不利种子散播,种子占领有利环境的机会就少,更新能力较弱;反之疏林的更新能力较强;先锋树种的种子一般是靠风力或水力传播,它们可以迅速占领林隙或被干扰的裸地,更新能力较强。Gentry(1982)对中美洲和南美洲的热带森林研究表明,在干旱型森林中,鸟类传播、地面动物传播及风力传播大致平衡;在湿润型森林中物种数量要比干旱型森林多得多,物种结构也要复杂得多,依靠鸟类和地面动物传播的比例增加。

种子在土壤剖面上具有递减的垂直分布。落到地表的种子可以通过不同途经向下移动:①雨水的冲刷;②动物的活动;③土壤裂隙的存在。在森林土壤的上部一般都存在一个枯枝落叶层,阻碍种子与土壤的接触,对土壤种子库的建成和结构的影响非常大。郭忠凌等(1990)对兴安落叶松种子库的研究表明,在 0~2cm 地表处数量最多,种子密度约相当于下层的 4~5 倍,越往下,密度越小。但 Wang(1997)对一片中龄林分的研究表明,在 0~20cm 土壤中,物种丰富度与深度没有显著相关。但 5~10cm 层次的种子比其他层次的种子更容易发芽(唐勇,1998)。种子向下迁移,使种子库具有立体结构。下层种子由于所处的水热环境相对稳定,种子存活时间一般长于表层种子,这样可以维持一个相对平衡的土壤种子库,并且对于树种保护及维护生物多样性具有重要意义。

综上所述,土壤种子库研究主要侧重于其结构和种类方面的调查以及种子库在各种干扰下的动态变化。种子库是植被演替和恢复的物质基础,其动态格局是一个在时空轴上的变化过程。纵观前人的研究,大都是采用短期的、间断的调查研究方法,得到的仅是森林演替过程中的某一片断。但研究大都采用短期调查形式,缺乏长期的定位研究,对森林更新演替研究较少。因此,采用长期定位观测的研究方法,是今后土壤种子库动态研究的关键,对于退化生态系统的恢复与重建,特别是对通过封山育林进行山地森林更新恢复具有十分重要的现实意义。

(3)更新幼苗分布

种子的散布、死亡和被捕食,从种子生产到种子萌发为幼苗的阶段通常是动态的。这种种子萌发动态除了和种子本身的休眠特性有关外,还和环境因子密切相连。光照,温度和水分等因素都是影响种子发芽的因素(张咏梅等,2003),而林隙(gap)则很好地改善(或调和)了光照,温度和水分条件,从而比森林的其他部位更容易引起种子的萌发和幼苗的建成,因此干扰(包括林隙)成为森林更新的动力(臧润国等,2001)。

种子发芽是植被天然更新的第一步。增加幼苗的发生量,减少种子的其他损失途径,是增强林分天然更新力的有力措施,也是评价林分天然更新力的一个基本标准。为了解树木更新行为,在日本赤松和一种栎树占优势的次生林中选择三块标准地,调查林地土壤中的种子库、一年生幼苗的密度和幼树(年龄大于1年、高小于2m)密度。许多研究结果发现有些树种在土壤中埋藏的种子数量很多,而有些树种在土壤中埋藏的种子数量很少;埋藏种子的萌发格局可明显地区分为三个类型:第一种类型的特征是初期萌发旺盛;第二种类型的特征刻画是持续期长而有间歇的萌发,第三种是立即萌发类型。在浓密的林冠下,日本赤松、槭树属和樱树属的一些树种,一年生幼苗的密度为2.0~23.8株/m^2,其中日本赤松幼苗死亡率极高,当年生幼苗中没有能够活到10月份的;幼树更新也可分为三种类型:前期更新、埋藏种子更新和扩散型更新。

因此,幼苗是植物更新的主要载体,幼苗的分布格局在一定程度上反映了森林水热的分配格局,幼苗数量直接反映森林更新能力的大小。尽管林隙(gap)研究较多,对幼苗数量与生境因子的关系进行分析,充分利用林隙的生态效应,促进天然更新;但在方法上多以调查研究为主。目前,对偏干性常绿阔叶林的幼苗分布格局与更新研究尚未见报道。

1.2 森林更新格局研究

森林群落是一个具有镶嵌特性的异质体。环境异质性、各种自然干扰、人为干扰以及植物内源演替是构成森林异质性的主要原因。环境的异质性主要表现在地形和土壤方面,对森林的形成起重要的作用,如在相同纬度地区,随海拔升高环境温度逐渐降低,森林随之而有明显的垂直分布带。坡向和坡度等地形变化,引起环境中的水分和热量再分配,结果形成不同组成和不同结构的森林。受山区地形变化的影响,可产生逆温现象,形成霜穴和暖带等异质性环境,对更新树种的多度和丰富度的空间格局产生影响。土壤具有不同尺度的时空异质性。土壤母质、土壤种类和土壤质地等较大尺度的变化,决定大范围的森林格局。土壤养分和水分、土壤中栖息的动物和微生物,以及其他土壤理化性质的斑块特征,也是森林空间异质性的重要构成因素。在森林环境中,地上和地下资源有效性的时空变化,可形成复杂的水平异质性和垂直异质性。Davies 等对热带雨林的研究发现,林分的冠层光照指数变动大,可显著地分为 5 个等级,林分内光照有明显的水平分布格局和垂直分布格局。Farley 等在英国北约克郡的落叶林中发现,各土壤养分浓度的时间变化为春夏之交增大,夏末稍降低,秋季又有增高。空间变化表现为林分内局部范围可形成养分浓度较高的土壤斑块,这些斑块的峰值期可持续约 4 周。土壤 P、NH_4 和硝酸盐的含量在 2m 的空间尺度上有显著差异。进一步用土壤溶液取样法测定表明,在 20cm 的空间尺度上,硝酸盐离子浓度相差 2~10 倍,铵离子浓度相差 3~5 倍。干扰可破坏或改变原有的森林景观,形成森林环境和资源的异质性。干扰的频度、强度、范围大小及形状等对森林的格局和生态学过程有决定性的作用。有些干扰发生较频繁,如风、火、冷暖的季节循环等。另一些干扰因子发生的间隔期较长,如横跨新英格兰内陆的飓风,平均每个世纪才发生一次。这些干扰尽管罕见,但对林分的结构和组成却有决定性的作用,只是时间尺度太长而鲜为人知。干扰的空间尺度和形状决定边缘效应区所占的比例,即决定斑块的重叠程度。一般干扰形状为圆形时,边缘效应区所占的比例最小。冰川的进退、强度侵蚀、大的火灾等强烈的或特定的干扰发生,常引起森林景观水平的大尺度的空间异质性,导致整个干扰区的森林群落发生演替。风倒、弱度的火、动物挖掘等较小的干扰发生后,多形成林分内小尺度的空间异质性,往往引起非演替树种的树木个体或小的树种组的更替。自然界绝大多数情况下的森林更新介于这两个极端过程之间。人为干扰如土地利用历史、森林采伐、林地清理措施、放牧、化学农药使用等往往比自然干扰频度高,是森林异质性的重要来源。但它们并非单独作用,而是与其他生物因素(如动物、微生物等)和物理环境因素相互作用。有时人为干扰会增强、弱化或掩盖自然干扰。如人为火的干扰可减少了雷电火击干扰的可能性。对林分的长期封禁,易燃物增多,又使大的火干扰容易发生。这些干扰因素错综复杂的组合,使异质性具有生态反馈效应,又增强了森林的空间异质性等。

1.2.1 空间异质性与森林更新的生态学过程

(1)空间异质性及更新树种的反应

第一,林隙生境与更新树种的空间格局。一般认为由郁闭的林冠层、林隙边缘直到林隙中心存在一个资源梯度,更新幼苗的格局也应随之而呈相应的梯度分布。但在太平洋西北的针叶老龄林中的研究发现,更新幼苗的空间分布格局常常与大于 2m 的资源梯度不相吻合,而是呈现出更小尺度的(<10cm)空间异质性。许多大小和年龄均异的林隙,利于更新幼苗的发生和生长,但各树种在这些异质的林隙环境中表现出不同的占据和竞争能力。如果将仅在林隙中才有幼树分布的树种称为先锋树种,而将既在林隙又在成熟林冠层下均有其幼苗幼树分布的树种称为原生树种,那么原生树种的更新密度几乎不随林隙体积的大小变化,而先锋树种变化明显。更新幼苗的高生长在较大林隙中比原生树种快得多,且有较宽的径级分布范围。但林分组成结构在更新的后期逐渐发展成为缺少先锋树种的异质更新镶嵌结构。

第二,更新树种的共存。通常认为不同树种能在同一区域共存,是由于这些树种的一些生态位有差异，且能协同进化形成更新特征的集聚性。但是对北美东部 4 个典型的不同耐荫性的硬阔叶树种加拿大黄桦（*Betula alleghaniensis*）、红糖槭（*Acer rubrum*）、糖槭（*A. saccharum*）、美洲山毛榉（*Fagus grandifolia*）的研究却发现，不耐阴树种的更新幼苗呈粗粒级的、不均质分散状的空间格局，而耐荫树种的更新幼苗呈随机分散的格局。他们的生态位不同，却能在同一区域更新共存，但空间分布格局却不相同。这表明共存的机制并非由更新特征的集聚性决定，而主要是由于生物和非生物的环境资源的空间异质性决定。空间异质性使这些树种的更新表现更具有灵活性，各自占据适生的空间而协同存在于同一区域。

第三，更新树种分异。空间异质性及其更新树种的反应可导致在空间上形成不同组成的更新格局，这种格局制约着更新的方向，对未来的森林群落组成产生深远的影响。在北美针阔混交林中，北美香柏（*Thujacocc identialis*）的更新幼苗几乎只发生于同种的树冠下，而香脂冷杉（*Abies balsamea*）有更宽的更新幅度，在其同种树冠下和北美山杨的树冠下均有更新幼苗分布。在北方针叶林和硬阔叶林的过渡地带，糖槭的更新幼苗分布在枯落物很厚的和有大量硬阔叶枯落物积累的生境中，显示出较宽的生态幅度。而香脂冷杉、加拿大黄桦和白云杉（*Picea glauca*）的更新幼苗只发生在硬阔叶枯落物很薄、光照较好、且伴大量藓类分布的微生境，即北方森林群落所特有的空间环境条件。择伐和樵采等人为干扰引起的森林空间异质性，常常减少冠层树种天然更新的机会，结果会导致与原先天然更新方向不同的、异质性的更新格局。

第四，更新树种的时空异质性。不同更新树种不仅具有各自的空间格局，而且这种空间格局还随时间尺度变化。在北方森林中，更新幼苗的存活率和高生长随林地中地面被物、霜穴、采伐剩余物、残桩、海拔等因素的变化而具有空间异质性和格局，这种空间格局随更新的生态学过程而变化。在幼苗发生初期，欧洲赤松（*Pinus sylvestris*）比挪威云杉（*Picea abies*）更具有立地敏感性，表现为存活率较低且空间变化大。相反，到幼苗的高生长阶段，挪威云杉比欧洲赤松对立地更敏感，显示出较明显的高生长的空间异质性。

（2）小尺度的空间异质性与更新格局

小尺度物理环境的异质性促进了生物学环境的异质性，从而对局部环境中更新个体的表现和命运产生极不相同的影响。甚至几平方厘米范围内的很小尺度的空间变化，都可能引起植物种的多度、丰富度、生物量、根系分布等的异质性，成为植物种能否萌发和生长的决定因素，影响到群落组成和结构。在芬兰东部欧洲赤松占优势的森林中的研究发现，较小尺度（<2m）的空间范围内，优势树种胁迫更小的邻体树，产生不对称竞争，使树体在较小空间发生明显的变化，构成了小尺度的异质性。对紫杉（*Taxus baccata*）的更新研究也发现，更新幼苗的格局可由小尺度的空间异质性得到更好的解释。倒木坑和倒木丘、朽木基质等是更新幼苗最容易发生的小尺度生境。在针叶树占优势的林分中，60%以上松树更新幼苗、90%的阔叶树的更新苗可集聚分布在这些微生境中。对热带雨林的更新研究表明，树倒后可形成 3 个明显的微生境区段：根区段、杆区段和冠区段，更新幼苗占据这 3 个微生境的时间有差别。在冠区段粗枝、细枝和叶等在一个时期内不等速地持续地腐烂分解，导致了基质的不稳定性，不能为更新幼苗的发生和生存提供稳定的条件，延迟更新过程。而根区段由于基质环境相对稳定，更新

树种容易占据,更新速度较快。结果由于空间异质的基质微生境、不同树种甚至不同个体竞争和适应能力的差异,更新的同生群(*cohort*)也表现出小尺度的空间异质性更新特征。更新幼苗的形成依赖于许多微生境因子。尤其在种子萌发转化为幼苗的过程中,幼苗尚未形成较大的根系统,其呼吸和养分吸收等资源利用局限在一定的微区域内。因此,小尺度的空间异质性对更新幼苗的空间格局具有更显著的作用。据对水曲柳(*Fraxinus mandshurica*)天然更新异质性的研究,一年生更新幼苗具有明显的小尺度的空间异质性。研究林分中,空间异质性的自相关尺度为1.95~2.92m。在该尺度范围内,空间自相关变异占70%以上。

(3)有效光照的空间异质性与更新格局

林分中有效光照既是林分动态的原因,也是林分动态的结果,是许多树种能否生长和生存的关键因子。林分的树种组成、冠层结构、垂直变化和水平变化、营养叶的分布等的差异,可以引起林分中光有效性的空间异质性,即光斑的存在,如在总日照相同的情况下,林下植被密生处,林分内的PFD(photosynthetic photon flux density)的峰值为8~16 μmol/(m^2·s),小林隙中为16~32 μmol/(m·s)。光资源的空间异质性使更新幼苗的多度、更新种的丰富度等表现出空间差异。林分中有效光照的空间分布,一般与更新格局有关联性,而且因不同的林分而各异。在老龄林分中,有效光照趋向于粗粒级斑块结构,且以暗的光斑块类型和亮的光斑块类型分布频数较高,而有效光照中的光照斑块分布频数较低,使老龄林内形成了许多或者高光照的微生境或者低光照的微生境斑块。因老龄林有效光照的空间自相关尺度较大,斑块体积为次生林分的2倍以上,使更新格局也随之而有较大尺度的空间异质性。在次生林分中,林冠层受干扰程度小,加之林冠层树种的丰富度较低,结构没有老龄林复杂,所以林分中以中等的有效光照斑块为主,表现为光斑块数量多而分布均匀的细粒级斑块结构。其散射光照水平较高,光照与更新幼苗均为小尺度的空间自相关。而在择伐林中,光照有效性空间自相关尺度和更新幼苗的空间自相关尺度均介于上述二者之间。在多数情况下,更新幼树的空间格局与光照的空间异质性尺度表现较强的关联性。但有时有效光照的空间异质性尺度和更新幼苗多度的空间格局尺度并不相符,这是因为更新幼苗的格局不仅受光照影响,而且还受诸如繁殖体的扩散、植物间的竞争、枯落物厚度和土壤异质性等众多生态因素及其相互作用影响。此外还受不同干扰史影响,现存的更新幼苗幼树的多度和丰富度的空间格局,也可能反应的是林分内过去的光照有效性的空间格局。

(4)林地枯落物的空间异质性与更新格局

森林中枯落物输入量、分解率、现存量和类型等不仅随年份和季节而变化,而且还随空间尺度变化。枯落物影响林地有机C、总N、总P和N的有效性等土壤的理化性质,对土壤的斑块性产生重要影响,其中包括更新的动态过程。Knutson报道了在落叶林中18年的跟踪研究结果,得出林分中枯落物的输入量变化为504~785g/(m^2·a),分解率为337~964g/(m^2·a)。在新西兰北部的温带混交林中,不同树种的枯落物的年平均分解常数有显著差异,如针叶树为0.33,阔叶树为0.77。在干旱的热带森林中,枯落物具有明显的斑块镶嵌特性,同一林分中现存量的空间分布有较大差别(289~1515g/m^2),分解率的空间变化也很明显。在坡中部的斑块中,95%的枯落物分解需 441 天,而坡上部需 651 天。枯落物的时空异质性影响土壤种子库的空间格局。枯落物覆盖种子后,使动物对种子的觅食更加困难,提高了种子在林地的保存率,种子存活率明显地高于裸露微生境,且与枯落物厚度呈正相关。但不同树种的更新对枯落物的异质性反应有差异,有些树种更新幼苗的存活受枯落物厚度影响较小,而另一些树种的更新苗或易发生在枯落物薄的微生境,或喜分布于枯落物厚的微生境。枯落物的空间变化,使更新也随之而呈现多样性的空间格局。在枯落物空间异质性与更新格局的关系研究中,异质性的尺度变化值得注意。枯落物通常在较大的空间尺度上才显示异质性,而土壤属性在小尺度上具有明显的异质性。这些不同尺度的异质性是怎样影响更新过程的,需进一步探讨。

(5)土壤异质性和更新异质性的空间相关性

土壤具有时空异质性,而且土壤属性在不同尺度上均有变化。土壤营养和水分的异质性是影响植物群落空间格局的重要因素。在森林的更新过程中,土壤结构、土壤生物的营养级、土壤有机质、土壤养分的有效性、土壤 pH、根系与异质的土壤环境的相互作用及其对水分和养分吸收的异质性等,均影响种子的休眠、萌发与更新幼苗的发生格局。有研究认为土壤和群落异质性有显著的相关性,但也有研究认为二者没有显著的相关性,主要原因可能是研究尺度的不同。在瑞典中部的云杉和桦树的混交林中,土壤微生物的生物量格局明显,且与地上植被有关联性。芬兰的欧洲赤松林中,土壤矿质养分的空间格局与更新幼苗的高生长只有弱的相关性。在森林群落的发展中,生态系统过程的类型和强度不断变化,这些变化可能增加或减少植被和土壤之间的相互作用力。在一个群落的一定历史阶段,植被和土壤结构相关程度可能较高,而在另一个时期却表现的较弱。因此,探讨森林更新与土壤属性相关性时,不仅要考虑二者的空间格局的相互联系,而且还要考虑空间异质性的时间动态。

(6)森林更新中空间异质性模拟及相关的研究应用

有效的具有生态学意义的参数建立模型,可模拟分析森林更新的异质性并预测异质性的动态。如模拟分析异质性生境对更新的影响、更新中多种共存格局的机制、异质性更新镶嵌斑块中树种的组成、母树的数量及其分布、种子飞散的几何特性与更新幼苗的异质性格局的关系等。非洲半干旱稀树草原,树草能够长期共存而不是演替为森林或草原群落,是何种机制支配这种特有的格局呢? Jeltsch 等利用降水量、湿度有效性、植被动态(灌木、多年生草、一年生禾草与动物活动)、草原火、种子集聚性、放牧等因子进行模拟研究,发现在干旱区波动的降水量、土壤水分的竞争等单个因子虽然重要,但并不能说明共存格局的机制,而降雨、火和放牧等因子的组合却可引起并维持树草共存格局。进一步把各影响因子分为不同的等级并进行组合,在 50 hm^2的空间区域,构造了 20000 个 5m×5m 的格网样方,建立具有详细空间结构的格子模拟模型(grid based simulationmodel)。模拟分析表明,大尺度的异质性斑块和高度的时空自相关促使树木集聚分布,而空间自相关的小尺度异质性是导致长期而稳定的树草共存格局的主要原因。利用简单的植物生长和竞争模型,以欧洲赤松为例,研究 4 种类型的异质性(异质性在空间的排列、初始异质性大小、环境的空间和时间异质性)对一个植物种群发展的影响时表明,如果没有异质性,种群会变得非常不稳定,甚至其嗜好的环境条件发生微弱的逆变化,都可能造成种群的崩溃。这是在非异质性条件下,种群没有任何分化,竞争非常激烈所致。当不同类型的异质性的存在,可为种群内个体的社会化分化提供一个基础。分化可引发自然稀疏,以降低种群内激烈的竞争,使种群变得较小但更能忍耐逆环境。但是过度的异质性也是相当不利的,因为异质性过强可消灭种群。

1.2.2 展望

格局与过程始终是生态学研究的核心问题。森林更新是一个重要的生态学过程,它受生物的和非生物的物理环境以及各种自然的和人为的干扰因素影响。这些影响因素及其相互组合具有很强的空间格局,使森林更新表现出不同尺度的格局特性,对更新的动态过程产生作用。因此研究森林更新及其空间异质性具有非常重要的理论意义。林分中土壤属性具有很强的时空异质性。枯落物的种类组成、输入量、分解率和现存量也随时间和空间尺度而变化,对更新的空间格局有重要影响。光照对于绝大多数森林树种而言,是决定更新个体能否生存和生长的关键因子。由于林冠层结构具有斑块特征,林分内有效光照的空间格局极为明显,空间自相关程度高,且与更新幼苗的空间格局有密切的关联性。啮齿类动物对种子的取食、搬运和埋藏等可对土壤种子库的空间格局产生作用,进而影响更新的空间格局。微生物活动对于种子的休眠和活力影响很大,但微生物的空间格局性与土壤种子库的空间格局性是否具有密切的关联,尚需进一步研究。

从上述的研究文献看,各种干扰及树种对干扰的反应构成了森林更新中异质性的空间格局,体现在群落、林分、林木个体所占据的空间范围等各个尺度上,使更新种的多度、丰富度、生长、存活、生物量等均表现出空间异质性。不同尺度的空间异质性是更新的同生群能否协同存在的决定性因素。其中小尺度的异质性格局在更新中体现的十分明显,更新的幼苗最容易集聚分布在某些特定的微生境中,因而小尺度的空间异质性对于更新个体的发生和生存有重要的作用。在森林更新动态中,种子的生产、扩散、土壤种子库中种子的萌发动态、幼苗的存活和生长等每个环节都可能成为更新的限制因子,这些不同环节的空间格局均对更新过程有重要的作用。因此,各个空间格局之间的空间和时间的关联性值得深入研究。目前对于森林更新及其空间异质性的研究及具体的研究方法都是探索性的。结合实验生态学的方法,借助有效的数学分析手段,对研究的各个因子进行定量分析,并在此基础上进行空间和时间比较,可从更深的层次了解空间异质性及其与森林更新的格局和生态学过程的内在联系,发现存在于生态学过程中有价值的规律性。

2 偏干性常绿阔叶林主要建群种种群种子库研究

土壤种子库(Soil Seed Bank)是指存在于土壤上层凋落物和土壤中全部存活种子的储藏库,是植物的潜在种群,幼苗是植物种群更新和恢复的主要载体,而种子雨则是土壤种子库的源。因此,研究植物种群更新的一个主要方面是从有性繁殖入手,针对种子雨(Seed Rain)组成、地表种子库动态和幼苗状况,综合讨论植物种群有性繁殖能力和更新策略(苏文华,张光飞,2002;吴大荣,1997;刘济明,1998;孙书存,陈灵芝,2000;肖智术等,2001)。关于土壤种子库研究国外已有近20年的历史,土壤种子库的调查研究已经成为植物生态学研究中不可缺少的一部分,也是植物种群生态学研究中比较活跃的领域之一(于顺利,蒋高明,2003)。以往的研究都以群落为土壤种子库的研究对象,主要描述其物种组成,进而探讨其对植被恢复的意义。植物种群的土壤种子库为植物更新生活史的潜种群阶段,其研究结果对种群天然更新能力的评价和更新对策的制定有重要参考价值,但对种群土壤种子库的研究到目前为止还比较少(肖治术等,2001)。

幼苗是植物更新的必经之路,也是植物种群恢复的关键环节之一。根据幼苗的产生方式,可把幼苗划分为两种类型:实生苗和萌生苗,前者由土壤种子库中的种子萌发而来,后者则由树蔸或根系萌生而成。两类幼苗在许多群落环境下都存在，共同构成植物种群更新的幼苗库(seedling bank)。雨季萌发的幼苗空间分布格局及其比例在一定程度上反映了种群的繁殖更新能力和种子散布特性，对自然种群恢复能力及其恢复方式的认识有重要意义。但迄今为止，仅有少量涉及亚热带常绿阔叶林优势树种幼苗状况的研究报告出现(谢佳彦，邓志平，2003)。

川西南山地是我国偏干性常绿阔叶林的主要分布地区，分布有壳斗科植物5个属，它们是栗属(*Castanea*)、青冈属(*Cyclobalanopsis*)、石栎属(*Lithocarpus*)、栎属(*Quercus*)和栲属(*Castanopsis*)，共35个种。其中以高山栲(*Castanopsis delavayi*)、滇青冈(*Cycobalanopsis glaucoides*)和多变石栎(*Lithocarpus variolosus*)为优势建群种，在林内广泛分布。黄毛青冈(*C. delavavi*)、滇石栎(*L. dealbatus*)和栓皮栎(*Q. variabilis*)有少量分布，其余种类多是零星分布(二滩水电站库区库岸防护林带森林资源综合调查研究报告，1998)。壳斗科植物是温带和亚热带最重要的森林树种之一(刘茂松，洪必恭，1998)。国际上关于壳斗科植物更新的研究已经很多，涉及种子生产、动物对种子的捕食、扩散和贮藏、种子萌发和幼苗建成(李宏俊，张知彬，2000，2001；肖智术等，2001)。许多壳斗科植物表现出极低的自然更新率，生态学家对影响壳斗科植物更新的因子非常关注。壳斗科植物种子含有较多的淀粉和较大的个体，是哺乳动物的食物来源之一，成为研究动植物相互影响关系的理想模式(于晓东等，2002)。我国关于壳斗科植物的研究仅限于群落和地理分布方面(陈灵芝等，1997；刘茂松，洪必恭，1998)，而对种子更新的研究较少(肖智术等，2001)。最近报道了壳斗科植物辽东栎(孙书存，陈灵芝，2000)、栓皮栎、栲树(肖智术等，2001)种子雨模式，以及土壤种子库特性及其影响因素。但关于川西南山地偏干性常绿阔叶林优势树种种子雨模式、土壤地表种子库动态和幼苗状况的综合研究，到目前为止还未见报道。

高山栲(*Cyclobalanopsis glaucoides*)、锥连栎(*Quercus franchetii*)、滇青冈(*Q. acutissima*)和多变石栎(*Lithcarpus variolosus*)是亚热带偏干性阔叶林乔木组成中的主要树种(四川植被协作组，1980)。高山栲和多变石栎是偏干性常绿阔叶林中主要的两个群系的代表树种，锥连栎是干热河谷区两个主要的建群种之一(另一个为铁橡栎)，滇青冈也是中、低山落叶阔叶林的重要组成树种。以该地区偏干性常绿阔叶林建群种高山栲、锥连栎、滇青冈和多变石栎等4个种群为对象，调查种群的种子散布模式、地表种子库动态和幼苗状况，并以此为据探讨种子散布后的可能命运及其植物种群的繁殖对策和天然更新能力，研究讨论影响土壤种子库的关键因素和种群恢复能力。主要关注的问题是：①高山栲种群的种子雨过程，种子雨组成时间；②在种子雨的过程中，地表种子库组成和储量变化；③高山栲种子散布后损失的主要压力；④天然高山栲种群更新对策。

因此，本研究旨在讨论该地区天然偏干性阔叶林种群更新对策和残余种群的保育措施。为该地区偏干性常绿阔叶林恢复能力的认识和更新对策的制定提供科学依据。

2.1 锥连栎林土壤种子库和幼苗格局

2.1.1 研究地点概况

在二滩库区锥连栎是偏干性常绿阔叶林组成中主要的树种之一，在干热河谷及其上沿地区广泛分布，并组成地带性的群落。锥连栎群落树种组成有少量毛枝青冈(*Cyclobalanopsis helferiana*)、铁橡栎(*Quercus cocciferoides*)、滇青冈(*C. galaucoides*)等，间或有云南松和云南油杉混生林中。林下灌草稀少，灌木有毛叶南烛(*Lyonia villosa*)、西南杭子梢(*Compylotvopsis delavayi*)和余甘子(*Phyllanthus emblica*)等，草本以黄茅(*Heteropogon contortus*)、芸香草(*Cym-*

bopogon distans)、黄背草(*Themeda triandra* var. *japonica*)、细柄草(*Capillipedium parviflorum*)等为主。气候特点为干湿交替,年均温高,辐射强,光资源丰富,几乎全年为生长期,干和热同季,干热和湿热连续出现。11~5月为旱季,冬春雨少,多晴天,湿度小,日照强烈,蒸发量大,昼夜温差大,但天气比较燥热。6~10月为雨季,大气湿度大,水流充沛,夏温不太高,降水量集中,多雷阵雨。

2.1.2 样地生境和环境特征

选样地8个,其中涉及原始群落和干扰迹地。样地的生境特征和群落环境如表5-106。

表5-106 锥连栎土壤种子库各调查样地基本概况表

	海拔(m)	经度	纬度	坡向	坡度(°)	坡位	样地简况
二滩观景台	1520	101.46.211	26.49.062	北	35	中上	火烧迹地,2003年4月发火,土质松散,林下植被极少,无枯落物和腐殖质
二滩监测站	1418	101.46.408	26.49.066	东南	28	中	火烧迹地,无枯枝落叶物和腐殖质,林下植被较好,主要为禾草和紫茎泽兰
二滩缆车道	1417	101.46.814	26.48.927	西	35	中	植被较好的原始林,枯落物较少,腐殖质层很薄
二滩蒿草湾	1422	101.46.498	26.49.020	东	35	中	植被状况较好的原始林,枯落物较多,腐殖质层极薄
二滩大弯子	1531	101.46.210	26.49.065	南	30	中上	中度干扰的锥连栎林,林隙较大,并有流水冲刷的痕迹,枯落物较少
安宁河对面	1444	101.50.328	26.43.637	东	35	上	植被较好的山脊,林下为放牧的通道,林隙较大,林下植被极少,枯落物少,腐殖质层极薄,土质坚硬
月亮湾中坡	1399	101.50.330	26.44.101	东	40	上	植被状况极好,林下主要是紫茎泽兰,部分地区有流水冲刷的痕迹,枯落物和腐殖质均较少
月亮湾上坡	1464	101.50.265	26.43.887	东	35	上	锥连栎和云南松混交林,林下植被状况中等,枯落物和腐殖质较少

2.1.3 研究方法

2003年7月28日~8月9日,采用样线法调查了干热河谷锥连栎林的8个不同群落环境的样地,样地具体位置参见表5-106。具体的调查方法是:在每一锥连栎林内随机取样(多数样地为20个样方,少数几个样地不足20个),每个样方的大小为0.5m×0.5m,取其中枯枝落叶层、土层(0~5cm)和土层(5~10cm)里面的种子,并分为6类:壳斗、完好、虫蛀、败育、霉烂、和萌发。在统计土壤种子库里种子类型的同时,记录出现在样方中的一年生幼苗的数目,并作样地生境和生长状况调查。具体种子类型的划分方法如下,完好种子:种子和壳斗完全分离,子叶完好,新鲜,具有萌发能力;虫蛀种子:种子和壳斗完全分离,但虫蛀种子在种皮上存在虫蛀孔;霉烂种子:种子和壳斗完全发生分离,但种皮明显存在菌感染;败育种子:种子和壳斗没有发生分离,种子明显小于完好种子;壳斗:完全和种子发生分离的壳斗数目;萌发种子:土层或表层完好种子在合适的条件下萌发,产生一年生幼苗,或者仅仅产生萌动数目。

幼苗状况的调查主要在离树干5m以内的地点进行,并区分实生苗和萌生苗。实生苗是种子产生的幼苗,挖开后带有种皮和子叶,或者根系独立,和母树的根系没有任何联系;萌生苗是借助于树的断桩(树兜)或者根系产生的幼苗。本项研究把样地划分为离树干不同距离(0~2m,2~3.5m 和 3.5~5m)的三个区域,统计不同的扇形范围内两类幼苗的数目。

前人研究表明种子本身的生物学特性不同,其散布方式也各异,壳斗类植物的种子较大,主要以重力为散布动力,虽然在和树干或地面发生碰撞时会偏离重力方向,但主要的种子分布在林冠下。本次土壤种子库和幼苗的野外调查主要在离树干 5m 以内的地点进行。

2.1.4　统计分析

表格中所有涉及数据均用 SPSS for Windows 11.5 计算平均值,标准偏差和方差分析。本项研究假定种子壳代表着一些类型种子命运的总和,这些种子主要包括:完好种子,虫蛀种子,霉烂种子,萌发和遭受捕食动物的取食和转移,因为每一类种子的命运都对应着相应数目的壳斗。种子壳数=完好种子数+虫蛀种子数+霉烂种子数+萌发数+遭受捕食动物的取食和转移种子数目,通过这个等式计算出虫蛀率、存留率、发霉率、萌发率、及动物取食和转移率(用每一类种子除以种子壳总数,动物捕食和转移率=1-各类比例总数之和得到)。

2.1.5　研究结果

植物种子形成以后,以种子雨的形式完成散布,并遭受各种不同的命运,从而形成不同类型的种子,其中一部分种子进入土壤形成土壤种子库。本项研究结合前人的研究方法,把土壤种子库的组成划分为壳斗、完好、虫蛀、败育、霉烂和萌发 6 类。锥连栎土壤种子库的霉烂种子数目为 0,这一结果在所有的调查样地中都是一致的。虫蛀种子的数目较少,为 2.08±1.93 个/m^2,仅分布在深度 5cm 以上的土层和表层。但败育种子和壳斗的数目较大,每平方米分别可达 42.96±7.06 个/m^2 和 47.28±8.13 个/m^2,并且在土层 10cm 深度以上均有分布。和壳斗和败育种子数目相比,存留的种子完好种子极少,密度仅为 0.28±0.27 个/m^2。完好种子的分布也和其他种子不同,仅停留在表层,土壤内部全无分布。雨季已萌发的种子密度为 0.82±0.42 个/m^2,且分布在表层和 5cm 以上的土层(表 5-107)。锥连栎土壤种子库的垂直分布也较为明显,尽管存在一些略微的差异。因霉烂种子在各层的分布均为零,不能探讨其垂直分布。土壤种子库其他 5 类组成中均存在较为一致的分布规律:随着深度的增加而逐渐减少,其中败育种子和壳斗的垂直分布极为典型,如败育种子在表层,0~5cm 土层和 5~10cm 土层的密度分别为 28.96±8.66 个/m^2,13.68±6.97 个/m^2 和 0.28±0.85 个/m^2。完好种子、虫蛀种子和萌发种子表现为类似的分布:仅分布在上层,5~10cm 土层绝无分布。图 5-70 表明了锥连栎雨季土壤种子库各组成在不同层次的平均密度,表层,0~5cm 土层和 5~10cm 土层的密度分别为 10.89±16.28 个/m^2,4.61±6.59 个/m^2 和 0.05±0.11 个/m^2。

表 5-107　优势树种锥连栎土壤种子库各组成

	表层(枯落物层)	土层(0~5cm)	土层(5~10cm)	总和
壳斗	34.6±10.66	12.48±6.84	0.04±0.51	47.28±8.13
完好	0.28±0.46	0	0	0.28±0.27
霉烂	0	0	0	0
虫蛀	0.92±0.80	1.16±3.25	0	2.08±1.93
败育	28.96±8.66	13.68±6.97	0.28±0.85	42.96±7.06
萌发	0.6±0.6	0.32±0.8	0	0.82±0.42

注:取所调查 8 个样地的平均值,共 144 个小样方,数据表示格式为:平均值±标准差。

可以把成熟锥连栎种子类型作如下划分：一类壳斗和果实连接在一起，如败育种子；另一类果实和壳斗发生了分离，如壳斗、完好种子、虫蛀种子、霉烂种子和萌发种子。其中第二类中后四类种子均对应一个壳斗，或者说壳斗的数目在一定程度上应该是完好种子，霉烂种子，萌发种子和虫蛀种子的总和。据此测算出了锥连栎雨季土壤种子库各组成的散布后命运，结果如表 5-108 所示。存留种子和萌发种子分别仅占树木种子产量的 0.59%和 1.95%，虫蛀的比例也仅为 4.4%。因霉烂种子的总数为 0，故种子散布后霉烂率为 0。其余的种子归结为动物取食和转移造成丢失，这部分比例极高，可达到 93.32%。在二滩库区，动物取食和转移主要包括以下三种情况：①动物的就地取食；②动物对果实的贮藏；③自然因素如地形、流水造成的果实迁移。种子散布后的主要命运是动物的取食和转移，而雨季土壤种子库中本身存留的种子和萌发的种子比例极小，综合起来也仅占到 2.54%。

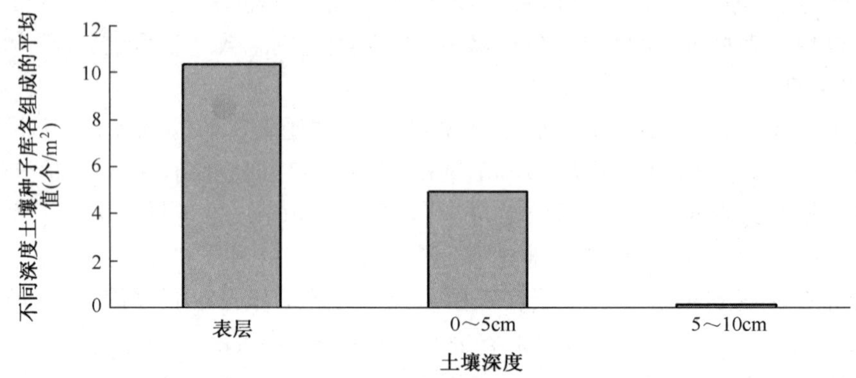

图 5-70　不同深度土壤种子库各组成的数量分布

表 5-108　二滩库区优势树种锥连栎雨季不同样地种子命运

虫蛀率(%)	存留率(%)	发霉率(%)	萌发率(%)	动物取食和转移率(%)
4.4	0.59	0	1.95	93.32

二滩库区锥连栎幼苗包含两种类型：萌生苗和实生苗，每一样地均为二者共同组成的幼苗库。实生幼苗的平均密度为 0.82±0.42 株/m^2，萌生幼苗的密度为 0.22±0.10 株/m^2。锥连栎实生幼苗和萌生幼苗与树干距离不同，分布的密度也不相同。

实生苗在距树干 0~2m 范围内的密度为 0.88 株/m^2，在 2~3.5m 为 0.92 株/m^2，二者无明显差别($p=0.853$)。而在 3.5~5m 的范围内实生苗密度为 0.55 棵/m^2，明显少于 0~3.5m 的两个区域内幼苗的数量($p=0.045$ 和 $p=0.031$)。萌生苗的分布和实生苗相反，在 0~2m 范围内的幼苗数量明显高于其他两个区域($p=0.035$ 和 $p=0.037$)，密度为 0.34 株/m^2。萌生苗在 2~3.5m 和 3.5~5m 范围内的幼苗密度均为 0.16 株/m^2，二者没有任何差别($p=0.986$)。萌生苗的平均密度为 0.22 株/m^2，明显低于实生苗的 0.82 株/m^2。萌生苗和实生苗在树冠下的分布模式如图 5-71 所示，实生苗在 0~3.5m 的区域内较多，而在此区域外较少；萌生苗则在 0~2m分布稍多，以外则很少。实生苗和萌生苗的比值为 3.7，实生苗明显多于萌生苗。本项研究在调查幼苗类型和密度时还统计了上坡和下坡的差异，实生苗下坡明显多于上坡(36 株 vs 20.4 株；$t=-2.346$，$df=6$，$p=0.057$)，而萌生苗上坡明显多于下坡(9.4 株 vs 5.9 株；$t=5.499$，$df=6$，$p=0.002$)。实生苗和萌生苗上下坡这种分布模式差异如图 5-72 所示。

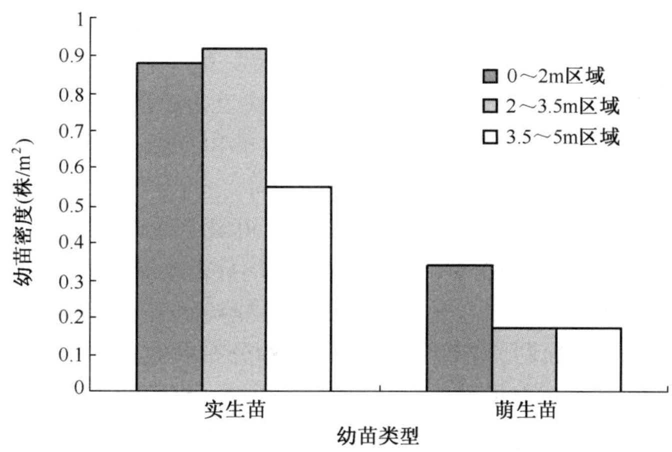

图 5-71 锥连栎林冠下距树干不同距离区域内幼苗的类型和密度

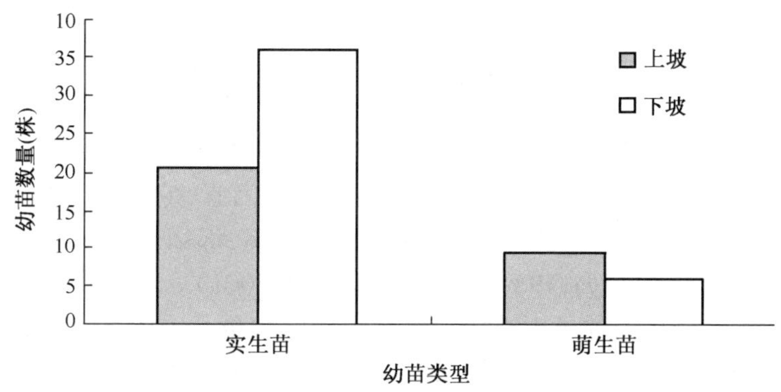

图 5-72 二滩库区优势树种锥连栎林冠下树木上坡和下坡区域内幼苗的类型和密度

2.1.6 讨论

锥连栎为二滩库区重要的常绿阔叶硬木树种之一,开花时间为 3~4 月,在经历了传粉,受精和种子发育以后,在当年的 9~11 月里散布种子。种子落地后遭受各种命运,仅有少量的种子由于外力的作用而进入土壤种子库。到第二年雨季,存在合适的萌发条件后就会萌发,雨季的调查结果能很好地反映土壤种子库的组成及其对幼苗库的贡献。二滩库区锥连栎土壤种子库的组成中不存在霉烂种子,这一特点有别于前人的研究结果(肖治术等,2001;马万里等,2001;刘济明,1998;苏文华,张光飞,2002)。霉烂种子指种子和壳斗完全分离,但种子未发生虫蛀,种皮上存在霉菌感染的痕迹。在调查时虽然有些埋在土壤中的带壳斗的种子发霉了,但应该划归到败育种子这一类,而不能重复计数。种子霉烂可能和空气、土壤湿度有关,干热是该地区典型的气候特征(费世民等,2003),二滩库区土壤种子库的这一特点可能和该地区的气候条件有关。土壤种子库组成中,虫蛀种子的密度较低,在树木种子产量中所占的比例也仅为 4.4%,是种子丢失的次要通道(表 5-108)。败育种子数目较高,密度极大,每平方米可占到 42 个以上(表 5-107)。二滩库区锥连栎土壤种子库败育种子数目较多,可能主要和以下几个因素有关。首先是象鼻虫(*Curculia* sp.)在种皮内孵化,导致种子胚在发育早期受损,种子发育停止(苏文华,张光飞,2002);其次,胚因资源短缺而发育受到障碍,在未到种子成熟状态就提前脱落;再次,败育种子可食性低,动物所导致的种子损失低;最后的可能原因是种子以种子雨的形式散布后败育种子具有积累效应(费世民,未发表数据)。

土壤种子库的组成中,完好种子和萌发种子分别代表植物潜在和现实的更新能力,但这一组成在种子产量中比例极低,仅占 2.54%。而萌发种子和存留完好种子的比值为 2.93,这表明存留到雨季的种子绝大部分(75%)都已萌发,雨季不能萌发的种子仅为 25%。二滩库区锥连栎土壤种子库的各组成主要分布在表层(或枯枝落叶物层)和 0~5cm 土层,占所有组成成分的 99.5%;5~10cm 的土层仅占 0.5%。在垂直分布中,表层又是主要的分布区域,占总数的 69%。土壤种子库各组成主要分布在土壤表面的枯枝落叶物层和浅层土壤中(肖智术,张知彬,2001;肖智术等,2000;于顺利,将高明,2003),这种分布模式和种子及其组成成分的垂直运动特点有关。锥连栎雨季土壤种子库的组成中,完好种子仅分布在表层,而当年萌发种子仅分布在表层和浅土层。这表明凡进入土壤中的种子均在雨季萌发,而表层的种子仍有 35%左右的种子没有萌发,在雨季还以种子的状态在地表存在。二滩库区干湿季分明,头年的 9~11 月种子完成散布,11~5 月是旱季,土壤含水量低,不具有种子萌发的水分条件。因此种子在旱季不会萌发,从而增加了幼苗的保存率(苏文华,张光飞,2002)。从这个角度来讲,雨季萌发幼苗的数量和保存完好种子数量之和可能为上年种子雨结束后实际保存的完好种子数量,而这部分种子在雨季到来之时绝大部分均已萌发。雨季中没有萌发的种子也会因为湿度、光照和温度等因素的影响而失活,来年基本无萌发能力(刘济明,1998)。本项研究测算的锥连栎土壤种子散布后的主要捕食压力来自于动物和一些自然因素,它们对种子的损失强度达到 93.32%。前人研究结果表明,扩散后的种子被捕食率较高,那么自然选择有利于种子迅速萌发而且不形成持续种子库(Louda,1989;李宏俊,张知彬,2001)。本项研究在研究锥连栎的种子雨时发现,2003 年锥连栎的种子雨组成中完好种子的数量几乎为零,这表明 2003 年时值锥连栎种子生产的小年;而从完好种子和萌发种子的数量来看,2002 年可能是锥连栎种子生产的大年。依赖大年提供种子以保障植物更新也是栲树的繁殖对策(刘济明,1998)。关于锥连栎土壤种子库是否是暂时性土壤种子库,还需要进一步从种子休眠机制和寿命的角度来作进一步证实。

根据其来源把锥连栎的幼苗划分为两类:萌生苗和实生苗,二滩库区锥连栎的这两类幼苗在树冠下的分布模式存在差异。首先,实生苗在树冠较近的区域密度较大,而萌生苗只在离树干 2m 远的区域内才有较大的分布。萌生苗的多寡可能和树干的根系分布特点有关,树干近处根系密度大于稍远处,所以萌生苗更多分布在树干较近处。实生苗数量随与树干距离变化而变化,但总体上说是内多外少,在 5m 外仅有极少量的萌发种子存在。下落动力以重力为主的种子主要集中在母树周围分布,而幼苗的分布高峰则出现在 5~7m 处(刘勇等,2002)。幼苗的存活和建成受动物转移、种子雨和其他生物和非生物因素的综合影响(刘勇等,2002;李宏俊,张知彬,2001),植物种群结构和幼苗分布更多的受林下水热条件的影响,并呈现一致的分布模式,如林缘或林隙多于林下(刘勇等,2002)。而二滩库区的锥连栎萌发种子却在林冠内部较多,外部极少,这可能和二滩库区的锥连栎林为疏林有关。疏林林冠下的光照和空气湿度的空间格局并不典型,而且种子本身也受紫外、强光照、干旱等水热条件本身的消极影响(李宏俊,张知彬,2001)。相比之下,林冠下水热条件还是比林缘的弱,因此在一定程度上提高了种子的存活率。本项研究推测锥连栎雨季萌发种子的分布模式在一定程度上代表了完好种子在林冠下的分布模式,并且影响种子萌发的条件和幼苗存活和生长的因素可能存在差异。

二滩库区锥连栎萌生苗在上坡较多,而实生苗则较少;相反实生苗在上坡较多,萌生苗在下坡较少。虽然说从林上散落的种子直接作用于母树的下方,而完好种子掉落到地面后会因重力的作用沿坡面滚动一定距离,在一些有障碍物的地方堆积;在母树下坡的种子密度最大(刘勇等,2002),因此,锥连栎下坡的萌发种子较多。上坡的根系分布较多,这在一定程度上解释了为什么锥连栎上坡的萌生苗多于下坡的现象。

植物种群的更新依赖于幼苗,幼苗是更新的决定性环节之一。种子进入土壤种子库后,经历长达7个月的旱季,保存完好的种子在雨季来临后通过萌发转化为实生幼苗更新补充到现有种群中去。二滩库区锥连栎依赖上年种子萌发产生的幼苗为0.82株/m^2,从幼苗萌发这个环节来看,种子完全可以萌发产生幼苗。攀枝花地区较强的日照和较高的蒸发量导致幼苗受到日灼和高温的伤害,这种伤害影响了种子萌发幼苗的存活;冬季干旱又是萌发幼苗能否进入来年雨季一个瓶颈,多数幼苗在冬季受干旱的影响而枯死;人为活动、动物取食等因素也会导致幼苗受损。因此,本项研究认为二滩库区锥连栎种群中能保存完好的实生幼苗数量极为有限,这和本项研究旱季末在野外调查时所观察到的结果一致。在一些群落中,种子库天然萌发产生的幼苗的种类和数目均极为丰富,如栲树和多脉青冈群落(刘济明等,2000),这些幼苗有效地补充了更新植物种群。滇青冈种群只有极个别种子萌发,林下没有幼苗库(苏文华,张光飞,2002),辽东栎林下幼苗数量也较少(孙书存,陈灵芝,2000),它们的更新更多依赖于萌生幼苗。二滩库区锥连栎种群中萌生幼苗的密度为0.22株/m^2,它们可能是锥连栎植物种群更新的主要力量。萌生苗由于直接和母树的根系相连,营养和水分供应充足,和实生幼苗相比,幼苗健壮且生长速度较快,和其他壳斗科植物一样(肖智术等,2001;吴明作等,2001;苏文华,张光飞,2002;孙书存,陈灵芝,2000),锥连栎种群的林下更新可能主要依靠萌生幼苗,实生苗对植物种群的更新可能更为主要的发生在林隙和林缘等远离母树的区域。

2.2 高山栲种群种子雨和地表种子库动态

2.2.1 研究地点和方法

(1)研究地点概况

本研究地点设在四川省西南山地金沙江干热河谷区的攀枝花市二滩库区附近(设有天然林保护工程监测站),地处青藏高原东南缘,云南高原北部,约北纬26°49′30″、东经101°40′38″,海拔1265m。该区处于金沙江流域攀枝花段,是长江上游天然林保护工程和长江上游生态屏障建设的重要地区。这里具有典型的干热河谷气候特征,阳光充足,日射强,日较差大;年平均气温高、热量丰富、夏长冬暖、霜期较短、几乎全年为生长季节;雨季短促,降水分布不均匀;旱季漫长而干燥,干、热同季;6~10月份为雨季,湿、热同季,大气湿度大,雨量充沛,降水量集中,占全年降水量的95%左右,多雷阵雨。植被类型为川西南山地偏干性常绿阔叶林,土壤为山地红壤和山地红棕壤,根据建群种的不同可划分为滇青冈林,高山栲林和多变石栎林三个群系(四川植被协作组,1980)。

(2)样地和研究对象概况

在天然林保护工程二滩监测站周围选择两个高山栲种群作为定位观测的实验样地,样方为20m×20m,样地间距离为500m。

高山栲,又名白猪栗,毛栗或丝栎,常绿乔木,主要分布于云南、四川南部、贵州和广西西南部,生于海拔500~2800m的林中。花单性同株,雄花序常圆锥状,雌花单朵生于总苞内,开花期为4~5月。果期9~11月,壳斗宽卵形至球形,常有短柄,顶端破裂,连刺直径 1.5～2cm；壳斗形坚果，坚果宽卵形至球形，直径 0.8～1cm，长 1～1.4cm，无毛，果脐小（中国科学院植物所，1972）。高山栲林在四川的分布面积不大，多是人为破坏后残留下来的小块状森林，通常生长于较为阴湿的环境，残存的低密度种群主要分布于阴坡，半阴坡和阳坡山沟中（四川森林编辑委员会，1984）。于 2003 年调查了 4 个高山栲种群的雨季土壤种子库，这 4 个种群均为低密度种群，因此，在布置种子雨收集器时，主要在两个低密度种群的林冠下安放收集筐。

（3）样方设置与调查

安放种子雨收集器共 27 个（样地 1 安放 7 个，样地 2 安放 20 个）。种子雨收集器的制作和安置标准如下：用直径为 5mm 的铁丝作框架，框口直径为 80cm，保证整个框的面积为 $0.5m^2$。框的部分用尼龙网做成，尼龙网的网眼为 2mm×2mm 的尺寸。以三根木棍做支架，用来支撑尼龙网，框内尼龙网放松降低，使网底和地面距离保持在 60cm 以上。在每个收集框旁边选一个 1m×1m 的样地，用来调查土壤表层的土壤种子库数据。在种子下落期间，每隔 7 天作一次调查，并对应一次地面样地地表种子库数据的收集。

在安装种子雨收集器之前，就将地表上年残余的各类种子清理干净，并适当割除群落下的草本层植物，以免干扰数据的收集。自 2003 年 9 月 23 日开始对种子雨收集框内种子进行调查，每 7 天一次，持续到 11 月 26 日种子雨结束。在调查种子雨收集框中种子类型时，将枯枝落叶物分开，各类种子区分开，分别计数，最后将所得种子抛离样地，以免发生干扰。

动物取食种子有两种状况，一种是动物取食树上的种子，这类残缺不齐的种子落到收集框内和地面，其数量以收集框内统计的密度为准。另一种是动物在种子落地后取食种子，这类动物取食产生的残片和树上掉落的种子残片混在一起，构成了地面种子动物取食种子库。二者的差值可大概反映地表动物取食的种子数目。根据调查观察，动物取食的种子主要包括虫蛀、败育和完好的种子，因为动物取食所剩的碎片较多，在统计动物取食的数目时只计算体积大于 50%的个体。

（4）幼苗状况调查

幼苗状况的调查主要在离树干 5m 以内的地点进行，并区分实生苗和萌生苗。实生苗是种子产生的幼苗，挖开后带有种皮，或者根系独立，和母树的根系没有任何联系；萌生苗是借助于树的断桩（树兜）或者根系产生的幼苗。记录实生苗和萌生苗的有无及其存活状态。

（5）统计分析

前人已经给出了估算各类种子命运比例的方法（肖智术等，2001）。和它们的工作类似，种子总量由收集筐内完好种子和虫蛀种子总和得出，利用种子雨结束后地表存留的各类种子数目和种子总量就可以计算出。种子虫蛀率＝虫蛀种子数目/种子产量，种子存活率＝（完好种子+发芽种子）/种子产量，种子存留率＝（霉烂种子数目+完好种子数目+虫蛀种子数目+萌发种子）/种子产量，种子发霉率＝霉烂种子数目/种子产量，种子发芽率＝发芽种子数目/种子产量，和动物捕食率＝1-种子存留率。

2.2.2 研究结果

（1）种子雨动态

从图 5-73 和图 5-74 可知，两个高山栲种群各状态的种子（虫蛀、完好、败育）和壳斗在 9

月下旬开始下落，但下落动态区存在样地间差异。样地1完好种子在10月份达到高峰，11月份也有少量种子下落，总量为1.5个/m²，平均密度为0.15个/m²；样地2完好种子从无到有，11月份上旬才达到高峰，此后变少，总量为1.6个/m²，平均密度为0.16个/m²。和完好种子不同，样地1虫蛀种子在10～11月均有下落，但波动较大，总量达0.8个/m²，平均密度为0.08个/m²；样地2虫蛀种子的产量和样地1类似，呈波动状变化，总量达1.2个/m²，平均密度为0.12个/m²。样地1的壳斗数目呈上升趋势，在10月中旬达到高峰，此后慢慢下降，总量达2.2个/m²，平均密度为0.22个/m²；样地2的壳斗总量较大，为3.5个/m²，平均密度为0.35个/m²，在11月中旬达到高峰。败育种子是种子雨和土壤种子库的有机组成部分，从9月初开始就先于其他种子大量下落，随着种子雨的进程而减少。两个样地败育种子的变化趋势大体相同。在记录的70天内，样地1和样地2下落总量分别为18.95个/m²和27.2个/m²，平均密度分别为1.9个/m²和2.72个/m²(表5-109)。

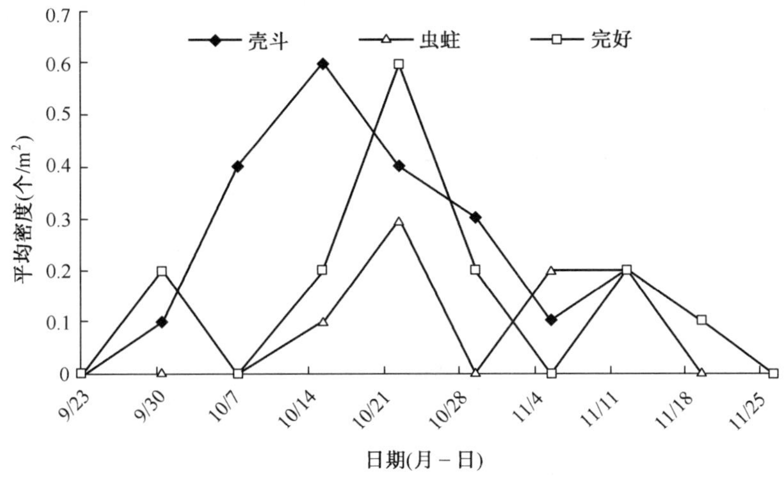

图5-73　高山栲(样地1)种子雨动态

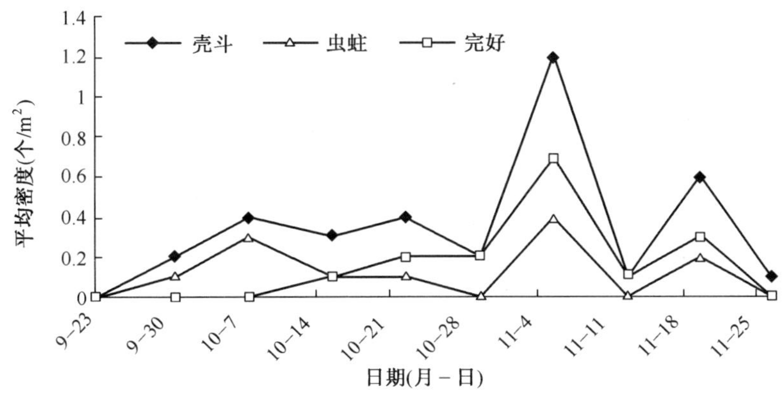

图5-74　高山栲(样地2)种子雨动态

(2)土壤地表种子库动态

本研究把地表土壤种子库组成分为6类：壳斗、完好、虫蛀、败育、霉烂和萌发。完好种子和虫蛀种子的波动情况在样地间并无太大的差异，都是在种子散布期间有轻微的波动，波动幅度如图 5-75 和图 5-76 所示。在种子雨过程中,样地 1 和样地 2 完好种子的平均密度分别为 0.07 个/m^2和 0.06 个/m^2,虫蛀种子分别为 0.41 个/m^2和 1.3 个/m^2。和种子雨过程不同,地表壳斗数目和败育种子数目表现为积累的态势,而且都是在种子雨散布末期(11 月中旬和下旬)积累到稳定状态(图 5-75、图 5-76 和图 5-78)。到最后一次作调查时(11 月 26 日),样地 1 和样地 2 的地表积累的壳斗的密度分别为 7.4 个/m^2和 6.2 个/m^2,败育种子的密度分别为 20.3 个/m^2和 20.5 个/m^2。与壳斗和败育种子的积累效应不同的是,在这次调查中样地 1 和样地 2 完好种子的数目分别为 0.2 个/m^2和 0.05 个/m^2;虫蛀种子在地表的保存密度均为 0 个/m^2(表 5-110)。调查结果还表明,在种子雨过程中地表不存在霉烂和萌发的种子,样地 1 和样地 2 的结果一致。

表 5-109 高山栲种子雨组成和密度 单位:个/m^2

种子和壳斗	样地 1	样地 2
完好	1.5	1.6
虫蛀	0.8	1.2
总产量	2.3	2.8
败育	18.95	27.2
壳斗	2.2	3.5

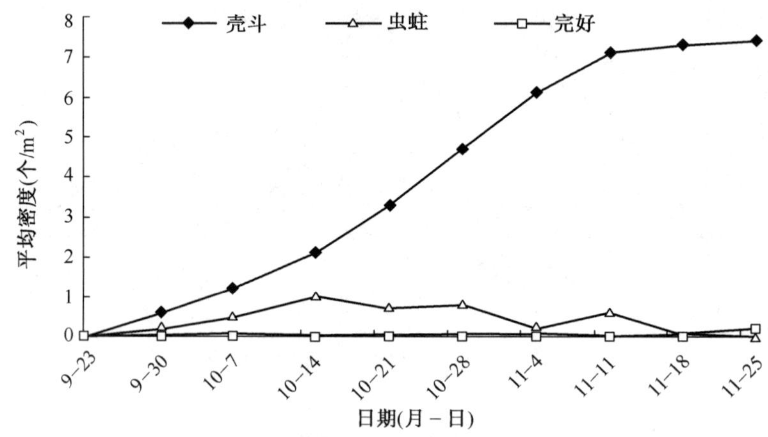

图 5-75 高山栲(样地 1)种子散布期间地表种子库动态

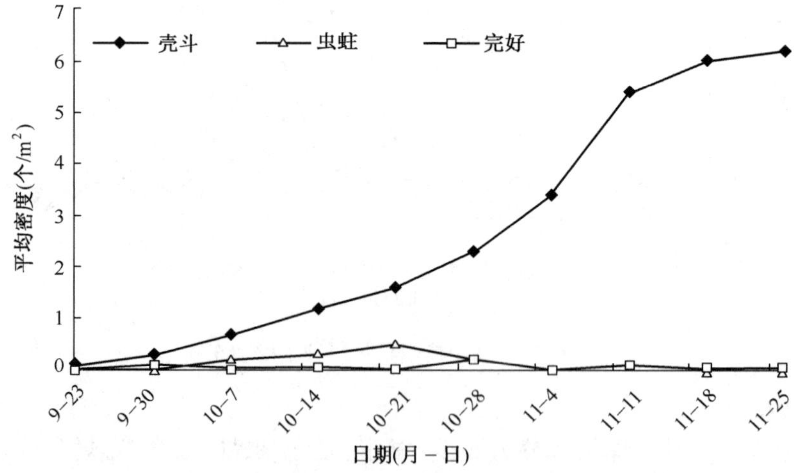

图 5-76 高山栲(样地 2)种子散布期间地表种子库动态

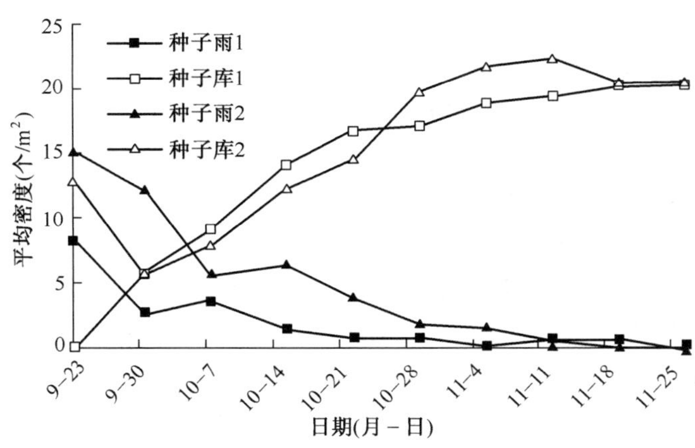

图 5-77　两个样地高山栲种子雨和种子库组成中败育种子的时间动态
（1 和 2 分别表示试验样地 1 和 2）

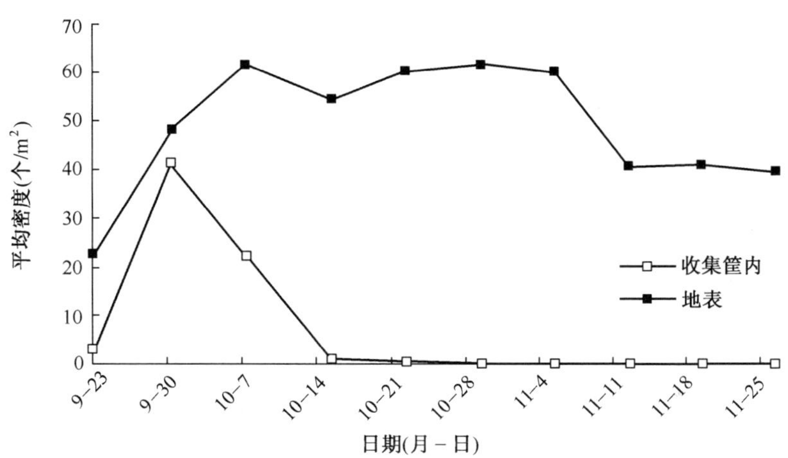

图 5-78　样地 2 高山栲树上和地上动物取食的种子密度

表 5-110　高山栲种子散布期间地表种子库的组成和平均密度　　单位：个/m^2

种子类型	样地 1	样地 2
壳斗	7.4	6.2
完好	0.2	0.05
虫蛀	0	0
败育	20.3	20.5
霉变	0	0
萌发	0	0

注：数据为地表种子库最后一次数据。

(3)种子散布后命运

高山栲种子成熟后就遭受各种命运。象鼻虫(*Curculia* sp.)雌虫在幼果时产卵于种皮内，在种子内孵化生长，幼虫咬破种皮而出，导致部分种子为虫所蛀。样地 1 的种子虫蛀率为

34.78%，样地2的虫蛀率为42.86%（表5-111）。在树上就有大量的种子被动物取食，这些种子主要包括虫蛀种子、完好种子和败育种子，其中败育种子所占比例最大，在9月下旬完好种子和虫蛀种子还没有出现时就已经有大量的败育种子被松鼠取食，样地2收集筐中动物取食所剩的体积大于50%的碎片，这一结果表明松鼠在树上取食的种子数目随着物候的延伸而降低（图5-78）。种子落到地面后，部分种子会霉烂或者发芽，但在高山栲种子雨过程中两片样地的发霉率和发芽率均为0（表5-111），表明没有种子发霉和立即发芽。因为不存在萌发，霉烂和虫蛀的种子，地表种子存活率和存留率相同，分别为8.7%和2.17%，明显较低。根据这些结果还分别计算了样地1和样地2的种子动物捕食（和贮食）率，分别为91.3%和97.83%。样地2地面的动物取食所剩的碎片（体积大于50%）数目随物候的变化趋势如图5-78所示，地表的动物取食种子数目多于树上取食的数目，二者存在明显差值。

表5-111 高山栲两样地种子散布结束时的种子命运

项 目	样地1	样地2
种子虫蛀率（%）	34.78	42.86
种子存活率（%）	8.7	2.17
种子存留率（%）	8.7	2.17
种子发霉率（%）	0	0
种子发芽率（%）	0	0
动物捕食率（%）	91.3	97.83

假定碎片在地面不发生转移，这个差值在一定程度上代表着动物在地面的取食密度。和败育种子、壳斗一样，碎片在地表种子库中也存在积累效应，因此碎片在地表随时间有增加的趋势，到10月较稳定，但到11月下降，并维持稳定状态。在计算动物取食和贮食率时并没有考虑碎片所占的比例，因为大部分碎片来自败育种子，动物取食的密度在一定程度上反映了动物取食的强度。

（4）实生幼苗状况

高山栲种子为坚果，散布完全借助于重力，因此，散布后主要分布于林冠层下。除了部分种子依靠坡度产生滚动外，其远距离的散布就依赖于动物的贮食行为。部分成功散布的种子在合适的条件下萌发为幼苗，补充种群个体。在调查中发现高山栲林下由种子产生的幼苗稀少，有一些萌生幼苗。在这些样地中发现一些刚萌发就死亡的种子（失败的萌发）、地上枯死的幼苗和弱小的幼苗。在一个郁闭度达0.9以上的样地里，地面枯枝落叶物极厚，林下完全没有高山栲种子产生的幼苗，仅有少量萌生苗。

2.2.3 结果与讨论

（1）种子雨

高山栲开花时间在4~5月份，经历传粉受精和种子发育，种子在9月开始下落，一直持续到11月底。整个种子雨过程历期两个月，种子散布高峰出现时间存在种群差异，样地1的种子在10月份达到下落高峰，而样地2种子雨的高峰期则延缓到11月份上旬。这种高峰期的差异可能和群落局部的小气候环境有关，样地1群落在阳坡的小沟旁，较为湿润；而样地2则在半阳坡的环境中存在，相对干旱一些。种子雨收集器在8月20日安装，此时样地2已有败育种子下落，但没有记录。在干旱环境中生殖时间提前，会导致结实率降低，样地 1 的结实率为 10.8%，样地 2 的为 5.3%[（结实率＝种子产量/（种子产量+败育种子数目）]。需要指出的是，动物取食所造成的损失是自然条件下的损失，计算结实率时不计算在内。

高山栲的种子雨主要由壳斗、败育种子、完好种子和虫蛀种子组成，在两个样地中都存在一致的模式：败育种子在组成中所占比例极大。样地 1 的败育种子所占比例为 89.2%，样地 2 的占到 94.7%（败育率＝1－结实率）。有多种原因造成这种高比例的败育种子，而且这些影响因素也出现在种子发育过程中的多个阶段。首先，开花授粉期间出现的阴湿天气，降低柱头的授粉率；低密度种群导致近交比例增加，而树种自身的遗传学特性，如自交不育或者弱育，均会降低种子发育为成熟种子的数目。前人研究结果表明，栲树（*Castanopsis fargesii*）种子在雌花形成后到种子阶段因授粉不足和遗传败育引起大量损失（刘济明，1998）。其次，传粉受精后胚因资源短缺而发育受到障碍，在未到成熟状态就提前下落，和都江堰地区壳斗科植物种子雨散布模式均说明此问题（肖治术等，2001）。在川西南山地偏干性常绿阔叶林里，水分短缺可能是造成传粉受精过程后胚发育资源短缺的主要原因之一。此外，昆虫卵在幼果中发育可能会造成一定比例的种子败育，如滇青冈中的象鼻虫（*Curculia* sp.）雌虫在幼果时产卵于种皮内，卵在种子内孵化生长（苏文华，张光飞，2002）。本研究在自然种群土壤种子库调查中均发现败育种子中很大一部分都带有虫蛀小孔。高山栲败育种子在种子散布初期较多，而且随时间而降低（图 5-75）。

高山栲的种子产量明显较低，样地 1 的种子产量为 2.3 个/m^2，样地 2 为 2.8 个/m^2。低的种子产量和许多因素有关，如大小年、异常气候条件和林冠层损失等。栲树大年的种子产量可达 72～74 个/m^2，而小年仅为 3.47 个/m^2，大小年的间隔仅为 1 年（刘济明，1998）。异常气候条件，如花期冻害，受粉期的干旱均会造成生殖个体的死亡，从而降低种子成熟的可能。林冠层的损失也是导致种子产量低的重要原因。本研究中高山栲种群的样地 2 动物树上取食的种子密度高达 69.6 个/m^2（其中包括完好种子、败育种子和虫蛀种子）。但是，仅凭一年的数据很难说明种子产量低是那种原因造成的，这种具体的影响因素还需要用多年的研究结果来说明。

（2）土壤种子库动态

种子雨是种子输入的主要因素，树上各类种子经历种子雨过程下落到地表，组成地表土壤种子库。土壤种子库本身是动态的，最为主要的影响因素来自于种子雨的输入和动物对种子库的取食。高山栲种群在种子雨过程中地表种子库各类组成的变化是不同的。在长达 70 天的记录过程中，地表均不存在霉烂种子和萌发种子，树上下落的种子不能立即萌发。这一点和前人的研究结果不同，如长白山胡桃楸种子下落当年有 0.54%的种子转化为幼苗（马万里等，2001），梵净山栲树的种子经历 2～3 个月的休眠期至来年 2 月就开始萌发为幼苗以补充幼苗库（刘济明，1998）。辽东栎的种子也不存在休眠期，在合适的生境状况下即可萌发为幼苗（孙书存，陈灵芝，1996）。高山栲土壤种子库的这一特点可能和川西南山地偏干性常绿阔叶林季节分明的干热气候特点有关，季节分明的森林中，风媒传粉的物种趋向于在旱季开花，并在最潮湿的雨季结实，这是因为潮湿的气候促进动物扩散（Howe，Smallwood，1982；李宏俊，张知彬，2001）。高山栲在 4～5 月开花，干燥的气流利于风媒传粉；而雨季末期成熟的果实利于动物散布种子，但立即来临的旱季不利于种子萌发。同时，种子库中的种子也不会霉烂，这可能和湿度较低的群落环境有关。而其他地区土壤种子库研究结果表明，土壤中或多或少存在一些霉烂种子(肖治术等,2001;马万里等,2001;刘济明,1998;苏文华,张光飞,2002)。

在整个种子雨的历期中,高山栲种群完好种子和虫蛀种子呈波状变动,但维持的密度极低。虫蛀种子在样地 1 和样地 2 的平均密度分别为 0.4 和 0.13 个/m^2,完好种子的平均密度分别为 0.07 和 0.06 个/m^2。这种变动是随机的,本研究还不能精确的界定其影响因素。和这两类种子不同,壳斗在地面的变动呈积累的态势(图 5-75,图 5-76)。这可能是由于动物捕食趋向主要是完好种子和虫蛀种子。因此,壳斗和败育种子总是在群落中合适的位置积累下来,成为枯枝落叶物的重要组成部分。在 2003 年 8~9 月调查高山栲、锥连栎、黄毛青冈和多变石栎土壤种子库时发现,土壤种子库的组成中壳斗和败育种子的数目极大,这可能是壳斗和败育种子在土壤种子库中长期累积的结果。

(3)种子命运和更新

壳斗科植物种子大,所含淀粉、蛋白质等营养物质量多,这一特点利于种子的萌发(Bonfil,1998)。在同等条件下,大的种子发芽率高,幼苗生长也较好,对干旱等胁迫因素的抗性也增强(Aizen,Woodcock,1996; Long,Jones,1996)。但这类种子也往往是动物捕食的主要对象,如胡桃楸(马万里等,1998)和栲树(刘济明,1998)。高山栲的种子在树上就有很大的捕食压力,动物对树上败育种子,完好种子和虫蛀种子的捕食主要集中于种子雨早期(9 月下旬~10 月上旬,如图 5-78)。树上捕食的动物主要是两种松鼠,此外还有许多(走访有经验的人)。脊椎动物如鸟类和哺乳动物通常是大型种子的有效扩散者,壳斗科植物的种子不具备风媒扩散的形态结构,完全依赖动物扩散(李宏俊,张知彬,2001)。观察发现,栲树林冠层种子的丢失可能和鸟的取食有关(肖智术等,2001)。在重庆的梵净山,研究人员发现滇金丝猴(*Rhinopithecus bieti*)也啃食栲树的种子(刘济明,1998),但高山栲是否存在鸟和大型哺乳动物在树上取食还需要野外实地进一步的观察。除了动物的捕食外,虫蛀种子的比例也相对较高,样地 1 和样地 2 分别占到 34.78%和 42.86%。象鼻虫的卵在幼果中孵化可能是造成种子遭受虫蛀的主要原因(苏文华,张光飞,2002)。虫蛀早期的种子在外观上并无异常,种子仍可萌发,当幼虫咬破种皮而出胚时便丧失萌发能力。这类种子命运和动物当场取食的一致,直接导致种子产量的降低。

地面种子的命运更是多种多样。由于高山栲种子在雨季和旱季交界处下落,地表种子库立即进入旱季,缺少导致种子立即萌发的条件,故高山栲的种子并不萌发,此时的萌发率为 0 个/m^2。同样,由于偏干性常绿阔叶林相对较低的降水量和较高的蒸发量(费世民等,2003),种子库中也不存在霉烂种子。这一结论和在雨季调查高山栲、黄毛青冈、锥连栎和多变石栎的土壤种子库得出的结论是一致的(费世民等,未发表数据)。因为高山栲地表种子的萌发种子、霉烂种子、虫蛀种子在最后一次调查中均为零,故种子存留率和存活率的结果一致,样地 1 和样地 2 都分别为 8.7%和 2.17%。流水冲刷也会导致种子损失(刘志民等,2002),但在样地中并不存在留水冲刷的痕迹,因此在动物捕食率的估算中,把存留以外丢失种子的原因均归结为动物取食。样地 1 和样地 2 的动物取食率均较高,平均为 94.56%,可见动物对高山栲种子的捕食强度极大。在森林生态系统中,影响种子库命运的因素很多,鼠类被认为是种子库损失的主要原因(Herrera,1995;李宏俊,张知彬,2001)。此外,由于高山栲果实本身很大的可食用性,人类采食也造成高山栲自然群落种源的缺乏(四川森林编辑委员会,1982)。这些因素都导致了高山栲种子的损失,在种子雨结束时土壤种子库中仅存留少数完好种子,样地 1 和样地 2 完好种子的平均密度为 0.13 个/m^2。滇青冈土壤种子库的长期调查结果表明,种子雨结束时(10 月 22 日)土壤种子中有活力种子的密度为 0 个/m^2(苏文华,张光飞,2002)。高山栲由于动物捕食造成地表种子存留率较低,这种结果对高山栲种子途径的种群更新有很大的影响。

大多数壳斗科植物的种子无休眠期,发芽条件相对简单,落地后能很快萌发。科研人员对辽东栎种子幼苗建成的研究结果表明,绝大多数土壤存留的种子均能发芽(孙书存,陈灵芝,2000)。滇青冈土壤种子库中种子的萌发比例为 25%~100%(苏文华,张光飞,2002)。栲树的种子在种子雨结束时经历 2~3 个月的休眠期后也能持续萌发(刘济明,1998)。在调查高山栲种群的幼苗状态时发现,种子产生的幼苗极少,并且生长势较弱。其实,这种实生幼苗稀少也是许多群落优势树种的普遍特征(孙书存,陈灵芝,2000;苏文华,张光飞,2002;马万里等,2001;肖智术等,2001)。前人研究发现,在一些生境中建成的幼苗很少存活下来,原因就是春季的食草作用、高温、干旱以及紫外线等,导致萌发幼苗的死亡率较高(Drivas,Everett,1988)。从种子到幼苗要经历多,如种子、萌发期、出苗期和成苗 4 个阶段(Harper,1977),任何阶段的制约都会限制幼苗的成功建成。相对丰富的降水促进了高山栲种子的萌发,但强烈的阳光会导致幼芽遭受日灼的伤害。即使成功出土的幼苗也会因为日灼伤害幼叶而导致地上部分缺乏营养而死亡。此外,种子萌发后根入土困难也是高山栲幼苗不易建成困难的原因,入土困难导致高山栲幼苗地上部分水分和养分供应不足,从而使得幼苗生长弱小或者萎蔫死亡。雨季调查土壤种子库时发现 3 类幼苗:①地上部分枯死;②刚萌发的死亡种子(这种状态非种子也非幼苗,应该称作失败的萌发)(Fenner,1987);③弱小的幼苗。失败的萌发在辽东栎的种群更新过程中也存在(孙书存,陈灵芝,2000)。造成这种状况的原因可能是日灼伤害地上部分或者根系较弱导致水分供应不足,这一结论和该地区干热的环境条件一致。综上所述,种子和种子途径的幼苗对高山栲种群幼苗补充能力极为有限,主要原因是种子存留率极低和幼苗建成困难。

萌生苗是通过断桩(树蔸)或者根系产生的幼苗。萌生幼苗依赖于母树的庞大根系提供水分和土壤养分,因此其生长速度极快。同一年产生的实生苗和萌生苗相比,萌生苗较为健壮,生长势较大,成为高山栲种群补充的主要方式。多数群落优势树种的种群恢复依赖于树种的萌生特性(吴明作等,2001;苏文化,张光飞,2002;肖智术等,2001)。

(4)讨论

高山栲是我国川西南山地偏干性常绿阔叶林的三大优势建群种之一(四川森林编辑委员会,1982)。在一些地区为低密度种群,100m^2常由 1~2 株树(一般冠幅 8m×10m)组成(卓元午等,2003)。高山栲在利于风散布花粉的 4~5 月份(旱季)开花,利用雨季较好的水分条件完成种子的发育(6~9 月),在雨季末期和旱季开始时种子散布,种子雨过程持续到 11 月底。旱季的气候特点利于保存存留在土壤种子库中的种子,这些种子在雨季中全部萌发为实生幼苗,因此在雨季,土壤种子库中几乎没有完好种子。根据其土壤种子库的特性,本研究初步认为高山栲种群的土壤种子库为瞬时种子库(杨跃军等,1999;张志权,1996;于顺利,蒋高明,2003;张咏梅等,2003)。对高山栲种群的种子产量、地表种子散布和幼苗状况等三个阶段的综合研究,发现种子产量明显较低,败育率高;动物高强度的捕食也导致树上和地表种子的大量损失,种子雨末期地表种子的存留率较低;而且自然状况下幼苗本身也因日灼而生长状况较差和存活率极低。低的结实率,低的种子存留率和低的幼苗存活率也导致种子本身(有性繁殖)对低密度的高山栲种群个体补充能力有限。现代植物更新的概念更多地建立在植物生活史为基础的生命循环过程之上,强调从种子到种子(或成熟植株到成熟植株)的整个过程(肖智术等,

2003)。因此,植物更新能力的评价更多的要从整个生命周期的每个环节来考虑,而目前这种综合性的研究还较少。另外,高山栲多分布在山坡陡峻的地方,对于水土保持,涵养水源和调节气候具有很大作用,对现有林的经营应划作防护林,重点保护。结合天然林资源保护工程,积极采取人工措施,促进高山栲种群的更新。

2.3 攀西地区四种壳斗科森林种群土壤种子库的比较研究

2.3.1 研究地点和方法

(1)研究地的自然概况

研究地点在川西南山地攀西地区的攀枝花市境内,四种壳斗科森林种群位于山体的中下部,干热河谷区的上缘,地方俗称“二半山”地区,气候类似于干热河谷,但程度上不及干热河谷,其特点为干湿交替,年均温高,辐射强,光资源丰富,几乎全年为生长期,干和热同季,干热和湿热连续出现。11月至翌年5月为旱季,冬春雨少,多晴天,湿度小,日照强烈,蒸发量大,昼夜温差大,比较燥热。6~10月为雨季,大气湿度大,水流充沛,夏季温度不太高,降水量集中,多雷阵雨等。高山峡谷地形地貌特征明显,土壤类型多样,不同的地形地貌孕育着不同的土壤,主要有褐红壤、山地红壤、山地黄棕壤等。这四种壳斗科森林是川西南山地攀西地区的偏干性常绿硬叶阔叶林,属于亚热带的典型地带性植被——常绿阔叶林。

(2)样地概况和种群特征

偏干性常绿阔叶林分布在大相岭、黄茅埂以西的凉山彝族自治州和西昌地区。气候特点是冬暖夏凉,干湿季明显,年降水量为800~1050mm,而5~10月降水量占全年总降水量的95%左右。高山栲、锥连栎、滇青冈和多变石栎是偏干性常绿阔叶林的重要组成树种,其地理分布范围各异,群落环境特点也存在差别,群落的非生物环境条件也各不相同。多变石栎分布的海拔范围在2400m以上,成片分布,密度极大,平均胸径为10~20cm;群落较湿润,郁闭度极大,枯枝落叶物较厚,无人为干扰。高山栲和滇青冈在攀枝花市的分布幅度较大,遍布于海拔1400~2500m,种群较小,为低密度种群(每公顷20~50株),但森林种群林龄大,所调查的植株平均胸径为23~40cm;群落内较开阔,光线充足,生境比较干燥。锥连栎是重要优势乔木树种之一,在干热河谷及其上沿地区广泛分布,海拔范围1000~1400m,种群密度中等,平均胸径为10~23cm;群落郁闭度中等,生境干热,光线充足。2003年7~11月,在攀枝花市调查了高山栲、滇青冈、锥连栎和多变石栎种群的土壤种子库,共涉及样地16个。样地分布于盐边县的二滩库区和攀枝花市乌本乡,各样地的生境特征如表5-112所示。

(3)调查方法

2003年7月28日至11月9日,采用随机取样调查了攀枝花地区锥连栎、滇青冈、高山栲和多变石栎16个种群的样地,样地具体位置参见表5-112。具体的调查方法是:在各群落的建群种为对象,在林冠下随机取样20个(有些样地不足20个),每个样方的大小为0.5m×0.5m,取其中枯枝落叶层,土层(0~5cm)和土层(5~10cm)里面的种子,并分为6类:壳斗、完好、虫蛀、败育、霉烂和萌发(另有破碎的空壳不统计在内)。在记录土壤种子库之前,作样地生境和生长状况调查。

前人研究表明种子本身的生物学特性不同,其散布方式也各异,壳斗类植物的种子较大,主要以重力为散布动力,虽然在和树干或地面发生碰撞时会偏离重力方向,但主要的种子分布在林冠下。对土壤种子库和幼苗的野外调查主要在离树干5米以内的地点进行。

表 5-112　四种壳斗科植物(锥连栎,高山栲,滇青冈,多变石栎)调查样地的生境状况

种群	地点	海拔(m)	经度	纬度	坡向	坡度(°)	坡位
锥连栎林	二滩观景台	1520	101.46.211	26.49.062	北	35	中上
	二滩监测站	1418	101.46.408	26.49.066	东南	28	中
	二滩缆车道	1417	101.46.814	26.48.927	西	35	中
	二滩蒿草湾	1422	101.46.498	26.49.020	东	35	中
	二滩大弯子	1531	101.46.210	26.49.065	南	30	中上
	安宁河对面	1444	101.50.328	26.43.637	东	35	上
	月亮湾中坡	1399	101.50.330	26.44.101	东	40	上
	月亮湾上坡	1464	101.50.265	26.43.887	东	35	上
高山栲林	二滩缆车道	1356	101.46.374	26.49.131	西	22	下
	二滩袁家坪	1395	101.51.453	26.49.245	南	35	下
	黑山乌拉山庄	2475	101.40.807	26.38.493	东南	30	中上
滇青冈林	黑山乌拉山庄	2450	101.41.199	26.38.819	东南	18	上部
	二滩大弯子	1600	101.46.210	26.49.065	东	32	上
	黑山乌拉山庄	2470	101.40.745	26.38.677	南	20	上部
多变石栎林	二滩监测站	1450	101.46.408	26.49.066	东南	28	中坡
	黑山乌拉山庄	2470	101.40.745	26.38.677	南	20	上部

注:高山栲缆车道径流场和二滩袁家坪及滇青冈的二滩监测站,二滩沟大弯子的样地为流水冲刷的样地。

(4)统计分析

表格中所有涉及的数据均用 SPSS for Windows 11.5 计算平均值和标准偏差。壳数在一定程度上代表着一些类型种子命运的总和,主要包括:完好种子、虫蛀种子、霉烂种子、萌发和遭受捕食动物的取食和转移的种子,每一类命运的种子都对应着相应数目的壳斗。壳斗数=完好种子数+虫蛀种子数+霉烂种子数+萌发数+遭受捕食动物的取食和转移种子数目,通过这个等式可以计算出虫蛀率、存留率、发霉率、萌发率及动物取食和转移率。定义的捕食动物的取食和转移主要包括小型哺乳类动物的就地取食导致的种子损失和贮食行为所导致的种子转移,以及地表径流造成的种子转移。

2.3.2　研究结果

锥连栎、高山栲、滇青冈和多变石栎种群的 3 个土壤层次,六种组成的土壤种子库结果见表 5-113。锥连栎土壤种子库组成中壳数较多,为 47.16 个/m^2,完好种子为 0.28 个/m^2,有虫蛀种子 2.08 个/m^2,败育种子 29 个/m^2,萌发种子为 0.92 个/m^2,不存在霉烂种子。高山栲种群的土壤种子库组成中壳数和败育种子数较多,分别为 48.56 和 47 个/m^2,完好种子、虫蛀种子、霉烂种子和萌发种子数目均为零。滇青冈的壳数和败育种子数分别为 41 和 21.32 个/m^2,虫蛀种子为 6.92 个/m^2,完好、霉烂和萌发种子的密度均为零。多变石栎的壳数为 0.68 个/m^2,

完好种子、虫蛀种子、败育种子、霉烂种子和萌发种子均为零。

表 5-113 中也展示了四种栎类土壤种子库组成的平均结果。由表可知,四种栎类的平均壳数为 34.44 个/m^2,完好种子为 0.07/m^2 个,虫蛀种子 2.59 个/m^2,败育种子数为 44.76 个/m^2,霉烂种子为零,萌发种子数目为 0.23 个/m^2。

表 5-113 四种壳斗科植物土壤种子库组成 单位:个/m^2

类型		壳数	完好	虫蛀	败育	霉烂	萌发
锥连栎	表层(枯落物)	34.68	0.28	0.92	29	0	0.6
	土层(0~5cm)	12.48	0	1.16	13.68	0	0.32
	土层(5~10cm)	0.16	0	0	0.28	0	0
	合 计	47.16	0.28	2.08	42.96	0	0.92
高山栲	表层(枯落物)	36.88	0	0	38.68	0	0
	土层(0~5cm)	11.68	0	0	8.32	0	0
	土层(5~10cm)	0	0	0	0	0	0
	合 计	48.56	0	0	47	0	0
滇青冈	表层(枯落物)	40.4	0	1.72	20.12	0	0
	土层(0~5cm)	0.96	0	5.2	1.2	0	0
	土层(5~10cm)	0	0	0	0	0	0
	合 计	41	0	6.92	21.32	0	0
多变石栎	表层(枯落物)	0.68	0	0	0	0	0
	土层(0~5cm)	0	0	0	0	0	0
	土层(5~10cm)	0	0	0	0	0	0
	合 计	0.68	0	0	0	0	0
四种栎类的平均值	表层(枯落物)	28.16	0.07	0.66	38.89	0	0.15
	土层(0~5cm)	6.28	0	1.59	5.8	0	0.08
	土层(5~10cm)	0.04	0	0	0.07	0	0
	合 计	34.44	0.07	2.59	44.76	0	0.23

四种栎类的土壤种子库组成的垂直分布较为明显,表层最多,随土层深度加深而逐渐减少,如四种栎类败育种子数目在枯枝落叶物层、0~5cm 土层和 5~10cm 土层分别为 38.89 个/m^2、5.8 个/m^2和 0.07 个/m^2;枯枝落叶物层、0~5cm 土层和 5~10cm 土层的萌发种子数目分别为 0.15 个/m^2、0.08 个/m^2和 0 个/m^2,均依次减少。这种垂直分布在每一树种中都表现得较为明显。

种子在树上成熟或者败育,都会以种子雨的形式输入到地表种子库,而从树上散布的完好种子、虫蛀种子、霉烂种子、萌发种子以及动物就地取食和转移的种子,它们都对应一个壳斗。以壳斗数目为总数估算出完好种子的存留率、虫蛀率、萌发率、霉烂率和动物取食和转移率(表 5-114),以此来评价种子散布后的命运。从表 5-114 可以看出,锥连栎的虫蛀率为 4.4%,完好种子的存留率为 0.59%,发霉率为 0,萌发率为 1.9%;高山栲和多变石栎的虫蛀率、存留率和发霉率均为 0,因此动物取食和转移的比例高达 100%;滇青冈的虫蛀率为

16.73%,存留率、发霉率和萌发率均为0。四种栎类的种子散布后的主要命运为动物的取食和转移,比例高达84.27%~100%,平均为95.45%;平均虫蛀种子的比例超过5%,发霉损失的比例为零;而存留和萌发的比例仅为0.15%和0.48%。从表5-114还可以看出,四种栎类的种子散布命运在2003年雨季是不同的,除锥连栎有少量种子存留和萌发外,滇青冈、高山栲和多变石栎在该年份均没有种子存留和萌发。

表5-114 四种壳斗科植物(锥连栎,高山栲,滇青冈和多变石栎)的种子散布命运

类型	虫蛀率(%)	存留率(%)	发霉率(%)	萌发率(%)	动物捕食和转移率(%)
锥连栎	4.4	0.59	0	1.9	97.51
高山栲	0	0	0	0	100
滇青冈	16.73	0	0	0	84.27
多变石栎	0	0	0	0	100
平均	5.28	0.15	0	0.48	95.45

2.3.3 讨论

壳斗科植物是亚热带和温带森林群落组成的优势树种之一,在发挥该地区生态系统服务功能的过程中起到了极为重要的作用。在脆弱和退化的山地生态系统中壳斗科植物的种群状况和潜在更新能力的调查和研究结果可为该地区生态系统自然恢复能力的评价和人工恢复措施的选择提供理论基础。攀枝花地区为川西南山地偏干性常绿阔叶林的重要分布地区之一,具有季节性降雨,干湿季分明的气候特点,旱季不利于种子萌发,因此,雨季土壤种子库的研究结果可直接反映该地区植物种群土壤种子库的特点和自然更新能力。

种子以种子雨的形式进入土壤种子库,先到达地表土壤表层的枯枝落叶层中。此后,每个种子都可能面临着不同的去向,有的发生死亡,有的发生垂直运动而进入土层,有的则被捕食动物取食或者贮藏,有的则遭受自然群落中地表径流的冲刷而埋藏或者流失。地表和土层中存留的完好种子在等待萌发时机的过程中,也遭受了大量的损失。在调查的16个样地中,均不存在霉烂的种子,这一结果和前人的研究明显不同,这可能和攀枝花地区偏干性的气候特征有关。种子霉烂主要是由于林地内较大的空气和水分湿度所造成的,这类种子在前人的研究结果中频频出现(肖治术等,2001;马万里等,2001;刘济明,1998;苏文华,张光飞,2002),但仅限于湿性常绿阔叶林。由于象鼻虫雌虫在幼果时产卵于种皮内,在种子内孵化生长,幼虫咬破种皮而出,胚已损坏,大部分种子都没有萌发能力(苏文华,张光飞,2002)。此外,象鼻虫还导致一些种子的败育。在调查中发现败育种子中也存在一些带有虫蛀小孔的种子,但为了统一划分类型,不重复计数,把这一类虫蛀种子划为败育种子。因此,虫蛀率结果比实际的虫蛀率低。虫蛀是种子死亡的一个重要原因,虫蛀对种子造成损失的比例为17.39%~90.77%(肖智术等,2001)。虫蛀种子在土壤种子库中的存在具有时间性,10月22日虫害占70%,而到2月28日虫害的比例就已经为0(苏文华,张光飞,2002)。由于调查是在雨季进行的,虫蛀种子应该看作为虫蛀种子库动态一个时刻的结果,换句话说,锥连栎的虫蛀种子在土壤中仅剩余4.4%,滇青冈剩余16.73%,而高山栲和多变石栎的虫蛀种子则剩余为零。虫蛀仅代表土壤种子库种子输出的一个方向,数量较少表明遭受虫蛀并不是攀枝花四种壳斗科植物种子损失的主要渠道。

调查研究结果表明，四种壳斗科树种种子散布后面临的主要损失为动物的捕食和转移，平均种子捕食和转移率高达95.45%。攀枝花地区的哺乳类动物较多，占全省野生动物总种数的29.1%（费世民等，2002），其中以取食壳斗科植物种子为生的动物也较多。在研究地点，有三类松鼠经常取食壳斗科类植物果实：赤腹松鼠（*Callosciurus erytnraeus*）、珀氏长吻松鼠（*Dremomys pernyi*）和岩松鼠（*Sciurotamias davidianus*）。除松鼠外，本地还有其他鼠类，13种（内部调查资料），它们也在一定程度上造成了土壤种子库里种子的损失。此外，走访农户得知牛羊、棕熊和野猪也都是科斗科植物种子的取食者，在大黑山滇青冈土壤种子库调查的样地中，发现了野猪频繁活动的痕迹。前人研究结果表明，影响森林生态系统种子库命运的因素很多，鼠类被认为是种子库损失的主要原因（Herrera，1995；李宏俊和张知彬，2001），它的贮食行为经常导致大量的种子丢失，尽管贮食行为在一定程度上利于幼苗建成。在攀枝花地区，种子转移除了动物捕食外，流水和地表径流也可能会导致种子的流失，这一结论已初步得到数据的支持，例如和流水面相比汇水面分布有明显较多的种子（费世民等，未发表数据）。

通过土壤种子库分布的分析认为，四种壳斗科植物土壤种子库各组成主要分布在枯枝落叶层，土层中仅存在少量存留，这一结论和前人的研究结果一致（肖智术等，2001）。虽然攀枝花地区四种壳斗科植物雨季土壤种子库中并没有完好种子，但土壤种子库各组成在土层间的分布密度还是有规律可循。壳斗数目和败育种子数目在枯落物层、腐殖质层（0~5cm深度也存在样地和微环境的差异）和实质性土层（5~10cm）的分布规律和种子的分布规律一致，即随着深度的增加而减少。种子以种子雨的形式散布到地面后，土壤种子库的各组成面临着不同的运动形式，如借助流水和动物贮食而发生水平移动。攀枝花四种壳斗科植物的土壤种子库各组成的分布模式是各组成发生垂直运动的结果，显然深层土中各组成的分布较少，这表明发生垂直运动的阻力较大。种子发生垂直运动的动力主要来自于以下几方面：重力作用、动物贮食和践踏、流水埋藏等，但数量却和微地形有密切联系。

在土壤种子库中，能产生幼苗，有助于自然更新的组分是完好种子，而这一部分在2003年雨季极少，仅在锥连栎种群中存在0.28个/m^2的完好种子。萌发的种子比例也较低，也仅在锥连栎种群中存在，密度为0.92个/m^2。在2003年雨季，滇青冈、高山栲和多变石栎的完好种子数和密度均为零。因此，可以推测2002年为锥连栎结实大年，滇青冈、高山栲和多变石栎则为结实小年，而种子雨的研究结果表明，高山栲种群在2003年有结实，而滇青冈和锥连栎则没有。四种壳斗科植物的结实周期并不一致，这可能和它们的树种特性和生态环境条件有关。除锥连栎外，还不能讨论其他三种壳斗科植物的自然更新能力，因为上年可能不是大年。大年结实为植物种群更新提供保障（刘继明，1998），而同一地区壳斗科树种间大年结实不间断，周期不重叠有利于依赖壳斗取食的动物提供稳定的食物来源。从雨季的萌发率来看，锥连栎种群存在一定密度的萌发种子，但这些萌发种子对种群自然更新的贡献却微乎其微。壳斗科植物的实生苗普遍比萌生苗脆弱，并且生长速度较慢，对环境因子的抗性较弱。虽然锥连栎完好种子能够较好的萌发，但很少有幼苗能顺利地存活到来年雨季，绝大多数幼苗遭受自然环境条件的损伤而中途夭折（如光损伤、缺水萎蔫等），在来年雨季锥连栎种群中并不存在两年生实生苗的幼苗库（费世民等，未发表手稿）。

在野外调查时发现，锥连栎、高山栲、滇青冈和多变石栎四种壳斗科植物均存在或多或少的无性繁殖能力，群落中存在萌生苗组成的幼苗库。多数壳斗科植物都具有萌生能力，而且种群本身以种子途径繁殖的植株较少（吴作明等，2001；苏文华，张光飞，2002；孙书存，陈灵芝，

2000)。从生殖生态学的角度来讲,植物的无性繁殖和有性繁殖代表两种不同的生态对策,二者对天然更新能力贡献的有无和强弱可能跟群落所受的干扰程度有关(吴作明等,2001),都江堰地区三种壳斗科植物的土壤种子库在原始林和次生林区具有不同的状况(肖治术等,2001)。"只见幼苗,不见幼树"的现象在高山栲和滇青冈林中较为普遍,这两个树种的种群均为片断化的小种群。这类种群往往只由几棵大树构成,边缘零星存在一些萌生幼苗,并且在成长为幼树的过程中明显存在障碍,如干旱死亡,牛羊践踏,火烧等。但由于萌生苗的根部和母树根系相连,水分和土壤养分供应充足,虽屡遭破坏,但重新萌蘖的能力较强,萌生苗依然生长。现存的多变石栎种群多为萌生林,较为整齐,林分郁闭度较大,林内枯枝落叶层极厚,幼苗极少,更新能力极弱。锥连栎为干热河谷的地带性树种,对干热环境有极强的适应能力,林下有一定数目的萌生苗,并且具有独特的分布格局(费世民等,未发表手稿),它们能否顺利生长为幼树还需要进一步调查研究以便做出更为可靠的结论。攀枝花四种壳斗科植物的种群状况和生存环境都有差异,这种差异和生态环境的关系需要进一步研究,但可初步认为它们的天然更新不畅,在植被恢复的过程中采取人工促进措施是极为必要的。

2.4　总结

干热河谷是由于横断山脉深切河谷所形成的特殊气候和地理类型。中国西南地区的金沙江、怒江、澜沧江沿线及其支流地带,分布着大量的干热河谷区域,分布面积约 150 万 hm^2。数百年前,区内以栎类为主的南亚热带干性常绿阔叶林广布,森林被砍伐后自然植被迅速退化为干热河谷的稀树草灌。森林植被破坏,土壤侵蚀加剧,土层变薄变瘠,持水性能降低,土壤水分状况变差。这种恶化的环境条件加上相对较低的降水量而极高的蒸发量和干燥度,还有长期的人为干扰,如人工刀耕火种式的开垦农田、自然干旱和人为因素引发的火灾、过度放牧、矿产资源的不合理开发等因素,加速了该地区自然植被由南亚热带偏干性常绿阔叶林向干热河谷草灌植被演替的进程(费世民等,2003)。

2.4.1　锥连栎、麻栎、滇青冈和高山栎等栎类树种的种子库研究

(1)土壤种子库中几乎没有完好种子,仅在一些特殊的样地里存在一些较少的好种子,因此没有种子密度空间上的差异。幼苗在一些特殊的样地里存在,如中度干扰(人工砍伐林地,流水冲刷后的汇水坡面和火烧迹地内人工栽植芒果树遗留的坑内,和存在轻度干扰的密林阴坡等地)的地区。这种可能由于干扰因素所造成的种子存留并在雨季萌发为种群更新提供了良好的机遇,尽管其自身的更新能力较弱。从另一个角度讲,土壤中不存在永久性土壤种子库的事实,表明栎类的土壤种子库可能为暂时性的,其种子在地表和地下的保存时间大概不会超过半年(如果上年为大年的话)。在大部分样地里均不存在好种子,但所有的树种均有幼苗存在(锥连栎,麻栎的幼苗在样方里存在,而滇青冈和高山栎的幼苗则在调查时看到,但未在样方里出现过)。

(2)败育种子极多,在每一个样地里都如此。败育种子的产生原因较多,一种为传粉受精后胚因资源短缺而发育受到障碍,在未到成熟种子的状态时就提前脱落,散布;在攀枝花地区资源短缺可能因为传粉受精过程后的水分短缺。另一种是象鼻虫(*Curculia* sp.)雌虫在幼果时产卵于种皮内,在种子内孵化生长,幼虫咬破种皮而出,胚已损坏,大部分种子都没有萌发能力(苏文华,张光飞,2002)。败育种子的特点是种子和壳斗未发生分离,在土壤表层和土层都以复合体的形式存在,尽管种皮上存在或不存在虫蛀小眼。并且这部分种子对捕食者来说价值不大,散布到地面后也只是遭受流水冲刷,或埋于地下,因此数量较大。

(3)不存在霉烂种子。霉烂种子指种子和壳斗完全分离,但种子未发生虫蛀,种皮上存在霉菌感染的痕迹。虽然有些埋在土壤中的带壳斗的种子发霉了,但应该划归到败育种子这一类,而不能重复计数。按照这个标准,攀枝花地区不存在霉烂种子,这一结论和前人的不同。前人研究结果表明种群土壤种子库中的种子有一定比例的种子是霉烂的,这个比例随环境条件的差异而不同,其中湿度是一个极为关键的因素。攀枝花地区不存在霉烂种子也可能和该地区较为干热的气候条件有关。雨季的降水很快被随之而来的高温所化解,因此没有导致霉烂的条件。

(4)壳数在一定程度上代表着一些类型种子命运的总和。主要包括:完好种子、虫蛀种子、霉烂种子、萌发和遭受捕食动物的取食和转移的种子,因为每一类命运的种子都对应着相应数目的壳斗。种子成熟后从树上散布到地面上,就会遭受不同的命运,虽然在某些地区会存在一些偏差,但总体上这个等式应该成立,即壳斗数=完好种子数+虫蛀种子数+霉烂种子数+萌发数+遭受捕食动物的取食和转移种子数目。用这个等式计算出来的完好种子比例,虫蛀种子比例,霉烂种子比例和萌发种子比例的总和仅占 5.32%,其中种子存留率也才达 0.46%,发芽的比例才占 2.26%,而取食动物的捕食和转移率竟然高达 94.68%(锥连栎的资料)!锥连栎种子散布后的主要命运是动物捕食和转移。在攀西地区,捕食种子的动物类群较多,在二滩监测站周围就有两种松鼠,此外,牛、羊、熊和野猪等大型动物也取食栎类的种子(个人交流资料)。围栏封育(隔离了大型动物)5 年的样地中存在大量的幼苗,但在周围的样地中幼苗则很少,这也从侧面说明了大型动物对锥连栎的种群更新有极大的影响。但这个调查结果如何用实验来加以证明,还需要进一步的思考。

(5)种子存留率和萌发比例均较低,这一结果和前人的研究结果一致。栎类种群的土壤种子库密度极小,表明潜在的天然更新种源较少。极低的幼苗比例表明栎类现实的更新能力不强。

(6)中度干扰有利于幼苗的建成。火灾、人工砍伐柴禾和流水都一定程度上影响了种群的幼苗建成;但样地环境不同,进而这种影响的效果也就不同。火灾使得栎类完全失去更新能力,仅留下烧焦的败育种子和壳斗,但在同样的火烧样地里,二滩监测站样地却保留少许种子和幼苗,这主要是因为当地居民在这片样地栽种一些杧果树,杧果苗死亡后遗留的坑中积攒了大量的枯枝落叶物,腐殖质和少量的种子,部分种子在雨季萌发产生了幼苗。人工砍伐的锥连栎林可能由于人为中度干扰促进了种子入土,而在雨季萌发产生幼苗。但重度干扰却在一定程度上完全导致土壤种子库不存在,幼苗更得不到保障。

(7)流水对种子具有一定的冲刷和埋藏作用。在坡度较大的阴沟坡面上,存留有较少量的壳和败育种子,而在水沟两边的洪积扇(汇水区)表层和里面均存在有大量的壳和败育的种子。这种分布模式表明水流对种子有较大的冲刷作用。而在围栏封育 5 年的样地中,在坡面的上部和下部,壳和败育种子的分布也存在这样的模式,但在下部的汇水区存在较多的萌发幼苗。这两个样地的差异主要有两点:一是围栏封育与否;二是坡度大小差异。因此可能存在这样一个结论:坡度较小的围栏样地汇水区的好种子得以保留,因此存在有较多的幼苗;而在阴沟中却没有好种子,这些种子都被动物取食殆尽。

(8)对林下幼苗的调查发现,有实生幼苗、萌生幼苗的存在,萌生幼苗明显多于实生幼苗,但是实生幼苗在干旱期间,受干热气候的影响,基本上都已经死亡,雨季中萌发的实生苗在长达 7 个月的干旱生境条件下,高温干旱,幼苗缺少水分,很难建成幼树,种子更新十分困难;而萌生幼苗健壮,生长良好。由此可见,偏干性常绿阔叶林的幼苗建成以萌生幼苗为主。因此,该区偏干性常绿阔叶林的更新恢复,应积极保护萌生幼苗,禁止人为樵采取薪,破坏幼苗建成;开展封山育林,并适当进行抚育,促进偏干性常绿阔叶林的更新。

2.4.2 结论

川西南山地攀西地区的偏干性常绿硬叶阔叶林,属于亚热带的典型地带性植被——常绿阔叶林,锥连栎、高山栲、滇青冈和多变石栎林等是我国川西南山地偏干性常绿阔叶林的优势建群种,但由于受人为活动的影响,在四川的分布多为残留下来的小块森林(四川森林编辑委员会,1982)。锥连栎、高山栲、滇青冈和多变石栎四种壳斗科种群主要分布于山体的中部,干热河谷区的上缘,地方俗称“二半山”地区,气候类似于干热河谷,一旦遭到人为破坏,更新恢复难度大,容易导致干热河谷上移,不利于该区生态环境的建设与改善。

(1)几种优势树种土壤种子库密度均接近于零。主要原因是种子散布后的主要命运是动物取食和转移,土质坚硬导致种子入土困难,这样就给取食动物的取食带来契机。对于具有大种子的栎类来说,攀枝花地区较大的坡度可能也是种子存留困难的一个原因。

(2)干扰的样地环境可能有利于种子途径的更新。主要原因可能是牛羊等大型动物活动、人工挖坑、流水冲刷等中度干扰活动带动了种子入土;但重度干扰却无益于种子途径的幼苗更新。

(3)偏干性常绿阔叶林的幼苗建成以萌生幼苗为主,应积极保护萌生幼苗,禁止人为樵采取薪的破坏,保证森林的天然更新恢复;在技术措施上,应积极开展封山育林,进行人工松土、抚育等措施,改善利于幼苗生长的微生境条件,提高实生幼苗、萌生幼苗的保存率。

综上所述,偏干性常绿阔叶林以种群种子库来进行天然更新,很难达到更新目的,这也是该区偏干性常绿阔叶林的分布越来越少的根本原因。随着天然林资源保护工程的实施,一方面,积极采取保护措施,进行封山育林,维护偏干性常绿阔叶林生态系统的稳定,另一方面,积极采取人工抚育措施,开展人工补植、松土等以增加林下幼苗数量和提高幼苗保存率的有效管理,提高偏干性常绿阔叶林的生产能力和生态服务功能,以控制干热河谷向上扩展,逐步开展干热河谷治理,改善该地区区域生态环境。这对于长江上游生态建设和区域生态安全具有十分重要的战略意义。因此,对于偏干性常绿阔叶林分布地带,宜采取以封山育林为主,辅以人工措施,天然更新与人工促进更新相结合,促进该区偏干性常绿阔叶林的更新恢复,保护和发展偏干性常绿阔叶林资源,维持山地生态系统健康和生态平衡。

3 云南松林隙研究

3.1 云南松偏冠现象及其影响因素研究

树冠结构是树木生长、种内和种间竞争及其与环境相互作用和反馈调节的综合结果。了解树冠结构和形态是理解树木生理、生态学过程的基础,也是实现从叶片到林分不同尺度生理生态学过程转换的关键(朱春全等,2000)。由于树冠的形态结构存在着明显的时间和空间变异性,因此对树冠结构的定量描述存在着极大的困难(Norman,Campbell,1989)。人们对树冠的研究主要采用分解树冠的方法,把树冠分为树枝(枝倾角)、树冠面积和叶面积指数三个部分,或者研究树冠结构,即从分枝角度、枝叶率、树冠重量等方面(方升佐等,1995),讨论树冠对林木生产力和生物量的影响(朱春全等,2000)。农林复合体中树冠长度也会影响到树冠下的草场产量,结构表明相对的草场产量(林冠下和林外之比)和辐射松(*Pinus radiata*)树冠的长度线形相关(*Sibbald et al.*,1994)。因此,树冠结构除了发挥自身的生理功能以外,还会作为相邻树木的环境因素对其他树木的树冠产生影响,进而影响到其他树木生理和生态功能。但是树冠本身的形态结构以及与环境因素的关系研究还比较少。

林分上层空间树木树冠还影响着同层相邻树木和林下树木的光能分配,导致树木发生偏冠现象,即树冠为争夺空间资源导致树冠向一个方向或几个方向发生倾斜。林木偏冠是极为普遍的现象(田艳丽等,2000;鲜俊仁等,2004),树木偏冠尤其是在林隙形成后表现得更为明显,林隙边界木(border tree)的生长发生释放,侧生长(包括树干直径和侧枝的长度生长)加快,树枝主动伸向林隙内侧(臧润国等,1998),因此林隙形成可能是导致绝大多数树木发生偏冠的主要原因(鲜俊仁等,2004)。在一些特殊的生境中,如干热河谷的老头树,山顶迎风坡的旗型树,都是树冠偏倚的极端类型,同时也表明了自然环境因素,如高的蒸发率、大风、光照分布不均等都严重影响到了树冠的整体构型。树木偏冠的影响因素可能还存在生物因素,如树木本身的参数、树高、胸径、年龄、枝下高等是否和偏冠有联系、相邻树木对偏冠有无影响等,这些方面还未进行研究。

本文研究了川西南山地偏干性常绿阔叶林先锋树种云南松林隙边界木的偏冠现象,以及可能影响偏冠率的生物学因素,以便分析树冠偏倚程度来探讨树冠形态学结构的形成机制。

3.1.1 材料和方法

(1)试验地概况

攀枝花市地处长江上游的金沙江和雅砻江交汇处,位于四川西南川、滇结合部,西跨横断山,地质构造复杂,生态地位突出,是长江源头重要的水源涵养林区。本市植被带不同,气候特征各异,云南松林主要分布在干热河谷上沿海拔1200m以上至海拔2800m,分跨几个气候带,海拔不同降水量和温度差异较大。由于山地气候的影响,水热状况在地貌上的垂直分异和阴阳坡不同,直接影响以致制约着植被和土壤类型。因此,本区有两个系列:一是半干旱、半湿润型的阳坡系列,植被类型呈稀疏灌丛—松栎混交林或常绿阔叶林—灌丛草地—山地草甸。二是半湿润、湿润的阴坡系列,植被类型呈稀疏灌丛—常绿阔叶林—云南松或松栎混交林—落叶阔叶针阔混交林—针阔混交林。在两个系列的山地和中山地带均分布有云南松纯林和松栎混交林,山的上部云南松成、过熟林居多,仅在林隙处存在云南松的幼林。在调查范围内,云南松林多数为过熟林,年龄在80年以上,少数为成熟林,年龄在40~80年。在林隙内分布有40年以下的幼林。云南松过熟林很少为单层林,基本上都为复层林,林下植被主要为云南松幼树,青冈类幼树,在原始林区还存在较大年龄的青冈林,局部地区还形成顶级群落。

(2)调查方法

影响树木偏冠的可能因素较多,选用主要生物因素作为测定对象。同时,还因为偏冠率大小本身和树种有关(鲜俊仁等,2004),在探讨偏冠现象及其影响因素时,只用云南松作为代表,以避免树种差异带来的影响。单株树木总是生长在特定的树木环境中,都被周围的树木所包围,选用胸径、年龄、树高、枝下高等树本身参数的同时,还把影响树冠侧向和后向发展的树称为影响树,并测定侧树间距和后树距离,这两个距离均表示垂直距离(图5-79)。选择

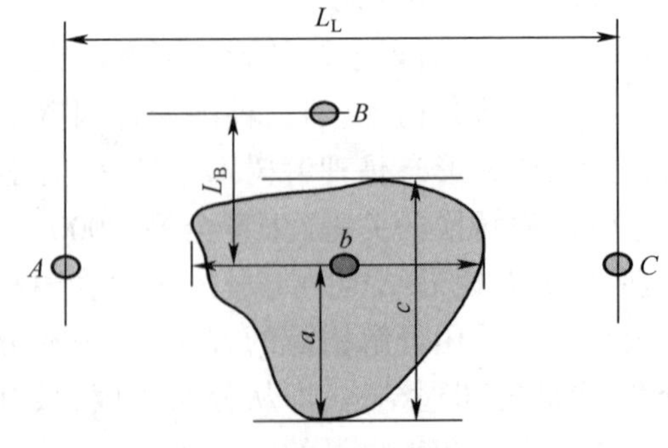

图5-79 云南松偏冠率测定各树分布示意图

云南松作为研究对象还因为该树种基本为圆形树冠,树枝在各个方向伸展均匀,轮生枝条,一旦偏冠,较为明显,便于分析偏冠影响因素。

野外调查地点设在攀枝花市仁和区务本乡大火山村,海拔 2420~2675m,N26°38′837″~26°38′201″,E101°41′233″~101°41′385″,方圆 $4km^2$。研究地点总体坡向南,因大火山山体较长,调查地点坡位中部偏上,坡度在 0~40°。以乌拉山庄为中心,向不同方向设立路线,沿途测定遇到的每一个林隙,根据需要选择典型边界木。用围尺测定胸径大小,测高器测定树高和枝下高。年龄采用轮枝法,但过熟林树干较粗,掩盖了轮枝,采用数轮枝、数近年砍伐木年轮、结合胸径估算等法近似确定。偏冠率测定按照示意图进行(图 5-79),该图表明了测定树、侧影响树(A 和 C)和后影响树(B)的相对位置,以及各测定值所指示的含义。用皮尺测量边界木偏冠方向(一般为林隙内)的树冠宽度:包括林冠内侧树冠宽度、林冠外侧树冠宽度、侧面树冠宽度。用皮尺测量侧影响树的间距(L_L),边界木和后影响树之间距离(L_B)。用六五式指北针测定偏冠方位,具体测定方法如下:把指北针带有直尺的一面和边界木内侧树冠方向垂直,记录指北针所指方向对应的度数,0°为正北方。因为云南松树冠偏倚在林隙边界木上表现较为明显,主要选定边界木作为测定对象,共完成了 76 个林隙、291 株边界木树冠偏倚程度的测定,平均每个林隙测定 4 株。为了测定自然光照资源分布对树木偏冠的影响,还选择测定了 8 株独立木作为此种条件下树木偏冠数据。独立木是树木生长地势平坦,周围 20m 内没有高过 10m 的树木,没有人为修枝,不受周围树木影响,能接受自然光照的树木。

鉴于树冠定量描述的困难性,采用偏冠率(Ratio of crow inclination,简称为 RCI)来表示树冠的偏倚程度。偏冠率计算用以下公式计算:偏冠率=林隙内侧树冠宽度/林隙内外侧树冠宽度之和,表示林隙中心与边界木连线上,林隙内的最大枝条与该连线上树冠宽度的比值(鲜俊仁等,2004)。本文定义了两种算法,偏冠率一(RCI-1)= 林隙内侧树冠宽度(a)/林隙内外侧树冠宽度之和(c);偏冠率二(RCI-2)= 林隙内侧树冠宽度(a)/林隙侧边树冠宽度之和(b)(图 5-79)。两种偏冠率能全面地反映树冠偏倚程度,偏冠率一能反映林隙内侧树冠在其连线上所占的比例,而偏冠率二能反映林隙内侧树冠和侧面树冠的比例。

(3)数据处理

用 Microsoft Excel 2003 统计所有数据,并结合 SPSS 12.0 for Windows 确定两种偏冠率和胸径、年龄、树高、枝下高、侧树间距、后树间距的相关关系,筛选合适的数学模型。边界木和独立木偏冠率之间的差异用 One-way ANOVA 进行。

3.1.2 结果

(1)云南松偏冠现象

云南松林隙边界木平均胸径 31.42±11.30cm($n=291$),浮动在 5.86~0.5cm 之间。树高 4.22±6.5m,平均值为 14.96±3.63m($n=291$)。枝下高 2~20m,平均值为 10.13±3.2m($n=291$)。年龄分布在 15~152a 之间,平均年龄为 71.48±~31.93a($n=291$)。侧树间距变动在 1.18~38m 之间,平均间距为 10.2±5.33m($n=291$)。平均后树距离为 4.11±2.99m($n=291$),变动在 0.2~28m 之间。

云南松偏冠现象比较普遍,偏冠率一的平均值为 0.72±0.14($n=291$),变动在 0.231~1 之间,偏冠率二的平均值为 0.86±0.37($n=291$),浮动在 0.134~2.583 之间。95%(偏冠率一)和 93%(偏冠率二)以上的边界木偏冠率在 0.5 以上。云南松偏冠分布在方位上不存在全和无的现象,在东、南、西、北四个方向均存在,45°~135°(西):60 株;135°~225°(南):118 株;225°~

315°(东):64 株;315°~0°~45°(北):39 株。其中南向较多,占到 40.55%,其中西偏南、南偏西、南偏东和东偏南较多,一共占 74.57%。云南松林隙边界木偏冠方位如图 5-80 所示,偏冠方向向南。偏冠率一和偏冠率二的分布如表 5-115 所示,偏冠率一 0.5 以下分布较少,0.6~0.7 和 0.7~0.8 可达到 20%以上,不存在大于 1 的边界木。偏冠率二 0.5 以下分布较少,小于 7%,0.5~0.6,0.6~0.7,0.7~0.8 和 0.8~0.9 所占比例在 10%~20%之间,偏冠率二大于 1 的占到 20%以上。

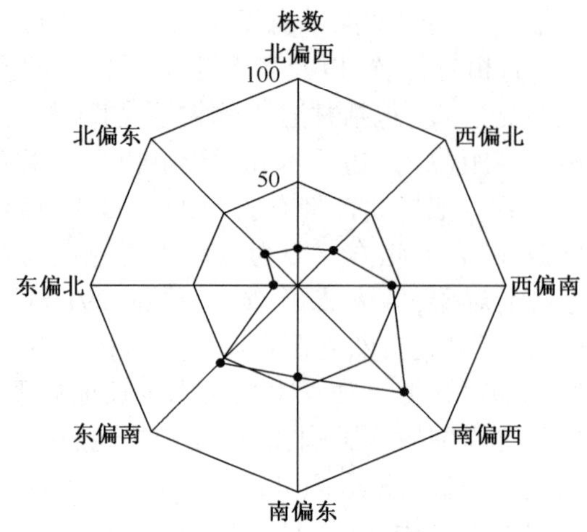

图 5-80 云南松林隙边界木偏冠的方位图

(2)云南松偏冠率的影响因素

分析发现,偏冠率一和胸径、年龄相关,并符合对数函数 $y=-0.0699\mathrm{Ln}(x)+0.9514$ ($r=0.223$, $n=291$, $p<0.001$;如图 5-81)和 $y=-0.0437Ln(x)+0.8978$ ($r=0.158$, $n=291$, $p=0.026$;见图 5-82),年龄较小时,偏冠率较大,随着年龄的逐渐变大,偏冠率减小,并趋于稳定;但偏冠率二和胸径、年龄并无显著相关关系($n=291$, $p=0.925$;$n=291$, $p>0.382$)。偏冠率一和树高、枝下高没有显著相关关系($n=291$, $p=0.058$;$n=291$, $p=0.306$),偏冠率二也是如此($n=291$, $p=0.568$;$n=291$, $p=0.187$)。

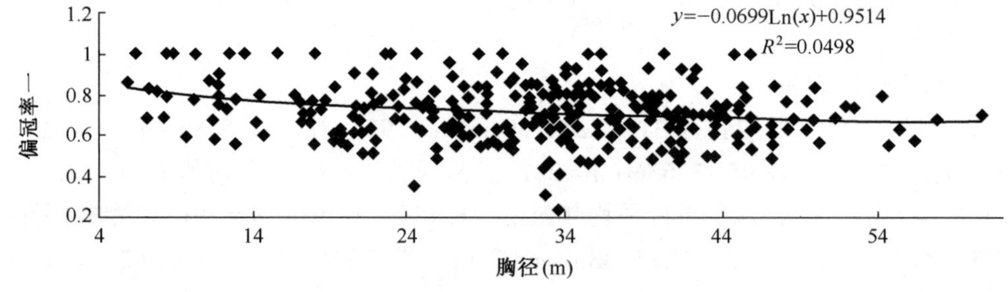

图 5-81 云南松胸径和偏冠率一的关系

偏冠率一和偏冠率二均和侧树间距密切相关,并符合一元二次函数 $y=0.0004x^2-0.0137x+0.8085$ ($r=0.195$, $n=291$, $p=0.016$;见图 5-83)和 $y=0.0009x^2-0.0416x+1.1626$ ($r=0.263$, $n=291$, $p<0.001$;见图 5-83)。在侧树距离较小时,偏冠率均随着侧树距离

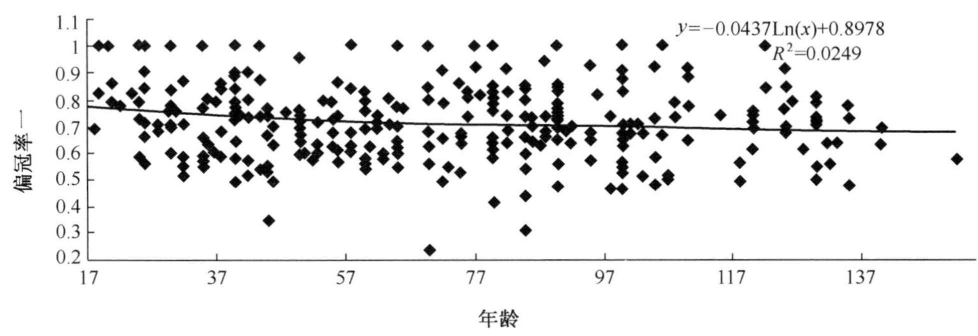

图 5-82 云南松年龄和偏冠率一的关系

的增加而降低;随着侧树距离的继续增大,偏冠率又逐渐增大。偏冠率一和偏冠率二的变化趋势相同(图 5-83)。偏冠率一和后树距离密切相关,$y = 0.0017x^2 - 0.0466x + 0.8644$ ($r = 0.521$,$n = 291$,$p < 0.001$;图 5-84),在后树距离较小时,偏冠率一随着距离增大而减小;随着后树距离的增大,偏冠率一又渐渐变大。偏冠率二和后树距离却无显著相关关系($n = 291$,$p = 0.098$)。云南松的偏冠在一定程度上和方位没有关系,最大偏冠方向在东、南、西、北四个方位上均有分布,从方位分布图可以看出西向居多,包括西北方向和西南方向,正西方向分布最多。偏冠率一和偏冠率二的散点图表明,二者呈幂函数分布,变化趋势符合符合方程:$y = 0.7518x^{0.3069}$($r = 0.558$,$n = 291$,$p < 0.001$,见图 5-85)。随着偏冠率二的增大,偏冠率一也逐渐变大,表明偏冠率一和偏冠率二的影响因素具有协同性。

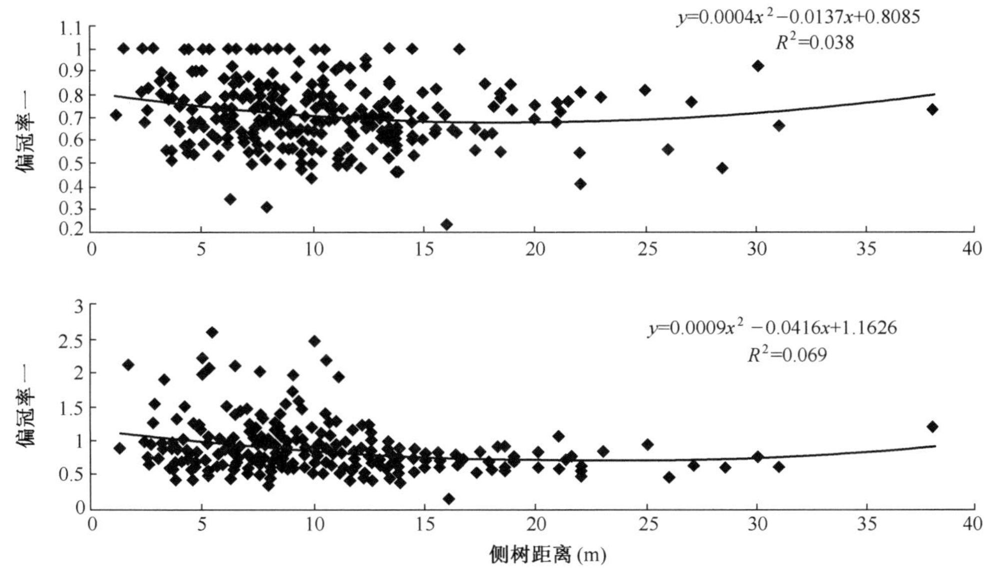

图 5-83 云南松侧树距离和偏冠率的关系

通过分析,云南松独立木也存在轻微的偏冠现象,但偏冠率明显低于边界木的偏冠率(图 5-86)。独立木偏冠率一的平均值为 0.54±0.03,变动在 0.513~0.612 之间,低于边界木的 0.72($F = 10.789$,$df = 1$,$p = 0.001$);偏冠率二的平均值为 0.60±0.08,浮动在 0.534~0.779 之

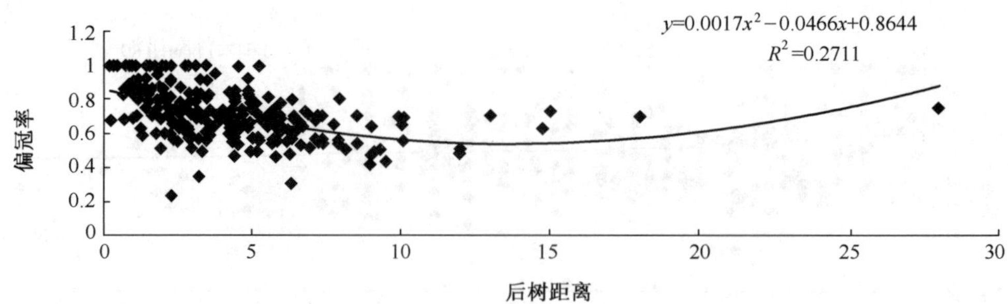

图 5-84　云南松后树距离和偏冠率的关系

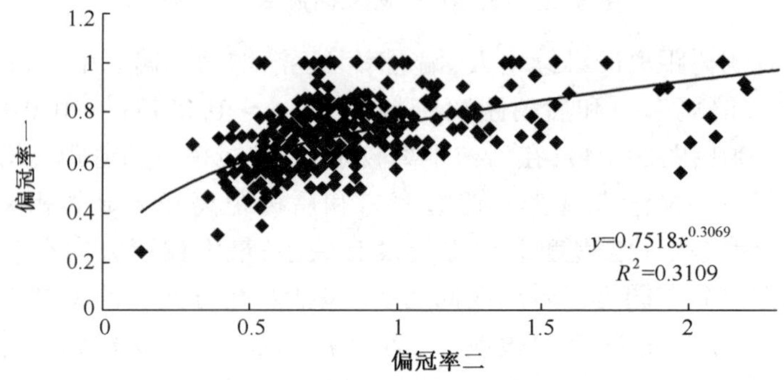

图 5-85　云南松偏冠率一和偏冠率二的关系

间，低于边界木的 0.86（$F=5.189$，$df=1$，$p=0.023$）。

（3）讨论

云南松林隙边界木多数为成熟和过熟林，大于 60 年的边界木占到 60.82%，40 年以下的边界木占到 18.21%，绝大多数边界木存在偏冠现象（表 5-115）。偏冠率一的平均值为 0.72±0.14，0.5~1.0 之间的偏冠率占到 94.86%，偏冠率二的平均值为 0.86±0.37，0.5~2.0 之间的占到 90.15%。调查地点基本上属于云南松原始林，由于土壤水分较充足，云南松根系较浅，枯立木比例较大，风倒（掘根、杆基折断和杆中折断）类林隙较多，边界木年龄、树高、枝下高和胸径较大，林隙边界木普遍偏大。

表 5-115　云南松边界木偏冠率分布

偏冠率分布	偏冠率一（边界木株数/百分比）	偏冠率二（边界木株数/百分比）
<0.3	1/0.34	1/0.34
0.3~0.4	2/0.68	4/1.37
0.4~0.5	11/3.77	14/4.79
0.5~0.6	44/15.07	41/14.04
0.6~0.7	75/25.68	46/15.75
0.7~0.8	84/28.77	55/18.84
0.8~0.9	41/14.04	42/14.38
0.9~1	33/11.30	18/6.16
1~2	0	61/20.89
≥2	0	9/3.08

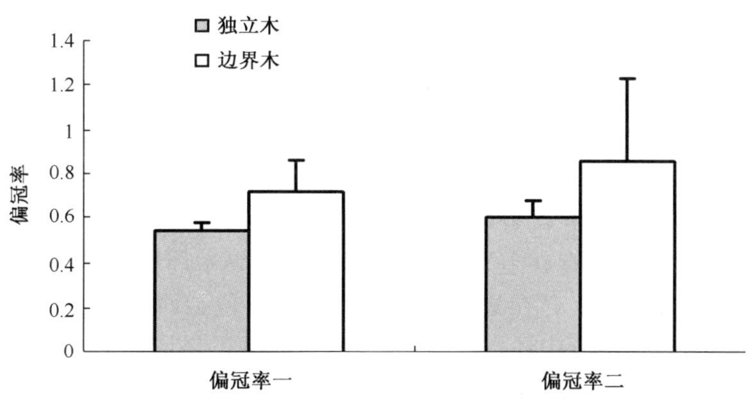

图 5-86　云南松独立木和边界木偏冠率

(4)独立木偏冠分析

偏冠率一表示外侧树冠的受影响程度,而偏冠率二则表示侧面树冠的受影响程度。结果表明偏冠率一和胸径、年龄有关,和树高、枝下高无关;偏冠率二和胸径、年龄、枝下高等个体特征无关。研究结果表明,云南松林隙边界木的偏冠率受边界木本身特征,如枝下高、树高影响较小,仅和年龄(胸径)显著相关,在云南松的个体发育历史上,树冠偏倚程度是可变的。同类的研究也表明,树冠大小和胸径有关(徐成立等,2005),樟子松(*Pinus sylvestris* var. *mongolica* Lity)的树冠形态结构和其个体发育或大小有关(田艳丽等,2000)。云南松林隙边界木偏冠率和云南松本身的个体特征存在一定程度的关系。

云南松林隙边界木偏冠率明显受到相邻树木距离的影响,偏冠率一和侧树、后树间距有关,偏冠率二和侧树间距有关。云南松属阳性树种,幼林期密度较大,高生长迅速,争夺资源的竞争极为激烈,幼树间相互侵占空间频繁,树冠偏倚程度较大,偏冠率较大;成、过熟林云南松由于自疏作用、人工砍伐和风倒等原因而密度较小,而且树冠本身较大,偏倚程度稍有降低。但周围树木对偏冠率影响不同,如侧树和后树都影响到了偏冠率一,而只有侧树间距影响到了偏冠率二,这种影响和距离有关。侧面和后面影响树距离越近,对边界木的树冠影响越大,偏冠率就越大;影响树距离中等时,对边界木树冠影响较小,偏冠较小;当影响树距离较大时,偏冠率一又缓升,树冠偏倚程度较大。因此,侧树和后树距离对偏冠率一、树距离对偏冠率二影响的数学模型均为二次方程,呈抛物线形,开口向上(图 5-83 和图 5-84),后树和侧树对边界木偏冠率的影响随着距离而变化。研究结果表明,偏冠率(相当于本文的偏冠率一)随扩展林隙面积增加而变大(鲜俊仁等,2004),这说明和外侧树冠相比,边界木内侧树冠的发育和扩展林隙面积有关。同时,林隙形成后会导致树冠的发育加速,时间越长,发育越充分,偏冠率越大,显然边界木内侧树冠发育程度又和林隙的形成时间长短有关。此外,非生物因素,如坡向、风、光等自然气候条件也会影响到树木偏冠。统计分析表明,偏冠率一和偏冠率二的变化具有一致性,这主要是因为后树间距和侧树间距变化具有协同性,二者极显著相关($df=291$, $r=0.283$, $p<0.001$),同时,生物学因素和非生物学因素对偏冠率的影响效应具有复杂性。在特定的立地条件下,生物学因素的影响其主导作用。后影响树也会影响到侧面树冠的发展;同理,侧影响树也会影响到后方树冠的发展;它们的影响是相互的。

林隙(鲜俊仁等,2004)和边界木周围树木明显影响到了树冠的发育,使得树冠偏向一方,这一结论也得到了独立木偏冠率数据的支持。独立木也存在偏冠,但程度较轻,而边界木偏冠程度明显高于独立木。周围树木的存在不仅影响了边界木树冠的物理空间分布范围,还阻挡了光照资源,导致树冠各个方位光资源分布不平衡,使得树冠发育不平衡,形成多种多样的树冠形态和不同程度的偏冠现象。在同一个地点,尽管太阳活动具有固定的规律,但自然环境因素光照在不同方位分布不同(张一平,王进欣,1999),固定光照资源使得独立木树冠的分布不均匀,存在一定程度的偏冠。在调查中还观察到,独立木西南方向的树枝较为浓密,东北方向较为稀疏,但在树冠宽度上也存在差别,但这一影响和边界木周围树木的影响相比,显得较为轻微。在偏冠现象的方位图上存在聚集分布,南向最多,包括西偏南、南偏西、南偏东和东偏南,共占 74.57%以上。在调查中还发现,相邻树木的高度也是该树影响边界木偏冠与否的重要尺度,高度接近或者高于边界木时才能影响到树冠发育。低于边界木高度的邻树不足以改变边界木树冠的光资源分布,则对树冠发育没有太大影响。

研究结果表明,影响云南松林隙边界木偏冠现象的生物学因素主要是云南松的个体特征和相邻树木的距离远近。此外,树木本身的特性可能也是一个方面,偏冠现象存在树种差异,岷江冷杉、红桦和紫果云杉的偏冠率均不同(鲜俊仁等,2004)。所有的乔木树种都是喜光的(方旭东,1996),在全光下都能生长良好,耐阴树种到达乔木层后,光照因素均可能会影响到偏冠率。从影响树冠形态,包括偏冠现象的生理机制上考虑,光照是最为主要的因素。云南松是喜光树种,对光照有较强的依赖性,一定距离内侧树和后树的存在改变了边界木树冠不同方位的光资源分布,使得各侧树冠的发育速度不同,从而导致树木树冠发生偏倚。同理,林隙的形成改变了局地光照资源的空间分布格局,导致边界木在林隙内侧生长迅速,导致树冠向一侧偏倚而发生偏冠(鲜俊仁等,2004)。其他因素也会影响到树冠发育,风是影响海边和山坡旗形树冠的原因(李景文,1992)。极端干热生境中的老头树也是树冠偏倚的典型代表。树冠结构是树木生长、种内和种间竞争及其与环境相互作用和反馈调节的综合结果。云南松林隙边界木的树冠偏倚就是上述因子综合作用的结果,但是偏冠现象和环境因素,尤其是非生物环境的关系还不明了,这需要在多种生境尤其是极端生境进行对比研究。这些问题的研究有利于深入探讨物种个体形态对生态和环境因子适应的可塑性机理。

3.2 云南松林林窗边界木特征

边界木(border tree)是指在位于某个斑块的边缘,对其他相邻斑块发挥标识或分隔作用的树木,如森林和草原联结处的树木,河流和海岸线直接联结的树木,耕地边界的树木等。边界木处于两种或两种以上的物质体系、能量体系、结构体系、功能体系相切所形成的界面,该界面能量交换迅速,物质循环频繁,并且树木两侧环境条件差异明显(巨天珍,索安宁,2002),使得边界木具有与其他树木不同的特征。边界木在森林内部的斑块中也普遍存在,林窗的边界木便是其中的一类。

林窗(gap,也可译为林冠空窗或林窗)这一概念由英国人 Watt(1947)提出,表示群落中一株以上林冠层(主林层),树木死亡而形成的将由新个体占据与更新的空间(臧润国,徐化成,1999),并由美国生态学家 Runkle 博士(1981,1982)扩充为林冠空窗(canopy gap,直接处于林冠空窗下的土地面积,简称 CG)和扩展林窗(expanded gap,林冠空窗周围树木所围成的土地面积,简称 EG)。国内外学者从不同角度对林窗进行研究,成果显著,但对林窗边界木特征的研究较少(鲜俊仁等,2004)。

林窗边界木(gap border tree,简称 GBT)指群落中主林层的乔木死亡形成林窗后,其周围的高度达到林冠层的树木(鲜俊仁等,2004),对相邻的不同林窗发挥标识和分隔作用。林窗的形成对边界木的生长产生影响,如边界木对林窗干扰的最明显外在响应表现在偏冠现象(鲜俊仁等,2004)。同时,边界木确定了林窗空间大小,影响着林窗的能量分配和物质循环,因此边界木的特征成为影响林窗内部生境的重要因素,如边界木树高对林窗内光环境(Minckler,Woerheide,1965)和温、湿度的影响(臧润国等,1999)。

本研究通过对四川省攀枝花市境内云南松林林窗边界木的调查,分析得出川西南山地云南松林林窗边界木的一般特征,并通过边界木的特征寻求其对林窗的影响。

3.2.1 材料和方法

(1)试验地概况

攀枝花市地处长江上游的金沙江和雅砻江交汇处,位于四川西南川滇结合部,西跨横断山,地质构造复杂,生态地位突出,是长江源头重要的水源涵养林区。本市植被带不同,气候特征各异,云南松林主要分布在干热河谷上沿海拔 1200m 以上至海拔 2800m,分跨几个气候带,海拔不同降水量和温度差异较大。由于山地气候的影响,水热状况在地貌上的垂直分异和阴阳坡不同,直接影响以致制约着植被和土壤类型。因此,本区有两个系列:一是半干旱、半湿润型的阳坡系列,植被类型呈稀疏灌丛—松栎混交林或常绿阔叶林—灌丛草地—山地草甸。二是半湿润、湿润的阴坡系列,植被类型呈稀疏灌丛—常绿阔叶林—云南松或松栎混交林—落叶阔叶针阔混交林—针阔混交林。在两个系列的山地和中山地带均分布有云南松纯林和松栎混交林,山的上部云南松成、过熟林居多,仅在林窗处存在云南松的幼林。

在调查范围内,云南松林多数为过熟林,年龄在 80 年以上,少数为成熟林,年龄在 40~80 年。在林窗内分布有 40 年以下的幼林。云南松过熟林很少为单层林,基本上都为复层林,林下植被主要为云南松幼树,青冈类幼树,在原始林区还存在较大年龄的青冈林,局部地区青冈成为主要的建群树种。

(2)调查方法

野外调查地点设在攀枝花市仁和区务本乡大火山村,海拔 2420~2675m,N26°38′837″~26°38′201″,E101°41′233″~101°41′385″,方圆 $4km^2$。本地点总体坡向南,因大火山山体较长,调查地点坡位中部偏上,坡度在 0~40°之间。以乌拉山庄为中心,向不同方向设立路线,沿途测定遇到的每一个林窗,记录了林冠林窗和扩展林窗的大小,边界木的胸径、树高。用皮尺测量边界木偏冠方向(一般为林窗内)的树冠宽度:包括林窗内侧树冠长度、林窗外侧树冠长度、侧面树冠宽度。

将林窗近似为椭圆型,用皮尺测量其长、短轴长度,运用椭圆面积公式 $A=\pi LW/4$(A 为林窗面积,L 为长轴长,W 为短轴长)计算林冠林窗和扩展林窗的面积(彭建松等,2005)。

偏冠率(ratio of crow inclination,简称 RCI)用两种方法计算。偏冠率一=林窗内侧树冠长度/林窗内外侧树冠长度;偏冠率二=林窗内侧树冠长度/侧面树冠宽度。

(3)结果与分析

第一, 边界木的树种组成及数量。在 100 个林窗中调查到 854 株边界木,其中青冈 8 株,麻栎 1 株,其余为云南松共 845 株,所占比例为 98.9%。这说明该地区云南松林林窗边界木主要组成树种为云南松,稀有其他树种。单个林窗边界木统计结果(表 5-116)表明,单个林窗的边界木最少为 5 株,最多为 17 株,平均每个林窗占有 8.54 株边界木。以 5~9 株为边界木的林窗数量最多占到 74%。边界木多于 10 株的林窗较少。

表 5-116 单个林窗边界木的数量分布

边界木株数(株)	林窗数(个)	百分比(%)	边界木株数(株)	林窗数(个)	百分比(%)
5	13	13.00	12	5	5.00
6	11	11.00	13	3	3.00
7	12	12.00	14	1	1.00
8	21	21.00	15	1	1.00
9	17	17.00	16	2	2.00
10	6	6.00	17	2	2.00
11	6	6.00	Σ	100	100.00

第二,林窗边界木的年龄、胸径及高度。在 100 个林窗中调查到 854 株边界木,单个林窗边界木的平均树高和胸径的统计结果见表 5-117、表 5-118。表 5-117 表明,单个林窗的边界木平均高度集中在 14~22m 之间(占 95%),其中以 18~22m 最多,占 61%。边界木平均高度小于 14m 以及大于 22m 的林窗极少,仅占 5%。表 5-118 表明,单个林窗边界木的平均胸径多数在 35~50cm 之间(占 82%),其中以 40~45cm 最多,占 50%。这表明该地区云南松林林窗边界木大部分由发育良好的成年木构成,仅存在少量低树高,低胸径的边界木。

表 5-117 单个林窗边界木平均高度

高度等级(m)	林窗数(个)	百分比(%)
<12	1	1.00
12~14	4	4.00
14~16	15	15.00
16~18	18	18.00
18~20	35	35.00
20~22	26	26.00
≥22	1	1.00
Σ	100	100.00

表 5-118 单个林窗边界木平均胸径

胸径等级(cm)	林窗数(个)	百分比(%)
<25	2	2.00
25~30	6	6.00
30~35	8	8.00
35~40	22	22.00
40~45	50	50.00
45~50	10	10.00
≥50	2	2.00
Σ	100	100.00

第三,林窗边界木的偏冠率。对 68 个林窗内的边界木进行调查,测算出单个林窗边界木的平均偏冠率一、二(表 5-119、表 5-120)。表 5-119 表明,偏冠率一集中在 0.6~0.8 之间(占 75%),边界木林窗内侧树冠的平均长度均大于林窗外侧树冠长度。由表 5-120 可知,边界木偏冠率二多数大于 0.6(占 88.24%),其中大于 1.0 的占 25%,表明边界木林窗内侧树冠的平均长度接近或超过侧面树冠宽度。这一结果表明该地区云南松林窗边界木存在明显的偏冠现象。

(4) CG、EG 面积与林窗边界木的关系 在对 100 个林窗中 854 株边界木调查发现,单个林窗边界木的平均胸径随 CG、EG 面积增大而增大,并趋于稳定,分别呈乘幂函数 $y=22.549x^{0.1048}$($r=0.4859$, $n=100$, $p<0.001$;见图5-87)和对数函数 $y=5.0469\ln(x)+9.5879$($r=0.5284$, $n=100$, $p<0.001$;图 5-88)。

表 5-119　单个林窗边界木平均偏冠率一

偏冠率等级	林窗数(个)	百分比(%)
≤0.5	0	0
0.5~0.6	5	7.35
0.6~0.7	27	39.71
0.7~0.8	24	35.29
0.8~0.9	8	11.76
≥0.9	4	5.89
Σ	68	100.00

表 5-120　单个林窗边界木平均偏冠率二

偏冠率等级	林窗数(个)	百分比(%)
≤0.5	2	2.94
0.5~0.6	6	8.82
0.6~0.7	14	20.59
0.7~0.8	17	25.00
0.8~0.9	12	17.65
≥1.0	17	25.00
Σ	68	100.00

单个林窗边界木的平均高度随 CG、EG 面积增大而增高，并趋向平均高度，分别呈乘幂函数 $y=10.664x^{0.1011}$($r=0.5818$，$n=100$，$p<0.001$；图 5-89）和 $y=8.1947x^{0.1336}$($r=0.5980$，$n=100$，$p<0.001$；图 5-90）。单个林窗边界木胸径总量随 CG、EG 面积的增加而增加，分别呈乘幂函数 $y=84.085x^{0.253}$($r=0.5799$，$n=100$，$p<0.001$；图 5-91）和 $y=42.791x^{0.337}$($r=0.6011$，$n=100$，$p<0.001$；图 5-92）。

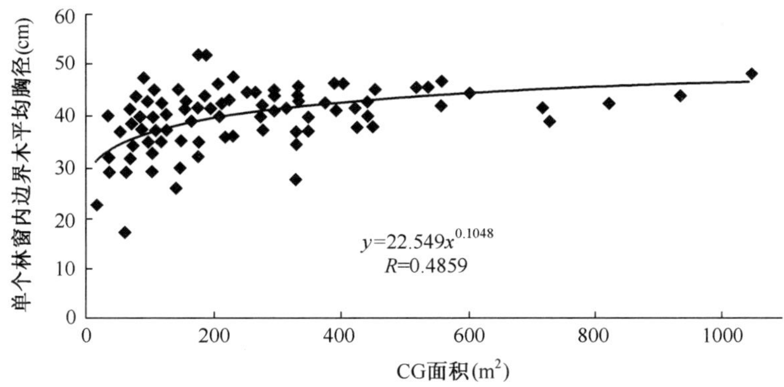

图 5-87　单个边界木平均胸径与 CG 面积的关系

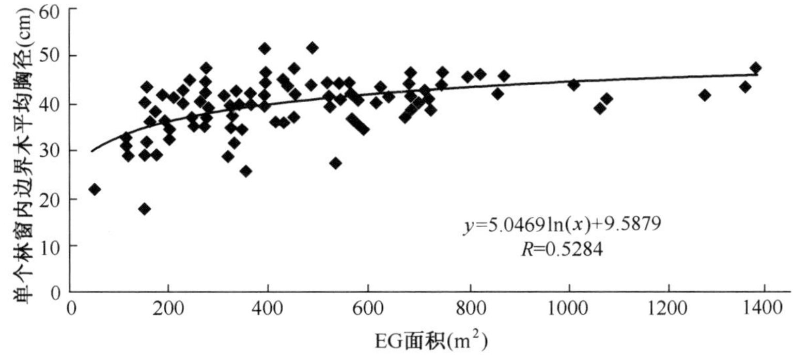

图 5-88　单个林窗内边界木胸径与 EG 面积的关系

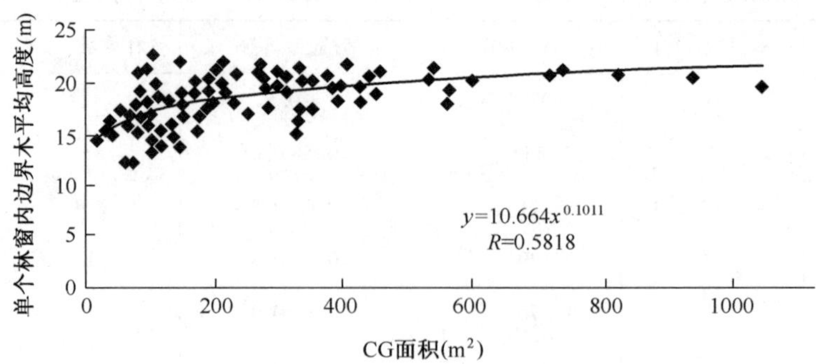

图 5-89 单个林窗内边界木平均高度与 CG 面积的关系

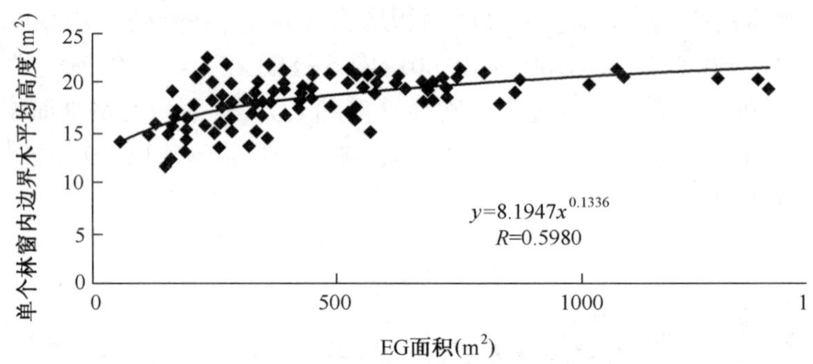

图 5-90 单个林窗内边界木平均高度与 EG 面积的关系

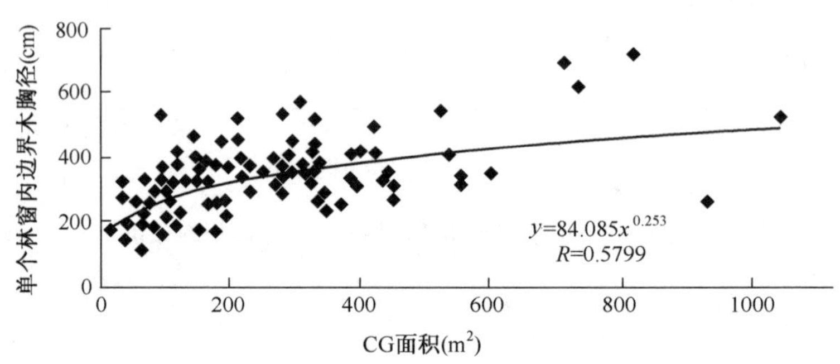

图 5-91 单个林窗内边界木胸径和 CG 面积的关系

3.2.2 讨论

林分上层空间树木树冠还影响着同层相邻树木和林下树木的光能分配，导致树木发生偏冠现象，即树冠为争夺空间资源导致树冠向一个方向或几个方向发生倾斜。在研究川西南山地云南松林林隙边界木特征时发现，林隙边界木基本上都具有偏冠现象，林隙内侧枝条伸长，明显大于侧向树冠和纵向树冠，偏冠率一和偏冠率二大部分都大于 0.5，这一结论和前人研究结论一致，即林木偏冠是极为普遍的现象（田艳丽等，2000；鲜俊仁等，2004），树木偏冠尤其是在林隙形成后表现得更为明显，林窗边界木（border tree）的生长发生释放，侧生长（包括树干

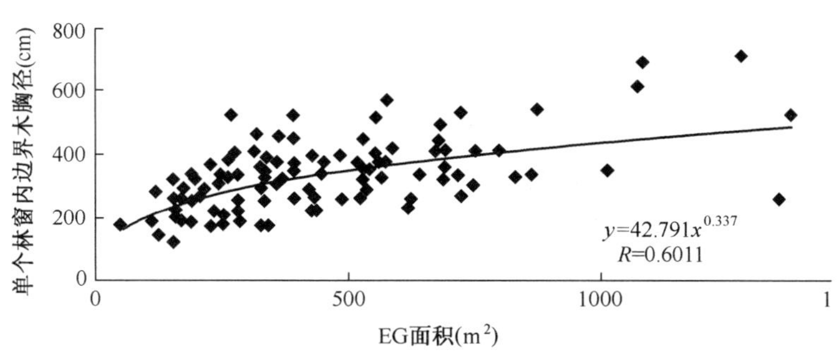

图 5-92 单个林窗内边界木胸径和 EG 面积的关系

直径和侧枝的长度生长）加快，树枝主动伸向林窗内侧（臧润国，1998），因此，林隙形成可能是导致绝大多数树木发生偏冠的主要原因（鲜俊仁等，2004）。但从调查的数据还可以看出，边界木的最大偏冠方向并不全是发生在林隙内侧方向，少数林隙的边界木偏冠率小于 0.5，占到 58%（鲜俊仁等，2004）或者见本文表 5-120，同时云南松林隙边界木的偏冠率二还存在大于 1.0 数据。因此，除了林隙形成的影响以外，相邻树木树冠的物理和生物学等因素的影响可能是林隙边界木偏冠的另一主要原因（何亚平等，未发表）。

林隙边界木是诸多边界木种类中的一类，从边界木大小决定林隙面积这一结论来看，边界木的特征影响到和边界木相邻的区域的性质，进而影响到该区域的物质和能量环境。

由于本次仅调查了攀枝花市高海拔地区云南松林林隙边界木的一般特征，林隙边界木对林隙内部生境、资源配置、幼苗更新等的关系有待进一步研究，进而从边界木的角度揭示林隙干扰和林隙动态，为云南松林可持续经营提供理论依据。

3.2.3 云南松林隙特征和更新研究

由于受自然界各种干扰因素的影响，森林总是处于不断的发展变化之中。在所有的森林群落中都存在着由干扰驱动的森林循环（forest cycle）或森林生长循环（forest growth cycle），在时间上可简单的划分为林隙阶段、建立阶段和成熟阶段（臧润国，徐化成，1998；臧润国等，1999；梁晓东等，2001）。不同时间阶段的森林就是整个森林景观在空间上的斑块镶嵌体，因为斑块镶嵌体在时间上的相互转化，空间上的相互转移，整个森林景观处于此起彼伏的斑块动态镶嵌和循环过程中。森林循环的概念把森林看作是时空异质的动态镶嵌体，是现代森林群落动态学的指导思想之一（臧润国，徐化成，1998；臧润国等，1999；Runkle，1981）。这一结论改变了科研人员对森林群落的静态认识，并且强调了干扰作为群落时空分布格局的驱动力，是森林群落发展变化和结构维持的必要成分（臧润国，徐化成，1998；臧润国等，1999）。林隙是森林各种干扰的综合反映，是森林群落环境的组成部分，是研究干扰的窗口，在过去几十年里获得广泛的关注。

林隙（gap）这一概念最初是由英国人 Watt 在 1947 年提出的，用以表示群落中一株以上林冠层（主林层），树木死亡而形成的将由新个体占据与更新的空间（臧润国，徐化成，1998；臧润国等，1999）。这个空间的度量被称之为林隙大小（gap size），是林隙的重要特征之一，还被视为林隙环境和林隙更新的主要指标（臧润国等，1999；Collins et al.，1985；Veblen，1992；Canham et al.，1990）。对这个空间的界定不同，测定林隙大小的方法不同，尽管采用了不同的方法，但至今广为采用的方法不多。不同的方法测定的林隙大小不同,有的甚至差异极大,这样就降低了不同方法测定的不同类型群落林隙大小数据的可比较性(Lima,2005)。林冠林隙和扩展林隙的概念及其测定方法(Runkle,1981,1982,1990)在中国引用较多,被多数研究工作采用(核实),一般意义上讲,林隙大小可分为林冠林隙的大小和扩展林隙的大小,并在野外分别测定。实验研究结果表明,林隙大小影响着林隙内的物质和能量环境,不同大小的林隙光照、温湿度明显不同(Zhu et al. ,2003)。开敞度表示林隙高度和林隙直径的比值,林隙高度用边界木的高度来确定(鲜俊仁等,2004)。人工自疏的不同开敞度林隙的控制实验研究结果也表明,开敞度大的林隙其能量环境较好,具有较高的温度和光照,湿度略有降低(Zhu et al. ,2003)。因此,林隙的边界木特征也成为影响林隙特性的重要因素。除了形成木特征以外,在考虑林隙特征时也考虑到边界木特征这一因素,关于边界木特征的研究目前还较少(鲜俊仁等,2004)。从林隙的形态特征角度分析,林隙大小、林隙形成木和林隙边界木构成了林隙形态的几个主要特征。

到目前为止,研究人员对我国多种植被类型的林隙特征进行了研究,对亚热带常绿阔叶林的林隙研究主要集中在湿性常绿绿阔叶林分布区,对川西南山地偏干性(四川植被协作组,1980)或半湿润型常绿阔叶林(宋永昌,2004)的林隙特征和形成机制研究还未出现。云南松是我国云贵高原的特有树种,是四川西南山地主要森林类型的优势种。云南松在自然条件下形成纯林,在阴湿地段形成松栎混交林,从演替的角度来看,川西南山地云南松林最终都会向地带性植被亚热带针阔混交林和常绿阔叶林方向发展(杨玉坡,李承彪,1992),因此云南松是偏干性或半湿润性常绿阔叶林的先锋树种。彭建松等(2005a,2005b)初步研究了云南松林隙的更新和林隙年龄和大小的关系,以及云南松林隙的形成机制。林隙形成机制研究成果利于指导森林经营(臧润国等,1999),云南松林隙形成规律的研究对其森林可持续经营对策有指导意义(彭建松等,2005b)。

除了传统林隙特征的研究内容以外,从林隙大小的影响因素出发,以干扰状况为背景,着重探讨林隙的形状、林隙形成木特征和边界木特征与林隙大小的关系。在研究中主要关心以下问题:首先,通过云南松林隙形成木特征和林隙大小来探讨云南松林隙的形成机制和干扰状况;其次,通过林隙大小和林隙形状、形成木大小特征和边界木的大小特征的相关性分析林隙大小的影响因素;最后总结影响林隙大小的因素和林隙研究对于云南松林经营的指导意义。云南松林林隙结构、形成机制和林隙大小影响因素的研究,对于揭示云南松天然林森林景观格局的形成、森林循环的动态规律和可持续经营具有重要的理论和实践意义。

(1)材料和方法

第一,调查地点概况。攀枝花市地处长江上游的金沙江和雅砻江交汇处,位于四川西南川滇结合部,西跨横断山,地质构造复杂,生态地位突出,是长江源头重要的水源涵养林区。本市植被带不同,气候特征各异,云南松林主要分布在干热河谷上沿 1200m 以上至海拔 2800m,分跨几个气候带,海拔不同降水量和温度差异较大。由于山地气候的影响,水热状况在地貌上的垂直分异和阴阳坡不同,直接影响以致制约着植被和土壤类型。因此,本区有两个系列:一是半干旱、半湿润型的阳坡系列,植被类型呈稀疏灌丛—松栎混交林或常绿阔叶林—灌丛草地—山地草甸;二是半湿润、湿润的阴坡系列,植被类型呈稀疏灌丛—常绿阔叶林—云南松或松栎混交林—落叶阔叶针阔混交林—针阔混交林。在两个系列的山地和中山地带均分布有云南松纯林和松栎混交林,山的上部云南松成、过熟林居多,仅在林隙处存在云南松的幼林,存在有效更新。

在调查范围内，云南松林多数为过熟林，年龄在 80 年以上，少数为成熟林，年龄在 40~80 年。在林隙内分布有 40 年以下的幼林。云南松过熟林很少为单层林，基本上都为复层林，林下植被主要为云南松幼树，青冈类幼树，在原始林区还存在较大年龄的青冈林，局部地区还形成顶级群落。由于本区为少数民族彝族的居住地，林内存在较大的干扰，如牲畜放养（包括猪、牛和羊），对建群种的干扰主要来自自然和人为原因，如云南松自然死亡，枯立木风倒和人为砍伐。另外，当地彝族乡民砍伐松明子导致云南松干基折断（风倒）也是乔木层干扰的一个因素，这一干扰也随着照明用电问题的解决而减弱。

第二，调查方法。野外调查地点设在攀枝花市仁和区务本乡大火山村，海拔 2420~2675m，N26°38′837″~26°38′201″，E101°41′233″~101°41′385″，方圆 $4km^2$。研究样地以乌拉山庄为中心，坡位中部偏上，总体坡向南，坡度在 0~40°。样地布置以乌拉山庄为中心，向不同方向设立路线，测定沿途遇到的每一个林隙，测定林隙各项特征。

根据林冠林隙和扩展林隙的定义（Runkle，1982，1990），林冠林隙的大小为林隙形成木为倒木周围树木的林冠在地面上的垂直投影所围成的面积，扩展林隙大小为林隙边界木的树干基部在地面上所围成的面积。据此以林隙边界木林冠和树基在地面上的垂直投影作为依据来测定林隙大小。测定每一个林隙的最大直径（L）和与其中心相垂直的直径（W），则为 L 椭圆的长轴，W 为椭圆的短轴。以椭圆面积公式 $A=\pi LW/4$ 来计算林冠林隙和扩展林隙的面积。同时记录形成木的种类、数量、胸径、树高、形成方式和数目等特征。林隙形成木的死亡形式分三类：风倒、枯立和人工砍伐。风倒和人工砍伐的形成木根据残桩、土丘测出胸径，在林隙外寻找 5 株胸径相同的同类树种测定树高，代替形成木的树高。记录每个林隙边界木的数目。

第三，数据统计分析。用 Microsoft Excel 作图和计算数据，用 SPSS for windows 作相关分析。

（2）结果

第一，林隙的形状和大小。林隙的形状是多样的，只有 1%左右的林隙长短轴比例为 1，接近 99%的林隙长短轴比例大于 1。圆形和接近圆形的林隙形状比例极少，绝大多数是椭圆型的。林冠林隙的长短轴比例在 1~5 之间，平均值为 1.8±0.7；扩展林隙的长短轴比例在 1~3.2 之间，平均值为 1.5±0.4。

林隙大小常用面积来衡量，云南松林林冠林隙面积范围变动在 18.1~$1044m^2$之间，平均值为 $255.6m^2\pm195.7m^2$。林冠林隙面积浮动在 50.7~1379.1 m^2之间，平均值为 $458.9m^2\pm272\ m^2$。林冠林隙和扩展林隙大小级分布稍有不同，林冠林隙的面积以 $500m^2$以下为主，占到 90%；扩展林隙面积以 $500m^2$以下的占到 72%。面积在 $100m^2$以下的林冠林隙较多，而面积在 $100m^2$以下的扩展林隙只有一个（图 5-93）。长短轴之比表示林隙的椭圆形程度，长短轴比例越大，椭圆越扁。通过分析发现，林冠林隙和扩展林隙面积大小和长短轴比例没有关系（CG：$r=0.185$，$df=100$，$P=0.066$；EG：$r=0.095$，$df=100$，$P=0.345$；图 5-93）。

第二，林隙大小和边界木、形成木的关系。林隙大小和边界木数目有关，边界木数目越多，林隙面积越大。林冠林隙面积和边界木数目密切相关，其面积随边界木数目变化趋势符合抛物线方程：$y=-3E-06x^2+0.0084x+6.7574$（$r=0.395$，$df=100$，$P<0.001$；图 5-94）。扩展林隙面积和边界木数目也密切相关，其面积随边界木数目变化趋势符合抛物线方程：$y=-6E-07x^2+0.005x+6.4581$（$r=0.404$，$df=100$，$P<0.001$；图 5-94）。

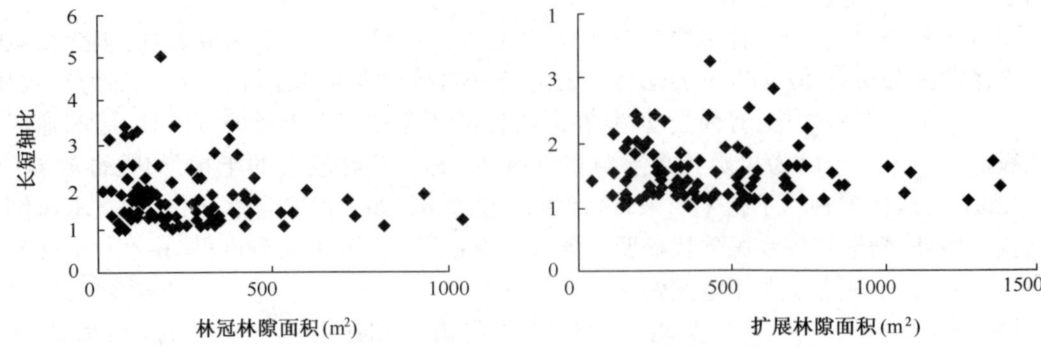

图 5-93 云南松林林隙形状与林冠林隙和扩展林隙大小的关系

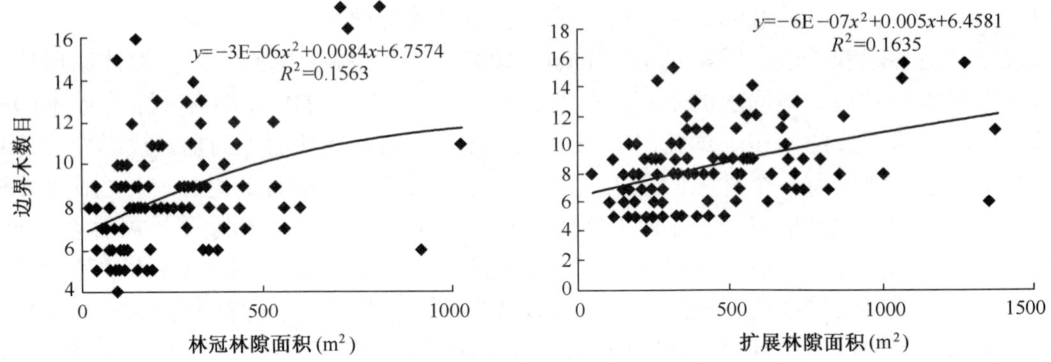

图 5-94 云南松林林隙边界木数目与林冠林隙和扩展林隙大小的关系

林隙大小和形成木数目有关,形成木数目越多,林隙面积越大。林冠林隙面积和形成木数目密切相关,其面积随形成木数目变化趋势符合抛物线方程:$y = -7E-06x^2 + 0.0092x + 1.0262$($r$=0.442,d$f$=100,$P$<0.001;见图 5-95)。扩展林隙面积也和形成木数目相关,其面积随形成木数目变化趋势符合抛物线方程:$y = -2E-06x^2 + 0.0058x + 0.7069$($r$=0.437,d$f$=100,$P$<0.001;见图 5-95)。

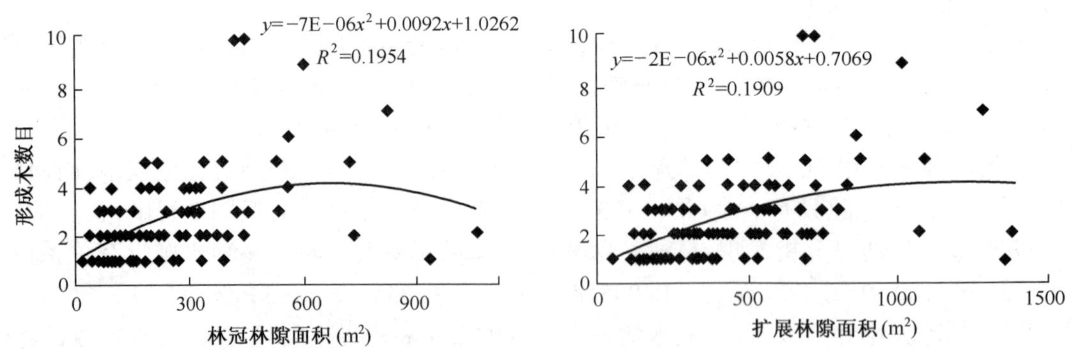

图 5-95 云南松林隙形成木数目与林冠林隙和扩展林隙大小的关系

林隙大小和形成木平均树高有关,形成木的高度越高,林隙面积越大。林冠林隙面积和形成木高度密切相关,其面积随形成木平均树高变化趋势符合方程:$y=11.011x^{0.0866}$($r=0.43$,$df=100$,$P=0.003$;图 5-97)。扩展林隙面积和形成木的平均树高密切相关,其面积随形成木平均树高变化趋势符合方程:$y=9.1758x^{0.1072}$($r=0.412$,$df=100$,$P=0.003$;图 5-97)。

林隙大小和形成木的累计胸径有关,形成木的累计胸径越大,林隙面积越大。林冠林隙面积和形成木的累计胸径密切相关,其面积随形成木累计胸径变化趋势符合方程:$y=-0.0003x^2+0.4088x+19.659$($r=0.536$,$df=100$,$P<0.001$;图 5-96)。扩展林隙面积和形成木的累计胸径密切相关,其面积随形成木累计胸径变化趋势符合方程:$y=2.5788x^{0.5681}$($r=0.535$,$df=100$,$P<0.001$;图 5-96)。

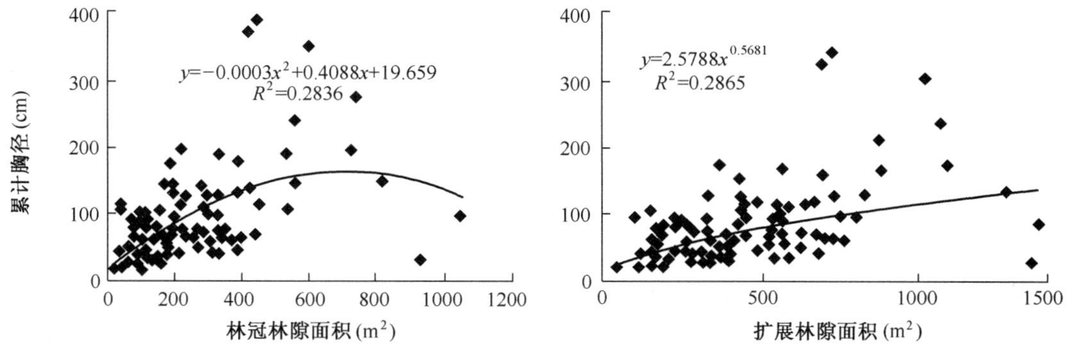

图 5-96　形成木累计胸径与林冠林隙和扩展林隙大小的关系

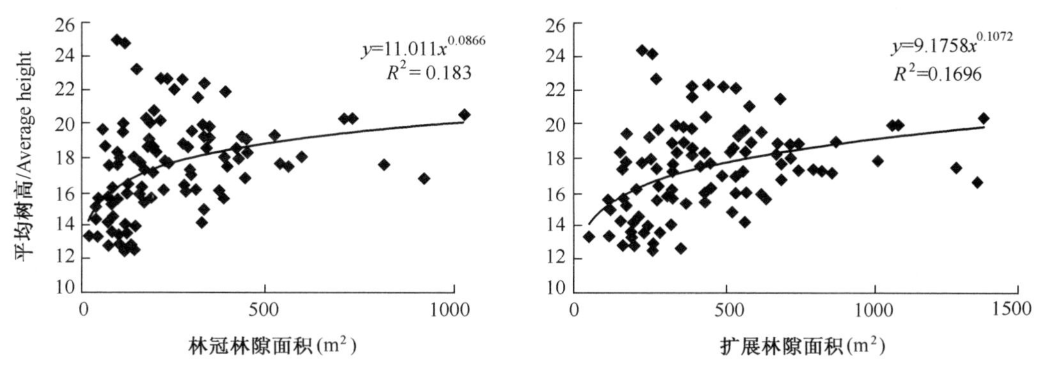

图 5-97　形成木平均树高与林冠林隙和扩展林隙大小的关系

第三,云南松林隙形成方式和形成木特征。调查结果表明,在调查的 100 个云南松林隙中共有形成木 264 株,种类以云南松为主,青冈占的比例极低。形成木的死亡形式可分为三类:风倒、枯立木和人工砍伐。风倒的形成木有 121 株,占到 45.8%;枯立和人工砍伐形成的形成木比例较少,分别为 68 株和 75 株,占到 25.76%和 28.4%(表 5-121)。云南松林隙的形成方式可分为七种:风倒、枯立、人工砍伐、风倒+枯立、风倒+人工砍伐、枯立+人工砍伐和风倒+枯立+人工砍伐。其中风倒、人工砍伐、枯立+人工砍伐比例较高,分别可占到 19%以上;枯立、砍伐+枯立方式比例较低,都低于 7%(表5-122)。

表 5-121 云南松形成木的死亡形式

死亡形式	个数	所占比例(%)
风倒 Wind falls(WF)	121	45.8
枯立木 Standing death(SD)	68	25.76
砍伐 Artificial cutting(AC)	75	28.4

表 5-122 云南松林隙的形成方式

形成方式	风倒/WF	枯立木/SD	砍伐/AC	风倒+枯立木/WF+SD	风倒+砍伐/WF+TAC	砍伐+枯立木 AC+SD	风倒+枯立木+砍伐/WF+SD+AC
林隙数	26	7	21	19	12	4	11
所占比例(%)	26	7	21	19	12	4	11

林隙形成木的平均树高为 17.6m±2.8m,在 11.5~24.9m。在大黑山没有低于 10m 和高于 25m 的林隙形成木,高度级为 15~20m 的形成木占到 61.7%,比例极高;10~15 和 20~25 的较低,分别占到 19%左右(表 5-123)。云南松林隙形成木的径级结构见表 5-124,低于 20cm 和高于 50cm 的形成木极少;径级为 30~35cm、35~40cm 和 40~45cm 的形成木比例较高,分别占到 28.0%、23.1%和 20.8%;径级为 20~25cm、25~30cm 和 45~50cm 的形成木比例较低,分别为 9.5%、7.2%和 7.2%(表 5-124)。云南松形成木的年龄结构分布见表 5-125 所示,40 年以下和 140 年以上的形成木极少;80~100 年的形成木比例较高,占到 31.4%;年龄级为 60~80 年、100~120 年的分别占到 17%和 21.2%;年龄级为 40~60 年、120~140 年的形成木占到 13.6%和 14.8%(表 5-125)。

表 5-123 云南松形成木的高度级

高度级(m)	株数	所占比例(%)
≤10	0	0
10~15	52	19.7
15~20	163	61.7
20~25	49	18.56
≥25	0	0

表 5-124 云南松林隙形成木的径级结构

径级(cm)	株数	所占比例(%)
≤20	3	1.1
20~25	25	9.5
25~30	19	7.2
30~35	74	28.0
35~40	61	23.1
40~45	55	20.8
45~50	19	7.2
≥50	8	3.0

表 5-125　云南松形成木的年龄级

龄级	株数	所占比例(%)
≤40	2	0.8
40~60	36	13.6
60~80	45	17.0
80~100	83	31.4
100~120	56	21.2
120~140	39	14.8
≥140	3	1.1

云南松林隙形成木数目的分布较广,从 1 株到 10 株不等,没有 8 株形成木的林隙。1~5 株形成木的林隙数目较多,达 6 个以上;6 株以上形成木的林隙数目较少,仅为 0~2 个,占到 5%(图 5-98)。不同形成木数目的林隙个数呈抛物线形式变化,符合方程:$y=0.5682x^2-9.6803x+41.367$($r=0.96$,$df=10$,$P=0.001$;见图 5-98)。单株云南松形成木能形成面积为 $119m^2$($n=100$)的林冠林隙,面积为 $218m^2$($n=100$)的扩展林隙。形成木的数目和海拔高度密切相关,变化趋势符合方程:$y=-3E-0.5x^2+0.1632x-215.94$($r=0.383$,$df=100$,$P<0.001$;见图 5-99)。

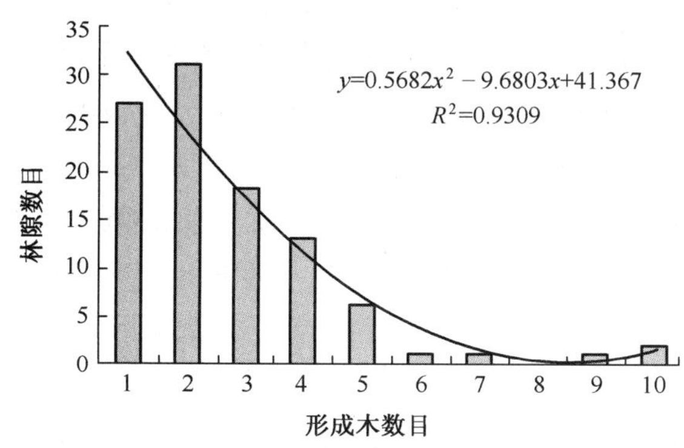

图 5-98　云南松不同形成木数目的林隙个数

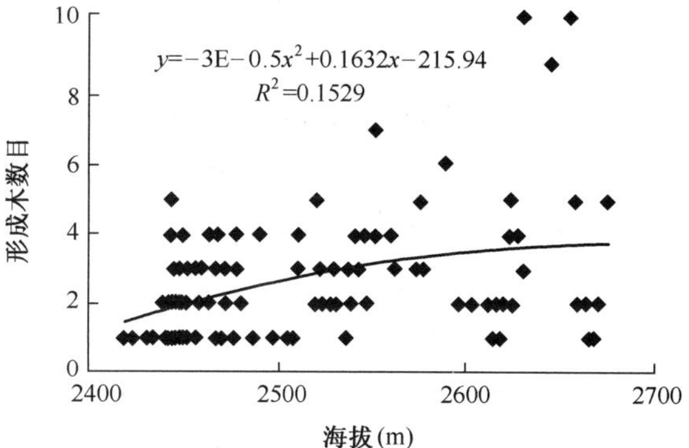

图 5-99　云南松林隙形成木数目的海拔分布

第四,林隙的云南松更新。调查结果表明,几乎所有的林隙都存在云南松的幼树和幼苗,只在少数贫瘠、干旱的坡面很少存在更新幼苗和幼树。林隙云南松幼树的平均胸径为 5.29cm ±2.44cm,浮动在 2~11cm 之间;树高在 1.5~8.2m 之间变动,平均树高为 4.9m±1.92m;年龄为 10~28 年之间,平均年龄为 20 年左右。云南松幼树的密度为 0.157 株/m^2,幼苗密度为 0.157 株/m^2。幼苗中多年生幼苗占到 30.77%,一年生占到 69.2%。

(3)讨论

森林总是处于不断的发展变化之中,这种发展和变化主要是由两种因素在起作用,一是自然干扰,二是人为干扰,二者都能改变生态系统、群落和种群结构,并引起基质和资源有效性发生变化(Pickett,White,1985)。自然干扰包括火、暴风雨、台风、洪水、滑坡、地震、火山喷发、病虫害等因素,常见的是风和火灾;人为干扰主要是指人为砍伐、放牧等人类的生产活动。受自然干扰和人为干扰影响,云南松成、过熟林(形成木年龄分布在60~140年之间)单株或多株树木发生风倒、自然死亡(枯立)和被人工砍伐,形成小型和中等大小的林隙。大黑山岩层浅,为火山岩,土层薄,云南松根系较浅,加之海拔较高,风力较大,和金沙江流域云南松林林隙一样(彭建松等,2005a),风倒(wind treefall)是大黑山云南松林隙形成木的主要死亡方式,包括掘根、杆基折断、和杆中折断。此外,折枝也是云南松林隙形成木的一种形成方式,但比例极少(彭建松等,2005a),在野外调查中暂时没有发现这种形成方式。枯立木又称站杆(standing death),是由树木死亡后树叶和树枝脱落,树干仍站立于林分中形成的,大黑山云南松林隙枯立木占形成木总数的25.76%,略高于金沙江流域。风倒木可分为活树风倒和死树风倒两大类,但在调查时无法确定,但可以看出杆中折断和杆基折断中多数都为云南松先发生枯立,后发生风倒。因此,该区云南松林隙形成木中自然死亡的比例比调查到的结果要高,这种现象在其他类林隙中也可能存在。大黑山大火山村主要是彝族居住区,人工砍伐也是大黑山云南松林隙形成木的一种方式,占到总形成木数目的1/4左右。这反映出了该区人为干扰的强度位居其次,自然干扰仍是形成林隙的主要原因。而金沙江流域的云南松林隙形成木则主要是自然干扰形成的,没有人为干扰。风倒和枯立木等自然干扰是林隙形成的普遍原因,在各种森林类型中广泛发生(臧润国,徐化成,1998;臧润国等,1999;李贵才等,2003),而人为干扰也是林隙形成的一个重要原因(谭笑等,2002)。云南松林隙形成木的多种死亡方式导致了林隙的形成方式具有多样性。云南松林隙的形成方式主要包括:风倒、枯立、人工砍伐、风倒+枯立、风倒+人工砍伐、枯立+人工砍伐和风倒+枯立+人工砍伐等七种。林隙形成木数目在一定程度上反映了所受干扰的剧烈程度,地形对干扰状况和林隙的形成有重要影响(沈泽昊等,2001)。结果表明,随着海拔的升高,形成木数目有增加的趋势,所受干扰加剧。

林隙大小是林隙的主要特征之一,反映了林隙受干扰的规模。根据干扰发生的范围(以0.1hm^2为界),一般可分为小规模、细尺度的干扰,大规模、灾难性的粗尺度的干扰(Spies, Franklin,1989);前者被称为小型干扰,后者被称为大型干扰(Lorimer,1989),或者内源干扰和外源干扰(White,Pickett,1985)。林隙的大小用面积来衡量,大多数学者将林隙的范围确定在4~1000m^2的界限之内,小于4m^2的林隙和林分间的枝叶间隙区分开,故不作林隙处理;而大于1000m^2的林隙当作林中空地处理。攀枝花市大黑山云南松林隙中大型林隙极少,仅占调查数目的3.5%,绝大部分林隙都属于中小型林隙的范围。这种干扰属于小规模的、细尺度的小型干扰,是群落发展过程中必然伴随的过程。无论是林冠林隙,还是扩展林隙,云南松林隙面积主要分布在500m^2以下,而金沙江流域的云南松林隙大小主要集中在200~600m^2和100~300m^2(彭建松等,2005a)。

从水平面上看,云南松林隙的林冠林隙的形状是不规则的,但总体上说其形状近似于椭圆形,长短轴之比变异范围较大,椭圆扁得程度不同。和云南松林隙及其他林隙(臧润国等,1999)不同,闽中山地天然林林隙的形状接近圆形,长短轴之比为1.14(陈碧华等,2005)。扩展林隙是林隙边界木围成的面积,形状为多边形,较为固定,为了调查方便仍使用椭圆公式计算面积。林冠林隙的面积在林隙的个体发育中变化较大,林隙形成后林隙边界木发生偏冠现象,树冠朝向一侧生长,填充林隙(臧润国,徐化成,1998;鲜俊仁等,2004),林冠林隙的形状和面积在发生变化。无论从哪个角度来看,林冠林隙的形状和大小都不是固定的。

林隙的大小受多种因素的影响,但林冠林隙和扩展林隙的影响因素可能不同。扩展林隙的面积是固定的,可能受形成木的特征影响较大;而林冠林隙面积不固定,随着林隙年龄增长而发生变化,除了受形成木特征影响外,还受林隙形成时间的影响。林隙长短轴比反映了林隙的形状,统计分析表明,云南松林冠林隙、扩展林隙大小不受形状的影响,但林隙个体发育历史不同,林冠林隙形状不同,面积也不同,这个影响在本书无法体现。本研究结果表明,林冠林隙的大小和形成木数目、平均树高、累计胸径密切相关,变化趋势符合特定的数学模型(图 5-96、图 5-97 和图 5-98),扩展林隙的大小也是如此(图 5-96、图 5-97 和图 5-98)。较多的林隙形成木数目,较高的树高,较大的年龄都对应着较大的林隙面积。林隙大小受林隙形成木的数目、直径、树高等特征的影响,较大的林隙大小对应着较大的林隙形成木。此外,林隙的形成方式、形成木的种类也影响着林隙大小(李贵才等,2003)。本研究结果还表明,林隙边界木的数目也影响着林冠林隙和扩展林隙的面积(图 5-94),较多的边界木对应着较大的林冠林隙和扩展林隙大小。还有数据表明,林隙边界木的累计胸径、平均树高还和林隙大小密切相关,较大的林隙边界木对应着较大的林冠林隙和扩展林隙大小(徐嘉等,2006)。林隙的形成木和边界木共同构成了林隙形成前的群落环境,基本上代表了此时的群落建群种。边界木、形成木较大代表着林隙的形成群落年龄较大,这样林隙大小也较大。因此,边界木、形成木和大小等林隙特征是群落环境的综合反映,林隙特征隐藏着林隙形成前的群落信息。

云南松为川西南山地偏干性森林的先锋树种,成、过熟的云南松林的建群种基本上全部为云南松,零星分布有耐荫性树种,这和林隙形成木和边界木中仅有少数耐荫树种是一致的。在云南松林中,年龄越大的云南松有较高的树高和较大的胸径,老龄林各建群种占据的空间较大,单位树木枯立、死亡和人工砍伐造成的林中空隙较大,反之亦然。群落环境不同,单位形成木能形成的林隙面积不同。南亚热带常绿阔叶林单个形成木能形成的扩展林隙面积为 72.94m^2,林冠林隙面积为 25.06m^2(刘静艳等,1999),而云南松每个形成木可以形成林冠林隙面积 118m^2和扩展林隙 218m^2。这种区别可能都来源于林隙形成前的群落环境差异,因此在很大程度上说,林隙的形态特征,如形成木、边界木和林隙大小等是林隙形成前群落环境特征的综合反映。从云南松林隙的形成机制和林隙大小的影响因素来看,云南松林隙的形成可能主要是树木本身生长发育和死亡的必然结果,从整个群落来看,也是群落发育衰老的结果。因此,云南松林隙的形成可能主要是建群种种群衰老的结果,也是新群落演替和森林循环的起点。从云南松的个体发育历史来看,大树的死亡必然伴随着林隙的形成,林隙的形成也伴随着大树的死亡,云南松林林隙的这种形成机制对于云南松林的经营有指导意义。

云南松是西南地区荒山造林的主要树种,也是重要的用材树种。人们干扰森林,采伐云南松之前,云南松林本身就处于动态变化之中,都在各种干扰体系的作用下维持着其正常的结构、功能和生物多样性。云南松天然林的这种动态变化特征是森林生物和不同自然环境条件长期适应,相互作用的结果(臧润国等,1999)。首先,云南松天然林隙的形成木本身就具有很高的利用价值。云南松林隙的风倒木、枯立木平均胸径在 36cm 左右,平均年龄在 90 年左右,自然死亡或风倒后基本无人利用(少数被砍松明子),自然腐烂,直接参与自然界的物质循环。

这些树木在一定程度上造成了木材浪费;在同一片森林,人工砍伐的林隙形成木占到总形成木数量的25%。因此,合理利用天然林的林隙形成木是合理利用森林资源、森林可持续经营的前提。其次,人类对森林的干扰强度应尽量控制在天然林所受干扰的范围内,模拟自然干扰的规模,进行云南松天然林的保护、培育和经营,在自然干扰发生前人工促进形成林隙,维持森林动态的斑块镶嵌格局(彭建松等,2005a),实现森林的多重效益,人工科学的促进群落演替和森林循环。在合理利用形成木的同时,天然林经营应采伐枯立木前一个径级的云南松,在树木枯死前采伐。择伐木在1~5株,形成的面积在260m^2(18~1044m^{2}之间)(林冠林隙)和460m^2(50~1379m^{2}之间)(扩展林隙)左右,空隙的面积为圆形或椭圆形。这一思路在人工林的培育和经营中可能更为重要,需要引起高度重视。

林隙大小也被用作干扰状况的主要指标,较大的林隙干扰状况较大,较老的群落所受干扰状况较为剧烈,因此干扰可能也存在群落环境的年龄差异。不同年龄群落的云南松林林隙形成机制、干扰格局的对比研究利于深入分析林隙干扰状况的年龄差异,值得进一步深入研究。

综上所述,林隙是森林循环的起点,是群落演替的重要阶段。云南松林隙属于小规模、细尺度的干扰,以自然干扰为主,人为干扰为辅。风倒和枯立木是大黑山云南松林隙形成木的主要死亡形式,人为砍伐造成1/4的形成木死亡。云南松林隙有七种形成方式:风倒、枯立、人工砍伐、风倒+枯立、风倒+人工砍伐、枯立+人工砍伐和风倒+枯立+人工砍伐。林隙形成木和边界木一样,均为年龄较大、径级较大的云南松,是云南松个体生长发育和死亡的必然结果,也是群落衰老的过程。云南松林隙大小和林隙形状无关,受边界木和形成木特征影响,较大的林隙形成木和边界木对应着较大的林隙。林隙的形态特征,如形成木、边界木和大小等和群落年龄有关,是群落环境的自然反应。云南松林隙的形成规律对云南松林的经营有指导意义,如合理利用形成木,模拟自然干扰格局适时择伐和形成木大小相当的云南松,人工促进森林循环。

4 云南松林更新研究

云南松是我国亚热带云贵高原特有树种,是四川省西南山地主要森林类型的优势种(四川森林,1992)。在四川,云南松林分布海拔一般为1700~3100 m,阳坡与半阳坡分布较多,在海拔1800~2600 m多为纯林,以海拔2100~2500 m之阴坡立木生产力最高(杨玉坡等,1963)。云南松属于喜光耐旱性树种,根系发达,适应性强,在干热河谷上缘地带多与偏干性常绿阔叶树种形成以云南松为上层优势的异龄复层针阔混交林,镶嵌分布于偏干性常绿阔叶林中(四川森林,1992),其最低海拔可到1400m,在贫瘠干燥地带,也能适应生长,是川西南山地荒山造林的主要先锋树种之一。

这一地带海拔较低,交通方便,由于长期遭受掠夺性利用,生态环境遭到严重破坏,生境趋于高温干旱,天然更新不良,多形成疏林,林分结构简单,生产能力和生态功能低下,并呈现逆向演替趋势,多数已开始向干热河谷植被退化;加之紫茎泽兰入侵,覆盖地表,严重影响云南松天然更新能力。因此,云南松林的更新恢复具有一定难度,需要进一步研究。

4.1 云南松林种子库研究

云南松结实年龄较早,处于开阔光照充足的地方,6年生即开始结实。头年3~4月授粉,翌年果实成熟。球果平均长度8cm,最大直径6.5cm,约有果鳞170片,只有中间一部分能孕育种子150粒左右。12月上旬种子成熟,3月以后逐渐飞落。出种率1.5%左右,随着球果干燥失水,出种率可相对提高到2%~3%。云南松种子丰歉年的间隔期大致3~5年,但产量差异并不如高山松明显。在长时间严重干旱时,因树木本身水分缺乏,甚至停止结实。云南松幼苗趋光性强,但又需要一定的水分条件,在干热河谷上缘地带干燥生境条件下,光照、水分矛盾突出,不利于天然更新。

通过调查,由于云南松处于结实小年,种子产量低,影响种子的收集,基本上没有种子雨;在林内、采伐迹地、火烧迹地等不同类型样地,土壤种子库的调查表明:

(1)云南松的主要结论和栎类的相同,原有的种子都萌发,土壤种子库属瞬时种子库。

(2)枯枝落叶物和云南松的幼苗密度有关,密度大的样地枯枝落叶物较少。一方面,这可能是枯枝落叶物隔离了种子和土壤,使得种子不能成功着土;另一方面也可能是因为种子虽然入土,但缺乏必要的萌发条件而导致萌发失败。在攀枝花地区,第一种原因可能是主要的,因为在存在枯枝落叶物的样地里,并没有完好种子的存在。

(3)火烧样地云南松一年生幼苗的密度较大。这可能是火烧后土壤中云南松的种子得到萌发的条件,在雨季来临后就快速萌发。而火烧样地土壤中不存在种子库,表明云南松的种子库也是瞬时的,即没有永久性土壤种子库。这一点和栎类的结论类似。

(4)云南松幼苗在不存在枯枝落叶物的影响下,从种子到幼苗的过程在海拔间有一些差异;林隙和非林隙处的幼苗密度不同,原因可能主要体现在枯枝落叶物的有无上。

(5)老采伐迹地没有土壤种子库,也不存在幼苗。主要原因是没有种源;其次,紫荆泽兰覆盖样地阻止了种子入土也可能是重要的影响因素。采伐迹地人工补种后云南松生长状况良好,表明借助人工手段完全可以恢复云南松林。

(6)刀耕火种后的样地中几种优势树种的土壤种子库为零。但这种样地的自然恢复需要经历从草本群落到灌木再到乔木林的漫长过程,因此人工促进植被恢复是必要的。

(7)和栎类一样,云南松的种子散布后的主要命运也是动物取食。虽然有研究结果表明枯枝落叶物对种子有一定的保护作用,但在云南松和栎类中并没有发现枯枝落叶物和地表植被保存有好种子。对于食种子动物来说,这种取食环境可能具有更小的捕食风险,因此,保存的种子可以长期的被动物所取食,但到雨季萌发季节而草丛中就已经不存在好种子。

尽管这一地带云南松的天然更新存在着一定的条件,但是天然更新的时间很长,且受种子大小年间隔期的影响,不但面积分散,更重要的是幼树分布不均。因此,单纯地依靠天然更新是不能达到预期效果的。

4.2 林冠下的天然更新

云南松林冠下的天然更新,受树种本身特性的影响很大。其林冠下光照不足,幼苗多为三年生以下;栎类木荷等则相反,在林冠下可以见到5~10年生的幼树。不同林型的天然更新情况如表5-126。

从表5-126中可以看出:在林冠下的天然更新对于树种选择非常严格。云南松虽具广泛的适应性,但在郁闭度较大的林冠下更新最为不良,如箭竹—云南松、蕨类—杉木林、箭竹—栎类木荷林等的林冠下,云南松幼树极为少见。在林冠郁闭度较小,植被盖度不大的禾草—南松林、蕨类—云南松林的林分中,云南松幼苗数量虽有增加,但均局限于1~3年生的耐阴阶段,可见云南松林冠下的天然更新是不良的。从广为分布的禾草—云南松林不同郁闭度林冠下的更新差异也可以看出这一规律(表5-126)。随着郁闭度的增加,5~10年生幼树的比例逐渐减少,2~4年生幼树的比例则逐渐增加,说明不同苗龄对光照要求的严格性与差异性。

表 5-126 云南松不同林型天然更新情况

林型	地区	林分结构组成	草被层的分布与盖度	目的树种的更新频度	更新树种	每公顷株数	所占比例%	幼苗、幼树各龄级的分配(株)				
								1 年	2 年	3 年	4 年	5~10 年
箭竹—云南松林	楠木河	7 云 2 油杉 1 栎，郁闭度:0.6	呈片，箭竹 15%，莎草 15%，茅草 40%	6.6%	云南油杉	1000	100		1000			
蕨类—云南松	宽裕三工段	10 云，郁闭度:0.5	呈片，并非类，禾草，盖度 50%~60%	60%	云南松	1200	100		1200			
禾草—云南松林	楠木河	9 云 1 栎，郁闭度:0.4	呈丛，主要为禾草，盖度 30%~40%	30%	云南松 栎类	7000 1000	87.5 12.5		7000 1000			
禾草—陡坡云南松栎类林	二厂大青沟	5 云 4 栎 1 油杉，郁闭度:0.4	呈丛，主要为禾草、火艾。盖度 40%~50%	15%	云南松 栎类 油杉	666 533 133	50 40 10		333 133		533	
箭竹—栎类木荷林	413 林场杀人坪	5 栎 5 木荷，郁闭度:0.9	呈片，主要为箭竹，少量悬钩子盖度 25%	100%	栎类 木荷	1500 3000	33.3 66.7	—	—	21250	—	15000 8750
蕨类—谷地杉木林	三角桩	第一层主要为杉木，第二层 8 云 2 栎，郁闭度:0.5	呈片，主要为小杜鹃，悬钩子，盖度 50%	100%	杉木(萌条) 栎类	3150 500	86.6 13.7	—	—	—	—	3150 500

表 5-127 云南松林冠下不同郁闭度天然更新情况

项　目	郁闭度									
	全光下		0.3 以下		0.4~0.5		0.6~0.7		0.75 以上	
年龄	2~4	5~10	2~4	5~10	2~4	5~10	2~4	5~10	2~4	5~10
云南松	3400	5428	2402	10833	7650	6450	9302	386	1250	0
所占比例%	38	62	18	82	56	44	96	4	100	0

4.3 采伐迹地的天然更新

表 5-128 云南松(表中简称云)不同迹地植被类型天然更新情况

迹地植被型	标地号	地形地势			伐前林型	更新频度	更新树种	幼树生长情况				
		坡向	坡度	海拔				每公顷保留数	其中			
									1年	2~4年	5~10年	10年以上
呈丛状分布禾草型	17	S50E	30°	2350	禾草—云	100%	云南松	8520		920	7600	—
	23	S10W	32°	2340	禾草—云	100% 10%	云南松 栎类	6320 40	640	2440	3240 40	—
	25	S	18°	2000	禾草—云	100% 10% 20% 10%	云南松 山杨 栎类 桤木	7120 120 40 40	40 40	1200 120 40	5800 40	80
	31	S39W	32°	2070	禾草—云	100% 66.6%	云南松 栎类	3133 266	200 66	2333 66	600 134	—
	32	S56W	28°	2000	禾草—云	87.5% 25% 12.5%	云南松 铁坚杉 杨树	6800 150 50	100 50	6600 50	100 50 50	—
	33	S55W	26°	2130	禾草—云	100% 87.5% 12.5%	云南松 栎类 铁坚杉	3400 800 50	350	1200 250 50	1750 550	1000
	总计	—	—	—	—	—	—	36849	1446	15269	19954	180
	平均	—	—	—	—	—	—	6142	241	2545	3326	30
呈片状分布禾草型	8	N78W	34°	2000	禾草—云	20% 10%	云南松 桤木	25 100			100	
	9	N50W	32°	2100	禾草—云	50% 20% 10% 10%	云南松 铁坚杉 山杨 桤木 栎类	1200 160 320 160 120		520 40 320 120 80	440 120 40	240 40
	11	S75E	33°	2100	禾草—云	70% 20%	云南松 栎类	800 120	40	320	440 120	
	总计	—	—	—	—	—	—	3005	40	1420	1260	305
	平均	—	—	—	—	—	—	1001	13	466	420	102

（续）

迹地植被型	标地号	地形地势			伐前林型	更新频度	更新树种	幼树生长情况				
		坡向	坡度	海拔				每公顷保留数	其中			
									1 年	2~4 年	5~10 年	10 年以上
蕨类植被型	5	S8W	34°	2200	蕨类—云	33. 3%	云南松	233			33	
						90%	杨树	22	100	100	33	33
						90%	栎类	33		33		33
						18%	桤木	134			67	67
	19	N45E	34°	2020	蕨类—云	100%	云南松	5120		320	4800	
						60%	山杨	1000		320	680	
	27	N45W	33. 5°	2200	蕨类—云	100%	云南松	2120		1240	760	
						60%	栎类	680	120	160	360	160
						40%	桤木	280		80	200	
	4	N75E	33°	2200	蕨类—云	100%	云南松	3440		320	2360	
						10%	槲树	40			40	
						10%	广叶杉	40			40	
						40%	桤木	200		200		760
						10%	山杨	160			160	
						20%	栎类	120		40	80	
	21	E	20°	2050	蕨类—云	100%	云南松	2480		680	1800	
	29	N45E	28°	2050	蕨类—云	100%	云南松	3131	67	200	2864	
						16. 6%	铁尖杉	134	67		67	
	总计	—	—	—	—	—	—	19444	354 59	3693 615	14344 2391	1053
	平均	—	—	—	—	—	—	3241	300	1560	1980	176
杂灌植被型	1	N70W	34°	2050	杂灌—云	100%	云南松	4000	50			160
	35	N30W	20°	2160	禾草—云	100%	云南松	2750		550	2100	
						50%	栎类	400		50	350	50
						16. 6%	桤木	100			100	
	总计	—	—	—	—	—	—	7250	350	2160	4530	210
	平均	—	—	—	—	—	—	3625	175	1080	2265	105

表 5-129 云南松(表中简称云)采伐迹地人工点播更新情况

迹地植被型	标地号	更新时间	地形地势			伐前林型	更新频度	更新树种	幼树生长情况				10年以上
			坡向	坡度	海拔				每公顷保留数	其中		平均高	
										良好	不良		
呈丛状分布禾草型	17	59.6	S50E	30°	2350	禾草—云	100%	云南松	2120	1280	840	45.6	
	23	59.67	S10W	32°	2340	禾草—云	90%	云南松	2920	3440	480	50.4	
	25	60	S	18°	2000	禾草—云	100%	云南松	4880	4720	160	23.5	
	31	59~63	S39W	32°	2070	禾草—云	100%	云南松	12400	11660	740	32.6	
	32	63.7~8	S56W	28°	2000	禾草—云	62.5%	云南松	1000	950	50	4.5	
	33	59.6~7	S55W	26°	2130	禾草—云	100%	云南松	4200	3550	650	53.7	
	总计	—	—	—	—	—	—	—	28520	25600	2920	—	36852
	平均	—	—	—	—	—	—	—	4753	4266	483	—	6142
呈片状分布禾草型	8	60.7	N78W	34°	2000	禾草-云	10%	云南松	25	25		2.4	
	9	60.7	N50W	32°	2100	禾草-云	60%	云南松	2680	1760	920	4.7	
	11	60.8	S75E	33°	2100	禾草-云	40%	云南松	400	280	120	5.6	
	总计	—	—	—	—	—	—	—	3105	2065	1040	—	3003
	平均	—	—	—	—	—	—	—	1035	688	347	—	1001
蕨类植被型	5	59.6	S8W	34°	2200	蕨类—云	100%	云南松	6133	5199	964	44.2	
	19	59.6	N45E	34°	2020	蕨类—云	无	云南松	—	—	—	—	
	27	59.6~7	N45W	33.5°	2200	蕨类—云	100%	云南松	5880	5720	160	54.6	
	4	59.6	N75E	33°	2200	蕨类—云	100%	云南松	1840	460	680	35.2	
	21	59.6	E	20°	2050	蕨类—云	100%	云南松	3600	3160	440	33.1	
	29	59.5~6	N45E	28°	2050	蕨类—云	100%	云南松	6566	5620	938	28.8	
	总计	—	—	—	—	—	—	—	24019	20867	3152	—	19446
	平均	—	—	—	—	—	—	—	4003	3478	525	—	3241
杂灌植被型	1	1	N70W	340°	2050	杂灌—云	75%	云南松	660	460	200	3.34	
	35	35	N30W	20°	2160	禾草—云	100%		4450	3700	750	47.5	
	总计	总计	—	—	—	—	—	云南松	5110	4160	950	—	7250
	平均	平均	—	—	—	—	—	云南松	2555	2080	475	—	3625

森林采伐以后,迹地上仍留有少数母树。迹地光照增多,为林下植被更新提供有利条件。

从表 5-128 中不难看出:在不同迹地植被类型中,以呈丛状分布的植被类型效果最好,平均每公顷达到 6142 株;杂灌与蕨类植被类型次之,分别为 3625 株与 3241 株,而呈片状分布的禾草型最差,仅 1001 株,说明迹地天然更新的优势在很大程度上取决于植被种类及其分布状况。

从云南松不同采伐迹地人工点播更新情况植被类型恢复状况(表 5-129)可以发现:这一更新方法同样遵循着迹地天然更新的客观规律,即呈丛状分布的禾草植被型效果最好,蕨类与杂灌植被型次之,呈片状分布的禾草型最差。因为人工点播更新方法除人为进行小面积整地并集中一次代替母树自然下种而外,其更新过程大致与天然更新无大差异;如果从不同迹地植被型来看,不同更新方式在效果上的比较,可以看出点播更新不但没有在多大程度上改变不同的植被对更新的影响与制约,有时候甚至起了相反的作用,如在呈丛状禾草迹地植被类型中,人工更新则不及天然更新,这是因为这些迹地多处于阳坡,同时较为裸露,人工整地进一步破坏了植被,反而导致着雨水冲刷与种子流失,而且在一定程度上增加了日灼的严重性,使人工更新不能达到良好的效果。在呈片状分布的禾草植被类型中,尽管通过人为整地,在一定程度上抑制了部分禾草的威胁,使人工更新效果稍比天然更新好一些,但是人工点播更新在这里并没有充分发挥其整地作用。同样在蕨类植被类型中,由于盖度太大,蕨类叶面集中,通过人工整地容易显示出点播的更新效果,这恰恰与呈丛片状分布的禾草植被类型得出相反的结果;至于杂灌植类型的情况,人工点播更新效果比天然更新差,因为这一类型地处阴坡,立地条件较好,长期天然更新的积累,表现出比集中一次的人工更新有较高的保存率。从整个情况来看,不论天然更新或人工更新,只有当它有选择地适应于相应的迹地植被条件下,才能取得最好的更新效果。但是,在普威林区调查所反映的情况是:由于天然更新严格的受着自然立地条件,特别是植被的影响与制约,反映出在一部分迹地上更新不良,在另一部分迹地上则分布不均匀,均难以达到天然更新的目的;而人工更新的小穴点播虽具有一定的优点,但没有因地制宜地充分发挥其整地作用,二者均有不足之处。

4.4 云南松在更新期间的生物学特性

4.4.1 云南松更新幼苗高生长

云南松幼苗期间的生长很快(表 5-130 和图 5-100)。以 10 年生幼树为例,5 年生以前,虽然绝对生长量不大,但却是成倍地的增长;5 年以后,虽然净生长量幅度增加,但增长的百分比是逐年下降的,而且地下部分与地上部分之比值相差很大(表 5-131),即根系在 3 年生以前由于通过人为整地,人工更新苗稍比天然苗大于地上部分,从 4 年生开始均有一个猛长的转折,直到 10 年生以后,才逐渐稳定下来。这种生长特性是在长期自然选择过程中,适应于干旱瘠薄的立地条件所具备的一种生态特征的表现。

表 5-130 云南松天然更新幼树高生长进程

项 目	标准木逐年生长进程									
	1	2	3	4	5	6	7	8	9	10
逐年生长量(cm)	2.8	6.1	12.7	25.6	49	85.7	134.6	184.6	253.6	297.5
逐年净增量(cm)		6.6	6.6	12.9	23.4	36.7	48.9	50	69	43.9
逐年增长%	100	217.9	208.2	201.5	191.4	191.2	157	138.1	137.3	117.6

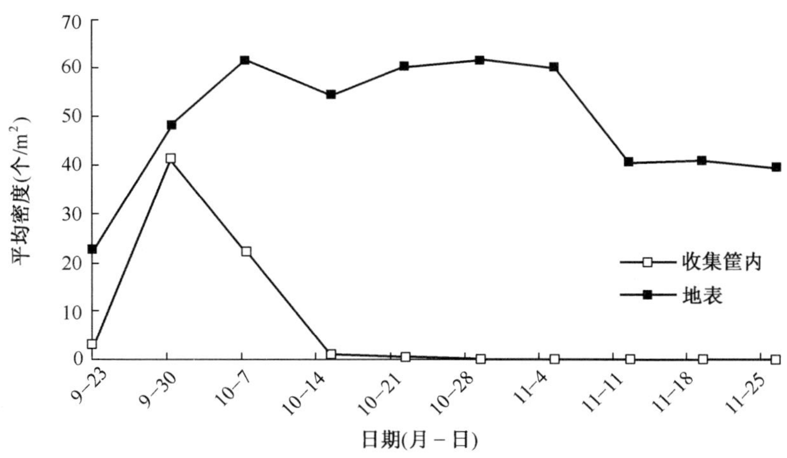

图 5-100　云南松天然更新幼树年净高生长

表 5-131　云南松天然苗与工苗生长情况比较

更新方式	年龄	平均株数	苗高(cm)	冠幅(cm)	根颈(cm)	主根长(cm)	苗高/根深比值
人工苗	1	6	3.10	7.3	0.22	17.8	1/5.74
	2	2	4.25	10.8	0.3	19	1/4.47
	3	2	4.65	11.5	0.53	21.4	1/4.60
	4	2	7.2	22.8	1.23	51.0	1/7.08
	5	8	25.6	34.4	1.88	85.2	1/3.33
	6	3	40.3	47.1	2.80	111.5	1/2.77
天然苗	1	4	3.8	3.2	0.15	9.45	1/2.49
	2	5	5.04	7.5	0.36	13.2	1/2.62
	3	2	6.75	15.0	0.78	25.0	1/6.7
	4	5	7.06	21.4	0.82	43.4	1/6.15
	5	10	18.70	33.2	1.38	63.7	1/6.41
	6	10	32.2	33.7	19.6	87.5	1/2.72

4.4.2　云南松幼林郁闭期的分化特点

云南松幼林生长迅速，8~10 年生即开始郁闭。但是，在郁闭初期，分化现象并不完全表现为一部分植株的死亡，而是往往从高生长上反映出一部分林木受到抑制，生长开始衰退。这种现象当其平均年龄相似时，随着单位面积上密度的增加而表现得更加剧烈(表 5-132)。

表 5-132　云南松幼林不同密度生长情况

标地个数	每公顷株数	生长进程										生长状况							
		1	2	3	4	5	6	7	8	9	10	强		中		弱		死亡	
												株	%	株	%	株	%	株	%
3	10000	3.18	7.25	15.4	30	61.7	102.2	160.3	219.6	300.7	381.2	57	76	7	9.3	10	13.3	1	14
4	16280	2.98	6.7	12.6	24.3	44.3	77.6	124.8	186.2	244.4	295.1	85	52.1	33	20.2	41	25.2	4	2.5

云南松郁闭早、分化快的特点，是与其生长迅速、需光性强烈所分不开的。从表 5-132 中

可以看出云南松幼林的高生长与单位面积上的密度有直接关系，在10年生时每公顷的株数为10000株左右时，其逐年生长量为最大，表现出幼林在郁闭前后需要有一定的密度。

4.4.3 影响更新效果的因素

云南松的迹地更新，受海拔、坡度、坡向和植被盖度自然影响以外，还取决于森林主伐方式、时间、母树保留和迹地清理几个因素：

(1)海拔与更新效果的关系：云南松是阳性树种，对光照条件要求严格，但也要求一定的湿度，土壤干旱对云南松种子发芽是特别不利的，由于海拔高度不同，湿度、温度、降水气候因素都有差异，因而更新效果随海拔高度而异(表5-133)。

表5-133 海拔与更新效果关系

海拔(m)	标准地数	实测样方		平均每公顷幼苗株数	按树高级分布状况				均匀度
		块数	面积(m^2)		<10cm	10~30cm	31~50cm	>50cm	
<1600	8	120	480	9980	5161	1416	1103	2250	86.1
1600~1800	15	225	900	16365	7332	2894	3231	3018	91.1
1800~2000	49	735	2940	18159	8224	4096	2544	3295	92.3
2000~2200	38	570	2280	17060	8335	5175	1627	1903	89.3
>2200	12	180	720	12223	7374	1958	1154	1736	78.3

调查材料表明，平均每公顷更新幼苗数量，以海拔1800~2000m居多，自此以上有随着海拔的增高而减少的趋势；在此以下，因受干热河谷气候的影响，更新幼苗有所减少。

(2)坡度与更新效果的关系：坡度直接影响植物的生长，土壤水分再分配和种子下落的稳定度，进而影响迹地更新效果(表5-134)。

表5-134 坡度与更新效果关系

坡度(°)	标准地数	实测样方		幼苗总数	平均(株数/m^2)	均匀度(%)
		块数	面积(m^2)			
<20°	21	315	1260	2035	2.2611	90
20~30	115	1725	6900	6179	1.9269	90.2
30~40	31	465	1860	1466	1.5216	84.1
>40°	1	15	60	127	0.4300	66

从表5-134看出，随着坡度增大，更新幼苗数量减少，40°以上显著减少，这是因为球果在坡度大的地方要向下滑动，种子易被雨水冲走。

(3)坡向与更新效果的关系：该林区山高谷深，川流交错，山岭连绵，阴阳坡明显，对云南松迹地更新有一定影响(表5-135)。

表5-135中材料表明，北、北东、北西、南东、南西更新效果好，因阴或半阴坡，日照短些，空气、土壤湿度较大，有利于种子发芽、生长，因此，北、北东、北西、南东、南西向更新效果好。

(4)植物覆盖度与更新效果的关系：植被盖度影响种子落地和幼苗生长发育所需光照条件，适当的盖度对更新有促进作用；但如果覆盖度过大，就会影响更新效果(表5-136)。

表 5-135　坡向与更新效果的关系

坡向	标准地数	实测样方面积(m^2)	平均(株数/hm^2)	按高度级分布情况				均匀度(%)
				<10cm(株数)	11~30cm(株数)	31~50cm(株数)	>50cm(株数)	
东	10	600	11665	6884	1716	450	2616	95.5
南	22	1320	2652	10989	2477	1688	1448	94.5
西	26	1560	15897	1948	4358	2006	2585	85.5
北	13	780	19884	8730	3074	3700	3250	93.3
北东	14	840	19500	9285	5630	1800	2785	98.2
北西	41	2460	18105	6707	5422	2948	3334	99.8
南东	81	1080	17085	13231	2944	659	851	94.3
南西	17	1020	15252	5450	3959	1776	4160	84.7

从表 5-136 看出，当植被盖度在 41%~60%时，每公顷更新幼苗为 18741 株；当盖度在 70%以上时，每公顷幼苗株数为 11428 株，在盖度 80%以上时，每公顷更新幼苗仅 5833 株，有随着盖度增大。而单位面积株数减少的趋势。在森林更新时要考虑植被的处量问题，采取铲除杂灌并松土的办法，才有利于更新。

表 5-136　植被盖度与更新效果关系

植被覆盖度(%)	实测样方面积(m^2)	标准地数	平均(株数/m^2)	均匀度(%)	植被种类
<20	2760	46	1.7089	98.2	黄茅、火绒草、续断、蕨类、悬勾子、南烛
21~40	54620	76	1.8066	99.4	禾本科、茅草、南烛、小叶杜鹃、香薷
41~60	12000	20	1.8741	96.2	蕨类、香薷、火绒草、南烛
61~70	540	9	1.3592	96.2	巴茅、蕨类、藏 、南烛、余甘子
71~80	840	14	1.1428	80.7	皱叶、杜鹃、香薷、南烛
>80	240	4	0.5833	70.5	巴茅、箭竹、蕨类、火绒草

(5)迹地清理与更新关系：采伐后及时进行迹地清理，对回收种子，梢头木充分利用，增加木材产量，提高木材回收率，降低生产成本，改善林地卫生状况，减少病虫害等都具有十分重大的意义。迹地清理彻底与否，是决定迹地更新成功与失败的重要因素。

清理过的迹地，种子易着地与林地土壤接触良好，种子发芽根系插土较深，所以更新效果良好，每公顷幼苗达 16160 株。未清理的采伐迹地，松子在死地被物上，没与土壤接触，种子发芽根子在死地被物中，吸收不到水分而晒死，故效果差，每公顷仅 720 株幼苗，达不到更新目的(表 5-137)。

(6)动物与更新效果的关系：动物对迹地更新为害较大。主要种类是松鼠、鸟类，其次是昆虫和牧畜。前者在于吃食直播和播种子(表 5-138)。影响种子发芽出苗率；后者是吃食或践踏刚发芽出土幼苗，损坏幼树顶芽，影响幼苗幼树生长。

表 5-137 迹地清理与更新的关系

迹地清理情况	测定块数	平均幼苗数每公顷	按树高级分布决况			
			<10cm	10~30	31~50	>50cm
清理彻底	15	16160	1350	14310	—	—
未清理采伐剩余物覆盖林地 3cm 厚	15	720	351	369	—	—

表 5-138 鸟兽对撒播与天然下种为害情况

调查地点	样 方		实有种子粒数	种 子 损 失 情 况						种子来源	说明
	块数	面积（m^2）		鼠害	鸟害	腐烂	未成熟	其他	已发芽		
水 平 子	45	45	900	405	11	—	232	111	141	人工撒播	除草后撒播
白马林场	65	65	264	83	—	64	110	—	7	天然	针叶覆盖 20%

从表 5-138 看出，人工撒播 264 粒种子中被食害的 83 粒，占 31.5%，所以，采用块状铲除杂草（不松土）人工撒播云南松，由于种子裸露，易被鸟兽寻食，受害程度相对重些。

4.5 结论和建议

云南松是我国亚热带云贵高原特有树种，是四川省西南山地主要森林类型的优势种，天然更新能力强（四川森林，1992）。但在干热河谷上缘干旱生境条件下，云南松在林冠下的天然更新对于树种选择非常严格。云南松虽具广泛的适应性，但在郁闭度较大的林冠下更新最为不良，云南松幼树极为少见。在林冠郁闭度较小，植被盖度不大的林分中，云南松幼苗数量虽有增加，但均局限于 1~3 年生的耐阴阶段。随着郁闭度的增加，5~10 年生幼树的比例逐渐减少，2~4 年生云南松幼树的比例则逐渐增加，说明不同苗龄对光照要求的严格性与差异性。因此，云南松林冠下的天然更新是不良的，特别是在干旱生境下，其更新比较困难。

迹地天然更新在很大程度上取决于植被种类及其分布状况，其中以呈丛状分布的植被类型效果最好，杂灌与蕨类植被类型次之，呈片状分布的禾草型最差。从不同迹地植被类型的人工点播更新效果看，呈丛状分布的禾草植被型效果最好，蕨类与杂灌植被型次之，呈片状分布的禾草型最差，这也遵循着迹地天然更新的客观规律。强度大的人工整地容易破坏植被，反而导致雨水冲刷而种子流失，而且在一定程度上增加了日灼的严重性，使人工更新不能达到良好的效果。人工更新的小穴点播成效相对较好。因此，迹地更新宜采用人工撒播促进天然更新。

从影响云南松林采伐迹地更新因素分析可知：①在海拔 1600 m 以下，生境偏干，更新效果较差；②坡度小，更新效果好，坡度大，更新效果差；③北坡、北东坡、北西坡更新效果优于南、南东、南西方向；④盖度在 60%以下，更新效果好；⑤清理迹地有利于天然更新，反之迹地残余物多，迹地被覆盖，种子无法着地，达不到更新目的；⑥鸟兽等动物的取食影响迹地更新，实验表明，有杂草覆盖时受害率为 31.5%，相反，受害率达 46.2%。

通过调查分析，对云南松林区迹地更新有了初步的认识，现对有关迹地更新问题提出以下建议：

（1）为了充分发挥云南松“飞子成林”的更新能力，必须采取“以天然更新为主，人工更新与天然更新相结合”的措施。根据不同迹地植被类型，因地制宜地实行更新。对呈丛状分布的禾草迹地植被型采用人工促进更新方式，撒播云南松种子；对呈片状分布禾草的迹地植被类型与蕨类迹地植被类型的半阳坡、半阴坡采取人工补播更新；对箭竹迹地植被型、杂灌迹地植被型以及蕨类迹地植被型的阴坡，可选择一些珍贵、速生树种如木荷、板栗、杉木、桉树、香樟、楠木等进行植苗更新；对于干旱河谷上沿的疏林地可采用营养袋栽植牛肋巴、泡火绳、黑荆树、攀枝花、红椿等。从而达到云南松林更新恢复的目的。

（2）云南松具有更新能力强、根系发达、抗旱、耐瘠薄的林学特性，使它能够与温暖干湿季分明的自然条件相适应，从而成为一种比较稳定的群落。在川西南山地，其演替过程总的来说是向地带性植被针阔混交林和常绿阔叶林发展，但是这一地带的云南松林，由于受各种人为因素的干扰，如砍伐、樵采、经常性的火灾，加上云南松树种本身对林地环境条件的改变作用较差，林地干燥，土壤瘠薄，从而在很大程度上延缓了演替进程，使得以云南松为优势的林分处于相对持久稳定的状态。因此，在天然林资源保护工程建设中，对这一地带的云南松林更新恢复，一方面，宜采取积极保护措施，保护现有云南松林资源；另一方面，开展封山育林，辅以人工促进天然更新，提高森林的生态功能。

5　西南山地脆弱生态区植被恢复对策与展望

通过本项目研究和现有资料分析，引起本区域生态环境恶化的原因是多方面的，总体上可以分为自然原因和人为原因。把川西南山地生态环境恶化的主要原因列举如下：

（1）强烈的人为干扰。本区山大沟深，少数民族众多，都需要牧羊、垦荒和樵采以获取基本生活所需。因此，在干热河谷以及上沿的山地森林中产生了许多坡耕地，也因为长期樵采，植被的生物量得不到蓄积，导致了土地退化，放牧也使得大量的生物量损失，尤其是幼苗和幼树，影响了植被的更新和恢复。本区也是云南松等针叶树木材资源的采伐基地，建国后就一直进行着木材采伐，产生了大量的采伐基地，这些极地的植被恢复也是自发的，干旱的气候条件使得森林向灌丛转化，发生逆向演替。大的放牧强度也会导致地表疏松，蒸发加大，加剧了地区的干旱化，影响了森林植被恢复的进程。火灾也是川西南山地植被破坏，水土流失加剧的一个主要原因。

（2）自然原因。川西南山地植被出于青藏高原的南缘，位于南亚热带，由于峡谷深切导致的“焚风效应”，使得该地形成独特的干热河谷植被景观，并以灌丛植被而闻名。通过遥感分析，1988—1999 年 11 年间植被覆盖大幅下降，许多地区一下子变为植被覆盖的低值区，金沙江两侧由 1988 年的 10%~50%，下降到 1999 年的 10%以下。这种植被突然大幅变化需要从多方面进行分析，人为干扰已在上一段中提到，全球气候干暖化也可能是原因之一，这一变化对植被的影响可能是微妙的、大范围的，难以用肉眼看见，但却在悄悄发生。这一原因需要在下一步研究中涉及，并引起重视。

根据川西南山地生态环境恶化的现状，对该区进行植被恢复时要充分考虑各方因素，科学论证，系统分析，从整体着手，以流域为基本单元，划分立地类型，进行科学合理的植被恢复规划，分门别类进行植被恢复。这一问题分两部分进行探讨，干热河谷和山地森林。

5.1 干热河谷区

5.1.1 干热河谷区立地分类

在分析干热河谷生态环境条件的基础上，通过设置样地，综合调查各项立地因子，包括母质、土壤类型、土层厚度、土壤含水量、土壤石砾含量、机械组成、坡向、植被、水土流失等，运用数学方法，筛选出主导因子，即坡向、土层厚度和土壤类型。初步确定了4个干热河谷立地类型(表5-139)。

表5-139 干热河谷土地类型概况

立地类型	立地特征			
	母质类型	水土流失状况	土壤条件	植被条件
干热河谷阴坡中厚赤红壤土立地类型Ia1	残积母质，多为变质岩，白云岩	轻度片蚀	中厚层赤红壤，厚度>50cm，中壤重壤土，pH5.6~6.0	云南松栎混交、青冈、栎、小桐子和灌丛草坡
干热河谷阴坡薄层赤红壤立地类型Ia2	残积母质，多为变质岩，白云岩	轻度片蚀	薄层赤红壤，厚度<50cm，中壤土，含石砾 >20%，pH 5.1~5.4	同上，只是覆盖度较小
干热河谷阴坡中厚层山地竭红土立地类型Ib1	有第四纪冲积物残积物母质或白云岩	中度片蚀、沟蚀	山地褐红土，厚度>50cm，中壤土，石砾含量>20%，pH6.0~6.5	稀树灌丛草坡
干热河谷阳坡薄层山地竭红土立地类型Ib2	残积母质，片麻岩、花岗岩、白云岩	中度片蚀	粗骨性褐红土，厚度<50cm，中壤土，石砾含量30%~50%，pH6.0~6.5	灌丛草坡

5.1.2 干热河谷植被恢复途径

干热河谷生态环境恶劣，是典型造林困难地带，自“七五”以来，对干热河谷植被恢复和造林技术连续开展了攻关研究，至今尚未形成一个行之有效的配套技术，对于干热河谷地段植被恢复的生态学过程尚未进行过深入研究。国外干旱地区生态恢复与重建技术多采用保护与植树造林相结合的技术措施，如美国的免耕技术和地表覆盖技术，加纳北部干旱地区在生态恢复中推广节能炉灶、向人口稀少区和植树造林；印度在干旱地区采用种草、建立生物栅栏、引进满足不同需要的多用途树种如合种树等，制定合理的放牧制度，来恢复和重建生态环境，促进干旱地区经济可持续发展等。在植树造林方面国内外均不同程度的研究，主要包括抗旱树种选择、地表覆盖降蒸保水技术、施有机肥改良土壤技术、使用保水剂提高土壤保水能力技术、集水抗旱造林整地技术等。

攀枝花干热河谷具有明显的干热河谷特点，但又与云南元谋等地干热河谷不同，表现在本区山高坡陡，不同于元谋的低山丘陵，因而土层浅薄，大部分土层厚度在50cm左右，特别是阳坡地带，造林难度增大。根据现有植被特点，依据生态演替原理，实行“分类分阶段，模拟自然，逐步恢复”的原则，进行该区植被恢复。

(1)对阳坡立地条件差的地段，采取封山育草，在封育的基础上，先草、后灌、再乔木，逐渐改善微生境条件。

(2)对阳坡高地条件好的地段，取封补，在封山基础上，补植适宜的灌木树种，建立灌草结构的群落模式，逐步改善土壤条件，为引入乔木树种创造条件；有条件的地方，可建立稀树灌草结构模式。

(3)对阴坡高地条件差的地段,采取封育补灌,形成乔灌草结构模式,改善生境条件。

(4)对阴坡高地条件好的地段,采取封禁,严格保护,使之自然演替。

弃耕地和退耕地要考虑坡度和岩土类型等因素,结合国家退耕还林工程,逐步减少坡耕地的面积,人工快速促进坡耕地向林地转化。

在干热河谷造林技术上,坚持适地适树的原则,以选树适地为主,配以抗旱保水技术,营建灌草结构和乔、灌、草结构模式,但这种模式应不同原有防护林建设的模式,应模拟干热河谷自然植波,形式一个"适度"结构模式。所谓"适度",就不是按传统的造林思路,在现有抗旱造林技术的基础上,营建一个"稀灌草丛"或营建一个"稀树灌草丛"模式,从而使该模式既适应生境条件又能最大限度发挥造林的技术经济效益。值得提出的是,这个"适度"的量化指标的确定,应从生理生态角度、系统生态承载能力、水分生态占用度等方面进行深入研究,需要进行大量的试验研究。

耐旱性树种选择,应以引进树种结合,并通过树种(乔木、灌木)耐旱性机理研究,筛选出适宜的树种。到目前为止该区引进的树种有:赤桉、蓝桉、直干蓝桉、柠檬桉、台湾相思、新银合欢、加勒比松、牛筋巴,泡火绳、澳洲坚果、木麻黄、银桦、杧果、凤凰木、石栗、山毛豆、木豆、印楝、塔拉、西蒙德木等,乡土树种有小桐子、余甘子、蜜柚籽、车桑子、木棉(攀枝花)、酸角、番石榴、山麻黄、五色梅、三角梅、云南黄杞、麻栎、栓皮栎、铁刀木等。目前,生产上进行成片造林的树种:台湾相思、印楝、余甘子、蜜柚籽、新银合欢、小桐子、西蒙德木等。

抗旱造林技术,主要集中在集水整地方式(如大穴深窝整地、水平阶整地、大竹节沟整地等)、保墒保水技术(保水剂施用、地表覆盖等)和土壤改良(施有机肥、客土等)等抗旱降蒸、保墒蓄水技术的研究上。在保水保墒技术上,保水剂和覆草可以促进造林苗木的水分截留和提高苗木成活率。

因此,本区干河谷地段造林技术应走"耐旱性树种+抚界选林技术措施+适度结构模式"的技术路线,从而形成适合于干热河谷生态环境条件的造林技术。"适度"造林思路对于造林的规划有着重要影响,需要考虑水分在维持林木密度和结构上所起的作用。"适度"造林技术应该在干热河谷区,甚至是半干旱地区都具一般性,需要引起高度重视。

5.2 山地森林恢复思路和技术

和干热河谷进行比较,山地森林的植被恢复难度相对较小,水分胁迫程度较干热河谷低。从生态环保角度来考虑,都需要恢复,但从合理利用来说,云南松是恢复的首选目标。同样也把山地森林进行了立地类型划分,进行科学规划、分类恢复,逐渐完成无林地、差林地向有林地和好林地转变。

5.2.1 山地需要恢复的土地类型

山地缺少立地类型划分资料,暂且把需要恢复的土地类型进行归类:

(1)坡耕地　在山地林区经营坡耕地是少数民族居民赖以生存的手段,这部分结合退耕还林规划,逐步进行,分批减少山地水土流失区域和无林区域的面积。

(2)采伐迹地　需要根据需要,进行合理的森林培育,栽植有价值的树种,促进植被恢复和改善生态环境。

(3)火灾迹地　火烧后土壤表层疏松,容易导致水土流失,而土壤种子库损失殆尽,表层植被,尤其是草本植被难以恢复,水土保持功能在短期内难以恢复,需要采用工程造林措施,人工促进进行恢复。

(4)泥石流迹地　泥石流一般发生在山地的沟坡方向,微气候条件较好,但是由于石砾较多,土壤较差,恢复难度也较大。良好的微气候条件是经营木材的好地方,所以该区应该进行用材林造林。

(5)退化森林大的林隙　林隙是自然形成的,但是适度的大小的林隙对于天然更新是有利的,当林隙大小超过一定大小时,天然更新较为困难,需要人工促进更新。

5.2.2　山地森林植被恢复途径

山地森林植被恢复总体思路是“封山育林为主,人工促进为辅”。把山地森林分为先锋树种云南松林和顶级群落偏干性常绿阔叶林,森林类型不同,恢复对策不同。

结合对偏干性常绿阔叶林的几种建群种土壤种子库和种子雨的前期研究工作,初步提出更新恢复技术措施:采取“以封山育林为主,辅以人工促进,天然更新与人工促进更新相结合”的措施,因地制宜地进行该区山地森林的更新恢复。随着天然林资源保护工程的实施,对于偏干性常绿阔叶林,应积极开展封山育林,禁止人为樵采取薪,在保护现有林分和萌生幼苗的基础上,积极采取人工松土、人工补植、抚育等措施,改善利于幼苗生长的微生境条件,增加林下幼苗数量和提高幼苗保存率,天然更新与人工促进更新相结合,促进该区偏干性常绿阔叶林的更新恢复。同时,考虑土地类型,进行合理分区,以流域为基本单元,总体布局,逐步恢复。

云南松林是本区山地森林的主体部分,云南松也是西南地区荒山造林的主要树种。对云南松林的恢复要充分考虑其天然更新机理,研究天然更新的影响因素,通过机理研究揭示出植被恢复的可行性对策。林隙是云南松更新的窗口,没有林隙等干扰因素,云南松恢复无从谈起。根据初步研究结论以及前人资料,对这一地带的云南松林更新恢复,在封山育林、保护现有云南松林资源的基础上,在大的林隙或者采伐迹地采取人工补播、林地清理、抚育等人工促进天然更新措施。通过逐步推进的植被恢复对策,提高偏干性常绿阔叶林和云南松林的植被覆盖率,进一步提高其生产能力和生态服务功能,以控制干热河谷向上扩展,逐步开展干热河谷治理,改善该地区区域生态环境。

5.3　川西南山地生态脆弱区植被恢复目前亟待解决的问题

川西南山地生态脆弱区位于长江上游,生态地位极为突出,本身包括横断山南部和云贵高原连接部,为第四纪冰期动植物的避难所,也是冰期后物种回流的起源地。植物区系具有过渡性、古老性和残遗性特征,物种种类极多,生物资源丰富,植被类型多样。川西南山地独特的自然地理位置及其气候条件,使得水分成为该区植物生长和发育的限制性因素,也因此形成了和独特气候和水分条件(干湿季分明)的干热河谷灌丛和山地干森林。

从研究实践中可以看出,影响植被结构和功能以及恢复对策的干扰因素还需要深入研究,以便从更大的方面更为充分地解决川西南山地生态脆区植被管理和经营问题,这些问题和科学合理的林业政策密切相关。研究这些问题可以弥补研究需要和应用之间的欠缺。这些问题包括如下几个方面:

(1)揭示川西南生态脆弱区植被景观格局的干扰因素及其微观发生机制,研究干扰对森林景观格局的影响,以及植物个体生活史对这一干扰因素的响应。主要涉及森林干扰格局、林隙特征和更新演替,及其相互作用机制。在此基础上,系统探讨林隙对种子萌发、幼苗建成、幼树生长的影响,以及这些过程对林隙的适应性机理。

(2)从生理生态学角度揭示川西南山地生态脆弱区自然植被适应性机理及其变动范围。自然植被是对独特的自然地理条件长期适应的结果,针对该区的关键生态因子——水分,探讨不同生境下植物群落物种共存的生理生态学机制,以便深入揭示以水分为关键因子的地区植被恢复机理。

(3)探索全球候变化尤其是影响水分循环的关键因素——温度对该区域植被结构和功能的影响。干森林地区水分循环的季节差异明显是地区植被结构和功能的决定因素。遥感研究结果表明,干热河谷在过去 10 年里植被覆盖度大幅降低,许多地区由植被覆盖的高值区变为低值区,尤其是金沙江两岸区域(何政伟等,2005)。除了人为干扰这一驱动因素外,还可能要考虑气候变化因素,分析气候变动在驱动这一过程发生中的作用。

只有解决这些问题,才能充分解决以水分为胁迫因子的生态脆弱区植被恢复的机理,探寻干热河谷和山地森林植被对独特自然地理环境适应性机理,以及全球气候变化对森林结构和功能的影响。

第六章

川西南安宁河流域山地植被恢复研究

安宁河发源于川西南大凉山脉的牦牛山，是金沙江的一级支流雅砻江的主要支流，丰水期最大流量 34.0m^3/s，枯水期最小流量 4.7m^3/s。平均含沙量 1.188kg/m^3，是金沙江流域内含沙量最高的河流，因此，提高森林覆盖度，保持水土的需要更为迫切。安宁河谷是四川省内仅次于成都平原的第二大河谷平原，有良田近 $10×10^4hm^2$，是四川省的第二大粮仓，已被列为国家级和省级重点开发区。由于安宁河谷地处世界闻名的攀西大裂谷中，复杂的地质构造和特殊的气候使安宁河流域生态环境十分脆弱，近 100 年以来人类工程活动不断加剧，不合理的工程活动造成森林系统日趋退化、水土流失严重、自然灾害频发，极大地影响着四川盆地及长江中下游地区的生产建设和人民生活。因此，在安宁河流域开展造林绿化以防治水土流失、改善生态环境，为西部大开发决策和长江上游生态屏障建设服务，具有积极而深远的意义。

安宁河流域是中国西部典型山地脆弱生态区之一，水土流失严重，土地退化严重，生态环境脆弱，造林与植被恢复困难。该区既有安宁河干热河谷，又有高寒山地，生态环境恶劣，植被景观是川西南山地生态最为脆弱、景观最差的区域。在严重人为干扰和生境恶化的条件下，按照自然演替理论，单靠自然恢复，时间长，成效太慢，长期以来造林成效极低，林木生长缓慢甚至难以成林。而以往研究注重造林技术研究，忽视了以造林为主的综合配套技术研究至今尚未形成一个行之有效的配套技术。因此，该区域急需进行造林配套技术研究与示范，以提高森林的生产能力和生态功能。

通过引入日本先进的育苗、造林与治山技术，结合中日合作“四川省示范林营造项目”实施区林业生产实际，开展无底营养袋育苗技术、造林配套技术、社区林业管理技术的研究，通过技术组装与集成创新，开展试验示范，形成安宁河流域山地造林配套技术，应用社区林业思路和方法，进行技术培训、现场指导，建立安宁河流域山地造林配套技术示范区，为该区退化山地植被恢复和林业生态工程建设提供示范样板和重要的科技支撑。

第一节　自然社会条件分析

1. 自然环境概况

1.1　地理位置和地形

安宁河流域是干热(旱)地区的典型代表,与云南、贵州、四川、西藏等地区的干热(旱)地区都十分相似。它的上半部分是典型的干旱地区,下半部分是典型的干热地区,分界线以德昌的锦川永郎为界。

安宁河流域位于四川省西部的横断山脉当中,南北走向细而长。流域的中心地段即凉山彝族自治州的中心城市西昌市,经纬度大致为:北纬 27°55′,东经 102°16′。冕宁县位于安宁河主流的最上端,而米易县则位于安宁河的下游。

安宁河流经的横断山脉地域断层、隆起及下沉十分显著,地面起伏跌宕、坡高山陡。安宁河沿南北走向的断层顺流而下,流经地域存在很多断层带。另外还有一些易被深度侵蚀的沉积岩的土层地带和一些花岗岩的深度风化地带,因此流域的地质结构极其破碎。再加上因第四纪的冰缘作用而产生了岩屑、地壳隆起和海面运动等现象,与此同时,河流发生更新,使得坡面产生泥石流,河流的下沉、运沙作用变得十分活跃。所以,流域中有许多大大小小的崩坏、滑坡、冲沟,泥石流的痕迹随处可见。

1.2　水系

安宁河发源于冕宁县,属于长江上游金沙江的一条支流,流域总面积为 120 万 hm^2。在攀枝花市米易县汇入雅砻江,该河水土流失严重,洪水泛滥,经常发生季节性水灾。安宁河的主要支流有孙水河、拖郎河、热水河、东河、茨达河、锦川河等。支流的小溪中水土流失的痕迹随处可见,溪流的平坦处形成很多扇形的冲积土,而且部分地方变成了地上河。因此,雨季时常常发生水灾。

安宁河主流、支流雨季进经常发生水灾造成交通中断。1998 年发生大水灾时,米易县林业局所在地也遭受了灾害,城市街道上很多地方被水淹没。而且每当下大雨时,水和泥沙就会淹没河流两岸的农田,造成损失。

1.3　气候

安宁河流域属亚热带季风性气候,年平均温度 14~20℃,年平均降水量 850~1000mm,年蒸发量 960~1954mm。干、湿季节分明,雨季是每年的 5~9 月,降水量占全年降水量的 93%。旱季是 10 月至翌年 4 月,气候干燥且刮强烈的南风,南坡面尤其干燥。

凉山彝族自治州南部地区受焚风现象影响,从春到夏气温高,降水量少蒸发量大,属干旱地区。但是,溯安宁河而上,降水量逐渐增多,气温逐渐下降。安宁河流域中有超过 3000m 的山地,气候垂直变化显著,河谷为亚热带气候,高海拔的山区则为亚寒带气候。

安宁河北部 2400m、中部 2600m、南部 2800m 的地方处于年平均气温为 5℃的等温线上。根据海拔 1690m 的西昌气象台的观测,西昌市年平均气温为 17℃,7 月的平均气温 22.6℃,1 月的平均气温为 9.5℃,年平均降水量为 1013mm,年平均蒸发量为 1945mm。

从安宁河流域的农业垂直气候区来看,南亚热带地区是海拔在1200m以下的地区,中亚热带地区是海拔在1200~1500m之间的地区,北亚热带是海拔在1500~1800m之间的地区。海拔在1800~2400m之间的地带为暖温带,2400~3000m的地带为温带,3000m以上为寒温带。(摘自《凉山彝族自治州林业志》),从海拔来看,西昌市郊外属北亚热带,米易县的安宁河河谷平地属南亚热带。

1.4 土壤

土壤的分布是随海拔及母岩的变化而变化的。安宁河流域大体划分为:安宁河左岸的基岩以沉积岩为主,右岸的基岩以岩浆岩为主。当然,其土壤的变化也是随气候条件而变化的。

安宁河流域土壤的分布根据海拔划分为:1600m以下的干革命热河谷地带属红壤土,1600~2400m属红壤或黄红壤,2400~2700m属黄棕壤,2700~3300m属棕壤,3300~4100m属亚高山草甸土。

1.5 植被

由于安宁河流域南北细长,海拔差异大,所以具备从亚热带至亚寒带的气候特征,因而植被种类多种多样。主要树种中,针叶树有冷杉属(*Abies* spp.)、云南松(*Pinus yunnanensis*)、华山松(*P. armandii*)、高山松(*P. densata*)等,阔叶树有栓皮栎(*Quercus variabilis*)、高山栎(*Q. monimotricha*)、桤木(*Alunus cremastogyne*)、木棉(*Bombax malbaricum*)、马桑(*Coriaria sinica*)、青冈(*Cyclobalanopsis glauca*)、桦木等。人工林以云南松(*P. yunnanensis*)、华山松(*P. armandii*)、高山松(*P. densata*)为主体,其他主要还有桉树类(*Eucalyptus* spp.)及台湾相思(*Acacia confuse*)。

1.6 安宁河流域的社会、经济状况

安宁河流域的农村和成都等大城市相比,各种基础设施很差。由于山村远离都市,所以居民生活环境的基础设施很落后。农村和城市相比,收入水平和个人消费水平也有很大的差距。例如,1995年四川省农民和非农民的个人消费水平是,农民1211元,非农民3689元,其比例为1∶3。中国全国的消费水平,农民1479元,非农民5044元(1∶3.4)。

在安宁河流域,不但应考虑农民和非农民之间消费水平存在差距,还应考虑到即使是同为农民,山区农民和平地农民之间也存在着很大的差距。从本次社会经济调查来看,平地附近的西昌市佑君镇人平均收入为1950元,而山区的昭觉县尼地乡为884元,两者比例大约为2∶1。

1.7 安宁河流域的森林、林业

从人工林的蓄积看,云南松在面积上几乎占了蓄积的96.2%,但材积却只占很少一点。从这里可以看出迄今为止飞播造林的成果。但云南松每公顷的平均立木材积才44m^3,可以看出生长中的林分很多。

自1980年以来,根据长江防护林工程和世界银行贷款造林项目,实施了人工栽植和直播造林。从1998年起开始实施天然林资源保护工程和退耕还林工程,这两个工程的实施对流域内荒废森林恢复和保护十分有利。除凉山彝族自治州林业局及各市县林业局外,安宁河流域还有6个县的林业管理机构,其中包含了13个森林经营所、10个国有林场、20个苗圃等。

1.8 安宁河流域的生态环境问题

安宁河流域地处云贵高原、青藏高原结合部,地质结构复杂,地震强度高,其生态环境的脆弱性表现在以下几个方面:①局部地区滑坡泥石流严重,该流域年降水量在1000m以上,而雨

季降雨占全年降水的90%,加之断裂发育底层不稳定,纵坡陡峭是形成滑坡泥石流的主要条件。②洪水灾害频繁。每年6~9月为安宁河流域多雨季节,暴雨频繁,流域平均坡度大,植被破坏严重,坡地汇流快,为酿成洪水灾害提供条件。仅在80年代中因洪水灾害造成的经济损失就达3.5亿元之多。③水土流失严重,据实测资料,安宁河多年的平均输沙量为1120万t,多年平均输沙量模数为1009t/km^2。全流域水土流失面积占总面积的45.6%,平均侵蚀模数为2688 t/km^2·a。据统计仅冕宁、西昌、德昌、喜德4县(市)内的水土流失量相当于20cm厚的耕地5960hm^2,占4县耕地的7.45。随着水土流失带走的养分约为标氮、过磷酸钙、硫酸钾114.23万t,相当于4县(市)1987年施用化肥量的22.7倍。因此,安宁河流域生态环境脆弱,泥石流滑坡和洪水也导致大量土地退化,形成泥石流迹地、侵蚀坡面和水灾迹地。在此基础上,集中降水也造成水土流失,导致大量养分和土壤流失,使得土壤瘠薄,有机质匮乏,土层变薄。这些局面均不利于该地区的生态环境的恢复与重建。

2 自然条件分析

凉山彝族自治州位于四川省西南部,总面积超过6万km^2,气候属于亚热带季风性气候区。山高谷深的复杂地形和多样的地貌,形成日照充分,雨热同季,降水集中,干湿明显,立体气候也明显。

项目实施区在西昌市、喜德县和昭觉县,分别在果布村、大坝村、安宁村、玄生坝村、大石头村。项目实施区的位置如图6-1所示。

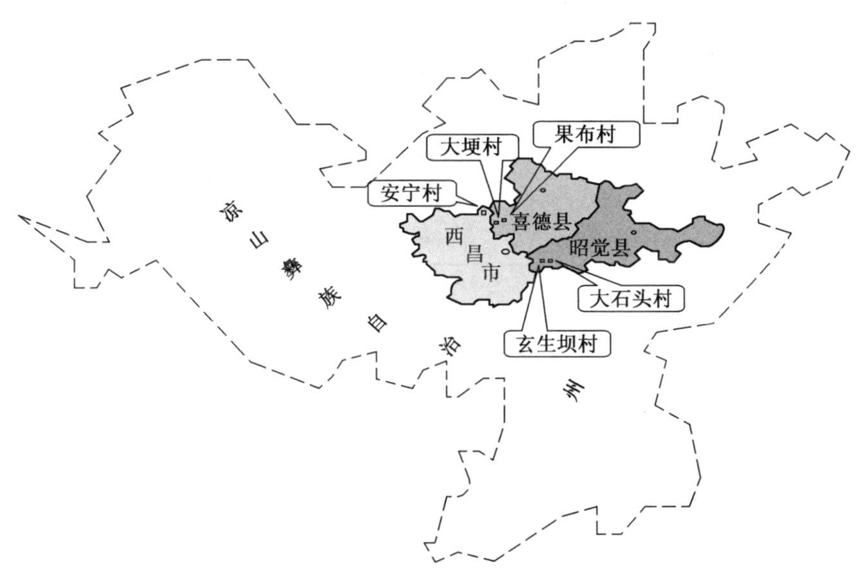

图6-1 项目实施区西昌市、喜德县、昭觉县在凉山彝族自治州中的位置

2.1 气候带

气候带的非地带性垂直变化明显。在西昌市、喜德县和昭觉县安宁河流域,年均气温约为15℃以上的地区属于北亚热带,15~10℃中间属于暖温带,10~5℃中间属于温带,5℃以下属于寒温带,但云杉属和园柏属分布上限约与年均气温0℃相近等,造林对象地为年均气温0℃以上地区。气候带的垂直分布见图6-2所示。

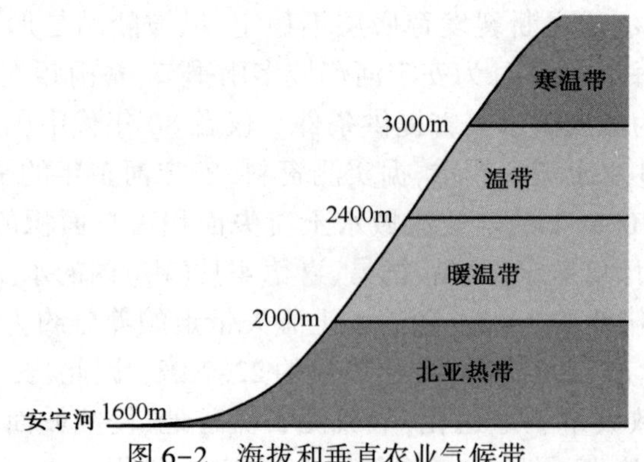

图 6-2 海拔和垂直农业气候带

2.2 气温

在西昌市,喜德县海拔为 1500~2000m 的地区称为干旱(热)河谷地域,年温度差小,但日温差大。

在昭觉县,海拔为 2800~3400m 的地区称为高寒山区,年平均气温为 6~10.2℃,7 月均温为 13.3~15.8℃,1 月均温为-3~0.4℃(图 6-3、图 6-4)。

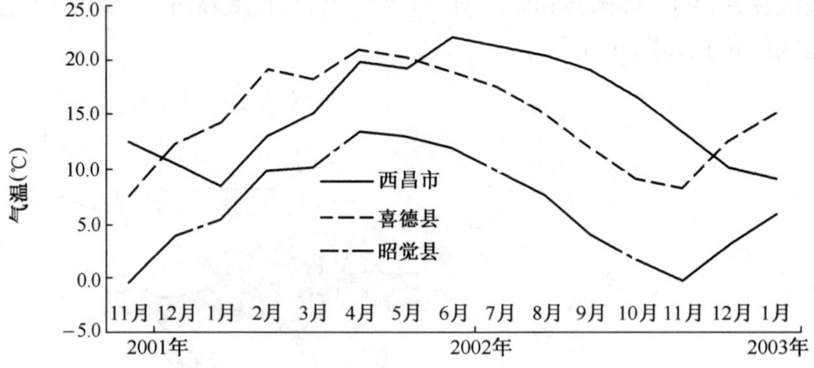

图 6-3 西昌市,喜德县,昭觉县的年气温变化

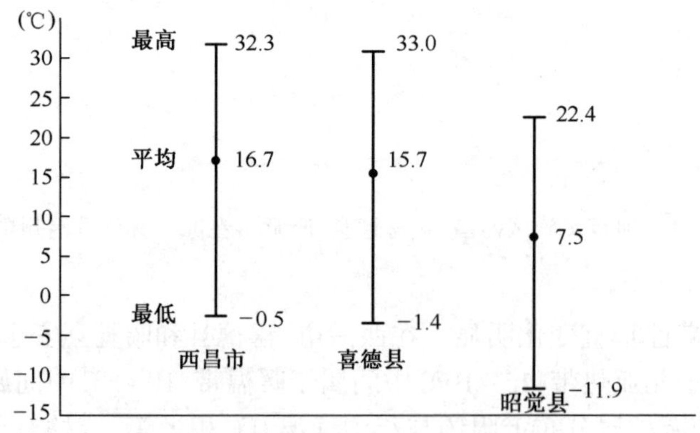

图 6-4 年平均气温和最高最低气温

2.3 降雨和蒸发量

因为凉山彝族自治州属亚热带季风气候区，所以雨量充沛，降水量大，降水时间分布不均，大雨、夜雨、暴雨多。一次较大的降水过程和局部降雨中心是发生水土流失的重要成因之一。

西昌市，喜德县地区的年平均降水量为900mm左右，昭觉县为1100mm左右，但90%以上的雨量集中在5~10月（雨季）（图6-5）。

另外，从降水量与蒸发量的关系来看，可以看出蒸发量比降水量多（图6-6）。再进一步分别从雨季，旱季的降水量，蒸发量来看，可以知道降水量偏于雨季，蒸发量在雨季和旱季的偏差较小。这说明旱季不仅降水少，而且大大超出降水量的蒸发量进一步加深干旱程度（图6-7）。

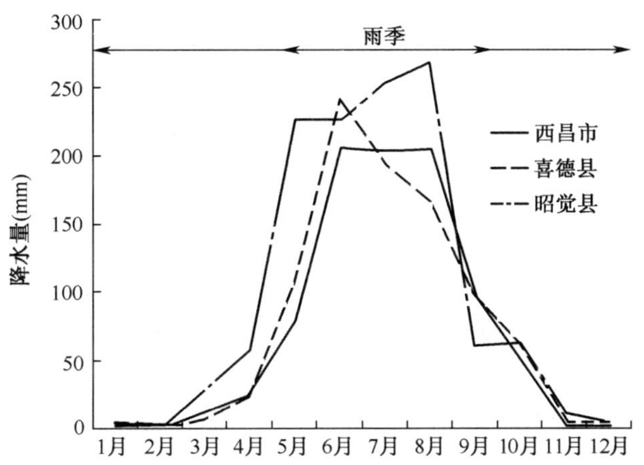

图6-5 降水量年变化与雨季关系

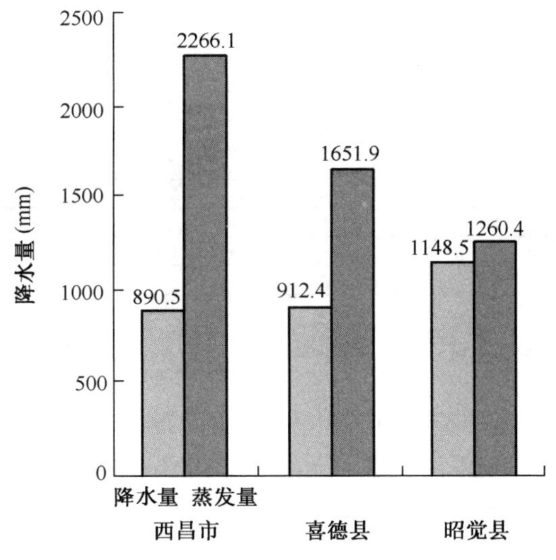

图6-6 降水量和蒸发量

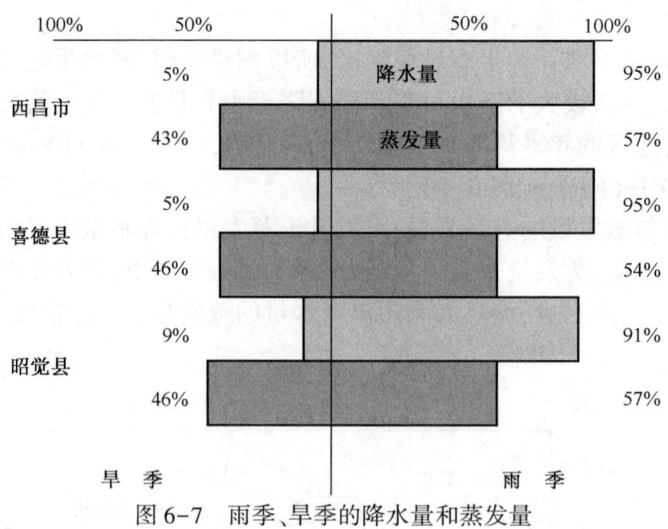

图 6-7 雨季、旱季的降水量和蒸发量

2.4 风速

在凉山彝族自治州,风也是重大气候因素之一。

从表 6-1 可以看出旱季的 1 月到 4 月风大,特别是在旱季即将结束的 3 月、4 月风最大。

但是,在这个时候,干热河谷地区的温度达到了树木能开始生长的温度,很多树种已经开始生长。

风引起叶面发生强制性蒸散,树木本想通过干旱的土壤中的根提供水分,但是由于无法保持水分的收支平衡,结果造成树木发生枯枝。

在高寒山区,1 月、2 月是严冬期,即在树木休眠的时候由于吹风,引起叶面发生强制性水分蒸散、加速冻结,引起枯枝。

表 6-1 历年各月平均风速

(m/s)

站 名	年	1月	2月	3月	4月	5月	6月	7月	8月	9月	10月	11月	12月	年平均
西昌市	2002年	3.0	3.8	3.2	6.2	2.8	2.3	1.6	1.3	2.2	2.6	3.5	2.7	2.9
	2003年	3.7	3.9	4.4	5.0	3.8	2.2	1.6	1.6	2.1	1.7	2.3	2.0	2.9
	2004年	2.9	2.2	3.5	2.3	1.7	1.7	1.3	1.3	1.5	1.6	1.7	1.6	1.9
喜德县	2002年	1.4	2.0	1.7	2.0	1.5	1.0	0.9	0.6	0.9	1.0	1.2	1.2	2.3
	2003年	1.5	2.1	2.3	2.1	1.9	0.9	1.3	1.0	1.1	1.0	1.4	1.1	1.5
	2004年	1.3	1.7	1.5	1.4	1.4	1.3	1.2	0.7	0.6	0.9	1.0	1.1	1.2
昭觉县	2002年	3.3	3.7	2.6	1.7	1.3	1.4	1.2	2.6	2.5	2.7	2.2	2.4	2.3
	2003年	3.4	3.9	4.3	4.3	3.8	3.1	2.0	–	3.1	3.5	2.8	2.3	
	2004年	3.4	3.9	4.3	3.2	3.8	2.6	1.6	1.9	2.4	2.8	2.4	2.1	2.9

雨季　旱季　风速＞3.0　风速＞4.0

图 6-8 是在西昌市,喜德县造林地发生枯梢的情况。图 6-9 是昭觉县造林地冬天的照片。在昭觉县造林地,虽然海拔高,但是冬天的积雪并不多,只是经常会在云层通过造林地时产生雾,雾主要在树枝等上面结冰,形成树冰的情况。

从图 6-10 可以看出西昌市和喜德县的森林几乎都在阴坡上,而阳坡上几乎没有森林,都是荒山。

从阳坡日照关系等方面与阴坡进行比较,发现阳坡不仅干旱,而且在此基础上,3 月和 4

月所吹的干风是以南风为主，阳坡更干旱，加大了在阳坡上造林的难度。因此，在造林方法和造林树种的选定中也需要注意很多事项。

2.5　地质

凉山地处横断山脉东部，位于环太平洋构造带和古地中海构造带的交汇处，盆周高山地块相对滑动区。区内岩层褶皱断裂发育，结构破坏，岩体完善性差，临空条件好，稳定性差。岩石风化强烈，疏松破碎，碎屑物质丰富。加之高差悬殊，地形起伏大，山高坡陡，河谷深切，地质、地形也是形成水土流失的客观原因之一。

图6-8　枯梢

图6-9　昭觉县尼地乡的冬天

图6-10　在阴坡和阳坡上植被的生长差异

2.6　土壤

凉山彝族自治州大部分都属于川西横断山纵谷南段红壤、红棕壤地区、成土母岩有板岩、千枚岩、石灰岩、砂页岩、花岗岩、玄武岩等。

图 6-11　从上空鸟瞰，可以很清楚地看到坡面上只在阴坡上有森林的情况

图 6-12　昭觉县山坡被侵蚀的情况

在西昌市、喜德县海拔为 1500～2000m 的地区，土壤是以砂岩发育的山地黄壤为主的，土壤瘠薄，并且具有干燥、坚硬的性能（图 6-13）。

在昭觉县海拔为 2800～3500m 的地区，土壤是紫色土、暗棕壤、亚高山草甸土。虽然土壤比较厚，但经常流动，苗木被埋没的情况时有发生（图 6-14）。

图 6-13　西昌市、喜德县的土壤

图 6-14　昭觉县的土壤

表 6-2 是土壤的养分含量表。从表中可以看出所有地方的土壤都缺乏养分。西昌市和喜德县的土壤为弱酸性,昭觉县的土壤为酸性土。所以,在造林树种选定中,需要考虑耐酸性。

另外,特别值得一提的是土壤中有机质含量较低,因此,增加林地土壤有机质积累,增加林地土层厚度,是改善林地生境的重要培育技术。造林后,可结合林分抚育,将割下来的杂草、还原到土壤中去(即还原有机物)的意义,能促进土壤的生成。

表 6-2　土壤分析

取样地点	取样土层	全氮(%)	有效氮(μg/g)	全磷(%) P_2O_5	有效磷(μg/g)	全钾 K_2O (%)	有效钾(μg/g)	pH	有机质(%)	水分(%)
西昌 1 号造林地(郎环乡)	表层土	0.0773	88	0.0927	4.33	1.5597	55	6.39	1.2754	5.3
西昌 1 号造林地	下层土	0.0333	54	0.0842	4.58	1.2265	70	6.70	0.8084	4.8
西昌 2 号造林地	表层土	0.0830	102	0.0773	2.54	1.6505	72	6.30	1.6839	3.6
	下层土	0.0518	75	0.0859	2.79	1.9382	75	6.40	1.2695	4.6
喜德 2 号造林地(红莫镇)	表层土	0.1347	134	0.1082	4.79	1.4234	90	5.95	2.6295	8.6
喜德 2 号造林地	下层土	0.0652	59	0.0636	2.27	1.4537	77	6.90	0.9543	5.3
喜德 4 号造林地	表层土	0.1142	104	0.0773	4.04	1.4991	95	5.40	1.8824	4.6
	下层土	0.0418	49	0.0498	2.27	1.1054	53	5.40	0.502	5.7
昭觉造林试验地(碗厂乡)	表层土	0.1397	179	0.0790	1.01	1.0145	45	5.10	3.2512	24.0
昭觉造林试验地	下层土	0.0397	45	0.0323	1.76	1.7717	32	5.20	0.4903	15.0

3　安宁河流域的气候特点

凉山彝族自治州安宁河流域是目前我国造林与植被恢复的热点和难点地区,其难点主要取决于其特殊的地理位置和气候环境,其气候因子,如气温、降雨、蒸发等是影响区域植被的主导因子。因此,研究并分析这些主要的气象因子的变化特征是进行科学化、合理化森林培育的基本前提。

3.1　凉山彝族自治州山地主要气象因子分析

凉山彝族自治州干热干旱地区主要包括西昌、喜德、昭觉、布拖等 14 个县(市),海拔以宁南县最低,为 993.4mm,布拖最高,为 2460mm,各县地理分布、主要气象要素多年平均统计结果详见图 6-15、表 6-3 所示。

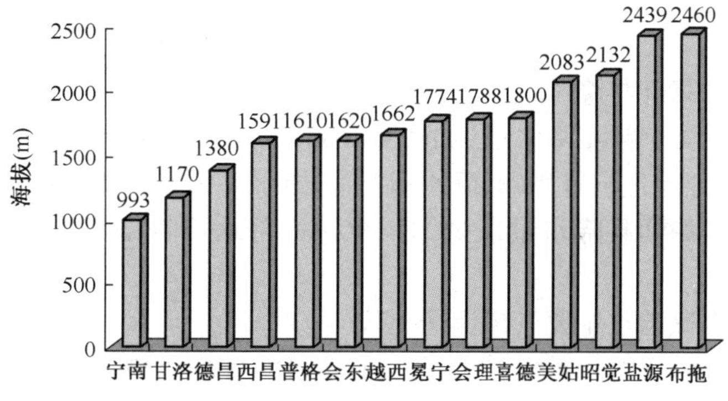

图 6-15　凉山州各县气象站海拔分布

表 6-3 凉山彝族自治州各区县主要气象因子统计

地点	宁南	甘洛	德昌	西昌	普格	会东	越西	冕宁	会理	喜德	美姑	昭觉	盐源	布拖
海拔(m)	993.4	1170	1380	1590.7	1610	1620	1661.6	1774	1788.4	1800	2082.7	2132.4	2439.4	2460
年平均气温(℃)	19.3	16.2	17.6	17	16.7	16.1	13	13.8	15.1	14.1	11.4	10.9	12.5	10
1月平均气温(℃)	10.7	6.5	10.1	9.4	5.5	8.1	3.8	5.6	7	5.5	2	1.4	5.2	1.3
7月平均气温(℃)	25.2	24.5	23.1	22.5	22.2	21.8	21.6	20.7	21	21	19.5	19.3	18.1	17.3
降水量(mm)	960.5	830.3	1058.9	1042.6	1478.6	1053.3	940.1	1093.6	1157.8	982.7	790.4	1016.9	790	1128.5
日照时数(h)	2275.2	1687.2	2147.8	2421.8	2003.1	2337.3	1612.9	2019.5	2403.3	2036.8	1802.2	1869.3	2600.1	1971

3.2 山地主要气象因子与海拔的关系

从图 6-16 可以看出，年平均温度、1 月平均温度和 7 月平均温度随着海拔的增加而降低的趋势，其中以 7 月平均温度表现极明显，平均海拔升高 100m，气温降低 0.54℃，由于受地理位置的影响，气温较垂直坡面随海拔增高的变幅略低。年平均温度和 1 月平均温度变化趋势基本一致，相对海拔高度而言，越西、冕宁的年平均温度偏低。

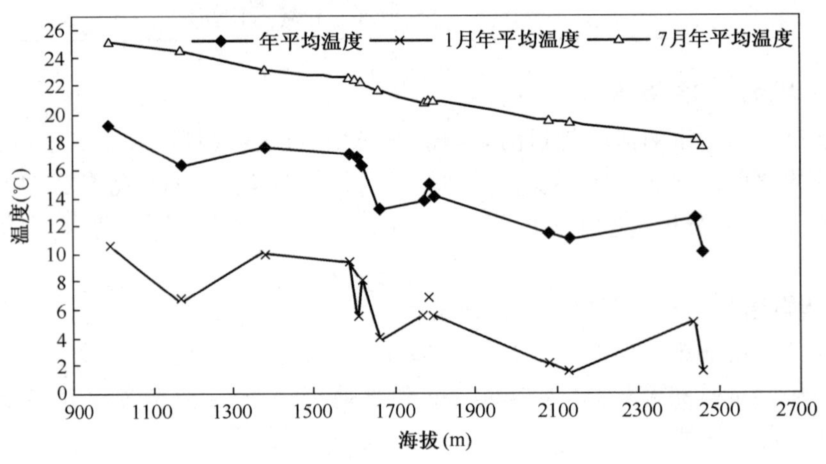

图 6-16 凉山州海拔对气温的影响

3.3 凉山各区县海拔高度与降水量的关系

凉山彝族自治州 14 个县年降水量达 1023.2mm，从降水的数量看，降水较四川盆地多数市县高。由于各区县所处地理位置影响，降水量与海拔的相关较弱，即海拔对降水量的影响相对较小，全洲以美姑和盐源两县降水量最少，为 790mm，降水以普格县最多，为 1478.6mm，该县海拔高度为 1610mm。

3.4 安宁河流域三个试验点主要气象因子比较

安宁河流域为山地气候，示范区涉及的三个县村的气候资料（温度、降水量和蒸发量）如表 6-4 所示。

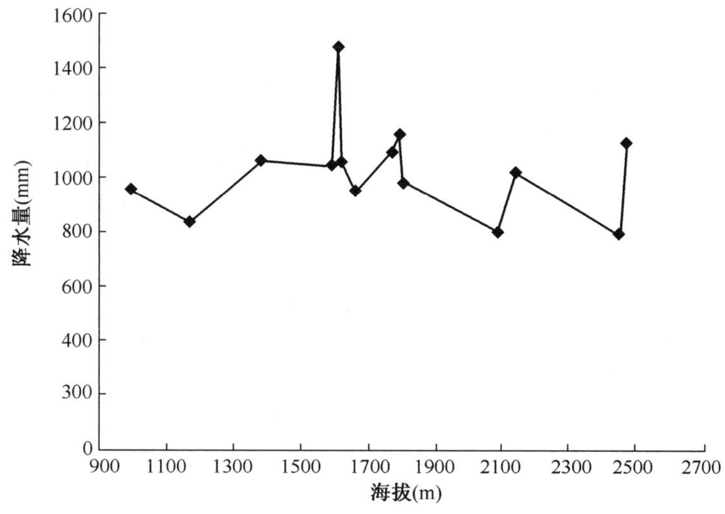

图 6-17　凉山各区海拔高度与降水量的关系分析

表 6-4　三个试验示范区的温度、降水量和蒸发量数据

月份	温度(℃)			降水量(mm)			蒸发量(mm)		
	西昌	喜德	昭觉	西昌	喜德	昭觉	西昌	喜德	昭觉
1	10.9	8	-0.03	2.8	5.8	9.7	143.8	99.3	68.5
2	12.4	11.8	2.9	4.2	1.7	5.3	218.3	151.7	111.6
3	15.6	14.9	6	12.5	4.9	17.1	301.8	209.6	171.4
4	21.4	18.2	9.1	23.6	32.4	47.3	331.2	237.8	182.1
5	20	18.9	10.6	90.3	113.7	147.4	264.9	194.2	149.8
6	20.6	19.5	12.1	168.9	202.5	224.8	154.6	123.5	106.5
7	21.5	20.5	13.2	247	227.5	211.3	122.3	120.4	95.9
8	21.6	20.3	12.2	204.8	166.4	206.9	141.6	123.6	99.8
9	19.3	18	10.4	98.9	98.1	123.2	121.2	100.5	87.3
10	16.5	15.2	7.7	55.1	61.1	69.6	127.1	92.3	76.5
11	13.2	11.8	4	10.5	5.1	8.7	129.4	94.6	76.3
12	9.8	9.3	1.6	1.4	7.6	4.3	117	85.1	80.1

这些资料的分析有利于确定植被恢复的立地划分、树种、密度和生活型搭配等问题的气候背景,为造林树种选择、模式搭配和栽植方法的确定提供依据。在川西南山地,干湿季分明是典型的山地气候特征,根据降水量和蒸发量的配置情况,把干热干旱河谷地区的山地气候分为旱季、雨季和特殊生理期。旱季为 11 月到来年 5 月,雨季为 6~10 月;特殊生理期是对于植物来说的,为 1~4 月,此期温度升高,但降水还未出现高值,植物面临干旱胁迫的几个月,造林植物能度过这几个月,便可以顺利存活下来。因此,除了分析降水量、温度和蒸发量的月变化特征以外,还分析了季节分配以及特殊生理时期的分配。

3.4.1　气温的变化特征

西昌市和喜德县月平均温度的变化趋势如图 6-18 所示。西昌市月平均温度在 20℃左右的月份有 4 月、5 月、6 月、7 月、8 月和 9 月,平均温度在 15℃左右的月份有 3 月、10 月和 11

月，平均温度在10℃左右的 有1月和12月。西昌市全年的平均温度在10℃以上，4~9月平均温度较高，在20℃左右浮动。由图6-18可知，喜德县4~9月平均温度较高，在20℃左右浮动；3月和10月的平均温度在15℃左右浮动；1月、2月、11月和12月的平均温度在10℃左右变动。昭觉县的月平均温度在10℃以上的月份有5月、6月、7月、8月和9月，5~10℃之间的月份有3月和4月，5℃以下的有1月、2月、11月和12月。喜德县的月平均温度变化趋势和西昌市类似，但西昌市的月平均温度在总是在喜德县上方。昭觉县的月平均温度趋势图位于西昌市和喜德县的下方，昭觉县的月平均温度明显都比西昌市和喜德县低得多。西昌市的年平均温度为16.9℃，旱季的平均温度为14.76℃，雨季的平均温度为19.9℃，特殊生理期的平均温度为15.08℃。喜德县的年平均温度为15.53℃，干旱季节平均温度为13.27℃，雨季为18.7℃，特殊生理期的温度为13.23℃。昭觉县的年平均温度为7.48℃，旱季平均温度为4.88℃，雨季为11.12℃，特殊生理期的平均温度为4.49℃（表6-4）。

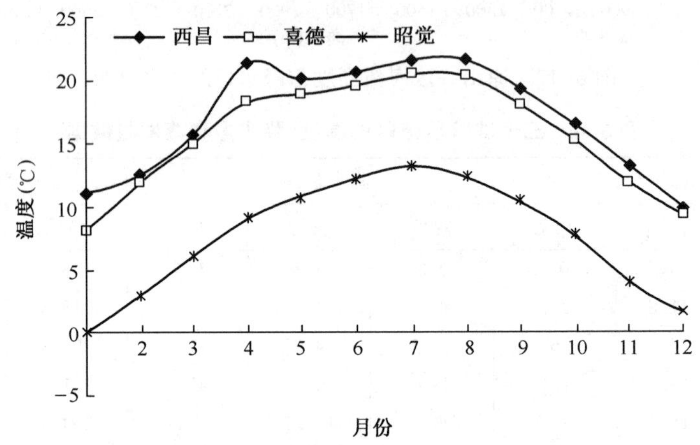

图6-18　西昌市、喜德县和昭觉县温度的月变化特点

3.4.2　降水量的变化特征

西昌市、喜德县和昭觉县的降水量月变化呈单峰曲线，三个试验区的降水量变化趋势一致。月降水总量在150mm以上的月份有7月和8月（西昌市），6月和7月（喜德县和昭觉县）；月降水总量在0~150mm之间的月份有5月，9月和10月（西昌市、喜德县和昭觉县）；月降水量在50mm以下的有1~4月和11~12月（西昌市、喜德县和昭觉县）。西昌市、喜德县和昭觉县的月降水总量分布曲线不同，西昌市右偏，昭觉县左偏，喜德县位于二者之间（图6-19）。

西昌市年降水量总和为920mm，旱季降水总量为145.3mm，雨季降水总量为774.7mm，特殊生理期的降水总量为43.1mm。喜德县的年降水总和为926.8mm，旱季降水总量为171.2mm，雨季降水总量为755.6mm，特殊生理期的降水总量为44.8mm。昭觉县的年降水总量为1075.6mm，旱季降水量为239.8mm，雨季降水总量为835.8mm，特殊生理期的降水总量为79.4mm（表6-4）。

3.4.3　蒸发量的变化特征

西昌市、喜德县和昭觉县的月蒸发量总量的月变化曲线如图6-20所示。三个地区的水分蒸发量变化趋势一致，均是在1~4月逐渐上升，4~6月份逐渐降低，6~12月份蒸发量稳中有降。月蒸发量在150mm以下的有1月、6~12月份（西昌市、喜德县和昭觉县）、2月（喜德县

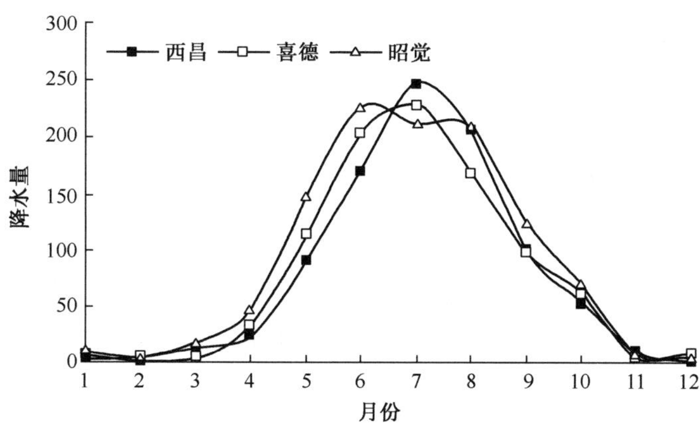

图 6-19　三个试区降水量比较

和昭觉县)；其余月份的蒸发量均在 150mm 以上。从总体上考虑，西昌市的蒸发量总是位于喜德县的上方，喜德县的位于昭觉县的上方，日蒸发量总是西昌市>喜德县>昭觉县。西昌市年蒸发总量为 2173. 2mm，旱季蒸发总量为 1260mm，雨季蒸发总量为 666. 8mm，生理活跃期的降水总量为 995. 1mm。喜德县的年蒸发总量为 1632. 6mm，旱季蒸发总量为 892. 6mm，雨季降水总量为 560. 3mm，特殊生理期的增发总量为 698. 4mm。昭觉县的年蒸发总量为 1305. 8mm，旱季为 839. 8mm，雨季为 466mm，特殊生理期的蒸发总量为 533. 6mm(表 6-4)。

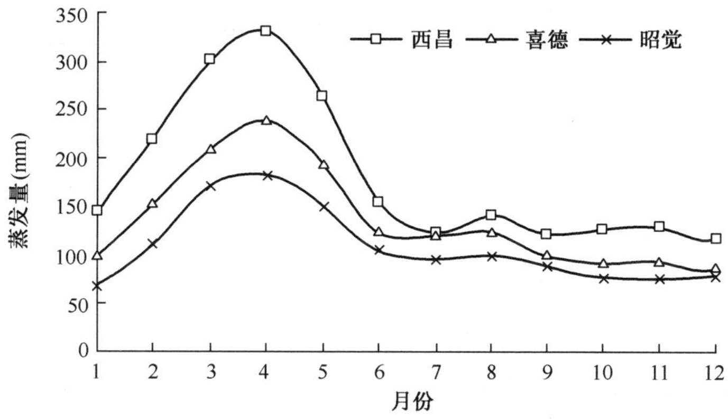

图 6-20　西昌市、喜德县和昭觉县蒸发量的月变化

3. 4. 4　三个试验区干燥度的变化特点

干燥度用特定时期蒸发量和降水量的总和之比来计算。西昌市干燥度为 2. 367(年)、8. 67(旱季)、0. 86(雨季)和 23. 09(特殊生理期)。喜德县的干燥度为 1. 76(年)、5. 21(旱季)、0. 74(雨季)和 15. 59(特殊生理期)。昭觉县的干燥度为 1. 21(年)、3. 5(旱季)、0. 56(雨季)和 6. 72(特殊生理期)(图 6-21)。

3. 4. 5　风速

在凉山彝族自治州，风也是导致土壤及植物水分亏损的重要因素之一。从表 6-5 可以看出旱季的 1 月到 4 月风大，特别是在旱季即将结束的 3 月、4 月风最大。但此时干热河谷地区的温度达到了树木能开始生长的温度，很多树种已经开始生长。

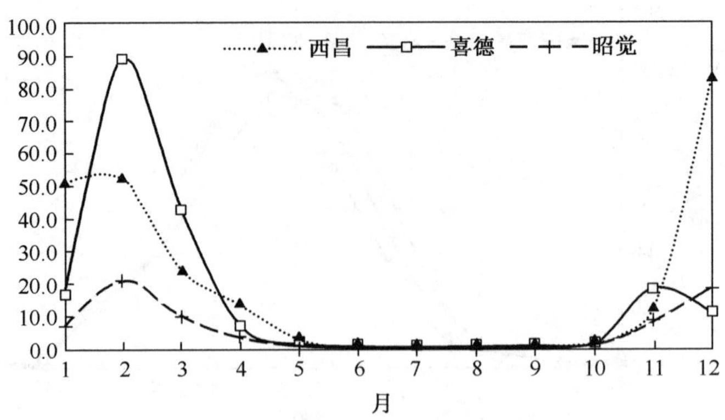

图 6-21 三个试验区气候干燥度的月变化比较

表 6-5 三个地区历年平均风速比较

m/s

地点	年	旱季				雨季						旱季		年均
		1月	2月	3月	4月	5月	6月	7月	8月	9月	10月	11月	12月	
西昌市	2002	3	3.8	3.2	6.2	2.8	2.3	1.6	1.3	2.2	2.6	3.5	2.7	2.9
	2003	3.7	3.9	4.4	5	3.8	2.2	1.6	1.6	2.1	1.7	2.3	2	2.9
	2004	2.9	2.3	3.5	2.3	1.7	1.7	1.3	1.3	1.5	1.6	1.7	1.6	2.0
喜得县	2002	1.4	3	1.7	2	1.5	1	0.9	0.6	0.9	1	1.2	1.2	1.4
	2003	1.5	2.1	2.3	2.1	1.9	0.9	1.3	1	1.1	1	1.1	1.1	1.5
	2004	1.3	1.7	1.5	1.4	1.4	1.3	1.2	0.7	0.6	0.9	1.1	1.1	1.2
昭觉县	2002	3.3	3.7	2.6	1.7	1.3	1.4	1.2	2.6	2.5	2.7	2.4	2.4	2.3
	2003	3.4	3.9	4.3	4.3	3.8	3.1	2	—	3.1	3.5	2.3	2.3	3.3
	2004	3.4	3.9	4.3	3.2	2.3	2.6	1.6	1.9	2.4	2.8	2.1	2.1	2.7

风引起叶面发生强制性蒸散，树木本来要通过干旱土壤中的根系提供水分，但由于无法保持水分的收支平衡，土壤水分供给能力有限而导致根系向枝叶输送水分的不足，结果造成树木发生枯枝。在高寒山区，1 月、2 月是严冬期，即在树木休眠的时候由于吹风，引起叶面发生强制性水分蒸散、加速冻结，引起枯枝。

从图 6-22 可以看出，三个试验区风速表现出基本一致辞的变化规律，旱季风速明显高于雨季，昭觉、和喜两县以 2 月最大，西昌市以四月最小雨季。

3.4.6 三个试验区降雨量、蒸发量、干燥度的综合防治比较分析

西昌市、喜德县和昭觉县的月蒸发量总量的月变化曲线如图 6-20 所示。三个地区的水分蒸发量变化趋势一致，均是在 1~4 月逐渐上升，4~6 月份逐渐降低，6~12 月份蒸发量稳中有降。月蒸发量在 150mm 以下的有 1 月、6~12 月份（西昌市、喜德县和昭觉县）、2 月（喜德县和昭觉县）；其余月份的蒸发量均在 150mm 以上。从总体上考虑，西昌市的蒸发量总是位于喜德县的上方，喜德县的位于昭觉县的上方，日蒸发量总是西昌市>喜德县>昭觉县。

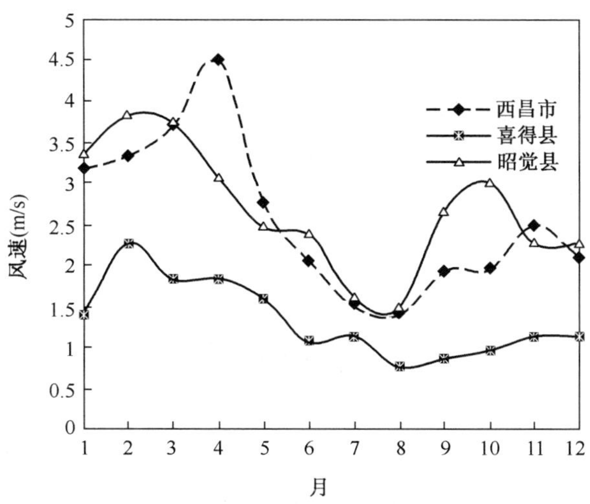

图 6-22　三个试验区风速的月变化

西昌市年蒸发总量为 2173. 2mm，旱季蒸发总量为 1260mm，雨季蒸发总量为 666. 8mm，特殊生理期的降水总量为 995. 1mm。喜德县的年蒸发总量为 1632. 6mm，旱季蒸发总量为 892. 6mm，雨季降水总量为 560. 3mm，特殊生理期的增发总量为 698. 4mm。昭觉县的年蒸发总量为 1305. 8mm，旱季为 839. 8mm，雨季为 466mm，特殊生理期的蒸发总量为 533. 6mm（表6-6）。

表 6-6　西昌市、喜德县和昭觉县旱季和雨季的水热条件比较

气象	干燥度			降水量（mm）			蒸发量（mm）			平均气温（℃）		
地点	全年	旱季 11～5	雨季 6～10	全年	旱季 11～5	雨季 6～10	全年	旱季 11～5	雨季 6～10	全年	旱季 11～5	雨季 6～10
西昌	2. 36	8. 67	0. 86	920	145. 3	774. 7	2173. 2	1260	666. 8	16. 9	14. 76	19. 9
喜德	1. 76	5. 21	0. 74	926. 8	171. 2	755. 6	1632. 6	892. 6	560. 3	15. 53	13. 27	18. 7
昭觉	1. 21	3. 5	0. 56	1075. 6	239. 8	835. 8	1305. 8	839. 8	466	7. 48	4. 88	11. 12

3. 4. 7　小结

通过分析造林示范区的降水、温度和蒸发量的变化特征，结果如下：

第一，降水量、温度和蒸发量的月变化特征在西昌市、喜德县和昭觉县三地之间模式一致。月平均温度西昌市>喜德县>昭觉县；月蒸发总量西昌市>喜德县>昭觉县；三地之间月降水总量关系不稳定，差异不明显。

第二，年降水总量、旱季降水量和特殊生理期降水量昭觉县>喜德县>西昌市；雨季降水量昭觉县>西昌市>喜德县。

第三，年蒸发总量、旱季蒸发总量、雨季蒸发总量和特殊生理期蒸发总量西昌市>喜德>昭觉县。

第四，年平均温度、旱季平均温度、雨季平均温度和特殊生理期平均温度西昌市>喜德>昭觉县。

第五,年干燥度、旱季干燥度、雨季干燥度和特殊生理期干燥度西昌市>喜德县>昭觉县。

第六,1~4 月或旱季风速较大,而 5~10 月或雨季风速较小;旱季大风和低温容易造成树木枯梢;喜德县风速低于西昌市和昭觉县。

从具体数据来看,西昌市和喜德县的气候条件差异不大,但是昭觉县示范林基地的降水量、温度和蒸发量均低于西昌市和喜德县。

第二节　无底袋营养育苗

育苗是造林技术流程中的关键环节,提高苗木质量也是提高造林成效的关键手段。安宁河流域恶劣的环境条件,使得长期以来造林成效极低,林木生长缓慢甚至难以成林,其原因除了气候、土壤等客观因素以外,苗木质量不高也是主要原因之一。传统上所用的裸根苗乃至有底的营养袋育苗,都没有对各相关树种进行系统的研究,育苗质量不高,同时育苗效益低,苗木成本高,从而直接影响造林效果。营养袋苗也常常出现严重的根系盘绕,导致苗木出圃造林后窝根明显,死亡率很高,致使造林失败。借助中日合作四川省示范林营建,引进先进林业技术的机会,在过去育苗技术和经验,以及产生问题的基础上,开展无底营养袋育苗试验。

无底营养袋育苗工作涉及从播种前种子处理方法、播种密度、播种时间、播种用土配方、覆土方式等的确定,到营养袋育苗基质、营养袋规格、追肥方式等选择,都需要进行科学的试验。针对四川省凉山彝族自治州安宁河流域林业发展较薄弱,造林成效不高的现状,对适于该地生长的不同树种进行育苗各环节试验设计,进行科学的育苗试验研究,以期获得生产中可以推广使用的科学育苗体系,为标准化和规范化造林提供优质苗木服务。

1　试验区的概况

试验苗圃位于安宁河中段,西昌市东郊,距西昌市 6km,鸣鹤山的下段,东南坡向,海拔 1580m,面积 1.8hm^2(27 亩)。灌溉用水为浅表井水,安装有自动散水喷头浇灌。试验苗圃属于亚热带季风气候区,半湿润、半干旱类型。年平均温度 17℃,1 月平均温度 9.5℃,7 月平均温度 22.6℃,极端最高温 36.5℃,极端最低温-3.4℃,≥10℃的活动积温 5355.8℃。无霜期 274 天,全年日照时数 2418.8 小时,春秋两季长达 9 个月以上,冬无严寒,夏无酷暑,光照充足,生长季节长。年降水量 1039.3mm,雨季、旱季分明,93%降水集中在 5~10 月,为雨季,其中 6、7、8 三个月占全年降水量的 60%以上,降水集中在光照充足的夏季,对苗木生长极为有利;而冬、春季较为干旱,为旱季,特别是 3~4 月份,随着气温和土温的迅速上升,常伴以大风,蒸发量极大,空气的平均相对湿度在 45%以下,最小相对湿度可小到 1%,不利于苗木生长。

2　研究内容及方法

2.1　播种前种子预处理试验

2.1.1　试验目的

种子的发芽试验与林业生产有密切关系,可以根据测得种子发芽率的高低来决定一批种子能否在生产中应用及播种量等问题。种子发芽力的高低是衡量种子质量优劣的主要指标之一。做好种子发芽试验在种子经营管理与林业生产上都具有重要意义。但是,种子发芽受到若干条件的制约,进行种子发芽试验应采用适当的条件和方法,严格技术操作,才能获得正确的试验结果。为了降低该植物种子的单位播种量,缩短育苗时间,提高出苗率和有性繁殖成效。结合引种和生产中存在的问题,为了提高种子发芽率,提供当地主要造林树种播种前种子发芽方法,对种子进行了发芽试验。对西昌部分种子处理方法进行试验性研究。

2.1.2　试验方案

为了使所用催芽方法方便、适用,易于当地普通百姓所掌握,对几个主要育苗树种的种子采用浸种催芽试验。

供试种子经 0.3‰$KMnO_4$ 浸泡 30min 后,再做相应处理;种子发芽条件均采用恒温设定 23℃、光照 750~1250lx。每个树种的供试种子 100 粒,重复 3 次,经过发芽高峰期后以连续 3 日无种子发芽即停止记录。

2.1.3　供试树种

台湾相思、黑荆树、山合欢、直干桉、刺槐。

2.2　育苗试验

苗木培育是林业生产的基础,也是林业工作的重要环节之一,对苗木生产各个环节进行试验研究,提供最佳的苗木培育方案,不仅能培育出更多的壮苗,还能大大地提高土地使用率和生产效率。

2.2.1　营养土配方试验

营养袋育苗是现代苗木培育的主要方法,营养土的选择与配制是营养袋育苗的关键技术之一,也是营养袋育苗的前提。

(1)试验目的

本试验根据当地主要材料,配制出不同的营养土配方,通过不同树种的栽种试验,选出适合于某一树种的最佳营养土配方,同时优良的营养土还应具备:土壤质地细密疏松,能紧靠苗木根系,在苗木脱离营养袋时培养土不松散;干湿体积变化不大;保水保肥能力强,通透性能好;富含营养成分;无病菌、草籽、草根及污染物。

(2)试验方案

用当地常见的红土、红沙、泥炭、牛粪及磷肥等材料,采用不同的比例配置成各种类型的营养土共 44 种,将这些营养土用于供试树种的苗木培育,经过一定的生长期后,分别测定苗木的高生长、地径生长及存活率,重复 3 次(表 6-7)。

(3)供试树种

刺槐、黑荆树、干香柏、辽东楤木、山合欢和直干桉。

2.2.2　营养袋类型对比试验

(1)试验目的

营养袋育苗具有苗木成活率高、节约种子、苗木生长健壮、便于运输等优点,已成为林业上主要的育苗途径,但营养袋底部对根系的阻挡作用常常使得苗木的后期生长受限,同时不同规格的营养袋对苗木生长也有不同的影响,本试验拟采用不同树种对有底、无底营养袋的育苗效果进行比较,并寻找适宜的营养袋规格。

表 6-7 营养土配方设计方案

配方号	配方比例
1	红土 34%：红沙 14%：泥炭 41%：粪 11%
2	红土 36%：红沙 14%：泥炭 39%：粪 11%
3	红土 37%：红沙 15%：泥炭 37%：粪 11%
4	红土 38%：红沙 15%：泥炭 35%：粪 12%
5	红土 40%：红沙 16%：泥炭 32%：粪 12%
6	红沙 31%：泥炭 46%：粪 23%
7	红土 61%：泥炭 26%：粪 13%
8	红土 57%：泥炭 29%：粪 14%
9	红土 53%：泥炭 32%：粪 15%
10	红土 47%：泥炭 35%：粪 18%
11	红土 40%：泥炭 40%：粪 20%
12	红土 31%：泥炭 46%：粪 23%
13	红土 42%：泥炭 25%：粪 33%
14	红土 43%：泥炭 26%：粪 31%
15	红土 48%：泥炭 25%：粪 27%
16	红土 42%：红沙 17%：泥炭 29%：粪 12%
17	红土 44%：红沙 17%：泥炭 26%：粪 13%
18	红土 45%：红沙 28%：泥炭 13%：粪 14%
19	红土 48%：红沙 19%：泥炭 19%：粪 14%
20	红土 47%：泥炭 29%：粪 24%
21	红土 50%：泥炭 30%：粪 20%
22	红土 51%：泥炭 32%：粪 17%
23	红土 55%：泥炭 33%：粪 12%
24	红土 59%：泥炭 35%：粪 6%
25	红沙 100%
26	泥炭土 100%
27	红土 100%
28	牛粪 100%
29	泥炭 26%：河沙 61%：粪 13%
30	红沙 61%：泥炭 26%：粪 13%
31	红沙 57%：泥炭 29%：粪 14%
32	红沙 53%：泥炭 32%：粪 15%
33	红沙 47%：泥炭 35%：粪 18%
34	红沙 40%：泥炭 40%：粪 20%
35	泥炭 29%：河沙 57%：粪 14%
36	泥炭 32%：河沙 53%：粪 15%

（续）

配方号	配方比例
37	泥炭 35%：河沙 47%：粪 18%
38	泥炭 40%：河沙 40%：粪 20%
39	泥炭 46%：河沙 31%：粪 23%
40	配方：红土 53%：泥炭 31%：粪 16%：P1
41	配方：红土 53%：泥炭 31%：粪 16%：P2.5
42	配方：红土 53%：泥炭 31%：粪 16%：P3
43	配方：红土 53%：泥炭 31%：粪 16%：P5
44	配方：红土 53%：泥炭 31%：粪 16%：P7.5

注：P1，P2.5，P3，P5，P7.5 分别代表 1000 个营养袋中施入过磷酸钙 5kg、12.5kg、15kg、25kg、37.5kg。

（2）试验设计方案

采用 10cm×11cm（10 为营养袋周长的一半，11 为营养袋的高度），10cm×15cm，10cm×17cm，及 13cm×17cm 等四种规格的营养袋，分别取有底、无底两种类型。每个树种各试验 50 袋、重复 3 次，比较苗木的苗高、地径及存活率。

（3）供试树种

川滇桤木、新银合欢、云南松、黑荆树、刺槐、直干桉。

2.2.3 播种土配方试验

（1）试验目的

土壤是苗木生长的基础，不同性质的土壤对同一种苗木的生长有巨大的影响，同一种土壤对不同苗木也有不同的效果，为了保证育苗效果，需要对苗床使用的播种土配方进行筛选。

（2）试验设计方案

采用当地常见的红土、红沙、泥碳及牛粪等原料，按照不同比例配制成 35 个配方（表 6-8）。

表 6-8 播种土配方表

配方号	配方比例
1	红土 100%
2	红沙 100%
3	红土 59%：泥炭 35%：粪 6%
4	红土 55%：泥炭 33%：粪 12%
5	红土 50%：泥炭 30%：粪 20%
6	红土 47%：泥炭 29%：粪 24%
7	红土 48%：泥炭 25%：粪 27%
8	红土 43%：泥炭 26%：粪 31%
9	红土 42%：泥炭 25%：粪 33%
10	红土 31%：泥炭 46%：粪 23%

（续）

配方号	配方比例
11	红土 40%：泥炭 40%：粪 20%
12	红土 47%：泥炭 35%：粪 18%
13	红土 53%：泥炭 32%：粪 15%
14	红土 57%：泥炭 29%：粪 14%
15	红土 61%：泥炭 26%：粪 13%
16	红沙 31%：泥炭 46%：粪 23%
17	红沙 40%：泥炭 40%：粪 20%
18	红沙 47%：泥炭 35%：粪 18%
19	红沙 53%：泥炭 32%：粪 15%
20	红沙 57%：泥炭 29%：粪 14%
21	红沙 61%：泥炭 26%：粪 13%
22	泥炭 46%：河沙 31%：粪 23%
23	泥炭 40%：河沙 40%：粪 20%
24	泥炭 35%：河沙 47%：粪 18%
25	泥炭 32%：河沙 53%：粪 15%
26	泥炭 29%：河沙 57%：粪 14%
27	泥炭 26%：河沙 61%：粪 13%
28	红土 48%：红沙 19%：泥炭 19%：粪 14%
29	红土 45%：红沙 28%：泥炭 13%：粪 14%
30	红土 42%：红沙 17%：泥炭 29%：粪 12%
31	红土 40%：红沙 16%：泥炭 32%：粪 12%
32	红土 38%：红沙 15%：泥炭 35%：粪 12%
33	红土 37%：红沙 15%：泥炭 37%：粪 11%
34	红土 36%：红沙 14%：泥炭 39%：粪 11%
35	红土 34%：红沙 14%：泥炭 41%：粪 11%

注：根据不同树种，配方顺序有所调整，具体情况见相应树种。

（3）参试树种

刺槐、黑荆树、干香柏、辽东桤木、山合欢、直干桉

2.2.4 追肥对比试验

（1）试验目的

苗木生长需要氮、磷、钾等大量元素，同时也需要镁、锌、硼等微量元素，苗木生长期间对各种营养需求量高，适时施肥对苗木生长极为重要，合理追肥能使苗木体内营养元素保持适当的比例，实现苗木稳产、高产。本试验针对当地播种土的实际情况，分别对不同树种进行氮、磷、钾追肥或微肥实验研究，以确定不同树种苗期适宜的追肥量。

(2)试验设计方案

第一,氮、磷、钾追肥试验。试验中以尿素作为氮源、磷酸二氢钾(KH_2PO_5)作为磷源、氯化钾作为钾源(KCl),三种肥料混合施用,氮、磷、钾有效成分之比相应为 4∶2∶4。试验共设计 7 个处理,每个处理重复 2 次,每重复 50 株。具体施肥量见表 6-9。

表 6-9　氮、磷、钾混合追肥量方案　　单位:g

处理号	1	2	3	4	5	6	对照(Ck)
尿素	81.5	163.0	326.0	652.0	1630.0	4075.0	0
氯化钾	36.0	72.0	144.0	288.0	720.0	1800.0	0
磷酸二氢钾	41.5	83.0	166.0	332.0	830.0	2075.0	0
合计	159.00	318.00	636.00	1272.00	3180.00	7950.00	0

溶液兑成 3%浓度,施于根部。追肥时间因不同树种分为春季或秋季施肥;施肥后 2~3 个月调查各种处理后的苗木高生长情况。

参试树种:春季施肥——直干桉、新银合欢、云南松、黑荆树、川滇桤木。

秋季施肥——火棘、干香柏、女贞。

第二,微肥追肥试验。以硫酸锌、硫酸镁、硼酸分别作为 Zn、Mg、B 的来源,每种微量元素设置 4 个水平,各水平值见表 6-10。

表 6-10　微肥试验表

水平	对照(CK)	1	2	3	4
锌(Zn)含量(g)	0	0.005	0.01	0.025	0.05
硫酸锌重量	0	0.53	1.06	2.63	5.3
镁(Mg)含量(g)	0	0.005	0.01	0.025	0.05
硫酸镁重量	0	0.53	1.06	2.63	5.3
锌+镁(ZnMg)含量(g)	0	0.005+0.005	0.01+0.01	0.025+0.025	0.05+0.05
硫酸锌+硫酸镁	0	0.26+0.26	0.53+0.53	1.3+1.3	2.6+2.6
硼(B)含量(g)	0	0.005	0.01	0.025	0.05
硼酸重量	0	0.53	1.06	2.63	5.3
锌+镁+硼(ZnMgB)含量(g)	0	0.005+0.005+0.005	0.01+0.01+0.01	0.025+0.025+0.025	0.05+0.05+0.05
硫酸锌+硫酸镁+硼酸	0	0.17+0.17+0.17	0.34+0.34+0.34	0.87+0.87+0.87	1.77+1.77+1.77

将各种微肥按照不同水平组合成不同的处理,加上不施肥的对照,共形成 21 个处理,每个处理 105 株,重复 3 次。具体处理方案见表 6-11。调查项目为苗高、地径及根长。

经过一定的生长期后,测量每个处理的苗高和地径。

参试树种:干香柏、台湾相思。

表 6-11 微肥处理组合表

处理编号	微肥配方	处理编号	微肥配方	处理编号	微肥配方
1	Mg_1	22	B_3	42	$ZnMg_2$
2	Mg_4	23	$ZnMgB_4$	43	Zn_1
3	B_3	24	B_2	44	Mg_4
4	$ZnMg_2$	25	$ZnMgB_2$	45	$ZnMg_3$
5	$ZnMgB_1$	26	Mg_3	46	Zn_2
6	$ZnMgB_4$	27	$ZnMg_4$	47	B_2
7	Zn_3	28	Mg_1	48	$ZnMg_4$
8	Mg_2	29	$ZnMg_2$	49	Zn_3
9	B_2	30	Zn_3	50	B_1
10	$ZnMg_1$	31	$ZnMg_1$	51	$ZnMgB_1$
11	$ZnMg_3$	32	Zn_1	52	Zn_4
12	$ZnMgB_2$	33	B_1	53	B_3
13	Zn_1	34	$ZnMgB_3$	54	$ZnMgB_2$
14	Zn_4	35	Mg_4	55	Mg_1
15	Mg_3	36	$ZnMgB_1$	56	$ZnMg_1$
16	B_1	37	Mg_2	57	$ZnMgB_3$
17	B_4	38	$ZnMg_3$	58	Mg_2
18	$ZnMg_4$	39	Zn_4	59	B_4
19	$ZnMgB_3$	40	B_4	60	$ZnMgB_4$
20	Zn_2	41	Zn_2	61	Mg_3
21	不施肥	—	—	—	—

注:Zn,Mg,B 分别代表硫酸锌、硫酸镁、硼酸。Mg_1 为硫酸镁 0.005,Mg_2 为硫酸镁 0.01,依此类推。

2.2.5 密度试验

(1)试验目的

苗木生长需要一定的营养空间,播种过密,不仅使苗木缺乏足够的营养保障苗木长势弱,而且浪费种子,不利于苗木生产;但播种过稀,不仅浪费土地资源,有时还会因苗木相距太远,空隙过大,苗木不能及时形成小环境而降低空气湿度,从而影响苗木的高生长及地径生长和存活率等,本试验欲通过各参试树种不同的播种密度下生长效果,探索各树种适宜的播种量。

(2)试验方案

播种密度设置每平方米 800 粒、1200 粒、1600 粒、2400 粒、4800 粒共 5 个水平,每处理 30 个样本,分别测定各样本的苗高、地径及存活率,重复 3 次,设计方案见表 6-7。

(3)供试树种刺槐、黑荆树、山合欢、新银合欢、直干桉

2.2.6 覆盖对比试验

(1)覆盖目的

苗木生长早期为了增加地温,促进苗木生长,需要对苗木根部进行覆盖,覆盖物不同,会直接影响苗木生长效果,本试验通过不同的覆盖物对各种苗木的生长影响,寻找适宜的覆土方式。

(2)试验方案

试验时间:2004 年 2~3 月。选择沙、原土、泥炭土、锯末四种覆盖物作为处理,每处理 30

株,重复 3 次,一个月后分别测定各样本的苗高、地径和根长。

(3)供试树种:刺槐、黑荆树、山合欢、新银合欢、直干桉

2.2.7　农药拌种试验

(1)试验目的

许多林木种子内及种皮上带有病菌、病毒,浸种前进行消毒,减少病害的最初侵染源,是防治某些病害的有效措施。为了确保出苗快而整齐,幼苗健壮无病虫害,须在播前进行种子消毒处理。

(2)试验方案

用硫酸铜、敌克松、五氯硝基苯、多菌灵等农药,各自配制成不同浓度的消毒液,以山合欢为材料,每处理 30 株,设 3 次重复,测定其苗高、地径、保存率等生长指标的变化。

硫酸铜分别为:0.5、1.0、3.0、5.0

敌克松分别为:1.0、3.0、5.0、10.0

五氯硝基苯为:1.0、3.0、5.0、10.0

多菌灵为:1.0、3.0、5.0、1.0

2.2.8　大棚育苗对比试验

(1)试验目的

大棚育苗受季节和自然条件限制较少,有利于人为控制苗期适宜的环境条件,便于管理,大棚的遮荫、保温、增湿作用常常有利于苗木的生长,育苗的数量和质量得以保障。但在不同的气候条件对不同的树种可能会有不同的效果育苗。本试验欲通过选择不同树种的容器苗和裸根苗置于大棚内、外,研究苗木生长情况,判定苗木在大棚内外生长是否存在明显差异,以期获得苗木适宜的培养环境。

(2)试验方案

对某一树种采用相同的播种条件,将裸根苗或(和)营养袋苗分别置于大棚内和大棚外,调查苗木高生长情况,每处理 100 株,并定期进行调查。

(3)参试树种

华山松、云南松、日本落叶松、雪松、高山松、云杉、刺槐、大果圆柏、干香柏。

2.3　苗木生长规律研究

2.3.1　试验目的

苗木在一年四季中生长节律有变化,不同树种在不同气候条件下其生长进程不同,研究并掌握这种变化规律,有利于采用相应的管护措施,促进苗木生长。

2.3.2　试验方案

分春季播种和秋季播种两个类型进行研究,分别于移栽后从春季到秋季记录一个完整的生长年份中某种苗木的苗高生长情况,每隔一个月左右调查一次,每处理 100 株。

2.3.3　参试树种

高山松、德昌杉、干香柏、火棘、大果圆柏、台湾相思、日本桤木、女贞、川滇桤木、桤木、云南松、红桦、史密斯桉、直干桉、黑荆树、旅顺桤木、山合欢、辽东桤木。

2.4　数据处理

2.4.1　分析工具

采用 SPSS 分析软件对数据进行分析。

其中，Z 分数：经常被称为标准化的数值，Z_i 可以解释为 X_i 距离平均数 $\bar{X}$ 的标准差的个数。利用平均值和标准差，可以知道任何数据值的相对位置。

Z 分数：$Z_i = \frac{X_i - \bar{X}}{S}$（$Z_i$ 为第 i 项的值、$\bar{X}$ 为样本平均值、S 为标准差）

$$C_{vi} = 100 \times \frac{S}{\bar{X}}（C_{vi} 为变异系数）$$

2.4.2　方法说明

对于仅调查苗高单指标的类型，对不同处理采用求均值、方差后，再进行显著性检验；同时调查了苗高、地径和保存率三项指标的各项试验，为了使不同量纲数值具有可比性，先将各分项（如苗高值）数据标准化，再将各标准化值相加，得到标准化总值，最后进行比较结果，总值越大者，效果越优。即：

标准化总值=苗高标准化值+地径标准化值+保存率标准化值

并调查了苗高、地径和根长三项指标的各项试验，由于苗木根系在苗木的早期极为重要，且根系对苗高和地径生长有重要作用，所以分析时应将根系值的权重增加，本研究定根的权重占50%，苗高和地径各占25%。具体方法是：先将各分项（如苗高值）数据标准化，再以各分项数据标准化值乘以相应的权重值，得到标准化总值，再行比较结果，标准化总值越大者，效果越优。

3　试验结果与分析

3.1　种子发芽试验

种子的发芽率取决于如种子生活力、播种后的温度、湿度、光照等多个因素，同时因受种子种皮、种壳厚度及种子的成熟度、生理休眠等要素的影响，浸种可加速种子的发芽，提高种子发芽率，因浸种催芽是种子育苗的重要技术手段，但因树种不同，其种子的品质、所需的发芽条件也各不相同，一些种子需高温浸种、一些可用常温（一般均要超过 25℃）浸种，在气温合适时，一些种子不需浸种处理。因此，掌握不同树种种子浸种最适宜温度和浸种是提高是提高苗木产量和品质的重要技术环节。

表 6-12 结果如下。

表 6-12　凉山彝族自治州四种主要造林树种浸种处理试验结果

树种		黑荆树		直干桉		刺槐		山合欢		台湾相思	
处理		发芽率（%）	较 CK 增加（%）	发芽率（%）	较 CK 增加（%）	发芽率（%）	较 CK 增加（%）	发芽率（%）	较 CK 增加（%）	发芽率（%）	较 CK 增加（%）
开水烫种	5s	77.3	5846.2	4	-94.6	59.3	63.4	77.3	650.5	79	1216.7
	1min	90.3	6846.2	0	-100.0	62.3	71.6	78.3	660.2	92	1433.3
	5min	91.3	6923.1	0	-100.0	58.7	61.7	78.3	660.2	89	1383.3
	10min	96.3	7307.7	0	-100.0	53.3	46.8	80.3	679.6	81	1250.0
80（℃）浸种冷却时间	1h	95	7207.7	0	-100.0	44.3	22.0	79.3	669.9	77	1183.3
	4h	93.3	7076.9	0	-100.0	47.7	31.4	74.3	621.4	85	1316.7
	1d	92	6976.9	0	-100.0	43.7	20.4	80.3	679.6	81	1250.0
	3d	92.7	7030.8	0	-100.0	43	18.5	77	647.6	82	1266.7

（续）

树种		黑荆树		直干桉		刺槐		山合欢		台湾相思	
60(℃)浸种冷却时间	1h	66. 3	5000. 0	70	−5. 4	37. 7	3. 9	45. 7	343. 7	71	1083. 3
	4h	70	5284. 6	66	−10. 8	41. 3	13. 8	67	550. 5	69	1050. 0
	1d	74	5592. 3	66	−10. 8	34	−6. 3	62	501. 9	72	1100. 0
	3d	72	5438. 5	73	−1. 4	37	1. 9	52. 7	411. 7	69	1050. 0
40(℃)浸种冷却时间	1h	12. 3	846. 2	71	−4. 1	35. 7	−1. 7	15. 7	52. 4	7	16. 7
	4h	33. 7	2492. 3	67	−9. 5	38	4. 7	7. 7	−25. 2	17	183. 3
	1d	10	669. 2	81	9. 5	38. 7	6. 6	11. 3	9. 7	10	66. 7
	3d	7. 3	461. 5	70	−5. 4	34	−6. 3	9. 7	−5. 8	11	83. 3
40(℃)浸种冷却时间	1h	4. 7	261. 5	76	2. 7	34. 7	−4. 4	11	6. 8	3	−50. 0
	4h	13. 3	923. 1	72	−2. 7	45	24. 0	8	−22. 3	8	33. 3
	1d	1. 3	0. 0	76	2. 7	33. 7	−7. 2	10	−2. 9	7	16. 7
	3d	0. 7	−46. 2	72	−2. 7	36. 7	1. 1	11	6. 8	5	−16. 7
对照	ck	1. 3	0. 0	74	0. 0	36. 3	0. 0	10. 3	0. 0	79	1216. 7

黑荆树：用开水处理可显著提高芽率，处理时间以 10min 的催芽处理效果最佳，发芽率达到 96. 3%，比未经过处理的对照发芽率显著提高 7307. 7%，从以上结果说明黑荆树种子必须经过高温（80℃）以上水温浸种。

刺槐：以开水烫种 1min 的催芽处理效果最佳，发芽率达到 62. 3%，比未经过处理的对照发芽率显著提高 71. 6%。

台湾相思：开水烫种 1min 的催芽处理效果最佳，发芽率达到 92%，比未经过处理的对照发芽率显著提高 1433. 3%。

山合欢：以开水浸种子 10min，或以 80℃热水浸种冷却 1 天效果最好，发芽率达到 80. 3%，比未经过处理的对照发芽率显著提高 679. 6%。

直干桉：40℃温水浸种，自然冷却 1 天的催芽处理效果最佳，可以比未经过处理的对照发芽率显著提高 9. 5%。

上述试验表明，几种豆科植物均属于种皮较厚且有蜡质层的种子类型，均需要采用以开水烫种的催芽处理措施，且催芽的效果极佳，其发芽率远远高于无催芽处理的发芽率。而如直干桉那样小粒种子，种皮很薄，仅需使用温水（40℃）催芽处理即可。

3. 2　育苗试验

3. 2. 1　营养土配方试验

44 种营养土配方对刺槐苗木的生长的统计结果表明：

刺槐：红土 42%：泥炭 25%：粪 33%营养土配方的标准化总值最大，为 5. 6，平均苗高也最大，为 66. 6cm，其平均地径和平均存活率也达到了 4. 8cm、90%。因此，配方 13 是最优配方。

黑荆树：红土 42%：泥炭 25%：粪 33%营养土配方的标准化总值最大，为 3. 6，平均苗高也最大，为 83. 3cm，其平均地径和平均存活率也达到了 5. 8cm、95%。因此，配方 14 是最优配方。

干香柏：红土 50%：泥炭 30%：粪 20%营养土配方的标准化总值最大，为 1. 9，平均苗高也最大,为48.8cm,其平均地径和平均存活率也达到了2.8cm、97%。因此,配方3是最优配方。

辽东桤木:(红土31%:泥炭46%:粪23%)的标准化总值最大,为3.8,平均苗高也最大,为28.7cm,其平均地径和平均存活率也达到了2.9mm、91%。因此,配方4是最优配方。

山合欢:(红土42%:泥炭25%:粪33%)的标准化总值最大,为3.1,平均地径也最大,为4.5cm,其平均苗高和平均存活率也达到了40.3cm、99%。因此,配方13是最优配方。

直干桉:(红土37%:红沙15%:泥炭37%:粪11%)的标准化总值最大,为2.8,平均地径也最大,为4.8cm,其平均苗高和平均存活率也达到了39.7cm、97%。因此,配方3是最优配方。

从上述分析可以看出,不同树种最佳的营养土配方也不一样,刺槐树、黑荆树、山合欢等豆科较大粒种子以红土42%左右,泥炭22%左右,粪32%左右的效果最佳,其营养土配方相似,甚至一致;直干桉那样的小粒种子则要求通气条件较好的配方,土壤中有一定的砂粒含量以增加通透性。

3.2.2 营养袋类型对比试验

通过比较各树种有底营养袋和无底营养袋苗高生长情况,可以看出有底和无底营养袋对苗高生长的影响,结果见表6-13。

表6-13 各树种有底、无底营养袋苗高生长情况

树种	处理	N	平均高	标准偏差	变异系数
川滇桤木	无底	389.00	7.88	2.95	0.15
	有底	389.00	5.66	1.72	0.09
新银合欢	无底	400.00	23.15	7.29	0.36
	有底	398.00	13.05	3.66	0.18
云南松	无底	385.00	7.33	1.71	0.09
	有底	379.00	6.58	1.24	0.06
黑荆树	无底	395.00	29.22	9.86	0.50
	有底	393.00	15.72	4.30	0.22
刺槐	无底	380.00	39.37	13.53	0.69
	有底	382.00	19.57	6.42	0.33
直干桉	无底	371.00	33.68	9.00	0.47
	有底	391.00	20.79	4.29	0.22

注:N为苗高总和。

显著性检验结果表明:各树种无底营养袋对苗高生长的影响均明显优于有底营养袋,差异性均达到了99.99%以上;再对各树种无底营养袋不同规格的生长效果进行分析,结果见表6-14。

表6-14 各树种无底营养袋苗高生长统计

树种	川滇桤木		新银合欢		云南松		黑荆树		刺槐		直干桉	
规格(cm)	苗高(cm)	标准差	苗高(cm)	标准差	苗高(cm)	标准差	苗高(cm)	标准差	苗高(cm)	标准差	苗高(cm)	标准差
10×11	7.6	2.0	2.9	3.7	6.0	1.4	18.2	4.9	26.8	9.7	24.9	5.7
10×15	8.7	3.0	2.9	3.5	8.1	1.4	29.7	6.6	41.9	12.0	35.1	7.0
10×17	9.2	3.6	3.7	4.7	8.1	1.8	30.9	6.8	39.4	12.7	33.9	7.0
13×17	6.2	1.9	4.8	6.3	7.1	1.3	37.6	8.8	48.2	9.9	40.7	8.0
平均值	7.9	—	3.6	—	7.3	—	29.1	—	39.0	—	33.6	—

以各树种苗高生长最大值的无底营养袋规格与其他几种规格进行比较。结果见表6-15。

表6-15　各树种苗高生长最大值的营养袋规格与其他规格多重性比较

树种	(I)规格(cm×cm)	(J)规格(cm×cm)	Mean Difference	Std. Error	Sig.
川滇桤木	10×17	10×11	1.02*	0.28	0.002
		10×15	0.35	0.31	0.843
		13×17	1.74*	0.27	0
新银合欢	13×17	10×11	10.69*	0.69	0
		10×15	8.00*	0.73	0
		10×17	5.99*	0.8	0
云南松	10×17	10×11	1.49*	0.15	0
		10×15	0.61*	0.16	0.001
		13×17	0.96*	0.14	0
黑荆树	13×17	10×11	12.92*	0.88	0
		10×15	6.37*	1.04	0
		10×17	5.34*	1.05	0
刺槐	13×17	10×11	14.33*	1.21	0
		10×15	5.32*	1.48	0.002
		10×17	8.35*	1.49	0
直干桉	13×17	10×11	9.25*	0.89	0
		10×15	3.21*	1.03	0.011
		10×17	5.12*	1.04	0

由上表可以看出：

川滇桤木：苗高生长最大值的营养袋规格10×17(平均苗高为9.2)和10×15(平均苗高为8.7)苗高生长差异不显著，与其余两中规格差异极显著。用标准差系数来区别10×17和10×15，10×17：标准差系数=2.6；10×15：标准差系数=2.9；10×17标准差系数更小，整齐度更高，因此10×17这种营养袋规格更优，更适合该种树木生长。

新银合欢：苗高生长最大值的营养袋规格13×17(平均苗高为4.8)和其余三个差异极显著。因此13×17这种营养袋规格最优，最适合该种树木生长。

云南松：苗高生长最大值的营养袋规格10×17(平均苗高为8.1)和其余三个差异极显著，因此10×17这种营养袋规格最优，最适合该种树木生长。

黑荆树：苗高生长最大值的营养袋规格13×17(平均苗高为37.6)和其余三个差异极显著，因此13×17这种营养袋规格最优，最适合该种树木生长。

刺槐：苗高生长最大值的营养袋规格13×17(平均苗高为48.2)和其余三个差异极显著，因此13×17这种营养袋规格最优，最适合该种树木生长。

直干桉：苗高生长最大值的营养袋规格13×17(平均苗高为40.7)和其余三个差异显著，因此13×17这种营养袋规格最优，最适合该种树木生长。

从上面的结果可以看出，各树种均以高度最大者17cm生长效果最佳，表明营养袋育苗土层深厚的重要性，但是由于用土量太大影响成本，故不能过多地增加土层厚度。

3.2.3 播种土试验

根据44种配制的播种土对几个主要树种育苗对比试验，以苗木生长指标（平均根长、平均苗高等）选择最佳配方。

刺槐：配方12（红土40%：泥炭40%：粪20%）的标准化总值最大，为1.2，平均根长也最大，为18.8cm。平均苗高11.5为cm，平均根长也达到了1.3mm。因此，配方12是最优配方。

黑荆树：配方14（红土61%：泥炭26%：粪13%）的标准化总值最大，为2.0，平均根长也最大，为14.8cm。平均苗高为4.4cm，平均根长也达到了0.6mm。因此，配方14是最优配方。

山合欢：配方24（红沙47%：泥炭35%：粪18%）的标准化总值最大，为1.4，平均根长也最大，为15.8cm。平均苗高为5.7cm，平均根长也达到了1.4mm。因此，配方24是最优配方。

直干桉：配方16（红土57%：泥炭29%：粪14%）的标准化总值最大，为1.5，平均根长，平均苗高，平均地径都最大，分别为9.5cm，7.5cm，0.7mm。因此，配方16是最优配方。

从以上结果可以看出，不同树种要求不同的播种土配方。

3.2.4 追肥对比试验

（1）春季追肥试验

直干桉：追肥前、追肥后直干桉苗木的生长状况见表6-16。

表6-16 直干桉春季追肥实验分析结果表

追肥量	追肥后平均苗高（cm）	追肥前平均苗高（cm）	净增长苗高（cm）
1272g	68.9	39.8	29.0
对照	64.3	35.6	28.7
636g	69.6	43.0	26.5
159g	62.6	36.7	25.9
318g	64.4	39.6	24.8
3180g	52.4	36.2	16.2
7950g	52.7	39.4	13.3
最大值	—	—	29.0

因试验后气候原因，连续暴雨，因而未施肥处理受到影响，苗木相对较高，故不能确定施肥与未施肥效果。根据表6-16可得出，追肥量为1272g时苗木的净增长苗高最大为29.0cm；追肥量为636g、159g、318g时苗木净增长苗高分别为26.5cm、25.9cm、24.8cm，生长较为缓慢；追肥量为3180g、7950g时苗木净增长高度为16.2、13.3cm，由于施肥量过高，生长十分缓慢。因此，追肥量为1272g最佳，但生产上建议使用636g为好。

新银合欢：追肥前、追肥后直干桉苗木的生长状况见表6-17。从表中可以看出，追肥量为1272g时苗木的净增长苗高最大为17.6cm；追肥量为318g、636g时苗木净增长苗高分别为15.9cm、12.9cm，生长较为缓慢；追肥量为3180g、159g、7950g时苗木净增长高度为7.0cm、6.5cm、1.3cm，由于施肥量过高和过低，苗木生长十分缓慢并趋于停止。因此，追肥量为1272g最佳，但生产上建议使用318g为好。

表 6-17　新银合欢春季追肥实验分析结果表

追肥量	追肥后平均苗高(cm)	追肥前平均苗高(cm)	净增长苗高(cm)
1272g	53.0	35.4	17.6
318g	45.8	29.9	15.9
636g	56.1	43.2	12.9
对照	33.5	23.7	9.8
3180g	31.0	24.1	7.0
159g	34.9	28.4	6.5
7950g	28.3	27.0	1.3
最大值	—	—	17.6

云南松:追肥前、追肥后直干桉苗木的生长状况见表 6-18。

表 6-18　云南松春季追肥实验分析结果表

追肥量	追肥后平均苗高(cm)	追肥前平均苗高(cm)	净增苗长(cm)
636g	13.5	9.3	4.2
159g	13.7	9.6	4.0
1272g	14.0	10.7	3.4
318g	13.3	10.7	2.6
对照	12.1	9.5	2.6
3180g	11.7	9.4	2.3
7950g	0.0	9.4	-9.4
最大值	—	—	4.2

从上表可看出,追肥量为 636g 时苗木的净增长苗高最大为 4.2cm;追肥量为 159g 和 1272g 时苗木净增长苗高分别为 4.0cm 和 3.4cm,而追肥量为 318g、3180g 的苗木生长缓慢,甚至追肥量为 7950g 的苗木因肥料浓度过高出现全部死亡的现象,云南松追肥量为 636g 最佳。

黑荆树:追肥前、追肥后直干桉苗木的生长状况见表 6-19。

表 6-19　黑荆树春季追肥实验分析结果表

追肥量	追肥后平均苗高(cm)	追肥前平均苗高(cm)	净增长苗高(cm)
636g	56.8	31.9	25.0
对照	51.0	27.4	23.7
3180g	34.6	23.7	10.9
7950g	43.5	32.9	10.6
159g	40.1	29.9	10.3
1272g	47.7	37.7	10.0
318g	33.0	27.5	5.4
最大值	—	—	25.0

从上表可以看出,追肥量为636g时苗木的净增长苗高最大为25. 0cm,其余五种追肥的苗木生长都十分缓慢。因此,川滇桤木追肥量为636g最佳。

川滇桤木:追肥前、追肥后直干桉苗木的生长状况见表6-20。

表6-20 川滇桤木春季追肥实验分析结果表

追肥量	追肥后平均苗高(cm)	追肥前平均苗高(cm)	净增长苗高(cm)
318g	42. 4	13. 7	28. 6
对照	39. 8	12. 4	27. 4
159g	39. 9	15. 0	24. 8
636g	35. 2	12. 5	22. 7
1272g	34. 3	12. 7	21. 5
3180g	32. 3	12. 4	19. 9
7950g	全死	13. 1	-13. 1
最大值	—	—	28. 6

根据表6-20可得出,追肥量为318g时苗木的净增长苗高最大为28. 6cm,追肥量为159g和636g时苗木净增长苗高分别为24. 8cm和22. 7cm,而追肥量为1272g、3180g的苗木生长缓慢,甚至追肥量为7950g的苗木因肥料浓度过高出现全部死亡的现象。因此,川滇桤木追肥量为318g最佳。

(2)秋季追肥试验

火棘:追肥前、追肥后直干桉苗木的生长状况见表6-21。

表6-21 火棘秋季追肥实验分析结果表

追肥量	追肥后苗高(cm)	追肥前苗高(cm)	净增长苗高
159	61. 1	6. 8	54. 3
636	60. 3	6. 4	53. 9
318	58. 7	5. 3	53. 4
对照	59. 2	7. 7	51. 5
1272	25. 6	7. 8	17. 8
3180	全死	6. 5	-6. 5
7950	全死	6. 6	-6. 6
最大值	—	—	54. 3

从表6-21可以看出,追肥量为159g时苗木的净增长苗高最大为54. 3cm;追肥量为636g、318g时苗木净增长苗高分别为53. 9cm、53. 4cm,较159g低;追肥量为1272g时苗木净增长高度为17. 8cm,生长趋于缓慢;甚至追肥量为3180g、7950g的苗木因肥料浓度过高出现全部死亡的现象。因此,火棘追肥量为159g最佳。

干香柏:追肥前、追肥后直干桉苗木的生长状况见表6-22。

表 6-22 火棘秋季追肥实验分析结果表

追肥量	追肥后苗高(cm)	追肥前苗高(cm)	净增长苗高(cm)
159g	61.7	12.0	49.7
318g	61.5	13.5	47.9
636g	50.3	12.3	38.0
对照	46.0	14.8	31.1
3180g	0.0	12.3	-12.3
7950g	全死	14.4	-14.4
1272g	全死	14.9	-14.9
最大值	—	—	49.7

从表 6-22 可以看出,追肥量为 159g 时苗木的净增长苗高最大为 49.7cm;追肥量为 318g 时苗木净增长苗高分别为 47.9cm,较 159g 低;追肥量为 636g 时苗木净增长高度为 38.0cm,生长十分缓慢;甚至追肥量为 1272g、3180g、7950g 的苗木因肥料浓度过高出现全部死亡的现象。因此,干香柏追肥量为 159g 最佳。

女贞:追肥前、追肥后直干桉苗木的生长状况见表 6-23。

表 6-23 女贞秋季追肥实验分析结果表

追肥量	追肥后苗高(cm)	追肥前苗高(cm)	净增长苗高(cm)
636g	46.3	4.9	41.4
对照	44.5	6.2	38.4
318g	32.6	4.8	27.8
159g	32.5	4.9	27.6
1272g	17.1	5.1	12.0
3180g	全死	4.5	-4.5
7950g	全死	5.5	-5.5
最大值	—	—	41.4

从表 6-23 可以看出,追肥量为 636g 时苗木的净增长苗高最大为 41.4cm;追肥量为 318g、159g、1272g 时苗木净增长高度分别为 27.8cm、27.6cm、12.0cm,生长趋于缓慢;甚至追肥量为 3180g、7950g 的苗木因肥料浓度过高出现全部死亡的现象。因此,女贞追肥量为 636g 最佳。

(3)微肥实验

干香柏:干香柏微肥试验苗木生长状况见表 6-24。

表 6-24 干香柏微肥实验分析结果表 单位:cm

肥料	苗高 1	地径 1	苗高 2	地径 2	苗高 3	地径 3	平苗高	地径	标准化总值
B_4	31.5	3.4	34.2	3.7	36.9	3.9	34.2	3.7	3.0
Zn_2	29.8	3.4	37.3	4.0	35.8	3.5	34.3	3.6	2.2
Mg_3	34.9	3.7	30.0	3.5	34.1	3.7	33.0	3.6	1.3
B_3	30.6	3.6	34.1	3.7	33.6	3.5	32.8	3.6	1.2

（续）

肥料	苗高 1	地径 1	苗高 2	地径 2	苗高 3	地径 3	平苗高	地径	标准化总值
Zn_1	33.5	3.6	30.6	3.6	34.1	3.7	32.7	3.6	1.1
不施肥	33.8	3.5	—	—	—	—	33.8	3.5	1.0
$ZnMgB_2$	30.5	3.2	31.8	3.4	38.1	3.8	33.5	3.5	0.8
B_2	25.9	3.3	34.1	3.6	40.2	3.6	33.4	3.5	0.8
Mg_2	34.6	3.1	28.5	3.2	39.2	4.0	34.1	3.4	0.4
$ZnMg_2$	25.7	3.4	32.5	3.7	36.2	3.7	31.5	3.6	0.4
$ZnMg_4$	32.3	3.2	30.6	3.4	39.0	3.7	34.0	3.4	0.3
B_1	34.1	3.3	33.6	3.4	34.3	3.5	34.0	3.4	0.3
$ZnMgB_4$	28.0	2.7	38.2	4.0	31.9	3.8	32.7	3.5	0.3
$ZnMg_3$	32.0	3.4	29.3	3.2	33.9	3.8	31.7	3.5	-0.4
Zn_3	31.7	3.0	31.3	3.4	38.4	3.6	33.8	3.3	-0.6
Mg_4	30.0	3.3	31.3	3.3	35.4	3.6	32.2	3.4	-0.9
Zn_4	35.6	3.7	29.8	3.3	30.9	3.1	32.1	3.4	-0.9
$ZnMgB_3$	29.5	3.2	36.5	3.7	30.2	3.4	32.1	3.4	-0.9
Mg_1	28.3	3.3	30.5	3.1	34.7	3.5	31.2	3.3	-2.4
$ZnMgB_1$	26.0	3.3	28.8	3.2	32.4	3.4	29.1	3.3	-3.7
$ZnMg_1$	26.8	3.2	29.6	3.4	30.7	3.4	29.0	3.3	-3.8
平均值	—	—	—	—	—	—	32.6	3.47	—
最大值	—	—	—	—	—	—	34.3	3.7	3.0
标准差	—	—	—	—	—	—	1.516	0.117	—

从表 6-24 可以看出，B_4 的标准化总值最大，达到 3.0，其平均苗高和平均地径也达到 34.2cm、3.7cm。因而，最佳微肥配方是 B_4。

台湾相思：台湾相思微肥试验苗木生长状况见表 6-25。

表 6-25 台湾相思微肥实验分析结果表 单位：cm

肥料	苗高 1	地径 1	苗高 2	地径 2	苗高 3	地径 3	苗高	地径	总值
B4	26.0	3.2	30.5	3.2	27.4	3.1	28.0	3.2	2.5
ZnMg3	26.2	3.4	28.1	3.1	27.3	3.1	27.2	3.2	2.4
Zn4	22.9	3.2	29.5	3.2	26.3	3.1	26.2	3.2	1.8
Mg1	24.2	3.4	24.8	3.4	24.1	3.0	24.3	3.3	1.7
Zn2	26.1	3.5	25.8	3.0	24.4	3.0	25.4	3.2	1.5
Zn1	25.4	3.3	27.0	3.2	24.8	2.9	25.8	3.2	1.4
B1	24.2	3.1	26.6	3.2	26.6	3.1	25.8	3.1	1.3
ZnMg4	30.5	3.3	22.1	3.1	25.9	3.0	26.2	3.1	1.3
Mg4	23.5	3.3	22.0	3.0	29.9	3.1	25.2	3.2	1.2
ZnMgB3	29.1	3.4	22.4	3.0	23.2	2.8	24.9	3.1	0.3
ZnMg1	22.4	3.3	24.5	3.1	23.8	2.9	23.6	3.1	0.3

（续）

肥料	苗高 1	地径 1	苗高 2	地径 2	苗高 3	地径 3	苗高	地径	总值
Mg3	23. 1	3. 2	18. 7	2. 9	29. 2	3. 3	23. 7	3. 1	0. 2
不施肥	23. 3	3. 1					23. 3	3. 1	0. 2
B_3	20. 5	3. 0	24. 3	3. 2	25. 2	3. 1	23. 3	3. 1	0. 1
B_2	22. 0	3. 1	20. 9	3. 0	23. 5	3. 0	22. 2	3. 0	-1. 1
$ZnMgB_2$	25. 0	3. 4	17. 5	2. 7	23. 7	3. 0	22. 1	3. 0	-1. 2
$ZnMg_2$	14. 3	2. 5	26. 3	3. 2	24. 4	3. 1	21. 7	2. 9	-1. 9
$ZnMgB_4$	12. 9	2. 5	23. 8	3. 1	28. 3	3. 1	21. 7	2. 9	-2. 3
Mg_2	17. 5	2. 9	22. 9	3. 0	24. 7	2. 8	21. 7	2. 9	-2. 3
Zn_3	14. 5	2. 6	25. 1	3. 2	24. 4	2. 9	21. 3	2. 9	-2. 3
$ZnMgB_1$	10. 7	2. 2	21. 5	2. 9	24. 8	3. 0	19. 0	2. 7	-4. 8
平均值	—	—	—	—	—	—	23. 9	3. 1	—
最大值	—	—	—	—	—	—	8. 0	3. 3	2. 5
标准差	—	—	—	—	—	—	2. 3	0. 1	—

从表 6-25 以看出，B_4 的标准化总值最大，达到 2. 5，其平均苗高也最大为 28. 0cm，平均地径也达到 3. 2cm。$ZnMg_3$ 的标准化总值仅次于 B_4，为 2. 4，其平均苗高和平均地径达到 27. 2cm、3. 2cm。因而，最佳微肥配方是 B_4，$ZnMg_3$可作为替代。

从上述结果可以看出，秋季播种的苗木于第二年春季施肥的树种中，原产于澳洲的直干桉和新银合欢均需要较高的施肥量（高达 1272g），而本地树种对肥料的要求相对较低。对于夏季播种秋季施肥的树种，由于苗木相对较小，要求施肥量低。无论是春季或秋季，施肥量都不宜过大，否则苗木生长不良，甚至死亡。

从微肥试验中可以看出，参试树种要求硼的施入量很高，表明土壤中严重缺硼，同时，对锌和镁的补充对苗木的生长也极为有利。因此，在当地的育苗生产中应及时补充硼、镁、锌等微量元素。

3. 2. 5 密度试验

（1）刺槐

由表 6-26 可见，刺槐播种密度以 1600 比较值最大，其生长效果最佳，结合其 62%的发芽率，刺槐的实际播种密度以 1032 粒/m^2 效果最优，其平均苗高达 3. 0cm、平均地径达 1. 0mm、平均根长达 10. 6cm。

表 6-26 刺槐密度试验 单位：粒/m^2、cm、mm

密度	平苗高 1	平苗高 2	平苗高 3	苗高	地径 1	地径 2	地径 3	地径	根长 1	平根长 2	平根长 3	根长	比较值
1600	3. 3	3. 0	2. 7	3. 0	0. 9	1. 0	1. 0	1. 0	9. 4	12. 4	9. 9	10. 6	1. 1
800	2. 9	2. 8	2. 5	2. 7	0. 88	1. 1	0. 9	1. 0	10. 21	7. 7	8. 4	8. 8	-0. 28
2400	2. 6	3. 0	2. 4	2. 7	1. 1	1. 0	1. 1	1. 1	8. 9	9. 1	7. 2	8. 4	-0. 32
4800	2. 9	2. 4	2. 9	2. 7	1. 1	1. 0	1. 1	1. 1	7. 7	8. 0	6. 7	7. 5	-0. 51

（续）

密度	平苗高 1	平苗高 2	平苗高 3	苗高	地径 1	地径 2	地径 3	地径	根长 1	平根长 2	平根长 3	根长	比较值
平均值	—	—	—	2. 8	—	—	—	1. 0	—	—	—	8. 8	—
最大值	—		—	3. 0	—	—	—	1. 1		—	—	10. 6	1. 1

（2）黑荆树

由此可见黑荆播种密度以 4800 粒/m^2 效果最佳，平均苗高达 4. 2cm、平均地径达 0. 7mm、平均根长达 11. 9cm，比较值最大（表 6-27）。

表 6-27　黑荆树密度试验　　单位：粒/m^2、cm、mm

密度	苗高 1	苗高 2	苗高 3	苗高	地径 1	地径 2	地径 3	地径	根长 1	根长 2	根长 3	根长	比较值
4800	4. 4	4. 2	4. 1	4. 2	0. 7	0. 7	0. 7	0. 7	11. 4	12. 9	11. 6	11. 9	0. 73
1200	5. 0	4. 2	3. 7	4. 3	0. 8	0. 7	0. 8	0. 7	10. 4	11. 0	11. 5	11. 0	0. 02
1600	4. 0	3. 7	3. 2	3. 7	0. 7	0. 7	0. 8	0. 7	11. 0	11. 4	9. 9	10. 8	−0. 40
2400	1. 6	4. 1	3. 4	3. 0	0. 7	0. 7	0. 7	0. 7	9. 0	12. 3	10. 7	10. 7	−0. 77
800	2. 9	2. 3	2. 8	2. 7	0. 7	0. 7	0. 7	0. 7	10. 5	11. 2	9. 1	10. 3	−1. 23
平均值	—	—	—	3. 6	—	—	—	0. 7	—	—	—	10. 9	—
最大值	—	—	—	4. 3	—	—	—	0. 7	—	—	—	11. 9	0. 73
标准差	—	—	—	0. 7	—	—	—	0. 0	—	—	—	0. 7	—

（3）山合欢

由此可见，山合欢播种密度以 2400 粒/m^2 效果最佳，平均苗高达 4. 4cm、平均地径达 1. 3mm、平均根长达 11. 9cm，标准化总值最大（表 6-28）。

表 6-28　山合欢密度试验　　单位：粒/m^2、cm、mm

密度	苗高 1	苗高 2	苗高 3	苗高	地径 1	地径 2	地径 3	地径	根长 1	根长 2	根长 3	根长	标准化总值
2400	4. 9	4. 1	4. 2	4. 4	1. 3	1. 3	1. 2	1. 3	13. 1	9. 6	13. 1	11. 9	0. 71
1600	4. 0	4. 6	4. 0	4. 2	1. 4	1. 3	1. 3	1. 3	11. 2	10. 8	12. 1	11. 4	0. 64
1200	4. 6	4. 2	3. 3	4. 0	1. 3	1. 3	1. 2	1. 3	12. 4	9. 7	11. 3	11. 1	−0. 17
800	3. 9	3. 6	3. 4	3. 6	1. 4	1. 3	1. 3	1. 3	11. 6	9. 5	11. 1	10. 7	−0. 28
4800	3. 8	4. 6	4. 6	4. 3	1. 3	1. 3	1. 2	1. 3	10. 4	9. 7	9. 9	10. 0	−0. 73
均值	—	—	—	4. 1	—	—	—	1. 3	—	—	—	11. 0	—
最大值	—	—	—	4. 4	—	—	—	1. 3	—	—	—	11. 9	0. 71
标准差	—	—	—	0. 3	—	—	—	0. 0	—	—	—	0. 7	—

（4）新银合欢

由此可见，新银合欢播种密度以 2400 粒/m^2 效果最佳，平均苗高达 5. 5cm、平均地径达 1. 2mm、平均根长达 15. 4cm，标准化总值最大（表 6-29）。

表 6-29　新银合欢密度试验　　单位:粒/m²、cm、mm

密度	苗高1	苗高2	苗高3	苗高	地径1	地径2	地径3	地径	根长1	根长2	根长3	根长平均值	总值	标准化总值
2400	5.8	5.5	5.2	5.5	1.1	1.2	1.2	1.2	16.7	15.6	13.8	15.4		0.74
1600	3.9	4.2	3.9	4.0	1.3	1.3	1.4	1.3	15.0	15.5	14.2	14.9	0.39	
1200	3.9	3.8	3.9	3.9	1.3	1.3	1.3	1.3	15.5	14.3	15.7	15.2	0.39	
800	4.3	4.1	4.0	4.1	1.3	1.2	1.2	1.2	15.6	15.1	11.4	14.0	-0.25	
4800	4.2	4.6	5.1	4.6	1.2	1.2	1.2	1.2	14.0	15.0	9.8	12.9	-0.74	
均值	平均值	—	—	4.4	—	—	—	1.2	—	—	—	14.5	—	
最大值	最大值	—	—	—	4.6	—	—	—	1.3	—	—	15.2	0.74	
标准差	标准差	—	—	—	0.7	—	—	—	0.1	—	—	1.0	—	

(5) 直干桉

由表 6-30 可见,直干桉播种密度以 4800 粒/m² 效果最佳,平均苗高达 2.9cm、平均地径达 0.5mm、平均根长达 10.1cm,标准化总值最大。

表 6-30　直干桉密度试验　　单位:粒/m²、cm、mm

密度		苗高1	苗高2	苗高3	苗高	地径1	地径2	地径3	地径	根长1	根长2	根长3	根长	标准化总值
2400	4800	3.1	2.9	2.8	2.9	0.5	0.5	0.5	0.5	9.0	10.2	11.2	10.1	0.85
1600	1600	2.7	2.5	2.6	2.6	0.6	0.5	0.5	0.5	9.2	8.3	9.3	8.9	-0.68
1200	800	2.7	2.3	2.5	2.5	0.6	0.5	0.5	0.5	8.3	9.6	9.9	9.3	-0.38
800	2400	2.4	2.4	2.7	2.5	0.5	0.5	0.6	0.5	10.7	7.8	9.8	9.4	-0.28
4800	1200	2.1	2.4	2.4	2.3	0.6	0.5	0.4	0.5	8.2	9.3	9.2	8.9	-1.00
均值	平均值	—	—	—	2.6	—	—	—	0.5	—	—	—	9.3	—
最大值	最大值	—	—	—	2.9	—	—	—	0.5	—	—	—	10.1	0.85
标准差	标准差	—	—	—	0.2	—	—	—	0.0	—	—	—	0.5	—

从以上结果可以看出,不同的树种最佳的播种密度不同,小粒种子(如直干桉、黑荆)播种密度大到 4800 粒/m²,生长效果最佳。较大粒种子(如山合欢、新银合欢)播种密度中等效果最佳。而刺槐最佳播种密度则更低。

3.2.6　覆盖对比试验

(1) 直干桉

沙原土、泥炭、锯末四种覆盖物对直干桉苗木的生长状况影响见表 6-31。可以看出,覆盖锯末的苗木的标准化总值最大,为 0.6,平均苗高最大为 5.0cm,其平均根长也达到 11.9cm。因此,直干桉的最优覆盖物是锯末(表 6-31)。

表 6-31 直干桉覆盖实验分析结果 单位：cm、mm

重复	1			2			3			总计			
覆盖物	苗高	地径	根长	苗高	地径	根长	苗高	地径	根长	苗高	地径	根长	标准化总值
锯末	5.3	0.7	10.5	4.9	0.7	14.16	4.8	0.6	11.1	5.0	0.6	11.9	0.6
原土	3.2	0.6	12.6	4.2	0.6	14.63	3.6	0.6	14.6	3.7	0.6	13.9	0.0
沙	4.1	0.7	12.0	4.2	0.7	9.9	3.9	0.6	10.5	4.1	0.7	10.8	0.0
泥炭	4.0	0.7	8.5	4.6	0.6	9.3	4.9	0.6	9.9	4.5	0.6	9.2	-0.5
平均值	—	—	—	—	—	—	—	—	—	4.3	0.6	11.5	—
最大值	—	—	—	—	—	—	—	—	—	5.0	0.7	13.9	0.6
标准差	—	—	—	—	—	—	—	—	—	0.6	0.0	2.0	—

(2)刺槐

沙、原土、泥炭、锯末四种覆盖物对刺槐苗木的生长状况影响见表 6-32。

表 6-32 刺槐覆盖实验分析结果 单位：cm、mm

重复	1			2			3			总计			
覆盖物	苗高	地径	根长	苗高	地径	根长	苗高	地径	根长	苗高	地径	根长	标准化总值
原土	2.3	1.1	11.2	2.8	1.1	9.7	2.8	1.1	8.6	2.6	1.1	9.8	0.9
泥炭	3.1	1.1	8.3	3.2	1.1	8.3	2.5	1.0	8.6	2.9	1.1	8.4	0.3
锯末	2.7	1.0	8.7	2.7	1.1	9.0	2.7	1.1	8.6	2.7	1.1	8.8	0.1
河沙	2.8	1.0	8.1	2.6	1.1	9.9	2.4	1.1	7.5	2.6	1.1	8.5	-0.2
平均值	—	—	—	—	—	—	—	—	—	2.7	1.1	8.9	—
最大值	—	—	—	—	—	—	—	—	—	2.9	1.1	9.8	0.9
标准差	—	—	—	—	—	—	—	—	—	0.2	0.0	0.7	—

根据 6-32 可以看出，覆盖泥炭的苗木的标准化总值最大，为 0.9，其平均地径和平均根长达到最大值，为 0.7mm、9.8cm。因此，刺槐的最优覆盖物是原土。

(3)黑荆树

沙、原土、泥炭、锯末四种覆盖物对黑荆苗木的生长状况见表 6-33。

表 6-33 黑荆树覆盖实验分析结果 单位：cm

重复	1			2			3			总计			
覆盖物	苗高	地径	根长	苗高	地径	根长	苗高	地径	根长	苗高	地径	根长	标准化总值
原土	1.8	0.6	10.7	1.6	0.1	9.3	1.7	0.069	9.31	1.7	0.3	9.8	0.3
泥碳	1.8	0.1	9.8	1.9	0.1	9.6	1.9	0.066	9.691	1.9	0.1	9.7	0.3
河沙	1.5	0.7	6.6	1.2	0.7	10.3	1.1	0.733	10	1.3	0.7	9.0	-0.1
锯末	1.6	0.6	6.7	1.6	0.6	7.9	1.1	0.655	8.79	1.4	0.6	7.8	-0.7
平均值	—	—	—	—	—	—	—	—	—	1.6	0.4	9.1	—
最大值	—	—	—	—	—	—	—	—	—	1.9	0.7	9.8	0.3
标准差	—	—	—	—	—	—	—	—	—	0.3	0.3	0.9	—

从上表可以看出,覆盖泥炭和原土的苗木标准化总值最大均为 0.3,原土的平均根长最大,为 9.8cm,平均苗高和平均地径也达到 1.7cm、0.3mm;覆盖泥炭的苗木平均苗高最大,为 1.9cm,其平均地径和平均根长达到 0.1mm 和 9.7cm。因此,刺槐的最优覆盖物是原土和泥炭。

(4)山合欢

沙、原土、泥炭、锯末四种覆盖物对山合欢苗木的苗高、地径、根长的影响。通过对苗高,地径,根长的数据标准化得出四种处理的数据标准化总值,结果见表 6-34。

表 6-34 山合欢覆盖实验分析结果表 单位:cm、mm

重复	山合欢 1			山合欢 2			山合欢 3			苗高平均	地径平均	根长平均	标准化总值
覆盖	苗高	地径	根长	苗高	地径	根长	苗高	地径	根长				
泥炭	3.3	0.1	11.8	3.1	0.1	10.5	3.3	0.1	9.5	3.2	0.1	10.6	2.8
锯末	2.8	0.1	10.8	3.0	0.1	9.4	2.9	0.1	9.6	2.9	0.1	9.9	0.7
河沙	2.5	0.1	9.3	3.0	0.1	9.4	3.1	0.1	9.2	2.9	0.1	9.3	-0.6
原土	2.8	0.1	9.0	2.7	0.1	9.1	2.9	0.1	8.3	2.8	0.1	8.8	-0.8
平均值	—	—	—	—	—	—	—	—	—	3.0	0.1	9.7	—
最大值	—	—	—	—	—	—	—	—	—	3.2	0.1	10.6	2.8
标准差	—	—	—	—	—	—	—	—	—	0.2	0.0	0.8	—

从上表可以看出,覆盖泥炭的标准化总值最大,为 2.8,其苗木平均苗高、平均地径、平均根长均最大,分别为 3.2cm、0.1mm、10.6cm。因此,山合欢的最优覆盖物是泥炭。

(5)新银合欢

沙、原土、泥炭、锯末四种覆盖物对山合欢苗木的苗高、地径、根长的影响见表 6-35。

表 6-35 新银合欢覆盖实验分析结果表 单位:cm、mm

重复	1			2			3			总计			
覆盖物	苗高	地径	根长	苗高	地径	根长	苗高	地径	根长	苗高	地径	根长	标准化总值
原土	4.4	1.3	15.9	4.6	1.3	16.2	3.7	1.2	14.7	4.3	1.3	15.6	0.8
沙	4.9	1.2	14.5	4.9	1.2	13.2	5.0	1.2	12.2	4.9	1.2	13.3	-0.1
锯末	4.0	1.4	12.2	3.7	1.3	13.7	3.7	1.3	13.7	3.8	1.3	13.2	-0.1
泥炭	4.2	1.3	11.0	4.4	1.4	14.2	4.1	1.0	12.6	4.2	1.2	12.6	-0.6
平均值	—	—	—	—	—	—	—	—	—	4.3	1.3	13.7	—
最大值	—	—	—	—	—	—	—	—	—	4.9	1.3	15.6	0.8
标准差	—	—	—	—	—	—	—	—	—	0.5	0.1	1.3	—

根据 6-35 得出,覆盖沙的苗木标准化总值最大,为 0.8,其平均根长也最大为 15.6cm,平均苗高和平均地径达到 4.3cm、1.3mm。因此,新银合欢的最优覆盖物是原土。

从上述结果可看出,小粒种子直干桉需要的覆盖物以疏松而质轻的锯末覆盖效果最佳。而其他较大粒种子则以质地较重且柔软的原土或泥炭覆盖效果最佳。

3.2.7 农药拌种试验

各种农药拌种对山合欢苗木生长的影响见表 6-36。

表 6-36 山合欢农药实验分析结果表 单位:cm、mm

农药	苗高 1	地径 1	根长 1	苗高 2	地径 2	根长 2	苗高 3	地径 3	根长 3	苗高	地径	根长	标准化总值
敌克松 1.0%	2.8	1.2	11.8	3.6	1.1	13.0	5.2	1.3	14.0	3.9	1.2	12.9	0.9
多菌灵 5.0%	2.5	1.2	12.9	3.0	1.2	13.9	5.0	1.3	13.7	3.5	1.2	13.5	0.8
硫酸铜 0.5%	3.5	1.3	9.3	4.0	1.2	12.2	3.9	1.5	15.1	3.8	1.3	12.2	0.6
硫酸铜 1.0%	3.4	1.2	12.1	3.2	1.9	12.4	4.7	1.2	10.4	3.8	1.5	11.6	0.6
五氯硝基苯 10.0%	2.9	1.2	13.7	3.2	1.2	12.8	4.4	1.2	12.8	3.5	1.2	13.1	0.5
多菌灵 1.0%	3.4	1.3	12.9	3.3	1.2	13.0	4.2	1.2	12.0	3.6	1.2	12.7	0.5
五氯硝基苯 3.0%	3.1	1.2	12.5	3.6	1.1	14.1	3.6	1.2	13.1	3.4	1.2	13.2	0.4
多菌灵 3.0%	3.6	1.2	11.3	3.5	1.2	14.2	4.4	1.1	10.4	3.8	1.2	12.0	0.2
多菌灵 10.0%	3.0	1.2	10.4	3.7	1.2	10.4	5.1	1.2	14.0	4.0	1.2	11.6	0.2
五氯硝基苯 5.0%	2.8	1.2	11.3	3.4	1.2	13.2	4.3	1.2	12.7	3.5	1.2	12.4	0.1
五氯硝基苯 1.0%	2.8	1.3	10.5	3.5	1.2	12.1	4.3	1.2	12.8	3.5	1.2	11.8	-0.3
对照无处理	3.9	1.2	11.0	—	—	—	—	—	—	3.9	1.2	11.0	-0.3
敌克松 3.0%	2.7	1.2	12.4	3.1	1.2	12.2	3.9	1.1	12.5	3.3	1.2	12.4	-0.3
敌克松 10.0%	2.7	1.2	12.3	3.1	1.1	10.7	4.1	1.2	13.2	3.3	1.2	12.1	-0.5
硫酸铜 5.0%	3.0	1.1	10.9	3.1	1.2	11.2	3.9	1.2	11.4	3.4	1.2	11.1	-0.9
敌克松 5.0%	2.7	1.2	11.1	2.9	1.2	10.7	4.6	1.2	11.4	3.4	1.2	11.1	-0.9
硫酸铜 10.0%	3.0	1.2	10.7	2.6	1.2	10.4	3.9	1.6	11.1	3.2	1.4	10.7	-1.0
平均值	—	—	—	—	—	—	—	—	—	3.6	1.2	12.2	—
最大值	—	—	—	—	—	—	—	—	—	4.0	1.5	13.5	0.9
标准差	—	—	—	—	—	—	—	—	—	0.2	0.0	0.8	—

从上表可以看出,敌克松 1.0%的标准化总值最大,高达 0.9。敌克松 1.0%平均苗高、平均地径、根长分别达到 3.9cm、1.2cm、12.9cm。因此,敌克松 1.0%针对山合欢效果最佳。

3.2.8 大棚对比试验

对几种树种营养袋苗或裸根苗大棚内、外生长情况进行分析,结果如下:

(1)云南松

由表 6-37、表 6-38 可以看出,云南松的裸根苗在大棚内生长和在大棚外生长相比,大棚内生长的裸根苗苗高明显高于大棚外生长的裸根苗,两者差异极显著。

表 6-37　云南松裸根苗苗高大棚内外分析 Group Statistics

	内外	N	Mean	Std. Deviation	Std. Error Mean
裸 04_1	内	86.0	18.6	4.9	0.5
	外	80.0	12.6	3.9	0.4
裸 04_4	内	78.0	30.1	8.6	1.0
	外	41.0	10.5	4.9	0.8
裸 04_6	内	74.0	39.2	9.6	1.1
	外	44.0	13.3	4.9	0.7

表 6-38　云南松裸根苗大棚内外苗高显著性检验 Independent Samples Test 等均值 t 检验

	方差	F	Sig.	t	df	Sig(2-tailed)	Mean	Std
裸 04_1	相等	2.4	0.126	8.7	164.0	0.000	6.0	0.7
	—	不相等	—	8.8	159.8	0.000	6.0	0.7
裸 04_4	相等	12.9	0.000	13.6	117.0	0.000	19.6	1.4
	—	不相等	—	15.9	116.2	0.000	19.6	1.2
裸 04_6	相等	13.7	0.000	16.6	116.0	0.000	25.9	1.6
	—	不相等	—	19.3	113.7	0.000	25.9	1.3

(2)华山松

由表 6-39、表 6-40 可以看出，华山松的裸根苗在大棚内生长和在大棚外生长相比，大棚内生长的裸根苗苗高明显高于大棚外生长的裸根苗，两者差异极显著。

表 6-39　华山松裸根苗大棚内外苗高分析 Group Statistics

	内外	N	Mean	Std. Deviation	Std. Error Mean
裸 03_7	内	100.0	7.8	2.4	0.2
	外	95.0	4.5	1.6	0.2
裸 04_1	内	100.0	10.8	4.9	0.5
	外	79.0	6.2	1.6	0.2
裸 04_3	内	98.0	11.3	5.7	0.6
	外	74.0	7.7	1.8	0.2
裸 04_4	内	97.0	19.2	7.8	0.8
	外	65.0	5.2	1.2	0.2
裸 04_5	内	95.0	24.4	7.6	0.8
	外	75.0	9.1	1.9	0.2
裸 04_7	内	100.0	28.3	8.2	0.8
	外	77.0	10.4	2.8	0.3

表 6-40 华山松裸根苗大棚内外苗高显著性检验 Independent Samples Test 等均值 t 检验

处理	方差	F	Sig.	t	df	Sig(2-tailed)	Mean	Std.
裸 03_7	相等	18.9	0.000	11.2	193.0	0.000	3.3	0.3
	—	不相等	—	11.4	174.7	0.000	3.3	0.3
裸 04_1	相等	59.2	0.000	8.0	177.0	0.000	4.6	0.6
	—	不相等	—	8.8	123.5	0.000	4.6	0.5
裸 04_3	相等	54.3	0.000	5.2	170.0	0.000	3.5	0.7
	—	不相等	—	5.8	122.6	0.000	3.5	0.6
裸 04_4	相等	89.0	0.000	14.3	160.0	0.000	14.1	1.0
	—	相等	—	17.3	103.1	0.000	14.1	0.8
裸 04_5	相等	65.2	0.000	17.0	168.0	0.000	15.3	0.9
	—	相等	—	18.8	108.1	0.000	15.3	0.8
裸 04_7	相等	71.1	0.000	18.2	175.0	0.000	17.9	1.0
	—	相等	—	20.3	126.8	0.000	17.9	0.9

(3)日本落叶松

由表 6-41 至表 6-48 可以看出,日本落叶松的裸根苗和营养袋苗在大棚内、外生长相比,大棚内苗高均极显著优于大棚外(除在大棚内生长的裸根苗 04-1 大棚内外生长苗高不显著外),在大棚内的营养袋苗与裸根苗相比,营养袋苗苗高明显高于裸根苗苗高,两者差异极显著。

表 6-41 日本落叶松营养袋苗大棚内外苗高分析 Group Statistics

	内外	N	Mean	Std. Deviation	Std. Error Mean
日本落叶松 03_7	内	92.0	7.0	6.2	0.6
	外	93.0	3.4	3.0	0.3
日本落叶松 04_1	内	84.0	11.9	10.0	1.1
	外	92.0	5.1	4.6	0.5
日本落叶松 04_3	内	74.0	11.3	9.2	1.1
	外	80.0	5.9	4.3	0.5
日本落叶松 04_4	内	74.0	13.6	9.2	1.1
	外	76.0	6.3	4.7	0.5
日本落叶松 04_5	内	83.0	15.4	8.9	1.0
	外	76.0	9.5	5.4	0.6
日本落叶松 04_6	内	69.0	27.1	12.7	1.5
	外	77.0	13.9	8.3	0.9

表 6-42 日本落叶松营养袋苗大棚内外苗高显著性检验 Independent Samples Test 等均值 t 检验

	方差	F	Sig.	t	df	Sig.(2-tailed)	Mean Difference	Std. Error
日本落叶松 03_7	相等	51.5	0.000	5.0	183.0	0.000	3.5	0.7
	—	不相等	—	5.0	130.6	0.000	3.5	0.7

（续）

	方差	F	Sig.	t	df	Sig.（2-tailed）	Mean Difference	Std. Error
日本落叶松 04_1	相等	56.9	0.000	5.9	174.0	0.000	6.8	1.2
	—	不相等	—	5.7	114.0	0.000	6.8	1.2
日本落叶松 04_3	相等	44.2	0.000	4.8	152.0	0.000	5.5	1.1
	—	不相等	—	4.7	102.3	0.000	5.5	1.2
日本落叶松 04_4	相等	28.4	0.000	6.2	148.0	0.000	7.3	1.2
	—	不相等	—	6.1	108.0	0.000	7.3	1.2
日本落叶松 04_5	相等	21.1	0.000	5.0	157.0	0.000	5.9	1.2
	—	不相等	—	5.1	136.6	0.000	5.9	1.2
日本落叶松 04_6	相等	18.9	0.000	7.5	144.0	0.000	13.2	1.8
	—	不相等	—	7.3	114.9	0.000	13.2	1.8

表 6-43 日本落叶松裸根苗和营养袋苗大棚外苗高生长分析 Group Statistics

	苗木类型	内外	N	Mean	Std. Deviation	Std. Error
日本落叶松 03_7	裸	外	100	0.7	0.2	0
	营	外	93	3.4	3	0.3
日本落叶松 04_1	裸	外	95	1.2	0.7	0.1
	营	外	92	5.1	4.6	0.5
日本落叶松 04_3	裸	外	63	1.6	0.8	0.1
	营	外	80	5.9	4.3	0.5
日本落叶松 04_4	裸	外	48	1.6	0.4	0.1
	营	外	76	6.3	4.7	0.5
日本落叶松 04_5	裸	外	63	2.5	1	0.1
	营	外	76	9.5	5.4	0.6
日本落叶松 04_6	裸	外	63	3.9	1.2	0.1
	营	外	77	13.9	8.3	0.9

表 6-44 日本落叶松裸根苗和营养袋苗大棚外苗高生长显著性检验 Independent Samples Test

Levene 等方差检验				等均值 t 检验				
	方差	F	Sig.	t	df	Sig.（2-tailed）	Mean Difference	Std. Error Difference
日本落叶松 03_7	相等	77.1	0.000	-9.2	191.0	0.000	-2.7	0.3
	不相等	—	—	-8.9	93.2	0.000	-2.7	0.3
日本落叶松 04_1	相等	119.2	0.000	-8.3	185.0	0.000	-3.9	0.5
	不相等	—	—	-8.2	95.4	0.000	-3.9	0.5
日本落叶松 04_3	相等	42.1	0.000	-7.7	141.0	0.000	-4.3	0.6
	不相等	—	—	-8.6	86.0	0.000	-4.3	0.5

（续）

Levene 等方差检验				等均值 t 检验				
	方差	F	Sig.	t	df	Sig. (2-tailed)	Mean Difference	Std. Error Difference
日本落叶松 04_4	相等	54. 1	0. 000	-6. 8	122. 0	0. 000	-4. 7	0. 7
	不相等	—	—	-8. 6	77. 1	0. 000	-4. 7	0. 5
日本落叶松 04_5	相等	64. 4	0. 000	-10. 1	137. 0	0. 000	-7. 0	0. 7
	不相等	—	—	-11. 1	81. 0	0. 000	-7. 0	0. 6
日本落叶松 04_6	相等	63. 6	0. 000	-9. 5	138. 0	0. 000	-10. 0	1. 1
	不相等	—	—	-10. 4	79. 7	0. 000	-10. 0	1. 0

表 6-45 日本落叶松裸根苗大棚内外苗高生长分析 Group Statistics

	内外	N	Mean	Std. Deviation	Std. Error Mean
日本落叶松 03_7	裸内	100. 0	0. 9	0. 2	0. 0
	裸外	100. 0	0. 7	0. 2	0. 0
日本落叶松 04_1	裸内	86. 0	2. 0	1. 0	0. 1
	裸外	95. 0	1. 2	0. 7	0. 1
日本落叶松 03_7	裸内	100. 0	0. 9	0. 2	0. 0
	裸外	100. 0	0. 7	0. 2	0. 0
日本落叶松 04_3	裸内	81. 0	1. 7	0. 5	0. 1
	裸外	63. 0	1. 6	0. 8	0. 1
日本落叶松 04_4	裸内	67. 0	3. 4	1. 2	0. 2
	裸外	48. 0	1. 6	0. 4	0. 1
日本落叶松 04_5	裸内	88. 0	6. 4	4. 2	0. 5
	裸外	63. 0	2. 5	1. 0	0. 1
日本落叶松 04_6	裸内	71. 0	10. 3	6. 8	0. 8
	裸外	63. 0	3. 9	1. 2	0. 1

表 6-46 日本落叶松裸根苗大棚内外苗高生长显著性检验 Independent Samples Test

Levene 等方差检验				等均值 t 检验				
	方差	F	Sig.	t	df	Sig. (2-tailed)	Mean Difference	Std. Error Difference
日本落叶松 03_7	相等	15. 4	0. 000	4. 5	198. 0	0. 000	0. 2	0. 0
	不相等			4. 5	196. 3	0. 000	0. 2	0. 0
日本落叶松 04_1	相等	3. 7	0. 55	6. 3	179. 0	0. 000	0. 8	0. 1
	不相等			6. 2	151. 2	0. 000	0. 8	0. 1

（续）

Levene 等方差检验				等均值 t 检验				
	方差	F	Sig.	t	df	Sig.（2-tailed）	Mean Difference	Std. Error Difference
日本落叶松 04_3	相等	34. 6	0. 000	1. 0	142. 0	0. 300	0. 1	0. 1
	不相等			1. 0	96. 3	0. 329	0. 1	0. 1
日本落叶松 04_4	相等	19. 5	0. 000	10. 0	113. 0	0. 000	1. 9	0. 2
	不相等			11. 3	87. 6	0. 000	1. 9	0. 2
日本落叶松 04_5	相等	82. 7	0. 000	7. 1	149. 0	0. 000	3. 9	0. 5
	不相等			8. 3	100. 0	0. 000	3. 9	0. 5
日本落叶松 04_6	相等	87. 5	0. 000	7. 3	132. 0	0. 000	6. 4	0. 9
	不相等			7. 8	74. 8	0. 000	6. 4	0. 8

表 6-47　日本落叶松裸根苗、营养袋苗大棚内苗高生长分析 Group Statistics

	内外	N	Mean	Std. Deviation	Std. Error Mean
日本落叶松 03_7	裸内	100. 0	0. 9	0. 2	0. 0
	营内	92. 0	7. 0	6. 2	0. 6
日本落叶松 04_1	裸内	86. 0	2. 0	1. 0	0. 1
	营内	84. 0	11. 9	10. 0	1. 1
日本落叶松 04_3	裸内	81. 0	1. 7	0. 5	0. 1
	营内	74. 0	11. 3	9. 2	1. 1
日本落叶松 04_4	裸内	67. 0	3. 4	1. 2	0. 2
	营内	74. 0	13. 6	9. 2	1. 1
日本落叶松 04_5	裸内	88. 0	6. 4	4. 2	0. 5
	营内	83. 0	15. 4	8. 9	1. 0
日本落叶松 04_6	裸内	71. 0	10. 3	6. 8	0. 8
	营内	69. 0	27. 1	12. 7	1. 5

表 6-48　日本落叶松裸根苗大棚内和营养袋内苗高显著性检验 Independent Samples Test

Levene 等方差检验				等均值 t 检验				
	方差	F	Sig.	t	df	Sig.（2-tailed）	Mean Difference	Std. Error Difference
日本落叶松 03_7	相等	201. 4	0. 000	-9. 9	190. 0	0. 000	-6. 1	0. 6
	不相等	—	—	-9. 5	91. 2	0. 000	-6. 1	0. 6
日本落叶松 04_1	相等	174. 3	0. 000	-9. 1	168. 0	0. 000	-9. 9	1. 1
	不相等	—	—	-9. 0	84. 7	0. 000	-9. 9	1. 1
日本落叶松 04_3	相等	160. 3	0. 000	-9. 4	153. 0	0. 000	-9. 6	1. 0
	不相等	—	—	-9. 0	73. 4	0. 000	-9. 6	1. 1

（续）

Levene 等方差检验				等均值 t 检验				
	方差	F	Sig.	t	df	Sig.（2-tailed）	Mean Difference	Std. Error Difference
日本落叶松 04_4	相等	93.5	0.000	-8.9	139.0	0.000	-10.2	1.1
	不相等	—	—	-9.4	75.9	0.000	-10.2	1.1
日本落叶松 04_5	相等	41.9	0.000	-8.5	169.0	0.000	-9.0	1.1
	不相等	—	—	-8.4	115.4	0.000	-9.0	1.1
日本落叶松 04_6	相等	31.0	0.000	-9.8	138.0	0.000	-16.8	1.7
	不相等	—	—	-9.7	103.1	0.000	-16.8	1.7

（4）雪松

由表 6-49 至表 6-50 可以看出，雪松的裸根苗在大棚内生长和在大棚外生长相比，营养袋内生长的裸根苗苗高明显优于营养袋外生长的裸根苗，两者差异极显著。

表 6-49 雪松营养袋苗大棚内外苗高分析 Group Statistics

	内外	N	Mean	Std. Deviation	Std. Error Mean
营 03_7	内	94.0	28.6	4.8	0.5
	外	81.0	22.8	4.4	0.5
营 04_1	内	100.0	34.6	7.1	0.7
	外	100.0	24.8	5.2	0.5
营 04_3	内	100.0	35.3	5.9	0.6
	外	100.0	25.1	5.4	0.5
营 04_4	内	99.0	40.3	7.4	0.7
	外	95.0	24.2	5.4	0.6
营 04_5	内	100.0	43.9	8.0	0.8
	外	99.0	30.3	5.6	0.6
营 04_6	内	100.0	50.7	10.9	1.1
	外	95.0	32.5	6.5	0.7

表 6-50 雪松裸根苗营养袋内外苗高显著性检验 Independent Samples Test

Levene 等方差检验				等均值 t 检验				
	方差	F	Sig.	t	df	Sig.（2-tailed）	Mean Difference	Std. Error Difference
营 03_7	相等	0.6	0.434	8.2	173.0	0.000	5.7	0.7
	不相等	—	—	8.2	172.3	0.000	5.7	0.7
营 04_1	相等	8.5	0.004	11.1	198.0	0.000	9.8	0.9
	不相等	—	—	11.1	181.0	0.000	9.8	0.9
营 04_3	相等	0.8	0.361	12.7	198.0	0.000	10.2	0.8
	不相等	—	—	12.7	196.5	0.000	10.2	0.8

（续）

Levene 等方差检验				等均值 t 检验				
	方差	F	Sig.	t	df	Sig.（2-tailed）	Mean Difference	Std. Error Difference
营 04_4	相等	2.4	0.119	17.3	192.0	0.000	16.1	0.9
	不相等	—	—	17.4	179.3	0.000	16.1	0.9
营 04_5	相等	4.3	0.390	14.0	197.0	0.000	13.6	1.0
	不相等	—	—	14.0	178.0	0.000	13.6	1.0
营 04_6	相等	14.5	0.000	14.0	193.0	0.000	18.2	1.3
	不相等	—	—	14.2	163.6	0.000	18.2	1.3

（5）高山松

由表 6-51、表 6-52 可见，高山松的裸根苗在大棚内生长和在大棚外生长相比，大棚内生长的裸根苗苗高明显高于大棚外生长的裸根苗，两者差异极显著。

表 6-51　高山松裸根苗大棚内外苗高分析 Group Statistics

	内外	N	Mean	Std. Deviation	Std. Error Mean
裸 03_7	内	99.0	12.3	3.7	0.4
	外	93.0	4.1	1.3	0.1
裸 04_1	内	99.0	21.2	6.7	0.7
	外	100.0	7.2	2.0	0.2
裸 04_3	内	100.0	27.6	8.3	0.8
	外	88.0	8.5	2.2	0.2
裸 04_4	内	96.0	38.3	11.2	1.1
	外	79.0	5.4	1.5	0.2
裸 04_5	内	100.0	47.3	11.5	1.1
	外	84.0	8.8	2.3	0.2
裸 04_7	内	93.0	52.8	13.3	1.4
	外	74.0	10.2	3.1	0.4

表 6-52　高山松裸根苗大棚内外苗高显著性检验 Independent Samples Test 等均值 t 检验

	方差	F	Sig.	t	df	Sig.（2-tailed）	Mean Difference	Std. Error Difference
裸 03_7	相等	60.4	0.000	20.4	190.0	0.000	8.3	0.4
	不相等	—	—	20.9	125.0	0.000	8.3	0.4
裸 04_1	相等	85.8	0.000	19.9	197.0	0.000	13.9	0.7
	不相等	—	—	19.8	114.6	0.000	13.9	0.7
裸 04_3	相等	79.5	0.000	21.0	186.0	0.000	19.1	0.9
	不相等	—	—	22.2	114.7	0.000	19.1	0.9

（续）

	方差	F	Sig.	t	df	Sig.（2-tailed）	Mean Difference	Std. Error Difference
裸 04_4	相等	67.4	0.000	25.9	173.0	0.000	32.9	1.3
	不相等	—	—	28.5	99.1	0.000	32.9	1.2
裸 04_5	相等	84.6	0.000	30.3	182.0	0.000	38.5	1.3
	不相等	—	—	32.8	108.1	0.000	38.5	1.2
裸 04_7	相等	64.3	0.000	27.0	165.0	0.000	42.6	1.6
	不相等	—	—	29.9	104.0	0.000	42.6	1.4

（6）云杉

由表 6-53 至表 6-56 可以看出，云杉的裸根苗在大棚内生长和在大棚外生长相比，大棚内生长的裸根苗苗高明显高于大棚外生长的裸根苗，两者差异极显著；在大棚内生长的营养袋苗苗高明显高于裸根苗，两者差异极显著。

表 6-53 云杉裸根苗大棚内外苗高分析 Group Statistics

	棚内外	N	Mean	Std. Deviation	Std. Error Mean
裸 03_7	内	100.0	2.9	1.7	0.2
	外	100.0	2.1	0.7	0.1
裸 04_1	内	100.0	5.1	3.1	0.3
	外	97.0	2.6	1.2	0.1
裸 04_3	内	100.0	6.0	3.2	0.3
	外	96.0	3.3	1.3	0.1
裸 04_4	内	100.0	8.7	3.5	0.3
	外	89.0	3.1	1.2	0.1
裸 04_5	内	100.0	12.5	5.2	0.5
	外	100.0	5.8	2.0	0.2
裸 04_6	内	100.0	15.5	6.3	0.6
	外	90.0	6.8	2.6	0.3

表 6-54 云杉裸根苗大棚内外苗高显著性检验

	方差	F	Sig.	t	df	Sig.（2-tailed）	Mean Difference	Std. Error Difference
裸 03_7	相等	24.6	0.000	4.6	198.0	0.000	0.8	0.2
	不相等	—	—	4.6	131.9	0.000	0.8	0.2
裸 04_1	相等	17.7	0.000	7.2	195.0	0.000	2.5	0.3
	不相等	—	—	7.3	129.5	0.000	2.5	0.3
裸 04_3	相等	29.2	0.000	7.6	194.0	0.000	2.7	0.4
	不相等	—	—	7.7	134.0	0.000	2.7	0.3

（续）

	方差	F	Sig.	t	df	Sig.（2-tailed）	Mean Difference	Std. Error Difference
裸 04_4	相等	46. 6	0. 000	14. 5	187. 0	0. 000	5. 6	0. 4
	不相等	—	—	15. 1	125. 5	0. 000	5. 6	0. 4
裸 04_5	相等	59. 0	0. 000	12. 0	198. 0	0. 000	6. 7	0. 6
	不相等	—	—	12. 0	128. 0	0. 000	6. 7	0. 6
裸 04_6	相等	50. 7	0. 000	12. 1	188. 0	0. 000	8. 6	0. 7
	不相等	—	—	12. 5	134. 6	0. 000	8. 6	0. 7

表 6-55　云杉裸根苗营养袋大棚内和外苗高分析 Group Statistics

	棚内外	N	Mean	Std. Deviation	Std. Error Mean
营 03_7	内	100. 0	2. 9	1. 7	0. 2
	外	87	1. 83908046	0. 745116866	0. 0798849
营 04_1	内	100	5. 07	3. 143873311	0. 3143873
	外	90	2. 593333333	0. 963817317	0. 1015953
营 04_3	内	100	6. 03	3. 198658178	0. 3198658
	外	78	2. 779487179	1. 3441899	0. 1521995
营 04_4	内	100	8. 654	3. 453015663	0. 3453016
	外	71	2. 446478873	1. 295688563	0. 1537699
营 04_5	内	100	12. 51	5. 197697625	0. 5197698
	外	80	4. 575	2. 290237951	0. 2560564
营 04_6	内	100	15. 457	6. 3274495	0. 6327449
	外	70	5. 064285714	2. 712613356	0. 3242193

表 6-56　云杉裸根苗大棚内和营养袋外苗高显著性检验 Independent Samples Test 等均值 t 检验

	方差	F	Sig.	t	df	Sig.（2-tailed）	Mean Difference	Std. Error Difference
营 03_7	相等	17. 0	0. 000	5. 5	185. 0	0. 000	1. 1	0. 2
	不相等	—	—	5. 7	141. 6	0. 000	1. 1	0. 2
营 04_1	相等	22. 0	0. 000	7. 2	188. 0	0. 000	2. 5	0. 3
	不相等	—	—	7. 5	119. 3	0. 000	2. 5	0. 3
营 04_3	相等	20. 4	0. 000	8. 4	176. 0	0. 000	3. 3	0. 4
	不相等	—	—	9. 2	139. 7	0. 000	3. 3	0. 4
营 04_4	相等	34. 6	0. 000	14. 4	169. 0	0. 000	6. 2	0. 4
	不相等	—	—	16. 4	134. 7	0. 000	6. 2	0. 4
营 04_5	相等	40. 3	0. 000	12. 7	178. 0	0. 000	7. 9	0. 6
	不相等	—	—	13. 7	142. 4	0. 000	7. 9	0. 6
营 04_6	相等	41. 1	0. 000	12. 9	168. 0	0. 000	10. 4	0. 8
	不相等	—	—	14. 6	143. 6	0. 000	10. 4	0. 7

(7)刺槐

由表6-57、表6-58可见，刺槐的裸根苗在大棚内生长的苗高与在大棚外生长的苗高差异不显著。

表6-57 刺槐苗高内外处理分析 Group Statistics

内外处理	N	Mean	Std. Deviation	Std. Error Mean
内	87.0	9.8	3.3	0.4
外	95.0	9.6	3.9	0.4

表6-58 刺槐苗高内外处理显著性检验 Independent Samples Test

方差	F	Sig.	t	df	Sig.(2-tailed)	Mean Difference	Std. Error Difference
相等	0.9	0.350	0.4	180.0	0.685	0.2	0.5
不相等	—	—	0.4	178.9	0.683	0.2	0.5

(8)大果圆柏

由表6-59、表6-60可见，大果圆柏的裸根苗在大棚内生长和在大棚外生长相比，大棚内生长的裸根苗苗高明显高于大棚外生长的裸根苗，两者差异极显著。

表6-59 大果圆柏苗高内外处理分析 Group Statistics

内外处理	N	Mean	Std. Deviation	Std. Error Mean
内	100.0	96.1	14.5	1.5
外	49.0	54.6	9.3	1.3

表6-60 大果圆柏内外处理显著性检验 Independent Samples Test

方差	F	Sig.	t	df	Sig.(2-tailed)	Mean Difference	Std. Error Difference
相等	10.0	0.000	18.2	147.0	0.000	41.4	2.3
不相等	—	—	21.0	136.6	0.000	41.4	2.0

(9)干香柏

由表6-61、表6-62可见，干香柏的裸根苗在大棚内生长和在大棚外生长相比，大棚内生长的裸根苗苗高明显高于大棚外生长的裸根苗，两者差异极显著。

表6-61 干香柏苗高内外处理分析 Group Statistics

处理号	内外处理	N	Mean	Std. Deviation	Std. Error Mean
5-30	内	98.0	20.3	5.1	0.5
	外	76.0	3.1	0.9	0.1
7-30	内	98.0	43.2	11.5	1.2
	外	79.0	7.4	2.5	0.3

表 6-62　干香柏苗高内外处理显著性检验 Independent Samples Test 等均值 t 检验

处理号	方差	F	Sig.	t	df	Sig. (2-tailed)	Mean Difference	Std. ErrorDifference
5-30	相等	80.6	0.000	29.2	172.0	0.000	17.2	0.6
	—	不相等	—	32.9	104.4	0.000	17.2	0.5
7-30	相等	45.9	0.000	27.0	175.0	0.000	35.8	1.3
	—	不相等	—	29.8	108.1	0.000	35.8	1.2

从以上结果可以看出：各树种营养袋苗和裸根苗在大棚内均比在大棚外生长为优（除刺槐裸根苗大棚内外差异不显著外），在大棚内各参试树种营养袋苗苗高生长均优于裸根苗，差异极显著。

3.3　苗木生长规律研究

根据各种树木的生长规律绘制生长曲线图见图 6-23。

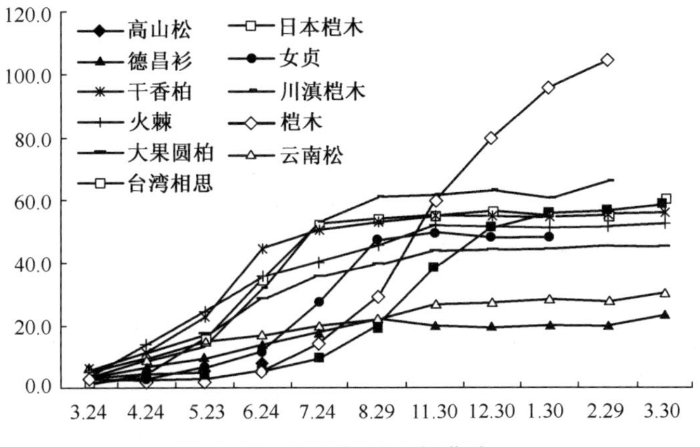

图 6-23　不同树种生长曲线 1

（注：营养袋用土比例，红砂 4：泥炭 5：粪 1 或红砂 4：泥炭 4：粪 1）

以一年苗高生长情况，大体可以将苗木的生长规律归纳为三类：

第一类，前期速生型。苗木前期旺盛生长，年高生长进程呈现快—慢—慢的节律，整个生长进程中存在着明显的速生期。如川滇桤木、干香柏、日本桤木、女贞、红桦、史密斯桉、火棘、辽东桤木等。

第二类，中期速生型。苗木年高生长进程呈现慢—快—慢的“S”性节律，整个生长进程中存在着明显的速生期。如旅顺桤木、大果圆柏、台湾相思、桤木、直干桉等。

第三类，缓慢生长型。苗木年高生长进程中呈现缓慢生长，无明显的速生期。如黑荆树、高山松、云南松、山合欢等。

从图 6-23 可以看出，秋季（8 月下旬至 9 月下旬）播种的苗木中，川滇桤木、干香柏、日本桤木、女贞、火棘属于第一类，即前期速生型。大果圆柏、台湾相思、桤木属于第二类，即中期速生型。高山松、云南松属于第三类，即缓慢生长型。

从图 6-24 可以看出，春季（2 月下旬至 3 月中旬）播种的苗木中，史密斯桉、辽东桤木属于第一类，即前期速生型。旅顺桤木、红桦属于第一类，即前期速生型。直干桉属于第二类，即中期速生型。黑荆、山合欢属于第三类,即缓慢生长型。

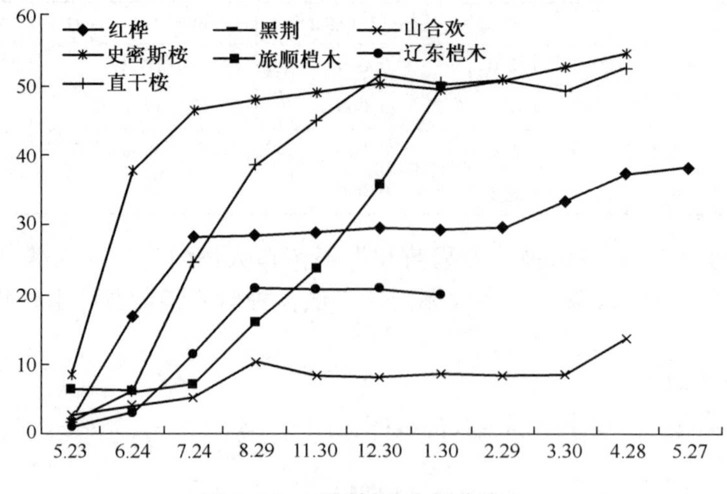

图 6-24 不同树种生长曲线 2

4 结论

(1)经过对无底营养袋的主要技术环节进行了试验,结合 5 年的推广应用(共进行 48 个树种的育苗),依据当地的自然环境、气象及当地的人文条件,总结出了无底营养袋育苗技术体系。与传统有底营养袋的苗木相比较,育苗时间平均缩短三个月,成本降低 15%~20%,苗木生长量提高 4.28%。

(2)进行人工切根育苗模式的多树种、多规格无底营养袋育苗与有底营养袋育苗对比试验,试验证明无底营养袋育苗在各树种各规格中在苗木的生长速度和苗木质量及苗木的根系在营养袋内的分布状况(苗木根系的盘绕更少,根系分布更有利于苗木生长)等方面均比有底营养袋育苗好。

(3)进行了空气切根育苗模式下的多树种、多规格的无底营养袋与有底营养袋苗的对比试验,在各树种各个规格中,无底营养袋均比有底营养袋育苗的苗木生长更好,苗木根系的盘绕现象更少,根系分布更有利于苗木生长。

(4)进行了人工切根育苗模式下的多树种多规格的无底营养袋育苗的规格试验,结果表明,采用无底营养袋育苗适宜的规格是 10cm×17cm~13cm×17cm 的规格。

(5)在空气切根育苗模式下的多树种、多规格的无底营养袋的规格选择试验中,采用无底营养袋育苗适宜的规格是 10cm×17cm~13cm×17cm 的规格。

(6)虽然空气切根的苗木生长(高和径)不如人工切根的苗木,但空气修根的盘绕现象比人工切根更少,苗木根系在营养袋的分布更好。空气切根的苗木的高和茎在通常的育苗时间内都能达到出圃要求。

(7)不透明营养袋边缘的苗木的生长好于透明无底营养袋,营养袋内的藻类少,根系分布均匀。透明营养袋边缘的苗木的根系分布不均匀,偏向背光面。中心苗木的生长情况及根系状况无明显的差异。采用不透明(黑色)无底营养袋育苗可以提高苗床边缘苗木的生长速度和苗木质量。

(8)播种前种子预处理时,不同类型的种子要求使用不同的催芽方法。对于豆科植物种皮较厚同时种皮上具有蜡质层的种子,需要采用开水烫种的预处理措施,处理 1min 至 10min 不等,而对于粒小皮薄的种子,如直干桉,仅需使用温水处理,即可显著提高发芽率。采用不同水温的水对种子进行发芽前种子预处理在科技文化素质较低的地方,具有很强的现实意义和推广价值。

(9)在播种床播种育苗阶段,不同的树种最佳的播种密度不同,耐阴性较强的树种(如黑荆树),播种密度大,最佳播种密度可高达 2400 粒/m^2左右;喜光的小粒种子(如直干桉)播种密度要求也较小,最佳播种密度可达 14.200 粒/m^2左右;喜光的较大粒种子(如山合欢、刺槐),播种密度相对较高,为 3200 粒/m^2。新银合欢播种密度为 4800 粒/m^2(此播种密度是指采用二次育苗时的移植前的小苗培育时的播种密度)。

(10)种子播种前应选择适宜的农药拌种消毒。通过对山合欢种子消毒试验可以看出,依据需预防不同病虫害可选择 1%的敌克松和 1%的多菌灵及 0.5%的硫酸铜,山合欢种子出苗量最高,各项生长指标也很优良。

(11)不同类型的种子要求的播种基质具有相似性。它们均要求较高的红土含量及较低肥力的土壤作播种基质。

(12)播种之后种子覆盖物的选择对出苗率及苗木生长影响显著,不同类型的树种选用不同的覆盖物也明显有别。小粒种子宜选用疏松而质轻的锯末覆盖,而较大粒种子宜选用质地较重且柔软的原土或泥炭覆盖。

(13)苗木移植阶段,不同类型树种对营养袋中土壤基质和肥力要求不一。豆科植物在红土含量较高,肥力含量较高的土壤中苗木生长优良,表明早期豆科植物固氮能力不强,需要较高的外加肥力保障。而原产澳洲的直干桉则在有一定比例砂粒含量土壤基质中生长表现好,表明其对土壤通气条件有较高的要求。干香柏及辽东桤木对土壤肥力和通气条件的要求则介于两者之间。

(14)苗期追肥量不宜过高。不同类型不同时期栽种的苗木对追肥量有不同的要求。夏季播种苗木植株相对较小,秋季施肥量较低,而前一年秋季播种苗木,于第二年春季施肥时,原产于澳洲的直干桉和新银合欢需要较高的施肥量,而本地树种对追肥量要求较低。过高的施肥量会导致苗木生长严重不良甚至死亡。

(15)进行了无底营养袋育苗的苗期微肥追肥试验,由当地红壤、泥炭土及粪配成的营养土基质严重缺乏硼(B)元素,锌(Zn)镁(Mg)也比较缺乏,因此,在当地育苗中应及时补充这几种微量元素。

(16)在一次育苗法与二次育苗法的对比试验中可观察到较大粒种子应直接播于营养袋内进行育苗直至出圃(即应采用一次育苗法)。小粒种子则需要先在播种床内发芽,待长至一定时候再移入营养袋内,即小粒种子需进行二次育苗。

(17)进行了二次育苗法的小苗移植时期及一次育苗法树种的间苗补植时期试验,结果表明种子萌发后根较粗且有一定强度的适宜在小苗(子叶移植),而种子萌发后根较粗硬的适宜在中苗(2~3 对真叶时移植)。

(18)通过春季和秋季播种移植后一年中苗木生长进程的规律性研究结果可以看出,苗木在第一年中的生长可以分为三种类型:前期生长型苗木、中期生长型苗木、缓慢生长型苗木。

对于前期生长型苗木,应在苗木快速生长之前的春季及时施追肥,在生长过程中注意浇水和中耕除草工作。由于进入盛夏后苗木基本停止生长,表明该类苗木畏高温,故应于盛夏时注意遮荫、浇水,减弱高温对苗木的危害。

对于中期生长型苗木,宜于春季注意覆盖增温,并于初夏时开始少量施以N为主的追肥,促进苗木及早进入速生期,并于夏季至初秋施入较大量的追肥。

对于缓慢生长型苗木,由于其生长时期持续长,生长缓慢,应以少量多次施肥为主。从春季开始,分4~5次对苗木少量施追肥。到了秋季,最后一次施以P、K肥,以促进苗木硬化。

(19)通过对本地主要造林树种无底营养袋育苗育苗期生长规律研究,掌握当地主要造林树种的生长规律,可依此对不同的树种不同时期采用相应合理的管理措施。

(20)通过研究总结,形成育苗配套技术体系,编制了苗圃工作手册(附后),在生产中推广应用。

第三节　植被恢复与生态治理

1　造林与植被恢复技术

1.1　安宁河流域区立地分类

随着海拔、地理位置、受干扰和破坏程度等不同而产生出立地条件的不同。地形是影响热区水热因子变化的重要因素,利用坡位和坡向作为立地类型划分的主要依据,同时结合土壤厚度,基本上能反映出山地的立地分异。合理而科学的立地分类直接影响安宁河山地的造林成败。

根据各区不同立地特点,分别采取相应的技术手段。宜草则草、宜灌则灌、宜乔则乔,乔、灌、草相结合,先提高植被覆盖率、改善立地生态环境,再在此基础上,逐步提高群落类型。

1.1.1　立地类型的划分

(1)立地类型划分的原则和依据

立地类型的划分应以科学性和实用性为基本原则。科学性原则就是立地类型划分所依据的因子而作出的分类,能集中反映立地的自然特征和异质性。实用性原则就是划分的立地类型,必须适合当前林业经营水平,便于识别和实际应用;采用的主导因子既直观又易识别;命名通俗简洁、易于掌握。

立地包含着的立地生态因子,对植物的生长起综合作用。在立地类型划分时,不可能将错综复杂的立地因子全作为划分依据,应从中选择影响植物生长最明显的因子作为主导因子。在实地调查和对其大量资料做研究的基础上,认定地形因子是影响植物生长的主要因子。因此,确定坡位和坡向为金沙江干热河谷立地类型划分的主要依据。

地形能对光照、水等基本生态因子实行再分配,不仅反映了气候条件,同时也表现出土壤的厚度及水分条件的不同。使得不同坡位、不同坡向的水、热组合出现一定的差异,从而影响植物生长。

坡上立地与坡下相比,干热矛盾有所缓和,土壤水分含量有一定提高。坡下部离村庄农舍较近,受人畜干扰破坏频繁且强度大,植被稀少,地表裸露,加重了其干热程度。坡上坡下自然分布的植物种类差别也验证了不同坡位生境的分异。调查干热河谷不同立地类型自然植被的分布规律。

不同的坡向太阳辐射强度和日照时数有别,使不同坡向的水热状况产生较大的差异。阳坡日照时间长,辐射强度大,所获得的辐射总量多于阴坡,使阳坡具有温度高、湿度小、蒸发量大、干热矛盾突出的特点。同时,土壤的物理风化和化学风化都比较强,因而,阳坡土壤干燥、贫瘠、地表温度高。阴坡与之相比,土壤较为潮润,有机质积累多,生长的植物个体高度大,种类也较丰富。故坡位和坡向能明显地反映金沙江干热河谷不同立地水分条件的差异,能够直观而可靠地表现出干热河谷立地自然分域状况。

(2)立地划分方法

安宁河流域地区地形复杂多样,立地类型划分实质上是将生产力相近的立地归为同一类型,划分时应遵循实用性的原则,尽可能将众多的立地因子筛选出2~3个主导因子,便于掌握和识别。同时还要遵循科学可靠的原则,把反映客观立地条件的因子筛选出来。

在安宁河流域水、热分配随海拔升高变化明显,水分指标(干燥度)按伊万若夫公式:

$$K = r/e = r/0.0018(25 + t)2(100 - f)$$

其中:k 为干燥度值;r 为年降水量;e 为年蒸发量;f 为相对湿度;t 为年均温。热量指标(日均温≥10℃的积温及日数)参照《中国气象图集》,可根据海拔不同将安宁河流域分为四个类型区,即高海拔干冷区、中海拔干凉区、中低海拔干暖区、低海拔干热区。

(3)立地类型的划分

立地类型组是在立地类型亚区内,以小尺度地域分异规律进行的划分,是具有相似自然生态条件,相似立地生产力和生态防护功能需求的立地类型的组合。立地条件类型是在类型组内依据主导因子的差异性进行的进一步划分。在筛选立地因子时,考虑到同一海拔区内同一坡向的水热条件大体一致,土壤类型、植被特征基本一致,同一海拔区内,土壤理化性质相近,因此,影响立地生产力的主要因子为坡向,按坡向划分干旱河谷立地类型既简单又便于应用,各立地类型及适宜造林树种。

第一,立地因子调查。在分析区域生态环境条件的基础上,通过设置样地,综合调查各项立地因子,包括土壤母质、土壤类型、土层厚度、石砾含量、机械组成、坡向、植被、水土流失等。

第二,定性分析。定性确定划分的主导因子为:以地形部位和海拔高度划分立地类型组;以坡度、坡向、土壤厚度、土壤类型划分立地类型。

在立地类型依据中,坡度影响地表物质的迁移;坡向表现在通过光热的再分配,影响土壤含水量和蒸发力;土壤类型的差异导致理化性质相异;土壤厚度不同导致土地生产力不同。

第三,定量分析。根据各立地因子对物种分布和土地生产力的影响进行方差分析,结果表明,地形部位、坡向、土层厚度和土壤类型对栽培植物及其生长有显著影响,坡耕地因坡度均为缓斜坡无显著影响。因此,筛选出主导因子为地形部位、坡向、土层厚度和土壤类型,确定8个立地类型。

1.1.2 主要立地类型及特征

据上述立地类型划分的原则和依据,将金沙江干热河谷的立地类型作如下划分(图6-25),Ⅰ—坡上灌丛区:$Ⅰ_1$—坡上灌丛区阴坡类型,$Ⅰ_2$—坡上灌丛区阳坡类型;Ⅱ—坡下草丛区:$Ⅱ_1$—坡下草丛区阴坡类型,$Ⅱ_2$—坡下草丛区阳坡类型;Ⅲ—坡脚冲积区;Ⅳ—谷底平坝区;阴坡包括北坡、西北坡、东坡、东南坡、东北坡;阳坡包括南坡、西坡、西南坡。

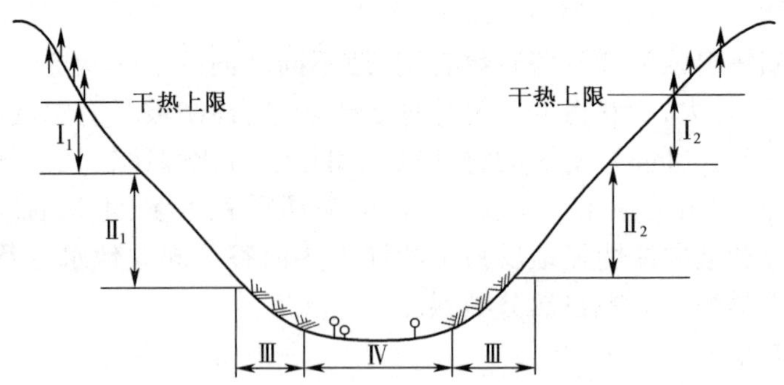

图 6-25 干热河谷立地类型分布示意图(丘陵型)

(1)灌丛区(Ⅰ)与坡下草丛区(Ⅱ)

坡上灌丛区(Ⅰ)是干热界限以下至坡下草丛区(Ⅱ)上限之间的这段区域。海拔高度处于干热区中的最高地带,水分条件亦最好;受人畜破坏也不如坡下频繁和剧烈;植被为次生性旱生灌丛,其中有不少萌生栎类。是干热河谷稀树灌草群落向亚热带针阔叶林的过渡地带。

坡下草丛区(Ⅱ)是坡上灌丛区(Ⅰ)下限至坡足冲积区或谷底平坝区边界之间的区段。此区地表冲刷严重,土壤瘠薄、燥热、受人为干扰破坏程度较大。植被为旱生性中高草丛,灌木稀少,一般以扭黄茅为主。群落季相变化明显:旱季一片黄、雨季一片绿,这是典型的疏灌草丛地带,水湿条件一般不如坡上灌丛区(Ⅰ)。

坡上灌丛区阳坡类型($Ⅰ_2$)受光受热较强,土层较薄,有机质含量低。与坡上灌丛区阴坡类型($Ⅰ_1$)相比,土壤水分含量小,较为干旱:土层 10cm 深含水率 4.42%,30cm 深含水率 7.09%,50cm 深含水率 8.43%(5 月测定)。植被覆盖度较 $Ⅰ_1$ 类型低,长势也差得多,以灌木类型为主。灌木种类有车桑子(*Dodonaea angustifolia*)、黄荆、余甘子、小叶柿、苦刺等。

坡下草丛区阴坡类型($Ⅱ_1$)不如坡下草丛区阳坡类型($Ⅱ_2$)光照强烈,土类为燥红土,土壤贫瘠,旱季土体紧实,土壤水分状况较 $Ⅱ_2$ 好。土层 10cm 深含水率 3.10%,30cm 深土壤含水率 5.96%,50cm 深土壤含水率 8.65%(5 月测定)。草本植物有白羊草(*Bothriochloa ischaemum*)、旱茅(*Eremopogon delavayi*)、孔颖草、双花草等。植株个体比 $Ⅱ_2$ 类型的高大,长势好。灌木种类贫乏,主要是耐旱的车桑子、黄荆、余甘子等。偶见乡土耐旱乔木树种滇橄仁。在村庄附近受保护的地方也能成片生长。此类型与坡上灌丛区阳坡类型($Ⅰ_2$)比较接近;在受干扰破坏严重的区域,其特征则与坡下草丛区阳坡类型($Ⅱ_2$)相似。

坡下草丛区阳坡类型($Ⅱ_2$)是干热河谷地区造林最困难的“硬骨头”。水土流失严重,土壤瘠薄,石砾含量高,对植物承载力低下。土壤特别干旱:土层 10cm 深含水率 2.80%,30cm 深土壤含水率 4.53%,50cm 深土壤含水率 8.65%(5 月测定)。此区受外界干扰剧烈而频繁,植被以扭黄茅占绝对优势,另有芸香草(*Cymbopogon distans*)、龙须草、双花草、黄背草、旱茅等,有的地段见车桑子稀疏分布于禾草类植物之中,更差的地段植被稀疏,地面裸露。各类型立地特征普遍存在上述的规律,但并不是绝对分异的固定格式。各类型的差异是相对的,随外界的有益或有害的影响而有所变化。

(2)坡脚冲积区(Ⅲ)

干热干旱区森林覆被率低,旱季、雨季分明,降水集中,河谷面山植被稀少,地表径流强烈,受雨水冲刷,大量冲击物被冲至坡足堆积,形成大面积的坡积裙、冲积扇或泥石流滩。

在该河段内50余条泥石流沟犬牙交错，泥石流泛滥，形成了庞大的泥石流堆积扇群。此区除有极少量的旱地外，其余大部分为不能耕作的荒地，土壤的石砾多、大孔隙所占比例大、胶体物质少、缺少黏性，土壤通气透水性能好、保水保肥能力差。植被常见牛角瓜、小桐子、扭黄茅等。

(3)谷底平坝区(Ⅳ)

此区主要是指分布于谷底的平坝农田区、四旁地及附近浅丘。它是区域内立地条件最好的类型。土壤层厚，质地较细，土壤肥力高，灌溉条件好，是粮食和经济作物主要生产区。但与非干热河谷区相比，年蒸发量却远大于降水量，气候干热，本区生长的树种多为喜热耐旱的树种，主要有攀枝花、滇刺枣、酸角(*Tamarindus indica*)、小桐子、刺球花(*Acacia farnesiana*)、凤凰木(*Delonix regia*)、赤桉(*Eucalyptus camaldulensis*)、红椿(*Toona sureni*)、番木瓜(*Carica papaya*)、番石榴(*Psidium guajava*)、白头树等。

1.2　各立地类型的造林技术措施

1.2.1　坡上灌丛区阴坡类型($Ⅰ_1$)

处于坡上部又位于阴坡，水热条件、土壤状况均较好，可以发展乔木树种为主。多年来，由于树种使用不当，造林技术措施不甚适宜，该区没有被单独划分出来加以利用。

虽该区水分条件较好，但在安排造林树种时，应考虑具有一定抗旱性的树种，尤其应该重用乡土树种，可将其列为绿化干热河谷荒山的先锋树种。运用乡土树种造林能有效地贯彻适地适树的原则，有最大成功的保障，而且成本较低。研究表明：在所有造林技术中对干热河谷造林成活率影响最大的因素是树种选择。该区造林树种选择面较宽，特推荐以下树种：法氏栎、黄栎、白栎、山合欢、云南黄梠、滇橄仁、赤桉、清香木、苦楝、新银合欢。

选择适用于干热地区的造林方法，对于造林成活率和保存率的关系很大。实践证明，采用简单、粗放、落后的直播方法在本立地类型区造林是很难获得成功的。

容器苗植苗造林是提高干热地区造林成活率和保存率的有效技术措施之一。一方面因容器苗在用于造林时根系不易受到损伤，另一方面，幼苗在苗圃里集中培育，第一个旱季在苗圃里度过，使幼苗避开了酷日烈炎，出圃时苗木木质化程度较高，主侧根发达，上山造林后抵抗力强。

本区6月份进入雨季后，一般即有透雨，但随后又常伴有高温和插花性干旱。因此造林时间宜选在雨季降水比较稳定的时间里进行。各干热河谷的降雨规律不甚相同，可根据各自的情况选择适宜时间，多为7、8月份。

整地方式以环山水平沟整地(即抽槽整地或撩壕整地)为佳。这种方法能最大限度地拦截地表径流，防止水土流失，保证每次降水后无径流损失，从而改善土壤水分的供给状况。

经水平沟整地后，沟内2年内草本植物不易生长，使林木生长初期能够得到充足的营养空间。整地规格可用50cm×50cm(沟宽×沟深)，沟间距为250cm。此种整地方法花费较高，但为获得好的造林效果，在干热河谷地区一定范围的阴坡采用也是值得的，而且是划算的。

整地时间定在雨季末至翌年3月期间效果较好，这段时间内土壤较温润，气温也不太高，易于整地作业，可提高劳动效率，同时经整地后数月的太阳烤晒，可改良土壤理化性质。在该区的土层稍薄地段可选用乔、灌配置造林，或营造部分灌木林。供选灌木种类有苦刺、小叶柿、余甘子、山毛豆(*Tephrosia candida*)、黄荆等。灌木对不良环境适应能力比乔木树种强，营造灌木林时，整地等级可降低一些，采用环山带状松土整地方式。整地规格为50cm×30cm(带宽×

松土深度)。

造林后应封山管护,禁止人畜干扰,为造林地创造稳定生长环境。同时,一些灌木和草本植物将会慢慢自然恢复起来,逐渐行使防护功能,保护该区环境。

1.2.2 坡上灌丛区阳坡类型($Ⅰ_2$)

在造林历程中,曾在不切实际的指导思想支配下发展过云南松、思茅松,未能成功。采用其他一些引进树种和本地乔木树种造林,由于多方面的原因,效果也不理想。其实,造林并不只局限于营造乔木树种,灌木对恶劣环境的适应能力强,把它作为干热河谷的先锋造林树种,可以发挥它们的水土保持作用。随着灌木和草类植物的扎根、生长,对小环境的改良作用也越来越显著。待立地条件得以改善之后,再将乔木树种引入对原有群落类型进行改造,使之逐渐形成乔木树种占优势的森林群落类型。现今人们已认识到了干热河谷的造林不能一步到位,应循序渐进,多步骤、分阶段进行。基于这样的认识,才开始注意筛选用于造林的灌木树种。

此区土层较厚的地块可营造乔、灌混交林。土层稍薄地块种植灌木林。乔、灌造林树种有滇榄仁、赤桉、刺球花、清香木、新银合欢、黄荆、余甘子、山毛豆、番石榴、车桑子、滇刺枣、小叶柿、苦刺。滇榄仁、刺球花、清香木是干热河谷的乡土树种,在干燥山坡有自然分布,生长良好。赤桉、新银合欢是在干热河谷表现良好的引进树种,耐旱、生长迅速、萌发力强,深受群众欢迎。黄荆、余甘子、车桑子、小叶柿是乡土灌木树种,长期生长在干热河谷,对该地环境已产生很强的适应性和依赖性,造林成功的把握性大。山毛豆、苦刺适应力强,且根系具根瘤菌,对土壤有一定改良作用。

对坡上灌丛区阳坡类型($Ⅰ_2$)来说,整地不宜过深,以20~30cm为宜,研究表明:在阳坡采用带状松土整地,规格100cm×20cm(带宽×松土深度),带间距215m与采用穴状整地,规格40cm×40cm×20cm(长×宽×深)对阳坡造林地土壤水分含量的提高较明显,这种整地方式简便易行,省时省工;旱季幼苗根系容易穿过较薄的松土层扎入持水量大的底土层,有利于幼苗安全度过干旱季节。对该类型中集中成片植被覆盖度小的地块采用等高环山带状松土整地;灌木覆盖状况较好的地块,为不破坏原有植被状况,在原有植被的基础采用穴状整地,通过补播补造填补空缺。整地时间宜在秋天进行。

乔木树种仍使用容器苗造林,植苗株距可稍窄一些,可采用1.0m或0.5m。较小的株距可使幼树枝叶很快衔接而遮蔽土壤,减轻太阳辐射强度,降低地表温度。对灌木树种则实行直播造林,造林时间与前类型同。造林后,应全面封山育林。

1.2.3 坡下草丛区阴坡类型($Ⅱ_1$)

多年来对此类型未间断过营造乔木树种的尝试,均未成功。其他耐旱树种在此区也表现不佳,生长缓慢,呈灌木状。所以在该类型区应以营造灌木林为重点,种灌促林。在土层薄、地力差的地段种植草本类植物,种草促灌,采取快速、多步骤综合治理生态环境。

供选灌木树种是能以各种方式忍耐干旱的乡土或引进树种有黄荆、余甘子、小叶柿、滇刺枣、番石榴、山毛豆、车桑子等。供选草本植物有扭黄茅、黄背草、芸香草、龙须草、羊胡子草(*Eriophorum comosum*)、大翼豆(*Macroptilium atropurpuraeus*)。

扭黄茅、芸香草、龙须草、羊胡子草是干热河谷常见的草本植物,非常耐旱。大翼豆是匍匐蔓生的多年生草本植物,生长迅速,叶被柔毛,抗旱性强,当年生地下主根长度可达地上主蔓长度的1193倍。

整地方式实行等高环山带状松土整地。整地规格30cm×20cm(宽×深),带间距1.5~2m。

坡度 25°以上的陡坡可按品字形挖穴整地，规格为 40cm×40cm×20cm（长×宽×深），这既能减少水土流失面积，又能有效拦蓄地表径流。整地时间以秋天为宜。

灌木造林密度可适当加大，株距 0.5m。采取以草先行，种草促灌，种灌促林的方式，符合植被自然演替规律，也是干热河谷恢复植被、加快治理水土流失的有效途径。造林后封山管护。

1.2.4　坡下草丛区阳坡类型（$Ⅱ_2$）

此立地类型人为干扰频繁，水土流失严重，土壤瘠薄、板结、干燥、石砾含量高。是常年造林不见林的地区。

此区实行全面封山，恢复自然植被是一项良好的环境保护对策。屡受人为干扰、牲畜践踏的以扭黄茅为主的禾草类植被在封山后能滋生、蔓延覆盖裸地，发挥防护效能。

该类型植被稀少，地表裸露地段采取人工植草做为促进恢复植被的辅助措施。栽植草种与相关种植技术与前类型相同。

封山促进草被恢复，能迅速保持水土，增强地力，改善生态环境，促成生物环境的良好循环，在此基础之上，再对草本植物群落类型进行定向改造，人工促进其逐渐向灌木、森林群落演替，最终改变干热河谷植被面貌，恢复生态平衡。

1.2.5　坡脚冲积区（Ⅲ）

小桐子、牛角瓜、赤桉、新银合欢、刺球花可用于此区栽培。赤桉、新银合欢生长速度快，耐干热瘠薄，是干热河谷成功引进的薪炭树种。牛角瓜是该区的常见乡土植物，适合该区种植。刺球花能够安然无恙地生长在金沙江岸边午间地表温度极高的沙滩，耐高温力强，值得在干热河谷区推广栽培。

1.2.6　谷底平坝区（Ⅳ）

谷底坝区地势平坦，是降水的汇集区，水土条件较好。此地主要被大面积农田占据，绿化植树局限在宅旁（庭院内，房前屋后）、路旁（公路，大道）、田旁（大片水田，旱地）、沟旁（水库，水渠，水塘），简称“四旁”地。目前仅房前屋后绿化略好。四旁地的水湿条件好，树种选择面广，而且又是人们劳动之余的休息场所，便于管理和利用，可考虑种植一些速生、具有经济价值及观赏价值的树种美化环境，同时营造部分薪炭林。

以下树种是干热河谷坝区的适生造林树种有赤桉、柠檬桉（*Eucalyptus maculata* var *citriodora*）、红椿（*Toona ciliata*）、攀枝花、石栗（*Aleurites moluccana*）、铁刀木（*Cassia siamea*）、新银合欢、凤凰木（*Delonix regia*）、黄葛树（*Ficus lacor*）、白头树（*Garuga forrestii*）、石榴（*Punica granatum*）、龙眼（*Dimocarpus longan*）、柿子（*Diospyros kakai*）、酸角（*Tamarindus indica*）、小桐子、滇刺枣、杧果（*Mangifera indica*）。

以上各类型造林技术措施是针对干热干旱地区的环境特点，遵循适地适树，因地制宜原则，重点从防止水土流失，提高水分截留，增加土壤湿度，降低地热几方面考虑而制定的。通过科学合理规划，使干热河谷造林困难地段从上至下形成了完整的山地治理体系。

1.3　造林树种选择

在西昌市、喜德县和昭觉县的示范区根据立地条件和区域气候特征对树种选择和树种搭配模式进行了试验。以确定不同模式树种的对局地环境的适应性，筛选出成活率高的树种和树种搭配模式，并确定和分析山地气候条件下不同树种的适生性，为苗木培育工作提供依据。

通过现场考察和参考文献资料的查询，收集该区域造林树种，根据立地条件的要求，按照“适地适树”的原则，把乡土树种和引进树种相结合，进行造林树种选择，确定的造林选用树种有黑荆树(*Acacia mearnsii*)、台湾相思(*Acacia richii*)、山合欢(*Albizia macrophylla*)、桤木(*Alnus cremastogyne*)、川滇桤木(*Alnus ferdinandi-coburgii*)、日本桤木(*Alnus firma*)、蒙自桤木(*Alnus neparensis*)、美丽桤木(*Alnus pendula*)、旅顺桤木(*Alnus sieboldiana*)、千丈(*Camptotheca acuminata*)、马桑(*Coriaria sinica*)、德昌杉(*Cunninghamia lanceolata*)、干香柏(*Cupressus duclouxiana*)、直干桉(*Eucalyptus maidenii*)、史密斯桉(*Eucalyptus smithii*)、沙棘(*Hippophae rhamnoides*)、云南油杉(*Ketelceria evelyniana*)、新银合欢(*Leucaena leucocephala* cv. ‘Salvador’)、女贞(*Ligustrum lucidum*)、杨梅(*Myrica rubra*)、华山松、云南松、滇杨(*Populus yunnanensis*)、火棘(*Pyracantha fortuneana*)、栓皮栎(*Quercus variabilis*)、刺槐(*Robinia pseudoacacia*)、黄荆(*Vitex negundo*)。

由表 6-63 可知，造林成活率在 60%以上的树种有西昌市的黑荆树、山合欢、女贞、刺槐、干香柏、新银合欢、火棘和喜德县的史密斯桉、干香柏、刺槐、直干桉、黑荆树、山合欢、女贞。同时，造林地点的造林苗木成活率差异很大，这可能和这些树种苗木的抗旱性有关外还和立地的水热条件有关。西昌市五星村造林立地的土壤水分条件较差，喜德县司金村造林立地的土壤水分条件较好，因此，不同树种造林一年的成活率西昌市五星村的较低，而喜德县司金村的较高。要提高干旱干热河谷造林苗木的成活率，造林立地的选择极为重要，选择水热条件较好的立地；此外，还要考虑树种的抗旱性，选择抗旱能力较高的树种。仅仅依据一般树种自然分布的海拔地带性来确定造林范围在一定程度上可能会造成偏差，树木本身的抗旱能力和土壤水分适应范围可能是造林树种选择的最佳依据。

表 6-63 不同造林地点、不同树种和不同树种搭配模式的一年造林成活率

西昌市五星村		喜德县司金村		西昌市五星村		喜德县司金村	
树种名称	成活率	树种	成活率	混交模式	成活率	树种搭配	成活率
蒙自桤木	0%	台湾相思	27%	日本桤木×直干桉	22%	干香柏×台湾相思	51%
日本桤木	0%	史密斯桉	78.00%	黑荆树×云南松	24%	直干桉×台湾相思	75.00%
川滇桤木	1%	干香柏	82.00%	蒙自桤木×女贞	36%	史密斯桉×黑荆树	82.00%
旅顺桤木	5%	刺槐	90.00%	山合欢×云南松	42%	干香柏×刺槐	90.00%
沙棘	9%	直干桉	90.00%	川滇桤木×直干桉	42%	直干桉×黑荆树	90.00%
云南松	14%	黑荆树	91.00%	沙棘×新银合欢	45%	干香柏×女贞	93.00%
史密斯桉	27%	山合欢	92.00%	旅顺桤木×火棘	51%	直干桉×山合欢	93.00%
直干桉	55%	女贞	98.00%	史密斯桉×新银合欢	52%	直干桉×女贞	94.00%
树种名称	成活率	树种	成活率	混交模式	成活率	树种搭配	成活率
黑荆树	63.00%	—	—	直干桉×沙棘	55%	—	—
山合欢	69.00%	—	—	直干桉×新银合欢	62.31%	—	—
女贞	70.30%	—	—	直干桉×刺槐	73.08%	—	—
刺槐	75.76%	—	—	黑荆树×山合欢	76.15%	—	—
干香柏	80.92%	—	—	干香柏×火棘	88.46%	—	—
新银合欢	86%	—	—	—	—	—	—
火棘	89%	—	—	—	—	—	—

1.4　树种搭配模式

纯林经营有许多危害,如病虫害严重和地力衰退,不利于生物多样性保护,生态效益和经济效益较低。混交林则会形成复层结构,充分利用空间和营养,提高地力和保护生物多样性,生态效益高而病虫害较少。在本项目的营林中全部营造混交林,混交比例 1∶1。

考虑到本区土壤瘠薄,养分匮缺,尤其是氮元素缺乏,在混交树种搭配时,均采用了 50%的固氮树(主要是豆科、含羞草科和桦木科),以便提高土壤肥力,达到维护地力的目的。本项目西昌市红星村共采用 13 种混交树种搭配模式:直干桉×刺槐、干香柏×火棘、直干桉×沙棘、史密斯桉×新银合欢、沙棘×新银合欢、川滇桤木×直干桉、直干桉×新银合欢、旅顺桤木×火棘、日本桤木×直干桉、黑荆树×云南松、山合欢×云南松、蒙自桤木×女贞、黑荆树×山合欢(如表 6-64 所示)。喜德县红莫镇司金村有 8 种树种搭配模式:史密斯桉×黑荆树、干香柏×女贞、干香柏×刺槐、干香柏×台湾相思、直干桉×台湾相思、直干桉×女贞、直干桉×山合欢和直干桉×山合欢(表 6-65)。

表 6-64　西昌市五星村造林模式和结构(西昌地区,2002 年营造,2003 年调查)

编号	造林模式	树种	樹高(cm)	根径(mm)	混交比例
1	直干桉×刺槐	直干桉	53.56	5.56	1∶1
		刺槐	36.68	4.70	
2	干香柏×火棘	干香柏	60.52	6.20	1∶1
		火棘	42.49	4.02	
3	直干桉×沙棘	直干桉	53.76	5.36	1∶1
		沙棘	30.82	3.82	
4	史密斯桉×新银合欢	史密斯桉	91.83	6.50	1∶1
		新银合欢	90.47	11.93	
5	沙棘×新银合欢	沙棘	0	0	1∶1
		新银合欢	90.36	12.20	
6	川滇桤木×直干桉	川滇桤木	62.00	5.00	1∶1
		直干桉	62.04	5.81	
7	直干桉×新银合欢	直干桉	53.93	5.41	1∶1
		新银合欢	55.96	10.13	
8	旅顺桤木×火棘	旅顺桤木	46.33	7.33	1∶1
		火棘	51.17	4.27	
9	日本桤木×直干桉	日本桤木	0	0	1∶1
		直干桉	72.04	7.11	
10	黑荆树×云南松	黑荆树	28.77	3.55	1∶1
		云南松	0	0	
11	山合欢×云南松	山合欢	45.59	6.09	1∶1
		云南松	7.60	6.40	
12	蒙自桤木×女贞	蒙自桤木	0	0	1∶1
		女贞	49.83	5.96	

（续）

编号	造林模式	树种	樹高(cm)	根径(mm)	混交比例
13	黑荆树×山合欢	黑荆树	59.29	7.79	1∶1
		山合欢	45.82	7.89	

表 6-65　喜德县红莫镇司金村不同树种个体高度、平均基径和成活率

树种搭配	树种	高度(cm)	基径(cm)	调查数量	存活数	死亡数	成活率
史密斯桉×黑荆树	史密斯桉	78.8	8.07	65	51	14	78%
	黑荆树	67	8.65	65	55	10	85%
干香柏×女贞	干香柏	59.35	6.5	65	59	6	91%
	女贞	46.55	6.28	65	62	3	95%
干香柏×刺槐	干香柏	46.23	5.37	64	57.5	6.5	90%
	刺槐	50.78	5.41	66	59.5	6.5	90%
干香柏×台湾相思	干香柏	34.46	6.13	78	57	21	73%
	台湾相思	48.11	4.06	52	9	43	17%
直干桉×台湾相思	直干桉	66.8	62.9	91	80	11	88%
	台湾相思	48.33	6.12	39	18	21	46%
直干桉×女贞	直干桉	73.61	8.69	91	83	8	91%
	女贞	44.56	5.15	39	39	0	100%
直干桉×山合欢	直干桉	75.74	10.01	91	85.5	5.5	94%
	山合欢	24.17	4.25	39	36	3	92%
直干桉×黑荆树	直干桉	57.61	7.75	90.5	79	11.5	87%
	黑荆树	48.99	8.54	39.5	38	1.5	96%

1.4.1　不同造林树种和搭配模式的成活率

西昌市五星村不同树种的造林存活率如表 6-66 所示，树种不同，存活率不同。单个树种的成活率在 90%～100%之间的有干香柏×火棘模式中的火棘、沙棘×新银合欢模式中新银合欢、干香柏×火棘中的干香柏、史密斯桉×新银合欢中的新银合欢、直干桉×新银合欢中的新银合欢、旅顺桤木×火棘中的火棘；存活率在 60%～80%之间的有直干桉×刺槐中的刺槐、直干桉×沙棘中的直干桉、蒙自桤木×女贞中的女贞存活率、直干桉×刺槐中的刺槐、川滇桤木×直干桉中的直干桉、黑荆树×云南松中的黑荆树、黑荆树×山合欢中的黑荆树和山合欢；存活率在50%～60%之间的有直干桉×刺槐中的直干桉；存活率在 40%～60%以下的有直干桉×刺槐中的直干桉、日本桤木×直干桉中的直干桉；存活率在 40%以下的有直干桉×沙棘中的沙棘、史密斯桉×新银合欢中的史密斯桉、沙棘×新银合欢中的沙棘、川滇桤木×直干桉中的川滇桤木、直干桉×新银合欢中的直干桉、旅顺桤木×火棘中的旅顺桤木、日本桤木×直干桉中的日本桤木、黑荆树×云南松中的黑荆树、山合欢×云南松中的云南松、蒙自桤木×女贞中的蒙自桤木。显然，火棘、新银合欢、刺槐、山合欢和干香柏的存活率较高，其次为直干桉、黑荆树、沙棘、川滇桤木、史密斯桉、旅顺桤木、日本桤木、云南松和蒙自桤木。

表 6-66　西昌市五星村不同树种搭配模式造林一年后的存活率

混交模式	树种名称	调查数量	生存数	生存率	平均存活率	植栽本数	生存本数
直干桉×刺槐	直干桉	165	94	56.97%	66.37%	10567	6020
	刺槐	165	125	75.76%		10567	8005
干香柏×火棘	干香柏	173	140	80.92%	87.28%	4405	3565
	火棘	157	147	93.63%		4405	4124
直干桉×沙棘	直干桉	165	121	73.33%	45.46%	5075	3722
	沙棘	165	29	17.58%		5075	892
史密斯桉×新银合欢	史密斯桉	165	45	27.27%	56.97%	1038	283
	新银合欢	165	143	86.67%		1038	900
沙棘×新银合欢	沙棘	162	0	0.00%	45.71%	898	0
	新银合欢	163	149	91.41%		898	821
川滇桤木×直干桉	川滇桤木	165	1	0.61%	34.55%	600	4
	直干桉	165	113	68.48%		600	411
直干桉×新银合欢	直干桉	165	51	30.91%	55.76%	4500	1391
	新银合欢	165	133	80.61%		4500	3627
旅顺桤木×火棘	旅顺桤木	165	8	4.85%	44.25%	2200	107
	火棘	165	138	83.64%		2200	1840
日本桤木×直干桉	日本桤木	165	0	0.00%	21.82%	4665	0
	直干桉	165	72	43.64%		4665	2036
黑荆树×云南松	黑荆树	165	104	63.03%	33.64%	21526	13568
	云南松	165	7	4.24%		21526	913
山合欢×云南松	山合欢	165	113	68.48%	45.76%	16178	11079
	云南松	165	38	23.03%		16178	3726
蒙自桤木×女贞	蒙自桤木	165	0	0.00%	35.15%	3442	0
	女贞	165	116	70.30%		3442	2420
黑荆树×山合欢	黑荆树	165	103	62.42%	66.06%	1925	1202
	山合欢	165	115	69.70%		1925	1342

西昌市红星村不同造林树种的存活率如图 6-26 所示。存活率高低依次为：火棘>新银合

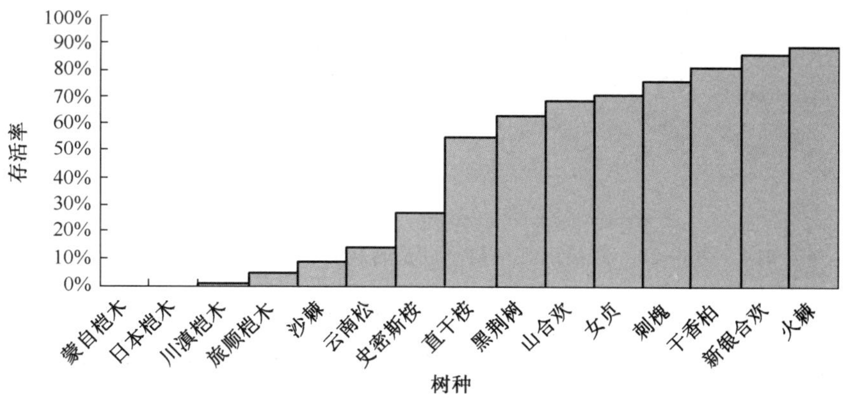

图 6-26　西昌市红星村不同造林树种的存活率

欢>干香柏>刺槐>女贞>山合欢>黑荆树>直干桉>史密斯桉>云南松>沙棘>旅顺桤木>川滇桤木>日本桤木=蒙自桤木。

喜德县莫金镇司金村不同造林树种的存活率依次为:女贞>山合欢>黑荆树>直干桉>刺槐>干香柏>史密斯桉>台湾相思(图 6-27 和表 6-65)。

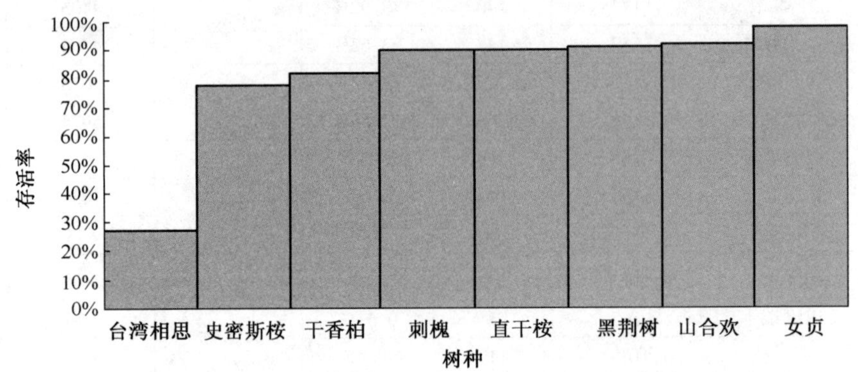

图 6-27 喜德县红莫镇司金村不同树种存活率

西昌市五星村不同树种搭配模式的造林成活率如表 6-66 和图 6-28 所示。由表 6-66 可知,不同造林模式的存活率不同。两种混交树种平均存活率在 80%以上的仅有干香柏×火棘;存活率在 60%~80%之间树种搭配模式有直干桉×刺槐、黑荆树×山合欢;村活率在 60%以下的树种搭配模式有蒙自桤木×女贞、山合欢×云南松、黑荆树×云南松、旅顺桤木×火棘、日本桤木×直干桉、直干桉×新银合欢、川滇桤木×直干桉、直干桉×沙棘、史密斯桉×新银合欢、沙棘×新银合欢。不同模式的成活率依次为:干香柏×火棘>直干桉×刺槐>黑荆树×山合欢>史密斯桉×新银合欢>直干桉×新银合欢>直干桉×云南松>山合欢×云南松>沙棘×新银合欢>直干桉×沙棘>旅顺桤木×火棘>川滇桤木×直干桉>黑荆树×云南松>日本桤木×直干桉(如图 6-28 所示)。

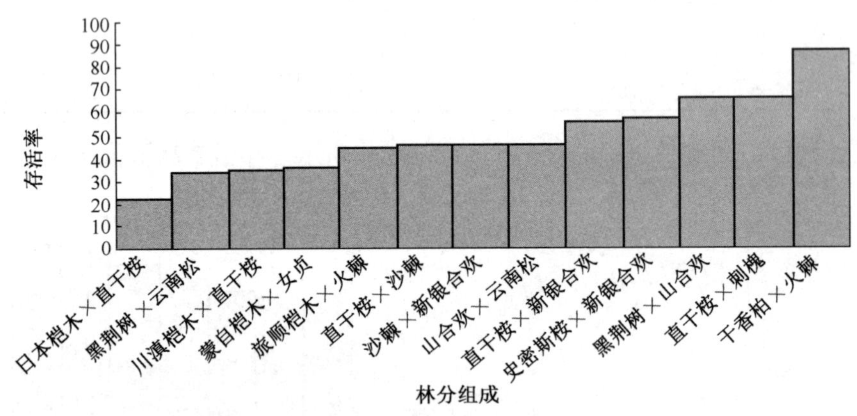

图 6-28 西昌市红星村不同造林树种搭配模式的存活率

喜德县司金村不同造林树种搭配模式的存活率不同,依次为:直干桉×女贞>直干桉×山合欢>干香柏×女贞>直干桉×黑荆树>干香柏×刺槐>史密斯桉×黑荆树>直干桉×台湾相思>干香柏×台湾相思(图 6-29 和表 6-68)。

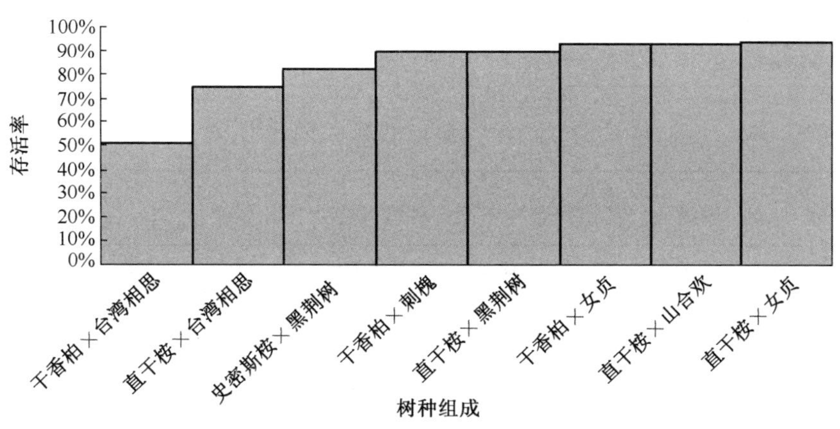

图 6-29　喜德县司金村不同造林树种搭配模式的存活率

表 6-67　西昌市五星村不同树种搭配造林模式存活率的生境分析

混交模式	树种名称	海拔(m)	坡度(°)	坡向(°)	生存率
直干桉×刺槐	直干桉	1870	9	S80°W	56.97%
	刺槐				75.76%
干香柏×火棘	干香柏	1840	19	S20°W	80.92%
	火棘				93.63%
直干桉×沙棘	直干桉	1860	39	S20°W	73.33%
	沙棘				17.58%
史密斯桉×新银合欢	史密斯桉	1790	36	S20°W	27.27%
	新银合欢				86.67%
沙棘×新银合欢	沙棘	1740	25	S30°E	0.00%
	新银合欢				91.41%
川滇桤木×直干桉	川滇桤木	1930	28	S70°W	0.61%
	直干桉				68.48%
直干桉×新银合欢	直干桉	1780	36	S30°W	30.91%
	新银合欢				80.61%
旅顺桤木×火棘	旅顺桤木	1850	38	S60°W	4.85%
	火棘				83.64%
日本桤木×直干桉	日本桤木	1900	34	S60°W	0.00%
	直干桉				43.64%
黑荆树×云南松	黑荆树	1800	35	S70°W	63.03%
	云南松				4.24%
山合欢×云南松	山合欢	1890	35	S30°W	68.48%
	云南松				23.03%
蒙自桤木×女贞	蒙自桤木	1825	30	S70°W	0.00%
	女贞				70.30%

（续）

混交模式	树种名称	海拔(m)	坡度(°)	坡向(°)	生存率
黑荆树×山合欢	黑荆树	1670	32	S30°W	62.42%
	山合欢				69.70%

表 6-68 喜德县红莫镇司金村不同树种搭配模式林分高度、平均基径和成活率

树种搭配	高度	基径	调查数量	存活数	死亡数	成活率
史密斯桉×黑荆树	72.68	8.37	130	106	24	82%
干香柏×女贞	52.79	6.39	130	121	9	93%
干香柏×刺槐	48.53	5.64	130	117	13	90%
直干桉×台湾相思	63.41	7.07	130	98	32	75%
直干桉×女贞	64.33	7.56	130	122	8	94%
直干桉×山合欢	60.46	8.3	130	122	8.5	93%
直干桉×黑荆树	54.73	8.01	130	117	13	90%
干香柏×台湾相思	36.32	6.26	130	66	64	51%
总体平均	56.66	7.20	130	109	21	84%

表 6-69 喜德县红莫镇司金村不同树种造林一年后的高度、平均基径和成活率

混交模式	高度	基径	调查数	存活数	死亡数	成活率
直干桉×刺槐	45.21	5.14	130	95	35	73%
干香柏×火棘	51.9	5.16	130	115	15	88%
直干桉×沙棘	48.35	5	130	72	58	55%
史密斯桉×新银合欢	90.72	10.96	130	67	63	52%
沙棘×新银合欢	90.36	12.2	125	56	69	45%
川滇桤木×直干桉	62.04	5.8	130	55	75	42%
直干桉×新银合欢	55.23	8.44	130	81	49	62%
旅顺桤木×火棘	50.73	4.55	130	66	64	51%
日本桤木×直干桉	72.04	7.11	130	28	104	22%
黑荆树×云南松	28.77	3.55	130	31	99	24%
山合欢×云南松	38.56	6.15	130	54	76	42%
蒙自桤木×女贞	49.83	5.96	130	47	83	36%
黑荆树×山合欢	51.54	7.85	130	99	31	76%
总体平均	56.56	6.76	130	67	63	51%

以上分析可知，不同树种和不同的树种搭配模式造林一年后的存活率差异很大。存活率大的仅有少数几个树种和搭配模式，多数树种和搭配模式的存活率很低。影响树木存活的因素很多，主要是树种特性和水热条件。在攀西地区干湿季分明，虽然降水量不低，水分蒸发极大，土壤含水率极低，水分成为造林成活的主要限制因子，甚至是决定因素。不同坡向、坡度和

海拔的立地土壤水分含量不同,造成苗木成活困难。同时,树种未能做到适地适树,许多树种抗旱性不够,且外来种(相对来说是外来种,未经驯化)居多,适地适树的乡土树种不足也可能是主要原因。

1.4.2　林分结构和林地土壤入渗特征

(1)林分结构

按照森林的标准,造林一年后由造林苗木组成的林分仅仅还属于灌木状的林分,还未到森林的下限(最低树高在 2~5m),此时还属于灌木林。但评价不同树种、不同树种搭配模式存活率和效益时,需要对高度、基径等形态学指标进行比较。因此,在本部分还着重列举了不同树种、不同树种搭配模式的平均树高、平均基径等指标,以来描述造林一年后的林分状况,二来为后面的树种和模式选择,以及效益评价提供依据。

西昌市五星村各树种造林一年内苗高和根茎如图 6-30 和图 6-31 所示,树种不同,造林一年后树高和根茎不同,依次为:史密斯桉>新银合欢>川滇桤木>干香柏>直干桉>女贞>火棘>旅顺桤木>山合欢>黑荆树>刺槐>沙棘>云南松>蒙自桤木>日本桤木(图 6-30)。造林一年后苗木根茎依次为:新银合欢>旅顺桤木>山合欢>史密斯桉>干香柏>女贞>直干桉>黑荆树>川滇桤木>刺槐>火棘(图 6-31)。

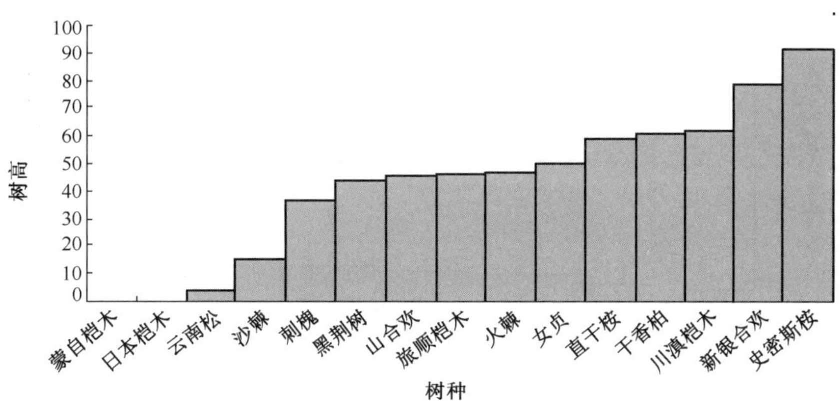

图 6-30　西昌市五星村不同树种造林一年后苗木高度

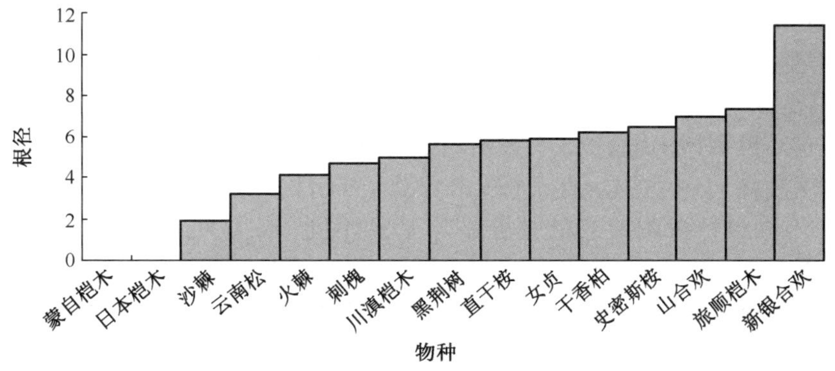

图 6-31　西昌市五星村不同树种造林一年后苗木根茎

喜德县司金村不同树种造林一年后的平均高度和平均基径如图 6-32 和图 6-33 所示。不同造林树种造林一年后平均高度由高到低依次为:史密斯桉>直干桉>黑荆树>刺槐>台湾相思>女贞>干香柏>山合欢(由图 6-32 所示)。造林一年后的平均基径依次为:直干桉>黑荆树>史密斯桉>干香柏>女贞>刺槐>台湾相思>山合欢(图 6-33)。

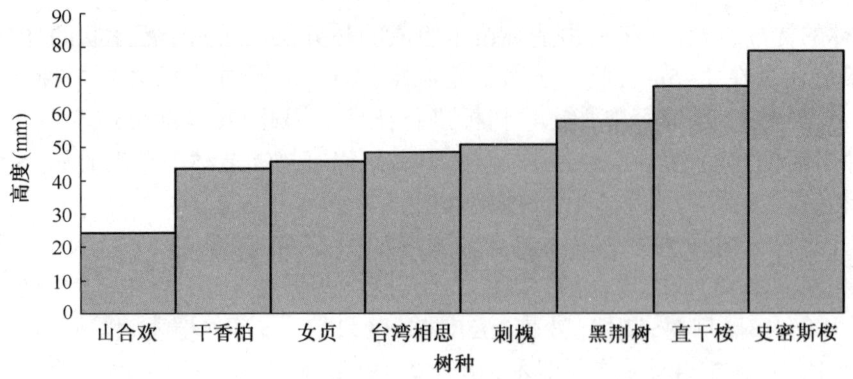

图 6-32 喜德县红莫镇司金村不同树种造林一年后的高度

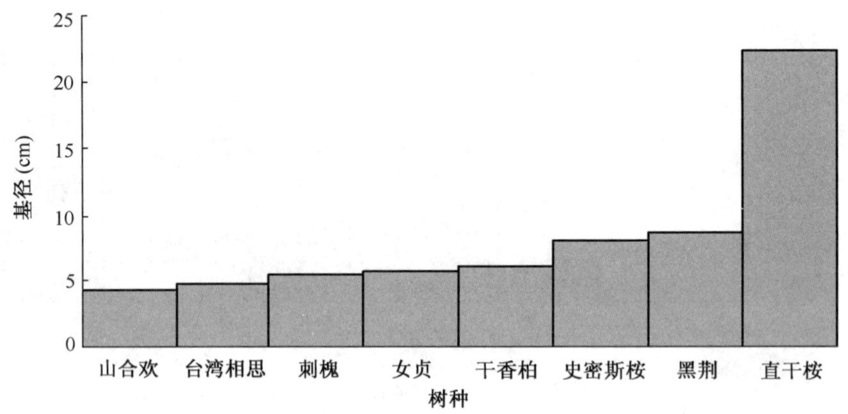

图 6-33 喜德县红莫镇司金村不同树种造林一年后的基径

西昌市五星村由于造林地原来植被为冠草丛,高度很低,造林后形成林分高度和平均胸径就以栽植树种的高度和基径来计算。不同树种构成(搭配)的林分高度和平均基径如图 6-34 和图 6-35。不同林分的高度依次为:史密斯桉×新银合欢>川滇桤木×直干蓝桉>直干桉×新银合欢>黑荆树×山合欢>干香柏×火棘>旅顺桤木×火棘>沙棘×新银合欢>直干桉×刺槐>直干桉×沙棘>日本桤木×直干桉>山合欢×云南松>蒙自桤木×女贞>黑荆树×云南松(图 6-34)。不同树种搭配模式的林分平均基径不同,依次为:史密斯桉×新银合欢>黑荆树×山合欢>直干桉×新银合欢>山合欢×云南松>沙棘×新银合欢>旅顺桤木×火棘>川滇桤木×直干蓝桉>干香柏×火棘>直干桉×刺槐>直干桉×沙棘>日本桤木×直干桉>蒙自桤木×女贞>黑荆树×云南松(图 6-35)。

喜德县司金村不同树种搭配模式林分的平均高度和平均基径如图 6-36 和图 6-37 所示。不同树种搭配模式造林一年后的林分高度依次为:直干桉×女贞>直干桉×台湾相思>直干桉×

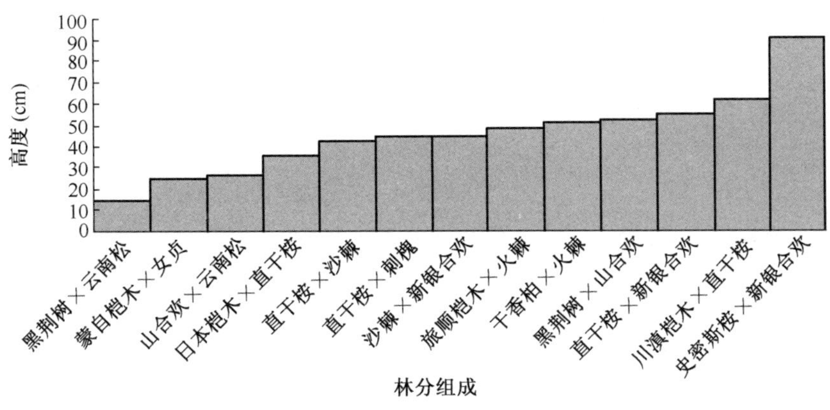

图 6-34　西昌市五星村造林一年后不同林分组成的林分高度

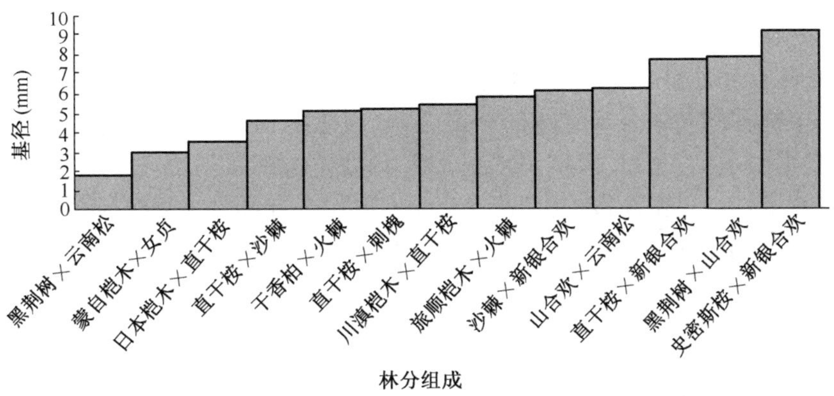

图 6-35　西昌市五星村造林一年后不同林分组成的树种平均基径

山合欢>直干桉×黑荆树>干香柏×女贞>干香柏×刺槐>干香柏×台湾相思（如图 6-36 所示）。林分的平均基径依次为：直干桉×山合欢>直干桉×黑荆树>直干桉×女贞>直干桉×台湾相思>干香柏×女贞>干香柏×台湾相思>干香柏×刺槐（如图 6-37 所示）。

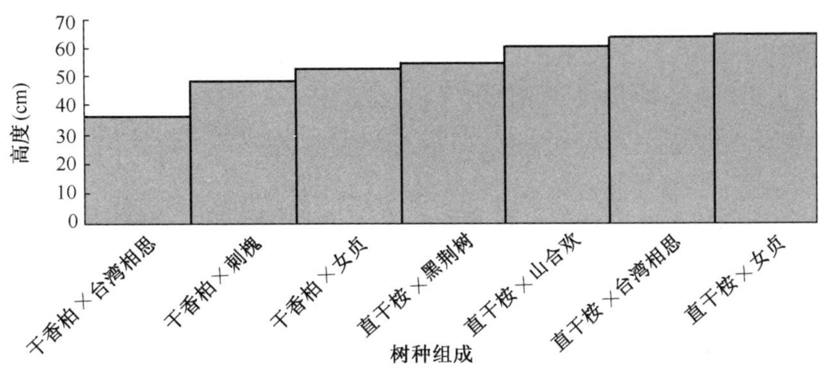

图 6-36　喜德县红莫镇司金村不同树种搭配的林分高度

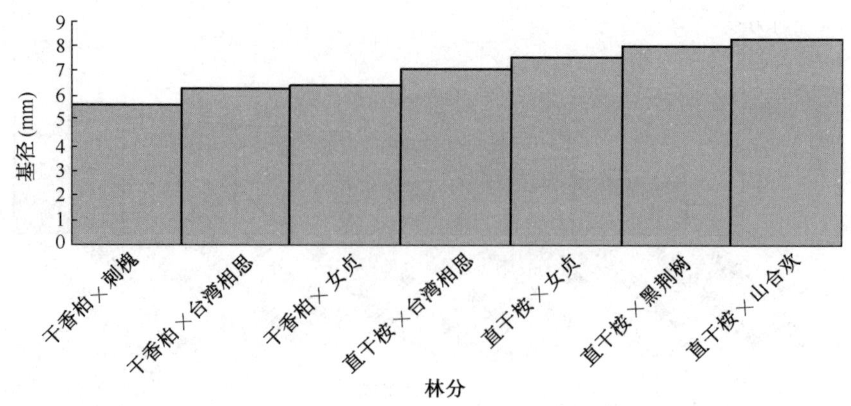

图 6-37 喜德县红莫镇司金村不同树种组成林分造林一年后的平均基径

综上所述,本项目在西昌市红星村和喜德县司金村共使用了川滇桤木、刺槐、干香柏、黑荆树、火棘、旅顺桤木、蒙自桤木、女贞、日本桤木、沙棘、山合欢、史密斯桉、台湾相思、新银合欢、云南松、直干桉等 16 个树种。

进行混交林营造时配置了 50%的固氮树,在两地共使用了直干桉×刺槐、干香柏×火棘、直干桉×沙棘、史密斯桉×新银合欢、沙棘×新银合欢、川滇桤木×直干桉、直干桉×新银合欢、旅顺桤木×火棘、日本桤木×直干桉、黑荆树×云南松、山合欢×云南松、蒙自桤木×女贞、黑荆树×山合欢(西昌市红星村);史密斯桉×黑荆树、干香柏×女贞、干香柏×刺槐、干香柏×台湾相思、直干桉×台湾相思、直干桉×女贞、直干桉×山合欢和直干桉×山合欢(喜德县司金村)等 21 个树种搭配模式。

造林一年后进行成活率分析后认为,各树种的存活率由高到低依次为:火棘>新银合欢>干香柏>刺槐>女贞>山合欢>黑荆树>直干桉>史密斯桉>云南松>沙棘>旅顺桤木>川滇桤木>日本桤木=蒙自桤木(西昌市红星村);女贞>山合欢>黑荆>直干桉>刺槐>干香柏>史密斯桉>台湾相思(喜德县司金村)。总体来看,喜德县司金村(81%)的造林成活率高于西昌市的红星村(43%)。

造林一年后进行成活率分析后认为,不同树种搭配模式的成活率为:不同模式的成活率依次为:干香柏×火棘>直干桉×刺槐>黑荆树×山合欢>史密斯桉×新银合欢>直干桉×新银合欢>直干桉×云南松>山合欢×云南松>沙棘×新银合欢>直干桉×沙棘>旅顺桤木×火棘>川滇桤木×直干桉>黑荆树×云南松>日本桤木×直干按(西昌市红星村);直干桉×女贞>直干桉×山合欢>干香柏×女贞>直干桉×黑荆树>干香柏×刺槐>史密斯桉×黑荆树>直干桉×台湾相思>干香柏×台湾相思(喜德县司金村)。总体来看,西昌市(51%)的树种搭配模式成活率低于喜德县(81%)。

造林一年后不同树种的造林苗木高度依次为:史密斯桉>新银合欢>川滇桤木>干香柏>直干桉>女贞>火棘>旅顺桤木>山合欢>黑荆树>刺槐>沙棘>云南松>蒙自桤木>日本桤木(西昌市红星村);史密斯桉>直干桉>黑荆树>刺槐>台湾相思>女贞>干香柏>山合欢(喜德县)。

造林一年后的平均基径依次为:新银合欢>旅顺桤木>山合欢>史密斯桉>干香柏>女贞>直干桉>黑荆树>川滇桤木>刺槐>火棘(西昌市红星村);直干桉>黑荆树>史密斯桉>干香柏>女贞>刺槐>台湾相思>山合欢(喜德县司金村)。

造林一年后灌木状林分的平均高度为：史密斯桉×新银合欢>川滇桤木×直干桉>直干桉×新银合欢>黑荆树×山合欢>干香柏×火棘>旅顺桤木×火棘>沙棘×新银合欢>直干桉×刺槐>直干桉×沙棘>日本桤木×直干桉>山合欢×云南松>蒙自桤木×女贞>黑荆树×云南松（西昌市五星村）；直干桉×女贞>直干桉×台湾相思>直干桉×山合欢>直干桉×黑荆树>干香柏×女贞>干香柏×刺槐>干香柏×台湾相思（喜德县司金村）。

造林一年后林分的平均基径为：史密斯桉×新银合欢>黑荆树×山合欢>直干桉×新银合欢>山合欢×云南松>沙棘×新银合欢>旅顺桤木×火棘>川滇桤木×直干桉>干香柏×火棘>直干桉×刺槐>直干桉×沙棘>日本桤木×直干桉>蒙自桤木×女贞>黑荆树×云南松（西昌市五星村）；直干桉×山合欢>直干桉×黑荆树>直干桉×女贞>直干桉×台湾相思>干香柏×女贞>干香柏×台湾相思>干香柏×刺槐（喜德县司金村）。

（2）林地土壤入渗特征

第一，不同样地土壤水分入渗状况。样地不同，土壤水分入渗率不同，其平均值变异很大。平均入渗速率浮动在 0.005mm/min 到 5.44mm/min，平均值为 0.83mm/min。因此，影响土壤水分入渗的因素很多，但其本质均是和土壤物理性质密切相连。不论怎么影响土壤水分入渗速率，但水分入渗随时间的变化趋势均是符合入渗速率初期较大，随后急剧降低，继而达到稳定入渗的状态。由于这一趋势对应曲线的表达式很多，有的符合逆曲线模型，有的符合 Logistic 模型，多数符合指数模型（模型见表 6-70）。

表 6-70 西昌市调查样地土壤水分入渗速率和符合的模型

样地编号	层次（cm）	符合模型	相关系数	自由度	F	P	平均值	标准偏差
川兴 1	0~44	$y=3.2705e^{-0.0062x}$	0.86	12	33.88	<0.001	2.4	0.7
川兴 2	44~59	$y=0.1436e^{-0.0023x}$	0.6	10	5.58	0.047	0.13	0.022
川兴 3	0~22	$y=1/[1/u-0.4044(0.1765^{x})]$	0.4	12	2.3	0.156	0.23	0.55
川兴 4	22~40	$y=0.4356e^{-0.0077x}$	0.87	10	30.15	<0.001	0.32	0.1
桃源 3	15~22	$y=0.1686+0.5916x^{-1}$	0.97	10	160.9	<0.001	0.22	0.086
桃源 1	0~15	$y=1/[1/u+0.1002(0.0155)^{x}]$	0.89	10	36.65	<0.001	0.15	0.024
琅环 5	0~16	$y=0.8718e^{-0.0192x}$	0.99	10	754.99	<0.001	0.43	0.26
琅环 7	16~34	$y=0.8974e^{-0.0043x}$	0.99	10	364.56	<0.001	0.74	0.11
琅环 8	16~34	$y=1.2872e^{-0.0085x}$	0.96	10	135.46	<0.001	0.91	0.28
琅环 1	0~16	$y=2.959e^{-0.005x}$	0.92	10	54.68	<0.001	2.33	0.51
琅环 3	16~34	$y=0.9629e^{-0.0028x}$	0.46	10	2.63	0.136	0.86	0.205
大梗 1	0~12	$y=0.1019+0.3107x^{-1}$	0.85	12	30.38	<0.001	0.12	0.05
大梗 2	12~30	$y=0.2413e^{-0.0014x}$	0.44	12	2.81	0.12	0.23	0.03
大梗 3	>30	$y=0.1401e^{-0.0108x}$	0.84	12	28.68	<0.001	0.09	0.06
云南松 1	0-22	$y=0.1071e^{0.0121x}$	0.74	12	14.91	0.002	0.25	0.13
云南松 2	22~52	$y=1/[1/u+0.058(-0.00006)^{x}]$	0.55	12	5.14	0.043	0.005	0.003
奶托 1	0~28	$y=3.17153e^{-0.0068x}$	0.96	12	152.66	<0.001	2.25	0.68

(续)

样地编号	层次(cm)	符合模型	相关系数	自由度	F	P	平均值	标准偏差
奶托 2	28~48	$y=0.8885e^{-0.0064x}$	0.95	12	102.43	<0.001	0.64	0.18
奶托 5	0~18	$y=0.4811e^{-0.0064x}$	0.9	12	50.57	<0.001	0.35	0.11
奶托 7	18~48	$y=1.1005e^{-0.0038x}$	0.94	12	98.15	<0.001	0.9	0.15
奶托 8	18~58	$Y=6.25e^{-0.0146x}$	0.66	12	9.37	<0.001	5.44	11.47
奶托 3	0~23	$y=2.2227e^{-0.0034x}$	0.87	12	37.44	<0.001	1.86	0.31
奶托 4	23~51	$y=0.7898e^{-0.0082x}$	0.96	12	145.08	<0.001	0.53	0.188
安宁 1	0~28	$y=3.5535e^{-0.0096x}$	0.98	10	223.46	<0.001	2.4	0.79
安宁 2	28~58	$y=4.7374e^{-0.0113x}$	0.98	10	206.12	<0.001	3.02	1.2
安宁 3	0~23	$y=0.5773e^{-0.0146x}$	0.99	10	627.93	<0.001	0.33	0.16
安宁 4	23~58	$y=2.9633e^{-0.179x}$	0.98	10	317.67	<0.001	1.54	0.95
安宁 5	0~20	$y=1/[1/u+0.0012(0.0001)^x]$	0.87	10	31.49	<0.001	0.01	0.005
安宁 6	20~52	$y=0.0289+0.1436x^{-1}$	0.99	10	543.69	<0.001	0.04	0.02
安宁 7	52~70	$y=2.446e^{-0.017x}$	0.94	10	158.49	<0.001	1.32	0.86
鲁诗 2	0~20	$y=0.0614-0.1074x^{-1}$	0.95	10	84.16	<0.001	0.16	0.18
鲁诗 1	20~40	$y=0.0329-0.0553x^{-1}$	0.84	10	24	0.001	0.03	0.009
碗厂 1	0~18	$y=0.4493e^{-0.0021x}$	0.54	12	5.06	0.044	0.4	0.006
碗厂 2	18~54	$y=0.1822+1.041x^{-1}$	0.92	10	53.62	<0.001	0.27	0.16
碗厂 3	0~22	$y=0.3864-0.3085x^{-1}$	0.6	10	5.68	0.038	0.36	0.074
碗厂 4	22~54	$y=0.1845e^{-0.0033x}$	0.92	10	52.37	<0.001	0.16	0.018
火烧地 1	0~36	$y=0.9063e^{-0.0037x}$	0.62	10	6.4	0.03	0.78	0.195
火烧地 2	36~66	$y=0.2689e^{-0.0058x}$	0.81	12	99.6	<0.001	0.2	0.06
火烧地 3	0~36	$y=1.9524e^{-0.0084}$	0.94	12	99.6	<0.001	1.3	0.48
火烧地 4	36~62	$y=0.0643+0.1287x^{-1}$	0.79	12	20.42	0.001	0.07	0.023

第二,林内和林外土壤水分入渗。林内和林外土壤水分入渗曲线图如图 6-38 所示。林外和林内的入渗方程均符合逆曲线模型:林外,$y=0.123+0.3065x^{-1}$($R^2=0.913$, $df=10$, $F=105.4$, $P<0.0001$);林内:$y=0.176+0.2569x^{-1}$($R^2=0.653$, $df=10$, $F=18.82$, $P=0.001$)。因此,在测定时间内,林内和林外的土壤水分入渗速率随时间的变化趋势类似,都是在初期速度极快,进而显著下降,逐渐达到稳定入渗(在 20 分钟左右时)。但是,林外水分入渗率的平均值为 0.15±0.05mm/min,林内水分入渗率为 0.2±0.05mm/min,林内的入渗明显快于林外($t=-9.671$, $df=11$, $P<0.0001$)。林地土壤入渗好,因为林木根系具有改善林地土壤物理、化学性质的作用。

第三,土壤不同层次的水分入渗速率。土壤上层和下层的水分入渗速率随时间的变化趋势如图 6-39 所示。土壤上层和下层的水分入渗曲线均符合指数方程:上层,$y=1.0189e^{-0.0051x}$($R^2=0.787$, $df=10$, $F=36.99$, $P<0.0001$);下层,$y=0.8179e^{-0.0051x}$($R^2=0.87$, $df=10$, $F=66.66$,

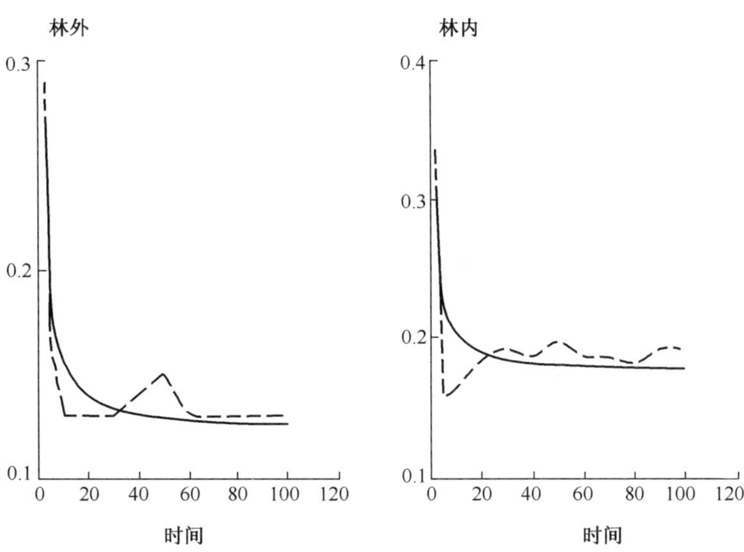

图 6-38　林内和林外水分入渗曲线(实线:模拟曲线;虚线:实际曲线)

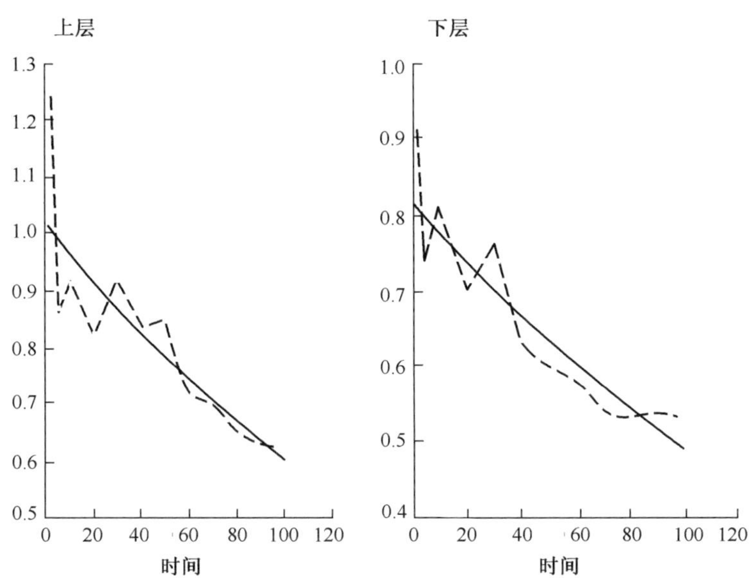

图 6-39　土壤上层和下层的水分入渗曲线(实线:模拟曲线;虚线:实际曲线)

$P<0.0001$)。因此,土壤不同层次的水分入渗的变化趋势类似,均是在初期极快,此后逐渐降低,到测定时间结束时(100 分钟)仍未达到稳渗。但上层水分入渗率的平均值为 0.81±0.17mm/min,下层的水分入渗率的平均值为 0.66±0.13mm/min,上层土壤的入渗明显快于下层土壤($t=7.45$, $df=11$, $P<0.0001$)。

第四,不同土壤类型的水分入渗。由图 6-40 可知,项目区土壤初渗速率 K10 在 0.14~4.79mm,土壤稳渗速率在 0.12~1.65mm;草甸土和山地暗棕壤在饱和状态下水分入渗能力强,山地黄棕壤和山地棕红壤水分入渗能力差。

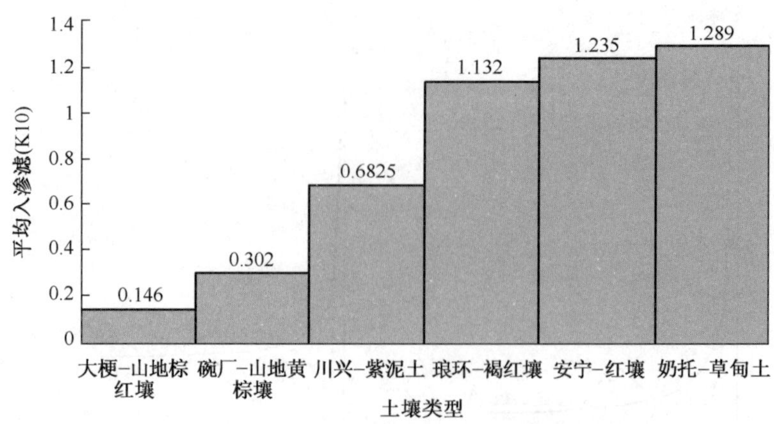

图 6-40 不同土壤类型的水分入渗率

综上所述,造林后林地土壤有了一定改善,土壤水分入渗能力增强,有利于水土保持。

2 治山与生态治理技术

山地是一类特殊的生态系统,西南生态脆弱区是山地生态系统退化的重点地区,也是泥石流、坡面侵蚀多发地区。建国后,我国也开展了一些关于泥石流、坡面侵蚀的治理和植被恢复的理论研究、技术探索和试验示范,但至今仍未形成一个科学的、规范化的,以植被恢复为主体的山地治理配套技术。日本由于国家面积小,经济发达,在山地治理和植被恢复方面技术开发、实践投入比较大,形成一些科学的、规范化的山地治理技术,简称治山技术。这些技术在日本近几十年的生态环境快速恢复方面起到了极为重要的作用。下面简单介绍日本的山地治理概况及其优越性,综述了国内外坡面治理技术的特点和技术要点,为本项目的顺利实施提供理论依据。

2.1 日本的治山概况

日本列岛位于东经 122°56′~153°59′,北纬 26°25′~45°33′,南北长约 3000km^2,面积 37.76 万 km^2,人口 1.27 亿。全国大体可分为内陆和沿海两大区域,气候从亚热带到亚寒带,年平均气温 15.2℃,年平均降水量 1800mm。森林面积 2514.6hm^2,森林覆盖率为 67%,几乎没有荒废裸地。但是日本又是一个山地多平地少的火山之国(其活火山有 83 座之多,占世界活火山的 1/10),加上特殊的地质结构和受海洋性气候的影响,日本经常遭受地震、台风和暴雨的袭击,经常发生滑坡和泥石流等自然灾害,对人民的生命财产构成巨大的威胁。为了预防和减轻这些自然灾害,日本政府把建立完备的生态体系,创造良好的生存空间,作为社会和经济可持续发展的一项重大战略措施,各级政府都将治山、治水和防止水土流失作为一项重要的政府工作内容。

(1)日本治山的定义

治山,是通过维护和营造森林来保护国家生命财产、涵养水源、改善生活环境为主的一项重要的国土资源保护政策,也是一项实现安定富裕生活所不可缺少的事业。按照《治山治水紧急措施法》,治山是防护设施和滑坡治理有关的治理工程,由国家、各都道府或都道府官员实施并且所需费用由国家承担一部分,也可以称为补助的事业。

另外,昭和 63 年开始利用 NTT 无利息贷款,由森林开发公团和地方组织机构承担开展的防护设施工程中也包含有治山工程。

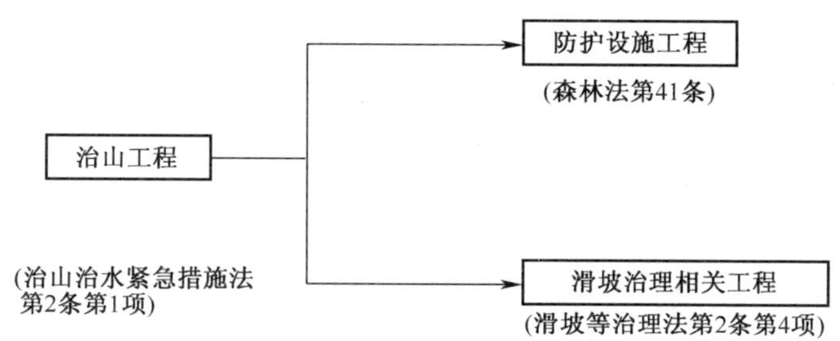

所以,一般情况下国有林的治山经费全部由国家拨款,民有林的治山经费由国家拨款一半,各都道府县出资一半。如果民有林的治山费用太大,保护的设施很重要,则治山经费也有可能全部由国家拨款。

(2)治山的管理机构

溪流上游森林较多地方的治山由农林水产省负责,中下游则属国土交通省负责。相互间既有分工又有合作,对同一个侵蚀沟,有时上半部属农林水产省负责,下半部则属国土交通省负责。下面将重点介绍农林水产省的治山事业。

农林水产省里的林野厅负责全国的林业工作及治山事业。其下属森林管理局(分局),负责其所辖区内的国有林的管理和治山事业。也就是说,森林管理局不但对国有林的治山事业进行管理,而且对民有林的治山事业也进行管理,其内设的治山中心,专门负责民有林的治山事业。森林管理局的下属森林管理署主要负责其所辖区内的国有林的管理和国有林的治山事业。必要时也协助森林管理局的治山管理中心对民有林的治山事业进行管理。

各都道府都县都设有农林事务所或林业事务所,在林野厅的统一指导下,对所辖区内的民有林和民有林的治山事业进行辅助管理。

(3)治山的方法

日本的治山,根据不同的类型,采用不同的方法。大致可以分为以下三大类。

第一,对滑坡的治理。为了防止滑坡,日本采用的方法之一是打桩,将滑坡体固定在滑坡体下面比较坚硬的基础上,以防止滑坡的继续进行。但是,采用这样的方法只能治标,不能治本。研究滑坡的原因,可知是因为地下水降低了山体的摩擦系数,才引起山体的滑坡。所以,最根本的解决方法便是将地下水排出地面,以增加山体的摩擦系数,因此方法之二便是排出地下水。为了排出地下水,首先要打直径 2m 左右、深 30~50m 的集水井,再在集水井的壁上,根据地下水的分布情况,在不同的高度,沿不同的方向和不同的倾斜度打许多根长 50m 左右的钢管,钢管的壁上都有小孔,以便将地下水通过这些钢管汇集到集水井,再排到地面上。集水井的数量根据滑坡体的大小决定。方法之三是综合法,将上述两种方法综合应用,打桩的同时,也开挖集水井。

总的来说,以上方法对滑坡的治理难度较大,技术要求高,投资大。长野县尹那市大鹿村的滑坡治理工程。大约每口集水井的开挖费用是 600 万日元,打每一根汇水钢管的费用是 100 万日元,此项工程已经进行了 11 年,每年投资 3 亿日元,总投资已超过 30 亿日元。

第二,对塌方和侵蚀沟的治理。首先做各种排水工程——沟渠,将地表水排走,防止暴雨时地表水对塌方和侵蚀沟的继续冲刷。排水沟渠的材料多种多样。其中有混凝土沟渠、木材沟渠、石头干沏沟渠、石头浆沏沟渠，编织袋装营养土及肥料种子的堆沏沟渠等。其次是做各种挡土工程和护坡工程，将土固定。在挡土墙的里面撒播草本和木本种子，草本与木本土的种子的比例大约是3:7，草容易枯萎，如果比例太大，后期效果不好。再在上面覆盖稻草、草席、塑料网、铁丝网等，防止雨水将土壤和草木种子冲走。另外，稻草、草席等覆盖还有防冻的效果，稻草、草席腐烂后又可成为草木的肥料。最近日本在工厂生产一种含有肥料和各种草木种子的草席用于覆盖工程，很受欢迎。也有的只在挡土墙的里面撒播草种种子，等一年后，土已基本稳定，再种树。挡土工程的材料也多种多样，有混凝土、木材、石头、钢架等。据日本的统计资料显示，工程完工后6、7年后，树木可基本郁闭，水土的流失量可减少80%~90%。

第三，对泥石流的预防。对泥石流的预防，建设拦沙坝是最有效的措施。建筑材料有钢筋混凝土、钢架等。但是拦沙坝的建设，破坏了自然环境，影响了鱼的回游。现在希望政府减少拦沙坝建设的呼声日益高涨，政府已尽量减少拦沙坝的建设，转向从源头抓起，消除引起泥石流的诱因，增加植被，防止塌方、侵蚀和滑坡。因此，为了只拦截泥石流中比较大的石头和树木等，允许水和细小的泥沙通过，日本设计建造了桥墩式的拦沙坝和管网式的拦沙坝，这样不仅不会影响鱼的回游，还可显著降低拦沙坝的建设成本。等拦沙坝中的泥沙淤积以后再种树，树长大后，又成为拦截泥沙的屏障，这样可有效地防止泥石流对下游的危害。

此外，工程治理的同时，也积极地进行生物治理。拦沙坝中的泥沙淤积一定程度后，就可在淤泥上种树，树长大后，又成为拦截泥沙的屏障，这样可有效地防止泥石流对下游的危害。

随着我国经济的发展和政府对环境保护的重视，投入环境治理的经费也将会不断增加，在这方面日本有许多值得学习和借鉴的经验。

(4) 日本治山的特点

治山在日本发展很快，已经取得了显著成效，其特点如下：

第一，起步早、起点高。早在100多年前的1871年(明治4年)，政府就颁布了森林治水的布告，明治14年率先在山梨县开始了山林防沙工程的建设，并且派留学生到欧洲等发达国家学习先进的治山技术。此次该山林防沙工程是1885年(明治18年)日本政府在长野县松本市的牛伏川由留法归国人员指导建设的法式防沙工程，该工程的核心是：建筑材料及其色彩与大自然协调一致融为一体。这个法式防沙工程至今仍能很好地发挥防沙、治沙的作用，成为日本治山、防沙的典范。

第二，有完善的法律体系。在日本，治山、治水作为社会性的公益事业，纳入国家法制化轨道，实行依法治山。与之相关的法律法规有《森林法》《治山治水紧急措施法》《环境基本法》《自然公园法》《河川法》《文化财物保护法》《ETC》等。

以上这些法律不但为日本的治山提供了强有力的法律保障，而且对治山的内容和定义都作了明确的规定。

治山，便是通过维护和营造森林来保护国家生命财产、涵养水源、改善生活环境为主的一项重要的国土资源保护政策，也是一项实现安定富裕生活所不可缺少的事业。是防护设施和滑坡治理有关的治理工程，由国家、各都、道、府或都道府官员实施并且所需费用由国家承担一部分，也可以称为补助的事业。

第三，有健全的管理机构。日本的治山、治水事业由国土交通省和农林水产省共同负责。溪流上游森林地带的治理为治山，由农林水产省负责。溪流中下游的治理则属治水范畴，由国土交通省负责。相互间既有分工又有合作,对同一个侵蚀沟,有时上半部属农林水产省负责,下半部则属国土交通省负责。下面重点介绍农林水产省的治山事业。

农林水产省里的林野厅负责全国的治山事业。各县农业水产部林务总室都设有专门的治山课(室),负责本辖区内的治山事业,而且在日本的北部、中部、南部设有森林管理局(分局),负责其所辖区内的所有治山事业的管理。也就是说,森林管理局不但对国有林的治山事业进行管理,而且对民有林的治山事业也进行管理,其内设的治山中心,专门负责民有林的治山事业。森林管理局的下属森林管理署主要负责其所辖区内的国有林的治山事业。必要时也协助森林管理局的治山管理中心对民有林的治山事业进行管理。

另外,各都道府都县都设有农林事务所或林业事务所,在林野厅的统一指导下,对所辖区内的民有林的治山事业进行辅助管理。

第四,有规范的技术标准。日本的治山有其严格的技术标准。日本林野厅山地治山编制的《治山技术标准》就对治山的每个步骤,从测量、设计到各种基础工程、绿化工程和预防落石等,都制定了严格的技术规范和标准,具有很强的可操作性。

第五,有充足的资金作保障。现在,日本经济高度发达,政府更加重视对环境的治理工作,加大了对环境治理的投入。每年投入治山的费用高达 4000 多亿日元(2000 年国有林的治山费用为 326 亿元,民有林的治山费用为 4413 亿元)。例如栃木县的足尾町,是位于利根河的支流渡良濑河上游的一个小町。因在 1610 年时发现了铜,称为足尾铜山。到 1956 年足尾铜山因铜矿开采而破坏和受害的林地面积已达 2400hm^2。同年,开始了恢复森林的艰难治理工作。现在日本政府每年投入足尾的治山经费高达 3 亿日元,已累计投入了 90 亿日元,近 60%的荒山已经恢复了植被。又如广岛县大竹市佐伯郡大野町径小屋地区,平成十一年 5 月 2 日发生森林大火。火灾面积仅 136hm^2,而政府投入的治山经费则高达 2. 7 亿日元。再如,栃木县西部由火山灰沉积的男体山,治山面积仅 83hm^2,而投入的资金则高达 86. 83 亿日元(每公顷 1. 06 亿日元)。

为此,要搞好中国的生态环境建设,必须从以下几个方面着手:

(1)随着经济的发展,政府对环境保护引起高度的重视,提高全民保护环境的意识,特别是要引起高层领导的重视。

(2)生态环境建设一定要有足够的资金投入作保障,而且必须把钱管好、用好。

(3)必须培养一批懂技术、善管理的生态环境建设人才。

(4)扩大对外开放,加强技术协作,引进、学习和借鉴外国(特别是日本)先进的治山经验,为中国生态建设服务。

2. 2　侵蚀坡面治理技术

2. 2. 1　侵蚀坡面治理的原则和依据

合理利用土地资源,防治水土流失,改善生态环境,提高坡面治理的综合效益,靠单项措施,效果是不会理想的。必须将整个坡面进行综合治理规划,在此基础上,坚持工程措施、林草措施、耕作措施相结合的原则,建立坡面综合防治体系,发挥其群体作用,才能收到预期效果。坡面综合防治体系是各项措施在坡面内依据不同的自然特点和利用方式,按一定结构科学配置的综合系统。

坡面防治体系是为农林业生态系统创造良好的生态环境,提供有利的水、肥、气、热条件,以获得最大的经济效益和生态效益为目的。坡面防治体系要做到坡面径流最大限度地蓄渗、集中使用,提高土壤含水率,增强农林牧的抗旱能力,为此根据土质、土地类型等特点,通过工程措施和生物措施相结合,发挥群体优势,最大限度地控制水土流失。

现代侵蚀沟是水力、重力等侵蚀综合作用的集中点,是洪水、泥沙集中的通道,下切、侧蚀、崩塌、滑塌均很严重,但沟道水沙资源丰富,对造林种草、蓄水灌溉十分有利,因此因害设防、趋利避害地搞好沟道治理,科学地布设沟道综合防治体系,对护坡固沟,发展生产有重要作用。对沟道的综合治理要从上到下,从沟头到沟口,从毛沟到干沟,从沟岸到沟底,全面布置,层层设防,分类施治,因沟制宜。

建立坡面综合防治体系,能改善各个防治措施的独特效果,它可以使草木丛生,水土相连,盘根错节,相互促进,最大限度地控制水土流失,可以发挥群体的作用,使各种防护措施彼此取长补短,从而减轻各项措施的承担能力和设计标准,降低总的工程量和投资,可以发挥综合效益,促进生态平衡,使农林牧副渔各业彼此促进,协调发展。

(1)因害设防、因地制宜的原则。防护林是以发挥森林防护功能作用,减免自然灾害为主要目的而营造(或划留)和经营的林种、山区自然条件复杂多样,水土流失特征、强度和土壤潜在危险程度具有空间地域上的变化,因此应根据坡面特征、防护功能需求等因素,配置相应功能的防护林种,根据因地制宜的原则配置适宜的树草种。

(2)生态效益与经济效益稳步、协调发展的原则。坡面防护林体系建设是着眼于整个坡面的生态协调,为此在防护林布局时,要着眼于区域内各生态因子总体协调,要与当地社会经济发展和群众生活需要相协调。在充分利用林地资源的基础上,实现多林种有机组合,多树种合理搭配,积极开展多种经营,务求近期能增加群众收入,这将使生态效益和经济效益持续稳定地发挥,达到空间上有层次,效益上有序列。

(3)地形部位的差异性。严重侵蚀坡面防护林体系的空间配置是在坡面上根据不同部位的特征,合理有序地配置不同防护功能的林种。不同部位如侵蚀类型、起因、强度等均有差异,因此,地形部位是林种配置遵循的依据之一。

(4)立地条件的差异性。立地条件是林地光、热、水、气、土壤等条件的综合反映,同时立地条件也反映了水土流失状况、土壤侵蚀潜在危险性及生产力水平的高低,因此,立地条件是配置林种、树种的重要依据。

(5)农、林、牧三业协调发展山区由于人少而土地相对较多,习惯于自给自足的小农经济,满足于粮食自足,外加两头肥猪的较低水平,缺乏商品观念,不重视山区土特产的开发利用。伴随着经济建设的发展,生态环境始终处于不稳定和长期压力之下,重用轻养、资源被不断的掠夺,长期以来,林牧争地矛盾又十分突出,在林种配置时,要达到农、林、牧有机地结合,使农、林、牧生态经济系统中的各组分的效益最优,功能最强。

2.2.2 坡面防护林体系的空间配置模式

根据上述配置原则和依据,对整个坡面进行分段调查,根据其立地特征,水土流失特点,土壤侵蚀潜在危险性,防护功能需求等,提出了严重侵蚀坡面防护林体系的空间配置模式:

(1)上部防蚀林带。在分水岭地带一般是风大、土层浅薄、坡度也较大,石多,水土流失严重,为蓄水保土,调节径流,防止沟头前进,控制径流起点,因此,布局为防蚀林带。成林后禁止主伐利用,只能进行卫生伐,造林树种选择适应性强,耐干旱、根系发达、能改良土壤的先锋树种,为马尾松、栎类、马桑,实行乔灌混交或针阔混交。

(2)中部防蚀挂淤林草带。由于该区坡面大,坡长,侵蚀严重,为控制坡面径流,固土护坡，保护农地、增加林果收入，减少林牧矛盾，因此，布局为中部防蚀挂淤林草带。其布置在坡耕地的边缘或荒坡上，形成林带—草带—林带的配置格局，林带设计要坚持乔灌草相结合的原则，采用针阔混交、乔木与灌木混交，造林树种主要果用湿地松、马尾松、刺槐、桤木、马桑等，成林后可以主伐利用。草本以种植优质牧草或经济植物，为白花梅、葛藤、扁豆、除虫菊等。

(3)下部水保经济林木带。坡耕地是本区水土流失的重要来源之一，应是治理的重点。一般以工程措施为主，生物与工程措施相结合。首先应当改土，建设基本农田，在土边修筑保坎、利用土边地埂栽植较矮小的经济植物和药材，另一方面由于该区土地多，建设基本农田后，可利用退耕地栽植经济林木，如桃、李、葡萄等，以提高经济效益。

2.3 坡面治理的植被恢复技术

2.3.1 树、草种选择

严重侵蚀坡面是一个退化了的生态系统，其治理过程就是一个植被重建过程和系统功能恢复过程；树草种选择恰当与否，将直接影响植被重建的成败。

(1)树草种选择的原则和依据

树种选择是制定造林计划的关键问题之一，它决定着造林地整个生产周期演变的最终状况。因此，在进行树草种选择时要遵循以下原则和依据：

第一，适地适树适林种原则。营造任何林种所选择的树草种，都应考虑造林树草种自身的生物生态学特性对环境条件的适应性。山区由于具有自然条件多样、地形地貌复杂、垂直气候显著等特点；树草种选择除考虑大区环境外，更应考虑树草种对小生境的适应能力，只有这样才能使其成活、成林、有成效，这是造林树草种选择的共性。不同的林种有着不同的经营目的和效益，造林技术也往往因林种不同而各异，这是树草种选择的个性。水土保持林和水源涵养林是以保护土壤免遭侵蚀和涵蓄水分滋润土壤、补给地下水调节河川流量为目的，因此，营造水土保持林和水源涵养林所选择的树草种必须有利于这一功能的增强和持续稳定地发挥。

第二，以保持水土、涵养水源功能为主，经济效益兼顾的原则。盆地低山区多位于各大江河的源头，是暴雨多发区和暴雨中心区，根据防护林体系布局，这些地区主要是以营造水源涵养林为主的防护林。这些地区的自然生态环境已严重恶化，坡面侵蚀严重，土壤浅薄，而这一地区又往往经济落后。因此，所选择的树草种既要满足于充分发挥森林的防护功能，又要兼顾经济效益，解决了群众生活密切相关的问题，促进综合效益的持续稳定地发挥。

第三，林分层次结构的多样性。树草种选择应当满足林分层次结构的多样要求，为合理地进行乔、灌、草的配置创造条件，使配置的林分类型群落组成结构复杂，充分利用营养空间，尽早郁闭成林，发挥抗御生态灾害的功能。

第四，树草种改良土壤能力。要改善土壤条件，必须是枯落物量大、易分解、自肥力强等树草种组成的森林，因此，选择落叶阔叶树种特别是软阔树种和草本植物具有积极意义。

第五，树草种的抗逆性。严重侵蚀坡面由于土层浅薄，保水能力差，环境质量已严重退化，选择耐干旱的树草种造林十分必要。嘉陵江流域河谷区，气温高、年蒸发量大、降雨集中，每年 10~6 月为干旱季节，土壤干燥贫瘠，灌丛植物多具有叶小、多刺、多毛等耐干旱特性，草本植物则以耐干旱的黄茅占绝对优势，因此，这一地区造林的树草种必须要具有耐干旱的特性。

(2)树草种选择的指标与方法

选择指标：

第一，适应性指标：是指树草种适应造林地立地条件的能力，包括：成活率、保存率、生长率、抗逆力。

第二，生长指标：是指树草种的速生性能，包括：高、径、叶量、分枝能力及生长量、根系分布范围、生物量等指标。

第三，蓄水保土指标：植物冠层截留量、枯落物累积量的有效持水量，根系的固土能力，初渗率、稳渗率等。

选择方法：

第一，初选法：根据该区特点和现有树草种的分布情况，在众多的树草种中选择适于该区正常生长群众有一定造林经验，能满足防护功能需求，具有较高经济价值的树草种。

第二，对比法：根据严重侵蚀坡面的自然生态条件，对初选树草种进行育苗造林，栽植试验采用随机排列，定株观测，比较其适应性，生长状况等，选择适于该区生长的造林树草种。

(3)树草种的蓄水保土性能分析

在一定条件下能适生的树草种，造林后都具有一定的蓄水保土功能。影响树草种蓄水保土功能的因素主要是植物种类、覆盖度及树草种的不同组合。

第一，乔灌树种蓄水保土功能。经过筛选适于严重侵蚀坡面生长的乔灌树种，既有深根性树种（如马尾松、湿地松、火炬松、栎类），又有浅根性树种（如刺槐、桤木、马桑、紫穗槐等），深根性树种根系发达，主根粗大，穿透力强能够抗御坡面汇流的强大冲刷，并能防止较深的切沟侵蚀和在一定程度上阻止滑坡或崩塌的发生，因而深根性树种对深层土壤的固持能力强根系的穿透作用可以疏松土壤，提高土壤的孔隙度，有利于蓄渗能力的提高。浅根性树种侧根发达，多网状密生于30~50cm土层内，能防止浅沟侵蚀，对于30~50cm土层的土地固持能力强，所选择的浅根性树种生长快，叶量丰富，多具根瘤，自肥力强，多为落叶树种，枯落物易分解，造林后能形成丰富的腐殖质和有机质，能有效地改善土壤蓄渗条件，使水源涵养功能得到显著提高。

第二，草本植物蓄水保土性能。本试验所选择的草类（包括藤蔓植物），以及荒山分布较广的黄茅、白茅，生长都较迅速，株丛稠密，覆盖好，且一密被地表，特别是在造林郁闭前期，能使土壤侵蚀得到控制。

黄茅、蓑草等为多年生宿根性草种，根系发达，分布浅，在土壤表层形成密集根层，网络土体，对防止土壤面蚀和细沟侵蚀作用显著。在严重侵蚀坡面上，到处可见单丛黄茅或蓑草固持着一个土柱，将土柱取下，分出根系和土壤，分别烘干称重，测定结果是：63.2g黄茅根系固土11.336kg，876g蓑草根系固土1.964kg。对一丛黄茅根系的调查结果是：一级根系116条，长一般8~35cm，平均长约17cm，一级根系总长度约28.22m，每条一级根系可生长5~11条二级根系，平均7条，长一般0.5~3cm，平均长约1.2cm，二级根系在一级根系上呈不对称的格局排列，这样形成了根系在土壤内层层盘结，从而起着固持土壤的作用。

白花草木樨为直根性豆科牧草，主根深长，根系固持表土的能力差，但深长而发达的根系可以疏松土壤，改善土壤通透状况，加深活土层，且根系具根瘤，能够提高土壤肥力，改善土壤理化性质，增强蓄水下渗功能。

扁豆属一年生藤本植物，覆盖面积大，减少了雨滴对地面的直接打击，进而对保持土壤有一定的作用。

总的说来,草本植物固持表土的能力比木本植物强,但其根系细小,分布浅,不能抗御强径流的冲刷,不能防止沟蚀和制止崩塌的发生。

第三,合理配置树草种增强蓄水保土能力。森林保土能力的大小取决于土壤中林草根群的垂直分布和根密度,不同树草种等根系分布范围和大小不同,固持土壤的深度各异,改良土壤的能力不一样,因此,深根性树种,浅根性树种(20~50cm)和须根性草种(0~30cm)的合理配置,对固土、保土、防止土壤侵蚀,充分发挥森林的蓄水保土功能具有十分重要的作用。

2.3.2 面蚀治理工程技术

在侵蚀严重基岩裸露的坡面,结合林业治理措施修建挡土埂。挡土埂由上至下布设3排以上,间距分别为10m、20m、30m、50m等。每排由2~3层装有泥土的编织袋垒起。挡土埂内侧聚土后种草。由图中可以看出,通过层层拦截,可拦截泥沙2548t/km^2 · a(拦沙容重1.35g/cm^3),另一方面,拦土埂内栽种植物。间距10m、20m、30m、50m的植物盖度较治理前分别增加92.3%、92.2%、87.4%。地表覆盖度增加,减少了雨水对地表的直接冲击,降低了雨滴势能。同时由于挡土埂削弱了坡面汇流的冲力,因而减少了土壤流失。随着挡土埂内侧淤泥增多,草本植物以及灌木的进一步生长,把工程挡土与生物护埂相结合,坡面侵蚀将逐渐得到控制。

2.3.3 沟蚀治理的工程措施

试区坡面最大长度1450m，最大宽度1500m，坡面侵蚀沟密布。由于主沟洪水漫堤，又加剧了沟蚀的过程，因此应首先整治坡面水系，导引乱流归槽。

(1)坡面水系整治

水系整治以治沟为主，坡沟兼治，治理与开发利用并重；保留主沟，借以集纳坡面径流，并畅排于碗厂沟，封闭小沟、种草还林，尽快覆盖裸露地面。主要治理措施有：根据现有侵蚀沟的走向，于适当部位，分层横向截流于主沟，以免水流能量集中，导致细沟侵蚀进一步扩展；对侵蚀沟系，节节设置横拦，拦沙种草植树，固土防冲，保护好现有植物防护体系。经过几年的治理，坡面乱流得以控制，侵蚀细沟也基本郁闭。

(2)主沟治理

沟道中上游，沟道平行分布，顺坡直下，比降与地面坡度接近，约20%，汛期水势湍急，岸脚淘刷严重。下游出口段，走向曲折，底坡变缓，岸坡逐年崩塌，沟槽较宽。治理措施是于沟内修筑谷坊，阻止泥沙和推移物大量下泄，从而抬高侵蚀基点，防止沟底下切，沟岸滑坍和沟头继续向前延伸，同时拦蓄部分径流量、降低沟道中水流速度，削弱下游洪峰流量。

谷坊布局：在综合治理的基础上，利用流域内的有利地形优化谷坊布局，充分发挥坎系的整体拦沙作用。

坝址选择：坝址处的沟底较平缓，口小肚大，地质条件良好，可就地取材构筑。

坝体参数：谷坊坝的间距和高度是相互制约的两个指标，一般来说，在相同坡度条件下，间距越大，谷坊越高，反之则小。

坝高的确定：坝的高度一般根据所用材料而定，以能承受水和泥沙的压力而不至破坏为原则。

$$h:=\frac{H_2-H_1}{M}$$

式中：h——谷坊坝的有效高度(m)；

H_1——沟口处高程(m)；

H_2——沟掌高程(m)；

M——谷坊坝座数。

谷坊坝间距的确定：谷坊坝一般是为了把沟底变成一级一级的水平台阶，两个谷坊坝的间距可由下式计算：

$$i = h/L$$

式中：L——谷坊坝的间距(m)；

i——原沟比降。

谷坊坝座数的确定：谷坊坝的座数，根据沟头和沟口高程而定，可用下式计算：

$$M = \frac{H_2 - H_1}{h}$$

式中：M——谷坊坝座数。

小型谷坊，坝高在 2m 以下者，多为直洋式，其结构尺寸按经验数据取值；坝高大于 2m 者，横断面为梯形，其结构尺寸经稳定分析计算确定。

石谷坊淤泥后，扦插杨树、柳树或草种，使其成为生物谷坊，最终形成生物过滤带。

(3)沟坡治理

沟坡由于坡面汇流的冲刷，造成沟岸扩张，往往形成比较大的水土流失。因此在固定沟底的同时，对沟坡也必须进行治理。沟坡的治理必须与沟床的治理相结合，在固定沟床的同时，实行封沟，以增加沟坡覆盖度为目的，采取措施：一是种植优良牧草或让山草自然恢复；二是造林，可以采取点播马桑，云南松等耐瘠薄土壤的乔、灌木树种。

3　小结

针对安宁河流域山地森林植被恢复存在的技术问题，紧密结合林业生态工程建设，通过引入日本先进的造林与治山技术，结合项目区林业生产实际，开展造林配套技术、植被恢复与侵蚀坡面生态治理技术的研究，进行技术组装与集成创新，开展试验示范，建立不同类型植被恢复模式与试验示范区、简易治山技术试验示范区，从而形成了安宁河流域山地造林配套技术体系。

3.1　提出主要造林树种和造林模式

(1)在西昌市红星村和喜德县司金村共有使用了川滇桤木、刺槐、干香柏、黑荆树、火棘、旅顺桤木、蒙自桤木、女贞、日本桤木、沙棘、山合欢、史密斯桉、台湾相思、新银合欢、云南松、直干桉等 16 个树种。

(2)进行混交林营造时配置了50%的固氮树,在两地共使用了直干桉×刺槐、干香柏×火棘、直干桉×沙棘、史密斯桉×新银合欢、沙棘×新银合欢、川滇桤木×直干桉、直干桉×新银合欢、旅顺桤木×火棘、日本桤木×直干桉、黑荆树×云南松、山合欢×云南松、蒙自桤木×女贞、黑荆树×山合欢(西昌市红星村);史密斯桉×黑荆树、干香柏×女贞、干香柏×刺槐、干香柏×台湾相思、直干桉×台湾相思、直干桉×女贞、直干桉×山合欢和直干桉×山合欢(喜德县司金村)等21个树种搭配模式。

3.2 提出了简易治山技术

主要包括:①坡面防护林体系的空间配置技术;②坡面治理的植被恢复技术;③面蚀治理工程技术;④沟蚀治理的工程措施。同时,把工程治理和生物治理相结合,拦沙坝中的泥沙淤积一定程度后,就可在淤泥上种树,树长大后,又成为拦截泥沙的屏障,可有效地防止泥石流对下游的危害。

3.3 营建了试验示范林

建立示范林面积500hm^{2}以上,造林成活率75%以上,造林保存率70%以上,水源涵养能力增强。

研究结果表明(表6-71~表6-72):①土壤容重随土层增加而增大,低海拔的褐红壤、山地黄红壤、山地棕红壤容重较大,一般为1.34~1.60g/cm^3,紫泥土1.41~1.43g/cm^3,高海拔的山地暗棕壤、山地草甸土容重较小,一般为0.92~1.18g/cm^3;②容重大的土壤类型,则土壤总孔隙度小;③土壤层的拦蓄作用巨大,达到饱和时最大可以拦蓄232.1~429.1mm降水;④有林地土壤层蓄水容量高于天然灌丛植被和新造林地,高海拔的山地暗棕壤、山地草甸土土壤层蓄水容量高于低海拔的褐红壤、山地黄红壤、山地棕红壤和紫泥土,土壤层蓄水容量与土壤类型和质地关系较大,变质花岗岩风化发育而来的粗骨性马布夹土蓄水容量最差。

表6-71 调查样地基本情况表

县(市)	地名	部位	海拔(m)	土壤类型	林分类型或造林树种
西昌	邛海岸坡	下部	1540	紫泥土	干香柏、台湾相思
	安宁河谷坡面	中下部	1530	褐红壤	直干桉、台湾相思
	安宁河谷坡面	中上部	1620	褐红壤	直干桉、黑荆树
	安宁河谷坡面	下部	1755	山地黄红壤(裸土)	
	安宁河谷坡面	中下部	1780	褐红壤	干香柏、密斯桉、台湾相思、刺槐
	安宁河谷坡面	中下部	1780	褐红壤	干香柏
喜德		上部	1995	山地棕红壤	直干桉
昭觉		飞播林	2200	山地棕红壤	云南松
	火烧地	下部	2900	灰棕紫泥土	日本落叶松
	碗厂	中部	2980	山地黄棕壤	日本落叶松
		坡顶迎风面	3400	山地草甸土	杜鹃、高山越橘、三颗针
		坡顶背风面	3400	山地草甸土	杜鹃、高山越橘、三颗针
		上部迎风面	3200	山地暗棕壤	云杉
		中部	3120	山地黄棕壤	华山松

表 6-72　土壤物理性质与水源涵养能力

县（市）	海拔（m）	土壤类型	土层（cm）	含水率（%）	容重（g/cm³）	总孔隙（%）	毛管孔隙（%）	非毛管孔隙（%）	水分贮量（m³/hm²）	田间最大持水量（m³/hm²）	涵养效益（m³/hm²）
西昌	1540	紫泥土	0~44	12.5	1.41	51.68	41.88	9.8	431.2	1842.72	2273.92
	—	紫泥土	44~59	—	1.43	48.68	44.58	4.1	65.6	713.28	778.88
									496.8	2556	3052.8
	1530	褐红壤	0~16	3.53	1.34	50.71	40.46	10.25	164	647.36	811.36
		褐红壤	16~34	5.86	1.51	47.8	42.8	5	90	1417.76	1507.76
									254	2065.12	2319.12
	1620	褐红壤	0~16	3.68	1.34	53.87	41.77	12.1	193.6	668.32	861.92
		褐红壤	16~36	5.72	1.54	48.29	43.04	5.25	105	860.8	965.8
									298.6	1529.12	1827.72
	1755	山地黄红壤（裸土）	0~24	2.34	1.56	40.53	37.53	3	72	900.72	972.72
		山地黄红壤（裸土）	24~48	5.57	1.58	40.74	38.44	2.3	82.8	1383.84	1466.64
		山地黄红壤（裸土）	48~70	7.56							
									154.8	2284.56	2439.35
	1780	褐红壤	0~20	9.4	1.42	49.16	43.46	5.7	114	869.2	983.2
		褐红壤	20~52	10.04	1.39	46.5	41	5.5	176	1488	1664
		褐红壤	52~70	10.38	1.54	45.9	43.1	2.8	22.4	344.8	367.2
									312.4	2702	3014.4
	1780	褐红壤	0~28	3.42	1.45	42.42	39.82	2.6	72.8	1114.96	1187.76
		褐红壤	28~58	3.89	1.58	41.5	39.1	2.4	76.8	1251.2	1328
									149.6	2366.16	2515.76
喜德	1995	山地棕红壤	0~12	5.75	1.51	53.05	49.15	3.9	46.8	589.8	636.6
		山地棕红壤	12~30	9.58	1.57	51.61	47.21	4.4	79.2	849.78	928.98
		山地棕红壤	30~48	12.64	1.6	43.64	40.84	2.8	50.4	735.12	785.52
		山地棕红壤	0~14	5.86							
		山地棕红壤	14~34	8.27							
		山地棕红壤	34~48	9.26							
昭觉	2200	山地棕红壤	0~20	13.77	1.39	50.83	45.33	5.5	110	906.6	1016.6
		山地棕红壤	20~60	20.09	1.41	50.66	47.76	2.9	116	1910.4	2026.4
									226	2817	3043

（续）

县（市）	海拔（m）	土壤类型	土层（cm）	含水率（%）	容重（g/cm³）	总孔隙（%）	毛管孔隙（%）	非毛管孔隙（%）	水分贮量（m³/hm²）	田间最大持水量（m³/hm²）	涵养效益（m³/hm²）
昭觉	2900	灰棕紫泥土	0~36	16.61	1.13	60.76	54.76	6	216	1971.36	2187.36
			36~62	15.46	1.53	46.16	43.96	2.2	52.8	1055.04	1107.84
									268.8	3026.4	3295.2
	2990	灰棕紫泥土	0~36	15.19	1.22	52.37	47.87	4.5	162	1723.32	1885.32
			36~66	14.7	1.46	48.1	45.6	2.5	60	1094.4	1154.4
									222	2817.72	3039.72
		山地黄棕壤	0~18	16.3	1.19	55.34	51.94	3.4	61.2	934.92	941.12
		山地黄棕壤	18~54	16.8	1.25	49.96	47.56	2.4	86.4	1712.16	1798.56
									147.6	2647.08	2794.68
		山地黄棕壤	0~22	18.3	0.92	65.38	57.58	7.8	171.6	1266.76	1438.36
		山地黄棕壤	22~54	20.22	1.16	55.11	49.91	5.2	166.4	1597.12	1763.52
									338	2863.88	3201.88
	3400	山地草甸土	0~18	13.92	1.12	54.11	47.66	6.45	116.1	857.88	973.98
		山地草甸土	18~48	33.45	1.18	48.64	45.32	4.32	181.44	1903.44	2084.88
									297.54	2761.32	3458.86
	3400	山地草甸土	0~28	26.79	0.75	71.71	54	17.71	495.88	1512	2007.88
		山地草甸土	28~48	39.77	0.76	71.35	58.65	12.7	406.4	1876.8	2283.2
									902.28	3388.8	4291.08
	3200	山地暗棕壤	0~23	23.75	0.97	59.62	52.55	7.07	162.61	1208.65	1371.26
		山地暗棕壤	23~51	42.77	1.02	57.48	47.97	9.51	351.87	1774.89	2126.76
									514.48	2983.54	3498.02
	3120	山地黄棕壤	0~18	29.11	1.09	64.12	54.4	9.72	174.96	979.2	1154.16
		山地黄棕壤	18~58	31.42	1.14	70.05	60.1	10.04	421.68	2524.2	2945.88
									596.64	3503.4	4100.04

参考文献

安树青,洪必恭,1991. 宝华山森林自然保护区昆虫群落初探,见：马世骏主编．生态学研究进展[M]. 北京：科学技术出版社．

安树青,林向阳,洪必恭,1996. 宝华山主要植被类型土壤种子库初探[J]. 植物生态学报,20(1)：41-50.

白育英,2000. 大青山白桦次生林经营技术研究[J]. 干旱区资源与环境,14(1)：90-94.

班勇,1993. 大兴安岭落叶松种群更新的时空分布[D]. 北京:北京林业大学．

班勇,徐化成,1996. 原始老龄内兴安落叶松种子命运的实验研究[J]. 生态学报,16(4):541-547.

包维楷,陈庆恒,1999. 生态系统退化的过程及其特点[J]. 生态学杂志,18 (2)：36-42.

包维楷,陈庆恒,刘照光,2000. 退化植物群落结构及其物种组成在人为干扰梯度上的响应[J]. 云南植物研究,22 (3)：307-316.

包维楷,张镱锂,王乾,等,2002. 青藏高原东部采伐迹地早期人工重建序列梯度上植物多样性的变化[J]. 植物生态学报,26(3):330-338.

北方次生林研究协作组,1990. 北京山区封山育林实验研究效益[J]. 植物生态学与地植物学学报,14(4)：379-386.

北京林学院,1980. 造林学[M]. 北京:中国林业出版社．

北京林学院,1982. 土壤学[M]. 北京:中国林业出版社．

毕华君,1999. 人工侧柏林的灌草结构及生长动态[J]. 河北林业科技,(3):3-5.

蔡小虎,杨灌英,范成绪,等,2005. 西南地区森林可持续经营目标与模式[J]. 四川林业科技,26(3):27-32.

蔡运龙,2001. 土地利用/土地覆被变化研究：寻求新的综合途径[J]. 地理研究,20(6).

曹敏,唐勇,张建候,等,1997. 西双版纳热带森林的土壤种子库储量及优势成分[J]. 云南植物研究,19(2)：177-183.

查全堂,王瑛,1985. 封山育林部分经济效益初探[J]. 林业经济,(3)：47-50.

柴宗新,范建容,2001. 金沙江干热河谷植被恢复的思考[J]. 山地学报,19(4)：381-384.

柴宗新,1990. 长江上游水土流失治理[J]. 地球科学进展,5(4)：45-49.

陈爱侠,钟章成,1996. 四川大头菜种子萌发特性的初步研究[J]. 陕西师范大学学报(自然科学版),24(1)：81-84.

陈宝书,2002. 退耕还草技术指南[M]. 北京:金盾出版社.

陈昌笃,1993. 持续发展与生态学[M]. 北京：中国科学技术出版社．

陈德强,2000. 元谋干热河谷几种外来树种人工林旱季的水分动态研究[M]. 昆明:西南林学院.

陈德祥,李意德,骆土寿,等,2004. 海南岛尖峰岭鸡毛松人工林乔木层生物量和生产力研究[J]. 林业科学研究,17(5):598-604.
陈芳清,2004. 三峡库区废弃地植被生态恢复与重建的生态学研究[J]. 长江流域资源与环境,13(3):286-291.
陈光伟,2001. 美国的自然资源立法和管理[J]. 资源科学,23(2): 93-97.
陈浩,1999. 中国贫困地区人口与生态环境分析[J]. 生态经济,(6):35-38.
陈建卓,1999. 河北省太行山区小流域治理模式研究[J]. 水土保持通报,19(4):41-44.
陈灵芝,陈清朗,刘文华,1997. 亚热带落叶阔叶林的地理分布[C]//陈灵芝,陈清朗,刘文华,中国森林多样性及其地理分布[M]. 北京:科学技术出版社.
陈灵芝,陈伟烈,1995. 中国退化生态系统研究[M]. 北京:中国科技出版社.
陈灵芝,钱迎倩,1997. 生物多样性科学前沿[M]. 生态学报,17(6):565-572.
陈全龙,郭兴顺,张能林,2000. 黄土丘陵退耕还林模式与生态农业建设新思路[J]. 防护林科技,2(总第43期):32-36.
陈伟烈,1995. 生态学及其发展[J]. 生物学通报,30(5):1-2.
陈玉德,谭深邦,1995. 云南元谋干热河谷营造水土保持林的技术措施及初见成效[J]. 林业科学研究,8(3):240-243.
陈玉娟,管东生,2000. 论中国西部大开发战略中环境保护与可持续发展[J]. 干旱区资源与环境,14(4):1-4.
戴从法,张荣娟,2000. 农业资源综合管理的理论探讨[J]. 中国农业资源与区划,21(3): 37-39.
邓春朗,1997. 面向可持续发展的海岸带综合管理研究[J]. 中国人口·资源与环境,7(3): 42-46.
邓华锋,1998. 森林生态系统经营综述[J]. 世界林业研究,(4): 9-16.
丁国民,刘建泉,宋采福,2002. 祁连山生态系统脆弱性与恢复重建措施初探[J]. 甘肃林业科技,27(1):29-31.
丁军,2001. 我国生态环境恶化的现状、原因既给西部大开发带来的思考[J]. 农业环境与发展,(4):37-39.
董全,1996. 西方生态学近况[J]. 生态学报,16(3):314-324.
董谢琼,段旭,1998. 西南地区降水量的气候特征及变化趋势[J]. 气象科学,18(3):239-247.
杜灿章,刘志新,李艳芝,1993. 秦皇岛区封山育林与物种资源的变化[J]. 河北林学院学报,8(3): 263-266.
杜天理,1994. 西南地区干热河谷开发利用方向[J]. 自然资源,9(1): 41-45.
范冬萍,2001. 可持续发展战略目标的系统分析[J]. 系统辩证学学报,9(2): 26-28.
方旭东,1996. 树种的寿命耐荫性和层次结构[J]. 林业勘察设计,4(总第100期):49-50.
斐步祥,1989. 蒸发和蒸散的测定与计算[M]. 北京:气象出版社.
费世民,2000. 四川盆地丘陵区坡地农林复合系统林带类型、农作物复种方式的选择[J]. 林业科学,36(1):21-27.
费世民,王鹏,陈秀明,等,2003. 论干热河谷植被恢复过程中的适度造林技术[J]. 四川林业科技,24(3):10-16.
费世民,2004. 川西南山地生态脆弱区森林植被恢复机理研究[M]. 北京:中国林业科学研究院(中国优秀博硕士学位论文数据库).
费世民,何亚平,王鹏,等,2004. 二滩库区锥连栎土壤种子库和幼苗格局初步研究[J]. 四川林业科技,25(2):15-20.
费世民,何亚平,杨灌英,等,2005. 攀枝花山地高山栲种群种子雨动态研究[J]. 四川林业科技,26(4):1-8.
费世民,刘兴良,1993. 四川盆地浅丘区农林复合系统模式区主要植被类型及生物量研究[J]. 四川林业科技,1993,14 (2): 1-10.
费世民,彭镇华,杨冬生,等,2003. 关于森林生态效益补偿问题的探讨[J]. 林业科学,40(4):171-147.

费世民,彭镇华,杨冬生,等,2006. 川西南山地高山栲种群种子雨和地表种子库研究[J]. 林业科学,42(2):49-55.

费世民,彭镇华,周金星,等,2004. 我国封山育林研究进展[J]. 世界林业研究,17(5):29-32.

费世民,杨玉坡,2002. 论四川林业在“长江上游生态屏障”建设中的地位与作用[J]. 四川林业科技,23(1):27-34.

冯水志,罗德富,1995. 西南地区洪涝灾害区划[J]. 山地研究,13(4):255-260.

冯宗炜,王效科,吴刚,1999. 中国森林生态系统的生物量和生产力[M]. 北京:科学出版社.

伏明胜,1998. 山坡地林草植被配置模式研究[J]. 水土保持研究,5(4):93-97.

付明胜,高登宽,马小哲,等,1998. 山坡地林草植被配置模式研究[J]. 水土保持研究,5(4):93-96.

高宝嘉,1994. 封山育林对植物群落结构及多样性的影响[C]//徐化成,郑均宝,封山育林研究[M]. 北京:中国林业出版社.

高洁,1997. 元谋干热河谷主要建材水分生理生态学特点[J]. 西南林学院学报,17(2):30-35.

高洁,刘志康,1997. 元谋干热河谷主要建材植物的耐旱性评估[J]. 西南林学院学报,17(2):19-24.

龚伟等,2004. 浅谈脆弱森林生态系统的形成特征及其治理措施[J]. 四川林堪设计,(1): 5-10.

关文彬,冶民生,马克明,等,2004. 岷江干旱河谷植物群落物种周转速率与环境因子的关系[J]. 生态学报,24(11):2367-2373.

郭凤莲,冶民生,马克明,等,1994. 封山育林是加快生态林业建设的有效途径[C]//徐化成,郑均宝,封山育林研究[M]. 北京:中国林业出版社.

郭连生,田有亮,1989. 对几种针阔叶树种耐旱性生理指标的研究[J]. 林业科学,25(5):389-394.

郭泉水,李志增,王保江,1990. 影响燕山低山丘陵油松天然更新的主导因子分析[J]. 河北林学院学报,5(1): 7-18.

郭泉水,李志增,王保江,1994. 封山育林的作用[C]//徐化成,郑均宝,封山育林研究[M]. 北京,中国林业出版社.

郭晓敏,牛德奎,2002. 江西省不同类型退化荒山生态系统植被恢复与重建措施[J]. 生态学报,22(6):878-884.

郭忠凌,臧润国,高文韬,1998. 长白山自然保护区阔叶红松林林隙更新的研究[J]. 应用生态学报,9(4):349-353.

国家林业局,2000. 西部山地林业生态建设与治理模式[M]. 北京:中国林业出版社.

韩德儒,杨文斌,杨茂仁,1996. 干旱半干旱区沙地灌(乔)木种水分动态关系及其应用[M]. 北京:中国科学技术出版社.

韩兴国,黄建辉,娄治平,1995. 关键种概念在生物多样性保护中的意义与存在问题[J]. 植物学通报,12:168-184.

韩有志,王政权,2003. 两个林分水曲柳的土壤种子库空间格局的定量比较[J]. 应用生态学报,14(3):487-492.

何方,2001. 中国西部开发的历史回顾[J]. 中国水土保持,(5):10-22.

何方,2002. 我国西部开发区域分类与生态环境建设研究[J]. 中南林学院学报,22(1):74-77.

何维明,2002. 为什么自然条件下沙地柏种群以无性繁殖更新为主?[J]. 植物生态学报,26(2):235-238.

何永彬,卢培泽,朱彤,2000. 横断山——云南高原干热河谷的形成原因研究[J]. 资源科学,22(5):69-72.

何毓蓉,徐建忠,黄成,1995. 金沙江干热河谷区变性土的特征及系统分类[J]. 土壤学报,32(增刊): 102-110.

何毓蓉,张丹,宫阿都,2000. 长江上游退耕还林区的土壤退化与肥力重建[J]. 山地学报,18(6): 526-529.

何毓蓉,张丹,张映翠,等,1999. 金沙江干热河谷区云南土壤退化过程研究[J]. 水土保持学报,5(4): 1-5.

何毓蓉,黄成敏,宫阿都,2002. 金沙江干热河谷典型区(云南)土壤退化机理研究—— 母质特性对土壤退化的影响[J]. 水土保持学报,16 (3): 24-27.
侯扶江,2002. 重牧退化草地的植被、土壤及其耦合特征[J]. 应用生态学报,13(8):915-922.
侯学煜,1988. 中国自然生态区划与大农业发展战略[J]. 北京:科学出版社.
胡新生,王世绩,1998. 树木水分胁迫生理与耐旱性研究进展及展望[J]. 林业科学,34(2):77-89.
黄秉维,1958. 中国综合自然区划初步草案[J]. 地理学报,24(4): 87-92.
黄成敏,何毓蓉,1999. 云南省元谋干热河谷的土壤抗旱力评价[J]. 山地研究,17(2): 79-84.
黄成敏,何毓蓉,张丹,等,2001. 金沙江干热河谷典型区(云南)土壤退化机理研究Ⅱ土壤水分与土壤退化[J]. 长江流域资源与环境,10(6): 578-584.
黄进勇,李翔,2001. 我国西部地区生态农业建设模式及产业化问题[J]. 农业环境与发展,12(2):33-35.
黄双全,郭友好,2000. 传粉生物学的研究进展[J]. 科学通报,45(3): 225-237.
黄岩良,彭少麟,2001. 影响季风常绿阔叶林幼苗定居的主要因素[J]. 热带亚热带植物学报,9(2):123-128.
黄忠良,孔国辉,何道泉,2000. 鼎湖山植物群落多样性的研究[J]. 生态学报,20(20):193-198.
黄忠良,孔国辉,魏平,等,1996. 南亚热带森林不同演替阶段土壤种子库的初步研究[J]. 热带亚热带植物学报,4(4):42-49.
姬惜珠,冯巾帼,1999. 花冈片麻岩低山丘陵区林草立体种植结构研究[J]. 河北农业大学学报,22(2): 40-43.
纪中华,李建增,沙毓沧,1999. 金沙江干热河谷退化土地植被恢复模式及效益研究[J]. 水土保持,(7): 27-29.
贾玉英,2002. 西部地区生态环境状况及治理对策[J]. 西南民族学院院报(哲学社会科学版),23(10):7-9.
江泽慧,1996. 论林业在可持续发展中的战略地位[J]. 林业经济,(6): 9-16.
江泽慧,1998. 对林业新科技革命的内涵、突破口和途径的探讨[J]. 林业科学研究,11(1): 1-6.
江泽慧,2000. 中国现代林业[M]. 北京: 中国林业出版社.
江泽慧,彭镇华,1995 年 11 月 15 日. 林业持续发展与大流域整治开发[N]. 光明日报,第 6 版.
姜彤,1998. 长江中下游洪泛平原河流系统可持续经营模式[C]//秦大河.可持续发展战略探讨[M]. 北京: 中国环境科学出版社,233-239.
蒋定生,1995. 论晋陕蒙接壤地区土壤的抗虫冲性与水土保持措施体系的配置[J]. 水土保持学报,9(1): 1-7.
蒋瑾,1986. 从水分平衡角度探讨固沙植物合理密度[J]. 生态学杂志,5(1): 7-12.
蒋俊明,杨道贵,2002. 西藏左贡苗圃土壤肥力特征及水分动态研究[J]. 四川林业科技,23(2): 35-38.
蒋俊明,1995. 土壤蒸发、蒸散规律研究[J]. 四川林业科技,16(4):20-25.
蒋俊明,费世民,王鹏,等,2005. 干热河谷阴坡和阳坡土壤水分动态研究[J]. 四川林业科技,26(5):30-35.
蒋俊明,费世民,李恒,等,2004. 攀枝花干热河谷几种主要造林树种的抗旱能力比较[J]. 造纸学报,19:345-348.
蒋俊明,费世民,李恒,等,2005. 植物抗旱性指标的初步研究[J]. 山地学报,23:1-6.
蒋有绪,1992. 全球气候变化与中国森林的预测问题[J]. 林业科学,28(5):431-438.
焦树仁,1989. 章古台固沙林生态系统的结构与功能[M]. 沈阳: 辽宁科学技术出版社.
金振洲,欧晓昆,周跃,1985. 云南元谋干热河谷植被概况[J]. 植物生态与地植物学报,11(4):408-317.
金振洲,欧晓昆,周跃,1988. 云南元谋干热河谷植被的初步研究[J]. 西南师范大学(自然科学版),2:308-317.
巨天珍,索安宁,2002. 西部生态敏感地带分析与可持续发展探讨[J]. 甘肃环境研究与监测,15(1):35-37.
康乐,1990. 受害生态系统的恢复与重建[C]//马世骏,现代生态学透视[M]. 北京: 科学出版社,300-308.
蓝勇,2001. 明清美洲农作物引进对亚热带山地结构性贫困形成的影响[J]. 中国农史,20(4):3-14.
雷启德,1984. 樟子松林蒸腾耗水量的估算与宜林地选择[C]//曹新孙,内蒙古东部地区风沙干旱综合治理研究(第1集)[M]. 呼和浩特:内蒙古人民出版社.
冷疏影,宋长青,吕克解,等,2001. 区域环境变化研究的重要问题[J]. 自然科学进展,11:222-224.
李承彪,1990. 四川森林生态研究[M]. 成都:四川科学出版社.
李定强,刘平,吴志峰,等,1999. 可持续的土地管理概念与水土保持可持续发展前景[J]. 水土保持研究,6(2): 19-25.
李高飞,任海,2004. 中国不同气候带各类型森林的生物量和净第一性生产力[J]. 热带地理,24(4):306-310.
李国猷,1992. 北方次生林经营[M]. 北京:中国林业出版社,159-160.
李鹤荣,2003. 西部退耕还林在生态环境建设中的地位与作用[J]. 世界科技研究与发展,25(3):30-34.
李宏俊,张知彬,2000. 动物与植物种子更新的关系Ⅰ. 对象、方法与意义[J]. 生物多样性,8(4): 405-412.
李宏俊,张知彬,2001. 动物与植物种子更新的关系Ⅱ. 动物对种子的捕食、扩散、贮藏及与幼苗建成的关系[J]. 生物多样性,9(1): 25-27.
李辉,2004. 21世纪"国家生态环境安全"问题的人口因素分析与对策[J]. 生态经济,(12):26-29.
李吉跃,1991. 植物耐旱性及其机理[J]. 北京林业大学学报,13(3): 92-100.
李吉跃,1993. 北方主要造林树种耐旱机理及其分类模型的研究[J]. 北京林业大学学报,15(3):1-11.
李吉跃,翟洪波,2000. 木本植物水力结构与抗旱性[J]. 应用生态学报,11(2):301-305.
李景文,1992. 森林生态学[M]. 2版. 北京:中国林业出版社.
李康,2001. 西部大开发中的生态安全问题[J]. 环境科学研究,14(1): 1-3.
李克煌,钟兆站,1995. 论中国生态环境脆弱带[J]. 河南大学学报(自然科学版),25(4):57-64.
李克让,陈育峰,黄玫,等,2000. 气候变化对土地覆被变化的影响及其反馈模型[J]. 地理学报,55: 57-63.
李昆,陈玉德,1995. 元谋干热河谷人工林地的水分输入与土壤水分研究[J]. 林业科学研究,8(6): 651-657.
李昆,1998. 元谋干热河谷地区主要造林树种的抗旱特性与造林问题研究[D]. 昆明:西南林学院.
李昆,曾觉民,1999. 金沙江干热河谷主要造林树种蒸腾作用研究. 林业科学研究,12(3):244-250.
李茂,2003. 美国生态系统管理概况[J]. 国土资源情报,(2): 9-19.
李明辉,彭少麟,申卫军,等,2003. 景观生态学与退化生态系统恢复[J]. 生态学报,23(8): 1622-1628.
李平日,方国祥,1993. 海平面上升对珠江三角洲经济建设的可能影响及对策[J]. 地理学报,48(3):527-534.
李琪,陈立杰,2003. 农业生态系统健康研究进展[J]. 中国生态农业学报,11(2): 144-146.
李清涛,1959. 小兴安岭带岭林区的鸟类初步调查[J]. 动物学杂志,3(11): 19-21.
李庆梅,匡汉东,1992. 水分对油松种子活力测定结果的影响[J]. 林业科技通讯,(8):17-18.
李世东,2002. 干热干旱河谷和黄土丘陵沟壑区退耕还林还草模式初探[J]. 北京林业大学学报,24(3):35-38.
李贤伟,胡庭兴,杨桢禄,1996. 马尾松天然林采伐年龄的研究[J]. 四川农业大学学报,14(3):437-439.
李相玺,左长清,姚毅臣,等,1997. 花岗岩侵蚀区植被层次结构优化模式研究[J]. 水土保持研究,4(1): 202-207.
梁一民,1999. 从植物群落学原理谈黄土高原植被建造的几个问题[J]. 西北植物学报,19(5):26-31.
林晖,2000. 流域管理科学化的探索与实践[M]. 南昌: 江西科学技术出版社.
林三益,缪韧,易立群,1999. 中国西南地区河流水文特性[J]. 山地学报,17(3):240-243.
林文杰,马焕成,周蛟,2004. 干旱胁迫下不同保水剂处理的水分动态研究[J]. 水土保持研究,11(2):121-124.
林益明,林鹏,李振基,等,1996. 武夷山甜槠群落的生物量和生产力[J]. 厦门大学学报(自然科学版),35(2):269-275.
刘伯霞,2001. 西部农业退耕还林和生态环境建设研究综述[J]. 甘肃社会科学,(3):69-72.

刘昌明,富国斌,李丽娟,2002. 西部水资源与生态环境建设[J]. 矿物岩石地球化学学报,21(1):7-11.
刘昌明,于沪宁,1997. 土壤—作物—大气系统水分运动实验研究[M]. 北京:气象出版社.
刘国华,马克明,傅伯杰,2003. 岷江干旱河谷主要灌丛类型地上生物量研究[J]. 生态学报,23(9):1757-1764.
刘国军,2000. 开发大西北面临的资源、环境问题与对策[J]. 干旱区资源与环境,14(4):5-10.
刘济明,1998. 栲树种子库及更新[J]. 贵州大学学报(自然科学版),15(3):182-187.
刘济明,钟间成,2000. 退化山地植被恢复和重建的基本理论和方法[J]. 植物生态学报,24(4):402-407.
刘建军,2002. 陕北黄土丘陵沟壑区植被恢复与重建技术对策[J]. 西北林学院学报,17(3):12-15.
刘娟,陈玉德,喻赞仁,2001. 元谋干热河谷植被恢复的物种选择与营造技术[J]. 林业科技开发,15(6):40-43.
刘茂松,洪必恭,1998. 中国壳斗科的地理分布及其与气候条件的关系[J]. 植物生态学报,22(1):41-50.
刘世荣,1998. 森林生物多样性保护原理概述[J]. 林业科学,35(4):71-79.
刘书楷,陈利根,1999. 农业资源可持续利用与综合管理基础研究刍论[J]. 生态农业研究,7(2):14-17.
刘淑珍,柴宗新,范建容,2000. 中国土地荒漠化分类系统探讨[J]. 中国沙漠,20(1):35-39.
刘淑珍,黄成敏,张建平,1996. 云南元谋干热河谷区的土地荒漠化特征与原因[J]. 中国沙漠,15(1):1-7.
刘文耀,盛才余,刘伦辉,等,1999. 南涧干热河谷退化山地植被恢复重建的研究[J]. 北京林业大学学报(自然科学版),21(3):9-13.
刘先银,徐化成,等,1994. 河北省山海关林场景观格局与动态的研究[C]//徐化成,郑均宝,封山育林研究[M]. 北京:中国林业出版社.
刘欣,恽才兴,1997. 海岸带可持续发展的系统综合管理模式初探[J]. 中国人口·资源与环境,3(53):47-51.
刘兴良,慕长龙,向成华,等,2001. 四川西部干旱河谷自然特征及植被恢复与重建途径[J]. 四川林业科技,22(2):10-17.
刘兴良,杨冬生,刘世荣,等,2005. 长江上游绿色生态屏障建设的基本途径及其生态对策[J]. 四川林业科技,26(1):1-8.
刘玉萍,吴明作,郭宗民,等,1998. 宝天曼自然保护区栓皮栎林生物量和净生产力研究[J]. 应用生态学报,9(6):569-574.
刘照光,包维楷,吴宁,2000. 长江上游的生态环境问题、根源及治理方略[J]. 世界科技研究与发展,22(增刊):32-35.
龙翠玲,朱守谦,2001. 喀斯特森林土壤种子库种子命运初探[J]. 贵州师范大学学报(自然科学版). 19(2):20-22.
卢金发,1998. 中国东部亚热带丘陵山地土地退化评价指标体系研究[J]. 地理研究,17(4):345-350.
卢玲,李新,F Veroustraete,2005. 中国西部地区植被净初级生产力的时空格局[J]. 生态学报,25(5):1026-1032.
吕耀,谷树忠,王道龙,2001. 论生态脆弱带的食物保障与生态系统保护[J]. 中国农业资源与区划,22(6):23-26.
罗开富,1956. 中国自然区划草案[M]. 北京:科学出版社.
马长明,袁玉欣,2004. 国内外退耕还林植被恢复研究现状[J]. 世界林业研究,17(4):24-27.
马焕成,2000. 干旱和干热河谷的造林技术[C]//国家林业局科学技术司,长江上游天然林保护及植被恢复技术[M]. 北京:中国林业出版社.
马焕成,胥辉,陈德强,2000. 元谋干热河谷几种相思和桉树水分消耗量的估测[J]. 林业科技通讯,(4):9-12.
马焕成,2001. 云南干热河谷几种外来树种在旱季的光合特点[J]. 浙江林学院学报,18(1):46-49.

马焕成,2002. 云南干热河谷乡思树种和桉树类抗旱能力分析[J]. 林业科学研究,15(1):101-104.

马万里,荆涛,Jonikajansuu,等,2001. 长白山地区胡桃楸种群的种子雨和种子库动态[J]. 北京林业大学学报(自然科学版),23(3):70-72.

马雪华,1993. 森林水文学[M]. 北京:中国林业出版社,118-132.

马英杰,胡增祥,解新英,2001. 海洋综合管理的理论与实践[J]. 海洋管理,(2): 27-31.

马志荣,陈锦太,2003. 西部民族地区生态环境恶化现状及保护对策探讨[J]. 甘肃师范学报,8(1):112-115.

倪志成,汪祖辉,1989. 浙江省封山育林现状与前景[J]. 浙江林学院学报,6(2): 192-197.

牛东玲,2002. 柴达木盆地弃耕地盐碱化形成机理及防治对策[J]. 草业科学,19(8):7-10.

牛焕琼,2004. 干热河谷造林技术及措施探讨[J]. 林业建设,(4):10-13.

牛文元,1990. 生态环境错落带(ECOTONE)的基础判定[C]//马世骏,现代生态学透视[M]. 北京:科学出版社.

潘攀,李荣伟,覃志刚,等,2000. 杜仲人工林生物量和生产力研究[J]. 长江流域资源与环境,9(1):71-77.

潘晓玲,马映军,顾峰雪,2003. 中国西部干旱区生态环境演变与调控机制研究进展与展望[J]. 地球科学进展,18(1):50-57.

庞正轰,1990. 封山林分针叶在生理特性上对赤松毛虫抗虫效应的研究[J]. 北京林业大学学报,12(2): 6-12.

裴卫国,李铁华,2000. 封山育林的综合效益及对群落演替的影响[J]. 林业资源管理,(6): 25-30.

彭建松,柴勇,孟广涛,等,2005. 云南金沙江流域云南松天然林林隙更新研究[J]. 西北林学院学报,20(2):114-117.

彭军,李旭光,付永川,等,1998. 重庆四面山常绿阔叶林种子库与生态因子灰色关联度分析[J]. 西南师范大学学报(自然科学版),23(6):700-705.

彭军,李旭光,董鸣,等,2000. 重庆四面山亚热带常绿阔叶林种子库研究[J]. 植物生态学报,24(2):209-214.

彭珂珊,2000. 中国西部退耕还林基本策略研究[J]. 四川林堪设计,(3):1-14.

彭珂珊,2001. 西部退耕还林(草)面临的新思考[J]. 首都师范大学学报(自然科学版),22(2):93-102.

彭珂珊,2002. 西部生态环境重建面临的严峻挑战[J]. 重庆师范大学学报(社会科学版),9(1):29-34.

彭珂珊,上官周平,2003. 中国西部地区退耕还林的作用和战略对策[J]. 世界林业研究,16(3):41-46.

彭少麟,1994. 植物群落演替研究Ⅱ.动态研究的方法[J]. 生态科学,(2):117-119.

彭少麟,方炜,1995. 鼎湖山植被演替过程中椎栗和荷木种群的动态[J]. 植物生态学报,19(4):311-318.

彭少麟,陆宏芳,2003. 恢复生态学焦点问题[J]. 生态学报,23(7):1249-1257.

彭少麟,张祝平,1994. 鼎湖山地带性植被生物量、生产力和光能利用效率[J]. 中国科学(B辑),24(5):497-502.

彭镇华,江泽慧,1998. 长江流域水患的思考和对策[J]. 安徽农业大学学报(自然科学版),25(4):395-399.

彭镇华,江泽慧,1998. 迎接21世纪生态环境新时代——论中国森林生态网络系统工程[J]. 安徽农业大学学报(自然科学版),25(2):101-108.

彭镇华,江泽慧,1999. 中国森林生态网络系统工程[J]. 应用生态学报,10(1):99-103.

彭镇华,1997. 谈国土资源利用的指导思想[N]. 中国林业报,2月6日第3版.

彭镇华,2003. 中国森林生态网络系统建设[M]. 北京:中国林业出版社.

秦大河,丁一汇,王绍武,等,2002. 中国西部生态环境变化与对策建议[J]. 地球科学进展,17(3):314-319.

秦裕华,熊晓霞,2001. 环境管理的实质是对人的管理[J]. 甘肃环境研究与监测,14(1): 35-37.

全国农业区划委员会,1984. 中国自然区划概要[M]. 北京:科学出版社.

冉东亚,2005. 综合生态系统管理理论与实践——以中国西北地区土地退化防治为例[D]. 北京:中国林业学研究院.

冉圣宏,金建军,曾思育,2001. 脆弱生态区类型划分及其脆弱特征分析[J]. 中国人口·资源与环境,11(4):73-77.
冉圣宏,曾思育,薛纪渝,2002. 脆弱生态区适度经济开发的评价与调控[J]. 干旱区资源与环境,16(3):1-6.
任海,彭少麟,1998. 中国南亚热带退化生态系统恢复及可持续发展:陈竺,生命科学—中国科协第三届青年学术研讨会论文集[C]. 北京:中国科学技术出版社,176-179.
任海,彭少麟,2002. 恢复生态学导论[M]. 北京:科学出版社.
任海,彭少麟,向言词,2000. 鹤山马占相思人工林的生物量和净初级生产力[J]. 植物生态学报,24(1):18-21.
任海,邬建国,彭少麟,等,2000. 生态系统管理的概念及其要素[J]. 应用生态学报,11(3):415-458.
任海,邬建国,彭少麟,等,2000. 生态系统健康的监测与评估[J]. 热带地理,20(4):310-316.
任美锷,杨纫章,包浩生,1979. 中国自然区划纲要[M]. 北京:商务印书馆.
阮伏水,周伏建,1995. 花岗岩侵蚀坡地重建植被的几个关键问题[J]. 水土保持学报,9(9):19-25.
上官周平,陈陪元,1989. 土壤干旱对小麦叶片渗透调节和光合作用的影响[J]. 华北农学报,4(4):44-49.
尚玉昌,1989. 生态学及人类未来[M]. 北京:中国青年出版社.
沈国舫,1990. 造林论文集[M]. 北京:中国林业出版社.
沈茂英,2003. 川西干旱河谷区生态环境建设的社会保障机制[J]. 四川林业科技,24(1):19-25.
沈有信,刘文耀,张彦东,2003. 东川干热退化山地不同植被恢复方式对物种组成与土壤种子库的影响[J]. 生态学报,23(7):1454-1460.
沈有信,张彦东,刘文耀,2002. 泥石流多发干旱河谷区植被恢复研究[J]. 山地学报,20(2):188-193.
沈泽昊,金义兴,1995. 米心青冈林采伐地的早期植被恢复和土壤环境动态[J]. 植物生态学报,19(4):375-384.
石承苍,罗秀陵,1999. 成都平原及岷江上游地区生态环境的变化[J]. 西南农业学报,12(S_1):75-80.
石承苍,雍国玮,2001. 长江上游干热干旱河谷生态环境现状及生态环境重建的对策[J]. 西南农业学报,14(4):114-118.
石胜友,杨季冬,王周平,等,2002. 缙云山风灾迹地人工混交林生态恢复过程中物种多样性研究[J]. 生物多样性,10(3):274-279.
史德明,1990. 土壤侵蚀与土地退化[C]//中国科协学会工作部编,中国土地退化防治研究[M]. 北京:中国科学技术出版社.
世界环境与发展委员会,1989. 我们共同的未来[M]. 北京:世界知识出版社.
舒凤梅,杨习兴,郭明江,等,1975. 伊春林区鼠害与预报意见[J]. 动物学报,21(1):9-17.
斯莱特 R 布朗,1984. 建设一个持续发展的社会[M]. 北京:社会科学技术文献出版社.
四川森林编辑委员会,1984. 四川森林[M]. 北京:中国林业出版社.
四川植被协作组,1980. 四川植被[M]. 成都:人民出版社.
宋新山,邓伟,闫百兴,2000. 我国西部地区水资源环境问题及其可持续对策[J]. 水土保持通报,20(4):1-5.
宋永昌,2001. 植被生态学[M]. 上海:华东师范大学出版社.
苏维词,朱文孝,2000. 贵州喀斯特生态脆弱区农业可持续发展的内涵与构想[J]. 经济地理,20(5):75-79.
苏文华,张光飞,2002. 昆明西山滇青冈种子库动态的研究[J]. 云南植物研究,24(3):289-294.
苏文华,张光飞,张诚,2001. 滇青冈种子萌发的生态生物学研究[J]. 种子,(5):29-31.
苏祖荣,2000. 山地森林资源利用的适度研究[J]. 福建林业科技,27(2):62-65.
孙鸿烈,2002. 西部生态建设的主要任务及战略措施[J]. 矿物岩石地球化学通报,21(1):3-6.
孙鸿烈,1996. 青藏高原的形成和演化[M]. 上海:上海科技出版社.
孙辉等,2004. 农林复合经营模式对干热河谷退化坡地土壤水分参数的影响[J]. 水土保持学报,11(3):25-27.

孙鹏森,等,2000. 油松树干液流的时空变异性研究[J]. 北京林业大学学报,22(5):1-6.
孙书存,陈灵芝,2000. 东灵山地区辽东栎土壤种子库统计[J]. 植物生态学报,24(2):215-221.
孙书存,刘照光,1997. 岷江上游刺旋花种群格局研究[J]. 应用与环境生物学报,3(3):193-198.
孙武,李森,2000. 土地退化评价与监测技术路线的研究[J]. 地理科学,20(1):92-96.
覃天安,高道静,龙勇明,等,1998. 横县马尾松封山育林试验研究[J]. 广西林业科学,27(3):122-128.
汤章城,1984. 逆境条件下植物脯氮酸的积累及其可能的意义[J]. 植物生理学通讯,1(1):15-21.
汤章城,1999. 细胞相容性物质的生理功能及其作用机制[J]. 植物生理学通讯,35(1):1-7.
唐克丽,1996. 黄土高原水蚀风蚀交错带小流域治理模式探讨[J]. 水土保持研究,3(4):46-55.
唐勇,曹敏,张建侯,等,1998. 西双版纳白背桐次生林土壤种子库、种子雨研究[J]. 植物生态学报,22(6):505-512.
唐勇,曹敏,白昆甲,2000. 片断化热带雨林土壤种子库初步研究[J]. 山地学报,18(6):568-571.
唐勇,曹敏,盛才余,2000. 西双版纳热带森林土壤种子库的季节动态[J]. 广西植物,20(4):371-376.
唐勇,曹敏,张建候,等,1999. 西双版纳热带森林土壤种子库与地上植被的关系[J]. 应用生态学报,10(3):279-282.
唐勇,曹敏,张健候,等,1997. 刀耕火种对山黄麻林土壤种子库的影响[J]. 云南植物研究,19(4):423-428.
陶大立,赵大昌,赵士洞,等,1995. 红松天然更新对动物的依赖性——一个排除动物影响的球果发芽实验[J]. 生物多样性,3(3):131-133.
汪汇海,李德厚,张业海,等,2004. 元江干热河谷山地土壤资源的垂直分异特征及其合理利用[J]. 资源科学,26(2):123-128.
汪一鸣,1994. 不发达地区国土整治[M]. 银川:宁夏人民出版社.
王伯荪,彭少麟,1997. 植被生态学[M]. 北京:中国环境科学出版社.
王春明,孙辉,陈建中,等,2001. 保水剂在干旱河谷造林中的应用研究[J]. 应用与环境生物学报,7(3):197-200.
王春明,包维楷,陈建中,等,2003. 岷江上游干旱河谷区褐土不同亚类剖面及养分[J]. 应用与环境生物学报,9(3):230-234.
王道杰,崔鹏,朱波,等,2004. 金沙江干热河谷植被恢复技术及生态效应——以云南小江流域为例[J]. 水土保持学报,18(5):95-98.
王道龙,毕于运,2002. 我国中西部生态脆弱带坡耕地水土流失及坡地梯化[J]. 中国人口、资源与环境,12(5):88-91.
王丰年,赵思平,1997. 生态恢复的人文因素[J]. 哈尔滨师专学报,(4):21-25.
王福光,杜天理,雷彻虹,1985. 试论我国西南地区干热河谷荒山造林的问题-造林论文集[M]. 北京:中国林业出版社.
王刚,梁学功,1995. 沙坡头人工固沙区的种子库动态[J]. 植物学报,37(3):231-237.
王国,2001. 我国典型脆弱生态区生态经济管理研究[J]. 中国生态农业学报,9 (4):9-12.
王国梁,刘国彬,侯喜禄,2002. 黄土高原丘陵沟壑区植被恢复重建后的物种多样性研究[J]. 山地学报,20(2):182-187.
王海迪,唐德瑞,1999. 小流域防护林对位配置优化模式研究[J]. 内蒙古林学院学报,21(1):1-10.
王海泽,张嘉治,刘辉,等,2002. 生态脆弱区及其植被恢复技术[J]. 杂粮作物,22(4):233-236.
王金锡,2001. 四川西部干旱河谷的生态环境与退耕还林[J]. 四川林业科技,22(1):27-31.
王俊,傅博杰,蒋小平,2004. 土壤水分异质性的研究综述[J]. 应用生态学报,15(1):1-5.
王开运,2004. 川西亚高山森林群落生态系统过程[M]. 成都:四川出版集团·四川科学技术出版社.
王克勤,沈有信,陈奇伯,等,2004. 金沙江干热河谷人工植被土壤水环境[J]. 应用生态学报,15(5):809-813.

王乐辉,陈秀明,李荣伟,等,2004. 亚高山半干旱地带植被恢复保水剂实验研究[J]. 四川林业科技,25:37-42.

王让会,叶新,2001. 中国西部干旱区开发中的生态环境建设方略[J]. 干旱区地理,24(2):152-156.

王仁卿,周光裕,1989. 山东半岛赤松林的天然更新及其发展前途的研究[J]. 生态学杂志,8(2): 18-22.

王巍,马克平,1999. 岩松鼠和松鸦对辽东栎坚果的捕食和传播[J]. 植物学报,41(10): 1141-1144.

王巍,马克平,高贤明,2000. 东灵山地区脊椎动物对辽东栎坚果捕食的时空格局[J]. 植物学报,42(3): 289-293.

王相磊,周进,李伟,等,2003. 洪湖湿地退耕初期种子库的季节动态[J]. 生态学报,27(3):352-359.

王燕,赵士洞,1999. 天山云杉林生物量和生产力的研究[J]. 应用生态学报,10(4):389-391.

王义弘,张国仓,1990. 水曲柳的种子库及其转化条件的初步研究[J]. 东北林业大学学报,18(5): 1-7.

王迎春,马虹,征荣,2000. 四合木繁殖特性的研究[J]. 西北植物学报,20(4):661-665.

王振健,李如雪,唐永顺,2004. 全球变化的生态后果及治理对策[J]. 生态经济,(12):66-73.

王周平,李旭光,石胜友,等,2000. 缙云山森林林隙形成特征的研究[J]. 西南师范大学学报(自然科学版),25:305-309.

王遵亲,1993. 中国盐碱土[M]. 北京: 科学出版社.

温绍龙,郎南军,曾觉民,等,2002. 金沙江干热河谷退耕地植被恢复模式初探[J]. 云南林业科技,(1): 10-14.

吴大荣,1997. 福建省罗卜岩自然保护区闽楠种群种子雨研究[J]. 南京林业大学学报,21(1):56-60.

吴刚,梁秀英,张旭东,1999. 长白山红松阔叶林主要树种高度生态位的研究[J]. 应用生态学报,10(3): 262-264.

吴明作,刘玉翠,蒋志林,2001. 栓皮栎种群生殖生态与稳定机制研究[J]. 生态学报,21(2):225-230.

吴锡麟,叶功富,陈德旺,等,2002. 森林生态系统管理概述[J]. 福建林业科技,29(3):84-87.

吴勇,苏智先,方精云,2003. 岷江上游干温河谷成因和生态恢复初探[J]. 西华师范大学学报(自然科学版),24(3):276-281.

武康生,1990. 栓皮栎苗木的水分关系[J]. 北京林业大学学报,12(3):26-33.

萧艳娥,郭玉中,2000. 西部开发面临的生态环境问题[J]. 国土与自然资源研究,(4):1-4.

肖笃宁,1991. 景观生态学理论、方法及应用[M]. 北京:中国林业出版社.

肖先治,2002. 西部脆弱环境问题的反思与应对[J]. 学术论坛,(6):67-71.

肖治术,王玉山,张知彬,2001. 都江堰地区三种壳斗科植物的种子库及其影响因素研究[J]. 生物多样性,9(4):373-381.

肖智术,张志彬,王玉山,2003. 以种子为繁殖体的植物更新模型研究[J]. 生态学杂志,22(4):70-75.

谢高地,于贵瑞,冷允法,等,2002. 中国西部植被恢复重建空间格局分析[J]. 山地学报,20(6):666-672.

谢家祜等,1992. 封山可以育林,育林应有补偿[J]. 河北林学院学报,7(特刊): 1-6.

熊嘉武,桂来庭,等,2001. 论封山育林的规划设计[J]. 中南林业调查规划,20(2): 16-18.

熊利明,钟章成,李旭光,1992. 亚热带常绿阔叶林不同演替阶段土壤种子库的初步研究[J]. 植物生态学与地植物学报,16(3):249-256.

徐德应,张小全,1998. 森林生态系统管理科学——21世纪森林科学的核心[J]. 世界林业研究,(2): 1-7.

徐刚标,张合平,2002. 流域治理生态林业技术研究进展[J]. 广西林业科学,31(2):55-57.

徐国祯,1995. 森林的系统观与整体管理[J]. 系统辩证学学报,3(2): 61-65.

徐国祯,1997. 森林生态系统经营——21世纪森林经营的新趋势[J]. 世界林业研究,(2): 15-20.

徐化成,1991. 人工林和天然林的比较评价[J]. 世界林业研究,4(3): 50-56.

徐化成,班勇,1996. 大兴安岭北部兴安落叶松种子在土壤中的分布及其种子库的持续性[J]. 植物生态学报,20(1):28-34.

徐化成,郑均宝,1994. 封山育林研究[M]. 北京:中国林业出版社.

徐庆,臧润国,列世荣,等,2001. 中国特有植物四合木种群的生殖生态特征——种群生殖值及生殖分配研究[J]. 林业科学,37(2):36-41.

徐庆,郭泉水,刘世荣,等,2003. 濒危植物四合木结实特性与植株年龄和生境关系的研究[J]. 林业科学,39(6):26-32.

徐新宇,胡荣海,1983. 作物的抗旱能力和体内氨基酸含量的关系[J]. 国外农业利技,9: 19-23.

许大全,1992. 水分胁迫对冬小麦 CO_2的同化作用的影响[J]. 植物生理学报,15(1):1-7.

燕乃玲,虞孝感,高吉喜,2004. 我国西部地区两个重要生态功能保护区建设的要点分析[J]. 生态学杂志,23(1):147-152.

杨朝飞,1997. 中国土地退化及其防治对策[J]. 中国环境科学,17(2):108-112.

杨朝飞,2001. 生态环境管理思想的历史性突破[J]. 环境保护,(4): 5-8.

杨冬生,1999. 论发展四川林业和治理长江水患的关系[J]. 四川林业科技,20(2): 5-9.

杨冬生,2002. 论建设长江上游生态屏障[J]. 四川林业科技,23(1): 1-6.

杨光,王玉,2000. 试论植被恢复生态学的理论基础及其在黄土高原植被重建中的指导作用[J]. 水土保持研究,7(2):133-135.

杨立文,石清峰,1997. 太行山区主要植被枯枝落叶层的水文作用[J]. 林业科学研究,10(3):283-288.

杨钦周,1988. 四川森林的地域分异特点[J]. 山地研究,6(4):210-218.

杨维西,1996. 试论我国北方地区人工植被的土壤干化问题[J]. 林业科学,32(1):78-85.

杨文治,邵明安,2000. 黄土高原土壤水分研究[M]. 北京:科学出版社.

杨玉坡,李承彪,1992. 四川森林[M]. 北京:中国林业出版社.

杨玉坡,李承彪,杨钦,1981. 四川森林分区的初步研究[J]. 西南师范学院学报,(1): 107-118.

杨跃军,孙向阳,王保平,2001. 森林土壤种子库与天然更新[J]. 应用生态学报,12(2):304-308.

杨允菲,祝玲,张宏一,1995. 松嫩平原两种碱蓬群落土壤种子库通量及幼苗死亡的分析[J]. 生态学报,15(1): 66-70.

杨允菲,祝玲,1995. 松嫩平原盐碱植物群落种子库的比较分析[J]. 植物生态学报,19(2): 144-148.

杨振铎,李宜国,2002. 浅谈土壤种子库的种类组成、数量动态及萌发格局[J]. 林业勘察设计,(3):33-34.

杨正平,等,1987. 封山育林[M]. 北京:中国林业出版社.

杨忠,张建辉,徐建忠,等,1999. 元谋干热河谷不同岩土组成坡地桉树人工林生长特征初步研究[J]. 水土保持学报,17(2): 152-156.

杨忠,张信宝,王道杰,等,1999. 金沙江干热河谷植被恢复技术[J]. 山地学报,21(2):152-156.

姚洪林,廖茂彩,1995. 毛乌素流动沙地是以植被覆盖率研究[C]//中国治沙暨沙业学会,中国治沙暨沙业学会论文集[M]. 北京:北京师范大学出版社.

姚毅臣,李相玺,左长清,1997. 花岗岩侵蚀区人工植物群落水保功能评价及其结构优化[J]. 土壤侵蚀与水土保持学报,3(4):62-68.

尹昌斌,陶陶,1998. 环境资源综合管理的基本思路[J]. 中国人口·资源与环境,8(2): 60-63.

于贵瑞,2001. 生态系统管理学的概念框架及其生态学基础[J]. 应用生态学报,12(5): 787-794.

于贵瑞,谢高地,王秋凤,等,2002. 西部地区植被恢复重建中几个问题的思考[J]. 自然资源学报,17(2): 216-220.

于顺利,蒋高明,2003. 土壤种子库的研究进展及若干研究热点[J]. 植物生态学报,27(4):552-560.

于晓东,周红章,罗天宏,2002. 昆虫与栎树的相互关系及其对栎树林更新的影响[J]. 生物多样性,10(2): 225-231.

余丽云,1997. 元谋干热河谷植被恢复造林树种选择研究[J]. 西南林学院学报,17(2):49-54.

余新晓,张建军,朱金兆,1996. 黄土地区防护林生态系统土壤水分条件的分析与评价[J]. 林业科学,32:

289-296.

余作岳,彭少麟,1996. 热带亚热带退化生态系统植被恢复生态学研究[M]. 广州:广东科学技术出版社.

喻理飞,朱守谦,祝小科,等,1991. 乌江流域不同植被—土壤系统涵养水源功能研究[D]. 贵州农学院丛刊,(1):36-52.

云南省林业科学研究院,1985. 云南主要造林树种造林技术[M]. 昆明:云南人民出版社.

曾德慧,1996. 樟子松人工固沙林经营基础研究兼论樟子松沙地引种区划. 沈阳:中国科学院应用生态研究所.

曾维华,程声通,杨志峰,2001. 流域水资源集成管理[J]. 中国环境科学,21(2):173-176.

曾永成,2003. 生态管理学建设论纲[J]. 成都大学学报(社会科学版),4:13-17.

张福春,1995. 气候变化对中国木本植物物候的可能影响[J]. 地理学报,50(5):402-410.

张国林,1991. 封山育林对油松结实量及种子苗木质量影响的研究[J]. 河北林业科技,(2):40-56.

张建锋,张旭东,周金星,2005. 盐分胁迫对杨树苗期生长和土壤酶活性的影响[J]. 应用生态学报,16(3):426-430.

张建国,2000. 工业人工林经营理论与实践——进展与问题[J]. 林业资源管理,(1):25-30.

张建国,李吉跃,沈国舫,2000. 树木耐旱特性及其机理研究[M]. 北京:中国林业出版社.

张建辉,李勇,杨忠,2001. 金沙江干热河谷区人工林生长与土壤母质-母岩的关系[J]. 山地学报,19(3):231-236.

张建辉,李勇,杨忠,2001. 云南元谋干热河谷造林区植被生长与土壤渗透性的关系[J]. 山地学报,19(1):25-28.

张建辉,李勇,2000. 云南元谋干热河谷区放牧对人工幼林地土壤水分性质影响[J]. 水土保持学报,14(2):41-45.

张建平,王道杰,2000. 元谋干热河谷区农业生态系统的优化对策[J]. 山地学报,18(2):134-138.

张建平,1994. 元谋干热河谷区蒸发量减少原因的关联分析[J]. 云南地理环境研究,6(2):68-75.

张建平,1997. 攀枝花市土地退化过程[J]. 山地学报,15(4):308-310.

张建平,1997. 元谋干热河谷土地荒漠化的人为影响[J]. 山地研究,15(1):53-56.

张建平,杨忠,张信宝,等,2000. 元谋干热河谷区旱地地下地膜隔水墙试验初报[J]. 水土保持通报,20(2):39-40.

张建平,王道杰,王玉宽,等,2000. 元谋干热河谷区生态环境变迁探讨[J]. 地理科学,20(2):148-152.

张建平,王道杰,杨忠,等,2001. 元谋干热河谷区森林消长与生态环境变化研究[J]. 中国沙漠,21(1):79-83.

张健,张全昌,1993. 抗旱耐碱保土灌木白刺的综合效益研究[J]. 中国水土保持,(1):33-35.

张兰生,方修琦,任国玉,2000. 全球变化[M]. 北京:高等教育出版社.

张灵杰,2000. 海岸带综合管理的区域性特征及其发展机制[J]. 海洋环境科学,19(2):63-68.

张灵杰,2001. 美国海岸带综合管理及其对我国的借鉴意义[J]. 海洋通报,10(4):51-64.

张培信,陈玉德,1997. 云南元谋干热河谷区不同岩土类型荒山植被恢复研究[J]. 应用与环境生物学报,3(1):13-18.

张荣祖,1992. 横断山山地干旱河谷[M]. 北京:中国科学技术出版社.

张尚云,高洁,余丽云,等,1997. 金沙江干河热谷植被恢复与造林技术研究专集[J]. 西南林学院学报,17(2):1-7.

张信宝,杨忠,向国喜,等,2001. 微水造林、建设攀枝花市视野区常绿森林植被[J]. 水土保持学报,15(4):6-9.

张信宝,1997. 云南元谋干热河谷区不同岩土类型荒山植被恢复研究[J]. 应用与环境生物学报,3(1):13-18.

张信宝,杨忠,张建平,2003. 元谋干热河谷坡地岩土类型与植被恢复分区[J]. 林业科学,39(4):16-22.
张旭东,董林水,周金星,等,2005. 珍稀乡土树种福建柏苗期 DRIS 营养诊断[J]. 生态学报,25(5):1165-1170.
张学权,胡庭兴,2005. 退耕地不同植被恢复模式对坡面径流的影响[J]. 四川林业科技,26(1):28-31.
张炎周,周立江,2002. 豆科植物在退耕还林中的应用[J]. 四川林勘研究,(2):1-7.
张映翠,朱红业,龙会英,等,2002. 金沙江干热河谷退化山地径流塘—草网络技术研究初报[J]. 水土保持学报,16(4):30-33.
张咏梅,等,2003. 土壤种子库对原有植被恢复的贡献[J]. 应用与环境生物学报,9(3):326-332.
张勇,田青松,2001. 退耕还草实用技术[M]. 呼和浩特:远方出版社.
张志金,1992. 鸟类对赤松毛虫捕食作用的初步研究[J]. 河北林业科技,(6): 34-39.
张志权,1996. 土壤种子库[J]. 生态学杂志,15(6): 36-42.
章家恩,徐琪,1998. 生态退化研究的基本内容和框架[J]. 水土保持通报,17(3):46-53.
章家恩,徐琪,1999. 恢复生态学研究的一些基本问题探讨[J]. 应用生态学报,10(1):109-112.
章应峰,费世民,王鹏,等,2001. 干旱地区树木耐旱性研究现状评述[J]. 四川林业科技,22(4):24-31.
赵常明,张远东,2004. 川西亚高山人工云杉林和自然恢复演替系列的林地水文效应[J]. 自然资源学报,19(6):761-768.
赵桂久,刘燕华,赵名茶,等,1993. 生态环境综合整治和恢复技术研究(第一集)[M]. 北京: 北京科学技术出版社.
赵桂久,刘燕华,赵名茶,等,1995. 生态环境综合整治和恢复技术研究(第二集)[M]. 北京: 北京科学技术出版社.
赵济,陈传康,1999. 中国地理[M]. 北京:高等教育出版社.
赵柯,1999. 水污染流域管理的立法思考[J]. 上海环境科学,(2): 70-74.
赵平,彭少麟,张经炜,1998. 生态系统的脆弱性与退化生态系统[J]. 热带亚热带植物学报,6(3):179-186.
赵其国,1991. 人类活动与土地退化[C]//.中国土地退化防治研究[M].北京:中国科学技术出版社.
赵士洞,汪业勖,1997. 生态系统管理的基本问题[J]. 生态学杂志,16(4): 35-38.
赵松乔,杨利普,杨勤业,1990. 中国的干旱区[M]. 北京:中国科学技术出版社.
赵跃龙,1999. 中国脆弱生态环境类型分布及其综合治理[M]. 北京: 中国环境科学出版社.
赵跃龙,刘燕华,1996. 中国脆弱生态环境分布及其与贫困的关系[J]. 地球科学进展,11(3):245-251.
赵跃龙,刘燕华,1994. 中国脆弱生态环境类型划分及其范围确定[J]. 云南地理环境研究,6(2):34-44.
赵之伟,2003. 金沙江干热河谷(元谋段)的丛枝菌根真菌多样性研究[J]. 菌物系统,22(4):604-612.
叶钟节,何黎明,蒋秋怡,1989. 千岛湖地区封山育林水源涵养效益[J]. 浙江学院学报,6(2): 131-140.
郑丙辉,田自强,王文杰,等,2004. 中国西部地区土地利用/土地覆盖近期动态分析[J]. 生态学报,24(5):1078-1085.
郑景明,罗菊春,曾德慧,2002. 森林生态系统管理的研究进展[J]. 北京林业大学学报,24(3): 103-109.
郑均宝,王德艺,郭泉水,等,1993. 燕山东段森林群落及灌木群落枯落物的研究[J]. 林业科学研究,6(5):473-479.
郑亚西,温泊,2001. 西部的生态恢复与水土保持对策[J]. 四川环境,20(3):38-44.
中国标准出版社,1998. 森林土壤渗透测定[M]. 北京:中国标准出版社.
中国科考队,1992. 横断山区干旱河谷[M]. 北京:科学出版社.
中国科学院南京土壤研究所,1978. 土壤物理性质测定方法[M]. 北京:科学出版社.
中国科学院植物研究所,1992. 中国高等植物图鉴[M]. 北京:科学出版社.
钟祥浩,罗辑,2001. 贡嘎山山地暗针叶林带自然与退化生态系统生态功能特征[J]. 山地学报,19(3):201-206.

周道玮,姜世成,王平,2004. 中国北方草地生态系统管理问题与对策[J]. 中国草地,26(1): 57-64.
周鼎英,孙明雅,刘政,等,1987. 封山育林控制马尾松毛虫机制的研究报告[J]. 广西林业科技(1):27-34.
周欢水,申建军,姜英,等,2002. 中国西部沙漠化的分布、动态及其对生态环境建设的影响[J]. 中国沙漠,22(2):112-117.
周蛟,马焕成,胥辉,2000. 元谋干热河谷引种造林试验及树种选择研究[J]. 西南林学院学报,20(2): 78-84.
周金星,彭镇华,李世东,2002. 森林生态工程建设对水资源的影响[J]. 世界林业研究,15(6):55-60.
周立,1985. 用模糊聚类方法分析灰鼠种群年间变化与松籽产量的关系并预测灰鼠种群数量[J]. 兽类学报,5(1): 41-55.
周麟,1996. 云南省元谋干热河谷的第四纪植被演化[J]. 山地研究,14(4):239-243.
周麟,1998. 云南元谋干热河谷植被恢复初探[J]. 西北植物学报,18(3): 450-454.
周先叶,2000. 广东黑石顶自然保护区森林次生演替过程中群落种间连接性研究[J]. 植物生态学报,24(3): 322-339.
朱仁东,裴树春,1987. 喀左县封山育林效益调查[J]. 生态学杂志,6(4): 46-48.
朱震达,陈广庭,等,1993. 中国土地沙质荒漠化[M]. 北京:中国科学技术出版社.
朱震达,崔书红,等,1996. 荒漠化研究的理论实践和发展[J]. 环境保护,(4):328-334.
竺可桢,1979. 中国气候区域论(竺可桢文集)[M]. 北京:中国科学出版社.
祝宁,郭维明,1996. 生境异质性对刺五加种子萌发的影响及其种子库动态[J]. 生态学报,16(4):408-413.
左其亭,陈嘻,杨辽,2001. 西部干旱区生态环境调控对策定量研究方法[J]. 干旱区地理,24(2):146-150.
Aizen M A and Woodcock H,1996. Effects of acorn size on seedling survival and growth in *Quercus rubra* following simulated spring freeze[J]. Canadian Journal of Botany,74: 308-314.
Augspurger C K,1984. Pathogen mortality of tropical tree seedlings: experimental studies of the effects of dispersal distance,seedling density,and light conditions[J]. Oecologia,61:211-217.
Bakker J P,Bakker E S,Rosen E,Verweij G L,Bekker R M,1996. Soil seed bank composition along a gradient form dry alvar grassland to Juniperous shrubland[J]. Journal of Vegetation Science,7: 166-176.
Blaikie P,Brookfield H,1987. Land Degradation and Society[M]. London and NewYork: Methuen.
Bohnert H J,Jenson R G,1996. Strategies for engineering water stress tolerance in plants[J]. Trends in biotechnology,14(3): 89-97.
Bonfil C,1998. The effects of seed size,cotyledon reserves and herb ivory on seedling survival and growth in Quercus rugosa and Q. laurina (Fagaceae)[J]. Journal of Ecology,85(1):79-87.
Borchert M I,Davis F W,Michealsen J,1989. Interaction of factors affecting seedling recruitment of blue oak (Quercus douglasii) in California[J]. Ecology,70(2):389-404.
Brown S,Lugo A E,1994. Rehabilitation of tropical lands: a key to sustaining development[J]. Restoration Ecology,2(2): 97-111.
Burke A,2001. Determining landscape function and ecosystem dynamics: contribution to ecological restoration in the Southern Namib Desert[J]. Ambio,30: 30-36.
Cairns J J,1995. Restoration ecology[J]. Encyclopedia of Environmental Biology,3: 223-235.
Cairns J,et al. ,1988. Rehabilitation Damaged Ecosystems[M]. Boca Raton: CRC Press.
Canham C D et al. ,1990. Light regimes beneath closed canopies and tree-fall gaps in temperate and tropical forests [J]. Canadian Journal of Forest Research,20:620-631.
Chapman G P,1992. Desertified Grassland[M]. London: Academic Press.
Cline R G,Campell G S,1976. Seasonal and diurnal water relations of selected forest species[J]. Ecology,57: 367-373.
Collins et al. ,1985. Responses of forest herbs to canopy gaps. In Pickett S T A and P S White (eds). The ecology

of natural disturbance and patch dynamics. London:Academic Press.

Conacher A J,et al. ,1995. Rural land degradation in Australia[M]. New York:Oxford University Press,21-90.

Corria M,Pereira J S,1995. The control of leaf conductance of white pine by xyl. em ABA concentration decrease the severity of water deficits[J]. Journal of Experimental Botany,147(3-4): 419-425.

Curdea G Lovera,1982. Vesicular-arbuscular mycorrhizae in disturbed and revegetated sites from La Gran Sabana, Venzuela[J]. Canadian Journal of Botany,70(1):73-79.

Daily G C,1995. Restoring value to the worlds degraded lands[J]. Science,269: 350-354.

Davis M A,2000. "Restoration"—a misnomer[J]. Science,287(5456):1203.

Donelan M,Thompson K,1980. Distribution of buried viable seeds along a successional series[J]. Biological Conservation,17: 297-311.

Drivas E P,Everett R L,1988. Water relations characteristics of competing single leaf pinyin seedling and sagebrush nurse plants[J]. Forest and Ecology Management,23(1):27-37.

Falk D A, Millar C I, Olwell M, 1996. Restoring diversity:Strategies for reintroduction of endangered plants[J]. Island Washington D C.

Fenner M,1987. Seedlings[J]. New Phytologist,106(Suppl): 37-45.

Garwood N C,1989. Tropical soil seed banks: a review. In: Leck M A,Parker V T,Simpson R L (eds.). Ecology of Soil Seed Banks,San Diego: Academic Press Inc.

Gemma J N,Koske R E,Hable M,2002. Mycorrhizal dependency of some endemic and endangered Hawaiian plant species[J]. American Journal of Botany,69(2):337-345.

Gong Z T,1994. Problem Soil in China,In the Collection and Analysis of Land Degradation Data. FAO,89-98.

Grime J P,1989. Seed banks in ecological perspectives. In: M A Leck (eds.),Ecology of soil seed bank[M]. San Diago:Academic Press.

Guardia R,Gallart F,Ninot J M,2000. Soil seed bank and seedling dynamics in badlands of the Upper Llogregat basin (Pyrenees)[J]. Catena,40(2): 189-202.

Harper J L,1977. Population biology of plant[M]. London: Academic Press.

Harper J L,1987. Self-effacing art: restoration as imitation nature. In: W R Ⅲ Jordan,N Gilpin and J Aber(eds.). Restoration Ecology: A Synthetic Approach to Ecology Restoration[M]. Cambridge: Cambridge University Press.

Herrera J,1995. Acorns predation and seedling production in a low-density of cork oak (Quercus suber L.)[J]. Forest Ecology and Management,76(1-3):197-201.

Hobbs R J,Norton D A,1996. Towards a conceptual framework for restoration ecology[J]. Restoration Ecology,4(2):93-110.

Howe H F,and Smallwood J,1982. Ecology of seed dispersal[J]. Annual Review of Ecology and Systematics,13: 201-228.

Jackson L L,Lopoukine D,Hillyard D,1995. Ecological restoration: a definition and comments[J]. Restoration Ecology,3(2):71-75.

Jordan W R,Gilpin M E,Aber J D,1987. Restoration Ecology: A Synthetic Approach to Ecology Restoration[M]. Cambridge: Cambridge University Press.

Kramer P T,Kozlowski J T,1985. 木本植物生理学[M]. 汪振儒,等,译.北京:中国林业出版社.

Larcher W,1982. 植物生理生态学[M]. 李博,张陆德,岳绍先,等,译.北京:科学出版社.

Lassoie J P and Solo D J,1981. Physiological response of larger Douglas-fir to natural and induced soil water deficits [J]. Canadian Journal of Forest research,13(1): 334-335.

Levitt,2003. 土地和生物多样性保护[J]. 国外城市规划,(4):7-9.

Lewis R R, Ⅲ 1989. Wetlands restoration, creation, and enhancement technology: Suggesions for standardization. Wetland Creation and Restoration: The Status of the Sciance, Vol. ll. EPA 600/3/89/038B. Washington DC: U S Environmental Protection Agency.

Liu Q, 2004. Effects of gap size and with gap position on the survival and growth of naturally regenerated Picea likiangensis seedlings[J]. Chinese Journal of Applied Environment Biology, 10(3): 281-285.

Liu Q, 2004. The effects of gap size and within gap position on the survival and growth of naturally regenerated Abies georgei seedlings[J]. Acta Phytoecologia Sinica, 28(2): 204-209.

Long T J, Jones R H, 1996. Seedling growth strategies and seed size effects in fourteen oak species native to different soil moisture habitats[J]. Trends in Ecology and Evolution, 11(1): 1-8.

Lorimer C G, 1989. Relative effects of small and large disturbance on temperate hardwood forest structure[J]. Ecology, 70: 565-567.

Louda S M, 1989. Predation in the dynamics of seed regeneration. In: Leck M A, Parker V T, Simpson R L(eds.), Ecology of Soil Seed Bank[M]. San Diego, C A: Academic Press.

Ma H C, McConchie J A, 2001. The dry-hot valleys and forestation in southwest china[J]. Journal of Forestry Research, 12(1): 35-39.

Marks P L, 1974. The role of pin cherry (Prunus pensylanica L.) in the maintenance of stability in northern bardwood ecosystems[J]. Ecological Monograph, 44: 73-88.

McDonald A W, Bakker J P, Vegelin K, 1996. Seed bank classification and its importance for the restoration of species—rich flood—meadows[J]. Journal of Vegetation Science, 7: 157-164.

McNeely, 2002. 21 世纪的保护工作:为社会利益而工作[J]. 世界环境, (1): 44-47.

Minckler L Sand Woerheide J D, 1965. Reproduction of hardwoods 10 years after cutting as affected by site and opening size[J]. Journal of Forestry, 63: 103-107.

Norman J M and Campbell G S, 1989. Canopy structure in plant physiological ecology, Field methods and instrumentation. Edited by R W Pearey, J Ehleringer, H A Mooney and P W Rundel[M]. 出版地: Chapman and Hall Ltd.

Overbay J C, 1992. Ecosystem management. In Taking an ecological approach to management[J], U S D A Forest Service Publication WOASA-3, 3-5.

Page L M, Cameron A D, 2005. Regeneration dynamics of Sitka spruce in artificially created forest gaps[J]. Forest and Ecology Management, 221(1-3): 260-266.

Parker V T, 1995. The scale of succession models and restoration ecology[J]. Restoration Ecology, 5(4): 301-306.

Pickett S T A and P S White (eds), 1985. Patch dynamics: A synthesis, in Pickett S T A and P S White (eds) The ecology of natural disturbance and patch dynamics[M]. London: Academic Press.

Rapport D J, et al., 1998. Assessing Ecosystem health[J]. Trends in Ecology and Evolution, 14(2): 397-402.

Read D J, 1994. Plant-microbe mutualisms community structure. In: Erust Delief Schulza, Mooney H A (eds.), Biodiversity and Ecosystem Function[M]. New York: Springer-Verlag Press.

Requena N, Perez-Sclis E, Azcod-Aguilar C, 2001. Management of indigenous plant-microbe symbiones aids restoration of desertified ecosystems[J]. Applied Environment Microbiology, 67(2): 495-498.

Rhoderbaugh E J, Pllary S G, 1993. Water stress, photosynthesis and early growth patterns of cuttings of three Populus clones[J]. Tree Physiology, 13(3): 213-226.

Sadanadan N E K, 1996. Sustained productivity of forests is a continuing challenge to soil science[J]. Soil Science Soc A M J, 60: 1629-1642.

Schlet P J and Morshall P E, 1982. Growth and water relation of black locust and pine seedling exposed to control water stress[J]. Canadian Journal of Forest Research, 13: 334-335.

Singh K D,Janz K,1995. Assessing the world's forest resources[J]. Nature & Resources,32 (2): 32-40.

Slavik B. 1986. 植物与水分关系的研究法[M]. 张崇浩,袁玉信,谭志一等,译.北京: 科学出版社.

Slocombe D S,1998. Defining goals and criteria for ecosystem-based management[J]. Environmental Management, 22:483-493.

Spies T A and J F Franklin,1989. Gap characteristics and vegetation response in coniferious forests of the Pacific Northwest[J]. Ecology,70: 543-545.

Teskey R O andHinckley T M,1981. Influcence of temperature and water potential on root growth white oak[J]. Plant Physiology,52: 303-369.

Turner N C,1986. Adaptation to water deficits: A changing perspective[J]. Australian Journal of Plant physiology, 13: 175-190.

Tyree M J et al. ,1978. The characteristics of seasonal and genetic changes in the tissue water relation of Acer,Populus,Tillga and Picea[J]. Canadian Journal of Botany,56: 635-647.

UNCOD,1977. Desertification its cause and consequence[M]. Oxford:Pengamon Press.

UNCOD,1980. Case studies on desertification. Paris:UNESCO.

UNEP,1992. Status of desertification and implementation of the United Nations plan of action to combat desertification. UNEP.

Vazquez-Yanes C,Orozeco-Segovia A,1993. Patterns of seed longevity and germination in the tropical rainforest [J]. Annual Review of Ecology and Systematics,24:69-87.

Veblen T T, 1989. Regeneration dynamics. In Glenn-lewin D C et al, (eds). Plant succession: theory and prediction[M]. London: Chapman and Hall.

Walter H,1984. 中国科学院植物研究所生态室,译.世界植被[M]. 北京:科学出版社.

Webb N R, 1996. Restoration ecology: science, technology and society[J]. Trends in Ecology and Evolution, 11 (10): 396-397.

White P S and Pickett S T A,1985. Natural disturbance and patch dynamics: An introduction,in Pickett S T A and P S White (eds),The ecology of natural disturbance and patch dynamics[M]. London: Academic Press.

Whitmore T C,1983. Secondary succession from seed in tropical rainforest[J]. Forestry Abstracts,44(12):767-780.

Zhang X D,2001. Value of the resources in the Yangtze River basin. 见:森林环境价值核算国际研讨会论文集[M]. 北京:中国科学技术出版社.